FLIGHT

THE COMPLETE HISTORY

DK飞行器大百科

DK

飞行器大百科

（英）R. G. 格兰特　著　张晓斐　译

化学工业出版社

·北京·

Original Title: Flight
ISBN 978-1-4053-1768-9
Copyright © 2004, 2007, 2010 Dorling Kindersley Limited
First Published in Great Britain in 2002.
This updated edition published 2007, by Dorling Kindersley Limited.
All rights reserved.
Authorized translation from the English language edition published by Dorling Kindersley.

本书中文简体字版由Dorling Kindersley授权化学工业出版社独家出版发行。
本书仅限在中国内地（大陆）销售，不得销往中国香港、澳门和台湾地区。未经许可，不得以任何方式复制或抄袭本书的任何部分，违者必究。

北京市版权局著作权合同登记号：01-2021-0445

图书在版编目（CIP）数据

DK飞行器大百科 /（英）R. G. 格兰特（R. G. GRANT）著；张晓斐译. —北京：化学工业出版社，2020. 11（2025. 2重印）
书名原文：Flight
ISBN 978-7-122-37670-1

Ⅰ. ①D… Ⅱ. ①R… ②张… Ⅲ. ①飞行器—通俗读物 Ⅳ. ①V47-49

中国版本图书馆CIP数据核字（2020）第166553号

责任编辑：王冬军　张丽丽
装帧设计：水玉银文化
责任校对：宋　夏
版权引进：金美英

出版发行：化学工业出版社
（北京市东城区青年湖南街13号　邮政编码100011）
印　　装：鸿博昊天科技有限公司
787mm×1092mm　1/8　印　　张　56½
字　　数　1889千字
2025年2月北京第1版第5次印刷

购书咨询：010-64518888
售后服务：010-64518899
网　　址：http://www.cip.com.cn
凡购买本书，如有缺损质量问题，本社销售中心负责调换。

定　　价：218.00元
版权所有　违者必究

www.dk.com

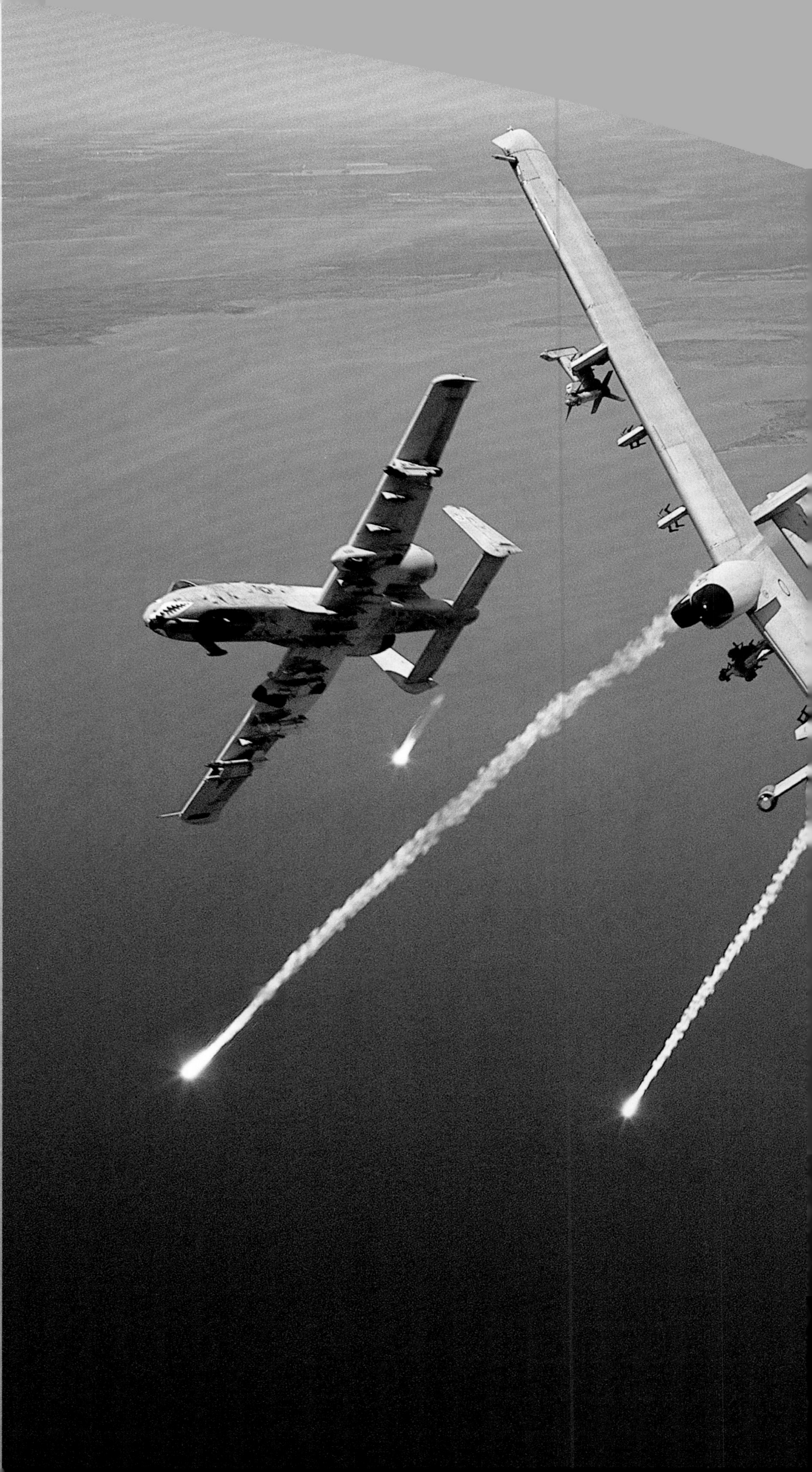

CONTENTS 目录

前言 II

1 先驱时代 1

飞行的“史前时代” 2
动力飞行第一人 12
飞机起飞 30

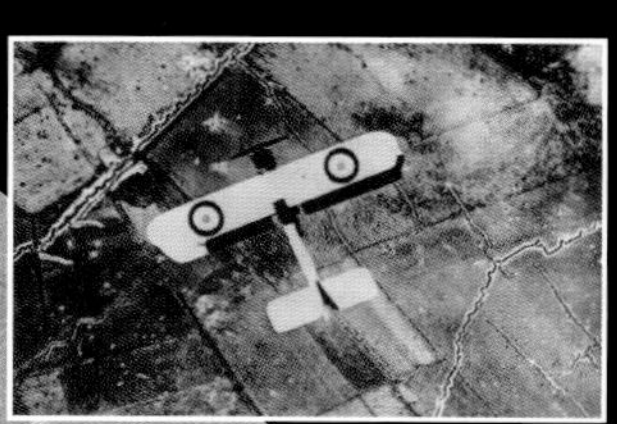

2 走向战争 59

侦察与作战 60
空中骑士 72
齐柏林飞艇与轰炸机 86

3 黄金时代 99

开辟道路 100
载客飞行 124
水上飞船与飞艇 144
战争阴影 158

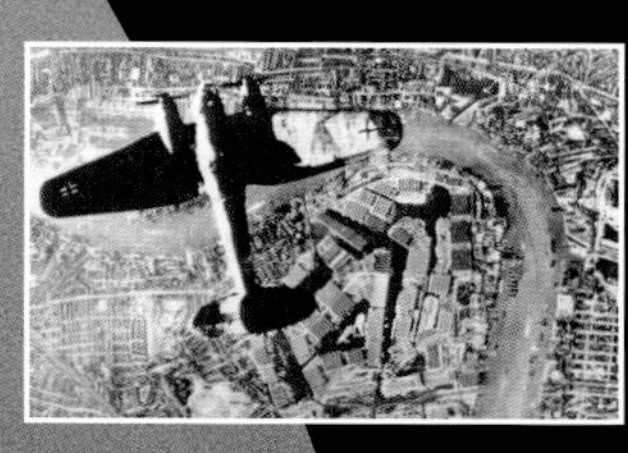

4 空中争夺战 179

制空权 180
不列颠空战 198
海上空战 210
“死神”天降 228

5 冷热空中对抗 253

突破音障 254
喷气时代 266
空中力量 288
高科技时代 308

6 太空旅行 325

月球之旅 326
翱翔太空的航天飞机 350

7 日益缩小的世界 367

乘喷气式客机旅行 368
飞行安全 394
小即为美 404
飞行的未来 416

术语表 432

前　言

FOREWORD

一百多年前的世界和现在大不相同。那时，美国正逐步成长为世界性经济强国，但尚未达到全盛时期。欧洲相对和平，但俄国的动荡不安预示着战争和变革的即将到来。世界其他大部分地区则沦为霸权国家的经济或政治殖民地。

千百万欧洲和亚洲的贫民乘坐蒸汽轮船，花费数天乃至数周远渡重洋，来到美国寻求新生活。在美国，蒸汽驱动的火车是新移民和市民进行长途陆地旅行的主要交通工具。广阔的铁路网连接大部分居民区，只要你买得起票，就能在一周之内横跨整个国家。然而，一旦定居下来，大多数美国人安土重迁，极少有人离开出生地25英里以外。世界其他日益发展的区域也是如此。

然而，交通运输业已经悄无声息地开始变化并即将彻底地改变世界。19世纪下半叶，内燃机的发明为动力提供了新的可能性。到1903年，汽车取代了马车。而飞机的诞生，意味着交通运输业即将迎来更加深刻的变革。20世纪，人类在以威尔伯·莱特（Wilbur Wright）和奥维尔·莱特（Orville Wright）（世人称为莱特兄弟）为代表的先锋者的带领下开始探索天空。最初的飞行器简陋脆弱，但很快就发展成坚实可靠的机器，飞行员借此打破了长久存在的时空界限。到20世纪中期，搭乘飞机旅行已经很普遍了；而到20世纪50年代末，飞机更是取代火车和轮船，成为最受欢迎的交通工具。20世纪下半叶，随着大型、高效的喷气式飞机的诞生，空中旅行变得更加普及，普罗大众也开始能够负担得起。飞机已然成为上亿人不可或缺的出

迷人的景象

1911年，人们伸长脖子，手扒机场的围栏，好奇地看着亨顿机场上展示的飞机。早期的飞行员通过激起民众想象力引发大家对于飞行的热情，这种热情持续了整个世纪后仍经久不衰。

行工具，它和社会生活的方方面面紧密相联，很难想象，没了飞机，世界会是什么样子。

但飞机也很快发展成为战争武器。第一次世界大战（“一战”）中，飞机被广泛使用，空军技术得到初步发展。而到第二次世界大战（“二战”）开始时，军用飞机已经成为战争中不可缺少的部分。“二战”之后，随着喷气动力系统的出现以及精密电子设备的日臻完备，飞机已成为21世纪战场上令人生畏的武器。

如今，距莱特兄弟首次驾驶可控的、重于空气的动力飞行器飞上蓝天已过去100余年，人类面临的政治、社会和经济挑战虽有不同，却又非常相似。今天，航空和航天已成为改善人类生活境况的重要手段，也是促成积极变革的有力工具。

本书即讲述了20世纪最伟大的成就——飞行的故事。本书文字精彩，并佐以精美的历史影像和大量最新的照片，这无疑是向那些促进航空事业前100年发展的先驱个人及组织所付出的勇气和努力的最好致敬。

J. R. 戴利
（J. R. Dailey）
美国国家航空航天博物馆前馆长

先驱时代

1

数千年来，人类以崇拜和羡慕的眼光看着鸟儿在空中飞翔。到18世纪下半叶，人类终于得以触摸天空，然而借助的不是翅膀，而是搭乘气球。但是，人类希望像鸟儿一样在高空翱翔的渴望依然强烈。到19世纪，科学家和发明家开始研究飞行的基本原理，用滑翔机和笨拙的蒸汽动力飞行器及其模型进行试验。莱特兄弟在1899至1905年间不断进行尝试，经过不懈努力，最终实现了人类历史上首次真正意义上的动力飞行。此后到1914年这段期间，飞行取得了惊人进展。当时的民众着迷于远途飞行比赛和特技飞行表演，飞行速度和高度的纪录每年都会被刷新，但这是以诸多早期飞行员的生命为代价换来的。

试飞

1896年夏，在密歇根湖岸的沙丘上，美国飞行先驱奥克塔夫·夏尼特（Octave Chanute）的助手正在试验一架三翼滑翔机。经过多次试验后，夏尼特制造出了莱特兄弟时代来临前最具影响力的滑翔机。

"对飞行的渴望是祖先遗传给我们的……他们羡慕鸟儿在空中自在翱翔……在天空这条没有尽头的高速路上驰骋……"

威尔伯·莱特

飞行的"史前时代"

梦想家和敢于打破常规的发明家拉开了动力飞行的序幕，他们不惧公众嘲笑，勇于承受身体带来的创伤。

飞行是人类长久以来的梦想，但他们从未想过制造像波音747这样的飞机。人们传统意义上推崇的是像鸟类一样靠羽毛和拍打翅膀进行的飞行，这一点在不同文化的神话传说中均有证实。其中最为著名的，当属雅典能工巧匠代达罗斯（Daedalus）的传说，他用羽毛和蜡制作翅膀，和自己的儿子伊卡洛斯（Icarus）逃离了克里特岛。这从技术角度上也许可行，但在传说中，伊卡洛斯因为飞得离太阳过近，蜡融化了，而他也从高空坠亡。

人类可以像鸟儿或者蝙蝠一样飞行，这种错误的认知观点让一些勇敢却蒙昧的人付出了伤残甚至生命的代价。据历史记载，有些"跳塔人"单靠迷信和简易的自制翅膀就从高空一跃而下。比如，1178年，在君士坦丁堡，一位勇敢者在有人拜访拜占庭皇帝时声称自己可以飞翔。他身披粘满羽毛的白色长袍，从一栋高大的建筑物上跃下。借用后来的飞行试验家奥克塔夫·夏尼特的描述："他的体重将其往下拉，远大于自制翅膀的支撑力，所以他才会摔在地上，跌断了骨头。"据记载，其他一些尝试——875年博学的摩尔人阿拔斯·伊本-弗纳斯（Abbas ibn-Firnas）在安达卢西亚的试验、11世纪英国马姆斯伯里（Malmesbury）修道院的修道士奥利弗（Oliver）的试验，还有1499年乔瓦尼·巴蒂斯·但丁（Giovanni Battista Danti）在意大利佩鲁贾的试验——皆是因为上述原因，最终均以同样的结局收场。

"飞行器"

从各种"众神的战车"到"女巫的扫帚"，很多神话和民间传说中都有能承载人类重量在空中飞行的机器。被公认为现代科学传统奠基人之一的英国哲学家、修道士罗吉尔·培根（Roger Bacon）在13世纪时提出了"飞行器"（instruments of fly）的概念。培根宣称自己坚信人们可以制造出一种带有扇动翅膀的机械装置的飞行器。这种"扑翼飞机"（ornithopters）也符合意大利文艺复兴巨匠莱昂纳多·达·芬奇的想象，后者曾经写道："人类可以通过扇动翅膀提供的上升力支撑自身的体重。"然而事实证明他是错的。在达·芬奇笔记本里找到的诸多飞行器草图中，只有一个有可能实现，那是一个螺旋状的推进器，达·芬奇希望它能盘旋上升到空中。该设计为日后直升机的出现埋下了深远的伏笔。可以说，当时没人知道如何制造飞行器，但大家都知道它的必要性。尤其是在当时武力盛行的欧洲，战争不

达·芬奇的观点

莱昂纳多·达·芬奇认为，可以通过研究鸟类揭开飞行的奥秘。然而，他对于飞行器的设想（模型如图所示）和其他欲借助人力扇动翅膀的飞行一样，是不切实际的。

蝙蝠机
法国工程师克莱蒙特·阿代尔（Clément Ader）从蝙蝠身上获得灵感，设计了"阿维翁"Ⅲ号（AvionⅢ）飞行器。该飞行器的翅膀像蝙蝠一样可以折叠起来，方便放置。然而，这款为法国战争部制造的机器在1897年两次试飞时均未能成功升空。

鸟式飞行先驱者
德国工程师奥托·李林塔尔（Otto Lilienthal）在19世纪90年代用自己设计的悬挂式滑翔机飞行了2000余次。尽管自己关于鸟类飞行的著作颇具影响力，但他却始终相信，只有通过"脚踏实地的飞行试验"，才能"真正洞悉飞行"。

断，所有国家都处在和他国的冲突中。于是在1670年，又一个不切实际的设计诞生了——由抽走空气的真空球体带动的飞艇。意大利耶稣会牧师弗朗西斯科·德·拉纳（Francesco de Lana）指出，可以用这种机器运输军队，出其不意，攻城略地，或者投放"燃烧弹和炸弹"摧毁敌人的房屋和堡垒。

轻于空气的飞行

尽管德·拉纳靠真空球体带动的飞艇未能成为现实，他的设想却为人类首次成功飞行指明了道路。德·拉纳的目标是"制造轻于空气的机器"。真空球体没能实现这个目标，但用内充热空气或者轻于空气的气体（如氢气）的气球却可以做到。几位发明家同时想到了解决问题的方法，这是发明史上常有的事。1783年，来自法国安诺奈镇的造纸商兄弟约瑟夫·蒙特哥菲尔（Joseph Montgolfier）和艾帝安·蒙特哥菲尔（Etienne Montgolfier）将热气球带到了巴黎，却未曾想在那里遇到了竞争对手。当时，绅士科学家雅克·查理（Jacques Charles）已经准备好展示自己的氢气球了。

首批气球飞行员
1783年6月，蒙特哥菲尔兄弟首次公开进行热气球试飞。同年11月，弗朗索瓦·皮拉特尔·德·罗齐埃（François Pilâtre de Rozier）和达尔朗（d'Arlandes）侯爵进行了首次热气球载人飞行（上图所示）。此外，早期的法国气球驾驶员也完成了几次壮观的飞行。1784年2月，让-皮埃尔·布兰佳（Jean-Pierre Blanchard）乘坐氢气球升至3800米（12500英尺）的高空。

飞行幻想

1843年，威廉·塞缪尔·亨森（William Samuel Henson）成立“空中蒸汽运输公司”，但他设计的“空中蒸汽马车”从未真正飞行过，只有类似左图的充满乐观主义的图画流传一时。

但蒙特哥菲尔兄弟最终占据先机，得以留名青史。就像两个世纪后人类探索太空时会先遣送动物一样，第一次气球试飞时，他们把一只鸭、一头羊和一只公鸡送上了天空。这些小动物最终安全着陆，但当时的一则报道写道：“至少可以这么说，它们非常惊恐。”同年11月21日，第一次载人气球飞行成功举行。年轻的物理学家弗朗索瓦·皮拉特尔·德·罗齐埃和一名军官达尔朗侯爵飞越巴黎上空，在大约25分钟里飞行了8千米（5英里）。两天后，雅克·查理在一名同伴的陪同下，乘氢气球飞行了40千米（25英里）。

与后来20世纪早期的飞行器一样，气球激发了民众的想象力。公开飞行时，人们纷纷前来观看，飞行员一时成为国家英雄。1785年1月，法国气球驾驶员让-皮埃尔·布兰佳和美国侨民约翰·杰弗里斯（John Jeffries）乘热气球从英国出发，跨越英吉利海峡抵达法国，比路易·布莱里奥（Louis Blériot）早了124年（详情见33页）。

科学进步

很多人痴迷于有关气球飞行的报道并受此鼓舞，其中就包括一位在英格兰约克郡父亲的庄园中长大的男孩——乔治·凯利（George Cayley，1773~1857）。他是在理论和实际操作上均取得系列进展的第一人，其研究为日后重于空气的飞行奠定了基础。在某种程度上可以说凯利是个怪人，他是拥有地产的乡绅，本可以凭借优渥的家庭条件，将飞行当成有趣的爱好，悠闲享乐即可。但他却严格遵循科学传统，精确指出了重于空气的飞行所面临的挑战。“飞行的全部问题在于，”他写道，“给一块平板提供动力，使之在空气流中产生升力并支撑一定重量。”

凯利致力于通过仔细观察鸟类飞行、系统试验和数学计算来解决升力、阻力的问题。他利用一种天才装置——旋臂机，本质上可视为风洞的前身——来检验在不同的角度和速度条件下，不同翼面所产生的升力。

未来的构想

1799年，乔治·凯利爵士将自己设计的飞行器图形刻在一个银盘上。该模型是历史上首个接近现代飞机的设计方案。

乔治·凯利爵士

凯利的理论建立在实验和观察的基础上，其在航空学上的成就使他成为征服天空的先驱者。

早在1799年，凯利就将自己设计的飞行器方案刻在一个小银盘上，和达·芬奇风格的扑翼飞机相比，他的设计有了关键性的进步：机翼不仅能提供升力，还能提供推进力。在接下来的10年里，他制造了各种模型和全尺寸的滑翔机。他设计的全尺寸滑翔机，一条机翼和杆的前端相连，杆的后端则有垂直方向舵和水平尾翼。凯利写道：“任何人在滑翔机里全速向前奔跑，利用一点迎面而来的微风，机器……便能频繁地把他抬升起来，向前运送几码。”1809年到1810年间，凯利把他的研究成果分三次发表，题目是《论空中航行》（On Aerial Navigation），文中论述了升力、阻力的计算及如何稳定和控制飞机，为重于空气的飞行取得进展奠定了坚实基础。遗憾的是，他的成果并没有得到重视。凯利意识到，飞行“在大众眼中依然是荒唐的”。

直到30年后，当蒸汽机成功应用于交通系统，受此激发，人们才重拾对重于空气的飞行的兴趣，这种热情持续高涨。到19世纪40年

空中马车
和之前的机器相比，威廉·塞缪尔·亨森设计的空中蒸汽马车具备更多现代飞行器所必备的部件。尽管全尺寸样机未曾面世，但其曲面机翼、带有方向舵和升降舵的分离尾翼设计日后被广泛采用。该飞行器由一台最大功率达30马力的轻型蒸汽机为两个推进器提供动力。

代，蒸汽火车大大缩短了陆地旅行的时间，铁路建设全面繁荣。在海上，蒸汽机船也日益威胁到帆船的统治地位。雄心勃勃的英国发明家威廉·塞缪尔·亨森紧随历史潮流，申请了“空中蒸汽马车”的专利，声称“可以将信件、货物和乘客经由空中从一地运到另一地”。

蒸汽驱动的飞机

根据凯利发布的研究成果，亨森设计出一款单翼飞机。该飞行器配置有增加载重力的曲面机翼、控制飞机的方向舵和水平尾翼及两个6叶螺旋桨的推进器，并由机身内置的30马力蒸汽机为这个精巧的装置提供动力。亨森成立空中蒸汽运输公司的雄心壮志在当时吸引了投资人的注意，其仅凭一些印有蒸汽马车飞抵世界各地的幻想图画就让人们相信，跨越全球的载客飞行即将成为现实。但怀疑和嘲讽也随之而来，亨森虽然按照自己的设计建造了一个小模型，却找不到投资来制造全尺寸样机，于是他很快便放弃了飞行试验。

轻于空气的飞行

1783年的气球飞行开启了轻于空气飞行的传统。此后，轻于空气的飞行和重于空气的飞行并驾齐驱，甚至在很长时间内都领先于后者。但是气球飞行的缺点是显而易见的。体积硕大的气球只能承载很小的重量，并且只有在风力适宜的情况下才勉强可控。然而，在19世纪，气球被委以重任：美国内战时，气球成为侦察平台；在普法战争中，气球又被用来传递情报。

1852年，法国人亨利·吉法德（Henri Giffard）进行了第一次可控的气球（或者说是飞艇）动力飞行。他在充满煤气的雪茄形袋子下安装上蒸汽驱动的推动器，以10千米/小时（6英里/小时）的速度飞行了27千米。吉法德的成功激励了其他狂热者，然而他们苦于找不到能替换蒸汽机的动力装置。19世纪80年代，电动机开始流行，查尔斯·雷纳（Charles Renard）和A. C. 克雷布斯（A. C. Krebs）制造出一艘由电动机驱动的飞艇“法兰西”号（La France），并进行了多次可操纵飞行，时速约为20千米（12英里）。

随后，内燃机的发明使飞艇有了飞跃式的发展。1898年，居住在法国巴黎的巴西人阿尔贝托·桑托斯–杜蒙特（Alberto Santos-Dumont）在巴黎上空进行了一系列飞行试验，取得巨大成功。面对诸如坠落在宾馆屋顶上这样的灾难，杜蒙特以令人钦佩的态度积极面对，名噪一时。在建造了14艘飞艇后，他的兴趣转移到重于空气的飞行上。与此同时，冯·齐柏林（von Zeppelin）伯爵在1900年驾驶其设计制造的第一架飞艇LZ1进行了首次飞行（详情见48~49页），自此德国人也跻身飞艇界。

气球飞行者
1782年11月21日，人类完成了历史上第一次热气球载人飞行（如左图烟标所示），但气球飞行潜力不大，例如它不能被用作交通工具。

环埃菲尔铁塔飞行
1901年，阿尔贝托·桑托斯–杜蒙特驾驶他的飞艇，从巴黎圣克鲁郊区出发，在30分钟内环绕埃菲尔铁塔飞行几圈后掉头飞回，赢得了10万法郎大奖。

来自巴西的男孩
在巴黎居住的巴西人阿尔贝托·桑托斯–杜蒙特站在准备升空的气球里。尽管他只是位狂热的业余爱好者，却成为飞艇和飞机飞行的伟大先驱。

然而，人们对飞行的兴趣很快被再度激发，尤其是在乔治·凯利爵士心中。他开始了新一轮的试验，并终于在1853年用一架滑翔机完成了世界上首次重于空气的载人飞行。“飞行员”是凯利的马车夫，他在劝说下犹豫地爬进滑翔机船形机身里。滑翔机被从山谷一侧推下，随后又被抬升到空中，并在短暂的飞行后颠簸不平地降落。据说这位马车夫当即要求辞职，因为他“是被雇来驾车的，不是来飞行的”。鉴于此次飞行是在私人地区进行的，凯利的成功飞行没有被大众所知，远没有亨森失败所造成的社会影响力大。1857年，凯利去世，之后又过了很久，马车夫的飞行故事才重见天日。

上流社会

飞行研究越来越受人尊敬，并在1866年大英帝国航空学会成立时达到巅峰。该协会地位显赫，由科学家和工程师组成，在筹划了两年后，该协会在伦敦水晶宫举办了世界首届飞行器展览。他们当中没有人真正驾驶过飞机，却为大众理解航空动力学做出了卓越贡献。

弗朗西斯·维纳姆（Francis Wenham）是一位杰出的船舶工程师，也是航空协会的创始人之一，他建造了世界上第一个风洞，并更新了不同翼型产生的升力数据。19世纪70年代，才华横溢的法国年轻工程师阿方索·佩诺（Alphonse Pénaud）在用拉伸的橡皮筋做动力的飞机模型上进行了系列试验，在机翼和机尾设计上取得重要进展。1881年，路易斯–皮埃尔·穆亚尔（Louis-pierre Mouillard）在观察鸟儿飞行的基础上写出了非常具有启发意义的《空中帝国》（*The Empire of the Air*）一书。

> “只要给我们一台发动机，我们就能在极短的时间内给你一台成功的飞行器。”
>
> **海勒姆·马克沁，1892 年**

法国人设计的飞行器

19世纪80年代，法国电力工程师克莱蒙特·阿代尔制造了双发动机飞行器，机翼仿照蝙蝠的翅膀。尽管第一架飞行器“风神”号（下图）贴地飞行了50米（165英尺），但“阿维翁”Ⅲ号飞行器（见上图）却未能飞离地面。

19世纪晚期，推动重于空气的载人飞行发展的实际行动主要分为两类：一类着眼于动力，即能否找到一种足够强大或者功率重量比高的发动机，把飞行器和人带上天空；另一类则关注无动力飞行，以此来揭开鸟类飞行的奥秘。但是只有像莱特兄弟一样，把传统的动力飞行和无动力飞行相结合，才能取得最终的成功。

发动机功率

早期进行动力飞行的试验家在动力装置方面只有一个选择——蒸汽机。法国海军军官费利克斯·迪唐普尔·德拉克洛瓦（Félix du Temple de la Croix）是首位尝试用蒸汽动力飞行器离开地面的人。19世纪50年代，他同弟弟路易斯合作设计并试飞了一款飞机模型，该模型最初以发条装置作为动力，后改为微型蒸汽机。后来，他设计了装有轻型蒸汽机和令人赞叹的可收放式起落架的全尺寸单翼飞机，并申请专利。1874年，他的载人飞机终于造成并准备试飞。一名法国水手坐在上面，飞机冲下斜坡，在空中短暂飞行了一会儿后，很快就落回地上。

10年后，俄国试验家亚历山大·莫扎伊斯基（Aleksander Mozhaiskii）重蹈了德拉克洛瓦的覆辙。1884年，莫扎伊斯基在圣彼得堡外的红村（Krasnoe Selo）试飞配置了双发动机的单翼飞机。在一位技工的指挥下，飞机上与船烟囱类似的烟囱中喷出浓烟，瞬间飞上天空，但随即猛然坠落在地上。

第一个宣称攻破动力飞行难题的人是法国电力工程师克莱蒙特·阿代尔。1890年，他设计的“风神”号飞行器以蒸汽机为动力，机翼仿生蝙蝠的翅膀。他在试飞后声称：“在做了大量工作，历经千辛万苦，投入巨额资金后，我终于解决了这项难题。”但实际上，“风神”号不过

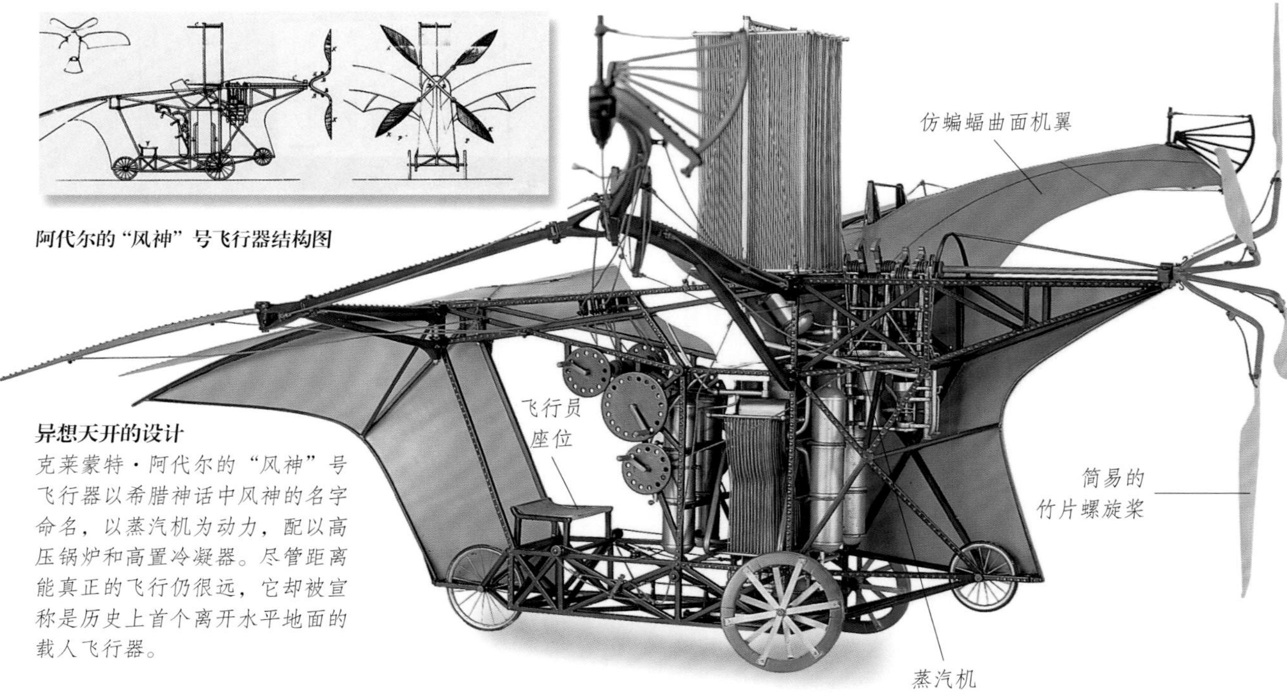

阿代尔的“风神”号飞行器结构图

异想天开的设计

克莱蒙特·阿代尔的“风神”号飞行器以希腊神话中风神的名字命名，以蒸汽机为动力，配以高压锅炉和高置冷凝器。尽管距离能真正的飞行仍很远，它却被宣称是历史上首个离开水平地面的载人飞行器。

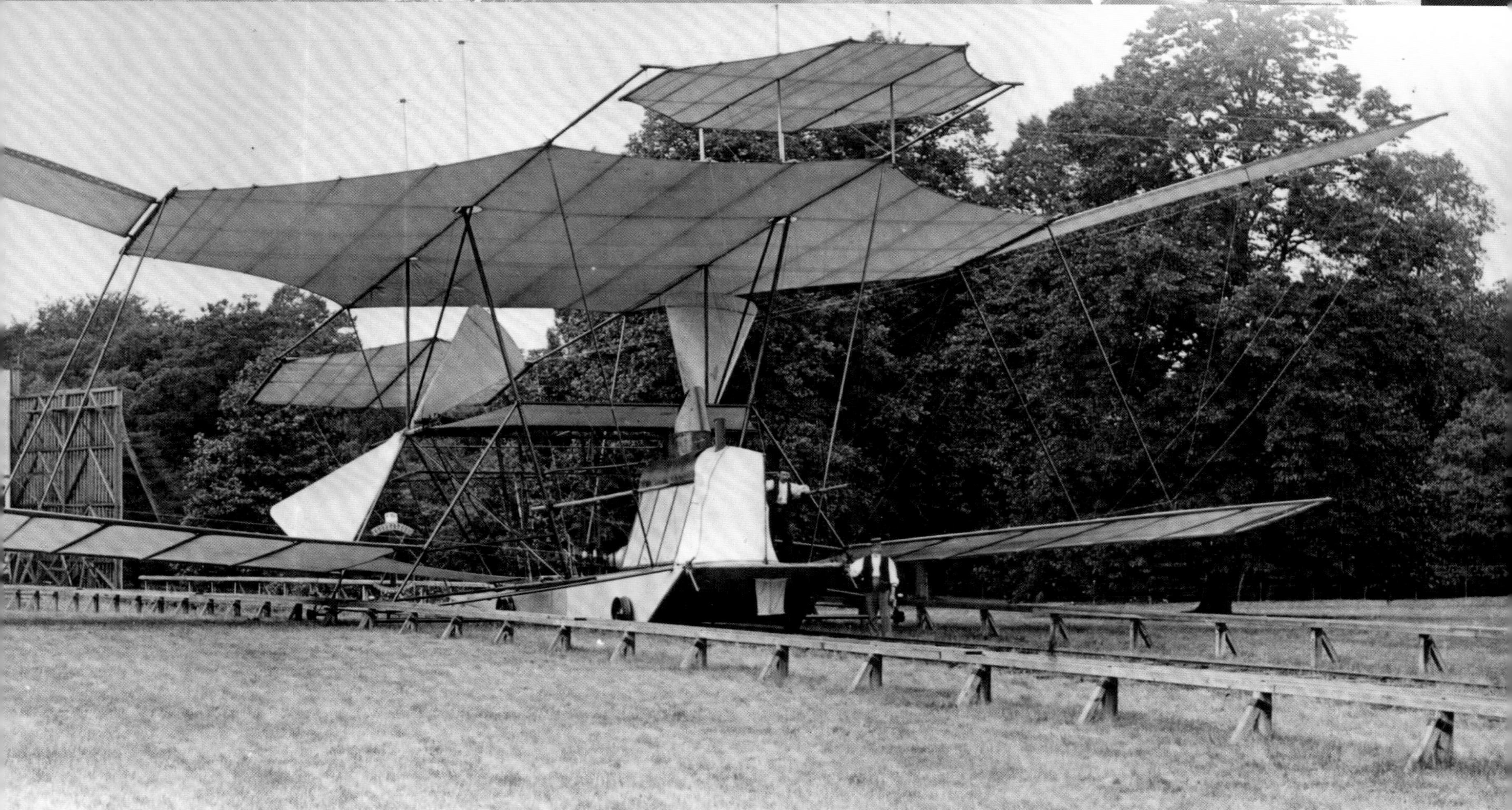

是在大约20厘米（8英寸）的高度贴地飞行了50米（165英尺）。

虽然算不上一次可控的持续飞行，但确实是一个开端。为进行深入试验，阿代尔向法国战争部请求资金援助，因为战争部当时急于探索何时能让法国超越邻国德国的“秘密武器”。有了军方财力对研发的初始支持，阿代尔建造了配置有双发动机的飞机“阿维翁”Ⅲ号。然而1897年10月接受军队检阅时，这架飞机却未能飞离地面。于是政府取消了资金支持，阿代尔的试验也宣告终止。

动力飞行最杰出的倡导者是出生于美国的海勒姆·马克沁（Hiram Maxim）爵士——马克沁机枪的发明者。他写道：“模仿鸟类是毫无必要且不实用的……只要给我们一台发动机，我们就能在极短的时间内给你一台成功的飞行器。”19世纪90年代，马克沁拿出其数量可观的财富中的大部分，在肯特郡其私有的土地上建造了一架体积庞大的双翼飞机。马克沁根本没打算让这个大家伙起飞。按照设计，它被放置在由两组轨道组成的匠心独运的试验轨道上。飞机在下面的轨道上运行，为起飞积蓄速度；上面的轨道则用来防止飞机升空后任意飞行，否则势必导致坠毁。1894年7月，马克沁的飞机在加速到时速67千米（42英里）后升空，却缠绕在上方的轨道上，损失巨大。马克沁的试验自此停滞不前。

马克沁、阿代尔及其他关注动力飞行的试验家们几乎从来没有想过，当被带至空中后，他们该如何实际驾驭自己的飞行器。

大型双翼飞机

这个试验装置是海勒姆·马克沁于19世纪90年代建造的一架货真价实的巨大飞机。翼展足有33米（107英尺），重量超过3.6吨（3.5英吨）。飞机上安装了两台180马力的蒸汽发动机，各自驱动一个直径5.5米（18英尺）的螺旋桨，推动飞机沿轨道行进。

协会访问

海勒姆·马克沁（正中间斜倚着的人）和大英帝国航空学会的成员在英格兰肯特郡鲍尔温斯公园中合影，身后是他的巨大的蒸汽驱动双翼飞机。

奥托·李林塔尔

奥托·李林塔尔（1848~1896）出生于波美拉尼亚（Pomerania），很早就对鸟类的飞行产生了浓厚兴趣。虽然他接受了工程师训练，且经营一家生产蒸汽发动机的工厂，但始终坚信鸟类学是开启人类飞行的钥匙——1889年，他出版了《鸟类飞行：航空的基础》（*Birdflight as the Basis of Aviation*）这一具有开创意义的著作，单单从书名就不难看出他所秉持的这种信念。1891年，他首次试飞了今天所谓的悬挂式滑翔机，并因此声名大噪，但他从未放弃以扑翼作为推动力的念头。李林塔尔一方面对翼型进行系统实验，展现出严谨的科学态度，同时他还兼具表演技巧，推动人类飞行引起公众注意。他拥有血气之勇，对飞行发展产生了深远影响。1896年，他因滑翔机坠毁而去世。

“鸟人”先驱

李林塔尔毫不妥协地坚持自己的方法，赢得了“鸟人”的称号，他的聪明才智和系统的研究方法极大地激励了其他严谨研究者。

而同时期的无动力飞行试验家却希望通过不断累积飞行经验来取得进展。他们推崇的领军人物是德国“飞人”奥托·李林塔尔。

“飞人”

就某些方面而言，李林塔尔是中世纪“鸟人”和“跳塔人”的传承者。借助与飞鸟翅膀类似的大翅膀，利用山坡辅助加速，令自己跳入空中，成为一架远离地面的滑翔机。李林塔尔的飞行场面让人印象深刻，却有违19世纪末人们对于飞行进展的设想。难怪拥有制作精良的强大蒸汽发动机、高价建造的试验轨道的海勒姆·马克沁对李林塔尔嗤之以鼻，嘲笑他是“飞行松鼠”。然而显而易见的是，相比马克沁和阿代尔，狂热的李林塔尔对飞行的研究更为科学和实际。李林塔尔谨慎仔细地研究鸟儿飞行和鸟类解剖学，总结出曲面机翼是产生升力的必要条件。他使用特殊建造的试验设备进行深入研究，探索哪种机翼或者说哪种翼型能提供最大升力。

相较于李林塔尔对空气动力学进行系统研究的精神，更令人钦佩的是他致力于亲身飞行试验的勇敢。最初他试验的是扑翼飞机，但这些徒劳无功扑打着翅膀的机器很快就被固定机翼的滑翔机取而代之。1891年到1896年间，李林塔尔总共设计并建造了16种不同的滑翔机，其中大部分是单翼机，也有双翼机。这些滑翔机结构轻薄易损，棉布拉平后被固定在柳树条或者竹骨上。但与马克沁笨重的机器不同，这些滑翔机可以飞行。

李林塔尔总共进行了2000余次飞行，最长的一次飞行距离达350米（1150英尺）。他从这些飞行试验中学到了关键一课——在空气中移动并非易事。李林塔尔的滑翔机没有控制系统，所以他必须在风向改变时调节身体重心以保持平衡和稳定。一位前来观看的美国记者这样形容李林塔尔的动态飞行模式：“他在大约50英尺（15米）高的空中，以极快的速度越过我的头顶……机器突然倾斜，像是突然有风袭击了左翼……他用力地摆动双腿，让机器恢复平稳，然后掠过下方的田野，飞向远方。”

最后的奉献

在这样不稳定的机器中反复试验，风险是非常大的。为了坠毁时自保，李林塔尔发明了一款减震器，但只是偶尔才会使用。1896年8月9日，因狂风突袭，李林塔尔的滑翔机失控坠毁，他本人也于次日因伤离世。那时，李林塔尔已经成名，他的飞行照片激发了公众的广泛兴趣，他的著作被翻译成多种语言。他最为成功的作品——11号标准单翼机，成为史上第一款大量生产的飞行器，被销售给许多狂热的飞行爱好者。众多试验家受他的鼓舞，在19世纪末继续探索滑翔机飞行，其中包括英国人珀西·皮尔彻（Percy Pilcher）、美国人奥克塔夫·夏尼特以及莱特兄弟。

令人印象深刻的场面

奥托·李林塔尔的滑翔机实验吸引了众多民众，并为其赢得了“飞人”的美誉。大多数实验在柏林城外的利歇尔费尔德（Lichterfelde）进行，李林塔尔在当地建造了一个锥形山丘，便于根据风向选择从山丘的哪一侧起飞。

然而不可否认的是，李林塔尔的研究具有严重的局限性。尽管他通过实验证明，控制系统对于任何飞行器都至关重要，但他终究只会通过调节飞行员的重心来保持飞机平衡，除此之外别无突破。此外，他的滑翔机只适合娱乐。如果真要把飞行投入实际用途，动力飞行器是必不可少的。然而，当李林塔尔将注意力转向动力飞行后，他寄希望于使用发动机为扑翼提供动力，而这条路注定是走不通的。

夏尼特的滑翔机

出生于法国、居住在美国芝加哥的奥克塔夫·夏尼特在19世纪80年代对飞行产生了浓厚的兴趣，那时他还是个富裕的中年土木工程师。他精力充沛，善于交际，在联系了当时所有航空先驱，对飞行有了深刻了解后，于1894年发表了影响深远的著作《飞行机器的进步》（*Progress in Flying Machines*）。

“他们一致认为，在空中滑行的感觉太棒了。”

奥克塔夫·夏尼特

谈及受邀驾驶滑翔机的参观者的反应时如是说道

最终，自然而然地，夏尼特开始了自己的飞行试验。他和众多年轻的助手合作——其中最著名的是纽约飞行爱好者奥古斯斯都·赫林（Augustus Herring）——发明了多种悬挂式滑翔机，并于1896年夏天开始和团队一起在密歇根湖南岸由自然风力形成的沙丘上进行试验。试验地点距芝加哥仅有50千米（30英里），这些“怪人”的行为很快吸引了诸多好奇者前来观看，其中不乏记者和新闻摄影师。

此次飞行试验遭遇重重困难。由于当地风力强劲且无法预测，夏尼特的团队往往刚到达沙丘，帐篷就被一场风暴撕成了碎片。他们通过实验证明，李林塔尔设计的滑翔机几乎无法飞行，于是很快放弃了它——李林塔尔的牺牲也从侧面证实了这个观点的正确性。

为寻求更安全稳定、不需要飞行员摆动身体就能实现平衡的飞行器，夏尼特试验了一种不少于12个摆动翼的滑翔机。他坚持认为“摆动的应该是机翼，而非飞行员”。但是，作为飞行员进行试验的年轻合作者们却不太认可这种多翼机。

这年夏末，真正的进展出现了。夏尼特和赫林通力合作，设计了一款双翼机，飞行高度可达110米（360英尺）。这款双翼机的两个机翼由普拉特桁架支撑，该体系为后来的飞行器设计做出了重要贡献。机翼是固定的，十字形尾翼增强稳定性。经验证，这款双翼机稳定可靠，易于操作，他们甚至会邀请参观者驾机兜风，飞越沙丘。

沙丘飞行

1896年，夏尼特和赫林合作设计的双翼机从密歇根湖畔的一个沙丘上滑翔而下。由于当时已经60多岁了，夏尼特并没有亲自进行试飞。

"空中旅行者"号的发射

破灭的梦想

1903年10月，"空中旅行者"号进行首次试飞。飞机从一艘游船顶棚被弹射而出，飞离轨道后便一头向下栽去，坠入波托马克河中。事后"飞行员"获救，受损飞机被拖去修复。

1903年10月7日，工程师查尔斯·曼利（Charles Manly）爬上了一架庞大的飞行器，此刻它正被放置于华盛顿特区以南65千米的波托马克河上一艘游船的顶棚上。这就是塞缪尔·皮尔庞特·兰利（Samuel Pierpont Langley，1834~1906）设计的"空中旅行者"号（Great Aerodrome），这是一个历时4年、耗资巨大的项目的产物，该项目旨在实现重于空气的载人飞行。受邀前来观看首次飞行的观众由新闻记者、军事及科技观察员组成。

曼利是一位机械天才，他开创性地发明了用于飞机的52马力轻型汽油发动机。按计划，他在此次飞行中的角色是乘客而非飞行员，因为兰利的飞机稳定性很高，可以实现自主飞行。试验开始后，曼利抬起手臂示意发动机运行平稳顺畅，一位工人随即挥动斧头砍断了固定飞机的缆绳。弹射器向前弹出，驱动飞机加速行驶至轨道尽头。日后兰利这样形容随后的惨痛失败："飞机刚离开轨道，观众……发现飞机猛地向下栽去……发动机功率达到最大，飞机连同机上的工程师一起坠入水中。"曼利挣扎着爬出飞机，幸免于难。

为了实现载人飞行的承诺，兰利面临着巨大压力。飞机修复完成时已是冬季，飞行条件远不如人意，但就像兰利写的那样："该工程的资金已经耗尽，无法等到春天天气适宜的时

建造中的“空中旅行者”号

工人们在游船顶部的发射轨道上组装兰利的“空中旅行者”号飞行器，为第一次飞行做准备。一个精巧的发射架已经建成，用来驱动飞行器沿轨道运行并升入空中。

候再进行试验……”1903年12月8日，“空中旅行者”号在华盛顿郊外的阿纳卡斯蒂亚河上进行第二次试飞，河边站满了观众。勇敢的曼利又一次从轨道上被弹射而出，庞大的机器升空后不久，整个机尾随即变形崩塌，不幸地坠入冰冷的河水之中。曼利被压在飞机的残骸之下，最后得以脱身。

面对铺天盖地的冷嘲热讽，兰利把失败的原因归咎于发射装置有问题，坚持称若不是此次出现了发射故障问题，自己的“空中旅行者”号是能够试飞成功的。

19世纪即将结束，随着内燃机的进步，在某些滑翔机上安装发动机成为可能。和蒸汽机相比，内燃机的功率重量比更高。李林塔尔的信徒珀西·皮尔彻是首位差点建成汽油航空发动机的飞行家。他计划用4马力的设备为自己设计的一台滑翔机上的螺旋桨提供动力。然而在1899年，动力飞行器尚未组装完成，皮尔彻就在一次示范飞行中因飞机坠毁离世了。

李林塔尔和皮尔彻的意外死亡使得坚信滑翔能实现载人动力飞行的人们遭遇重大挫折。通往成功的大门似乎正为那些动力飞行的追随者重新开启，杰出的美国科学家塞缪尔·皮尔庞特·兰利便是其中的代表人物。兰利对李林塔尔及其从众不屑一顾，认为在空气动力具有稳定性的飞机上使用足够推力就能解决飞行难题。1896年，他驾驶蒸汽驱动的原型机从波托马克河的一艘游船甲板上成功起飞，这更让他坚信自己的观点。他把这些模型机命名为*Aerodrome*，在希腊语中意为“空中旅行者”，其翼展约为4.25米（14英尺）。在试飞中，一架飞行了1分钟30秒，另一架飞行了1分45秒。

如果兰利就此罢手，他将因对航空业做出的贡献而名留青史，但人类追求载人飞行的愿望太强烈了。1898年，美国和西班牙开战。美国陆军部为兰利提供大笔经费，让其建造一种飞行器作为潜在的战争武器。有了政府的5万美元资助和史密森协会筹集的资金，兰利乐观地预期会在1899年末实现载人飞行，然而计划却一再延迟。兰利决定使用汽油发动机为飞机提供动力，但功率重量比达到其要求的发动机耗费数年才最终问世。制造“空中旅行者”号模型的全尺寸飞机对史密森协会工厂而言也是项繁重复杂的工作。这项工程耗资远远超过预算，而且落后进度四年。然而最终建成的巨大飞行器却根本无法运转。不论是从空气动力学还是从结构上来看，这架飞机都存在致命缺陷，加之缺乏控制系统，这导致其两次在起飞时直接坠入波托马克河，兰利的名誉也随之沉入水底。

美国顶尖科学家进行的政府资助项目惨败，让许多人认为重于空气的飞行根本就是天方夜谭。然而讽刺的是，1903年12月，在兰利进行最后一次“空中旅行者”号试验仅仅9天后，两位来自俄亥俄州代顿市的自行车制造商就证明这种怀疑是错误的。

塞缪尔·皮尔庞特·兰利

作为一名天文物理学家，塞缪尔·皮尔庞特·兰利早在宾夕法尼亚州阿勒格尼天文台工作时就已声名鹊起。他被公认为美国顶尖的科学家之一，并于1887年被任命为享有盛誉的华盛顿史密森协会秘书长。

19世纪80年代，兰利开始研究飞行的可操作性，并利用史密森协会的资源不断进行试验。起初他建造以橡皮筋为动力的小模型，而后是大一些的以蒸汽为动力的“空中旅行者”号模型。与莱特兄弟截然不同的是，兰利从未亲手制造过或者驾驶过任何飞行器。他的载人飞机“空中旅行者”号是金钱筹集和政府支持的产物。“空中旅行者”号1903年公开演示的失败，对这位自负的科学家造成了毁灭性的打击。

学者

作为一名备受尊敬的公众人物和享有盛名的科学家，“空中旅行者”号的惨败让兰利蒙羞。

英国试验家

英国先驱珀西·皮尔彻在展示其在李林塔尔影响下发明的蝙蝠滑翔机。1899年去世前，他还在试验如何给滑翔机安装发动机，之后莱特兄弟沿着这条道路继续前进，终于使得飞行器走向动力飞行时代。

动力飞行第一人

20 世纪来临之际，动力飞行的愿望即将成真。人们好奇的是，谁会成为动力飞行第一人？

“几年来，人类能够飞翔的信念一直折磨着我。这种信念越来越狂热，我觉得我将为此付出大量金钱甚至生命。”

威尔伯·莱特
1900 年

1908年8月8日，星期六的下午，法国西部城市勒芒城外的汉努狄耶斯（Hunaudières）赛马场上，威尔伯·莱特从容地坐在一架飞行器的操控台前。这个神情淡漠的男人身穿灰色西装，头戴高尔夫球帽，硬挺的高领一丝不苟，正在为于欧洲的首飞做准备。他希望向世人证明，他和弟弟奥维尔是世界上实现动力飞行的第一人。

一个内敛的人
尽管威尔伯·莱特性情内敛，严肃冷淡，但他的私人信件表明，他有种刻薄的幽默感，而且聪明敏锐。

观看此次飞行的是一群飞行爱好者，其中大多数抱着幸灾乐祸的态度，希望看到这个美国人的惨败。这群人知道莱特兄弟宣称早在1903年就进行了动力飞行，但人们普遍对此表示怀疑，不相信他们已经征服天空。因为之前法国也有一些人宣称自己是“动力飞行第一人”——比如阿尔贝托·桑托斯-杜蒙特，1906年，他驾驶重于空气的飞行器贴地飞行；还有在1908年早些时候飞行一周、飞行距离达1千米（0.6英里）的亨利·法曼（Henri Farman）。

自从威尔伯·莱特抵达法国后，媒体就发表文章，大肆嘲讽，称他“不是一个飞行者，是个说谎精”。

对于这次飞行能否打消铺天盖地的怀疑，威尔伯·莱特自己也不确定。他从来没有驾驶过这架莱特A型飞机。他花了很长时间做准备工作，丝毫无视人群中涌动的焦躁，最后终于宣布：“先生们，现在我要起飞了。”助手使两具螺旋桨开始运转，随后重量装置从弹射架上落下，飞机沿发射轨道行驶，升入空中。莱特保持10米的飞行高度，到达赛马场的另一端，然后一个优雅的回转调头，越过观众头顶飞了回来。再次绕赛马场飞行一周后，莱特操控飞机，利用起落架稳稳着陆。人群沸腾了，他们大力鼓掌，欢呼庆祝，一拥而上把驾驶员围在中间。这场飞行持续了1分45秒，比法国人之前见过的任何飞行表演都要精彩。

在勒芒成功飞行后，大部分人——当然不是所有人——都认可，莱特兄弟确实是首次持续可控、重于空气的动力飞行的发明者。

1903年莱特兄弟的“飞行者”号
1903年12月17日，奥维尔·莱特在北卡罗来纳州基蒂霍克（Kitty Hawk）的屠魔岗（kill Devil Hills）完成了世界上首次重于空气的动力飞行。“飞行者”号在12秒内飞行了37米（120英尺）。在第四次也是最后一次飞行中，威尔伯作为驾驶员，持续飞行时间长达59秒，距离为260米（852英尺）。

莱特让批评者哑口无言

1908年，威尔伯·莱特驾驶莱特A型飞机在欧洲进行了一系列表演，赢得高度赞誉，令大部分欧洲飞行爱好者信服莱特兄弟的确是“动力飞行第一人”。一位法国记者这样评价威尔伯的表演：“有十足把握且无比优雅。”

然而这怎么看都像历史所做的一个恶作剧。动力飞行这一目标，难倒了众多杰出的科学家、工程师和富有的爱好者们，却偏偏被在俄亥俄州代顿市经营一家自行车店的两兄弟实现了。

与时俱进的两兄弟

奥维尔·莱特和威尔伯·莱特的生活远离时尚和权力中心，但在成长过程中，两人一直密切关注时代思潮和发明创新。在两兄弟的性格形成阶段，各种新发明相继问世，包括电话、汽车、电灯、无线电报、电影院等。托马斯·爱迪生和亚历山大·格雷厄姆·贝尔（Alexander Graham Bell）等发明家成为当时的英雄人物。19世纪90年代，飞行试验几乎家喻户晓，莱特兄弟对此产生浓厚兴趣也是理所当然的。他们出于兴趣，进行坚持不懈的研究，认为飞行“几乎算得上是唯一一个进步前景广阔的重要领域”，威尔伯如此写道。

> “……在如何正确地制造飞机这方面，我有一些偏爱的理论……”
>
> **威尔伯·莱特**
>
> **1899年寄给史密森协会的信**

从一开始，莱特兄弟就采取了系统有序的方法，这是贯穿他们研究的一大特点。他们首先需要吸收已有的知识。1899年5月，威尔伯写了一封信给史密森协会，请求查看所有可能与飞行有关的档案，以及为自己提供一份关于飞行研究的读书清单。“我希望能充分利用现有知识，”威尔伯写道，“也希望自己能为后来的研究者取得最终成功尽绵薄之力。”史密森协会很快就有了回应，并给予莱特兄弟很大帮助。

在研究凯利、佩诺、夏尼特、李林塔尔、兰利等先驱者的成果时，莱特兄弟发现了一个被忽略的领域：平衡操控。兰利等人认为飞行器就像汽车，本质上是平稳的，启动之后控制即可。但莱特兄弟敏锐地察觉到飞行器更像自行车，需要不断地进行平衡调节才能正常飞行。从最初开始，他们就认定，问题不只在于如何制造飞行器，还在于如何控制它。

最初的试验

在飞机机翼上他们取得了第一个突破性的进展。在观察红头美洲鹫飞行时，威尔伯发现，通过翼尖羽毛的运动，红头美洲鹫能很好地控制左右平衡。飞机的翅膀如何才能实现同样效果呢？两兄弟陷入了长时间的沉思，直到威尔伯突然间灵光闪现。在无意识地扭曲着一个狭长的硬纸板盒时，他意识到机翼也可以这么做。“翘曲机翼”便由此诞生。

1900年，莱特兄弟已经准备好，要用在自家自行车店制作的滑翔机进行试验了。滑翔机试验对风有要求，于是他们咨询了美国气象局，最终确定将北卡罗来纳州海岸的一个小村落基蒂霍克定为合适的试验地点。

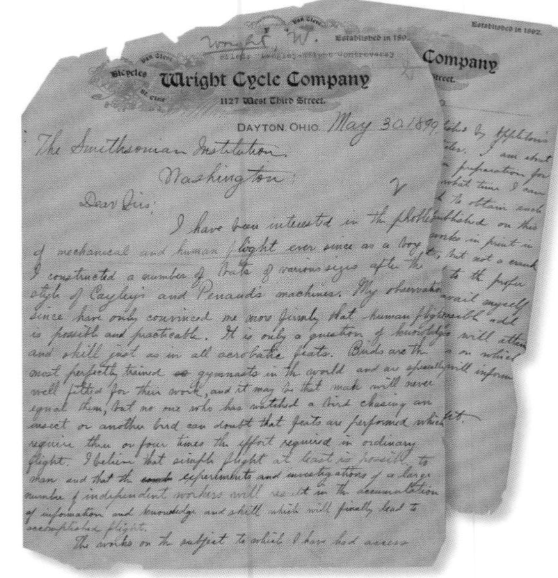

Bicycles Wright Cycle Company
1127 West Third Street.
DAYTON, OHIO. May 30 1899

The Smithsonian Institution
Washington

Dear Sirs;

I have been interested in the problem of mechanical and human flight ever since as a boy I constructed a number of bats of various sizes after the style of Cayley's and Penaud's machines. My observations since have only convinced me more firmly that human flight is possible and practicable. It is only a question of knowledge and skill just as in all acrobatic feats. Birds are the most perfectly trained gymnasts in the world and are specially well fitted for their work, and it may be that man will never equal them, but no one who has watched a bird chasing an insect or another bird can doubt that feats are performed which require three or four times the effort required in ordinary flight. I believe that simple flight at least is possible to man and that the experiments and investigations of a large number of independent workers will result in the accumulation of information and knowledge and skill which will finally lead to accomplished flight.

The works on the subject to which I have had access

威尔伯寄给史密森协会的信

1899年5月，威尔伯·莱特写信给史密森协会，表达了自己对飞行的浓厚兴趣。

测试滑翔机

这架风筝滑翔机是莱特兄弟制作的第二架飞机，翼展为5.2米（17英尺），前方装有一个升降舵，按照计划是可以载人的。然而，1900年9月，在基蒂霍克附近的屠魔岗进行试验时，他们很快发现，除非风力很强，否则机翼的升力不足以承担一个人的重量。

威尔伯·莱特和奥维尔·莱特

威尔伯（1867~1912）和奥维尔（1871~1948）在家中分别排行老三和老五。父亲米尔顿·莱特（Milton Wright）是基督教会的一位主教，母亲叫苏珊。威尔伯本来可以去读大学，但18岁那年的一场意外运动事故导致他几年内健康状况不佳。最后，兄弟俩都没能够接受大学教育，而是留在家中经营生意。在做了几桩生意后，兄弟俩在1892年开始了自行车贸易。最初只是对外出租，很快便拓展业务，开始自己制造自行车，并以极低的价格出售（只卖18美元，而1892年奥维尔买第一辆自行车时花了160美元）。1896年李林塔尔为飞行事业牺牲的事迹激励了两兄弟，从1899年开始，他们便将自行车商店的利润投入到飞行试验之中。据估算，他们花了1000美元才解决了动力飞行的难题。他们有对付像自行车这种内在不稳定的机械的丰富经验，也有足够的洞察力，能把轻便性和牢固性结合在一起，以达到可控和平衡。拥有这些优势，他们另辟蹊径，寻求制作出可飞行的重于空气的飞机的新方法。

“从孩提时代开始，我就和弟弟奥维尔一起生活，一起玩耍，一起工作，还有……一起思考。”

威尔伯·莱特

莱特兄弟善于创造且自力更生，不但具备自己制作工具和发动机的操作技能，还求知若渴，聪慧过人，能解开复杂的理论难题。他们是天资聪颖、持之以恒又有条不紊的试验家，也是勇敢果断、身体力行的试飞员。同时，他们又很小心谨慎，尤其是威尔伯，他只在试验和表演等必要的时候才会进行飞行。

两兄弟都不喜欢奢侈富贵的生活。他们不抽烟不喝酒，也很少和除妹妹之外的其他女性在一起。1908年，威尔伯在法国完成飞行表演后收到诸多赞誉，很多皇室人员和商人向他献殷勤，但他还是自己做饭，陪着他的飞机睡在飞机棚里。

莱特兄弟非常自信，却对家族之外的人怀有深深的猜疑。作为商人，他们十分固执，对诽谤他们的人绝不宽容。从本质上说，他们生性孤僻，然而，面对巨大的声誉，他们又应对自如。1912年，威尔伯因伤寒症不幸去世；奥维尔则在1948年去世，亲眼目睹了喷气机时代的到来。

莱特自行车商店

19世纪90年代，骑自行车成为一种潮流。1892年，莱特兄弟结合其商业头脑和工程技能，在俄亥俄州代顿市开办了自己的“莱特自行车公司”。

享誉欧洲

在1909年欧洲巡回表演期间的威尔伯（左）和奥维尔。在法国、意大利和英国，他们受到了国王、政治家和将军们的盛情款待。

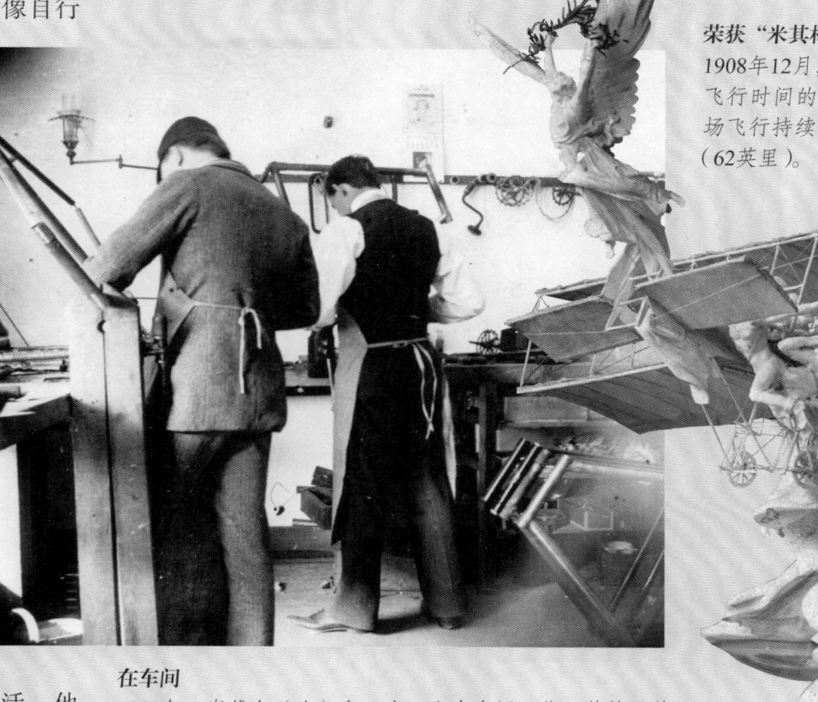

在车间

1897年，奥维尔（右）和一名工人在车间工作。莱特兄弟的商店装备齐全，原材料和机械设备均可供使用，为其研究飞行问题提供了便利。

荣获“米其林杯”大奖

1908年12月，威尔伯在法国打破了飞行距离和持续飞行时间的世界纪录，获得“米其林杯”奖。这场飞行持续了两个多小时，飞行距离超过100千米（62英里）。

1900年9月，莱特兄弟在基蒂霍克扎营，开始组装第一架滑翔机。

测试滑翔机

这架双翼机在许多方面都很像后来他们最终完成动力飞行的那架飞机。飞行时，飞行员俯卧在下层机翼的翼隔上，以最大限度地减少阻力。飞行员前面伸出来一个可偏转升降舵，可以通过操控手柄来控制偏转角度。翘曲机翼装置则由飞行员的双脚进行操作。天气适宜时，他们就把这架设计精妙的装置拖到高高的沙丘上。两兄弟中的一个爬到飞行器上，另一个和一位当地的助手——通常是丹（Dan）或者比尔·泰特（Bill Tate）——一起，一人一边拉住飞行器的翼尖。飞行员准备就绪后，他们拽着飞行器逆风跑下山丘，直到它升到空中。莱特兄弟非常满意地发现操控机制运行良好，飞行器飞行平稳，并且着陆顺利。

1900年冬季，回到代顿市后，莱特兄弟研制了一架新滑翔机，体积大过之前人们试飞过的所有飞行器。这款滑翔机最让人不满意的一点就是升力低于预期。莱特兄弟之前以李林塔尔公布的升力和载重的计算结果为依据设计了机翼大小和形状，尤其是弯曲弧度。如今他们根据相同的数据进行了第二次尝试，机翼面积几乎是之前的两倍，弧度也更大了。

1901年夏天，莱特兄弟又回到北卡罗来纳州的沙丘，这次是扎营在基蒂霍克几英里之外的屠魔岗，停留时间比上次更长。那时，他们已经是自发形成的飞行爱好者协会的固定会员，经常和协会里经验丰富的老前辈奥克塔夫·夏尼特进行沟通，后者这次还专门赶过去看他们新一轮的试验。新试验很不顺利，经过多次尝试，滑翔机才飞起来，但刚一脱离地面，机鼻就猛地上仰或俯冲，非常危险。改动机翼形状虽然在一定程度上保持了可控性，但却显著增加了试验的危险系数。有一次，威尔伯像李林塔尔一样陷入飞机失控的险境。万幸的是，前翼升降舵被证明是绝佳的安全装置，在降落时起到了缓冲作用，避免了惨重的坠毁。

> *“我们相信，鸟身上的任何一个部位都可以被仿生并按照更大的尺寸进行建造。”*
>
> **奥维尔·莱特**

莱特兄弟在1901年进行试验时，目的之一就是想利用翘曲机翼装置来实现倾斜转弯，但在一次试验时，飞行器侧翻导致威尔伯受伤。莱特兄弟绞尽脑汁，想弄明白失败的原因，最终认为是翘曲机翼产生的曳引效应不符合飞机的空气动力学。后来，威尔伯写道：“1901年底离开基蒂霍克时……我们认为这些试验是一次巨大的失败。”

但两兄弟并没有放弃。相反，他们认定“迄今所有飞行器赖以建造的数据都是不可靠的”，于是他们开始利用自制的风洞，研究不同翼型在不同速度和角度下移动时产生的升力，并利用这些研究数据和试验成果建造了一架全新的滑翔机，为1902年飞行季做好了准备。

不稳定但反应灵敏

1902年，威尔伯（左）和奥维尔（控制飞行器者）正在发动其3号滑翔机，这时他们已经试验和掌握了控制系统。可偏转尾舵和翘曲机翼共同发挥作用，实现了对飞行器的横向操控，使之能够顺利进行倾斜转弯。

一位重要的来客

上图展示了1901年8月奥克塔夫·夏尼特（左数第二个坐着的人）来访时，与莱特兄弟在北卡罗来纳州屠魔岗居住的帐篷。夏尼特是滑翔机设计的先驱，对莱特兄弟的滑翔机试验表现出了极大的兴趣（右图）。

莱特兄弟周密的试验

1901年冬季，莱特兄弟进行了一系列重要试验，颠覆了对机翼设计的既定认知。他们的目的是测试多种不同形状机翼的潜在性能，并确定它们各自的空气动力学属性。

最初，他们利用一辆自行车进行简易试验。兄弟二人中一人骑着自行车以产生气流，另外一人则不断调整翼面角度，直到其能抵消空气对平面金属板产生的压力（见最右侧图）。

虽然该试验证明之前公布的数据（来自李林塔尔等人）是错误的，但莱特兄弟得出的数据也缺乏精确性。试验面临的最大挑战是如何产生完全受控的气流并对试验结果进行精确记录。为此，莱特兄弟建立了一个风洞，用两个月的时间来研究在特定条件下各种机翼的表现。他们最终得到了一组十分精确的数据，并将其应用到机翼设计上。

机翼试验

莱特兄弟用金属薄片制作了约200种不同形状的机翼（如上图），并记录它们各自在风洞中的表现。右图安装在自行车上的装置有两个翼面：一个试验用的机翼和一块用来比较的平面金属板。

世界上首次动力飞行

满怀期待

莱特兄弟的"飞行者"号停落在屠魔岗营帐旁临时搭就的飞机棚外（左图）。下图为1903年12月14号飞行开始前，飞机刚被运到木轨上，地勤人员和观众站在飞机旁边。

1903年12月17日早晨，屠魔岗的寒风时速达到了48千米（30英里）。这有助于"飞行者"号飞离地面，但同时也难免为控制这架未经检测的飞机制造了困难。三天前威尔伯·莱特曾进行试飞，不过短短几秒后就不太漂亮地坠地了，但莱特兄弟还是坚信他们配有动力装置的飞机是可以飞行的。

他们之前已商量好轮流驾驶飞机，所以这次轮到了奥维尔。上午10点，一面旗帜高高升起，向屠魔岗附近救护站的工作人员发出信号，他们答应做见证人，并提供帮助。接着，莱特兄弟开始在营地边铺设发射轨道。"飞行者"号太重了，不能像滑翔机那样由两个人举着机翼发动，而且轮子会陷入松软的沙子中。所以，他们计划从沿着木轨行驶的缆车上发射飞机。机器预热时，莱特兄弟就站在飞机边。当时的一位救生员约翰·丹尼尔斯（John Daniels）后来回忆写道："他们紧紧握住彼此的手……就像两个即将分离的人，不确定能否再次相见。"一台照相机已经就位，丹尼尔斯被委以摄影师的重任。奥维尔踏上飞机，面朝下卧倒。在飞机的轰鸣声和观众兴奋的呐喊声中，飞机脱离牵制的缆绳，沿着轨道滑行。飞机升空的一瞬间，丹尼尔斯抓拍到了下面这幅照片。

> *"这场飞行只持续了12秒，还有些起伏，颠簸不定，速度缓慢……但这毕竟是一次真正意义上的飞行而不是滑行。"*
>
> **奥维尔·莱特**
>
> **写于第一次重于空气的动力飞行**

和哥哥三天前的飞行一样，奥维尔发觉操控"飞行者"号非常困难，升空12秒后，飞机就撞到了地上。接下来的第二、第三次尝试也接连失败。不过这一切在第四次飞行面前，都变得无关紧要。这次，奥维尔是观众，他在日记中记录了当时的情况："中午12点，威尔伯开始了第四次也是最后一次飞行。飞机发动后还是和之前一样上下起伏，但在飞行三四百英尺

一幅具有历史意义的照片

1903年12月17日，"飞行者"号在人类首次载人飞行中飞离地面。奥维尔担任驾驶员，威尔伯举步欲迈，紧张地在一旁观看。这幅照片由约翰·丹尼尔斯拍摄，后成为20世纪重印量最多的照片之一。

之后，威尔伯开始控制住飞机，飞行状况非常平稳。”威尔伯这次飞行了59秒，飞行距离为260米（852英尺），最后“飞行者”号俯冲到一片石头林立的地面上，支撑前舵的支架严重损坏。“飞行者”号虽然在空中飞行不足一分钟，但绝对算得上一次持续可控的动力飞行！

这次必将载入史册的飞行过后，在人们试图把飞机运回营地时，途中遭遇强风，把飞机连同丹尼尔斯一同掀翻在地。丹尼尔斯很幸运，只有一些划伤和擦伤，但“飞行者”号损坏严重，不过这并没有影响莱特兄弟成功的喜悦心情。午饭过后，莱特兄弟来到基蒂霍克气象站给家里发电报，告诉家里人他们成功了，马上就会回去。

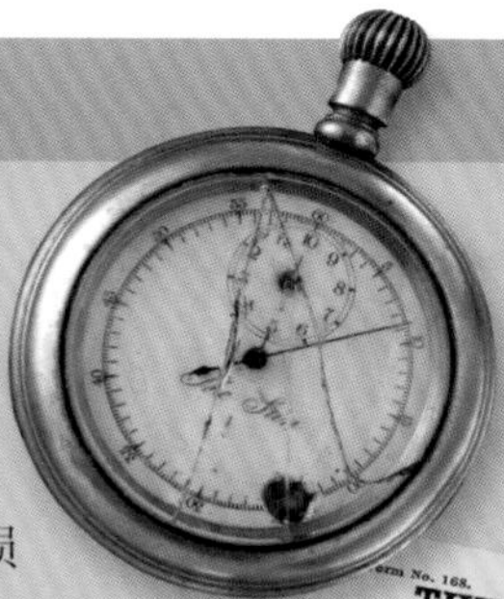

时间记录

莱特兄弟在1903年12月17日进行飞行试验时，用的就是这块便携式秒表。下图是奥维尔发给父亲的一则简短的电报，请父亲通知媒体其成功飞行的消息。

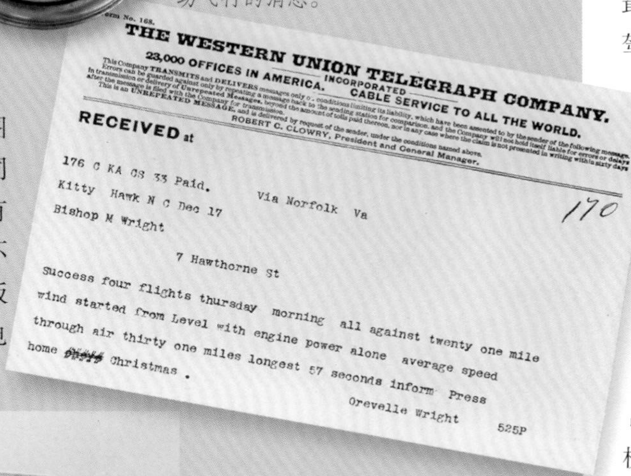

THE WESTERN UNION TELEGRAPH COMPANY.
23,000 OFFICES IN AMERICA. CABLE SERVICE TO ALL THE WORLD.
ROBERT C. CLOWRY, President and General Manager.
RECEIVED at
176 C KA CS 33 Paid. Via Norfolk Va
Kitty Hawk N C Dec 17
Bishop M Wright
7 Hawthorne St
170
Success four flights thursday morning all against twenty one mile wind started from Level with engine power alone average speed through air thirty one miles longest 57 seconds inform Press home Christmas .
Orevelle Wright 525P

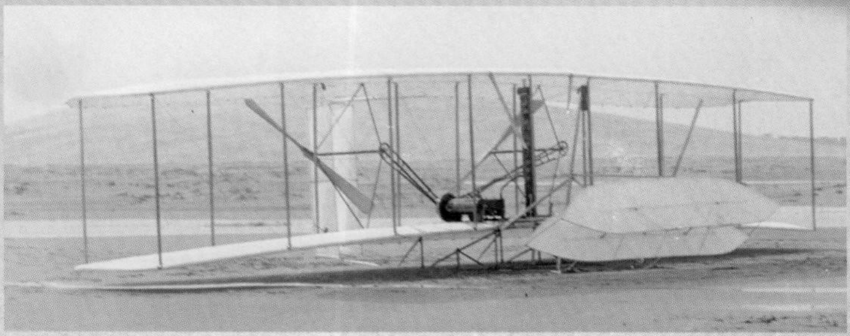

艰难着陆

第四次飞行持续了将近一分钟，着陆时，威尔伯遇到了麻烦，损坏了支撑前舵的支架。后来，飞机被运回营地，莱特兄弟打算在那里修好它。

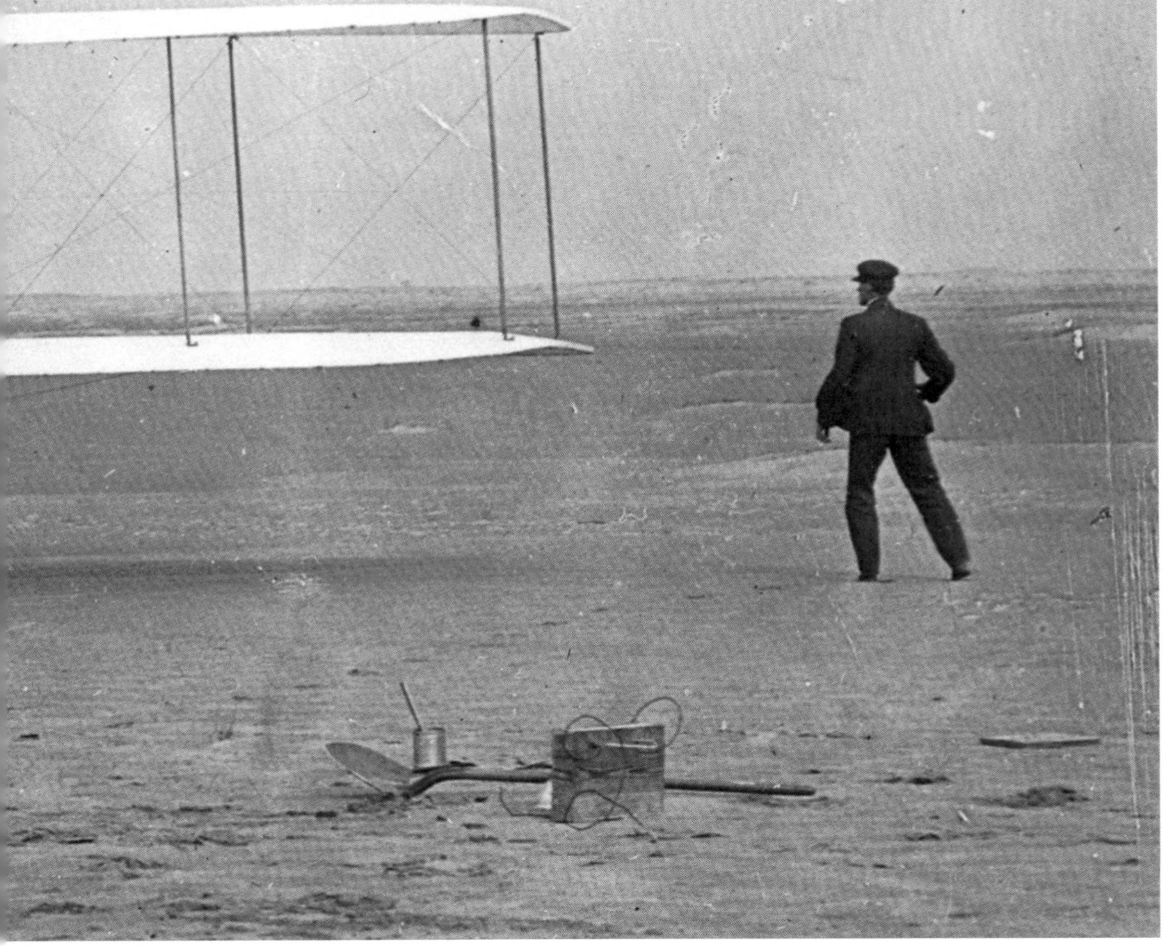

莱特兄弟根据新数据设计了一款更加细长、弧度更平缓的机翼，还第一次给飞机加上了尾翼——两片固定的垂直叶片，希望借此避免飞机在倾斜转弯时失控。

1902年诞生的3号滑翔机证实莱特兄弟的数据是正确的。从空气动力学层面而言，它是当时最高效的飞行器，但相比之前的机型，它也更难驾驭。在有过几次被摔出飞机的危险经历后，莱特兄弟权衡利弊，想出了一个解决方法。他们找到的罪魁祸首是被固定的尾翼。尾翼应该是可活动的，这样才可以调整产生平衡的拉力。于是聪明过人的莱特兄弟创造了一种控制系统，把尾翼和翘曲机翼连接到一起。夏末前，他们已经完成了多次滑行，最长距离达200米（600英尺），最长飞行时间达26秒。

至此，莱特兄弟已经准备好向动力飞行迈出重要的一步了。为此，他们还需要一台发动机和一个螺旋桨。由于汽车公司无法提供合适的发动机，于是莱特兄弟让其助手查利·泰勒（Charlie Taylor）制作了一台。后者提供的汽油发动机非常出色，自重82千克（180磅），可提供12马力的动力。相比之下，螺旋桨设计却出乎意料得困难，兄弟俩被迫解决了一个又一个理论物理学和数学难题。

莱特兄弟于1903年9月末回到屠魔岗，他们知道，就在同一时间，塞缪尔·皮尔庞特·兰利正准备第一次试飞其“空中旅行者”号。兰利第一次试飞失败的消息传来后，威尔伯写道：“好像该我们登场了，但不知道我们的运气如何。”

有一段时间，幸运之神似乎总和他们作对。检测平稳性时，飞机的表现反复无常，最后损坏了螺旋桨轴。螺旋桨被送去维修，但11月末重新进行检测时，他们发现修复好的螺旋桨轴又断了一根。奥维尔不得不回到代顿制作全新的钢制轴。

12 Pages
Virginian-Pilot.
FLYING MACHINE SOARS 3 MILES IN TEETH OF HIGH WIND OVER SAND HILLS AND WAVES AT KITTY HAWK ON CAROLINA COAST
TALLY SHEETS WILL DECIDE CONTEST
U. S. LANDING PARTY FINDS STRONG CAMP OF COLOMBIAN TROOPS
TO DEEPEN THE HARBOR AT NORFOLK
"WANTS CANAL BUILT WITHOUT SUSPICION OF NATIONAL DISHONOR"
NO BALLOON ATTACHED TO AID IT

报道失真

诺福克市《弗吉尼亚向导报》头版头条刊登的关于莱特兄弟在基蒂霍克试飞的故事是当时最有代表性的。因为报道极度失真，莱特兄弟不得不向媒体发表事实声明，披露试飞成功的细节。

12月8日，兰利的第二次尝试也以失败告终，莱特兄弟的机会来了。12月14日，他们进行首次试飞，威尔伯担任飞行员，飞机刚一起飞便失去了控制，轰然坠地。然而，12月17日周四这天，无数飞行梦想家的目标终于实现了（详情见18~19页）。

尽管有媒体报道此事——莱特兄弟自己也发表了一份媒体声明——但公众却反应平平。兰利"空中旅行者"号的惨败让人们对飞行抱有怀疑态度，大部分报社也拒绝发表关于重于空气飞行成功的新闻。而莱特兄弟本人的态度也无益于局面的改善。1904年1月，他们发表声明称："我们目前并不想发布任何关于该飞机的照片或者细节描述。"最初，莱特兄弟并未想刻意保密，但完成动力飞行后，他们决心在自己获利之前，不让别人窃取自己的设计创意。

1903年12月17日试飞成功后，他们依然面临着巨大的技术困难。把机器运回代顿市后，

辅助起飞
从1904年起，莱特兄弟开始利用上图的装置协助飞机起飞。飞机起飞前，一个被绳子绑在飞机前部的压重物首先被提升至塔架顶部。当飞机发动机启动，飞行员就绪后，压重物被放下，其下坠时产生的力推动飞机沿轨道前进。

他们就开始着手制造飞行器的改进型号并进行测试。因为俄亥俄州天气情况的迥然不同，1904年问世的"飞行者"Ⅱ号在起飞过程中遇到了麻烦。在带有弹射器的起飞系统的协助下，"飞行者"Ⅱ号可在空中飞行超过5分钟。1905年6月至10月间，莱特兄弟驾驶大幅改进的"飞行者"Ⅲ号进行了多次飞行，最长飞行时间达38分钟，距离超过了30千米（20英里）。

1903年的莱特"飞行者"号

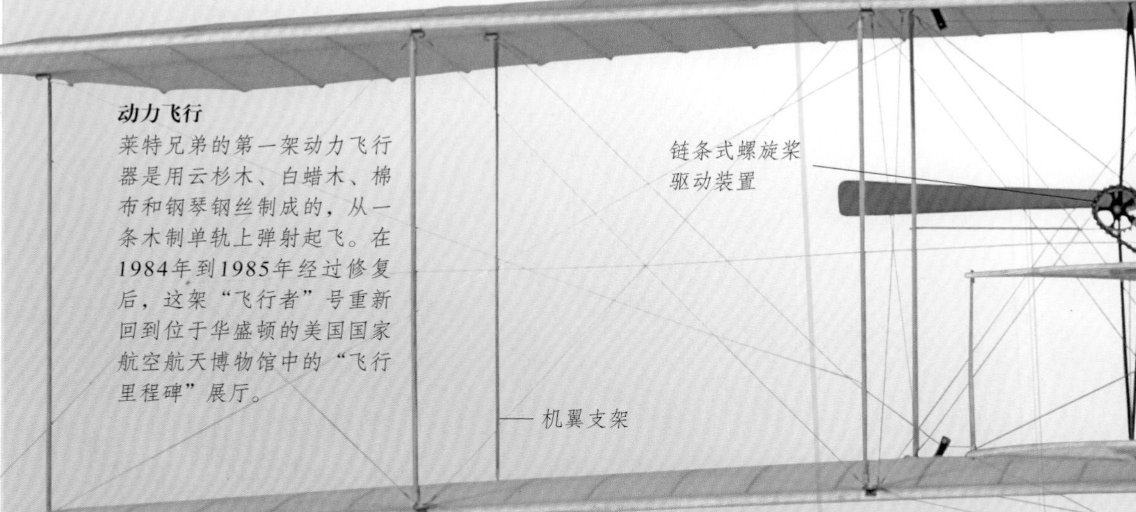

动力飞行
莱特兄弟的第一架动力飞行器是用云杉木、白蜡木、棉布和钢琴钢丝制成的，从一条木制单轨上弹射起飞。在1984年到1985年经过修复后，这架"飞行者"号重新回到位于华盛顿的美国国家航空航天博物馆中的"飞行里程碑"展厅。

莱特兄弟于1903年12月在基蒂霍克进行了多次飞行试验，每次都有不稳定的问题，机鼻（连带整个飞机）会上下颠簸。最后一次试飞时，机鼻猛然撞到地面上，前置升降舵严重受损，导致该阶段飞行被迫结束。

1903到1908年间，莱特兄弟潜心研究，在基本保留原有结构和控制系统的基础上，把最初的"飞行者"号升级成更坚固、动力更强的版本。所有的莱特飞机均是通过前置升降舵控制仰俯，通过双垂直方向舵控制偏航，通过扭转机翼，也就是翘曲机翼控制飞机的横滚。

莱特兄弟就像骑自行车一样，通过不断细微的调整让飞机保持平衡，使倾斜的飞机在空中绕圈飞行。这需要丰富的经验——必须要找到飞行的"感觉"。最棘手的当属异常敏锐的前

> "我相信，莱特兄弟的新飞机是有史以来最有可能实现动力飞行的飞行器。"
>
> **奥克塔夫·夏尼特**
> **1903年11月23日**

建造中
在屠魔岗简陋的飞机棚中，奥维尔把控制翘曲机翼的操纵线连接到机翼上。翘曲机翼由威尔伯发明，用以控制飞机侧倾。扭转机翼可以让机身的一侧抬高，不仅能使飞机平稳飞行，还能实现倾斜转弯，就像自行车拐弯那样。

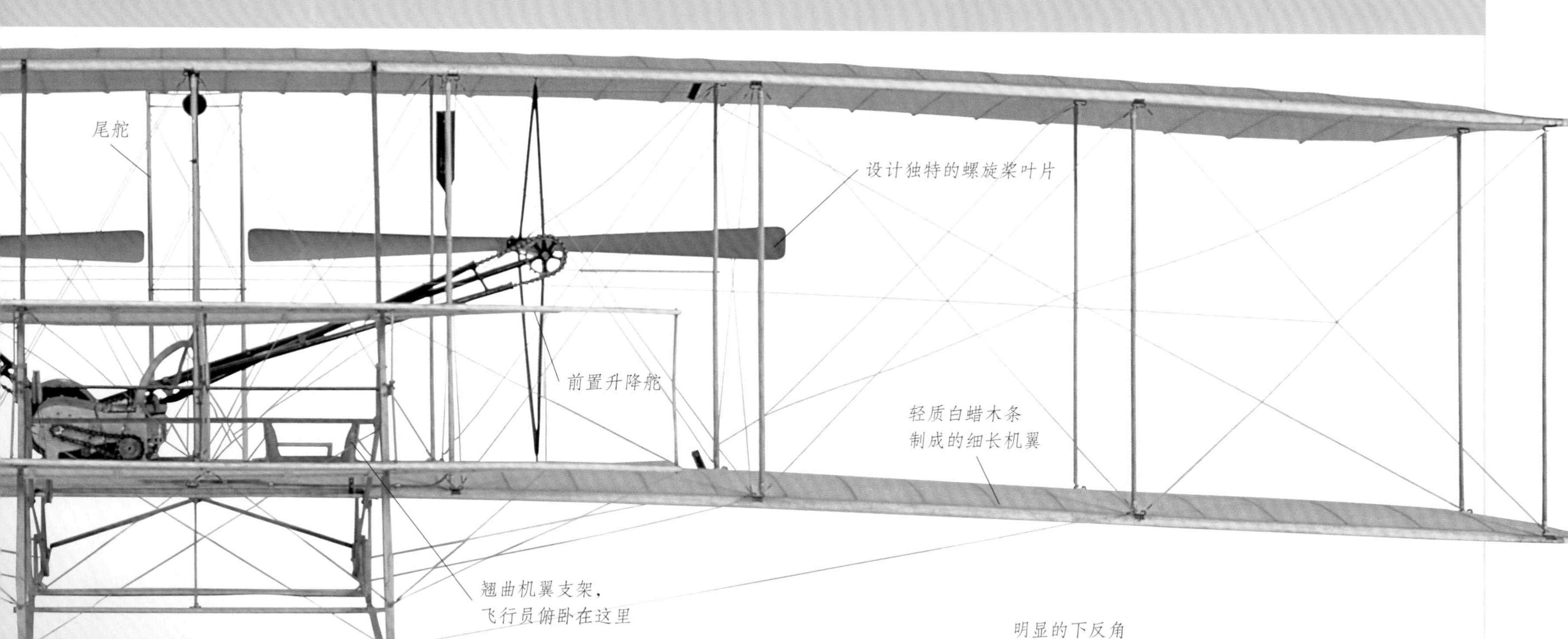

置升降舵，调节时出现一点小失误就会导致飞机猛然爬升或俯冲。

直到1905年底，莱特兄弟一直以俯卧姿势飞行。采用这种姿势一方面是为了减少阻力，同时也符合莱特兄弟对于飞机的本能感觉——借用后来一位飞行员的话就是——“它是你身体的延伸，随着你的运动而运动”。然而到了1905年10月，随着莱特兄弟不断取得飞行超过半小时的飞行成绩，这种俯卧的飞行姿势变得越来越不切实际，因为在整个过程中，飞行员必须始终仰起头以目视前方。在随后研制的莱特A型飞机上，飞行员开始能够以坐姿操控飞机，同时身边还能坐下一名乘客。

管式散热器
明显的下反角
（机翼下垂）
细长的螺旋桨
一对前置升降舵
“翘曲”
（扭转）机
翼的缆绳
尾舵
一对当作起落架的滑橇
原色棉布覆盖的木制翼肋

侧视图

下层机翼中心位置
这张下层机翼中心位置的特写展示了飞行员俯卧及操控飞机的位置。发动机和飞行数据记录仪器在飞行员右侧。

技术参数

发动机：12马力水冷4缸汽油发动机
翼展：12.3米（40英尺4英寸）
机长：6.4米（21英尺1英寸）
机高：4.1米（13英尺5英寸）
重量：274千克（605磅）
最大速度：48.3千米/小时（30英里/小时）

轻便的飞机

巴西先驱者阿尔贝托·桑托斯-杜蒙特设计的小型“少女”号单翼飞机（标号19），建造于1907年，翼展仅有6米（18英尺），可能是世界上第一架超轻型飞机。它被设计成“空中小汽车”，可轻松地被拆成两部分（机尾以及机翼和螺旋桨），以方便运输。

如果说，1903年莱特兄弟的飞行是否算“第一次动力飞行”尚有争议，那么截至1905年底，对于他们是当时世界上唯一拥有实用飞行器的人这一点，却是毋庸置疑的。那时，莱特兄弟做了一个不同寻常的决定，即停止一切试飞活动，把大部分精力放在寻求利润丰厚的商务合同上。他们最显而易见的潜在客户就是军队。

1905年1月，莱特兄弟写信给国会议员罗伯特·内文（Robert Nevin），称飞机可以“在战争时期搜索和传递信息”。但内文向美国陆军部提及此事时，官方对此却不屑一顾。国内受挫后，莱特兄弟开始接触英国和法国的军事机构。1906年春，一个法国代表团来到代顿市和莱特兄弟商谈，但双方没有达成一致。问题的关键在于莱特兄弟不肯在正式的购买合同签订之前展示其飞机。无法亲眼看到飞机飞行，潜在客户们很难相信他们。

莱特兄弟决定停止飞行的举动是非常冒险的。飞行爱好者们知晓他们大部分工作成果的细节，其他实验家很有可能赶上甚至超越他们。1907年，发明家亚历山大·格雷厄姆·贝尔在纽约的哈蒙兹波特（Hammondsport）成立了航空实验协会，聚集了包括摩托车制造商格伦·H. 寇蒂斯（Glenn H. Curtiss）在内的优秀人才，宣称要建造“一架可以承载一人，并且能够依靠自身动力在空中飞行的实用性飞机”。

格伦·H. 寇蒂斯

格伦·H. 寇蒂斯（1878~1930）出生于纽约市哈蒙兹波特港，是美国飞行事业的奠基人之一。和莱特兄弟一样，寇蒂斯最初经营自行车商店，后来转行制造摩托车并参与赛车。他制作轻型摩托车发动机的技能引起了发明家亚历山大·格雷厄姆·贝尔的注意，后者在1907年邀请寇蒂斯加入其航空实验协会——他发挥了主要作用，研制了一系列通过副翼控制的飞机，与莱特兄弟的翘曲机翼设计理念有所不同。在1908年美国独立日这天，寇蒂斯驾驶“六月甲虫”号飞机，在美国进行第一次公开飞行表演。

寇蒂斯是一位勇敢无畏的飞行员，经常出现在早期飞行聚会上，尤其是竞速项目中。后来，他成立了自己的飞机制造公司，在水上飞机和飞船设计领域处于领先地位。到1914年，他已经成为美国首屈一指的飞机制造商。

极具竞技精神的人

在凭借高超的飞行技巧获得诸多奖项后，寇蒂斯开始筹划自己的飞行表演（右图）。因为和莱特兄弟卷入了翘曲机翼技术专利权的漫长纠纷中，寇蒂斯的新事业遭遇挫折。

主要竞争

莱特兄弟最大的威胁来自法国。追溯到蒙特哥菲尔兄弟那个时代，法国人一直自诩是世界航空事业天生的领袖。莱特兄弟飞行成功的报道令法国航空俱乐部中的法国飞行爱好者陷入不安。有些人选择蔑视贬低莱特兄弟的成就，但大家一致认为作为爱国者，他们有责任证明法国人更胜一筹。然而美国人比较幸运的是，那些有志成为飞行家的法国人是热情有余，方法不足。尽管有关莱特兄弟翘曲机翼系统的详细描述已经公开化，但法国飞行家还是无法理解控制侧倾的重要

欧洲首次飞行

法国首位航空英雄是以创新精神和勇敢著称的巴西人阿尔贝托·桑托斯–杜蒙特。他在欧洲进行第一次重于空气的动力飞行（仅仅是一次跳跃）的时间，比莱特兄弟的成功晚3年。1906年11月12日，在法国巴加泰勒，杜蒙特站在其笨重的箱形风筝状的“14比斯”号飞机上飞行了220米（722英尺）。

性。然而，在富有的飞行狂热者为实现各种“第一次飞行”所提供高额现金奖励的刺激下，法国人开始制造出成功的飞行器。

第一位领取到这些奖金的是著名的阿尔贝托·桑托斯–杜蒙特，他是巴西人，在巴黎居住，因早年研发飞艇而名声大震。1906年，杜蒙特制造出了“14比斯”，这是一架笨拙又不实用的双翼机，机身和前置升降舵在飞行员面前向前伸出，飞行员站在柳条编就的气球吊篮中。此创意主要来自澳大利亚人劳伦斯·哈格雷夫（Lawrence Hargrave）于19世纪90年代设计的盒式风筝。许多早期的欧洲飞行器都受到该设计的影响。杜蒙特在1906年秋季的公开表演引起了巨大的轰动。从9月的小幅跳跃，到10月的长达50米（164英尺）的飞行距离，杜蒙特在不断进步。11月12日，他成功飞行了220米（722英尺）。尽管和莱特兄弟上一年的成功相比，这是微不足道的，但欧洲人依然将杜蒙特的成就视为重大突破。《费加罗报》大肆宣扬：“多么伟大的胜利！……天空终于被征服。桑托斯飞起来了。所有人都可以飞翔了。”

法国工程学

法国飞行家有最好的航空发动机供其使用——利昂·勒瓦瓦瑟尔（Lèon Levavasseur）研制的“安托瓦内特”发动机，还拥有瓦赞兄弟于1906年创立的世界首家致力于飞机制造的工厂。1907年，路易·布莱里奥和罗贝尔·埃斯诺–佩尔特里（Robert Esnault-Pelterie）利用拉进式（动力装置在前面）单翼机完成短时飞行，这种结构在不久后的飞行变革中起到了至关重要的作用。然而，法国人在1908年卓越的表现仍依赖于改良后的瓦赞双翼机。

家族企业

1906年，加布里埃尔·瓦赞（Gabriel Voisin，左）和查理斯·瓦赞（Charles Voisin）两兄弟在法国比扬库尔郊区创立了世界上最早的飞机工厂之一。截至1918年，该工厂已经生产了逾10000架飞机。

亨利·法曼

亨利·法曼是一名英国记者的儿子，在法国长大。尽管有时把自己的名字写作“Henry”，他却从来不讲英语。作为一名巴黎艺术生，他原本打算过一种波希米亚式的生活，以满足自己喜欢冒险、不落窠臼的天性，但很快就发现追求速度更让人兴奋激动。19世纪90年代，他开始从事自行车赛车，而后是摩托车赛车。1907年，他把自身的运动才能和机械技巧投入到对重于空气飞机的狂热研究上。不久，他作为飞行员大获成功，成为法国最知名的人物之一，富甲一方。他投资建立了一家飞机工厂，立刻就因制造箱形风筝式飞机而取得成功。他的弟弟莫里斯·法曼（Maurice Farman）成为企业合伙人，1912年，法曼公司成为法国最大的飞机制造商，“一战”期间生产了逾12000架飞机。1936年，该公司被收归国有。

检查控制系统

亨利·法曼正在驾驶一架瓦赞–法曼双翼机，准备带两位乘客进行一场飞行之旅（左图）。上图的明信片是为了纪念法曼在1908年10月30日从布伊（Bouy）飞到兰斯（Reims），这是历史上的首次城际飞行。

瓦赞双翼机很像莱特飞机，都是有前置升降舵的推进式飞机，不同之处在于前者有箱形风筝状尾翼结构，缺少横向操控。1907年，巴黎雕塑家利昂·德拉格朗热（Lëon Delagrange）和冒险家亨利·法曼先后来到瓦赞工厂，各自对这款飞机进行了改良升级。两个人很快就自学成才，掌握了如何操控飞机，并且多次完成具有重要意义的飞行。

亨利·法曼是一位求胜欲极强的冒险家，学会飞行后，他的主要目标就是赢取高达50000法郎的德国神父奖，该奖将授予第一个完成1000米（3/5英里）环绕飞行的人。1908年1月13日，法国航空俱乐部的一个委员会来到巴黎城外的伊西莱穆利诺（Lssy-les-Moulineaux）观看法曼试飞。飞行员发出信号后，抬着机翼的两名助手放开双手，飞机向前行进，升入空中。法曼通过控制尾翼，在距起点500米（1/3英里）的标杆处完成了一个斜平大转弯，并安全返回出发点。整个欧洲都交口传颂这次丰功伟绩，将其视为史无前例的飞行壮举。然而，早在1904年，莱特兄弟就顺畅地完成了倾斜转弯。

6月，德拉格朗热持续飞行超过18分钟；7月，寇蒂斯驾驶“六月甲虫”号赢得了为逾1英里飞行所设的“科技美国奖”。1908年10月30日，在

摇旗喝彩

1908年1月13日，亨利·法曼完成了首次1000米（3/5英里）环绕飞行，在赢得巨额奖金的同时，也创造了飞行的一个历史。然而早在1904年9月20日，莱特兄弟就完成了相似的绕圈飞行，而且是倾斜转弯式的。

对飞机进行深入改良，于机翼上添加了4个大型副翼后，法曼完成了首次陆上长途飞行（两点间飞行，而非原地绕飞），20分钟内从布伊飞到兰斯，飞行距离为27千米（17英里）。

> “法曼是第一位驾驶飞机征服天空的人，这是无可争辩的。”
>
> **欧内斯特·阿奇迪肯**
>
> **（Ernest Archdeacon）**
>
> **法国飞行爱好者，1908年1月13日**

终获成功

1907年冬天，在其他试验家纷纷取得成功的压力之下，莱特兄弟终于同意将其飞机投入市场。在美国，他们与陆军通信部队签订合约，在法国则是和一家商业财团达成协议。如果莱特兄弟能在公众面前成功完成复杂的表演并展现出飞机的良好性能，他们就会购买莱特飞机。奥维尔留在国内准备接受美国军方检验，威尔伯则动身前往法国，一架未经组装的“飞行者”号已经先期运达那里。然而，飞机在入境时已严重受损，威尔伯不得不花费数周进行修复。如果1908年8月8日没有试飞成功，威尔伯势必会受到公众无情的羞辱。然而，他在汉努狄耶斯赛马场的精彩表演很快为其带来荣耀。在接下来的几个月中，威尔伯多次进行飞行表演，吸引了大量观众。他逐渐延长飞行时间，最久的一次是在1908年最后一天，时间长达2小时20分钟，令人叹为观止。他还把飞行高度纪录刷新为110米（360英尺），并先后搭载了60余位乘客，向世人证明飞行是既实用又安全的。

然而奥维尔在弗吉尼亚州迈尔堡的军方鉴定表演却没这么顺利：9月17日他搭载军方观察员飞行时发生意外，乘客遇难，奥维尔则身受重伤（详情见26页）。尽管遭遇挫折，军方依然对莱特飞机很感兴趣。在法国，人们对莱特兄弟的敌意几乎消失殆尽，因为威尔伯对飞机的完美控制超越了欧洲人之前的所见所闻。而这也充分证明了莱特兄弟之前飞行的真实性，一位名为弗朗索瓦·佩瑞（Francois Peyrey）的航空记者表达出了大多数人的心声，他写道：“莱特兄弟最先成功模仿了鸟类的飞行，拒绝承认这一点是幼稚的。”法国飞行家们争先把莱特飞机的主要特征——横向控制应用到自己的飞机上。

莱特兄弟也因此成为世界上最知名的人物之一。1909年，他们异常忙碌，不仅要为王公贵族和富商巨贾进行表演，处理从四面八方涌来的商业邀约，还要培训飞行员——这是销售合同中不可或缺的一条，因为只有威尔伯和奥维尔知道如何驾驶他们的飞机。年初，奥维尔和妹妹凯瑟琳也

皇室的关注

1909年5月，英国国王爱德华七世（右）和奥维尔及威尔伯（头戴标志性的鸭舌帽）一起，在法国观看飞行表演。威尔伯写道：“王公贵族和富商巨贾们叹为观止。”

奥维尔·莱特的军方鉴定表演

威尔伯在欧洲表演时，奥维尔于1908年8月20日来到弗吉尼亚州迈尔堡，为至关重要的美国军方鉴定做准备。9月，奥维尔和他的军用“飞行者”号创造了9项世界纪录，包括2项高度纪录和1项持续时间纪录（飞行接近1小时）。不幸的是，9月17日这天，奥维尔搭载军方乘客、陆军中尉托马斯·塞尔弗里奇（Thomas Selfridge）飞行时，灾难降临了。飞到第4圈时，奥维尔听到一阵啪嗒声，然后是两声巨响，这说明螺旋桨出现问题了。奥维尔失去了对飞机的控制，飞机轰然撞到地面，成了一堆扭曲的残骸。塞尔弗里奇颅骨骨折，几小时后便去世了。奥维尔虽大难不死，却身受重伤：大腿骨折，肋骨断裂，头部严重擦伤。

首位飞行亡故人员

托马斯·塞尔弗里奇（右）是第一位在动力飞行中去世的人。当时人们还没有考虑到安全带的问题，飞行员和乘客只是抓着机翼支柱以防掉下去。

来到欧洲。他们在春末回到美国时，受到国内各方的盛情款待。代顿市举行烟火表演和游行为本地的英雄人物庆祝；总统在白宫接见了他们；参议院也休会以支持议员们能去迈尔堡观看军方鉴定表演；约有100万人前去观看威尔伯沿哈得孙河的飞行。然而，身处沸腾欢庆和万众瞩目的中心，莱特兄弟却表现出要退出飞行表演的迹象。他们拒绝角逐为首位从伦敦飞到曼彻斯特，或者为飞越英吉利海峡者提供的高额现金奖励，对这种作秀式的飞行表示反感。莱特兄弟是唯一缺席1909年8月在兰斯举办的航空博览会（亦称兰斯航展）的著名飞行员，这次盛会对航空业的未来是至关重要的（详情见36~37页）。而莱特兄弟此时却正在忙于为自己的飞机制造事业奠定坚实的基础。

1910年，莱特飞机公司由一个联合财团成立，其中不乏美国最有经济实力的商人，公司在代顿建有一家工厂。在欧洲，一些公司被授权生产莱特飞机。尽管莱特B型这些新机型很成功，莱特兄弟却很快失去了市场主导地位，因为他们不再潜心改良飞机，而是耗费大量精力与欧美的竞争

全美惊叹
结束了在欧洲的巡回表演回国后，威尔伯·莱特于1909年10月4日进行了飞行表演，从纽约总督岛起飞，沿哈得孙河飞到格兰特总统墓地再返回起点，逾100万人前来观看。

者们就涉嫌侵犯其专利权进行法律诉讼。与格伦·寇蒂斯的官司是其中最艰难的一场，一直持续到1914年。作为报复，寇蒂斯支持史密森协会的观点，意图证明创造第一架实用飞机的人是塞缪尔·皮尔庞特·兰利。无休止的诉讼损害了威尔伯的名誉及健康，1912年，他因伤寒症突然离世。奥维尔则继续空气动力学的研究，但在1915年，他同莱特公司的关系走向破裂。他留在代顿市，终于在有生之年等到史密森协会于1943年承认莱特兄弟是动力飞行第一人。

在白宫
该照片为1909年，嘉奖庆典结束后，美国总统威廉·霍华德·塔夫脱（William Howard Taft）及威尔伯、奥维尔、凯瑟琳·莱特兄妹等人在白宫走廊上的合影。同年，威尔伯和奥维尔获得了国会颁发的金质奖章（右图）。

慢工出细活
由于莱特兄弟的知名度与日俱增，他们在俄亥俄州代顿工厂出产的飞机必须要遵守严格的规范。该图为制作中的机翼——正在为木制框架上安装蒙布，这是一项非常耗时费力的工作。

首架飞机

截至1907年，只有两位试验家完成了真正意义上的重于空气的动力飞行，而不是“动力跳跃”。1903~1905年间（暂停飞行试验期间），莱特兄弟进行了124次飞行，最久的一次持续了38分钟。相比之下，19世纪以蒸汽为动力的有翼汽车之一——克莱蒙特·阿代尔的“风神”，只在空中短暂停留了数秒；兰利的“空中旅行者”A型根本没有起飞，起码载人那次没有。桑托斯-杜蒙特于1906年下半年驾驶“14比斯”进行的表演虽令人惊叹，但也有局限性。在那之后，欧洲人终于有了能发展成真正飞机的机器，比如埃斯诺-佩尔特里的R.E.P系列，布莱里奥的单翼机和瓦赞兄弟的双翼机等。1908年，这些试验家的成绩足以媲美莱特兄弟早期的成就，美国的寇蒂斯也取得了相似的成绩。然而，他们比真正的先锋人物晚了5年。

惊吓到马匹

1909年，威尔伯·莱特和保罗·蒂桑迪耶（Paul Tissandier）在法国南部的波城上空驾驶莱特飞机。

阿代尔的“风神”号

克莱蒙特·阿代尔是法国杰出的电力工程师及发明家，曾从事研究电话和立体声。他建造的这架以蒸汽为动力的蝙蝠状“风神”号是首架依靠自身动力起飞的飞机。然而，1890年10月9日，“风神”号在塞纳-马恩省阿曼维埃（Armainvilliers）一栋别墅前的土地上只“飞行”了50米（164英尺），飞行过程既不持续也不可控。但是，这次成功获得了政府首次资助，阿代尔于1892年建造了飞机Ⅲ号，但仍然以失败告终。

发动机:18~20 马力蒸汽动力发动机

翼展:14 米(46 英尺)　**机长:**6.5 米(21 英尺 4 英寸)

最大速度:未知　**机组人员:**1

乘客:无

蝙蝠状机翼

简易的竹制螺旋桨

右翼框架（遗失）

冷凝器

飞行员座位

锅炉

英国军用飞机1号

发动机:50 马力安托瓦内特 V8 水冷发动机

翼展:约 15.8 米(约 52 英尺)　**机长:**约 12 米(约 40 英尺)

最大速度:未知　**机组人员:**1

乘客:无

1908年10月16日，英国军用飞机1号在大不列颠完成了首次公认的动力飞行。该飞机的设计者是62岁的美国马戏团表演者塞缪尔·F. 科迪（Samuel F. Cody），他曾制作过载人风筝。这架体积庞大的飞机从法恩伯勒（Farnborough）的气球工厂起飞，在27秒内飞行了424米（1390英尺）后坠地。

埃勒哈默双翼机

1906年9月12日，一架配有完美的气冷发动机的古怪半双翼机在绳子牵引下，绕林霍尔姆岛上的一根标杆飞行一周，距离为42米（138英尺）。飞机和发动机均由丹麦工程师雅各布·C. H. 埃勒哈默（Jacob C. H. Ellehammer）设计。有人称这是欧洲首次飞行，这种观点是错误的，因为这次飞行没有任何人为控制。

发动机:埃勒哈默 18 马力 3 缸气冷星形发动机

翼展:12 米(39 英尺 4 英寸)　**机长:**未知

最大速度:未知　**机组人员:**1

乘客:无

兰利“空中旅行者”A型

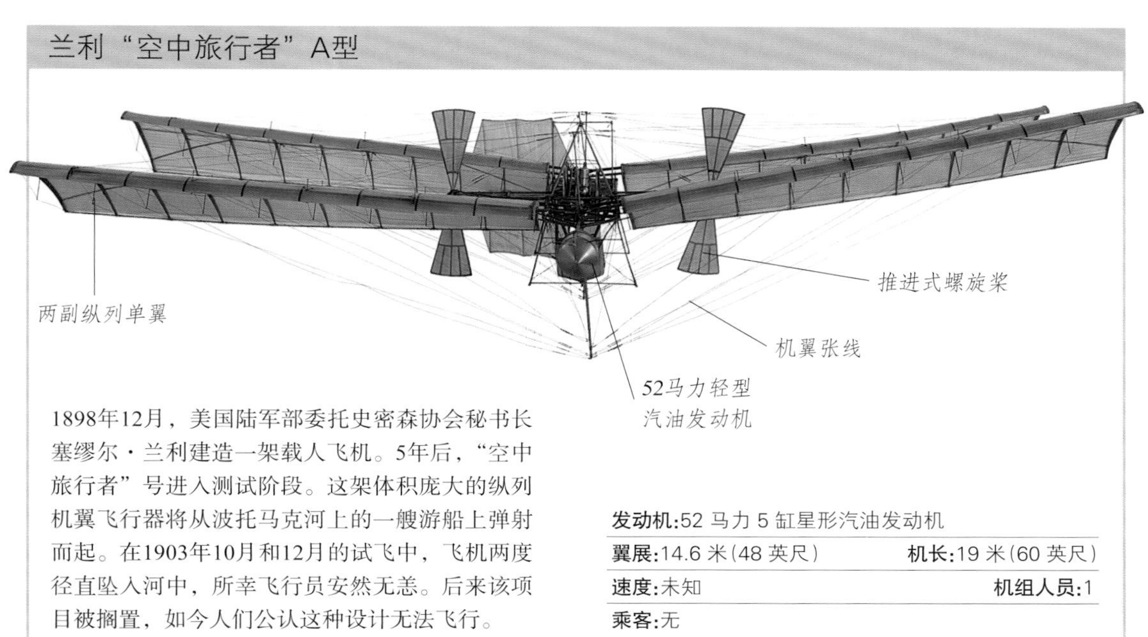

1898年12月，美国陆军部委托史密森协会秘书长塞缪尔·兰利建造一架载人飞机。5年后，“空中旅行者”号进入测试阶段。这架体积庞大的纵列机翼飞行器将从波托马克河上的一艘游船上弹射而起。在1903年10月和12月的试飞中，飞机两度径直坠入河中，所幸飞行员安然无恙。后来该项目被搁置，如今人们公认这种设计无法飞行。

发动机:52 马力 5 缸星形汽油发动机

翼展:14.6 米(48 英尺) **机长**:19 米(60 英尺)

速度:未知 **机组人员**:1

乘客:无

R.E.P 1（1907年）

1904年，法国工程师罗贝尔·埃斯诺–佩尔特里建造了一架与莱特飞机风格相似的双翼滑翔机，首次采用副翼进行操纵。他转向动力飞行后的成果，R.E.P 1，具有锥形机翼的鸟状飞机，采用了翘曲机翼技术，并创新性地采用了飞行控制杆。这台堪称完美的发动机是佩尔特里独自发明的。1907年11月至12月期间，这架飞机在布克多次进行短途飞行。之后的设计相对则更加成功。

发动机:30~35 马力 R.E.P 7 缸气冷发动机

翼展:9.6 米(31 英尺 5 英寸) **机长**:6.9 米(22 英尺 3 英寸)

最大速度:未知 **机组人员**:1

乘客:无

桑托斯–杜蒙特“14比斯”号

出生于巴西的阿尔贝托·桑托斯–杜蒙特因发明一系列可操纵飞艇而驰名欧洲，1904年拜访美国后，杜蒙特投身飞机事业。“14比斯”号飞机采取鸭式结构（水平尾翼在前），箱形风筝状的机翼上装有显眼的两面体，看上去很奇特。1906年9月开始试验时，飞机只能进行短途跳跃，首次官方认可的飞行发生于1906年11月12日，桑托斯–杜蒙特在21秒内飞行了220米（722英尺）。

发动机:50 马力安托瓦内特 6 缸直列发动机

翼展:11.3 米(36 英尺 9 英寸) **机长**:9.7 米(31 英尺 10 英寸)

最大速度:40.3 千米 / 小时(25 英里 / 小时) **机组人员**:1

乘客:无

多兰德1910年的双翼机

工程师琼·多兰德（Jean Dorand）上尉从1894年开始为军队研究重于空气的飞行器。1910年，他借鉴莫里斯·法曼关于前置升降舵、交错机翼、拉进式螺旋桨及双垂直尾翼的设计，建造了一架试验用双翼机，以此作为实验模型。该飞机装有测量速度、俯仰和侧倾的仪器，还配有一台相机。

发动机:60 马力气冷雷诺发动机

翼展:12 米(39 英尺 4 英寸) **机长**:未知

最大速度:未知 **机组人员**:2

乘客:无

莱特1905年的“飞行者”Ⅲ号

莱特的“飞行者”Ⅲ号是世界上首架实用的动力飞机。莱特兄弟从1905年6月开始测试这架飞机，并在10月5日的最后一次试飞中飞出长达39千米（24英里）的距离。1908年，“飞行者”Ⅲ号经过改良，添加了第二张座椅，被用来在欧洲进行表演。

发动机:20 马力莱特 4 缸水冷直列发动机

翼展:12.3 米(40 英尺 6 英寸) **机长**:8.5 米(28 英寸)

最大速度:约 56 千米 / 小时(约 35 英里 / 小时) **机组人员**:1

乘客:1(1908 年后)

莱特1902年的滑翔机（3号）

莱特兄弟用自己设计的第3架滑翔机实现了可控飞行的目标。至1902年10月末，他们已经在屠魔岗进行了近千次的飞行，最远飞行距离达190米（622英尺），最长持续时间达26秒。

发动机:无

翼展:9.8 米(32 英尺 1 英寸) **机长**:4.9 米(16 英尺 1 英寸)

最大速度:未知 **机组人员**:1

乘客:无

“如今我才是真正活着！……只有在天空中，一个人才能感受到身为人类征服万物的荣耀。飞行时，运动顺畅自如，在空中翱翔，趣味无穷。”

加布里埃尔·邓南遮

意大利诗人、小说家，1909年

飞机起飞

自1909年至1914年，人们对航空的态度由好奇发展为狂热，飞行让民众心驰神往。

1909年夏天发生的两件事，标志着人类征服天空的进程进入新阶段：布莱里奥飞越英吉利海峡和兰斯航空博览会的举办。

1909年7月，全世界媒体的注意力都聚焦于法国北部海岸加来市外桑加特的悬崖上。在难得的晴天，站在那眺望远方，就可以看见海峡另一岸多佛港白色的悬崖。这道把大不列颠岛和欧洲大陆分隔开来的狭窄水域具有极其重要的历史意义：一架飞机即将飞越它。

这次事件起初是为了吸引更多人阅读报纸，刺激销量。《每日邮报》的老板诺思克利夫勋爵坚信报纸不仅要报道新闻，更要创造新闻。他也坚信航空事业的未来是光明的。1908年，威尔伯·莱特在欧洲的飞行表演引发轰动后，诺思克利夫悬赏500英镑（后追加至1000英镑），欲嘉奖第一位成功飞越英吉利海峡的人。该项挑战博得了大众的关注，欧洲和北美的报社纷纷前来报道这次事件。

3位野心勃勃的飞行家欲完成第一次跨越海峡的飞行，他们分别是：休伯特·莱瑟姆（Hubert Latham）、兰伯特（Lambert）伯爵和路易·布莱里奥。兰伯特伯爵是威尔伯·莱特的亲授弟子，拥有两架莱特双翼机。莱瑟姆和布莱里奥驾驶的是新型单翼机，与莱特飞机的结构大不相同。

单螺旋桨在前，升降舵在后，与方向舵一同构成飞机尾部。莱瑟姆的座机是高贵优雅的安托瓦内特Ⅳ号。

向往天空的人

休伯特·莱瑟姆是一位富裕的法国花花公子，喜欢参加汽车和快艇比赛，1909年9月起对飞行产生兴趣，1个月后就驾驶安托瓦内特Ⅳ号飞机赢得“香槟航空周”的飞行高度大奖。

无头飞机

这款1910年寇蒂斯D型无头推进式飞机，是喜欢飞行表演的人最中意的一款飞机，它具有一些显著特点。为方便组装和修理，该飞机采用了竹制尾翼支柱，质量轻且不易破裂。在当时，它的速度很快，在飞行展会中曾赢得诸多奖项。

竞技比赛

1914年，俄亥俄州达文波特市的一处跑道上空，飞行表演家林肯·比奇（Lincoln Beachey）和赛车手巴尼·奥德菲尔德（Barney Oldfield）一决胜负。比奇曾是一名气球飞行员，因为会操纵气球进行翻筋斗、盘旋和俯冲等保留节目而声名远扬。图中，他正在驾驶一架寇蒂斯·比奇特别款飞机。类似比赛让公众看到了飞机的广泛用途和实用性。

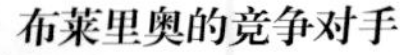

布莱里奥的竞争对手

1909年7月19日，休伯特·莱瑟姆第一次尝试飞越英吉利海峡之前，他的安托瓦内特Ⅳ号被推着穿过法国桑加特的场地。

该飞机由利昂·勒瓦瓦瑟尔设计，完美契合了法国人对机器的要求——既美观又实用。布莱里奥Ⅺ号飞机外观则非常朴实，发动机也远不如“安托瓦内特”的强大（详情见34~35页）。

飞越海峡

最有希望赢得大奖的是莱瑟姆。他是英法混血，一位富有的花花公子和冒险家，他曾称自己的职业是“阅尽世事”。厌倦了捕获大型猎物、快艇比赛、远距离气球飞行等活动后，1909年4月，莱瑟姆转而投身重于空气的飞行事业。自信满满的莱瑟姆很快便轻松打破了飞行速度和持续飞行时间的纪录。7月初，他就和利昂·勒瓦瓦瑟尔抵达兰斯，成为提名该奖的第一人。

法国海军同意派一艘军舰陪同飞行员穿越海峡。但那年的夏天依然是海峡沿岸居民熟悉的样子：一连几天都是风雨交加，云雾浓重，莱瑟姆无法起飞。直至7月19日早晨，天气状况才有所好转。莱瑟姆抓住机会，于早晨6时42分起飞，围观的群众里有记者和他的爱慕者们。一位陶醉其中的记者描述莱瑟姆的“机器大鸟……俯冲入遮挡视线的轻雾中”，像是“新伊卡洛斯”。事实证明，飞机与伊卡洛斯太过相像了。莱瑟姆刚飞过军舰的烟囱，发动机便噼啪作响，发出沉闷的声音，最后彻底不运转了。莱瑟姆依靠滑翔顺利降落海面——这也是飞机第一次做到这点。被派去救援的法国水手赶到时，发现飞行员神情泰然地坐在漂浮于水上的飞机里，正淡定地吸着烟。

布莱里奥的飞机和莱瑟姆的备用“安托瓦内特”飞机同乘一趟火车，从巴黎运至兰斯。布莱里奥在距桑加特不远的莱斯巴哈可农场安顿下来。因一只脚被严重烫伤（在最近的一次飞行中，发动机的热机油淋到了脚上），他只能拄拐走路。

布莱里奥的飞机看上去也很破旧，但开封之后，机械师就开始组装和维修飞机。身处附近维桑市（Wissant）的兰伯特伯爵在测试一架莱特双翼机时坠落，因此退出了比赛。天气状况依然不好。7月25日星期日凌晨，布莱里奥的团队感觉要起风了。破晓前，布莱里奥绕兰斯试飞一圈，发现飞行器工作状态良好。

路易·布莱里奥

路易·布莱里奥（1872~1936）是一位工程师，他在投身飞行事业前靠经营汽车零件积累了一定财富。28岁时，他设计了一架扑翼飞机，从此开始了飞行生涯。到1906年，他已经成为法国最杰出的航空试验家之一，然而，他早期设计的飞机无一成功，均以失败告终。

他可敬的妻子给予了他莫大的支持，对频繁坠机受伤后的布莱里奥悉心照料。布莱里奥固执地坚持着，尽管巨额试验花销让他濒临破产。1907年，他驾驶布莱里奥Ⅶ号飞行了500米，取得重大突破。这架配有安扎尼25马力发动机的单翼机奠定了飞越海峡的布莱里奥Ⅺ号的框架基础。

兰斯航空博览会结束后，鉴于妻子担心他的安全，布莱里奥停止了飞行活动。这种担心不无道理，哪怕按当时的标准衡量，布莱里奥也是极易出事故的。可以确定的是，在将来，他的飞行表演引发了对布莱里奥Ⅺ号飞机的巨大需求。不久后，布莱里奥公司研制了“斯帕德”战斗机，“一战”期间被协约国广泛使用，直至1936年布莱里奥去世时，这项生意依旧一片繁荣。

表达敬意之作

20世纪初，先锋派画家引领艺术界变革，他们推崇飞机是现代化的象征之一。罗伯特·德劳内（Robert Delaunay）于1914年创作了这幅《向布莱里奥致敬》画作，早在1909年布莱里奥飞越英吉利海峡时他就曾写信祝贺。

飞越海峡的人

路易·布莱里奥出生于法国康布雷市，1909年7月25日驾驶布莱里奥Ⅺ号，成为第一个飞越英吉利海峡的人，一举成名。

第一次飞越海峡

1909年7月最后一周，休伯特·莱瑟姆和路易·布莱里奥这两位竞争对手在加来附近的悬崖上等待着，希冀自己能成为第一个驾驶飞机飞越海峡的人，赢得名望、荣耀和《每日邮报》提供的1000英镑大奖。7月24日星期六，天气状况很差，看来整个周末都无法飞行了。第二天早上，受烫伤困扰的布莱里奥醒得很早，决定开车去莱斯巴哈可的飞机棚看看。这时好运降临了，天空突然放晴。布莱里奥检测完发动机，便通知法国海军他马上起飞，请他们护航，然后等待黎明到来。

> “海岸线上的缺口出现在我右边，就在多佛城堡前面。我高兴疯了……我朝那里冲过去。我还活着！”
>
> **路易·布莱里奥**

布莱里奥为御寒做了万全准备：“我在呢子衣服外又穿了一件羊毛内衬的卡其色夹克……贴发帽紧紧盖住头部和耳朵。”然而，他在跨海飞行方面的准备却远没有这么齐全。能见度很差，他却没有指南针、钟表或地图。

早上4时35分，布莱里奥起飞，冲入雾气中。那天强风阵阵，莱瑟姆的朋友们都以为布莱里奥只是在试飞，直到发现这架小小的单翼机消失在海上他们才意识到，现在追赶已经晚了。布莱里奥很快便反超了护航的驱逐舰，但10分钟后，他懊恼地发现自己不知身在何处：“我扭头去看行进方向是否正确，却惊奇地发现什么也看不见——看不见驱逐舰，看不见英国或者法国。我孤身一人，什么也看不见。”布莱里奥又飞行了10分钟，艰难地保持飞机平稳，突然看到了英国海岸线。他意识到自己偏离了预定路线，于是立刻改变航向。然而，这样就是逆风了，他奋力向着海岸悬崖前进。巴黎《晨报》记者查理斯·方丹（Charles Fontaine）正在多佛城堡外等候他的到来。布莱里奥的飞机刚从雾气中现身，方丹就挥动起法国三色旗，引导他降落。飞过悬崖时，布莱里奥遭强风突袭，惊险万分，他如此描述当时的场面：“我关闭发动机，飞机立刻从20米（65英尺）的高空径直坠落到地面上。”这次抵达并不算优雅——螺旋桨坏了，起落架也被摔得粉碎——但足以被记入史册。

想象中的穿越

这张图片源自一张纪念布莱里奥著名飞越的香烟卡片，想象了布莱里奥和他忠诚的座机克服恶劣的自然条件，取得成功的场景。

安全着陆

在多佛城堡附近坠落后，布莱里奥和妻子合影。他只用了36分钟便飞越了英吉利海峡，平均时速为64千米（40英里）。

“布莱里奥”XI号单翼机

1909年7月25日，路易·布莱里奥完成了飞越英吉利海峡这一历史壮举。他所驾驶的布莱里奥XI号单翼机奠定了后来数代单翼机的基本设计，也为布莱里奥公司商业上的巨大成功开辟了道路。

该机拥有前置式改良版摩托发动机、后三轮起落架、前置式主机翼、后置水平尾翼、升降舵和方向舵。机身是由简单的张线支撑着的木制箱形桁架结构，前面围有蒙布以保护飞行员。前方起落架上拉有橡胶带，用来减缓落地时的冲击力，尾轮上的刚性螺旋弹簧也有相同功效。可以操控机身上下的操纵线，利于飞行员通过扭转机翼后缘进行滚转控制，可移动尾翼控制方向，水平尾翼顶部的可动升降舵控制仰俯和所有早期飞机一样，布莱里奥XI号飞机机翼纤薄。用来抵抗飞行和着陆负荷的钢丝翼撑连接在起落装置及驾驶员座位上方顶架上。

成功飞越英吉利海峡后，富有的冒险家们排着长队来买布莱里奥单翼机。1910至1911年间，军方开始研究飞机的军用价值，也前来购买该机。后来的布莱里奥单翼机也进行了多处提升，包括把初期动力不足的“安扎内”发动机换成50马力“土地神”转缸发动机。超过130架布莱里奥XI号飞机面世，但到1914年，新一代高速、稳定、操纵灵活的双翼机诞生后，布莱里奥XI号相形见绌，就有些过时了。第一次世界大战早期，布莱里奥单翼机被英法军方用来执行侦察任务，但很快就沦为了教练机。

“当代任何一位飞行员，无论他多么伟大，都无法驾驶这样的飞机、使用这种发动机，重现这项丰功伟绩（飞越英吉利海峡）。”

查尔斯·多尔菲斯
（Charles Dollfuss）
航空历史学家，1932年

设计缺陷
包括布莱里奥飞机在内的所有单翼机都有一个主要缺点，那就是单个机翼需要高强度的张线支撑才能承受机翼的载荷。

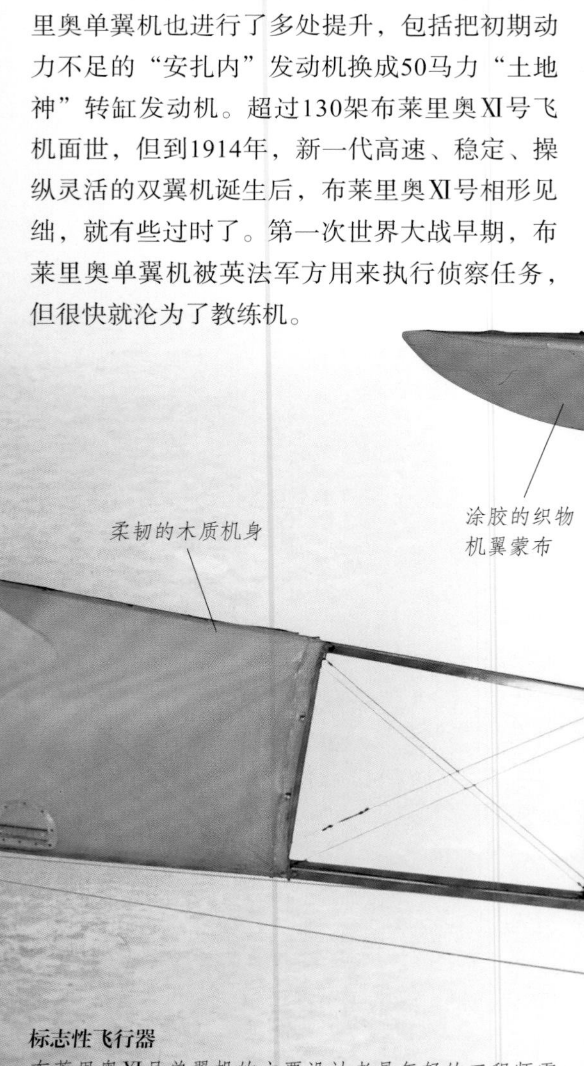

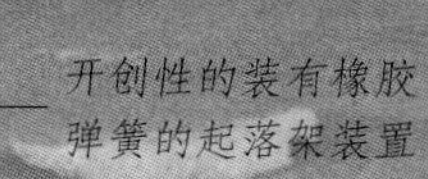

标志性飞行器
布莱里奥XI号单翼机的主要设计者是年轻的工程师雷蒙德·索尼耶（Raymond Saulnier），他于1908年被布莱里奥雇用。跨海飞行的成功让布莱里奥单翼机成为当时冒险家飞行的潮流之选，该飞机也成为一种文化标志，其形象反复出现在艺术作品和广告中。

开放式驾驶舱

20世纪20年代末安全玻璃问世之前，飞行员都是坐在露天座舱里，暴露在怒号的狂风、刺骨的寒冷和潮湿的水汽中。布莱里奥飞机的驾驶舱中，方向舵操控杆在飞行员脚部位置，控制翘曲机翼和升降舵的驾驶杆（布莱里奥申请了专利）在两腿膝盖之间。

技术参数

发动机:25 马力 "安扎尼" 3 缸气冷半星形发动机	
翼展:7.8 米(25 英尺 6 英寸)	
机长:8 米(26 英尺 3 英寸)	
机高:2.7 米(8 英尺 10 英寸)	
重量:300 千克(661 磅)	
最大速度:58 千米 / 小时(36 英里 / 小时)	

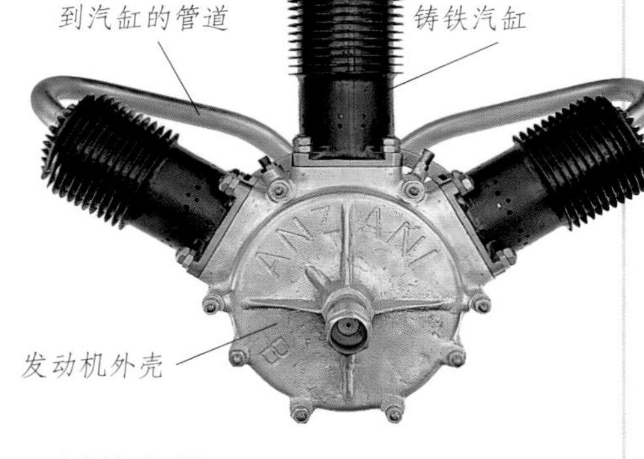

摩托车发动机

布莱里奥Ⅺ号非同寻常的3缸发动机由阿利桑德罗·安扎尼（Allesandro Anzani）为竞赛用摩托车所设计。它提供的动力勉强能支撑布莱里奥飞越英吉利海峡。

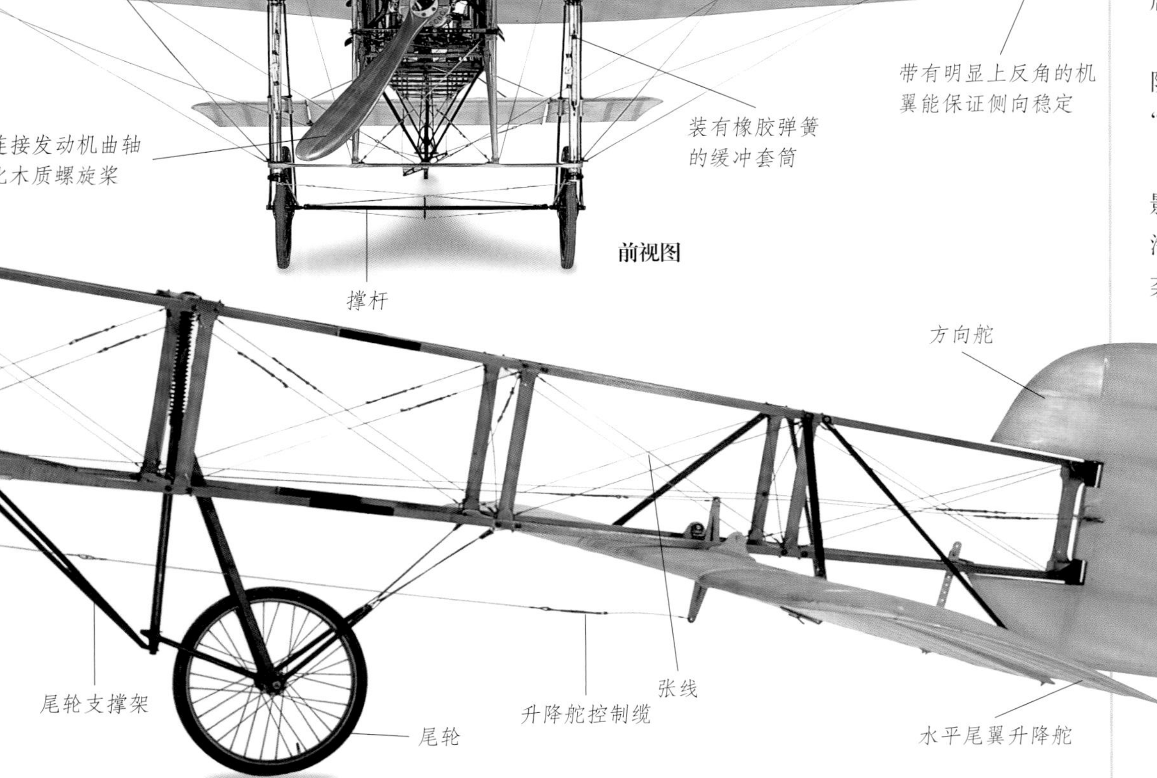

前视图

法国军舰接到通知后，飞行员迫不及待地等到日出，便开始了史诗般的旅程。

"4点半就能看清四周了，白昼已经来临。我全神贯注于这次飞行，一心想在这天清晨完成它。4点35分时，一切准备就绪！瞬间我已身在空中，发动机转速达到1200转，几乎是最大速度了。飞到悬崖上空时，我立刻降速，因为此时没必要过度劳损发动机。我稳健而坚定地开始飞行，向着英国海岸前进……"

其他的已经成为历史。

成功飞越海峡后，布莱里奥显然没做好准备应对这次飞行所带来的轰动。和妻子朋友们用过庆祝午宴后，他乘船穿过英吉利海峡回国，希望继续从前的生活。

然而报社却不这么想。布莱里奥不得不马上返回英国，出席《每日邮报》在伦敦萨沃伊酒店举办的华丽晚宴。接着，他又被《晨报》带回巴黎，报社还将其单翼机挂在巴黎办事处外面，供路人观赏。

在两国首都，布莱里奥都受到狂热群众的团团簇拥。

事实上，布莱里奥的飞行算不上一次惊人的技术进步——英国航空历史学家查尔斯·吉布斯-史密斯（Charles Gibbs-Smith）形容这次飞行是"一次勇敢的壮举，有好运相助，然所用机器并不合适"。用现在的话来说，当时对此事的大部分回应属于"媒体炒作"。

《晨报》不顾受人嘲讽的危险，称这位中产阶级法国人是"高卢人的强壮守护者"，因为"他外表正直诚恳，尤其是那茂盛的长胡须"。

最具标志性的是，该事件产生了两个重大影响——海上强国英国被迫意识到，单单凭借海上防御已经无法抵御未来各种形式的外来侵袭了；法国则获得了世界航空的领袖地位，他们认为这是理所当然的，甚至在接下来的几年里，法国也理应高居此位。

兰斯航空博览会

1909年，穿越海峡的公众关注度最高，但8月举办的"香槟航空周"航空博览会，在把重于空气的飞行发展为实用技术方面发挥了更为重要的作用。

观赏性运动

左图为1909年8月22~29日在兰斯举办的“香槟航空周”期间，看台上人满为患（前面设有餐厅）的情景。下图为一架布莱里奥Ⅻ号飞机在比赛中越过一座指示塔。

8月22~29日，在法国东部香槟小城兰斯附近荒凉的贝特尼平原（Bétheny）上，世界顶尖的飞行家们角逐各项大奖。该地区最出名的特产是香槟，这些奖项多由香槟酒商赞助。巨额现金投入和上流人士的参与让这次航展成为一场盛会。主办方专门修建了一条铁路支线，把观众从兰斯运来。此处货摊鳞次栉比，还配有酒吧和饭店，以容纳富有的观众。平民大众也可以购买廉价门票在四周露天场地观看。整个航空周涌入了将近20万名观众，其中包括法国总统阿尔芒·法利埃（Armand Fallières）、英国政要戴维·劳合·乔治、美国前总统西奥多·罗斯福，以及来自世界各地的高级军官。

法国占据优势

共有23位飞行员驾驶9种飞机进行表演，代表了当时世界航空的最高水平——但莱特兄弟遗憾缺席。除了来自美国的格林·寇蒂斯和来自英国的乔治·科伯恩（George Cockburn），其他飞行员全部是法国人，体现了法国人在航空领域的优势地位。人们翘首以盼的法国明星包括路易·布莱里奥、休伯特·莱瑟姆、亨利·法曼以及新人路易·伯扬（Louis Paulhan），后者是一位机械师，最近在某报社组织的比赛中赢得一架飞机，并自学了飞行。飞机有两种主要结构。一种是升降舵在前、单个或多个螺旋桨在飞行员身后的推进式双翼机，比如莱特双翼机、瓦赞双翼机以及亨利·法曼Ⅲ型，后者在接下来的几年内广受欢迎。另一种结构是螺旋桨在前、升降舵在后的拉进式单翼机，多为布莱里奥飞机和安托瓦内特飞机。还有架独树一帜的拉进式双翼机，设计者是具有创新精神的法国人路易·布雷盖（Louis Bréguet）。尽管在兰斯的表现不如人意，该机型仍成为后来许多经典飞机的前身。

一旦天气状况适宜，这些由张线、木头和织物组成的奇妙装置就成了可供使用的飞行器。它们能以65千米/小时（40英里/小时）的航速在空中飞行1小时，甚至更久。它们的可控性也令人满意，只需简单操作就能完成转弯、环行等动作。有人像莱特兄弟一样采用机翼翘曲机制进行侧向控制，也有人使用副翼——摆动机翼上的特殊操纵面，而不是扭动整个机翼。只有瓦赞双翼机能实现完全平稳的飞行。

一次难以名状的震撼

1909年8月举办的兰斯航空博览会详尽展示了当时征战长空的各种飞机。整个兰斯为飞行而兴奋，有几个人作为乘客体验到了这种快乐。

格特鲁德·培根（Gertrude Bacon）是名英国女性，也是一位很有名望的气球探险家，她登上了一架法曼双翼机，并对这次不太舒适却振奋人心的经历留下了著名的叙述。首先，她手忙脚乱地爬到底层机翼上面，那里安装着“发动机，后面是螺旋桨；发动机前面，就在飞机边缘上……就是飞行员的小篮式座位”。由于“没有考虑到载客飞行，也没有相关准备”，培根只能坐在飞行员后面的机翼上。飞行员跟随培根爬进飞机，“在前面很近的位置，我被牢牢挤在飞行员和滚烫的散热器之间”。然而，所有不适很快就烟消云散了，“机械师摆动螺旋桨，发动机开始运转，我们穿过跑道。地面坚硬不平，我们的速度很快……我以为会剧烈颠簸。但飞行却非常顺畅……接着……一种无法描述的感觉突然涌来……升入空中……轻盈无比……活着的感觉！”

艺术广告

这张彩色石板印刷海报是欧内斯特·蒙托（Ernest Montaut）为1909年在兰斯举办的世界上首届航空博览会所设计的、极具吸引力的广告。

所有飞行器都吃了发动机不可靠的亏，这也是未来几年飞行员的棘手难题。当时，发动机技术仍有待提高。亨利·法曼Ⅲ型使用了由塞甘兄弟（Séguin brothers）设计制造的“土地神”转缸发动机。在星形和直列发动机中，汽缸被固定在旋转曲轴周围，而在转缸发动机中，汽缸则和螺旋桨一起转动。“土地神”发动机会产生强烈的回转效应，使飞机很难控制，同时排放出难闻的蓖麻油烟气。但是它能提供强大动力，直到“一战”期间仍在航空领域占据着领先地位。兰斯航空周差点被天气毁掉。与飞越英吉利海峡时一样，天气状况极其恶劣。航展开幕当天狂风暴雨，飞机无法起飞，观众们被淋湿了，开始躁动不安。但当天晚些时候，天空放晴，兰伯特伯爵、尤金·勒费弗尔（Eugène Lefebvre）和保罗·蒂桑迪耶驾驶莱特双翼机飞到空中，轻松地向下俯冲变换高度，绕划出航线的指示塔飞行，观众们不由得发出阵阵惊叹。在接下来的几天，变化无常的天气状况导致长时间无法进行飞行表演，众望所归的飞行员是否会从飞机库中走出来，这种不确定性让观众更加期待，表演也因此更富魅力。

> “飞行器不再是玩具或者空想，而已经成为既定现实。”
>
> **大卫·劳合·乔治**
>
> **英国政治家，1909年在兰斯**

惊险和坠落

这里也不乏惊险和坠落事故。兰斯航展上的飞行员大多缺乏经验，有些甚至是新手。一些坠机事故是由于判断失误而操作不当——爬升坡度太大、转弯过急——然而更多的是因为空气乱流，尤其是最后几天气温的上升。格伦·寇蒂斯承认自己很吃惊：“我当时还没有习惯飞机突然下坠时的感觉。”其他飞行员肯定也有同感。

果不其然，容易发生意外的布莱里奥经历了最严重的事故，他驾驶的布莱里奥Ⅻ号飞机因为油路故障坠落起火。然而值得庆幸的是，整个航展没有人受重伤，总体上证明了飞行器是有其价值所在的。航空周共进行了约120场飞行表演，其中四分之三的表演航程超过了5千米（3英里）。

对观众而言，航展最受关注的就是角逐航程、速度和高度这3场关键比赛的胜利归属。

危险的活动

兰斯从不缺少惊险刺激。地上时常散落着飞机残骸——这是由判断失误、操作不当和恶劣天气所导致的。

被誉为“香槟大奖”的最远航程比赛冠军被亨利·法曼轻松摘得，他飞行了180千米（112英里），直至燃油耗尽。当时他驾驶飞机在低空绕场飞行了3个多小时，这听上去似乎并不激动人心，但爱国的法国群众反响却极其热烈，场面几乎失控。

30千米（19英里）航程的最高速度奖由《巴黎先驱报》发行人戈登·贝内特（Gordon Bennett）赞助。在其他竞争者出现意外后——英国飞行员科伯恩撞到一个草垛上——这场比赛成了布莱里奥和驾驶“兰斯竞技者”号（Reims Racer）的寇蒂斯之间一对一的较量。寇蒂斯率先上场，他后来这样描述自己当时艰难的飞行：“那天骄阳似火，飞机遭遇到了气流颠簸，但我决定保持油门全开的状态。我尽可能地走捷径，转弯时让飞机倾斜着向内切……在看台前，飞机表现稳定，但转到直道上后……我发现气流条件很不好。飞机大幅倾斜，穿过前几天好多架飞机坠落摔毁的‘坟场’时，毫不夸张地说，气流像吸着我往下坠一样。”他渡过了难关，以75千米/小时（47英里/小时）的速度飞完全程。布莱里奥则比他多用了6秒，看台上升起了美国星条旗，这让现场的法国爱国观众大失所望。

最后，也许最令观众震撼的是高度比赛。莱瑟姆驾驶造型优雅的安托瓦内特飞机爬升到一个前所未有的高度——155米（508英尺），赢得了该项大奖。大多数飞行员还在低空飞行，突然看到一架飞机直冲云霄，慢慢缩小成一个小点，这一定会让人印象深刻。

商业化

布莱里奥飞越海峡和兰斯航展把飞行的未来纳入议程。尽管军方态度尚有踌躇，航空事业还缺乏官方资金支持，但巨额的现金奖励和出场费刺激着飞行表演水平提高，新的成就不断涌现。资金主要由报业大亨提供——报纸陷入激烈的销量竞争战——他们为个人表演或航程竞赛提供奖金，以及航空展会的票务收入，这是沿袭了兰斯航展带来商业成功的模式。甚至是在兰斯航展进行期间，企业家便极力寻求与飞行员签约，请他们去欧洲各地参加匆忙组织的各种飞行比赛。这些航展让数十万人得以首次亲眼看到飞行中的飞机。

兰斯航展后的第一场航空竞赛于1909年9月在意大利北部的布雷西亚（Brescia）举行。日渐富裕的寇蒂斯又赢得了速度大奖。1910年，欧洲境内航空展会数量激增，全年约有30场比赛在相距甚远的不同城市召开，如圣彼得堡、巴塞罗那、佛罗伦萨、尼斯、慕尼黑、伯恩茅斯和都柏林等地。尽管热度不及欧洲，这种狂热也席卷了美国，洛杉矶、波士顿、纽约长岛

伦敦—曼彻斯特飞行竞赛

1910年4月，英国飞行员克劳德·格雷厄姆-怀特（Claude Grahame-White）和法国飞行员路易·伯扬分别驾驶法曼双翼机，角逐诺思克利夫（Northcliffe）勋爵为第一位从伦敦飞到曼彻斯特者设立的1万英镑大奖，航程为296千米（185英里）。

万众瞩目

克劳德·格雷厄姆-怀特是早期航空史上最丰富多彩的人物之一。他最初的爱好是汽车，但在1909年作为观众参加兰斯航展时，对飞行一见钟情。他请布莱里奥打造了一架飞机，自学了飞行。

4月27日晚上，糟糕的天气暂时告一段落，伯扬抢先一步，格雷厄姆-怀特紧随其后。路易·伯扬跟随一列专门受雇行驶在两城间铁路上的火车，格雷厄姆-怀特也沿铁路线飞行，其支持者组成汽车队随他前进。公众异常兴奋，纷纷聚集在伦敦和巴黎的新闻办事处门外，渴望得到最新消息。巴黎中心的歌剧院广场上挂起一幅巨大地图，并用飞机模型跟进比赛进度。夜幕降临后，两位飞行员都降落在铁路旁边——还从未有人在黑夜中跨国飞行。格雷厄姆-怀特抓住这个取胜的唯一机会，决定在月光下起飞，利用汽车头灯照明。但这个大胆的举动没能带来胜利。破晓之际，伯扬战胜强风，领先对手，在凌晨5点32分抵达目的地。而那位英国飞行家格雷厄姆-怀特的法曼飞机重创受狂风重创，被迫中途降落。伯扬在空中飞行了4小时18分钟。

飞行路线

图为伦敦至曼彻斯特飞机竞赛中，路易·伯扬的法曼双翼机正在铁道上空飞行。他和格雷厄姆-怀特均沿着铁路线飞行。

亨登航展

人们对飞行的痴迷在1911年达到巅峰，那年有多次飞行打破纪录。1911至1939年间，伦敦附近的亨登（Hendon）经常举办飞行展会，以满足英国民众的巨大热情。

贝尔蒙特公园等地纷纷举办了重要的航空展会。

1910年10月的贝尔蒙特公园航展为推动美国航空事业发展发挥了重要作用。美国的富商巨贾、政界领袖、军事要员都出席了该活动，期间的主要赛事充满争议，引发了公众的广泛关注。首次出现在兰斯航展的戈登·贝内特大奖成了年度赛事，角逐这项大奖时的坠机事故占据了各大报纸的头版头条。

来自世界各地的竞争者被要求绕5千米（3英里）长的环形赛道飞行20圈。只有两人完成了航程，其他人则发生了坠机事故，3位飞行员受伤住院。英国人克劳德·格雷厄姆–怀特驾驶配有100马力“土地神”发动机的布莱里奥单翼机飞完全程，平均速度为98千米/小时（61英里/小时），成为实至名归的冠军。

卡尔·罗杰斯与“葡萄软饮”号

1911年9月，前大学橄榄球明星卡尔布雷思·佩里·罗杰斯（Calbraith Perry Rodgers）决心赢得出版大亨威廉·伦道夫·赫斯特（William Randolph Hearst）为第一位能在30天内穿越美国、从大西洋海岸飞到太平洋海岸的人赞助的5万美金大奖。罗杰斯从芝加哥阿穆尔公司筹集资金，该公司则使用飞行员的莱特EX型飞机为自己的碳酸饮料“Vin Fiz”在做国内做广告。

在万众瞩目之下，罗杰斯于9月17日从布鲁克林羊头湾（Sheepshead Bay）出发，飞往加利福尼亚的长滩。然而第二天就发生了坠机事故，此后在他穿越美国的旅程中——一列特别专车跟着他，搭乘此次专车的有他的妻子、母亲、莱特兄弟的机械师查利·泰勒（Charles Taylor）和其他乘客——充满了灾祸和错误。当他抵达芝加哥时，就已经因为耽搁太多，失去赢得奖金的可能了。但罗杰斯不是半途而废的人。他告诉记者：“我想去洛杉矶和太平洋……如果蒙布、钢铁和张线不出问题，再加上一点体力和脑力，我一定可以到达那里。”

罗杰斯花费49天，经历了18次坠机事故才到达加州。距长滩还有14千米（9英里）时，他又一次发生事故，摔断了双腿和锁骨。入院就医时，他表达了坚持“完成飞行”的决心——而且他做到了，在离开纽约84天后，他终于飞抵太平洋。此时，整个飞机上只有两个机翼支柱和方向舵是初始配件了。罗杰斯于次年去世——1912年4月，他在长滩进行飞行表演时，一只海鸥被卷入方向舵里，于是罗杰斯失去了对飞机的控制，坠入大海。

从大西洋到太平洋

这幅地图展示了“葡萄软饮”号（Vin Fiz）此次横贯北美大陆、麻烦不断的飞行路线。罗杰斯在途中停了69次，共花费84天时间，空中飞行超过82小时。

不幸的卡尔

卡尔·罗杰斯摆好姿势，叼着一支雪茄微笑着，正坐在莱特EX型“葡萄软饮”号双翼机里，该机最大速度可达88千米/小时。罗杰斯是一位杰出的汽车和快艇竞速者，也是一位很容易出事故的飞行员（见下图），在此次飞行中共坠机19次，身受重伤。

包裹得严严实实

图为1911年，身着皮革飞行套装和大围巾的朱尔斯·韦德里纳（Jules Védrines）在西班牙圣塞瓦斯蒂安举办的巴黎—马德里飞行竞赛中赢得第二回合冠军后，被一小群官员和记者簇拥。韦德里纳是当时最杰出的竞技飞行员之一，在“一战”时成为法国军队飞行员。

然而，戈登·贝内特大奖的光芒被另一场比赛掩盖。这场比赛要求参赛者从贝尔蒙特公园出发，环绕自由女神像飞行一周再返回，一局定乾坤。然而令人难以置信的是，即便考虑到了航空安全问题，在人口密集的城区飞行竟然获得了许可。万幸的是没有发生意外，但这场竞赛以争议和互相斥责告终。格雷厄姆-怀特认为他才是冠军，因为在时间上胜他一筹的美国飞行员约翰·B. 莫伊森（John B. Moisant）在规定时间之后才起飞。莫伊森解释说延迟起飞是因为自己的飞机坠毁了，只能向其他飞行员另购一架飞机。他赢得了该奖，成为美国人心目中的英雄，但争议持续了数年之久。

高空飞行者

1910年，在巴黎出生长大的年轻秘鲁人豪尔赫·查韦斯（Jorge Chávez）凭借数次打破纪录的高空飞行，一跃成为法国航空领域的领军人物，他最高飞到2479米（8127英尺）。当年9月，他勇敢接受了从瑞典出发飞越阿尔卑斯山到达意大利的挑战，米兰航空俱乐部为这项表演提供巨额现金奖励。查韦斯驾驶布莱里奥Ⅺ号飞机，从瑞士山城布里格出发，越过高达2013米（6600英尺）的辛普朗山口（Simplon Pass）。查韦斯向着山口顶部被点亮的灯塔飞行

出发！

朱尔斯·韦德里纳坐在德培杜辛竞赛飞机驾驶舱中，抬起右手示意地面工作人员放开飞机，让它起飞。这张照片拍摄于法国加来，于1911年6月18日至7月19日进行的“环行欧洲”竞赛期间。

时，载着机械师和医生的汽车队在阿尔卑斯山蜿蜒的山路上一路追随。令人震惊的是，查韦斯在起飞41分钟之后成功飞过山脉，准备降落在意大利小镇多莫多索拉（Domodossola）。但滑降到降落地点时，单翼机突然栽到地上，查韦斯被埋在残骸之下。查韦斯身受重伤，4天后在医院去世。他的英雄壮举使他成为欧洲的传奇人物——诗歌赞诵他是“崇高的死亡”——但他的坠机事故却成了不解之谜。一种说法是他坐在露天驾驶舱中飞越阿尔卑斯山时被冻僵了，无法进行操作，飞机停止运转。也有人说是因为布莱里奥飞机机身脆弱，因无法承受高海拔地区飞行带来的机体疲劳而损坏。

飞行的代价

飞行的早期，人们对伤亡事件已经习以为常，但现在看来却是很不寻常的。1911年，欧洲举办了多次远程飞行竞赛，期间发生了数起惨重事故。5月举行的巴黎—马德里飞行竞赛中，参赛者在大约30万名观众面前，从巴黎郊外的伊西莱穆利诺出发。现场喧嚣混乱，不时有人群在飞机前方走过，多次导致飞机延缓起飞。包括总理欧内斯特·莫尼斯（Ernest Monice）和战争部长莫里斯·贝尔托（Maurice Bertaux）在内的一群法国政治家和官员离比赛现场的距离也非常近。其中一架飞机突然发生故障，失去了动力，飞行员埃米尔·特雷恩（Emile Train）为避免大量伤亡，调转方向冲到权贵人群之中。战争部长当场死亡，总理和其他50名观众也身受重伤。尽管有事故发生，第二天的比赛依旧按计划进行。又有多人出现紧急迫降和机械故障事故，只有法国人朱尔斯·韦德里纳抵达了马德里，他立刻成为飞行名人录中的一员。

> “没有最高，只有更高。”
>
> **豪尔赫·查韦斯**
>
> **这句临终遗言后来成为秘鲁空军的座右铭**

同年6月份举办的“环行欧洲”竞赛中，伤亡更加惨烈。3名飞行员在起飞时遭遇严重坠机事故：2名死亡——其中1名在众目睽睽下被烧死——另一名则失去了双腿，终身残疾。然而比赛并没有取消，又持续了3周。比赛要求参赛者从巴黎出发，途经布鲁塞尔和伦敦，最后返回巴黎，环行航程达1600千米（1000英里）。另一位法国飞行员让·康诺（Jean Conneau）最终赢得该奖。这些“高尚人士驾驶飞机”参与的竞赛使民众群情激昂。7月份举办的“环行英国”竞赛中，战况紧张激烈，深受欢迎的韦德里纳不敌康诺，获得了亚军，但公众自发筹集了数万英镑，以补偿韦德里纳错失冠军奖金的遗憾。

林肯·比奇

早在“一战”之前，精彩的飞行表演便使加利福尼亚人林肯·比奇成为美国最有名的人之一。比奇最初因为驾驶试验用飞艇而积累了名气。1910年比奇投身飞机领域，受雇于寇蒂斯，为其飞机做宣传。他证明了自己不仅是位出色的表演者，更是一位技艺精湛、有着钢铁意志的飞行员。他是第一位能驾驶飞机翻筋斗的美国飞行员，曾在1911年短暂保持过飞行高度的世界纪录——那年他飞越尼亚加拉大瀑布时，还表演了自己的拿手绝活。1914年，他和冠军赛车手巴尼·奥德菲尔德的一系列表演赛极受观众欢迎。

尽管生性胆大无畏，比奇在表演前仍会小心谨慎地做好技术准备。然而，1915年3月，他的飞机出现故障，他坠入旧金山附近的海湾中，去世时年仅28岁。

胆大无畏的美国人

该照片为林肯·比奇正坐着驾驶经过特殊改进的寇蒂斯-比奇特别款飞机中。他惊险刺激的飞行表演吸引了成千上万的观众。

尽管这些长途飞行竞赛没有完全证明飞机作为商业或者军用机器的实用性，但也是一次显著进步。举例来说，在环行欧洲比赛中，一整队飞机两次飞越英吉利海峡，没有发生任何意外。但只有在天气好的时候才能飞行。飞行员要经受雨淋日炙、天寒地冻的考验，大风和浓雾的日子尤其危险。轻微坠机事故和机械故障频发，这意味着长途飞行必须有完备的地面支援系统——也就是随行的蒸汽火车或者车队——来频繁地提供配件和技术支持。

卡尔·罗杰斯驾驶“葡萄软饮”号横跨美国时飞行事故频发，这只是普遍现象中的一个极端例子。法国飞行员罗兰·加洛斯（Roland Garros）在参加1911年巴黎—罗马飞行竞赛时，出发时驾驶的布莱里奥单翼机在法国南部坠毁，他从当地飞行爱好者手中购买的第二架飞机又在意大利失事，特快火车不得不从巴黎运来了第三架飞机助其完成比赛。即便是在天气适宜、能见度很好的情况下，飞行员要找到正确路线也困难重重。大部分飞行员都沿公路或铁路线行驶——火车站极为有用，迷失方向的飞行员可以俯冲下来看城镇的名字。一些飞行员为穿越整个国家准备了地图和指南针，但也难免陷入迷航的绝望中。飞行员还有最后一招，就是降落到地面，向当地人问路。

> “林肯·比奇驾驶飞机时的画面极具诗意。观看他操纵飞机是一种视觉享受。他是有史以来最出色的飞行员之一。”
>
> **奥维尔·莱特**

体育运动

早期飞行表演中，罗兰·加洛斯在1913年从弗雷瑞斯（Fréjus，普罗旺斯）到比塞大（Bizerte，突尼斯）的不着陆飞行是其中最令人难忘的一场——那年也是法国航空“辉煌的一年”。那时，大众已经看惯了飞行的神奇。飞行展和比赛很快发展成为一项常规体育运动。专业飞行员队伍在全世界巡回表演，周末天气状况允许时，他们会在欧洲各大城市郊区的飞机场上进行临时表演。

后来成为一名飞机制造商的安东尼·福克（Anthony Fokker），在1912年是柏林城外约翰内斯塔尔飞机场上的一位年轻飞行员，他对这段经历留下了迷人的描述。每当周六、周日下午，大批观众就会在这里聚集，支付廉价的入场费来观看飞行员表演。在场的飞行员们会根据各自的飞行时间来分账。也就是说，如果有人冒险在天气恶劣、其他飞行员不飞行的情况下起飞，就会赚很多钱。这些飞行员多为名声不佳之流。

特技飞行

在维也纳附近人头攒动的飞机场上空，年轻的法国飞行员阿道夫·珀古（Adolphe Pégoud）正在驾驶一架布莱里奥XI号飞机。他是第一位把翻筋斗作为特技表演动作的人。俄国飞行员彼得·涅斯捷罗夫（Pyotr Nesterov）中尉在1913年8月完成了史上首次飞机翻筋斗动作，原本他会因为这一大胆的壮举受到热烈欢迎，却因危及国家财产而被捕。

根据福克的描述，“理智、勤勉的飞行员和设计师是极少数”，大多数是“愚勇之人、游手好闲之人和投机分子”。他们得到的回报不只是经济上的，因为“漂亮的戏剧女演员和夜总会小姐在飞行场地上闲逛……毫不掩饰地表达对当代英雄的爱慕之情”。甚至上流社会的女士也被飞行耀眼的光辉所征服。在巴黎瑞维西的波特飞行展成为颇受欢迎的周末盛事，一位外交官却对和“机场混混”交往的公爵夫人嗤之以鼻。

随着飞行演出的普及，只是简单地起飞和绕场飞行是远远不够的。公众希望看到新奇的特技动作和更为惊险刺激的操作，来激发已经变得寡淡的兴趣。法国飞行员阿道夫·珀古在1912年作为特技飞行员中的领军人物而名声大噪。他是第二位用飞机翻筋斗的人，这项特技是他在欧洲各地进行利润丰厚的表演时的固定节目。飞行员可以头朝下驾驶飞机，这对绝大多数观众和飞行员来说简直是个奇迹，毕竟他们连飞行中被固定在座椅上都不习惯。一旦特技飞行能够吸引大量观众，想赚钱的飞行员便纷纷趋之若鹜，但也明白自己必须掌握这种技能。

尽管这些飞行员很轻率，特技飞行的发展还是展示了飞行技术和飞机操控的巨大进步。翻筋斗、倾斜急转弯、高速俯冲和其他大胆的操作，最初只是高风险的娱乐活动，但很快就成为“一战”时佛兰德地区的空战中那些王牌飞行员们的必杀技，导致敌人伤亡惨重。

紫衣女士

哈里特·昆比（Harriet Quimby）是首位获得飞行执照（1911年）的美国女性，也是第一位飞越英吉利海峡的女性。左图即为身穿标志性的紫色飞行套装的昆比。

比利时女飞行员

埃莱娜·迪特里厄（Hélène Dutrieu）曾经是一位冠军自行车手，后因非凡的飞行壮举而深受人们喜爱。1910年8月，她在20分钟内从奥斯坦德（Ostend）飞到布鲁日，航程为45千米（28英里）。1911年12月，她飞行超过3个小时，平均速度达80千米/小时（50英里/小时），打破了飞行速度的世界纪录。

航空的危险性

美国特技飞行员林肯·比奇总是穿着西装驾驶飞机，以此强调飞行是一件简单而又普通的事情。然而，对大多数人而言，各种竞赛、特技表演的戏剧性和惊险刺激凸显了飞行的危险性。飞行员死亡人数不断增加，已经到了政府和新兴航空业无法忽视的地步。1910年，共有32名飞行员离世，1911年前半年又有30位飞行员遇难——而当时全世界可能只有不到600名飞行员。1911年，法国政府设立专门委员会，研究保护飞行员的方法，首例飞行守则便由此诞生，其中包括禁止在城镇和人群上空飞行。

冷静的市民认为飞行员是对危险运动上瘾的“飞行傻瓜”。1911年，时任英国海军大臣的温斯顿·丘吉尔在“一战”即将爆发之际尝试飞行时，他的妻子和朋友苦苦哀求，希望他不要做这种无异于自杀的事。妻子告诉他：“现在一看到电报，我就以为是你在飞行中遇难的通知。”听她这样说，丘吉尔最终放弃了飞行。私人飞行员大体分为两类：将飞行视为一种刺激或者挑战的有钱人；有机械天分、梦想通过赢得奖金或者飞行表演致富的技术人员。

惨烈的结局

人为失误是飞机坠毁的主要原因。早些时候，飞行员对隐藏的风险并不清楚。他们飞行时经常离地面过近，很容易撞上障碍物，飞行器出现了问题也没有时间修复。

首次飞机跳伞

1912年，重于空气飞行的飞行员们开始试验已经被气球驾驶者广泛使用的降落伞装置。美国上尉艾伯特·贝里（Albert Berry）在密苏里州杰斐逊兵营上空完成了世界上第一次动力飞机跳伞。在他进行到检测“能携带和投放飞机载物的降落伞”的阶段，该降落伞的发明者汤姆·伯努瓦（Tom Benoist）和托尼汤雅士（Tony Jannus）获得了美国专利。汤雅士还兼有飞行员的角色。当被问到是否会再来一次时，贝里回答：“绝对不会！我在下降时至少翻了5个跟头……我一直在下降……像一支离弦的箭。我从飞机上跳下去的时候，没料到会是这么疯狂的感觉。”

法国特技飞行员阿道夫·珀古也学会了跳伞，并将其作为飞行表演的一部分。然而，降落伞并没有成为飞行员的标准配备之一。飞行员们认为降落伞太过笨重，而且在大多数容易发生的事故中几乎毫无作用。

跳到地面

艾伯特·贝里上尉（头戴帽子者）于1912年3月1日完成了首次动力飞机跳伞。在密苏里州圣路易斯市的杰斐逊兵营上空，他在460米（1500英尺）的高度从一架伯努瓦双翼机（上图）上跳下。

也有少数女性飞行员，她们不仅需要应对客观存在的风险与困难，还要面对男性主导的社会中的歧视与偏见。比利时女飞行员埃莱娜·迪特里厄和首位获得飞行员执照的美国女性哈里特·昆比因为飞行成绩突出而闻名，但相比其杰出的技巧和勇气，人们更关注她们优雅漂亮的飞行服饰。

学习飞行

飞行学校如雨后春笋般出现，尤其是在法国，前来学习的人不断增多。尽管有些飞机是双重操控，但大部分飞行训练还是由学员自己

降落技巧

降落是很需要技巧的，比起起飞困难得多。想要顺利着陆，飞行员需要找准降落角度，在合适的时机关闭发动机，以达到适宜的着陆速度（许多经验丰富的飞行员会在降落过程中数次开关发动机以降低速度）。而新手在降落的时候，往往不是因降落角度太陡、速度太快，砰地一声巨响摔在地面上，就是过早失速，平坠着陆，这往往会严重损坏起落架。

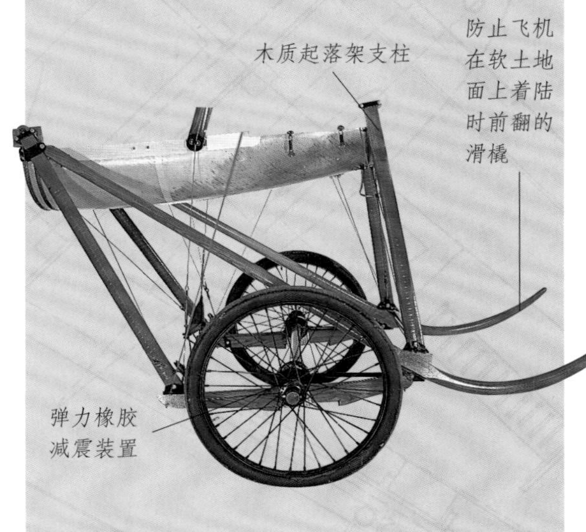

上翻的叉子

这是1909年德培杜辛单翼机前面的弯曲滑橇，作用是防止飞机在软土地面上着陆时前翻——飞行早期常见的危险状况之一。

驾机进行。入门课程是在地面滑行。学员们在机场跑道上前后移动，行驶到尽头后由一位机械师把飞机掉过头来。这样，学员们会逐渐习惯“发动机喧闹刺耳的震动声”和被后置转缸发动机喷一脸蓖麻油的感觉。接着是离地几英尺的短途飞行训练，最后才是冲入云霄的重头戏。幸运的是，当时的大部分飞机都很稳定，在天气条件良好的情况下，只要学员不违规操作，飞行是很容易的。格雷厄姆-怀特曾在1911年描述了在无风时保持飞行水平是多么简单：“只要把脚放到脚蹬上轻微来回移动，方向舵细微的‘轻摇’就足够让飞机保持直线飞行了。至于升降舵，将手里的杆移动一英寸左右即可……”

> “怎会不危险？但危险也正是飞行的魅力之一”。
>
> **让·康诺**
>
> **法国飞行员，1911年**

粗心大意、有勇无谋和着陆场地过小都是飞机失事的常见原因。早期的飞机脆弱易损。发动机故障也很常见，但不是坠机的必然原因。飞机还可以滑翔，经验丰富的飞行员能操纵动力不足的飞机在平坦地带紧急迫降。然而，飞机结构损坏的话，后果就严重了。如果突然操作太过用力或者长期积累的张力过大导致机翼或者操纵面崩溃，飞行员就必死无疑了。英国汽车制造商查尔斯·罗尔斯（Charles Rolls）便是如此：1910年7月在驾驶一架莱特双翼机着陆时，因其前置升降舵破损，飞机着陆时坠毁，他也因此遇难。

当然，早期飞行表演吸引人的大部分原因，也是因为人们对亲眼看到惨死场景有种残忍的“期待”。一位记者描写了深受欢迎的飞行员阿奇·荷西（Arch Hoxey）在1910年洛杉矶航展的飞行表演中因飞机失控而死亡的场景：“飞机……翻滚着猛冲向地面时，还能听到翼梁破裂和布料撕碎的声音。当观众匆匆跑到扭曲的飞机残骸那里时，飞行员的尸体已被挤压得不成样了。直到广播员用扩音器播报这条失事新闻，观众才散开各自回家。”可能这个场景算是“值回”票价了。

工作间

最初，大部分机身都是在只有几十名工人的工作间里由手工工具制成，生产过程缓慢又辛苦。机械化程度高的大规模生产直到1911年后才得以发展。

从1909年开始，飞机设计范围迅速扩大。新兴的航空动力学取得大幅进步，但直到“一战”时期，这些真知灼见才得以真正应用到飞机设计上。飞机成功地进化发展，不再单纯依赖于个人亲身飞行或制造飞机积累的经验知识。小型飞机制造公司雇用之前在船舶制造甚至家居制造等各领域工作过的工程师及工匠。生产过程缓慢又艰苦。1911年，第一批军方合同缔结后，机械化程度更高的大规模生产才开始发展。

生产线

法国是飞机生产领域的领头羊——法国在征服蓝天进程中占据着主导地位，成为民族荣誉感的重要关注点。到1910年，由法曼、瓦赞兄弟、勒瓦瓦瑟尔、布莱里奥等人经营的公司占据着市场，其他人只能奋起竞争。1910至1911年间，又有几位显要人物加入他们的行列。皮卡第地区的高德隆兄弟（Caudron brothers）、加斯顿（Gaston）和勒内，因为他们极富特色的拉进式双翼机而闻名。来自富裕的巴黎钟表商家庭的路易・布雷盖在法国北部的杜埃（Douai）开设了一家工厂，率先在机身建造中使用了金属。飞行员兼工程师爱德华・德・纽波尔（Edouard de Nieuport）成立了一家专门生产高性能单翼机的公司，他本人在1911年的一次飞机坠毁中去世，但公司并未因此倒闭。曾经为布莱里奥工作的设计师雷蒙德・索尼耶和莫拉纳兄弟（Morane brothers）合作创建了莫拉纳–索尼耶公司。

1914年以前，除了法国，欧洲只有德国和英国在航空工业方面取得重要进展。但他们的多数飞机只是复制了法国的机型，英国几乎只使用法国的航空发动机。在德国，阿尔瓦特罗斯（Albatros）、鲁姆普勒（Rumpler）、阿维亚蒂克（Aviatik）、福克等公司纷纷成立；在英国，出现了包括肖特兄弟（Short Brothers）、阿弗罗（Avro）、汉德利・佩奇（Handley Page）、托马斯・索普威斯（Thomas Sopwith）、布里斯托尔（Bristol）在内的知名人物；在美国，深陷专利纠纷中的莱特兄弟和寇蒂斯依然是无可撼动的市场领导者。1910年至1914年间，美国

飞翔的“鸭子”

1910年3月28日，28岁的法国工程师亨利・法布尔（Henri Fabre）驾驶他的鸭式布局的（尾翼前置）水上飞机“水上飞机”号（the Hydravion），在地中海沿岸马尔蒂盖（Martigues）附近的贝尔湖完成了第一次水上起飞，他之前从来没有飞行过。“水上飞机”号有3个浮筒，动力装置是50马力的“土地神”发动机。

托马斯·索普威斯

英国飞机制造商托马斯·奥克塔夫·默多克·索普威斯（1888~1989）对冒险和机械永不知足。1910年学会飞行后，他首次独自出征就遭遇坠机，但他没有放弃，后来成为英国顶尖的飞行冒险家。

1912年，他成立了索普威斯航空公司，生产了一系列成功的飞机，其中有“蝙蝠船”（英国首架成功的飞船，即船身式水上飞机）和“小报”型水上飞机（Tabloid Seaplane，第一架荣获施耐德大奖的飞机），并且在“一战”期间生产了大量战斗机。

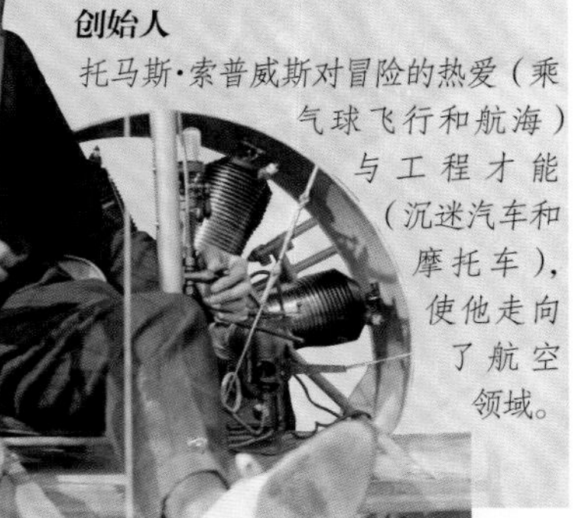

创始人

托马斯·索普威斯对冒险的热爱（乘气球飞行和航海）与工程才能（沉迷汽车和摩托车），使他走向了航空领域。

在航空领域一直落后于欧洲，直到20世纪20年代后期才重夺霸主地位。

美国人的确在发展水上飞机的进程中做了突出贡献，即便如此，他们也无法声称自己发明了第一架水上飞机。

早期的水上飞机

这份荣誉属于法国工程师亨利·法布尔，1910年3月，他的配有“土地神”发动机的水上飞机第一次从水上起飞。然而，1911年寇蒂斯试飞的那架“寇蒂斯-伊利森”号“水上飞机”才是第一架真正实用的水上飞机，该机从加利福尼亚的圣迭戈海湾起飞。1912年，寇蒂斯设计了一艘水上飞船（船身式水上飞机），再次实现突破——这架飞机靠船身式外壳而非浮筒停在水面上。包括肖特兄弟和索普威斯在内，大西洋彼岸的制造商们很快加入这个行列，制造了自己的水上飞机和飞船。1912年，首届水上飞机展会在摩纳哥举办。

在这段时期以及之后的数十年中，水上飞机和飞船相对陆上飞机有几个显著优势。例如，陆地机场数量有限，而海洋为起飞和降落提供了广阔无垠的空间。这意味着水上飞机和飞船不仅可以在没有机场的地方使用，并且在体积和速度方面都有所提升。

邮件和乘客

在运送邮件方面，飞机速度快的优势在一定程度上弥补了其载重量小的劣势。从1911年开始，航空展和其他活动中就有了航空邮件运输的展示，纪念明信片和免税信封可以提供飞行经费。出人意料的是，这类飞行于1911年1月首次出现在印度的阿拉哈巴德。同年晚些时候，英、法、德、美四国先后进行了航空运输邮件的展览。英王乔治五世加冕礼庆典期间，克劳德·格雷厄姆-怀特的航空公司在英国亨登和温

首次从军舰上起飞

1910年11月14日，美国飞行员尤金·埃利（Eugene Ely）的飞行表演激发了美国海军对飞行的兴趣。当时，他驾驶寇蒂斯推进式飞机，从停靠在弗吉尼亚州汉普顿水道的“伯明翰”号巡洋舰的木质平台上成功起飞。

带着爱驶向俄国

1909年，为向俄国出口货物，富有的法国实业家保罗·勒鲍迪（Paul Lebaudy）和皮埃尔·勒鲍迪（Pierre Lebaudy）建造了勒鲍迪6号飞艇，“俄国”号（见上图）。7年前，这两兄弟为工程师亨利·朱利奥（Henri Julliot）建造绰号“浅黄”的半硬式飞艇提供了赞助。

莎两地之间运送了13万封信件和明信片。

次月，厄尔·L. 奥文顿（Earle L. Ovington）把长岛航空展会上的邮件运送到纽约米尼奥拉（Mineola），从布莱里奥单翼机一侧把邮袋扔到邮局旁边。“一战”之前，航空运输处于试验阶段，并没有深入发展。

这段时期，只有佛罗里达的圣彼得堡—坦帕（Tampa）飞艇航线能在1914年前几个月提供稳定的航空载客服务。约1200位乘客每人支付5美元乘坐“贝诺伊斯特”号飞艇，在23分钟内横渡坦帕海湾，但是，旅行旺季还没有结束，这项服务就取消了。因为飞机难以在恶劣天气下飞行，并且由于载重量小，它作为载人和载物工具的用途严重受限。乘客超过两人时飞机就很难起飞了，

“德国软弱自卑的过去已被我们抛在身后。德国的未来在蓝天上！”

鲁道夫·马丁
（Rudolf Martin）
德国飞艇爱好者，1910年

但飞艇载重可达数吨。

空中怪兽

对大多数德国人来说，1914年以前最主要的飞行器类型是“齐柏林飞艇”，以创造人斐迪南·冯·齐柏林（Ferdinand von Zeppelin）伯爵的名字命名。尽管其他国家也建造了飞艇，但飞艇只在德国成了国家标识。

齐柏林飞艇属于硬式飞艇——氢气囊由一层坚硬的壳而非由里面的气压来保持。冯·齐柏林在1900年测试的第一艘飞艇LZ1号长128米（420英尺）。后来，这些空中怪兽的体型发展到将近最初的两倍。飞艇尺寸如此庞大，在地面上很难搬移，而且生产成本昂贵——据估算，在1914年，生产一架齐柏林飞艇的费用是生产一架普通飞机的34倍。

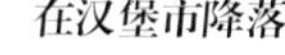

在汉堡市降落

图为LZ13“汉莎”号飞艇在汉堡港口上空，这里是它从斯堪的纳维亚开始的旅行的终点站。齐柏林飞艇从1910年开始进行常规飞行，“一战”爆发前共搭载了逾3.7万名乘客，主要为观光旅游之用。

德国对齐柏林飞艇的深厚感情始于1906年，那年冯·齐柏林驾驶LZ3号完成了首次可持续飞行。其飞艇飞行长达8小时，因此获得了军队和皇室的官方支持。1908年，在万众瞩目之下，沿莱茵河溯流而上时，齐柏林的另一艘飞艇LZ4号被暴风雨吹落坠毁，却使群众的爱国热情达到顶峰，德国民众自发筹集了600万马克赞助齐柏林继续其研究。齐柏林飞艇从1910年开始运送乘客。在首席工程师路德维希·杜尔（Ludwig Durr）的指导下，齐柏林飞艇的设计有了显著进步。1912年起，肠膜——经过处理的牛的大肠外膜——取代了涂有橡胶的棉布，成为飞艇蒙皮下的气囊包装。肠膜质地更轻，而且消除了棉布摩擦产生静电点燃氢气的危险。至于外壳，1914年，一种叫杜拉铝（duralumin）的硬化铝合金投入使用，它和钢铁强度一样，但重量只有后者的三分之一。有了这些提升，再加上更为强大的动力，LZ26号可以承载13吨重的货物，还能保持80千米/小时（50英里/小时）以上的速度。

飞艇乘客

LZ11“维多利亚·露易丝”号诞生于齐柏林在腓特烈港的基地，在1912年3月4日进行了首次载客飞行。它在汉堡市、赫里戈兰岛（Heligoland）和哥本哈根等地共飞行了1000余次。

战争工具

尽管截至1914年，齐柏林飞艇已经搭载了超过3.7万名乘客，但航空旅客运输的时代尚未来临。飞机首先在战争领域大展拳脚。1911年夏天，由于法德两国在摩洛哥的利益矛盾激化以致关系破裂，欧洲濒临战争边缘。在武力恐吓后，冲突得以解决，但战争的暴风雨即将来临——这是毫无疑问的，只是时间早晚的问题。受推崇强硬外交政策的媒体的鼓动，社会舆论要求政府支持航空事业的发展，因为飞行器不仅关系到国家荣誉，也是一种战争工具。

斐迪南·冯·齐柏林

斐迪南·冯·齐柏林伯爵（1838~1917）出生于军事贵族家庭。他曾在南北战争时期来到美国，目睹了人们利用系留气球（tethered balloons）这种无动力飞行器稳定性好、滞空时间长的特点，将其作为军事侦察站，因此对飞艇产生了浓厚的兴趣。1891年开始，他拿出个人资产研究硬式动力飞艇。尽管屡屡受挫，他的第一艘飞艇LZ1号还是在1900年7月2日进行了首航。1908年，LZ4号被风暴摧毁，但社会的积极反响让冯·齐柏林重新积累了财富。他在有生之年，还亲眼目睹了自己设计建造的飞艇在“一战”中被用来投放炸弹。

国家英雄

冯·齐柏林伯爵的飞艇大获成功，挽救了民族自豪感，亦令他声名大震。

飞艇展示

这张1913年的德国海报展现了齐柏林飞艇进行飞行表演时人山人海的景象。齐柏林飞艇从1908年开始常规飞行，在德国各地运送乘客和邮件。

“飞行只是一项有趣的体育运动……但是没有什么军事价值。”

斐迪南·福煦将军

法国高等军事学院战略学教授，1911年

欧洲陆军和海军军官比公众更加质疑飞行器的实用性。法国将军斐迪南·福煦（Ferdinand Foch）是一位杰出的军事战略家，也并非狭隘保守之人，他也曾表达过“飞行只是一项有趣的体育运动，但是没有什么军事价值”这样的观点。然而，一些高级军官对飞行抱有极大的热情。1910年，法国的一位将军告知陆军部，飞机“就像大炮和步枪一样，在战争中不可或缺”。甚至连那些不看好这项革命性新技术的人，很快也承认它是不可缺少的。英军总参谋部遗憾地承认，航空领域虽不被看好，但想要“阻止或者妨碍其进步”是不可能的。大战一触即发，陆军或海军无一敢掉以轻心，都在开发飞行的潜能。

但是，军事飞机到底有什么具体用途？赫伯特·乔治·威尔斯（Herbert George Wells）于1908年撰写的《空中战争》（*The War in the Air*）是当时影响最大的科幻小说之一，书中设想了德国飞艇越过大西洋袭击纽约的情节。这个空袭的设想很有先见之明：“飞艇所到之处，城市被彻底摧毁……地面一片废墟，火光

军事测试

图为1910年，军用飞艇“贝塔”号正经过在米歇戴佛（Micheldever）演习的英国军队上空。此次演习旨在检测飞艇能否平台侦测并记录敌军位置。但这是一次失败的尝试，因为飞艇太过庞大笨重，总是降落在“敌方阵地”。

熊熊，尸横遍野。”尽管德国人确实希望组建一支飞艇轰炸队，但头脑冷静的人士意识到当时的飞艇稳定性不足，也承载不了足够彻底摧毁敌方城市的炸弹。尽管军方积极试验从飞机上投放炸弹或者射击——大部分是瞄准敌军部队的——1914年前，航空的攻击作用依然收效甚微。即便如此，飞机的军用价值得到了肯定与重视，飞机被重点用于侦察、传递信息和火炮校射——通过告诉炮手炮弹落地位置，帮助其命中目标。到1912年，驾驶飞机进行上述活动已经成为军事演习的必要部分，另关于陆空交流（包括使用无线电）和航空摄影的试验也在逐步展开。

征战蓝天

在飞行课程上，第一批冲上云霄的德国军官身着飞行服，站在一架哈伦·艾因戴克单翼机（Harlan Eindecker）旁（约1910~1913年间）。

军事需求

尽管飞艇已加入陆军和海军的装备行列，但飞机更加实用可靠，制造成本也较飞艇低很多，后者是非常重要的一个因素。只有德国的齐柏林飞艇支持者能一再坚持，从飞机生产中分流出大量资源。

1911至1914年间，欧洲军事机构成为飞机的主要购买商，对航空工业的发展产生了深远影响。军备竞赛给飞机制造商们带来了发展目标和利润丰厚的合同。在利益驱使之下，德国银行家胡戈·斯廷内斯（Hugo Stinnes）、军火制造商古斯塔夫·克虏伯（Gustav Krupps）、俄国实业家米哈伊尔·施德洛夫斯基（Mikhail Shidlovski）等人相继投入了数量可观的资金。一些私营工厂迅速发展起来。到1914年，亨利·法曼（详情见24页）雇用了大约1000名员工，土地神航空发动机公司也达到了相应规模。政府还成立了相关组织，刺激航空事业发展——最著名的当属位于法恩伯勒的英国皇家飞机制造厂。

然而，美国却完全是另一番景象。美国没有大战威胁，武装部队没必要紧跟高新科技，而且政治家不想为军事装备提供基金。1913年夏天，欧洲最大的航空兵部队已经拥有数百架飞机，而美军却只有15架。没有数量可观的军事合同，美国航空工业陷入停滞状态。1914年，只有168位美国人从事飞机制造行业。

飞机设计

军事合同成为支撑欧洲航空业发展的首要因素，也改变了飞机设计的优先考虑方面。起初，武装部队并没有把空战当真，他们需要坚固稳定、一般飞行员能在大多数天气条件下驾驭而且载重量大的飞机。飞行冒险家甘愿冒着生命危险，驾驶追求高速或者惊人表演的飞机，这些飞机性能虽高但却不可靠。然而军队需要飞机性能稳定，能长时间使用，又能保证刚出师的新飞行员生命无忧。尽管轻型单翼机一直是军方所需——比如德国的“鸽”式飞机（Taubes）和法国的莫拉纳-索尔尼埃飞机——人们还是偏爱坚固的双翼机。杰弗里·德·哈维兰（Geoffrey de Havilland）于1912年为皇家飞机制造厂设计的双座B.E.2型飞机，就是一个典型例子。

第一次炸弹空袭

1911年秋季，当时北非的的黎波里和昔兰尼加被衰落的土耳其帝国占领，围绕它的领土纠纷，意大利向土耳其宣战。意大利军队拥有几架进口飞机——法国布莱里奥飞机、法曼飞机、纽波特飞机和德国的“鸽”式飞机。一个最初只有9架飞机和11位飞行员的飞行队随意大利军队出征，飞往北非的利比亚海岸。在随后短暂而残酷的战争中，飞机大展神威，执行侦察任务，画出了沙漠地带的地图，发放允诺给投降者每人一枚金币和一袋小麦的传单。11月1日，上尉朱利奥·加伏蒂（Giulio Gavotti）从他驾驶的布莱里奥飞机一侧向驻扎在塔吉拉（Taguira）绿洲的土耳其军营投掷了4颗手榴弹，这便是首次炸弹空袭。尽管飞行员们几乎没遭遇反击，意大利人依然尊崇他们为英雄。之前在1899年通过的《海牙公约》明令禁止从气球上投掷炸弹，但意大利狡辩说这条禁令不适用于飞机。

德尔纳战役

这张宣传画描绘了意土战争中（1911~1912），3架意大利单翼机在德尔纳（Derna）战场上空盘旋。

德培杜辛1913年硬壳竞赛飞机

1910年，出生于比利时的商人阿曼德·德培杜辛（Armand Deperdussin）创建了德培杜辛航空公司。德培杜辛做丝绸进口生意起家，对工程学和航空学一无所知。但他窥见了广阔商机，而且布莱里奥飞越海峡和兰斯航展引发轰动后，企业家们对航空业纷纷摩拳擦掌，跃跃欲试。德培杜辛资助一位有天赋的年轻工程师路易·贝什罗（Louis Bechereau）设计新型飞机。以著名的布莱里奥XI号飞机为原型的德培杜辛1911C型飞机造型美观，广受好评。但在1912年，贝什罗提出了开创性的硬壳式设计，成为当时最快的竞赛用飞机。

其他飞机的机身由覆盖油漆布的支柱框架构成，但德培杜辛飞机的机身则是木制空心的，没有内部框架——很像现代飞机的机身。机身轻盈，呈流线型，按当时的标准来看，发动机动力也很强。1912年9月，朱尔斯·韦德里纳驾驶其中一架硬壳样机赢得了一年一度的戈登·贝内特大奖，创造了174千米/小时（108英里/小时）的新的世界速度纪录。次年，莫里斯·普雷沃斯特（Maurice Prévost）驾驶硬壳水上飞机在蒙特卡洛首届“施耐德杯”竞赛中斩获冠军，此外，一架改良之后的样机又一次获得戈登·贝内特大奖，以204千米/小时（127英里/小时）的速度创造了新的世界纪录。

但那时，德培杜辛陷入了财政危机，并以诈骗和假冒伪劣罪入狱。对手布莱里奥接管并重组了他的公司，后来生产了“一战”中最著名的战斗机斯帕德XⅢ。1924年，德培杜辛自杀身亡。

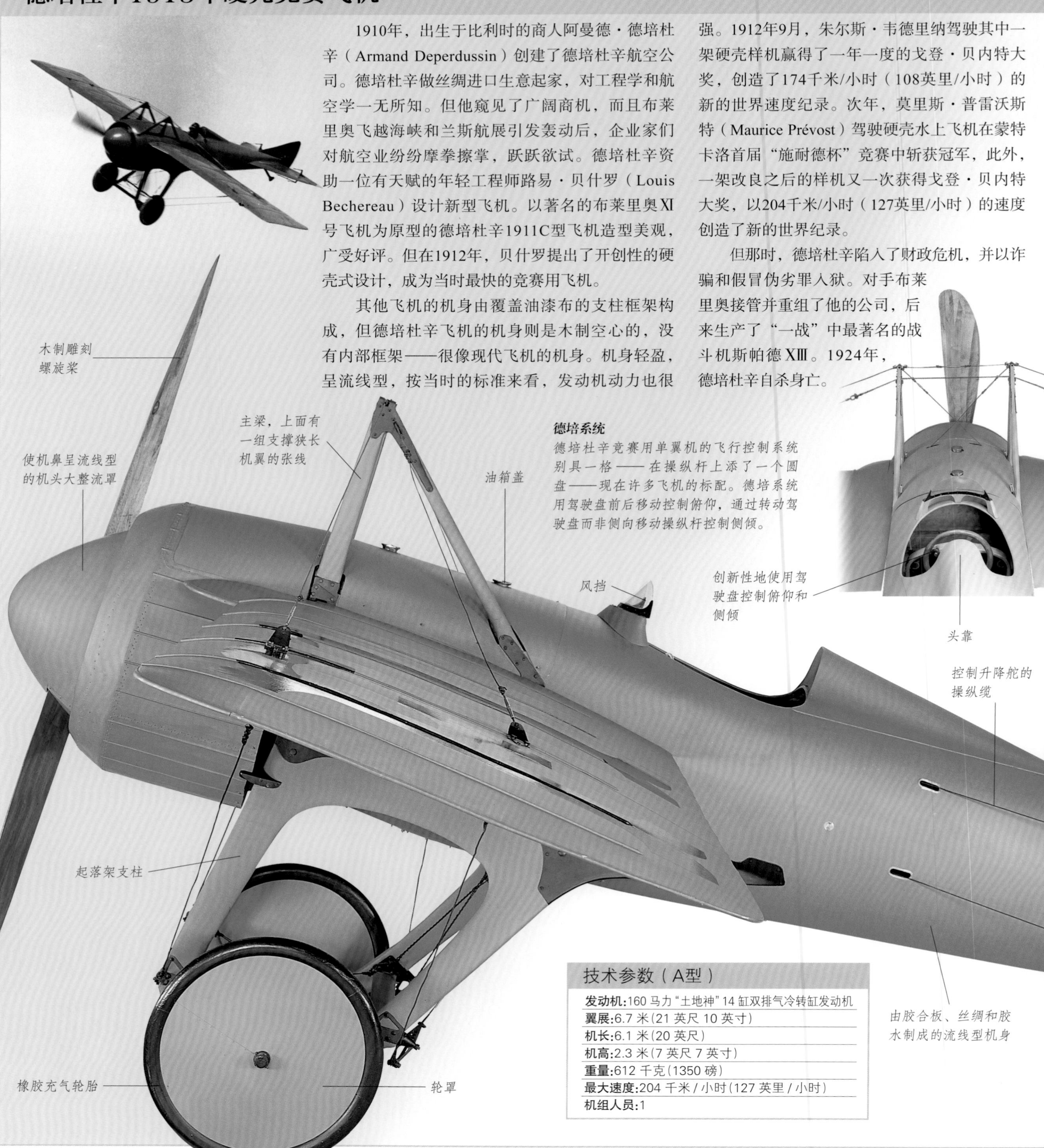

德培系统

德培杜辛竞赛用单翼机的飞行控制系统别具一格——在操纵杆上添了一个圆盘——现在许多飞机的标配。德培系统用驾驶盘前后移动控制俯仰，通过转动驾驶盘而非侧向移动操纵杆控制侧倾。

技术参数（A型）

发动机:160马力“土地神”14缸双排气冷转缸发动机	
翼展:6.7米(21英尺10英寸)	
机长:6.1米(20英尺)	
机高:2.3米(7英尺7英寸)	
重量:612千克(1350磅)	
最大速度:204千米/小时(127英里/小时)	
机组人员:1	

启动
手动转动螺旋桨（右图），即可启动德培杜辛飞机的转缸发动机。发动机运转时，地面工作人员需要控制住飞机，直到飞行员把飞机调整到起飞状态（上图）。飞行员给出信号，工作人员放行，飞机才起飞。

“土地神”发动机
“土地神”转缸发动机是当时功率重量比最高的发动机。和螺旋桨一同旋转时，发动机会产生向左拉的力矩，让起飞变得极为困难。

翘曲机翼
尽管在很多方面采用先进设计，德培杜辛飞机还是运用翘曲机翼而非副翼进行侧向控制。早期单翼机都面临纤薄单翼过于脆弱这一共同问题。

流线型机身
德培杜辛竞赛用飞机的硬壳式机身——成型胶合板构成的空心壳体——是航空发展的里程碑。硬壳式构造最终取代了木质和金属框架机身。

在1912~1913年间打破速度纪录的飞机有法国制造商纽波特生产的轻型单翼机、莫拉纳–索尔尼埃飞机和最值得一提的德培杜辛飞机（见左栏），它们都试图实现流线型全封闭机身和发动机整流罩。相反，用于军事训练的双翼机，以法曼“短角牛”为例，据一位飞行学员冷嘲描述，它看起来“就像鸟窝的集合”。然而，尽管单翼机流畅快捷，它们轻薄的单翼产生的升力不足，载重量小。而且单翼机结构脆弱，依然需要连接在机身支柱上的张线来支撑，此外，它们的操控系统也使得飞机很难驾驭。

当时，飞机设计者们认为机翼必须要轻薄。而一项空气动力学研究很快表明厚点的翼型会提供更多升力，同时在结构上也会更为牢固。

1910年，德国大学教授雨果·容克斯（Hugo Junkers）为“飞翼式飞机，一个机翼能容纳所有零件、发动机、乘员、乘客、燃料和框架”申请了专利。这种飞翼虽从未问世，但这种想法却导致了不需要外部支柱或者张线的悬臂式机翼出现，“一战”期间，容克斯将这种装置应用到飞机设计中。悬臂式机翼最终使单翼机成为未来飞机的发展趋势。1913~1914年间建立性能新基准的是一种双翼机，索普威斯“小报”型飞机——第一种由英国设计、能在速度上超越法国的飞机。“小报”型飞机后来成为“一战”中战斗机设计的先驱。

尺寸问题

“一战”爆发前夕，或许突然出现的最伟大的技术突破应该是在飞机的尺寸方面了。设计精妙的小巧单翼机和双翼机屡屡打破速度和高度纪录，但要想在和平及战争年代均有实用价值，飞机必须要更大些。然而，没人能确定大型飞机是否可行。尺寸变大意味着要使用不止一台发动机，但许多人对多发动机飞机能否安全运行持怀疑态度。人们最关心的问题是，在其中某台发动机失效这种极有可能发生的情况下，飞机会如何。飞行器会不会陷入尾旋，造成致命后果？

然而，年轻的俄国设计师兼飞行员伊戈尔·西科斯基（Igor Sikorsky）解决了这一难题。1913~1914年间，他驾驶四发动机的大型飞机进行多次飞行——先是“俄罗斯勇士”号，尔后是“伊利亚·穆罗梅茨”号（Il'ya Muromets）——证实了这些飞机能在一台甚至两台发动机关闭的情况下在空中稳定飞行。

“伊利亚·穆罗梅茨”号的壮观飞行

1914年6月30日，飞行员兼设计师伊戈尔·西科斯基开始了一次“一战”前最壮观的飞行，航空由此进入新时代。西科斯基计划驾驶四发动机的“伊利亚·穆罗梅茨”号从圣彼得堡出发，飞越俄国北部的森林和沼泽，到达基辅再返回——往返航程为2600千米（1600英里）。

1913年，在圣彼得堡的俄国–波罗的海车辆厂为富有的赞助者米哈伊尔·施德台洛夫斯基（Mikhail Shidlovski）工作时，西科斯基设计了第一架四发动机飞机，命名为“俄罗斯勇士”号，翼展达31米（88英尺7英寸），在当时算是巨型飞机了。国外航空专家坚信这个庞然大物根本飞不起来，戏谑地称它为“彼得堡巨鸭”。然而，在1913年5月，“巨鸭”真的起飞了，而且在测试飞行中还搭载了8名乘客，证实了其良好的飞行性能。

> “航空不是工业，也不是科学。它是奇迹。”
>
> **伊戈尔·西科斯基**

1913年10月，西科斯基建造了体型更大的“伊利亚·穆罗梅茨”号，其翼展为37米（105英尺），机身长27米（77英尺），满载时重量超过5400千克（12000磅）。即使使用4台100马力发动机来驱动4副拉进式螺旋桨，这样的重量也很难从地面起飞。包括飞行人员在内，飞机可承载16人，按当时的标准，能为乘客提供简朴舒适的享受。飞机拥有由风力发电机供电、装有电灯的温暖客舱，一间卧室，以及第一间空中厕所。前方设有阳台，供乘客在空中欣赏美景，足够勇敢的乘客还可以去机身后侧的观景台。

1914年“伊利亚·穆罗梅茨”号的飞行消除了所有质疑，证明了西科斯基的确建造了一架真正实用的大型飞机。6月30日，它迎着清晨的第一缕阳光起飞。机上有西科斯基和其他3名机组成员，还有备用配件、食物、燃料等大量装备。他们将在没有随行火车和汽车队的情况下穿越大片荒芜之地。

最初的8小时飞行平安无事，飞机首先降落在奥尔沙（Orsha）加油。然而在去往第二站基辅的路上却是惊心动魄。一台发动机起了火，两名机组成员不得不爬到机翼上用衣服将其扑灭。为了修复飞机，西科斯基紧急迫降。次日早晨起飞后不久便遭遇大雨和低云天气。

抵达基辅

这幅画描绘了在6月30日~7月11日从圣彼得堡到基辅的壮观飞行中，“伊利亚·穆罗梅茨”号在基辅上空飞行的场景。7月末，俄国开始为战争做准备，西科斯基的大型飞机将会作为重型轰炸机投入使用。

旅程结束

1914年7月11日，“伊利亚·穆罗梅茨”号完成了史诗般的往返飞行，降落在圣彼得堡郊外的卡帕斯诺（Korposnoi）机场。从中可以看到，降落时，有两个人正站在机舱外观景台上。

空气乱流令飞机上下俯仰，一度陷入尾旋，下降了350米（1000英尺）才摆脱乱流困扰。令人欣慰的是，西科斯基驾驶飞机从辉映着基辅金色屋顶的云层中降落后，受到了热情款待。返回圣彼得堡的过程则没有这么惊险刺激。这次长达2600千米（1600英里）的壮观往返航行共历时26小时。之后奖励和赞美涌向西科斯基，沙皇尼古拉二世也向他表达了谢意。

就这样，伊戈尔·西科斯基为实用载客飞机和重型轰炸机设计开辟了道路。

西科斯基驾驶“伊利亚·穆罗梅茨”号（见左图）往返于圣彼得堡和基辅，航程达2600千米（1600英里）。重于空气的飞行从最初的尝试开始，已经有了长足进步，这次壮丽的飞行为其画上了完美的句号，并预示着新的开始。

庞大的双翼机

上图可清晰看到西科斯基的S-27“伊利亚·穆罗梅茨”号拥有全封闭玻璃驾驶舱。右边的邮票是苏联在1976年发行的，目的是纪念“伊利亚·穆罗梅茨”号具有里程碑意义的飞行。

先驱者的传奇

飞行器以及驾驶它们的冒险家们让数百万民众为之倾心和肆意想象。尽管只有几千人感受过格雷厄姆-怀特说的驾驶飞机时那种“伟大又神秘的力量”，仍有来自社会各阶层的许多人折服于飞行的魅力。尤其是诗人和画家，他们将飞机当成现代主义的一种象征大加赞誉。著名意大利诗人加布里埃尔·邓南遮（Gabriele d’Annunzio）在赞颂飞行员是“更广阔生活的信使”后，自己也成为一名飞行员。然而，航空远不止让知识分子兴奋异常。1911年，在英国乡村的一所学校，当被问及学生们心目中最伟大的人生目标时，一名7岁的男孩，未来的小说家格雷厄姆·格林（Graham Greene）这样写道：“我想乘飞机飞上天空。”

1914年，这个时代即将落幕。航空迅速发展为一种工业，稍晚发展为一门科学。令那些希望航空在本质上能超越国界、将各民族联系在一起的人沮丧的是，航空早已成为军火业的分支，很快就会成为一种主要的战争武器。

伊戈尔·西科斯基

伊戈尔·西科斯基（1889~1972）出生于基辅，在一个鼓励发展求知欲的家庭中长大。小时候，他接触到法国科幻小说家儒勒·凡尔纳（Jules Verne）的作品和莱昂纳多·达·芬奇关于直升机的设计理念，从此对飞行产生了浓厚的兴趣。学习了工程学并尝试制造直升机失败后，西科斯基转向传统的固定翼飞机设计。1913年，他建造了世界上首架四发动机飞机。并以这架被称为“俄罗斯勇士”号的飞机为原型，建造了“伊利亚·穆罗梅茨”号，后者在“一战”中被用作远程轰炸机。1918年，西科斯基移民美国，做了几年教师，后来成立了自己的工程公司，生产了许多成功的飞艇。20世纪30年代他回归老本行，并于1939年制造了首架投入大批量生产的直升机原型机。

俄国飞行先驱

伊戈尔·西科斯基站在他的S-22“伊利亚·穆罗梅茨”号飞机前。西科斯基的设计经过反复验证，最终证明了多发动机大型飞机的可行性。

“一战”前的先驱飞机（1908~1914）

在飞行先驱时代，富有的工程师、冒险家和企业家们争先恐后地推出成功的设计。具备手工技能，可以使用织物、木材和钢琴丝制作家具或者自行车的人成为航空业诞生的基础。为早期汽车和摩托车设计的发动机亦发展改进为航空发动机。莱特A型飞机没有取得预期的影响力。人们更希望飞机轮能滑行，而且在侧向控制方面，副翼设计比莱特翘曲机翼更胜一筹。布莱里奥XI号飞机则让另一种重要结构流行起来——单翼机。但单翼机不够稳固，只适合大胆勇敢的冒险家。“一战”中最为流行的飞机结构是拉进式双翼机，并逐渐取得主导地位。“1909布雷盖”奠定了该结构的基础，后来发展成为更坚固的高性能飞机——索普威斯“小报”型。

飞越海峡的布莱里奥飞机

一架布莱里奥XI号飞机飞过法国尼斯码头，该飞机和路易·布莱里奥在1909年飞越英吉利海峡时驾驶的那架一样。

安托瓦内特Ⅳ

优雅的船型机身和先进的轻型发动机体现了设计者利昂·勒瓦瓦瑟尔的创新思维和艺术修为。1909年7月19日，休伯特·莱瑟姆首次尝试驾驶这架引人注目、以赞助商女儿名字命名（Antoinette Ⅳ）的法国单翼机，飞越英吉利海峡，但以失败告终。

发动机：50马力燃油喷射安托瓦内特发动机

翼展：12.2米（40英尺）　**机长**：11.3米（37英尺）

最大速度：72千米/小时（45英里/小时）　**机组人员**：1

乘客：无

阿弗罗·罗Ⅳ型三翼机

1910年，英国的阿里奥·威尔登·罗（Alliot Verdon Roe）创建了阿弗罗公司，这架阿弗罗·罗Ⅳ型飞机诞生于1911年，是首架成功的三翼机。相比双翼机，三翼机的最大优势在于更短的翼展能产生相同的升力。翼展短意味着可操纵性更强。

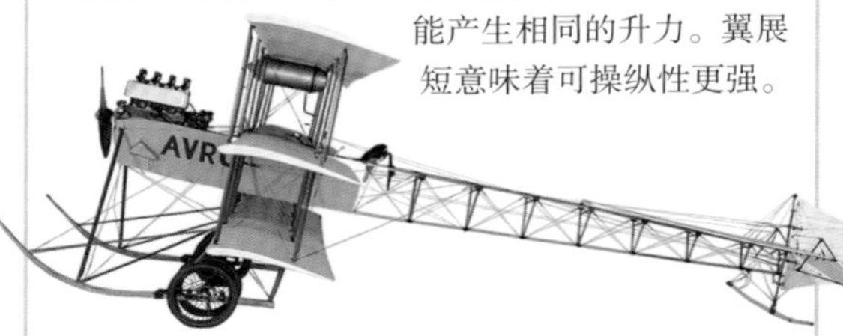

发动机：35马力格林4缸水冷发动机

翼展：9.8米（32英尺）　**机长**：9.2米（30英尺）

最大速度：未知　**机组人员**：1

乘客：无

布雷盖拉进式双翼机

1907年制造直升机的尝试失败后，布雷盖于1909年建造了首架双翼机，主要框架使用了钢管。这架1910年改良版飞机设计时尚，为后来的前置发动机双翼机奠定了“现代化”基础。

发动机：50马力8雷诺V8汽缸发动机

翼展：13米（42英尺9英寸）　**机长**：10米（25英尺9英寸）

最大速度：70千米/小时（44英里/小时）　**机组人员**：1

乘客：无

布里斯托尔“箱形风筝”

布里斯托尔飞机公司第一款成功的产品，“标准双翼机”，也被通称为“箱形风筝”，是亨利·法曼设计的改进版。共生产了76架，用于世界各地的军事和民用飞行培训。

发动机：50马力“土地神”转缸发动机

翼展：10.5米（34英尺6英寸）　**机长**：11.7米（38英尺6英寸）

最大速度：64千米/小时（40英里/小时）　**机组人员**：1

乘客：无

寇蒂斯D型

1909年5月之前，格林·H. 寇蒂斯是亚历山大·格雷厄姆·贝尔飞行试验协会（AEA）的一员，该协会建造了4种双翼机，一种比一种受欢迎。协会解散后，寇蒂斯开始根据AEA的最终设计建造飞机，后来称为寇蒂斯推进式飞机。早期飞机均为客户定制，但随着生产水平和标准化程度提高，1911年中旬，D型（单座）和E型（双座）有了标准尺寸。以下为D-4的技术参数，广告售卖价格为4500美元。

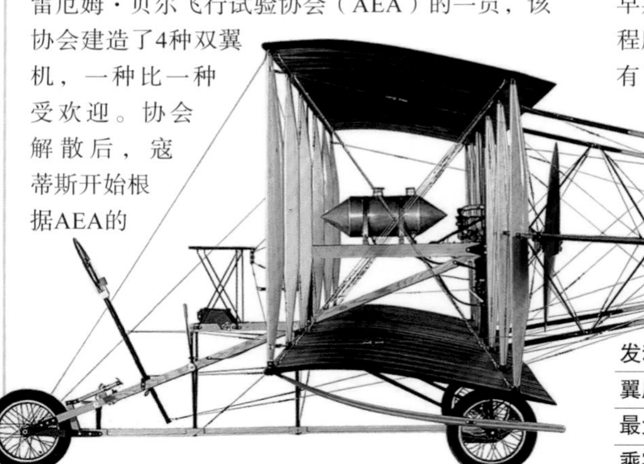

发动机：40马力4缸水冷寇蒂斯发动机

翼展：10.2米（33英尺4英寸）　**机长**：7.9米（25英尺9英寸）

最大速度：72千米/小时（45英里/小时）　**机组人员**：1

乘客：无

德培杜辛C型

德培杜辛是一位具有传奇色彩的企业家，他在1910年成立了德培杜辛航空公司。公司的飞机（包括1911C型飞机）均由当时年仅30岁的工程师路易·贝什罗设计。自此一系列先进的单翼机问世，多次创下世界速度纪录。1912年2月22日，朱尔斯·韦德里纳驾驶该机，首次突破了162千米/小时的速度。1913年，德培杜辛因诈骗罪入狱，路易·布莱里奥将其公司收购，但贝什罗仍然是首席设计师。

发动机:100 马力直列发动机

翼展:8.8 米(28 英尺 9 英寸) **机长**:5.5 米(18 英尺 6 英寸)

最大速度:162 千米/小时(100 英里/小时) **机组人员**:1

乘客:无

瓦赞/亨利·法曼 H.F.1

瓦赞/亨利·法曼H.F.1型为双翼机，拥有箱形风筝结构和前置双翼升降舵。借助机轮，飞机在1907年9月30日实现了跳跃，并于10月7日飞行了30米（98英尺）。此后的数月，飞机经过改良，配有单翼前置升降舵、有顶驾驶舱及侧幕尾翼。1908年1月13日，亨利·法曼驾驶H.F.1型在伊西莱穆利诺成功完成了欧洲首次1千米（0.62英里）闭合圆形航线飞行，并因此获得5万法郎的高额奖金，飞机也受到诸多赞誉。

50马力安托瓦内特发动机

箱形风筝结构水平尾翼

发动机:50 马力安托瓦内特发动机

翼展:10.8 米(35 英尺 6 英寸) **机长**:13.45 米(44 英尺)

最大速度:60 千米/小时(38 英里/小时) **机组人员**:1

乘客:无

法曼（莫里斯）1912军用机

尽管法曼兄弟在1912年成为飞机制造合伙人，但二人的设计是各自独立的，1909年后，莫里斯致力于改进瓦赞飞机的设计。莫里斯·法曼的设计通过飞机制造有限公司（Airco，艾科）进入1912年军事飞机竞赛，得到了英国军方的大批订单，用来训练和侦察。这种飞机前凸的起落滑橇很长，因此被称为“长角牛”（Longhorn）。

发动机:80 马力雷诺发动机

翼展:15.5 米(50 英尺 11 英寸)

机长:11.5 米(37 英尺 10 英寸) **机组人员**:2

最大速度:105 千米/小时(65 英里/小时) **乘客**:无

古培1909（2号）

古培2号严格意义上并不算成功，却和布雷盖拉进式双翼机一样，为后来的前置发动机双翼机奠定了标准结构。它由昂布鲁瓦兹·古培（Ambroise Goupy）和A. 盖勒迪罕（A. Calderara）上尉共同设计，1909年3月实现首次“跳跃”飞行。英国航空先驱之一A. V. 罗的设计则更加成功，他便是受到了古培2号的影响。

发动机:25 马力 REP 发动机

翼展:6 米(19 英尺 8 英寸) **机长**:7 米(23 英尺)

最大速度:97 千米/小时(69 英里/小时) **机组人员**:1

乘客:无

桑托斯–杜蒙特“少女”号

桑托斯–杜蒙特19“少女”号（又名“蜻蜓”）飞机于1907年11月完成首飞，1909年，改良后的20号飞机投入大规模商业化生产。该机有竹制机身、可拆卸单翼和三轮式起落架，是当时最小巧的飞机，也是现代超轻型飞机当之无愧的鼻祖。桑托斯–杜蒙特免费转让出设计专利权，该机因此成为第一批可以“自制”的飞机之一。重量只有107千克（235磅）的轻型“少女”号——售价5000法郎（300英镑）——更受公众而非飞行员的欢迎。

发动机:25 马力 2 缸杜特黑尔 – 查尔默斯发动机

翼展:5 米(16 英尺 5 英寸) **机长**:6 米(19 英尺 8 英寸)

最大速度:100 千米/小时(62 英里/小时) **机组人员**:1

乘客:无

索普威斯“小报”

“小报”型不是第一种单座侦察机，却是“一战”前最成功的英国竞赛和侦察用机。1914年，“小报”型飞机赢得施耐德大奖，并在战争中为英国陆军航空队和海军航空队效力。

发动机:80 马力“土地神”转缸发动机

翼展:7.7 米(25 英尺 6 英寸) **机长**:6.2 米(20 英尺 4 英寸)

最大速度:148 千米/小时(92 英里/小时) **机组人员**:1

乘客:无

莱特A型

1908年8月8日在勒芒，威尔伯·莱特驾驶莱特A型飞机飞行，震惊了围观的法国群众。显而易见，在1分45秒的短暂飞行中，他轻松自如地操纵飞机，这次表演震撼了欧洲航空界。1个月后，威尔伯从9月3日开始在华盛顿附近的迈耶堡进行了一系列试飞，平息了对莱特兄弟的一些批评。A型飞机被授权在法国、英国和德国生产，莱特兄弟自己也有制造权，实用飞行自此进入新时代。

发动机:30 马力 4 缸莱特水冷直列发动机

翼展:12.5 英尺(41 英寸) **机长**:9.5 米(31 英尺)

最大速度:64 千米/小时(40 英里/小时) **机组人员**:1

乘客:无

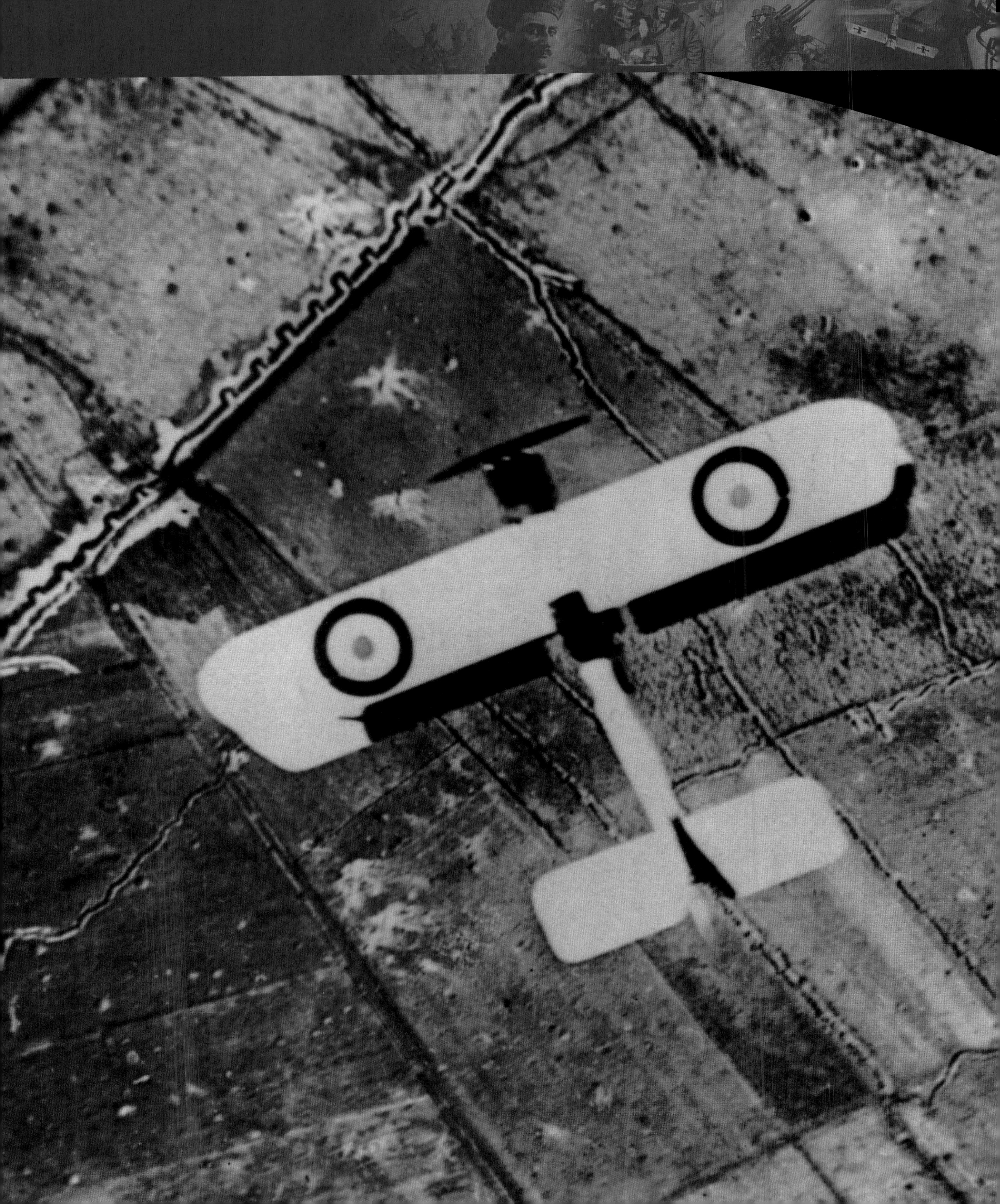

走向战争

2

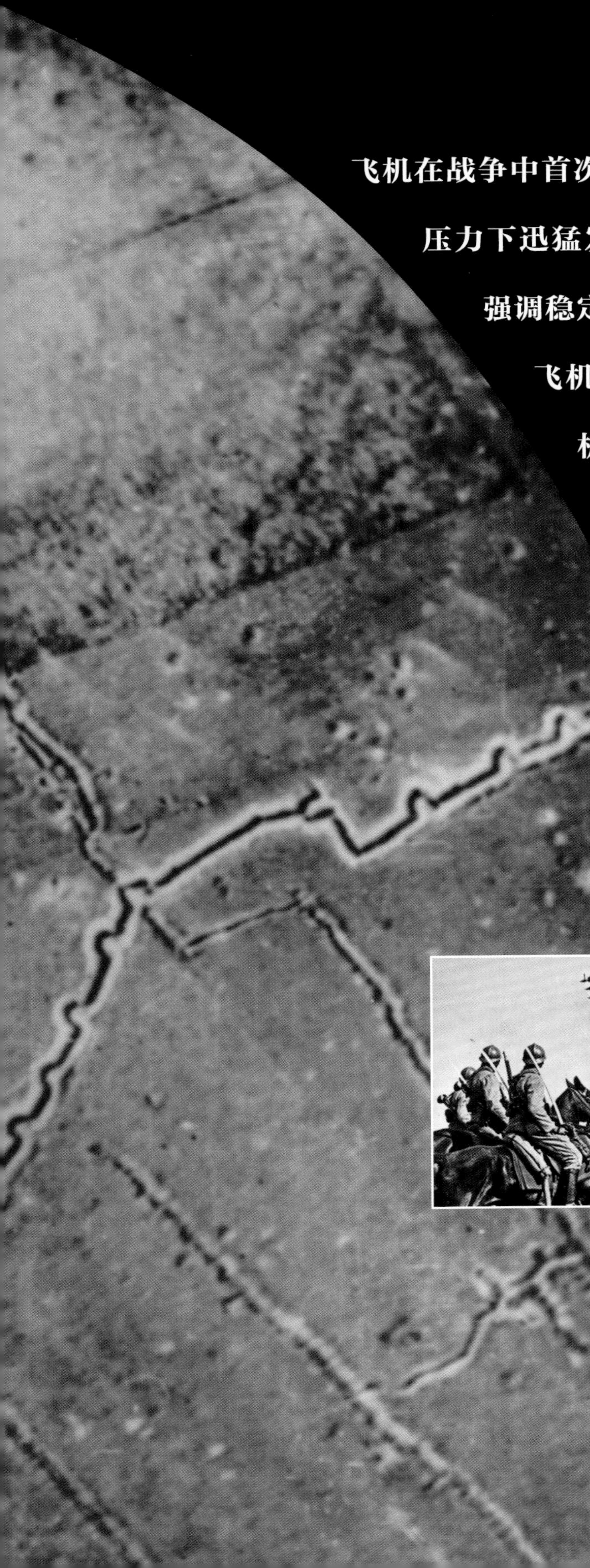

飞机在战争中首次找到了自己的实用价值。1914~1918年，航空业在战争的压力下迅猛发展。飞机第一次投入日常使用，这意味着要定期航行，更强调稳定性。动力更强的发动机和更坚实稳固的机身的出现，带来了飞机整体性能的飞跃。生产规模上也有所改变：“一战”前，飞机成百架地生产，战争期间，它们成千上万架地被制造出来。通过第一次世界大战，人们认清飞机能扮演不同角色，并设计了专门飞机实现这些功能——包括轰炸机。而轰炸机又在战后发展出第一批航线运输机。在欧洲西线战场征战长空的王牌飞行员们使得飞行员是国民英雄的传统得以延续。

巡航中

第一次世界大战期间，英国陆军航空队的一架B.E.2c型飞机正在比利时战壕上空巡逻。飞机使用前景尚未明确时，B.E.2c型就投入了战争。最后，它成为侦察机、轻型轰炸机和抵御飞艇的家园守卫者。

"人类会在空中互相残杀和死亡，就像千百年来在陆地和海洋上那样。空中战争真正打响了。"

勒内·尚布
（Rene Chambe）
《时间子弹》（Au Temps des Carabines）

侦察与作战

飞机在第一次世界大战中最重要的功能，就是支持前线军队——飞行员为地面部队屡屡出生入死。

在1914年8月战争于欧洲战场爆发之前，人们并未料到飞机会在战争中发挥重要作用。欧洲主要军队集结的地面部队人数以百万计；而所有参战国部署的前线飞机加起来也不过500余架，还都是容易损坏且没有武装的单翼机或双翼机；受当时高涨的爱国热情影响，平民飞行员们争相入伍，包括罗兰·加洛斯、朱尔斯·韦德里纳等和平时代航空领域的知名人物。这些勇敢的飞行冒险家曾让公众为之痴迷，但军队最初几乎没让他们发挥作用。

首战告捷

*第一位飞越地中海的战前航空先驱罗兰·加洛斯，是"一战"中首位通过穿越螺旋桨空隙射击击落敌机的飞行员。**（详情见65页）*

空中司机

军队飞行员也是军队的空中司机。他们的工作往往是搭载一名观察员——有时是高级官员——来往郊外报告敌军动向。战争的前几个月，迅速推进、包围和令人绝望的撤退等大量行动需要进行侦察。

在西线战场上，德国侵占比利时，向巴黎进发，而东线战场上，俄军进军普鲁士东部，来势汹汹。飞机从风云变幻的前线附近的临时跑道（任意一块非耕地的平整地面）上起飞，飞行员和观察员在人迹稀少的空中游荡，寻找敌军的身影，用潦草写就的便条和匆忙画成的地图记录下其规模、位置和行进方向。在陌生地域找到敌军本就不是件容易的事，还要努力避免迷航、应对复杂多变的天气。低云天气会阻碍观察，而且飞机也非常脆弱，经常会发生事故，导致紧急迫降。

飞机一出现就会受到友军和敌军机枪射击的"热烈欢迎"。历经重重磨难返回后，飞行员经常会看到暴躁无礼的将领对他们带回来的情报不屑一顾，因为他们不信任来自这种新途径的信息。

关键作用

然而，空中侦察在两线战场上都做出了重要贡献。在东线战场上，俄军没有充分利用好现有的几架飞机，而德国则使用"鸽"式飞机，获得了关键性优势。在东普鲁士的森林和湖泊上空巡航时，德国飞行员发现了行进中的俄国军队，这使得最高指挥部有了时间调动援军支援前线。在坦能堡战役中，空中观察员的信息使得在数量上不占优势的德国军队于正确的时间出现在了正确的地点，最后获得了历史性胜利。

在西线战场上，身着灰色军服的德国大军逼近巴黎，法国和英国的飞行员侦察到德军的动向后，立即促使英法联军从前线紧急撤退。

1914年8月29日，一位渴望胜利的德国飞行员绕埃菲尔铁塔飞行，在巴黎丢下了一枚炸弹。然而，9月3日，被派遣去保卫首都的法国飞机报告敌军已离开巴黎方向，转向了东部。

得到这条情报后，负责保卫巴黎的约瑟夫·加利埃尼（Joseph Gallieni）将军下令攻击在马恩河暴露的德军侧翼，进而扭转了战争局势。秋季末，德军已经被赶到比利时前线，西线战场的行动告一段落。德军形成了从英吉利海峡到瑞士的战线，开始挖壕固守，接下来的三年半他们都将驻扎在此。

线条优雅的德国战斗机

1917~1918年间，超过3000架"信天翁"D.V型战斗机问世，成为许多德国王牌飞行员的座机。尽管它有流线型硬壳式机身和优雅的线条，仍然不敌协约国战斗机。1917年7月，一位德国飞行员写道："D.V战斗机太老旧，劣质得可笑，根本一无是处。"

新型战争

1915年，法国的一支骑兵中队看着一架双翼机从头上飞过。飞机速度快，能巡视更多地方，因此在很多时候取代骑兵执行侦察任务。在“一战”时期许多出色的飞行员中，很多人曾经是骑兵，他们觉得在西部前线骑兵已无用武之地，所以才转为飞行员。

漫长痛苦的战壕对峙，巨大密集的连天炮火，大规模的步兵攻击，为了可悲的方寸土地之争，成千上万人牺牲性命。就在这样艰苦的战争情形中，航空兵部队尽职尽责地扮演了军队指挥官指派的角色。指挥官认为，飞机的作用是进行侦察，完成炮击定位任务，以及通过战术轰炸和地面袭击打击敌军士兵、摧毁物资。

拍摄照片

自1915年开始，摄影取代草图和便条，成为空中侦察的手段。装有笨重箱式照相机的飞机每天被派到前线，拍摄敌军堑壕体系和炮位的完整照片。

最初的照相机很像有些摄影家工作室里的那些，每拍一张就要人工换一次巨大的感光底片。对于受狂风侵袭手指已经冻僵的观察员来说，这项操作非常艰难。后来，自动换底片的照相机提高了观察员的工作效率，但照相侦察任务依然单调乏味，而且危险系数很高。拍照时飞机要保持稳定直行，容易招致地面火力的攻击，而且适合用于侦察任务的那些动力不足、即将被废弃的飞机很容易被敌方战斗机捕获。

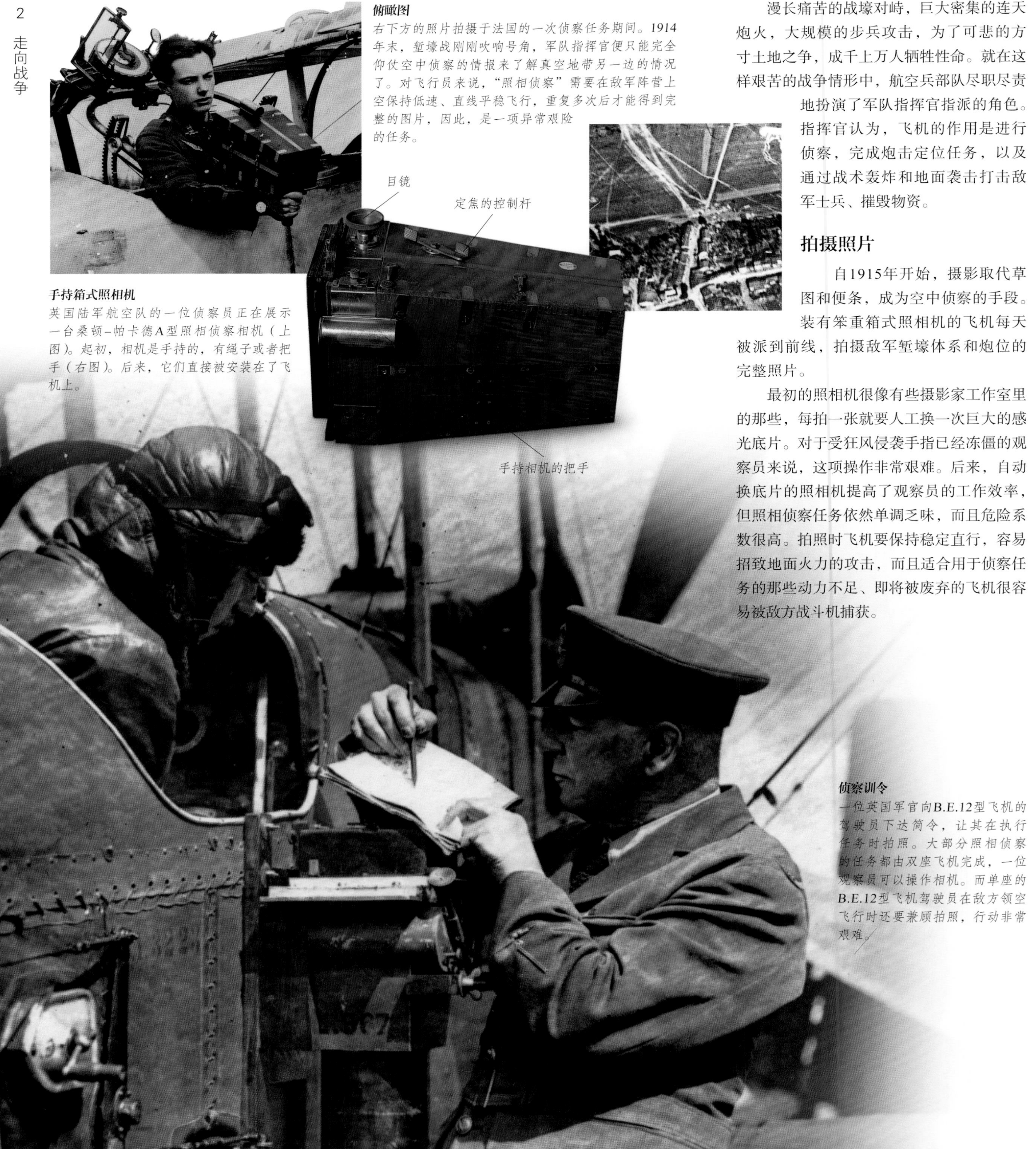

俯瞰图
右下方的照片拍摄于法国的一次侦察任务期间。1914年末，堑壕战刚刚吹响号角，军队指挥官便只能完全仰仗空中侦察的情报来了解真空地带另一边的情况了。对飞行员来说，“照相侦察”需要在敌军阵营上空保持低速、直线平稳飞行，重复多次后才能得到完整的图片，因此，是一项异常艰险的任务。

手持箱式照相机
英国陆军航空队的一位侦察员正在展示一台桑顿–帕卡德A型照相侦察相机（上图）。起初，相机是手持的，有绳子或者把手（右图）。后来，它们直接被安装在了飞机上。

侦察训令
一位英国军官向B.E.12型飞机的驾驶员下达简令，让其在执行任务时拍照。大部分照相侦察的任务都由双座飞机完成，一位观察员可以操作相机。而单座的B.E.12型飞机驾驶员在敌方领空飞行时还要兼顾拍照，行动非常艰难。

“一战”中的侦察机

“一战”爆发后，德军总参谋部声明：“飞行员的职责是看，不是飞行。”侦察和火炮校射被视为军事航空的主要目的，但致力于完成这些目标的飞机性能却很差，这种对比可能令人震惊——从战争伊始就投入使用的“鸽”式飞机这样脆弱的单翼机，到在堑壕上空移动的单调的双翼机。侦察机需要为观察和照相提供平台，因此稳定性被视为其最重要的品质。但这便意味着它们行动缓慢，操纵困难，容易成为敌军战斗机的猎物，无法抵御地面火力的攻击。有些飞机口碑极差，比如雷诺A.R.型和英国皇家空军（RAF）的R.E.8型。在发生了多次事故后，R.E.8型暂停服役，但调查表明相比设计不佳，缺乏训练才是罪魁祸首。“一战”后期，布里斯托尔F.2B型战斗机兼用于侦察，协约国方面的空军实力才有了起色。经过改良的照相机使得德军能在大多数战斗机无法到达的空域进行高空照相侦察。

脆弱的飞鸽
在“一战”爆发之时，鲁姆普勒“鸽”式飞机已经过时了，该飞机的最大速度只有97千米/小时（60英里/小时），而且在空中不堪一击。

高德隆G.IV

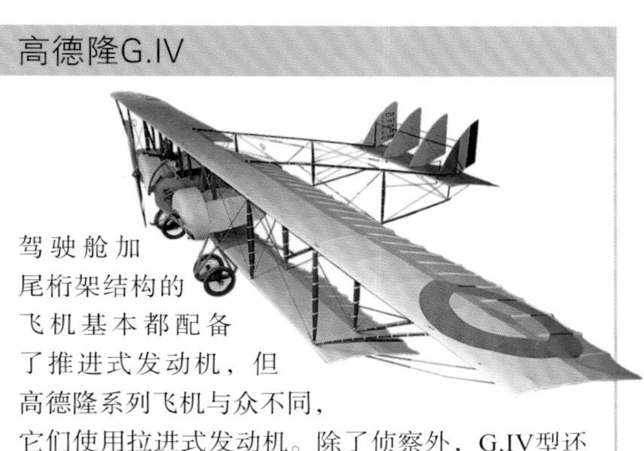

驾驶舱加尾桁架结构的飞机基本都配备了推进式发动机，但高德隆系列飞机与众不同，它们使用拉进式发动机。除了侦察外，G.IV型还扮演了包括轰炸机和教练机在内的其他角色。

发动机：2×80 马力罗恩 9 缸转缸发动机
翼展：17.2 米（56 英尺 5 英寸） **机长**：7.2 米（23 英尺 8 英寸）
最大速度：132 千米/小时（82 英里/小时） **机组人员**：2
武器：2×7 毫米机枪

法曼H.F.20

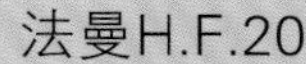

“一战”开始后，法曼兄弟的工厂收到了大批莫里斯设计的M.F.7型、11型以及亨利的H.F.20型飞机的订单。最初，该机在法国执行侦察任务，1915年年中期以后成为教练机。

发动机：“土地神”7A 7 缸转缸发动机
翼展：15.5 米（44 英尺 10 英寸） **机长**：8.8 米（27 英尺 9 英寸）
最大速度：100 千米/小时（62 英里/小时） **机组人员**：2
武器：无

英国皇家飞机制造厂B.E.2c

B.E.2型飞机属于侦察机——低速、稳定且无武器装备。鉴于此，人们很快意识到需要某种防卫措施，于是1914年10月投入使用的B.E.2c型的观察舱中配备了一挺机枪。

发动机：90 马力皇家飞机制造厂 1a V8 气冷发动机
翼展：11.29 米（37 英尺） **机长**：8.3 米（27 英尺 3 英寸）
最大速度：120 千米/小时（75 英里/小时） **机组人员**：2
武器：观察舱配有一挺 0.303 英寸刘易斯机枪（最多可达 4 挺）；104 千克（230 磅）炸弹（单独飞行时）

英国皇家飞机制造厂R.E.8

R.E.8型取代了过时的B.E.2c型，机组人员也用当时知名喜剧演员的名字称呼它为“哈里·塔特”（Harry Tate）。1916年开始服役后，该机成为“一战”期间皇家陆军航空队最常用来侦察和火炮校射的飞机。

发动机：140 马力皇家飞机制造厂 4a V12 气冷发动机
翼展：13 米（42 英尺 7 英寸） **机长**：8.5 米（27 英尺 10 英寸）
最大速度：164 千米/小时（102 英里/小时） **机组人员**：2
武器：1×0.303 英寸维克斯机枪；观察舱配有一挺 0.303 英寸刘易斯机枪；101 千克（224 磅）炸弹

鲁姆普勒“鸽”式

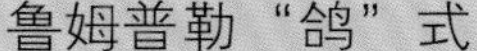

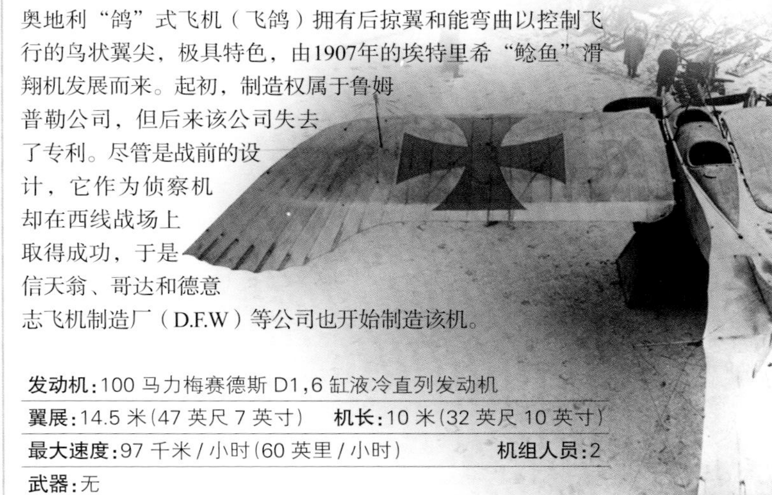

奥地利“鸽”式飞机（飞鸽）拥有后掠翼和能弯曲以控制飞行的鸟状翼尖，极具特色，由1907年的埃特里希“鲶鱼”滑翔机发展而来。起初，制造权属于鲁姆普勒公司，但后来该公司失去了专利。尽管是战前的设计，它作为侦察机却在西线战场上取得成功，于是信天翁、哥达和德意志飞机制造厂（D.F.W）等公司也开始制造该机。

发动机：100 马力梅赛德斯 D1，6 缸液冷直列发动机
翼展：14.5 米（47 英尺 7 英寸） **机长**：10 米（32 英尺 10 英寸）
最大速度：97 千米/小时（60 英里/小时） **机组人员**：2
武器：无

战斗中的福克单翼机

这张珍贵的照片拍到了一架福克单翼机在法国上空飞行时的情景。该飞机的金属管状框架使其可以实现高速俯冲，但从其他方面看，它的设计不算先进。它是最后一批使用翘曲机翼而非副翼进行侧向控制的重要飞机之一。

但是，以诸多牺牲为代价获得的堑壕体系全方位合成照片能为炮击确定目标。

炮击开始后，飞机又要登场了。炮手需要观察员告知炮弹落点，以调节射程和方向。天气好的时候，观察员能看到攻击点，但没有通知地面的高效方法，直到1916年，某些新型飞机才能携带无线电发射器。结合使用无线电和“时钟机制”——一种数字和字母的协调代码，能分辨炮弹会落在相对于目标的什么位置——这是非常高效的校射手段。1916年索姆河的静态战中，英军发现用炮火袭击处在纵深防御体系中的敌军时，空中侦察毫无用处。而在1918年的机动作战中，上千名飞行员在执行火炮校射任务时阵亡，这种策略如果单独使用会失败，但在其他兵种和手段的配合下是非常有效的。

战争接近尾声时，德军终于使用了一种能够保护飞行人员安全的飞机。这种鲁姆普勒C.Ⅶ型飞机能在6000米（20000英尺）的高空飞行，配有一台启动后能连续拍照的自动照相机，然而缺点也随之而来：由于缺乏高空飞行保护措施，飞行人员要忍受严寒、缺氧和减压病。

面对高射炮

被英国皇家陆军航空队称为“阿奇”（Archie）的德军防空炮火令侦察机遭遇重创。飞行员威廉姆·瑞德（William Read）中尉写道：“几乎每天都要遭受‘阿奇’的炮弹袭击，真不知道自己什么时候会崩溃……我一点也不介意自己是在一架速度快、能按自己意愿使其升高的机器里。今天……有些炮弹就在身边爆炸，我听到弹片呼啸而过……嗯，我想死亡很快就要来临了吧。”多数防空指挥官认为榴霰弹是击落飞机的最佳选择，少数则倾向于使用烈性炸药和燃烧弹。

良好的命中率

这些德国防空炮手击中飞行高度低于1500米（5000英尺）的侦察机的概率非常大。

武装飞机

对将领而言，在飞机上装备枪械的主要目的是保护己方侦察机，击落敌军侦察机。但武装飞机的最初想法来自飞行员和观察员，他们只是单纯地想让敌军“尝尝厉害”。但用手枪或者卡宾枪对着移动的飞机射击效果甚微，从上方投掷手榴弹更是毫无作用。使用机枪才是王道。但对1914年动力不足的轻型飞机来说，携带这种武器实属不小的负担，而且也很危险：如此极易损坏自己的飞机，破坏支柱和张线排列。第一次记录在案的空中胜利属于一位法国飞行员。1914年10月5日，观察员路易·奎诺（Louis Quénault）用架设在瓦赞8型——一种推进式飞机（螺旋桨在后方）——上的哈奇开斯机枪（Hotchkiss）击落了一架"阿维亚蒂克"飞机。推进式飞机可为向前开火拓展开阔的空间，是空中对抗用机，备受英国人欢迎。英国在1915年开始使用维克斯"机枪巴士"（Gun Bus），并于次年引进了F.E.2和单座的D.H.2推进式飞机。推进式飞机以高效著称，但拉进式飞机（螺旋桨在前方）速度更快，机动性更强。

技巧高超又喜欢冒险的飞行员内心渴望拥有一种机枪，能在飞机对准目标时就瞄准射击。战前，法国和德国的设计师发现可以设计一种射击协调器，每次螺旋桨叶片空隙和机枪弹道一致时才能触发机枪。莫拉纳-索尔尼埃飞机的设计者雷蒙德·索尔尼埃（Raymond Saulnier）就曾试验过这种装置，但没能制造出实用的协调器。第一台有效的射击协调器出自荷兰设计师安东尼·福克之手，被安装到他的福克E系列单翼机上。从此，德国在"一战"中所有的战斗机都是穿过螺旋桨空隙进行射击。射击协调器和其他同步机制会降低机枪射速。后来，包括"信天翁"D.V和福克D.Ⅶ在内的德国飞机都装备了两挺机枪，弥补了这一缺陷。

协约国对福克单翼机射击协调器的第一次有力反击是在双翼机上层机翼上安装一挺机枪，可以从螺旋桨上方开火。即使是在协约国发明了能从螺旋桨空隙中射击的同步机制之后，他们也没有放弃在机翼上架设机枪的设计。纽波特17、S.E.5a等成功的单座战斗机都使用了两种装置。为了配合新的武器装备，新的作战战术也应运而生。

战争早期，单座战斗机像孤独的猎人一样在空中徘徊，寻找毫无防备的敌军飞机。到1916年，编队作战的战术逐渐发展成熟，战斗机被整编成一个个中队。在凡尔登和索姆河的惨烈战斗中，协约国和德国军队争夺着制空权；和地面战争一样，空中作战使双方均损失惨重。德军飞机在数量上占劣势，它们倾向于留在本方空域，集中资源形成大型编组，在前线关键地带取得本土空中优势。

创新的战斗机飞行员

1915年4月1日，法国飞行员罗兰·加洛斯驾驶莫拉纳-索尔尼埃伞式单翼机尾随在法国侦察机之后，从螺旋桨空隙中密集发射子弹。德国飞机被击中后坠落地面，加洛斯因此成为第一位单座战斗机飞行员。他成功让子弹向前穿过螺旋桨的秘密，就是安装金属偏导板，使打到叶片的子弹偏转。

在4月18日因为引擎故障迫降德军阵营之前，加洛斯共击落了3架敌机。他的壮举被广为宣扬，德军仔细检查了失事飞机。荷兰设计师安东尼·福克奉命前往柏林，模仿这种金属偏导板。但他在自己的福克单翼机上安装了一挺08/15马克沁机枪（又名斯潘道机枪，即马克沁机枪的德国改进型）和一项战前德国专利的射击协调器。有了协调器，飞行员就能从螺旋桨空隙中射击，增加了飞机和自身的安全性。

德国指挥官逐渐意识到他们手中已经掌握了一种重要的新型武器。他们小规模地使用福克单翼机，最初只是一两架一起行动，为侦察机护航，严重限制了该飞机的用途。一些德国飞行员敏锐地察觉到这种新飞机的潜力。1915年冬天，单凭大角度俯冲，从后方突然袭击这一简单招数，福克单翼机击落的协约国飞机数量之多，前所未有。英军称之为"福克灾难"（Fokker Scourge）。但是福克单翼机其实存在着严重缺陷：动力不足，不够敏捷，而且结构也有问题。谨慎驾驶时它高效实用，但如果机身承受压力过大，即使由经验丰富的飞行员驾驶，危险性也很高。

协约国则发展了自己的单座战斗机予以反击。1915年7月，法国开始使用昵称为"婴儿"的纽波特11小型飞机。这种轻型双翼机最初是为竞赛设计的，速度快且操纵灵活。唯一的重大缺陷是下层机翼采用单梁结构，导致俯冲时易折断机翼。飞机上没有同步机枪，但有安装在机翼上的刘易斯机枪，它们几乎让福克单翼机在天空中销声匿迹。灾难终于被逆转了。

安装于机翼上的机枪
安装在上层机翼的刘易斯空中机枪，使飞行员能沿飞行方向在螺旋桨上方射击，可通过牵引垂到驾驶舱的绳子扣动扳机。在飞行时换弹鼓则是飞行员的操作难点，因为双手不操控飞机是非常危险的。

弹走的子弹
一架莫拉纳单翼机（最左侧图）在螺旋桨叶片后面装有金属偏导板。机枪开火后，大约有十分之一的子弹会因击中偏导板而弹走。右边这这张海报展示了一位德国王牌飞行员在福克单翼机中穿过螺旋桨射击的场景。图片抓住了单座战斗机的精髓之处——把人和飞机紧密联成了一个战斗机器。

“航空至关重要……必须要掌握制空权。”

亨利·贝当将军

1917年5月

迅速扩张

前线战争逐渐白热化，生产战也随之打响。飞机发动机和机身生产批量大幅增长。战争刚开始时，军方订单使得小型制造商发展为大型企业。法国纽波特公司就是典型的例子，其营业额从1914年的28.5万法郎猛增到1916年的2640万法郎。新商家也加入航空发动机和飞机工业，尤其是雷诺、菲亚特等汽车制造商。英国在刚刚参战时飞机行业发展还相当薄弱，基本完全依赖进口法国发动机，但在“一战”期间航空业扩张在英国尤为迅速。战争结束时，英国的航空业已跃居世界第一，雇用了约27万名工人。

因缺乏熟练劳工和必要材料，德国在批量生产的竞争中处于严重劣势。1917年，德国对于每月生产1000架飞机的目标都无法完成——而那时英法合力一年就生产了3万架飞机。

当然，数量不等于质量。生产延期和官僚无能导致正在制造中的飞机还没有飞行就被淘汰了。1917年被送往前线的广受恶评的R.E8型和雷诺AR就是典型例子。产量最大化和提高飞机性能这两个目标经常是冲突的。当时流行的飞机被长时间生产，以达到数量要求。

需求促进新发明

但是利用现有资源和久经检验的技术这种需求也有固有保守性。战争期间，协约国的绝大多数飞机是使用支柱和张线的双翼机，木质框架外覆盖着布料，主要依靠使用动力更强、更可靠的发动机来提高性能。德国人在材料使用方面更具创新性，可能是因为他们缺少制造木制结构飞机所必需的优质木材和熟练的技术工人。对织物覆盖的飞机，德国人主要采用焊接钢管框架，主要是考虑到这种框架具有坚固、质量轻且容易制造的优点。

动力增强

战斗机的发动机动力从“一战”初期的80马力左右猛增至1918年的最大400马力。“一战”中动力装置的两大主要派别是转缸和直列水冷发动机。转缸发动机质量轻，结构简洁，但在提供逾150马力的动力时容易出现故障。它的汽缸围绕一个固定机轴旋转，会产生很强的陀螺效应，让飞机难以控制，但它适用于索普威斯“骆驼”和福克三翼机等操纵灵敏的格斗机。直列发动机则为更坚固、更快速的飞机提供动力。

协约国在发动机技术发展这方面占据优势，因为他们的供应商范围更广，以法国为主。1918年，美国生产出“一战”中动力最强的发动机——12缸400马力“自由”型发动机。

罗恩9B转缸发动机

协约国使用的许多转缸发动机都出自土地神公司和罗恩公司。尽管有些特性令人恼火，比如会喷飞行员一脸蓖麻油，但转缸发动机质量轻且动力强。德军经常把捕获的协约国飞机上的转缸发动机拆下来安装到自己的飞机上，这就是对该发动机品质的最高认可和赞美。

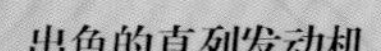

出色的直列发动机

希斯帕诺-苏萨（Hispano-Suiza）V8直列发动机被公认为“一战”期间最出色的发动机。它动力强劲，结构紧凑，持久耐用，而且相对于它的尺寸而言质量也很轻。这种发动机用于斯帕德XIII和S.E.5等飞机。

先进的S.E.5a战斗机

英国制造的S.E.5a战斗机于1917年开始服役，其优异表现超越了所有德军对手。相比索普威斯“骆驼”，它速度更快且易于操作，在爱德华·“米克”·曼诺克（Edward “Mick” Mannock）等知名王牌飞行员操控下声名远扬。该飞机由法恩伯勒皇家飞机制造厂的H. P. 弗兰德设计，机身坚固，性能优良稳定，产量超过5000架。

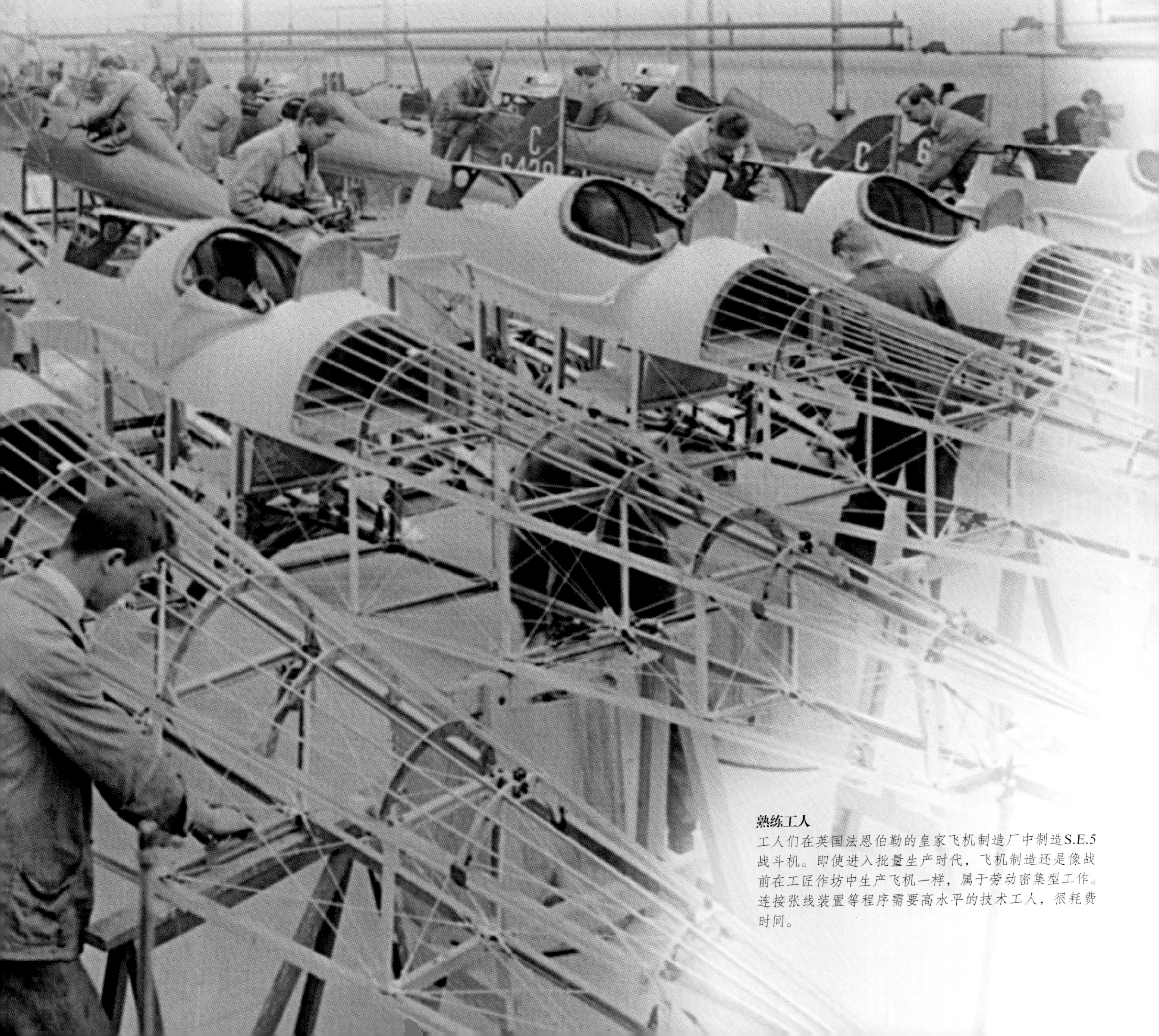

熟练工人

工人们在英国法恩伯勒的皇家飞机制造厂中制造S.E.5战斗机。即使进入批量生产时代，飞机制造还是像战前在工匠作坊中生产飞机一样，属于劳动密集型工作。连接张线装置等程序需要高水平的技术工人，很耗费时间。

对于“信天翁”D系列战斗机这样的飞机，他们用连接线将胶合板固定在内部框架之外，形成外层为木制的硬壳式机身。

尽管“信天翁”战斗机表现良好，但它的发展却体现出德国人供需不平衡的窘迫困境。德国选择了“信天翁”D.Ⅲ的改进型D.V型，以期完成月产1000架飞机的目标。然而，那年夏天，性能大大优于D.V的新一代协约国战斗机已投入使用，尤其是S.E.5和斯帕德ⅩⅢ型。但为了完成生产目标，德国工厂还是继续大批量生产D.V型机，一直持续到1918年。

西线战场的上空非常符合达尔文进化论的观点，飞机不断进化以求生存——有时也通过直接模仿。比如，1916年，法国纽波特17侦察机威胁到德国“信天翁”D.Ⅱ战斗机的制空权，德国军队就直接照搬纽波特飞机的单梁下层机翼——还有容易折断损坏的特性——制造了“信天翁”D.Ⅲ。同样地，1917年，英国皇家海军航空队驾驶的索普威斯三翼机以其灵活敏捷震惊了德军，福克便抄袭该飞机制造了Dr.Ⅰ型三翼机，成为曼弗雷德·冯·里希特霍芬（Manfred von Richthofen）男爵的座机。

受美国在1917年4月加入战争的刺激，德国迫切需要在美国的人力物力发挥巨大威力前取得胜利。德军最高指挥部于是计划于1918年春天在西线战场发动最终进攻。德军进行评估试验，寻找能制胜的飞机。克劳德·道尼尔（Claudius Dornier）和雨果·容克斯提出了展望未来的颠覆性设计——金属外壳的飞机，容克斯设计了不需要外部支柱和张线的悬臂式机翼。然而，保守主义又一次占了上风。被大量生产的却是福克D.Ⅶ和法尔兹D.Ⅻ，它们虽也是性能优良的战斗机，但创新性有所欠缺。

奋起直追

美国的加入能迅速把战局扭转成对协约国有利的局面，这种美好的希冀并没有考虑到美国航空水平远逊于欧洲的现实。1917年，美国投入生产的作战飞行器只有一种寇蒂斯飞船。

布里斯托尔F.2B战斗机

和S.E.5a、索普威斯“骆驼”一样，双座的布里斯托尔战斗机也属于新一代英国飞机，1917年被送往西线战场。“布里斯托尔”是侦察战斗机，飞机上的第二人可以充当机枪手和观察员的角色，飞机也能作为轰炸机和对地攻击机使用。1917年4月5日，它遭遇了厄运。这天，曾获得维多利亚十字勋章的利夫·罗宾逊（Leefe Robinson）上尉率领的皇家陆军航空队第48中队的6架布里斯托尔与曼弗雷德·冯·里希特霍芬率领的一队“信天翁”战斗机狭路相逢。包括利夫·罗宾逊座机在内的4架布里斯托尔F.2A战斗机被击落。飞行员们曾被告知该飞机结构脆弱，因此在作战时飞得太过谨慎。然而，他们很快学会把它当成真正的战斗机，除了使用前置机枪作为主要武器，还找到了能让后置机枪发挥作用的最佳阵型。

巴恩韦尔的“布里斯托尔” 布里斯托尔战斗机的设计者是英国殖民飞机公司（British Colonial Aeroplane Company）的弗兰克·索特·巴恩韦尔（Frank Sowter Barnwell）上尉。它在1916年9月进行了处女航。

织物覆盖、钢丝轮辐的轮子

挡风
有填充物的
驾驶舱边缘
转速表（发
动机转速表）
高度表
驾驶杆
方向舵脚蹬

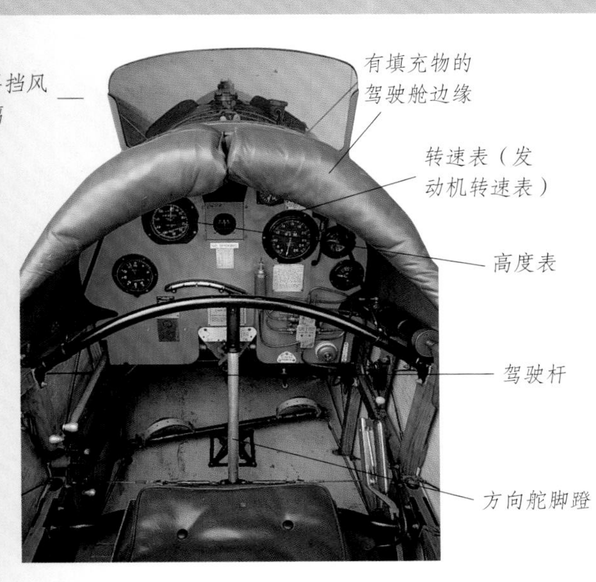

简单的仪表

布里斯托尔战斗机驾驶舱非常简单，这是“一战”飞机的特点。转速表是最有用的设备，但飞行员通常靠感觉飞行，很少依靠仪表盘。

“如果你连布里斯托尔战斗机都驾驭不了，就不要指望驾驶B.E、F.E、D.H.6这些飞机了，因为你绝对成不了飞行员。”

G.艾伦少校

关于如何驾驶布里斯托尔飞机（1918年）

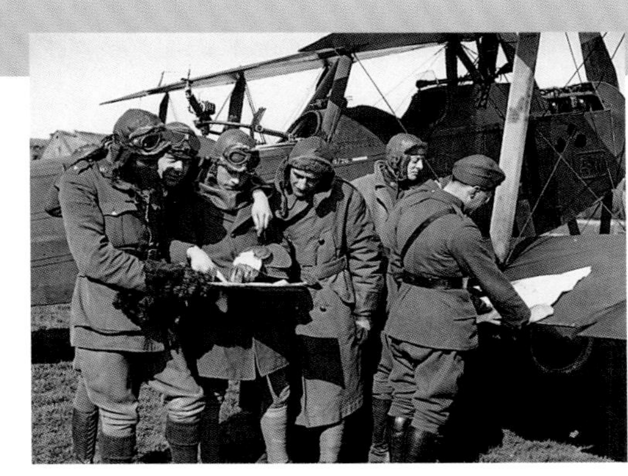

受欢迎的座机

上图为两架布里斯托尔战斗机的飞行人员在商讨下次任务的战术。1918年10月，正在服役的F.2B型飞机有1500余架。

使用安装在斯卡夫圆环（Scarff ring）上的刘易斯机枪，观察员可以朝不同方向射击
飞行员座椅
加固机身的垂直支柱
驱动供油管的小螺旋桨
撑杆
燃油箱
方向舵操纵缆
尾橇

机身侧视图

技术参数

发动机:275 马力罗尔斯·罗伊斯“猎鹰” Ⅲ 水冷 V12 发动机	
翼展:12 米(39 英尺 3 英寸)	
机长:7.9 米(25 英尺 10 英寸)	
机高:3 米(9 英尺 9 英寸)	
最大速度:198 千米 / 小时(123 英里 / 小时)	
武器:2 × 0.303 英寸机枪;12 枚 11 千克(25 磅)炸弹	

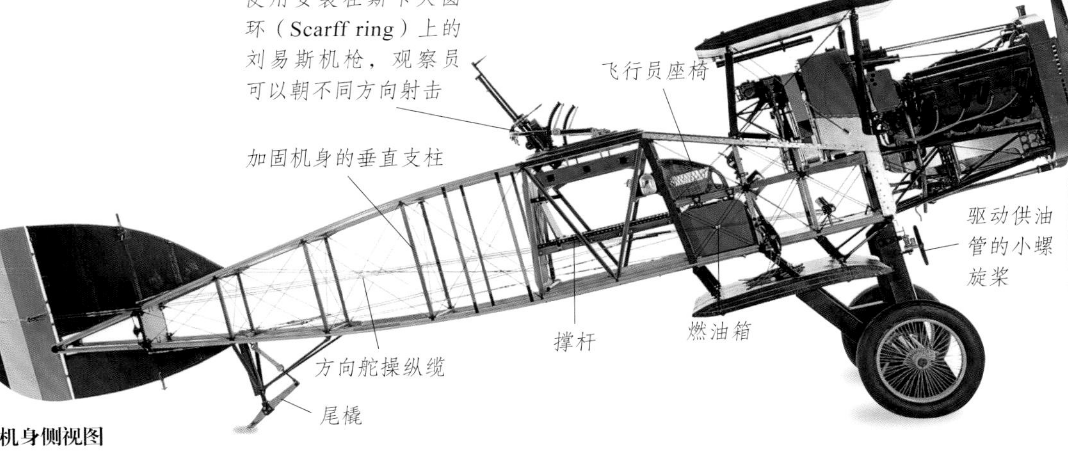

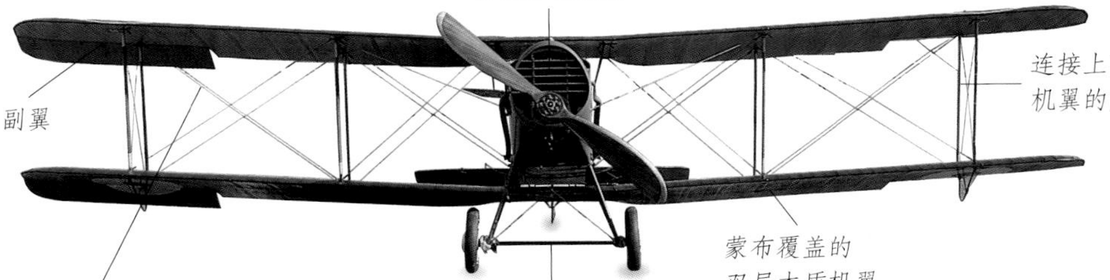

椭圆形散热器
连接上下层
机翼的支柱
副翼
蒙布覆盖的
双层木质机翼
连接上下层
机翼的张线
轮轴

正视图

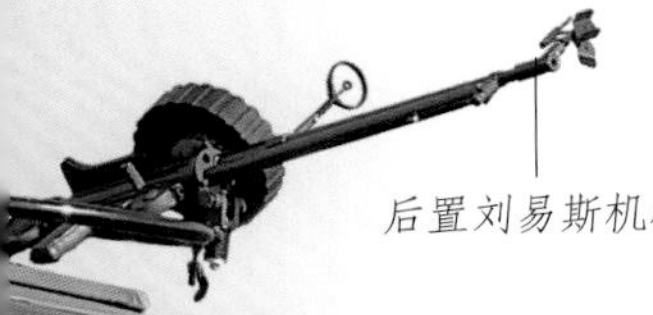

后置刘易斯机枪

金属制方向舵
钢铁框架、云杉
木肋骨的升降舵
和垂直尾翼
D-8084
气管
减震弹簧

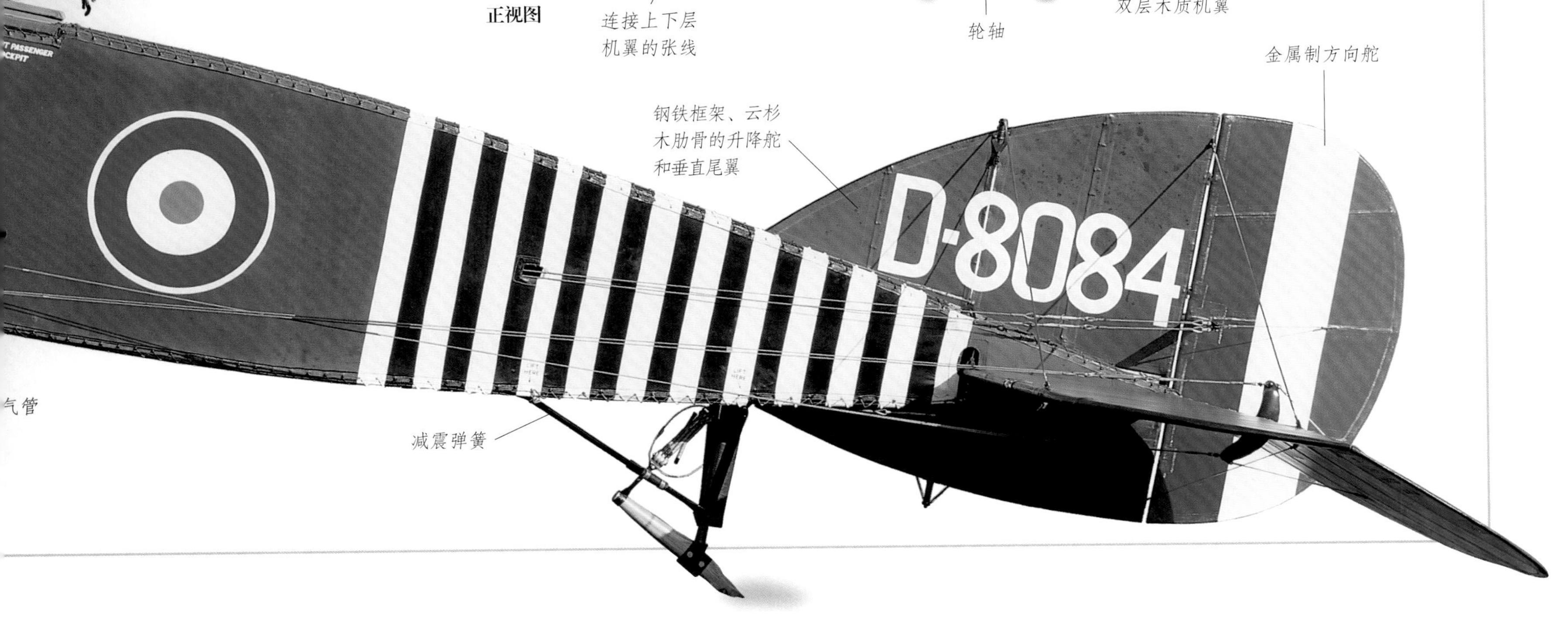

美军只有大约50架老旧的作战飞机。美国虽然没有飞机工业，但有流水线作业的汽车工业，可以进行改造。美国国会自信他们既然能制造汽车就也能制造飞机，于是积极拨款进行批量飞机生产。他们乐观地认为美国不仅能为本国航空部队提供装备，也能支援英国、法国和意大利。然而事与愿违，流水线作业很难实施，而且欧美量衡标准不同，导致重组问题。战争结束时，美国工厂仅生产了约1400架作战飞机，大部分是D.H.4轰炸机的各种改型。

发动机制造领域也不如人意。7家汽车制造商签订合约生产“自由”型航空发动机。但最初的8缸设计在投入生产之前就被认为太过老旧，不得不换成12缸的型号。因为生产延迟，到1918年6月只有1300台“自由”型发动机被送往前线。它能达到400马力，是“一战”中最强劲的发动机——实际上，对当时的飞机来说，动力过强了。配备了“自由”型发动机的D.H.4飞机驾驶员抱怨说，如果加足马力，发动机会把飞机摇散架。

最后一击

1918年3月21日，德军发动最后攻势“皇帝会战”。在对地攻击机的支援下，依靠被称为“奇袭部队”的小分队作战，德军打开了协约国防线的缺口，结束了堑壕战的僵持局面。和1914年一样，协约国部队被迫撤退到巴黎。空战和陆地战役一样激烈，德军甚至出动了哥达式重型轰炸机，袭击敌军战线后方的弹药库。4月末，性能卓越的福克D.Ⅶ加入战局，成为德国在“一战”中最优良的战斗机。

现代战争

1918年7月第二次马恩河战役中，一架德国双翼机在战壕上空巡逻，一辆英军坦克若隐若现。那时，飞机和坦克无处不在，是机动战的前兆。这种机动战也成为后来第二次世界大战的主要作战方式。

“击落50架敌机中的5架有什么意义呢？剩下的45架敌机……会随心所欲地轰炸。敌人有物资优势……我们输定了。”

鲁道夫·斯塔克上尉

德国飞行员，对1918年战争的描述

胜利近在眼前，但德国的战争推进却开始受挫。6月，因为燃油不足，飞行任务急剧减少。协约国基本能及时替换损失的飞机和飞行员，但德军却难以做到这一点。

数以千计的美国飞行员抵达战场，且人数还在不断增加。1918年7月，协约国开始反攻。在空中，他们以压倒性的数量优势摧毁了对手。仅法国就召集了近700架轰炸机和战斗机。9月，圣米耶尔进攻战打响时，美国将军威廉·“比利”·米切尔

（William “Billy” Mitchell）在前线管辖指挥着1500架法国、英国和美国飞机。在精疲力竭、缺少燃油和备件，且作战机场屡遭空袭的境况下，德国空军从未放弃战斗，事实上，他们给协约国造成的损失比他们自身损失还要大。但是，这也只是绝望大于希望的挣扎。

1918年11月休战条约的签订意味着“一战”正式结束；德国被迫投降。大约900万人在“一战”中丧生，其中将近1.5万人是飞行人员。从绝对值上看，这个数字可能很小，但从个人角度看，飞行人员在战争中生还的概率并不比战壕中的步兵大。在这场受工业科技驱动、生灵涂炭的战争里，航空业发展成熟。许多人看到飞行员在空中翱翔，进行冷血的相杀，他们完美地扮演了受害者和杀手两种角色。飞行早已失去了最初的单纯意义。

坠落的飞机

下图为在“一战”接近尾声时的一场战役后，协约国士兵正在检查一架德军飞机的残骸。相比对手，德军飞行员更加训练有素，飞机性能也更为优良，但无法抗衡数量占绝对优势的协约国飞机。

来自空中的炸弹

向地面投掷炸弹是飞机最初的设计用途之一。“一战”期间，这种原始设想发展成为战略轰炸（比如工厂和城市）、战术轰炸前线后方的目标（包括铁路和供应站）以及前线对地攻击。最早的炸弹就是炮弹，需要人从飞机一侧扔下去。

1917年，配有炸弹架、轰炸瞄准器和释放系统的专用轰炸机问世，结构更加坚固。如果掌握了制空权，就可以在白天进行空袭，也可在晚上进行，但准确性会降低很多。

在战争的最后阶段，飞机在前线巡航，猛烈袭击敌军部队和卡车，毋庸置疑地证明了制空权的重要性。

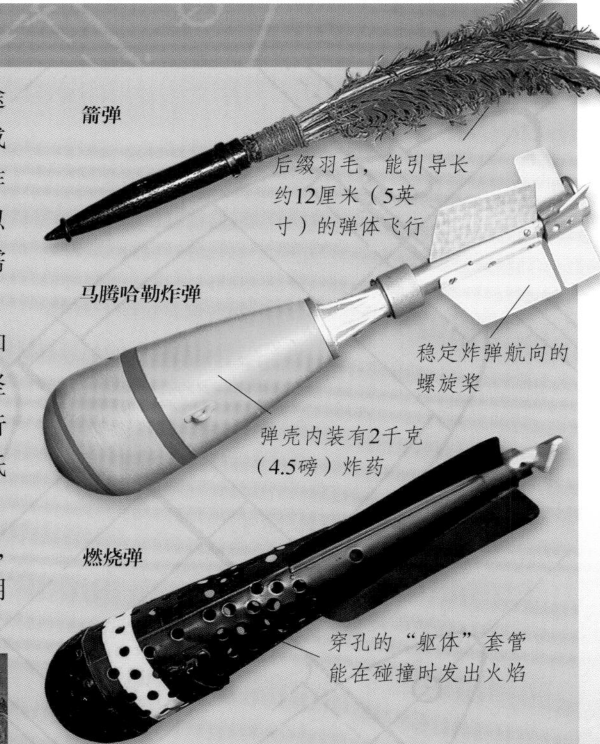

炸弹和飞箭

战争初期，双方使用的均为常见的小型炸弹。英军还使用“箭弹”——飞镖状武器，从1500米（5000英尺）的空中以500支一盒为单位释放——但它们不能对抗大规模步兵和骑兵部队。

夜间轰炸

左图展示了一架瓦赞双翼机正在进行夜间轰炸的情景。夜间行动会降低轰炸的准确性，但轰炸机在白天很容易被敌军的战斗机发现。

“我不愿在德国人尚未发现我之时便将其击落，这种战术虽符合我的信条，却和我仅存的一丝善良天性相冲突。”

詹姆斯·迈卡登

获得维多利亚十字勋章，1917年

空中骑士

地面军队在残酷的堑壕战中僵持不下时，战斗机飞行员们成为“空中骑士”的神话满足了公众对英雄的渴望。

第一次世界大战是首次全面战争，工业化社会中的所有人力资源都被调动起来以争取胜利。战场上的大规模厮杀使得社会各阶层空前团结，斗志昂扬。虽然当时爱国情绪高涨，但政治和军事领袖也意识到民众对战争的支持可能会消失。而战斗机飞行员可以作为英雄人物，激发和保持民众的爱国热情。

美国顶尖王牌

曾经做过赛车手和军队司机的艾迪·里肯巴克（Eddie Rickenbacker）上尉是“一战”期间美国最为出色的战斗机飞行员，共击落敌机26架。

法国和德国形成了一套根据飞行员击落敌机数量授予“王牌”称号的表彰体系——随着空战白热化，这个数量还会随之增加。英国最高指挥部官方从未承认王牌飞行员的存在，但会授予表现最出色的几位飞行员维多利亚十字勋章，这是军人最梦寐以求的勋章。在爱国媒体的宣传下，他们成了名人。他们的面孔出现在报纸头版；参演新闻纪录片；被赞誉淹没；阵亡者的葬礼那天，举国哀悼。法国王牌飞行员乔治·吉内梅（Georges Guynemer）在1917年阵亡后，他的名字被铭刻在法国巴黎万神庙的墙壁上，与法国最伟大的哲学家及诗人们一起流芳百世。

在战壕上空翱翔

这种宣扬机制是有效的，因为它从某种意义上满足了人们的普遍情怀。战争初期，怀有理想主义的一些人——如诗人鲁珀特·布鲁克（Rupert Brooke）曾形容加入战争“如同泳者跃入清水”中——这种想法被战壕中的惨重伤亡击得粉碎，毫不夸张地说，“一战”期间的飞行员是在泥泞坑洼的重要军事领地佛兰德地区上空翱翔。

“红男爵”的座机

安东尼·福克借鉴索普威斯三翼机（三个机翼能提供更多升力和灵活性）制造了高度敏捷的1917Dr. I 型三翼机，上图为现代的复制品。该飞机作为曼弗雷德·冯·里希特霍芬男爵的座机而声名远扬。男爵在80次空战胜利中，有19次都是驾驶该机取得的。

西线战场上的空中格斗

这幅画展示了一架德·哈维兰D.H.4战斗机正在和一架"信天翁"D.Ⅱ双翼机较量时的情景，后者可能隶属于冯·里希特霍芬男爵的"飞行马戏团"(Flying Circus)。从1917年起，"飞行马戏团"就形成一个传统，所有飞行员都会使用一些红色装饰，以表示和首领的团结一心，而男爵的双翼机整个都是红色的。

德国首批王牌飞行员

1915年8月，马克斯·殷麦曼（Max Immelmann，1890~1916）和奥斯瓦尔德·波尔克（Oswald Boelcke，1891~1916）是驻守在法国杜埃的第62战斗飞行队的成员。他们是第一批驾驶福克E型单翼机的飞行员，并将其致命威力发挥到了极致。随着战果不断累积，他们经常作为无私奉献的典型在德国被大为宣扬，受贵族追捧，被记者赞美，粉丝的来信像洪水涌来。

殷麦曼是一位狂热的健身爱好者和禁酒者，他在1916年6月殉职，可能是因为福克单翼机的射击协调器出现故障，导致他打掉了自己座机的螺旋桨而坠毁。他留下了闻名至今的高难度动作“殷麦曼转弯”，即攻击性俯冲后向上拉起飞机，翻半个筋斗，然后再次从敌人上方下降袭击。两人中，波尔克则更具魅力也更为重要；他非常聪明——是一位天生的领导者和老师。他成功说服上级，精心挑选飞行员组成战斗机中队，也被称为“狩猎中队”（Jagdstaffeln）。他担任第一支队伍——第2“狩猎中队”的中队长，把知识倾囊传授给德国诸多飞行员，这其中便包括曼弗雷德·冯·里希特霍芬。波尔克还立下了被称为“波尔克格言”的空战原则，教授给所有德军飞行员。他强调：飞行员应该在昏暗地带从后方袭击；只在近距离射击；敌人从上空袭击时，要正面面对敌人，不要试图逃跑。1916年秋天，第2“狩猎中队”投身索姆河密集的空战中。波尔克在两个月内就击落21架协约国飞机，总的胜利纪录增加到40次。10月28日，在激烈的空战中，他和一架友机相撞，旋转坠落地面，头骨破裂死亡。

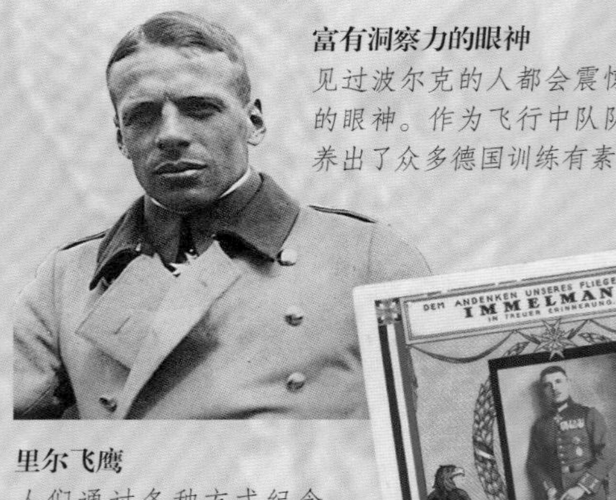

富有洞察力的眼神
见过波尔克的人都会震惊于他深邃的眼神。作为飞行中队队长，他培养出了众多德国训练有素的飞行员。

里尔飞鹰
人们通过各种方式纪念马克斯·殷麦曼的死亡，这首专门创作的钢琴进行曲就是为了“纪念我们的飞行英雄”。

第62战斗飞行队
1916年1月驻扎在法国杜埃的第62战斗飞行队成员有波尔克（前排左数第4个）、殷麦曼（前排右数第3个）。和法国精英飞行员的个人主义形成鲜明反差的是，德国飞行员一向遵守严格的军事纪律。

蓝马克斯勋章
德国功勋勋章是德国军队最高荣誉勋章。马克斯·殷麦曼成为首位获得此勋章的飞行员之后，英国人称它为“蓝马克斯勋章”。

英国首相戴维·劳合·乔治曾对一位战时评论家说，飞行员是“战争中的骑士，勇敢无畏，完美无缺”。飞行员一定程度上符合这种溢美之词。记录显示，他们有许多自然流露的绅士举动。例如，有飞行员拒绝在勇敢熟练的对手的机枪卡壳时击毁对方。他们对敌方表示敬意的举动也很常见。德国王牌飞行员奥斯瓦尔德·波尔克在1916年阵亡后，英国飞行员在他的墓地上空扔下一个花圈，上书“永远怀念波尔克上尉，我们勇敢绅士的对手”。然而，这种举动只是残酷空战中的偶然。王牌飞行员们不会与技巧娴熟的敌人长时间周旋，而是选择攻击单独行动的侦察机。在空战中，他们追击经验不足的飞行员，利用其失误轻松制胜。英国头号王牌飞行员爱德华·“米克”·曼诺克，曾经和正在进行飞行培训的6架德军飞机偶遇，他首先击落了教员的飞机，然后又将毫无防御能力的学员们逐一摧毁。

搜寻纪念品

众人皆知曼诺克憎恨德国人，对骑士行为鄙夷不屑——德国最著名的王牌飞行员冯·里希特霍芬男爵去世时，他的评价是“希望他在下坠时被烤熟了”。

即使那些不怎么强烈反对骑士精神的人，也能从歼敌中得到强烈快感。战斗机飞行员经

全民偶像

艾伯特·鲍尔（Albert Ball）是一名无畏的飞行员，也是一位神枪手，是第一个被全民奉为偶像的英国王牌飞行员。1917年5月，因不明原因坠机身亡时，他才只有20岁。

常去寻找被他们击落的敌机，检查尸体，收集纪念品。里希特霍芬本人就很喜欢收集胜利的纪念品。毫无疑问，许多人在经历战斗和飞行合二为一的刺激时会肾上腺素飙升——即使“直面危险，却放声大笑”这样的态度出现在战后的回忆录里，而不是当时的书信或者日记里。许多困守于肮脏潮湿战壕中的士兵必然对飞行员心怀嫉妒。在距离战线10~15英里的后方，飞行员拥有一张温暖干燥、没有虱子的床，也从不乏所提供的志愿服务。然而，人们没有意识到，空战和堑壕战一样残酷。飞行员和飞机伤亡惨重，消耗巨大。1917年抵达前线的一批刚完成训练的英国飞行员，平均生存周期不到两个星期。随着战争白热化和损失增大，与遭受炮弹袭扰的步兵一样，飞行员也会患上战场恐惧症。成为王牌飞行员的首要前提，须是在熊熊的战火中幸存下来。

飞行员组成

战斗机飞行员出身各不相同。里希特霍芬等许多飞行员曾经是骑兵，在带刺铁丝网和机枪面前失去作用后改行。有些是因为对机械感兴趣而被飞行吸引，比如英国王牌飞行员詹姆斯·迈卡登（James McCudden）和德国人维尔纳·福斯（Werner Voss），他们从地勤人员一路奋斗成为飞行员。有些杰出飞行员则曾经是冒险家，比如坚强不屈的法国王牌飞行员查尔斯·南热塞（Charles Nungesser）。飞行员一般都非常年轻。英国王牌飞行员艾伯特·鲍尔年仅19岁就当上了飞行中队长。大部分飞行员也都很矮——驾驶舱很小，而且重量是飞机性能的重要因素。吉内梅就是个典型例子：他体重不足60千克（132磅），曾因为太瘦弱而被步兵部队拒绝。

许多准战斗机飞行员从未上过前线——空军还没准备好应对训练上万名新飞行员的挑战——结果白白牺牲了许多年轻生命。近500名美国空军志愿者在学习飞行时死亡，是战亡飞行员的两倍多。大部分学员被飞行教练带着飞上天空，在法国，学员首先要驾驶被称为“企鹅”的无法飞行的“飞机”在地面上“飞行”，通过这些途径了解如何操控。但他们早晚要自己操控。教练机以内在稳定性著称，但一时惊慌失措也是致命的。许多新手都会忘记被耳提面命的基本飞行准则。

射击练习

一名飞行员正在进行武器训练，他的“驾驶舱”沿轨道移动，模仿在空战时射击敌机的困难情景。但许多飞行员从未开过枪就被派去前线了。

查尔斯·南热塞

法国王牌飞行员查尔斯·南热塞（1892~1927）是一位勇敢无畏的个人英雄主义者，他热爱冒险，可能多半是因为热爱死亡。他曾是拳击和游泳冠军，参战后最初是骑兵，后来转到航空队。效力于驻扎在南锡的第65飞行中队时，他的勇敢和光芒很快成为传奇，他在凡尔登战役中歼灭了10架敌机。1916年，他在试验飞新飞机时坠落，摔断了双腿；驾驶杆打到脸上，打碎了他的下巴，击穿了上颚。两个月后，他仍需拄拐行走的时候就回到了空中。1917年夏天，他已经病重到需要被别人背到驾驶舱的地步了。获得十字勋章和荣誉军团勋章后，他也从未停止追求更辉煌的战绩，最终他的胜利纪录是43次。

南热塞1927年去世，他的“白鸟”号双翼机在一次试图不着陆飞越大西洋的飞行中消失在巴黎和纽约之间的海域上，死因至今仍然是未解之谜。

骷髅画

南热塞在自己的纽波特飞机上画上头骨、棺材、烛台等表示死亡的图像。他奇迹般地在“一战”中幸存下来，却在1927年连人带飞机一起消失了。

比如，每位学员都被告知，如果起飞后引擎熄火，千万不要试图迫降。但数百人还是这样做了，导致进入尾旋坠地，伤亡惨重。

前线损失巨大，只有10小时甚至更短的飞行经验的替补飞行员便被匆忙地送往作战部队。这虽不算死亡判决书，但也差不多了。当时的飞机都很难驾驭。数百人因为起降时的常见错误丧命。在空中，你需要很快了解你的飞机能承受怎样程度上的操作而不致损坏。许多战斗机飞行员最初担任的是观察员或侦察飞行员。那些直接被送到战斗机部队的人完全不知道会发生什么。据证实，他们在第一次空战时根本看不到敌人——一切都发生得太快了。飞机之间无法建立无线电联络，这意味着飞行员只要在空中，哪怕是编队飞行，也只能依靠自己。有些飞行中队保护新手，但有些部队认为他们就是累赘，便派给他们最差的飞机，让其自生自灭。

战斗类型

战争还在持续，不同阵营的飞行员都做好了面对战争的冲击的准备，但只有德国人尽最大努力避免训练伤亡，让飞行学校的学员们能以最佳姿态备战。

飞行证书

这张飞行员证书是1916年皇家航空俱乐部颁发给一名英国军官的。刚出师的飞行员在战争中的存活率很低——在紧张激烈的战场上，他们的平均生存周期可能只有两三个星期。

人机合影

1918年，皇家空军的一支飞行中队在法国北部基地进行合影。飞行员们身着飞行套装；同往常一样，地勤人员只能充当背景。照片中的飞机是皇家飞机制造厂生产的S.E.5a，它或许是“一战”中英国最好的战斗机。

他们传授波尔克在1916年总结出的空战原则（详情见74页）等知识，精心挑选出一群技艺高超的战斗机飞行员，组成编队作战的精英飞行中队。直到战争快结束时，德国人迫于巨大损失的压力，不得不派遣数万名缺乏经验的飞行员上战场，这种体系才开始崩溃。

在战斗机部队中，编队作战的实际优势与大部分王牌飞行员的个人主义脾性总是存在冲突。头号飞行员总是孤身行动，有制胜的秘密法宝，不愿同战友分享。就算成为中队长，许多人也很难放弃“独狼”的角色。举例来说，1917年，维尔纳·福斯是第10战斗机中队称职的中队长，但他会在清晨或者黄昏独自起飞，追捕敌军侦察机。曾统领英国第85中队的加拿大飞行员比利·毕晓普（Billy Bishop）同样喜欢孤军作战，他的大部分胜利都是独自完成的。

法国人率先创造了战斗机飞行员的精英部队“鹳鸟”（Cigognes）。最初只有一个N.3中队，1916年在凡尔登作战，次年扩大到5个中队。然而，尽管被编到一起，顶尖的法军飞行员们并不愿作为团体成员战斗。观察员让·维拉斯（Jean Villars）这样写道：“老手们因太过自信和特立独行而希望独立狩猎，新手又因虚荣心和愚昧无知而模仿他们。”

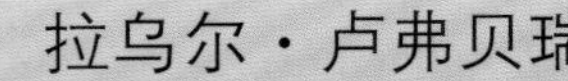

拉乌尔·卢弗贝瑞

热尔韦·拉乌尔·卢弗贝瑞（Raoul Lufbery，1885~1918）生于法国，6岁移民到美国。19岁时，他离开美国开始了环游世界的探险之旅。1912年，他认识了法国飞行表演者马克·波普（Marc Pourpe）并成为他的机械师，随着马克的巡回飞行表演游历印度和东方。“一战”爆发后，卢弗贝瑞加入法国外籍兵团并与波普重逢。后来波普在一次试图夜间着陆时身亡，卢弗贝瑞慢慢从机械师成为飞行员，且于1915年开始服役。1916年5月，他加入拉斐特飞行中队，成为一名加入法国空军的美国志愿者。他很快成为队伍中的王牌，发明了许多战斗机战术，比如卢弗贝瑞圆环，即由飞行员组成一个环形，每架飞机保护前面的一架。1918年，他作为战斗机教官加入美国陆军航空部队。这年5月，他在匆忙赶去帮助一位和德军鲁姆普勒飞机作战的缺乏经验的飞行员时遇难。

美国冒险家

拉乌尔·卢弗贝瑞深受战友尊崇，被誉为“王牌中的王牌”；据官方统计，他共取得了16次胜利。

奢侈生活

战斗机中队从来就不因为遵守严明纪律而知名。前线战事一有停歇，法国的王牌飞行员们就喜欢飞到巴黎，他们是高级餐厅的常客，经常美女作陪，豪车相伴。

英国战斗机中队因为酗酒狂欢和放浪不羁的行为而知名，他们用这种传统方法来应对战争中不可避免的恐惧和个人损失。如果中队领导很严明，就会把这些行为控制在规定允许的范围内。少数飞行员喜欢彻夜烂醉后，在拂晓开飞机回来，这应该是男人一辈子仅有的一次经历。传统军官很难接受飞行员的这种放松方式。1917年的一份美国军事情报中称英国空军毫无纪律，问题根源是“因为空军的特殊性，容易吸引错误的人”。

助听开孔

外层头盔

内层头盔

羊皮衬里

皮手套

柔软的皮革

颈部保暖的翻领

飞行服

彩色防裂镜片

防碎风镜

皮制带子

厚厚的衬里

飞行靴

对抗寒冷

对在露天驾驶舱中工作的飞行员而言，寒冷是其主要敌人之一。双层头盔和手套、外加皮衣和羊皮长靴能起到一定程度的保温作用。风镜让眼睛免受严寒、灰尘和发动机喷溅汽油的威胁和困扰。战争后期，高空飞行开始使用降落伞和氧气设备，但仅限于德国空军。

空中决战

“整个飞行中队都按编队加入战斗，”英国飞行员塞西尔·刘易斯（Cecil Lewis）回忆道，“但不消半分钟整个编队就彻底乱了。好多飞机在空中盘旋、上升和俯冲，紧跟着彼此……一架德军飞机冲下来，我方一名飞行员紧随其后，他后面是另一架德军飞机，后面又是一架……相遇时，他们朝对方正面开火，在最后关头掉头离开了。”这是西线战场上两个飞机编队相遇的情景，典型的“空中格斗战”。英国陆军航空队的飞行员恪守到敌军阵营“进攻性巡逻”的方针，直接邀请德军加入这样的战斗。

> “在空中飞行不是体育运动，而是科学谋杀。”
>
> **艾迪·里肯巴克上尉**
>
> **与“飞行马戏团”的战斗**

通常一个飞行中队的十几架飞机，按反复排练的紧密阵型飞向敌军阵地，每位飞行员都伸长脖子瞪大眼睛，搜寻远方的黑点和挡风玻璃上划过的一束亮光，这些迹象都能搜寻敌人。任何一方发现敌人，如果觉得自己占上风，就会首先调整到优势位置然后俯冲。接着，交战分裂成个人的战斗，天空就像刘易斯形容的那样，满是盘旋的飞机。诺曼·麦克米兰（Norman Macmillan）上尉回忆道：“我们的飞机盘旋半径小，在很小的空间就能完成转弯，有时和其他飞机只相隔几英寸。”在混乱中，飞行员有时会击落或者撞上自己的战友。关键时刻，机枪也会卡壳或者弹药耗尽。

战斗紧张激烈，短兵相接。麦克米兰如此回忆当他靠近一架福克飞机，敌军飞行员回过头时的情景：“我靠得很近，近到能看到他风镜后灰蓝色的锐利眼神……看到我紧跟在后面，他便马上倾斜转弯到右边……我的子弹贴着他的左侧机翼，从驾驶舱上方穿过，和他的头部位置一致。”一些飞机回到基地时，挡风玻璃上还留有近距离射击敌人时溅到的血迹。飞行员也会目睹战友坠机，最糟的情况是着火。艾拉·琼斯（Ira Jones）上尉回想起目睹一位战友的飞机在附近着火时，他被“一阵突如其来的恶心及呕吐感”击垮。

空战结束后，飞行员在独自返回基地时经常会被敌人追击。一位澳大利亚飞行员，乔治·琼斯（George Jones）上尉回忆，“毫无还手之力时被追捕”是最紧张的经历：“如果在吃饭时想起这个，我就拿不稳刀叉。”但大部分飞行员都沉着坚定：据约翰·格赖德（John Grider）上尉描述，避开敌军战斗机后，“有种羞愧感，就像你为了喝杯茶，匆忙逃离前线赶回家一样。”

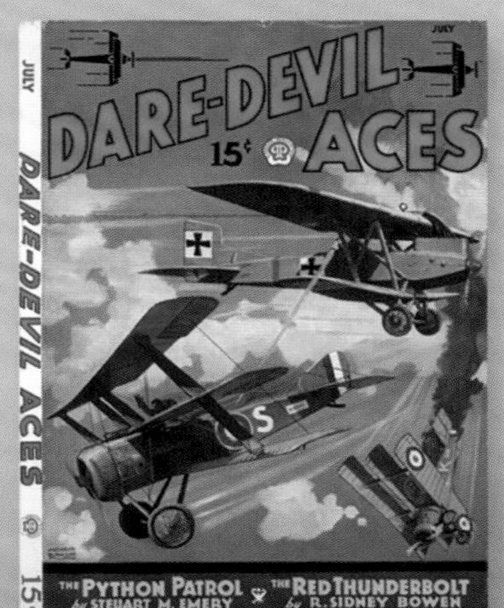

纸上英雄

西线战场的空战成为20世纪二三十年代杂志的流行主题。多姿多彩的飞行员回忆录和虚构的小说相结合。讽刺的是，后来在以王牌飞行员浪漫冒险为主题的好莱坞电影中，许多飞行员作为特技飞行演员来谋生。

福克灾难

这幅插画描绘了1915年，奥斯瓦尔德·波尔克上尉驾驶一架福克单翼机击落英国飞机——安东尼·福克设计的同步前射装置的第一位受害者，这个可以让飞行员透过螺旋桨叶片空隙射击的装置大获成功，波尔克开始了被称为“福克灾难”的空中恐怖统治。

福克D.Ⅶ

“我们同这种新款福克飞机展开空中格斗……我们发挥出了最佳作战水平，但这些德国飞机确实比我们的好太多了。”

约翰·M. 格赖德上尉

英国飞行员日记中关于与福克D.Ⅶ第一次遭遇战的描述

1918年，德国飞行员迫切需要新的单座战斗机来替换已经过时的“信天翁”系列和福克Dr. Ⅰ型三翼机。1月末，在柏林阿德勒斯霍夫（Adlershof）完成评估检测后，福克D.Ⅶ被挑选出来大批量生产，第一批该型号飞机在同年4月抵达前线。

深陷困境的战斗机中队欣慰又热切地接受了新式飞机。德国飞行员鲁道夫·斯塔克（Rudolf Stark）写道：“这种飞机能实现完美爬升，对最微小的操纵也反应灵敏。”1918年夏天，40个战斗机中队驾驶福克D.Ⅶ，它的战争影响力达到巅峰。大多数D.Ⅶ使用BMW发动机，比之前使用梅赛德斯发动机的飞机性能好很多。在充斥着各种协约国飞机的空战中，D.Ⅶ也能达到非常理想的杀伤率。比如，波尔克狩猎中队在1个月之内取得46次稳胜，只损失了两名飞行员。

由BMW发动机提供动力的D.Ⅶ飞机在高空中尤为实用，其飞行员也是最早一批使用试验性氧气装备和降落伞的人。高空飞行让D.Ⅶ在和协约国飞机的遭遇战中占据先机，还能击落靠飞行高度保障安全的协约国侦察机。截至1918年11月战争结束，共有约1500架D.Ⅶ型飞机被送到战场。

鲜艳的保护色

被送到战场的大部分D.Ⅶ都有这样充满想象力的伪装色，画着许多不规则的彩色菱形图案。从远处看，这些菱形会成为有效的保护色。

技术参数

技术参数
发动机：185 马力 BMW Ⅲ 6 缸水冷直列发动机
翼展：8.9 米（29 英尺 3 英寸）
机长：7 米（23 英尺）
机高：2.75 米（9 英尺 2 英寸）
最大速度：186.5 千米 / 小时（116.6 英里 / 小时）
武器：2×7.92 毫米 08/15 马克沁机枪

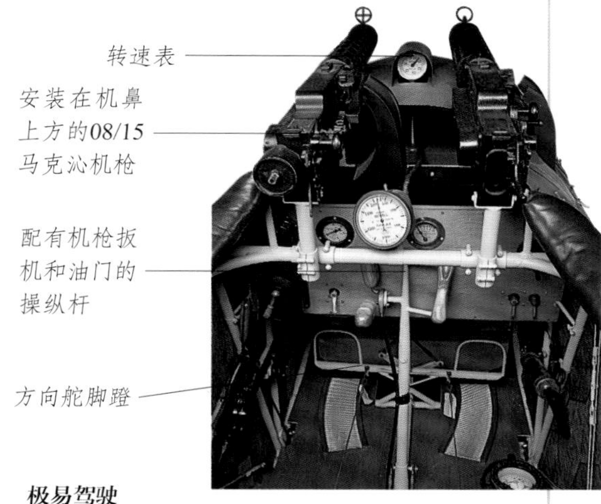

极易驾驶

福克D.Ⅶ是公认的极易驾驶的一款飞机——这点很重要，因为1918年夏天时，飞行员几乎没接受多少训练就被赶上了战场。

流线型截面钢管翼间支柱

厚厚的半悬臂式机翼

正视图

起落架轴有翼型升力面

装有钢挡板的木质弹性尾橇

毫无疑问，报告者把在著名的拉斐特飞行中队中服役、保卫法国的勇敢美国志愿者也算到"错误的人"里面了。

拉斐特飞行中队

1916年4月，法国允许新英格兰人诺曼·普林斯（Norman Prince）把7位美国飞行员编为一支著名的飞行中队，希望借此推动美国加入"一战"，支持协约国。美国志愿者因为生活奢侈和放纵享受而声誉不佳。然而，1916年6月被派到凡尔登紧张激烈的战场后，他们每天都会飞行巡逻四五次，最初的7位成员非死即伤。然而拉斐特中队依然存在，从为法国空军效力的上千名普通的美国志愿者中挑选新手，但其成员从未超过20名。美国参战一年后，拉斐特中队也被并入美国陆军航空部队，被严令要加强纪律。其他为法国效力的美国飞行员也被邀请加入美军，除了非洲裔美国人尤金·"雅克"·布拉德（Eugene "Jacques" Bullard）。当时美军中不允许有黑人飞行员。

尽管是后来者，但一些美国陆军航空部队飞行员依旧热心角逐王牌称号。最成功的当属艾迪·里肯巴克（卢弗贝瑞曾经的"学生"之一），他无止境地追求荣誉和知名度，甚至在战争期间为拍摄电影模拟了一场空战——不知实情的法国飞行员也想加入作战，差点导致计划流产。

奋战长空

除了做宣传和博取关注度，战斗机飞行员当然有本职工作，总的来说就是赢得制空权，在不同情况下包括为侦察和轰炸任务护航；进行攻击性巡逻以挑衅敌军；追猎敌方侦察机和轰炸机。王牌飞行员就是靠最后一项任务才积累了大部分胜利战果。成功的战斗机飞行员必备的素质包括敏锐的视觉，良好的反应能力和完美的协调能力；要专注于眼前任务，也要谨慎地提前准备好飞机和枪械；在炮火中保持冷静；在杀敌时冷酷无情。空战是制胜，不是为了给对方公平的机会。英国王牌飞行员詹姆斯·迈卡登曾经如此写道："两军交战的正确方式，就是冒最小的风险、花最小的代价和以最少的伤亡去击落尽可能多的敌人。"

安东尼·福克

王牌飞行员的朋友

福克在成为飞机制造商之前，也是一位飞行员。他与在采购飞机方面有决策权的德军王牌飞行员们相处得很融洽。

安东尼·福克（1890~1939）出生于爪哇岛东部谏义里市（Kediri）一个富裕的荷兰家庭，战前痴迷于飞行。他于1910年学会飞行，很快便自行设计了一架单翼机，1912年在德国什未林（Schwerin）成立了工厂。他办事精明老练，富有野心，与德国官僚及王牌飞行员关系紧密，艾因戴克E3和D.Ⅶ等飞机的订单像潮水一般涌来。

福克有着飞行员对飞机的感情，有组织大规模生产的从商能力，但他却称不上是一位开拓创新的设计师。福克标志性的焊接钢管框架，实际上是他的首席技师莱因霍尔德·普拉茨（Reinhold Platz）的构想。"一战"结束后，他搬到了荷兰，在边界走私飞机、发动机和零件。后来他又生产出成功的民用和军用飞机，1922年迁往美国并成立了福克飞机公司。

曼弗雷德·冯·里希特霍芬

战争开始时，曼弗雷德·冯·里希特霍芬男爵（1892~1918）是一位德国骑兵队军官，1915年转到空军服役。作为侦察员和轰炸机飞行员在东线战场作战后，他被奥斯瓦尔德·波尔克选中，加入后者在法国的精英战斗机部队。他很快就证明自己是波尔克最出色的学生之一，1916年波尔克和马克斯·殷麦曼去世，为里希特霍芬成为德国最具影响力的王牌飞行员开辟了道路。他奉命统帅自己所在的第11“狩猎中队”，后来统领第一支战斗机联队——由4个中队共50架飞机组成的战斗机集群。联队的飞机色彩鲜艳，英军把该联队称为里希特霍芬的“飞行马戏团”。里希特霍芬是优秀的领导，但不近人情。他只和自己的猎狼犬“莫里茨”亲近。他傲慢冷酷，极少对敌人展现骑士精神和尊敬——他很知名的一点就是蔑视法国人。许多飞行员把空战比喻成体育运动，但里希特霍芬视它为狩猎——他最喜欢的休闲活动。他曾写道：“我每击落一个英国人，狩猎的激情便会得到片刻满足。”离开战场休假时，里希特霍芬是个明星，被摄影师和记者追捧，与德国皇帝一同用餐。他甚至抽时间写了回忆录。

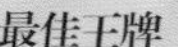

最佳王牌

1917年，“红男爵”把自己的飞机涂成红色，在敌友军中独树一帜。他是一位冷酷无情的猎手，共完成80次绝杀，创“一战”中的最高纪录。

接近中

冯·里希特霍芬的狩猎战术之一是在距目标还很远时就先短暂开火：“我的目的不是击中，而是吓唬他……于是他开始曲线飞行，这样更方便我靠近。”

在1917年7月的一次空战中，里希特霍芬头部受伤但大难不死，被迫退出战场。然而在1918年春天的进攻中，他重返战场。4月21日，他越过敌方战线追捕“猎物”时被子弹穿心而过。关于这发致命的子弹是出自澳大利亚机枪手还是加拿大飞行员罗伊·布朗（Roy Brown）之手，至今仍存争议。

受人礼待的死亡

1918年4月21日，冯·里希特霍芬男爵在澳大利亚军队掌控的战场空域被击落。协约国军队以全套军礼埋葬了这位名声显赫的敌人。

男爵的座机

指派给里希特霍芬的是一架灵活敏捷的血红色福克Dr.Ⅰ型三翼机，但他最常驾驶“信天翁”D.Ⅱ（右图）和D.Ⅲ等双翼机。

勇敢的战士

维尔纳·福斯阵亡于1917年，被英国王牌飞行员詹姆斯·迈卡登描述为"最勇敢的飞行员，能见到他是我的荣幸"。

一次罕见的两位王牌飞行员的决战淋漓尽致地体现出空战的残酷。1916年11月23日，英国王牌飞行员莱诺埃·霍克（Lanoe Hawker）少校发现自己脱离编队，被"红男爵"曼弗雷德·冯·里希特霍芬盯上了。德国人驾驶的是"信天翁"D.Ⅰ，霍克则是一架明显占劣势的D.H.2推进式飞机。据里希特霍芬所言，两架飞机"像疯子一样一直盘旋"。霍克采取灵活战术，在德国人要捕获他的时候让飞机侧滑到下方。然而，他的下降空间耗光了，只能在敌军领地保持低空飞行，绝望地往自己阵营赶，一直迂回前行。但对手的飞机速度更快。意识到自己无法摆脱敌人，霍克背水一战，调头直面追捕者，但里希特霍芬在他倾斜飞行时开火，子弹射穿了他的头颅。据里希特霍芬回忆录记载，此次事件与骑士精神相背离。实际上，里希特霍芬是在冷血无情地追捕一位有勇有谋却因为飞机逊于对手而无法获胜的飞行员。这看起来更像刺杀，而非决斗。

精神折磨

在战争白热化阶段，所有战斗机飞行员都会处于难以承受的压力之下，王牌飞行员也不例外。当你每天要执行三四次任务，目睹朋友和战友以最可怕的方式在眼前死去时，也会祈祷"故障日"的解放，可以因为天气不佳而不飞行。损失惨重时，有更多飞行员会放弃任务，声称弹夹被卡住或者发动机运转不良。经常受噩梦折磨的飞行员逐渐变得行为怪异，有时会完全失去理智。

考虑到这些，那些反对为飞行员准备降落伞的英国指挥官的心态就不难理解了，因为飞行员可能会在没有必要的时候跳下去——实际上，可能会一看到敌人就跳伞逃走。但缺乏降落伞导致了空战中最悲惨的情况。飞机失去控制，几分钟内便会从空中盘旋而下，飞行员就算毫发无伤也无力回天，只能等着撞上地面。或者更惨，被困在着火的飞机里，别无选择，只能跳下去摔死或者用左轮手枪对着自己的脑袋开一枪。

最优秀的战斗机飞行员也无法避免空战的压力。在去世前——他们中大部分都阵亡了——他们很痛苦，执行了太多次飞行任务，神经永远处于紧绷状态。一些飞行员故意把自己逼到绝路。比如吉内梅，他担心如果自己退出战场，人们会说他"赢得了所有荣誉"就甩手不干了。所以他一直坚持，后来因为体力不支、病痛加上偏执症和失眠的折磨，在飞行时去世。

> *"我飞行和战斗，直至流尽最后一滴血，耗尽最后一滴燃油，直到心脏停止跳动。"*
>
> **曼弗雷德·冯·里希特霍芬**
>
> **对飞行员同事的敬酒词**

有几名王牌飞行员的死亡称得上英雄陨落。维尔纳·福斯就是其中一位。1917年9月23日，驾驶一架福克三翼机的福斯被詹姆斯·迈卡登率领的一群S.E.5战斗机围捕。S.E.5机群俯冲到后方时，福斯调转飞机，直面敌人。迈卡登后来写道："现在德军三翼机已经被我们的编队包围了，他的操控完美无缺。飞行员像是要同时对我们所有人开火，尽管我又一次从后方接近他，也不敢停留。他行动迅速，飘忽不定，没有人能一直瞄准他……"两架英军飞机被福斯的子弹击中，被迫退出，但德国人的好运用完了。飞行员亚瑟·里斯·戴维斯（Arthur Rhys Davids）紧跟在他后面，通过连续射击击落了三翼机。迈卡登目睹福斯的飞机"摔到地上，变成上千块碎片……化成粉末消失了"。

死亡与神话

这种死亡其实很少见。迈卡登本人死于一场简单的飞行事故，当时他刚结束在英国的休假，于要返回法国统领一支飞行中队时出现了意外。吉内梅则在执行任务时失踪——没有任何他和飞机的踪迹。波尔克的葬礼祭文中写道，对他而言，"为祖国空战牺牲是最美好的结束生命的方式"，可悲的是，和这种言论恰恰相反，他是因为和一位战友相撞而身亡的。

尽管他们短暂、残酷、精神紧绷的生活可能与人们对空战的浪漫想象冲突，王牌飞行员"空中骑士"的传说恒久流传，激励了后辈飞行员。因首次个人不着陆飞越大西洋而知名的查尔斯·林德伯格（Charles Lindbergh）回忆道，"一战"时还是个孩子的他"寻找一切关于空战的报道——关于勒内·方克（René Fonck）、曼诺克、毕晓普、冯·里希特霍克和里肯巴克等人的文章"，对他而言，这些人简直就是"童话故事中亚瑟王的骑士们"的现代版本。这便是王牌飞行员们留下的神话。

协约国头号王牌

法国飞行员勒内·方克有75次胜利纪录，是协约国头号王牌飞行员。他曾在一天内两次击落6架德军飞机。方克为人孤傲自负，从未像同胞南热塞及吉内梅一样赢得民众的喜爱。

“一战”中的战斗机

军用飞机细化发展，战争早期，战斗侦察机应运而生。最早出现的实用战斗机中，法国莫拉纳-索尔尼埃和德国福克E系列都是脆弱的单翼机，使用落伍的翘曲机翼，但得益于穿过牵引式螺旋桨射击的前射机枪。英国人依然喜欢在单座艾科D.H.2和维克斯“机枪巴士”上安装推进式螺旋桨和前射机枪。牵引式螺旋桨虽能提供更优良的性能，1917年前，各种单座牵引式双翼机依然为主流飞机。两大阵营分别是配有直列发动机的快速飞机——比如斯帕德 XIII ——在俯冲攻击和追捕中表现完美，还有配备转缸发动机，更加机动灵活的飞机，比如纽波特17和索普威斯“骆驼”。这些飞机很难驾驭，但在空中格斗中可以小半径转弯。其中最为灵敏的是安装转缸发动机的三翼机，比如福克Dr. I 型。从整体来看，“一战”时最优良的战斗机是配备直列发动机的福克D. VII（详情见80~81页），此机型于1918年开始服役。

布里斯托尔F.2B

布里斯托尔F.2B是双座战斗机的加强版，是“一战”后期出现的一款成功飞机。（详情见68~69页）

艾科D.H.2

1915年开始服役的D.H.2配有推进式发动机，只能安装前射机枪。作为单座飞机，它速度很快，能追捕“猎物”。但飞行员要兼顾操控飞机和开火射击，加大了驾驭难度。

发动机：100 马力“土地神”单体壳 9 缸转缸发动机
翼展：8.6 米（28 英尺 3 英寸）**机长**：7.7 米（25 英尺 2 英寸）
最大速度：150 千米 / 小时（93 英里 / 小时）**机组人员**：1
武器：1 × 0.303 英寸刘易斯机枪

“信天翁”D. III

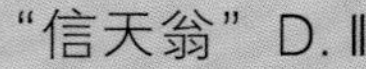

“信天翁”D系列飞机是福克E. III飞机失败后，德国于1917年为重新赢得制空权所做的努力之一。在“血腥四月”，D. III让皇家陆军航空队损失惨重。然而，改良后的D. V飞机仍然不如斯帕德和陆军航空队的SE.5a飞机。

发动机：170 马力梅赛德斯 D III型 6 缸水冷发动机
翼展：9.1 米（29 英尺 8 英寸）**机长**：7.3 米（24 英尺）
最大速度：175 千米 / 小时（109 英里 / 小时）**机组人员**：1
武器：2 × 7.92 毫米施潘道机枪

勃兰登堡D. I

D. I 由德国人厄恩斯特·海因克尔（Ernst Heinkel）设计，在澳大利亚投入生产，1916年秋开始为澳大利亚空军服役。然而，因为飞行性能不佳、视线极差，导致事故频发，飞行员送它绰号“棺材”。

发动机：160 马力奥地利－戴姆勒 6 缸液冷直列发动机
翼展：8.5 米（27 英尺 11 英寸）**机长**：6.4 米（20 英尺 10 英寸）
最大速度：187 千米 / 小时（116 英里 / 小时）**机组人员**：1
武器：1 × 8 毫米施瓦茨劳斯机枪

福克Dr. I 三翼机

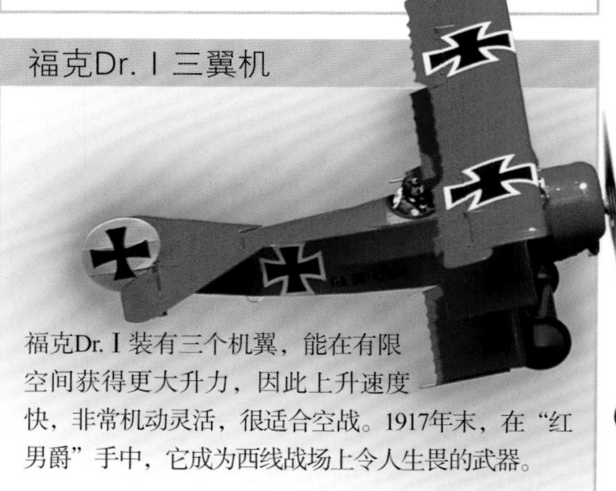

福克Dr. I 装有三个机翼，能在有限空间获得更大升力，因此上升速度快，非常机动灵活，很适合空战。1917年末，在“红男爵”手中，它成为西线战场上令人生畏的武器。

发动机：110 马力罗恩 9 缸转缸发动机
翼展：7.2 米（23 英尺 7 英寸）**机长**：5.8 米（18 英尺 11 英寸）
最大速度：165 千米 / 小时（103 英里 / 小时）**机组人员**：1
武器：2 × 7.92 毫米施潘道机枪

福克E. III 单翼机

安装机枪和协调器，穿过螺旋桨空隙射击，安东尼·福克这种战前的单翼机设计发展成致命武器E. III（下图为复制品）。1915年夏天，E. III摧毁了大量协约国侦察机。这主要得益于它创新的武器和出色的飞行员，比如波尔克和殷麦曼。

发动机：100 马力奥伯鲁塞尔 7 缸转缸发动机
翼展：9.5 米（31 英尺 3 英寸）**机长**：7.2 米（23 英尺 7 英寸）
最大速度：130 千米 / 小时（81 英里 / 小时）**机组人员**：1
武器：2 × 7.92 毫米施潘道机枪

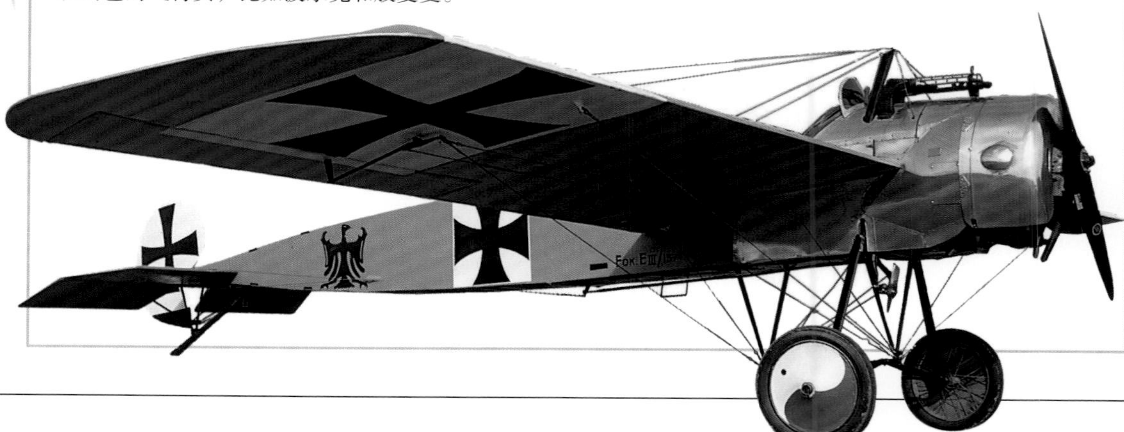

莫拉纳-索尔尼埃N型

1915年初，法国飞行员罗兰·加洛斯率先在飞机上安装从螺旋桨空隙射击的机枪，使用金属偏导板以避免子弹击中叶片。他成功后，制造商又生产了约50架类似配置的N型机。作为为数不多的可用武装飞机，这种飞机被法国和英国的几支部队使用，但因为使用过时的翘曲机翼而不是副翼进行操控，它在1916年前被逐渐淘汰。

发动机：80 马力“土地神”9 缸转缸发动机
翼展：8.1 米（26 英尺 9 英寸） **机长：**5.8 米（19 英尺 2 英寸）
最大速度：144 千米 / 小时（89 英里 / 小时） **机组人员：**1
武器：1×0.303 英寸刘易斯机枪

纽波特17型

高度敏捷的11型“婴儿”战斗机在1916年摧毁“福克灾难”中作用匪浅，17型从“婴儿”发展而来，性能更加优越，上层机身装有同步机枪。

发动机：110 马力罗恩 9Ja 9 缸转缸发动机
翼展：8.2 米（26 英尺 10 英寸）**机长：**5.8 米（19 英尺）
最大速度：165 千米 / 小时（102 英里 / 小时） **机组人员：**1
武器：1×0.303 英寸（7.7 毫米）维克斯机枪（穿过螺旋桨射击）；翼间支柱上装有最多 8 枚勒普厄火箭

法尔兹D. Ⅲ

法尔兹工厂位于巴伐利亚州，该地在德意志帝国享有自治权，希望能借助武装力量捍卫控制权。因此，在战争早期，法尔兹经授权，只为巴伐利亚军队生产德国和法国飞机。1917年，法尔兹工厂有了自主设计的飞机，同“信天翁”很像，都是硬壳式机身，使用梅赛德斯发动机，但绝不是抄袭，在有些方面更加优越。

发动机：160 马力梅赛德斯 D. Ⅲ 6 缸水冷发动机
翼展：9.4 米（30 英尺 10 英寸）**机长：**7 米（22 英尺 10 英寸）
最大速度：165 千米 / 小时（103 英里 / 小时）**机组人员：**1
武器：2×7.92 毫米施潘道机枪

英国皇家飞机制造厂S.E.5a

上层机翼的刘易斯机枪

驾驶舱后侧的飞行员头靠

基于希斯帕诺-苏萨V8发动机设计的S.E.5a不如“骆驼”敏捷，但速度更快，容易驾驶，作为机枪平台更稳定。它抗打击能力强，深受鲍尔、曼诺克、毕晓普等英国杰出飞行员喜爱。其唯一缺点就是发动机不稳定，“毒蛇”V8发动机的出现解决了这个问题。

发动机：200 马力沃尔斯利 W.4A “毒蛇”水冷 V8 发动机
翼展：8.1 米（26 英尺 7 英寸）**机长：**6.4 米（20 英尺 11 英寸）
最大速度：193 千米 / 小时（120 英里 / 小时） **机组人员：**1
武器：1×0.303 英寸维克斯机枪（穿过螺旋桨射击）；1×0.303 英寸刘易斯机枪；4 枚 11 千克（25 磅）炸弹

索普威斯“骆驼”

该飞机是“幼犬”的升级版，因为发动机、机枪和飞行员排列紧凑，飞机外形如驼峰，故被称为“骆驼”。它在空中大显神威，尤其是右转弯时，发动机扭矩让飞机行动出人意料地迅速，需要技艺高超、经验丰富的飞行员来驾驶才能保证不出问题。它在训练时经常发生坠机事故。然而，“一战”期间，“骆驼”击落了逾1200架敌机，比其他飞机都多。

发动机：130 马力克莱杰 9B 9 缸转缸发动机
翼展：8.5 米（28 英尺） **机长：**5.7 米（18 英尺 9 英寸）
最大速度：182 千米 / 小时（113 英里 / 小时）**机组人员：**1
武器：2×7.7 毫米（0.303 英寸）维克斯机枪

索普威斯“幼犬”

发动机：80 马力罗恩 9C 9 缸转缸发动机
翼展：8.1 米（26 英尺 6 英寸） **机长：**6 米（19 英尺 4 英寸）
最大速度：179 千米 / 小时（112 英里 / 小时）**机组人员：**1
武器：1×0.303 英寸维克斯机枪

该机在皇家海军航空队官方被称为9901型，在陆军航空队中被称为“侦察者”，但“幼犬”的绰号在两支军队中广为人知。这是因为它是之前索普威斯型的缩小版，而且驾驶它是种享受。

斯帕德 XⅢ

该机动力强劲，得益于马克·比吉特（Marc Birgit）设计的强劲希斯帕诺-苏萨V8发动机，机枪协调器也出自他手。1917年间，它是协约国战斗机中数量最大的一款，尤其受到法国战斗机中队的欢迎。

发动机：235 马力希斯帕诺 - 苏萨水冷 V8 发动机
翼展：8.1 米（26 英尺 6 英寸）**机长：**6.2 米（20 英尺 4 英寸）
最大速度：222 千米 / 小时（139 英里 / 小时）**机组人员：**1
武器：2× 维克斯或马林机枪

维克斯F.B.5“机枪巴士”

作为最早的战斗机之一，F.B.5采用了侦察机构造，安装一挺向前射击的机枪。推进式螺旋桨效率低，发动机动力不足，再加上重量问题，这款飞机速度慢且反应迟钝。

可转动的0.303英寸机枪

发动机：100 马力“土地神”单阀 9 缸转缸发动机
翼展：11.1 米（36 英尺 6 英寸）**机长：**8.3 米（27 英尺 2 英寸）
最大速度：113 千米 / 小时（70 英里 / 小时） **机组人员：**2
武器：1×0.303 英寸刘易斯机枪

齐柏林飞艇与轰炸机

大型飞机和飞艇让欧洲城市笼罩在战争的恐惧之下。

“这些死亡定是历史上最惊心动魄的。他们坠落——一团燃烧的残骸——八百万敌方民众目睹了这一切。”

穆里尔·达雷尔–勃朗宁
（Muriel Dayrell-Browning）
齐柏林SL11号飞艇在伦敦上空坠毁时的目击者，1916年

早在“一战”爆发之前，飞艇在公众眼中就是恐怖的代名词。赫伯特·乔治·威尔斯在其1918年的《空中战争》里描述飞艇袭击纽约后的场景为，留下“一片废墟，火光熊熊，尸横遍野”。这种预见吸引了一些军队司令官。时任德国海军飞艇舰队队长的彼得·施特拉塞尔（Peter Strasser）上校坚信可以“使用飞艇……长期持续轰炸城市、工厂群、造船厂……”来打败英国。德国不是唯一想轰炸敌军城市和工厂的国家，但德国飞艇技术处于领先地位。1914年，飞艇是唯一能远距离运送足够袭击战略目标的炸弹的飞行器。然而，这时飞艇还无法实现大规模杀伤这种预见性目标。无论是金属结构的齐柏林飞艇，还是木质结构的“舒特–朗盛”（Schütte-Lanz），战争早期的德国飞艇有严重缺陷。军队发现飞艇无法在战场上存活。它的飞行速度不足80千米/小时（50英里/小时），是地面炮手极具诱惑的大型目标；战争刚开始1个月，就有4艘军用飞艇被击落。令人沮丧的是，它还很容易出事故，尤其是在天气不佳的时候。

飞艇指挥官
彼得·施特拉塞尔在“一战”期间担任德国海军飞艇舰队队长，他是位有雄心壮志的军官，使飞艇成为威力巨大的战争武器。他后来在驾驶L70飞艇袭击英国时被击落阵亡。

西线战场上的阴影
上图为齐柏林“斯塔肯”R.Ⅳ轰炸机的模型，该机于1917~1918年在西线战场上服役。这架装有6台发动机的庞然大物翼展足有42.2米（138英尺6英寸），满载状态下重量超过13吨。

神出鬼没的侵袭者

然而，飞艇的神出鬼没弥补了其在战争中的脆弱性。尽管体型庞大，齐柏林飞艇还是能在月黑之夜避开侦察和追捕，理所当然地成为夜间侵袭者。在夜色的掩映下，德国陆军和海军的飞艇轰炸了许多战略目标，包括巴黎及法国其他城市。但他们的终极目标是英国，尤其是伦敦。在这段艰苦卓绝、充满仇恨的战争岁月里，德国学生都会唱这首歌：“齐柏林飞艇飞吧！飞到英国去！英国就会着火啦！”

夜间轰炸机

四发动机的齐柏林“斯塔肯”R.Ⅵ于1917年开始服役，主要用于夜间对伦敦的轰炸袭击。它的全封闭驾驶舱在当时是创新之举，但按轰炸航线飞行时，指挥官需站在机鼻的露天观察岗位上进行观察。

飞艇燃烧弹

这枚燃烧弹是1915年5月31日第一次对伦敦进行飞艇袭击时，齐柏林LZ38飞艇投下的。最初，德国飞艇人员需从飞艇一侧手动投掷燃烧弹，后来才安装了自动投放设备。当时的燃烧弹体积非常小，不稳定，很容易熄灭，因此杀伤力有限。

从1915年开始，飞艇不时飞抵英国上空，给民众留下深刻印象。听过迈巴赫发动机象征灾难的轰鸣，或者晚上目睹幽灵般的黑影从头上飘过的人，永远都不会忘记这种经历。一位当时还是孩子的伦敦人后来回忆，“看到那些可怕的影子在探照灯光束中悄然出现又消失……我感受到一种难以诉说的恐惧”。然而，飞艇指挥官发现持续轰炸行动无法实施，就算有效防空措施没有到位，在一片漆黑中，从德国北部或者被占领的比利时的一个军事基地飞到伦敦再返回就是个巨大的挑战。英国开始使用夜间飞机和配有燃烧弹药的地面防空炮台后，驾驶有大量易燃气体的飞艇去伦敦就是个糟糕的主意了。

空中的水手

飞艇行动的一大限制因素便是天气。多云、强风和暴风雨都会造成飞艇无法运行。但飞艇指挥官在出发时根本不知道英国上空是什么天气。在适宜天气下出发，却在接近目标时遭遇大雾或者强劲的逆风是常有的事。

海上巡逻

在这张珍贵的照片中（左图），德国海军飞艇正在飞行。战争的大部分时候，海军飞艇都在北海巡逻。尽管无法在坏天气里运行，其可用性受到限制，但飞艇在执行海上侦察任务方面还是比战略轰炸方面更加出色。

灭火

1917年，一架飞艇空袭伦敦后，消防员在早上扑灭着火的废墟。德国皇帝威廉二世最初拒绝批准轰炸城市，但后来在保留居民区和文化古迹的附加条件下许可了。1915年，他又修改命令，允许轰炸伦敦所有地方。其实，飞艇指挥官很难精确掌控炸弹将会落到什么地方。轰炸城市就意味着平民遭殃。

仅是驾驶这台巨大的飞行器就很复杂了。飞艇更像军舰，而不像飞机。指挥官脖子上挂着双筒望远镜在控制室里踱步，同时一名舵手用航海风格的舵轮控制飞机，另一名舵手监控高度和气压。发动机吊舱的机械师照看着发动机，帆布工检查外层布料是否有损坏。指挥官和士兵经常要进行飞艇高度的复杂计算。导致机器上升或下降的因素有很多，例如，下雨时，飞艇庞大外壳上的雨水会增加机身重量，导致飞行高度降低。需要不断对压舱物和气压进行细微调整才能保持稳定的高度。

然而，与导航的问题相比，这根本不值一提。在进行夜间袭击时，飞艇经常能准确找到正确村落，更不用说像伦敦这种规模的城市了。

飞艇可用的最佳导航方式是采用无线电定位：它向两个地面接收站发送信号，接收站会辨别信号方向，这两条方向线能让飞艇计算出自己的准确位置。

但是因为害怕暴露位置给敌军，大多数飞艇指挥官不喜欢用无线电，而是更倾向于采用传统的航位推测法。他们在知道行驶速度、时间和方向，就能够在图纸上画出自己的位置。但如果有风的话，那么这种计算就会失效。

击落一艘飞艇

1916年9月3日凌晨2：30左右，伦敦北部的一位女士被爆炸声惊醒，她向窗外望去，看见天空飘来“一个亮银色的雪茄状物体，被20个巨大探照灯发出的耀眼光芒照射着”。这是舒特-朗盛SL11飞艇，16艘被派去对英国实施“一战”中最大规模袭击的德国海军和陆军飞艇中的一艘。在夜空中还有一架B.E.2c飞机，飞行员是威廉·利夫·罗宾逊（William Leefe Robinson）上尉，是负责保卫英国不受飞艇袭击的国土防卫空军中的一员。利夫·罗宾逊和他的战友已经习惯夜间飞行的紧张不安了。侦察到飞艇袭击后，他们从照明弹点亮的飞机跑道上起飞，一升入空中就依靠隐约可见的地平线来保持平衡感，令飞机沿合适方向飞行。但是，在一片漆黑中寻找飞艇是令人沮丧的体验。利夫·罗宾逊巡逻了3个小时，一无所获，这时，SL11飞艇突然亮起来，被所有人看到了。利夫·罗宾逊驾驶装有爆破弹和燃烧弹的飞机，朝飞艇一个俯冲，飞艇出现在机鼻下方，他把飞艇从头到尾用机枪扫射了一遍。用光了3个弹鼓后，他看到飞艇着火了。他写道：“几秒钟内，整个尾部就火光熊熊了”，“我迅速远离了这艘燃烧坠落的飞艇”。方圆几英里都能目睹了这次事件。飞艇坠落时，伦敦市民欢欣鼓舞。目击者恩斯特·莱曼（Ernst Lehmann）上尉的感情却截然不同，他是当时正返回德国的一艘齐柏林飞艇的指挥官。他写道：“我看到，在远远的后方，一个燃烧的火球”，“可怜的家伙，飞艇一着火，他们就没救了”。SL11号是第一艘在伦敦上空被击落的飞艇。因为这次战绩，利夫·罗宾逊被授予了维多利亚十字勋章，但不幸的是他第二年便阵亡于西线战场。

> “我看到，在远远的后方，一个燃烧的火球……可怜的家伙，飞艇一着火，他们就没救了。”
>
> **飞艇指挥官恩斯特·莱曼**
>
> **回忆SL11被击落时的场景**

灵活应变的双座飞机
B.E.2c飞机于1914年开始服役。最初执行侦察任务，很快拓展出其他用途，比如作为轻型轰炸机和国土防卫战斗机。

可怕的纪念品
第一艘在英国上空被击落的飞艇——SL11号的碎片被做成纪念品，通过拍卖为红十字会筹集资金，比如这些袖扣和别针。

This is guaranteed by the British Red Cross Society, to whom it has been given by H.M. War Office, to be a piece of the Zepp L 21, which was brought down on September 3rd, 1916.

THIS IS A PIECE OF GENUINE
ZEPPELIN WIRE,
FROM THE FIRST ZEPPELIN BROUGHT DOWN AT CUFFLEY IN ESSEX
SEPT. 3RD., 1916.
2/6
Given by H.M. War Office ... to the British Red Cross Society

飞艇摧毁者
“兰肯”飞镖被设计成从飞艇上空投掷，它能在刺穿飞艇外壳后爆炸。爆破弹和燃烧弹药的使用令飞艇最终成为极度脆弱的被攻击的目标。

被撞毁的骨架
1916年9月23日晚，两艘飞艇在英国上空被击落，齐柏林L33就是其中之一，它被防空炮火和空中拦截联手摧毁。

驾驶庞然大物

“一战”中最大的飞机是被德国人称为“Riesenflugzeug”（巨人飞机）的重型轰炸机。齐柏林“斯塔肯”R.Ⅵ就是这些“R系列”（R型）中最有名的一种，1917年9月起装备德军，协同体型较小的哥达飞机对伦敦进行大规模袭击。这些庞大的机器上有两名并排坐着的飞行员，操控和飞艇上一样的驾驶盘。飞机上还搭乘着在飞行时照看发动机的机械师。豪普特曼·亚瑟·舍勒（Hauptmann Arthur Schoeller），一架R.Ⅵ的指挥官，生动详细地记录了一次对伦敦的夜袭。

他描述了40位地勤人员如何为这架庞然大物做行动准备，装满弹舱和巨大的燃油箱，调整好250马力的发动机。简单用过晚餐后，8人机组来到飞机上，“飞机空转的发动机吟唱着柔和的歌”。6架R系列飞机水平滑行到起飞跑道上。发动机马力达到最大，发出震耳欲聋的轰鸣声，载满重物的机器缓慢升入空中，越过海洋，飞入漆黑的夜色中。途中只能通过计算飞行时间、速度和方向来确定位置，舍勒和观察员开始怀疑自己可能迷航了。让人欣慰的是，他们看到有探照灯在搜索天空：“明亮的光束在薄薄的乌云上转圈。”他们一定在英国上空。被照明弹照亮，供英国夜间战斗机使用的一处机场出现在他们下方，格外明亮。机枪手打掉探照灯时，他们顺便也炸毁了机场。接着，他们透过云层缝隙看到了泰晤士河。观察员马上来到机鼻位置的露天观察台，按下投弹按钮，希望能击中无确定目标的伦敦码头区。投完炸弹后，他们沿泰晤士河返航，防空炮火落在飞机周围，异常危险。一个炮弹碎片划破了上层机翼的蒙布，但没造成严重损坏。飞越海洋时，他们的困难远没有结束。比利时海岸出现在眼前时，由于一根燃油管道冻住了，四副螺旋桨全部停止了运转。他们竭尽全力滑翔到地面，照明弹发现了一片崎岖不平的地带，舍勒在该地上空令飞机结束飞行，平坠着陆，摔坏了起落架和一个机翼，好在机组人员没有受伤。

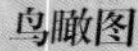

鸟瞰图

这幅飞行中的照片拍摄了“斯塔肯”R.Ⅳ双座驾驶舱上方。在照片左上角，发动机机舱前方有个露天观察台，那是飞机机械师的位置。

“巨型飞机”
这幅照片中被人群包围的R.Ⅳ充分展示出R系列飞机的庞大规模。据测量，它的翼展可达42米（138英尺），重量超过13000千克（28600磅）。

勇敢的机械师
如果飞机的发动机出现问题需要修理，哪怕是在飞行中，机械师也会绕着机身来回移动。

如果驾驶员不知道他们已经被风吹离航向，他们就会迷路，无法找到方位。当然，许多飞向伦敦的飞机都准确抵达了。因为严格执行的灯火管制，城市的灯火都熄灭了，但飞行员可以利用泰晤士河辅助导航，跟随很好辨认的河流形状前进。他们还在地图上标识出探照灯和炮台的位置，这样不仅能避开它们，还能利用它们辨别伦敦周围的方向。

飞艇袭击目标时不采取团队作战，每艘飞艇拉开间隔从不同方向出现。一旦冲出伦敦周围的防卫圈，这种战术就很简单了——以最快速度直线飞过城市上空，同时投下炸弹或燃烧弹。

首次针对英国的飞艇袭击发生在1915年1月，针对伦敦的空袭发生在同年5月。到1916年夏末，零散发生的飞艇袭击效果还算成功，有几次造成严重破坏——比如，1915年9月8日，海因里希·马蒂（Heinrich Mathy）上尉驾驶L13飞过伦敦时，造成22死87伤。即使是半夜在英国上空迷航乱逛也不算浪费精力。

“一战”中破坏力最强的一场袭击发生在1916年1月，9艘要去轰炸利物浦的飞艇在黑暗中彻底迷失航向，结果飞到了没有灯火管制的英国中部城市，致使70人在轰炸中死亡。

民众要求得到保护，英国被迫从西线战场上调遣来飞机、飞行员以及高射炮等珍贵资源过来，加之爆破弹和燃烧弹药的使用，成功扭转了乾坤。

“机舱内，昏暗的灯发出微弱的光，隐约照亮图表、无线电设备和仪表盘……我们下方是漆黑的深渊。”

豪普特曼·亚瑟·舍勒

一架巨型飞机的指挥官
形容1918年3月晚飞往英国时的情景

从1916年8月末到整个9月，德军发起了最野心勃勃的飞艇轰炸袭击。这是一场灾难，在一系列攻击中，总共有4艘飞艇被地面火力或驱逐机击落。经验丰富的马蒂也在这场袭击中阵亡；当时他的飞艇着火了，因不愿被活活烤熟，结果跳向地面摔亡。

高空飞行

德国人发明了一种体积更大但质量更轻的新飞艇来应对这次挫折。

这些“高空攀爬者”通常在5600米（16000英尺）以上的空中飞行，超出地面火力的射程，飞机也很难攻击。但对于不幸的机组乘员而言，高空飞行简直就是一场酷刑。他们需连续几个小时忍受严寒；在稀薄的空气中很难呼吸，而粗糙的氧气设备让人作呕；上升和下降时气压快速变化也让他们罹患了减压病。他们虽承受了种种折磨，但造成的破坏却很有限。

然而，德国飞艇的技术成就是惊人的。1917年11月，L59在飞到非洲的流产计划中，持续不着陆飞行了6760千米（4200英里）。同年，L55创下了8400米（24000英尺）的飞行高度纪录并保持了很久。

但是，技术能力还是难以转换成军事实效。直到最后，德国海军飞艇部队的指挥官彼得·施特拉塞尔还在梦想能展开决胜一击——越过大西洋，展开飞艇袭击，摧毁纽约。然而，在1918年8月，他在北海上空执行毫无希望的任务时被对手击落。

跳机者
在这幅立体摄影照片中，英国士兵正看向地面上的一个坑，这是一名机组乘员在英国埃塞克斯郡比勒里基上空从一艘着火的齐柏林飞艇上跳下后，用身躯砸出来的。如果用立体眼镜观看的话，可能会看到这个坑的3D影像。

“哥达”登场

德军从战争开始就想使用重于空气的飞机实施战略轰炸，但苦于没有合适的机型，直到“腓特烈”和“哥达”双发动机轰炸机出现。“哥达”从1917年夏天开始袭击英国，成效显著。英国空防部队和广大市民都没料到轰炸机编队会在光天化日下进攻。6月13日，14架哥达轰炸机第一次出现在伦敦上空，市民争相跑到街上观看。炸弹落到手无寸铁的市民中，造成162人死亡。

“哥达”比齐柏林飞艇速度快，被击落的难度也大得多。编队飞行时，机枪的联合火力会对追捕的飞机造成致命伤害。因为这种近乎无懈可击的特性，它最初能在白天活动，防空力量加强后，也可以在有月亮的晚上活动。这样更容易定位目标。而且，因为比飞艇生产速度快得多且造价便宜，可以大批量投入使用——德军在对伦敦最大规模的一次袭击中出动了43架哥达轰炸机。

1917年冬天到1918年春天，“哥达”和体积更大的R系列机（详情见90页）不时夜袭伦敦。巴黎也经常成为德国轰炸机的目标。巴黎和伦敦居民已经习惯了空袭警报和警报解除那一套，在家中地窖、地下室或者地铁站隧道里挤作一团，度过漫长的危险时光。

1918年5月，这种袭击逐渐消失，因为当时德国已把所有资源都投入到西线战场上，以期背水一战。但是飞机已经证明了自己更具威力：在针对英国的51次飞艇袭击中，共造成557人死亡，1358人受伤；在52次飞机攻击中，共造成857人死亡，2508人受伤。

奋起反击

实际上，与投入的人力物力相比，飞艇和轰炸机造成的破坏微不足道，但它有深远的精神影响。

民众要求加强防卫的强烈呼声导致英国空战政策危机。复仇情绪产生了新的推动力，推动协约国战略轰炸机部队的诞生。

整个战争期间，协约国各国政治家和军队指挥官之间一直存在轰炸敌军城市和工厂的利弊之争。僵持不下的局面和西线战场上损失严重的事顺势使人们有这样的猜测：轰炸机也许能打击敌人战斗意志，摧毁其工业实力，打破僵局。步兵攻击显然已经无效，必须尝试一切可能的替代物。但那些把堑壕视为战争重要的得失之地的人则反对资源向空中转移，坚持让飞机直接支援压力巨大的地面部队。

最初，这种争辩大多停留在理论层面上，因为协约国还没有能实施战略轰炸的装备。法国空军从1915年开始勇敢尝试使用缓慢笨拙的瓦赞8型飞机轰炸德国，一开始在白天进行，后来改到了晚上，但他们损失惨重，成效甚微。奇怪的是，最初那些航空力量稍弱的协约国成员却拥有最强大的轰炸机。俄军使用西科斯基的四发动机“伊利亚·穆罗梅茨”（详情见54~55页）作为轰炸机和侦察机。

1915年加入协约国阵营的意大利是当时唯一拥有专门轰炸机的国家——卡普罗尼Ca.1轰炸机。意大利还有最咄咄逼人、最具影响力的战略轰炸倡导者之一，朱利奥·杜黑（Giulio Douhet）上校。杜黑直言不讳，为所欲为，导致与上司起了冲突，在监狱中度过了一段时间。尽管如此，意大利还是使用卡普罗尼轰炸机袭击了最近的敌国奥匈帝国的城市。

詹尼·卡普罗尼

詹尼·卡普罗尼（Gianni Caproni）是“一战”期间意大利最负盛名的飞机设计师和制造商。1910年建造了第一架自己的飞机后，他试图和意大利军方签订合同但没有成功，直到他和热爱飞行的朱利奥·杜黑上校成为朋友。1914年，卡普罗尼已经设计了一款机翼上方装有前射机枪的新型单翼战斗机Ca20。然而，受杜黑的影响，卡普罗尼开始致力于生产大型轰炸机。

1915年意大利参战时，卡普罗尼三发动机双翼机（Ca42型）即将开始服役。1918年，约7万名工人在制造卡普罗尼双翼机和三翼机，不只是在意大利，还经授权在法国和美国生产。

卡普罗尼和杜黑一同提倡战略空袭，应动用数千架重型轰炸机痛击德国，直至德国投降。这种事并没有发生，但卡普罗尼的呼吁极具影响力，尤其感召了美国军方航空狂热者。战后，卡普罗尼继续制造民用和军用飞机。

轰炸机设计者
卡普罗尼设计了许多重型轰炸机，包括在协约国轰炸活动中起主导作用的Ca33。

卡普罗尼Ca42
意大利军方使用Ca4系列三翼机对奥地利执行轰炸任务。它们虽然不如卡普罗尼双翼机常见，但更具威力。

> “我很乐意看到你让德国某个城镇燃起大火……现在的德国再也经不起血雨腥风了。”
>
> **威廉·韦尔**
> 英国空军大臣，1918年

重型轰炸机
汉德利·佩奇O/400轰炸机于1918年夏末开始服役，是新成立的独立空军中的重要机型。O/400式飞机曾组成大型编队——一次最多40架轰炸机——深入德国进行袭击。飞机的弹舱中可以装载1枚750千克（1650磅）的“一鸣惊人”（Block buster）炸弹。

呼吁行动

1918年，协约国内部要求对德国实施轰炸袭击的呼声已经很高了，政治首脑也对军队的失败非常不满。1918年4月，英国建立了世界上

海上空战

航空发展初期，海军总体上比陆军更敏锐地察觉到飞机的潜能，尤其是对英国皇家海军而言。想象力丰富、思维创新的英国海军大臣温斯顿·丘吉尔就深受影响。但战争开始时，还没有能让飞机随舰队出海的有效方法。1914年9月，皇家海军把3艘跨海峡轮渡改装成水上飞机母舰。水上飞机被绞车吊离船只起飞，完成任务后再被吊回船上。这种方法听起来简单有效，其实不然。水上飞机根本无法从海上起飞和降落，除非海况完美无缺——他们需要知道确切的海浪高度。

战前，美国和英国海军曾试验过在军舰甲板的平台上起飞飞机。1917年，皇家海军还在继续认真进行这项试验：轻型战列巡洋舰HMS“暴怒”号的前主炮被移走，改装成起飞甲板，希望让性能优于水上飞机的最新型陆地飞机能在这艘军舰上起飞和降落。

飞行中队长E.H.邓宁（E. H. Dunning）驾驶索普威斯“幼犬”双翼机执行这项试飞任务。军舰逆风行驶的话，起飞会相对简单一些，但降落则不然。邓宁把飞机速度调节成与军舰速度相一致，这样就能像直升机一样同步垂直下降了，甲板上的其他飞行员们则抓住牢牢拴在机翼上的绳子，在他熄灭发动机时把飞机拉下来。他成功了两次，但第三次尝试却是致命的。

从甲板起飞

在海上起飞飞机的方法之一是把飞机放到被快速轻型船只（左图）拖曳的一艘驳船（游艇的一种）上。如果行驶速度够快，就会产生风速，进而产生起飞所需的升力。

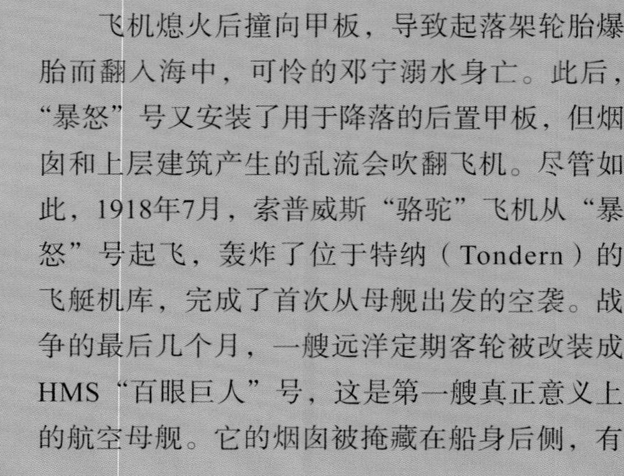

从船上吊起

水上飞机为舰队携带飞机提供了一种方法。类似这架肖特水上飞机一样被绞车吊离船只，在海上起飞，足够幸运的话再降落在船只附近，然后被吊回到船上。

飞机熄火后撞向甲板，导致起落架轮胎爆胎而翻入海中，可怜的邓宁溺水身亡。此后，“暴怒”号又安装了用于降落的后置甲板，但烟囱和上层建筑产生的乱流会吹翻飞机。尽管如此，1918年7月，索普威斯“骆驼”飞机从“暴怒”号起飞，轰炸了位于特纳（Tondern）的飞艇机库，完成了首次从母舰出发的空袭。战争的最后几个月，一艘远洋定期客轮被改装成HMS“百眼巨人”号，这是第一艘真正意义上的航空母舰。它的烟囱被掩藏在船身后侧，有

首次甲板降落

1917年8月2日，飞行员E. H. 邓宁首次成功降落在一艘移动船只的甲板上。他的座机是索普威斯“幼犬”，一种广受欢迎、容易操纵的飞机。然而，5天后的一次失败尝试结束了他的生命。

一条畅通无阻的全通飞行甲板。英国海军指挥官还曾计划以类似后来偷袭珍珠港的模式，利用“百眼巨人”号袭击德国停泊在港口的舰队。现代海军航空兵从此诞生了。

首支独立空军，即皇家空军，取代了之前陆军的皇家陆军航空队和海军的皇家海军航空队。该军种的任务之一就是提高英国空防水平，同时完成对德国的战略轰炸攻击。独立的轰炸机部队成立于同年6月，负责执行这些攻击。同时，法国总司令亨利·贝当（Henri Pétain）也命令重型轰炸机部队“通过战略攻击和持续攻击重要工业城市，让德国经济和战争工业陷入瘫痪”。

1918年，协约国使用德·哈维兰设计的艾科D.H.9和性能绝佳的布雷盖Br.14作为昼间轰炸机，使用汉德利·佩奇的O/400和卡普罗尼双翼机及三翼机作为夜间轰炸机。虽然体型不能和德军R系列飞机相提并论，但“汉德利·佩奇”最多能携带900千克（2000磅）弹药，成为这个独立部队的中坚力量。其他重型轰炸机在1918年尚处研发阶段，比如法国的法曼“歌利亚”和英国的维克斯“维梅”式轰炸机，问世时已经太晚了，没有机会服役。

体会恐惧

1918年夏季和秋季，协约国轰炸机编队深入德国展开空袭，最多一次有40架轰炸机。当然，坏天气和性能不稳定的飞机削弱了轰炸机攻势的力度。但法兰克福和曼海姆（Mannheim）等城市市民体会到了巴黎和伦敦市民经历过的恐惧。协约国空军接受的命令通常是瞄准特定目标，比如工厂和通信中心。但协约国政治首脑却热衷于打击民族士气。英国空军大臣威廉·韦尔（William Weir）对独立空军指挥官休·特伦查德（Hugh Trenchard）说，不必太顾虑平民百姓的性命：“如果我是你，”他写道，“在轰炸城市中心的火车站时就不会太追求精确。此时的德国已经不起血雨腥风，我不介意出现几次失手事故。”

> *“未来战争可能会由空军这个特殊群体进行，就像中世纪的铁甲骑士一样。”*
>
> **威廉·米切尔准将**
>
> **《空中国防论》(Winged Defense)，1924年**

实际上，空军指挥官普遍比政治家对战略轰炸持怀疑态度。特伦查德明白自己应该让空军轰炸德国城市和工厂，但他经常指挥空军炸毁后方机场、通信中心等战术目标。美国威廉·“比利”·米切尔将军也是如此。

特伦查德和米切尔后来都主张实行战略轰炸，但他们在战争的最后一个月致力于空军的战术使用。

第一支独立空军

这张招募海报邀请志愿者加入英国皇家空军，世界上首支独立的空军部队。1918年4月，英国陆军和海军的航空力量合力打造的这支皇家空军，任务是保护英国，抵御空袭，对敌方工厂和城市进行战略轰炸。

此次大战表明，鉴于当时的科技水平，战略轰炸无法严重扰乱工业生产，也不能摧毁一个民族的战斗意志。轰炸耗资巨大且缺乏准确性，它的主要作用是迫使敌人分流资源以加强防空。

尽管如此，大型轰炸机的制造和使用无疑是航空领域的一大进步。轰炸机飞行员积累了长途飞行和夜间飞行的丰富经验，能携带炸弹的飞机经过细微改装就可以装载人员或者货物。“一战”中的战略轰炸为商业航空的发展开辟了道路——将来也摧毁了德累斯顿、东京、广岛这三座城市。

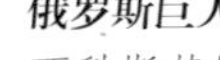

“一战”中的轰炸机和对地攻击机

“一战”将领们支持对敌军后方发动空袭，但由于飞机受载弹量小、容易被敌方战斗机捕获等不利因素制约，战术轰炸的效果受到限制，多数时候，航空兵只能进行不准确的夜间空袭。但是，1918年，布雷盖14B2和艾科D.H.4等战术轰炸机发挥了巨大威力。在地面战中，英国主要利用战斗机攻击敌方地面部队，德国已经有了专门的对地攻击机，比如“哈巴斯塔特”（Halberstadts）和全金属的容克斯J4，这些飞机掠过堑壕低空飞行，破坏力巨大。一些非常庞大的多发动机飞机经过改造，被用作战略轰炸。最大型的是协助哥达轰炸机开展对英轰炸袭击的齐柏林R型飞机。

俄罗斯巨人

西科斯基的“伊利亚·穆罗梅茨”是世界上首架四发动机轰炸机。“一战”期间，东线战场上的一支特别飞行中队使用了超过75架“伊利亚·穆罗梅茨”，从1915年开始执行轰炸和侦察任务。

A.E.G G.IV

1915年开始，德国通用电气公司生产了540多架性能上佳的双发动机G系列中型轰炸机。其中数量最多（约400架）的是G.Ⅳ型，1916年下半年作为短程战术轰炸机开始服役，后来执行照相侦察任务。

发动机：2 台 260 马力梅赛德斯 D. Ⅳ a 6 缸直列发动机
翼展：18.4 米（60 英尺 5 英寸）**机长**：9.7 米（31 英尺 10 英寸）
最大速度：165 千米 / 小时（103 英里 / 小时）**机组人员**：3
武器：2× 机枪；400 千克（882 磅）炸弹

艾科D.H.4

1916年被设计成高速昼间轰炸机的D.H.4于1917年3月首度作为轰炸机在西线战场服役。它也被用来执行侦察、反潜巡逻，甚至作为夜间战斗机使用。

发动机：375 马力罗尔斯·罗伊斯“雄鹰”Ⅶ水冷 V–12 发动机
翼展：12.9 米（42 英尺 4 英寸）**机长**：9.4 米（30 英尺 8 英寸）
最大速度：230 千米 / 小时（143 英里 / 小时）**机组人员**：2
武器：4× 机枪；209 千克（460 磅）炸弹

布雷盖14B2

1916年11月21日，路易·布雷盖亲自驾驶布雷盖14原型机试飞，截至1926年，已经有超过8000架该机问世。轰炸机、侦察机和训练机等改型也被生产出来。

发动机：300 马力雷诺 12 福克斯 V–12 发动机
翼展：14.4 米（47 英尺 2 英寸）**机长**：8.9 米（29 英尺 1 英寸）
最大速度：177 千米 / 小时（110 英里 / 小时）**机组人员**：2
武器：3× 机枪；300 千克（661 磅）炸弹

卡普罗尼Ca42（Ca4）

卡普罗尼和西科斯基一样在大型飞机制造中居于领先地位，三发动机的Ca30于1913年诞生，“一战”期间，该系列不断发展，大部分改型都采用了一台推进式发动机加两台拉进式发动机的构造。

发动机：3 台 270 马力伊索塔弗拉西尼水冷 V–6 发动机
翼展：29.9 米（98 英尺 1 英寸）**机长**：13.1 米（43 英尺）
最大速度：126 千米 / 小时（78 英里 / 小时）**机组人员**：4
武器：4× 机枪；1450 千克（3197 磅）炸弹

哥达G.V

若说在英国民众眼中，每艘飞艇都是齐柏林飞艇，那么每架德国轰炸机就都是“哥达”式。G.Ⅳ型于1917年5月在英国南部进行首次昼间空袭，飞行高度达4575米（15000英尺），几乎避免了所有拦截攻击。改良后的G.V型自9月投入使用，便持续进行夜间空袭，直到1918年5月，尽管每架飞机只能装载6枚50千克（110磅）的炸弹，但“哥达”式总共在英国投放了85000千克（187435磅）炸弹，自身损失24架。

发动机：2 台 260 马力梅赛德斯 D.IVa 6 缸直列发动机
翼展：23.7 米（77 英尺 9 英寸）**机长**：12.2 米（40 英尺）
最大速度：140 千米 / 小时（87 英里 / 小时）**机组人员**：3
武器：2× 机枪；500 千克（1102 磅）炸弹

哈巴斯塔特CL. Ⅱ

CL. Ⅱ型最初虽被设计成护航战斗机，但在1917年9月，24架该机袭击了英军一个师，这也是该机首次提供近距空中支援。1918年初，改良后的CL.Ⅳ出现。在协约国反扑势头凶猛时，其负责为德国步兵提供近距支援。

发动机：160马力梅赛德斯DⅢ6缸水冷直列发动机
翼展：10.8米（35英尺4英寸）**机长：**7.3米（23英尺11英寸）
最大速度：165千米/小时（103英里/小时）**机组人员：**2
武器：2×固定式机枪和1×可转动机枪；50千克（110磅）反步兵手榴弹或10千克（22磅）炸弹

汉德利·佩奇O/400

英国建造重型轰炸机的步伐比俄国和意大利慢。制造“飞机残酷终结者”的要求终于被汉德利·佩奇的O/400实现了。该机于1916年11月投入使用，后来被大批量生产。大量订单需求下，英国生产了大约550架，美国制造了100余架。1917年4月，该机起初在西线战场担任昼间轰炸机，后被皇家空军选中充当运输机，直至1920年。随后4架O/400飞机被改造成民用大型客机，用来开辟海外航线。

发动机：2×罗尔斯·罗伊斯“雄鹰”Ⅷ水冷V-12发动机
翼展：30.5米（100英尺）**机长：**19.2米（62英尺10英寸）
最大速度：156千米/小时（97英里/小时）**机组人员：**4
武器：5×0.303英寸机枪；907千克（2000磅）炸弹

容克斯J4（J.I）

雨果·容克斯博士在1915年制造了第一架飞机J1型，一架卓越先进的全金属飞机，由钢铁薄板制成的外壳。这种先进的设计和后继者J2型大获成功，引发对专门进行低空侦察和为军队提供近距支援的武装飞机的需求，因此J.I型应运而生，生产代号为J4，依旧是全金属结构，但外壳是波纹状铝合金，一直到“二战”中的Ju52也沿用了这种制作工艺。白蜡木尾橇是其唯一的木质部件。1917年末，第一架J.I抵达驻在法空军中队。尽管在地面上有些笨拙、难以操纵，但新型容克斯飞机很快就因其结构坚固和装甲防护能力而广受欢迎。共有227架J.I型问世，其中将近190架在西线战场服役。

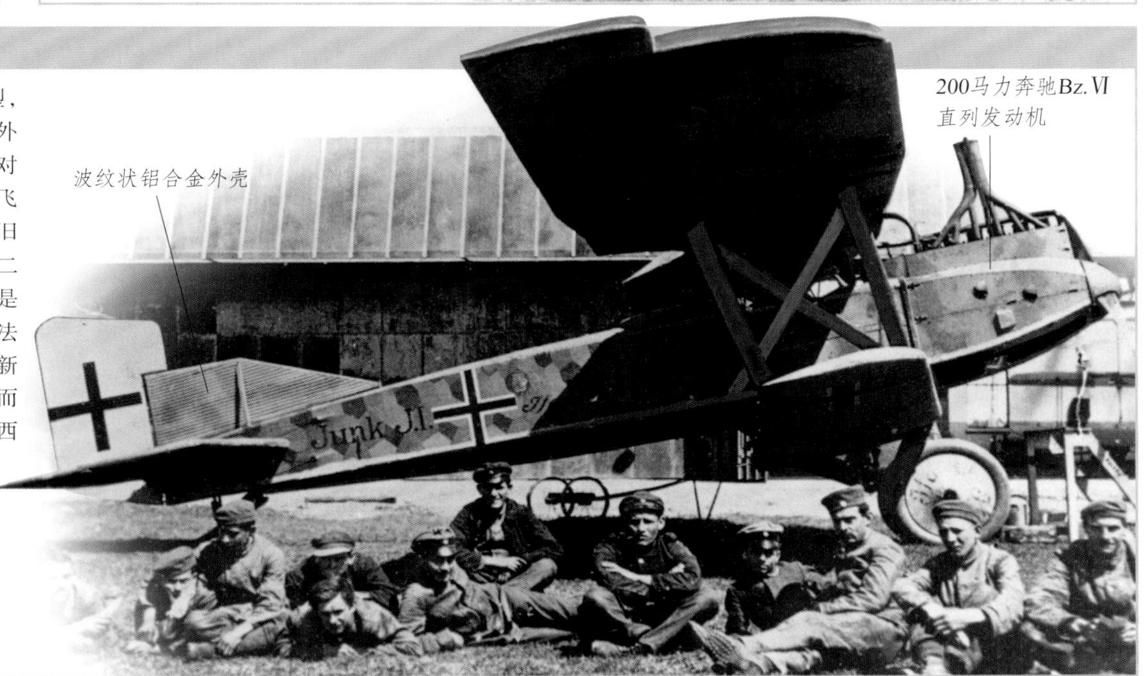

发动机：200马力奔驰Bz.Ⅳ6缸直列发动机
翼展：16米（52英尺6英寸）**机长：**9.1米（29英尺10英寸）
最大速度：155千米/小时（97英里/小时）**机组人员：**2
武器：2×固定式机枪和1×可转动机枪

西科斯基“伊利亚·穆罗梅茨”S-23V

伊利亚·穆罗梅茨系列大型飞机从世界上首架四发动机飞机“俄罗斯勇士”号发展而来，后者在1913年5月进行了处女航。“一战”中，约有80架该系列的各种型号被生产出来，成功服务于俄国空军。

发动机：4台150马力日光V8水冷直列发动机
翼展：29.8米（97英尺9英寸）**机长：**17.1米（56英尺1英寸）
最大速度：121千米/小时（75英里/小时）**机组人员：**4~7
武器：7×机枪；522千克（1150磅）炸弹

齐柏林“斯塔肯”R.VI

“一战”期间，德国制造的最著名的飞机当属安装4~6台发动机的R型巨型飞机。齐柏林在斯塔肯工厂里设计的飞机是重型轰炸机中最出色的一款。尽管R.VI体型不算最大，但它是唯一被大量生产的型号。1917年9月17日，R.VI首次袭击英国，英国民众见识到一种比“哥达”更具威慑力的武器。

发动机：4台260马力梅赛德斯D.Ⅳa6缸直列发动机
翼展：42.2米（138英尺6英寸）**机长：**22.1米（72英尺6英寸）
最大速度：135千米/小时（84英里/小时）**机组人员：**7
武器：4~7×派拉贝鲁姆机枪分别装于机鼻、机背和机腹；2000千克（4409磅）炸弹

The TRANSCONTINENTAL Line
TWA

黄金时代

3

“一战”浩劫结束后，空军规模大幅缩减，飞机制造商勉强支撑。然而，与战后萧条及随后的第一次世界性经济危机截然相反，20世纪20年代至30年代却是航空发展的“黄金时代”。飞行员成为当时最受尊崇的英雄人物，公众因飞行竞赛和查尔斯·林德伯格、阿梅莉亚·埃尔哈特（Amelia Earhart）等人打破纪录而激动兴奋。受益于具有开拓精神的长途勘测飞行，航线网络延伸到各大洲，逐渐把全世界连接起来。伟大的飞艇为航空运输带来了无与伦比的荣耀，只有洲际水上飞船方可撼动其地位。造型优美的全金属单翼机诞生，使得飞机的速度和航程有了突飞猛进的提高，改良的飞行仪表和导航设备也逐渐增强了飞机的安全性能。

流线型超级明星

在这幅鸟瞰照片中，一架TWA（环球航空公司）的道格拉斯DC-3客机正在曼哈顿市中心上空飞行。DC-3于20世纪30年代中期投入使用，可以搭载21名乘客，只靠客运就能盈利，是航空领域的转折点。

开辟道路

飞行员冒着生命危险探索地球的遥远地带，穿越辽阔的海洋，挑战着飞机的速度与耐力极限。

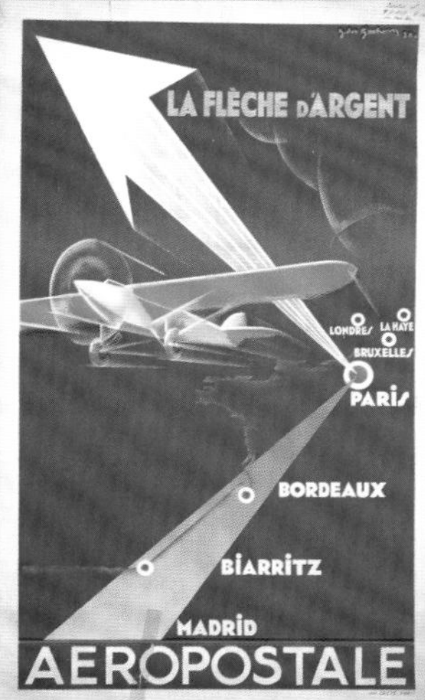

“我已经驾驶飞机进行了大约1000次飞行。每次都怀着忐忑不安和第一次冒险的兴奋之情，感受机轮在地面上滑行，升入空中。”

柏瑞尔·马卡姆（Beryl Markham）
20世纪30年代肯尼亚飞行员

两次世界大战间的间隙通常被称为航空业的“黄金时代”。但对飞行员和飞机制造业来说，1918之后的最初几年完全不像进入了“黄金时代”。“一战”结束对飞机制造业而言简直是场灾难，市场上充斥着供应过量的飞机。在美国，最低花费300美元就能买到一架寇蒂斯-詹尼教练机。因为需求锐减，在1920年，整个美国飞机制造业仅生产了328架飞机。“一战”期间飞机制造迅速膨胀的欧洲，许多制造商破产或者转向其他行业以求生存——有些制造家具甚至锅碗瓢盆。

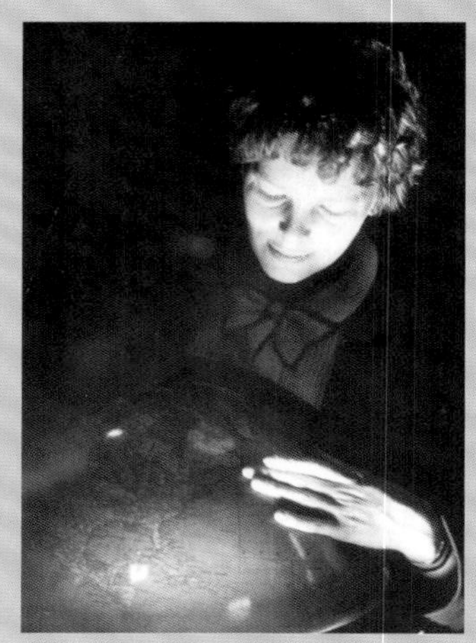

单人飞行先锋
阿梅莉亚·埃尔哈特于1932年成为首位实现孤身一人跨越大西洋飞行的女性，从而激发起美国民众的想象力。

数万名军事飞行员中只有一小部分留在陆军和海军服役。对于回归了平民生活、想通过飞行谋生的那些人，和平时代的工作是极不稳定的。在欧洲，新生的飞机客运和空中邮件运输业吸收了一部分空勤人员。1922年，陆军少校杰克·萨维奇（Jack Savage）首次在英国展示了空中书写技巧，这项活动在美国广受欢迎，一些飞行员以这个欣欣向荣的广告业的分支工作来谋生。飞行员常从事的工作还有喷洒农药以及用空中拍照进行测量的工作，这都是20世纪20年代的新生事物。空中冒险极具票房号召力，好莱坞因此拍摄了大量相关电影，同时也一直需要特技飞行员。包括德国王牌恩斯特·乌德特（Ernst Udet）在内的许多“一战”飞行员为拍摄电影而重演战争场面。

“大鸟”
查尔斯·林德伯格和夫人安妮·莫罗（Anne Morrow）驾驶这架洛克希德“天狼星”（Lockhead Sirius），探索跨越太平洋和大西洋的航线。这架飞机被格陵兰岛的一位因纽特男孩命名为Tingmissartoq（意为“像大鸟一样的飞行器”）。

巡回演出者

在美国，航空最重要的角色是为游乐场进行客串表演或者为铤而走险的马戏团表演。最低等的是“流浪飞人”，他们在美国乡村的偏远城镇走街串巷，为当地人表演节目，以每小时1美元的价格搭载人们飞行。这种营生也仅够糊口。20世纪20年代早期，被问到职业中的最大风险是什么时，一位流浪飞人的回答竟是“被饿死的危险”。但也有另一个极端，一些有天分的飞行员把空中竞技提升到新高度，发展成为知名度颇高的巡回演出，吸引大量观众，因此声名鹊起，发家致富。

由于没有相关安全条例的约束，巡回飞行表演者发展出一整套惊人的高危节目，除了竞技飞行员的固定特技外，还添加了许多马戏技巧，比如在机翼上行走、穿梭于两架行进间的飞机、吊在飞机下方荡秋千、纵身一跃并在最后关头打开降落伞等。因为观众期待偶然事故让这一切精彩起来，飞行员故意在表演时坠落以讨观众欢心。死亡和残疾等被认为是表演的一部分。

设立新目标

尽管航空业日渐衰退，但人们对飞行的热爱依旧炽热。“一战”前，喜爱飞行的报业大亨和富有的个人为打破长途飞行的纪录提供高额现金奖励，现在也是如此。但战争促使飞机性能迅速提升，飞行目的地也随之变成了更遥远的地方。

人们不再满足于欧洲城市之间或者横渡地中海的飞行——这些航线已经开展日常商业飞行服务。人们要求横跨整个大陆和海洋。飞行员驾驶飞机来到世界的每个偏远角落，穿越贫瘠的高山峻岭和浓密的丛林地带。

铤而走险的特技

在1926年的一场巡回演出中，下图中这名走机翼的表演者正努力保持平衡，准备跳到另一架飞机上。“一战”结束后，许多失业的飞行员（包括查尔斯·林德伯格）在美国巡演，用惊心动魄的特技吸引小镇民众。不幸的是，这些巡回飞行表演让公众更加坚信飞机是危险的，有损于试图开辟客运航线的企业家的努力。

贝茜·科尔曼

Fédération Aéronautique Internationale
FRANCE
Nous soussignés pouvoir sportif reconnu par la Fédération Aéronautique Internationale pour la France certifions que
Mme Bessie Coleman
née à Atlanta, Texas
le 20 Janvier 1896
ayant rempli toutes les conditions imposées par la F.A.I. a été brevetée
Pilote-Aviateur
à la date du 15 Juin 1921
Commission Sportive Aéronautique
Le Président
Signature du Titulaire
Bessie Coleman
No du Brevet 18.310.

美国黑人飞行员贝茜·科尔曼（Bessie Coleman）在得克萨斯州的棉花田里长大，1915年搬到芝加哥并接受美容师培训。那时，她决定要成为一名飞行员，但因种族歧视被飞行培训学校拒绝。她没被挫折打倒，于1920年前往法国，后听说对女性飞行员和种族限制已渐开放，受此鼓舞，在1921年携带国际飞行员执照回国。

“贝茜女王”后来成为大名鼎鼎的巡回飞行表演家之一。她的目标是筹集足够资金，为非洲裔美国人开办一家飞行学校，不幸的是，她没有活到那一天。1926年，在为佛罗里达州杰克逊维尔（Jacksonville）的一次演出练习时，飞机进入尾旋坠落，她被甩出飞机后身亡。

三分之一的机会？

试图飞越大西洋的3艘美国海军寇蒂斯飞船（NC-1，NC-3，NC-4）中，只有NC-4完成了这次长达6280千米（3925英里）的旅程。在里斯本着陆时，飞行员海军少校艾伯特·瑞德向所在基地发送了一条无线电消息：“安全抵达池塘另一侧。任务完成。”

首次飞越大西洋

1919年4月30日，美国海军寇蒂斯NC-4水上飞船进行了第一次飞行，仅在1周之后，它就开始了穿越大西洋的史诗般的壮举。这架四发动机飞机翼展为38.4米（126英尺），机长20.8米（68英尺3英寸），空载时重量超过7000千克（16000磅），能达到的最大速度为146千米/小时（91英里/小时）。

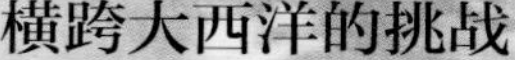

横跨大西洋的挑战

1918年，地球上最显著的未被征服的区域就是大西洋。1914年欧洲爆发战争前，寇蒂斯就计划派遣一架水上飞机横跨大西洋。战争结束后，该项目又重新开始。1919年5月，3架美国海军的寇蒂斯水上飞船从纽芬兰出发，取道亚速尔群岛，向里斯本飞去。只有海军少校艾伯特·C. 瑞德（Albert C. Read）率领的NC-4在历经艰难后完成了航程。这次旅行历时19天，共飞行42小时。尽管NC-4成了首架横跨大西洋的飞机，但诺思克利夫（Northcliffe）勋爵为第一次不着陆飞越大西洋设立的大奖依旧无人认领。澳大利亚飞行员哈利·霍克（Harry Hawker）和导航员肯尼思·麦肯齐-格里夫（Kenneth Mackenzie-Grieve）在1919年5月进行第一次尝试，掉到海里后，他们被一艘路过的轮船救起，幸免于难。次月，两名英国空军飞行员——约翰·阿尔科克（John Alcock）上尉和阿瑟·惠滕·布朗（Arthur Whitten Brown）中尉，驾驶一架改装后的维克斯“维梅”轰炸机完成了首次不着陆飞越大西洋的壮举（详情见103页）。

与战前的远程竞赛一样，这些飞行展示了航空的潜力，弥补了其缺陷。比如，在1919年，澳大利亚政府悬赏首位在30天内从英国飞到澳大利亚的本国人1万英镑。获得该奖的是罗斯·史密斯（Ross Smith）和基思·史密斯（Keith Smith）兄弟，他们和另外2位机组人员驾驶一架维克斯“维梅”，在27天20小时中飞行了约2万千米（1.2万英里）。时任英国海军大臣的温斯特·丘吉尔发来电报祝贺他们：“干得漂亮。你们伟大的飞行证明‘新元素’终于被征服，为人类使用。”但史密斯兄弟的飞机只是5架实施此次飞行计划的飞机中唯一抵达目的地的。4名飞行员在这次尝试中失去生命，还有3名飞行员伤势严重。史密斯兄弟也几经磨难，尤其是在缅甸仰光短小的跑道起飞时，飞机削掉了树梢。显然，“新元素”远未被征服，但人们英勇地面对它的挑战。

许多人仍认为飞艇在远程客运方面更有潜力，这不足为奇。比如英国飞艇R34号是被虏获的德国齐柏林飞艇的仿制型。在1919年7月，它搭载31名乘客从苏格兰出发，飞越大西洋，抵达纽约后返回。这证明飞艇在载重方面依然占优势，速度上则不然——R34号在去程中遭遇逆风，花费四天半才到达目的地。

往返票

1919年7月13日，英国军用飞艇R34开始了首次飞越大西洋的往返飞行。它搭载了31名乘客（包括一名偷渡者），从苏格兰出发到纽约再返回，共花费了不到8天时间。

不着陆飞越大西洋

1919年6月14日，两名英国空军飞行员约翰·阿尔科克和阿瑟·惠滕·布朗驾驶一架维克斯“维梅”轰炸机从纽芬兰圣约翰的草地跑道上起飞，旨在赢得《每日邮报》为首次不着陆穿越大西洋的飞行设立的1万英镑大奖。他们和最近的着陆点爱尔兰隔海相望，相距约3040千米。在露天驾驶舱中飞行，发动机的轰鸣声震耳欲聋，仪表数量很少且不可靠，这次行程是对飞行员和飞机持久耐力的严峻考验。运气不好的话还会遭遇恶劣天气。一次，在零能见度的情况下穿过汹涌波动的风暴云时，他们被闪电瞬间遮住双眼失去方向，盘旋下坠到离海面仅有35米高，好在他们及时冲出乌云，阿尔科克重新控制了飞机，飞离海面。暴雪和冰雹痛击飞行员，把他们冻僵了；布朗不得不爬到机翼上，用小折刀给发动机除冰。经过16个小时同不利条件的艰苦斗争后，他们已经精疲力竭，完全失去了希望，这时，一道黑色海岸线在灰色雾气中若隐若现。他们在戈尔韦上空下降，于6月15日上午9点40分，以不太优美的姿势，机鼻触地降落在爱尔兰柔软的沼泽上。因为这次成功，他们在伦敦受到英雄般的欢迎并被授予骑士封号。

英雄般的欢迎

完成首次不着陆飞越大西洋的壮举后，阿尔科克和布朗站在一辆汽车后部，在伦敦市内游行。他们从纽芬兰飞到了爱尔兰的戈尔韦，历时16小时27分钟。但对阿尔科克而言，荣耀是短暂的——6个月后，他在飞机失事中遇难。

软着陆

1919年6月15日，阿尔科克和布朗的维克斯“维梅”撞到戈尔韦市克利夫登附近的德里吉姆拉沼泽中，完成了不着陆飞越大西洋的史诗壮举。

环球旅行者

4架美国陆军航空部队道格拉斯“世界巡航者”飞机中，有2架在1924年9月28日完成了具有历史意义的首次周游世界的飞行。这次超过42150千米（26345英里）的旅行耗时5个月。图中，道格拉斯“世界巡航者”“新奥尔良”号正在冰岛雷克雅维客港口的斜坡上起飞。另2架失败的飞机中，一架撞上了阿拉斯加的山峰，一架在法罗群岛附近油泵出现故障。

环球飞行

20世纪20年代早期，美国最著名的远程飞行大部分是种宣传手段，以为陆军航空队吸引政府拨款和公众支持而进行宣传，这印证了美国航空业正在衰退的事实。一直追求公众关注度的比利·米切尔将军让刚成立的道格拉斯飞机公司生产海军使用的水上飞机的升级版。这4架被命名为道格拉斯“世界巡航者”的飞机于1924年4月从西雅图出发，开始首次环游世界的飞行。这是场艰苦卓绝的旅程，但2架“世界巡航者”终于在5个月后完成了旅行，空中飞行天数为15天半。

在欧洲，商业航空发展迅速，政府认为航空是国家荣誉的重要因素，20世纪20年代的远程飞行致力于开拓帝国主义航线，为连接本国和遥远殖民地的邮件运输和客运服务开辟道路。飞行员需画出遥远区域的地图，辨别合适的着陆点，检测天气状况，探寻飞越或者绕过天然障碍物的方法。受此鼓舞，法国飞行员率先穿过撒哈拉沙漠飞到了达喀尔，以及横跨亚洲飞到中南半岛的河内；荷兰飞机则开辟了横穿中东地区和东南亚到达印度尼西亚的航线；英国空军开辟了途径印度到澳大利亚，以及取道开罗到达南非的航线。

没有殖民地的德国探索向东穿越苏联的航线。1926年7月和8月，德国汉莎航空公司（DLH，后来改名Lufthansa）派出两架工艺精湛、全金属的容克斯G24三发动机单翼机开始了航程为10000千米（6000英里）的飞行，它从柏林出发，途经苏联城市莫斯科和鄂木斯克（Omsk）到达北京。这次飞行和在非洲及东南亚的飞行一样危险艰苦。

伯德与阿蒙森的飞越北极之争

20世纪20年代，挪威探险家罗尔德·阿蒙森（Roald Amundsen，1872~1928）——1911年击败斯科特海军上尉成为率先抵达南极的人——立下誓言，要成为第一个飞越北极的人。

1925年第一次尝试失败后，他发现有同样野心的美国海军中校理查德·E. 伯德（Richard E. Byrd，1888~1957）加入了竞争。伯德雇用了两位飞行员（一名叫查尔斯·林德伯格的邮政飞行员也提出了申请，但为时已晚）驾驶三发福克飞机到达挪威斯匹次卑尔根岛（Spitzbergen）的国王海湾。1926年5月，阿蒙森也乘坐翁贝托·诺比尔（Umberto Nobile）驾驶的意大利飞艇“挪威”号抵达。

横越北极的明星

“挪威”号飞艇被挪威探险家罗尔德·阿蒙森用来飞越北极。由翁贝托·诺比尔驾驶飞艇，他们72小时内从挪威到达阿拉斯加，共飞行了4300千米（2700英里）。

5月9日，“挪威”号还在做准备工作时，伯德就乘坐弗洛伊德·贝内特（Floyd Bennett）驾驶的福克飞机起飞了。16个小时后，他返回并声称已经飞越了北极。

阿蒙森和诺比尔虽有些沮丧，他们在两天后出发，成功飞越北极，并在5月11日到13日继续飞到阿拉斯加。

随后，伯德到底有没有达到北极点成为争议话题。现在人们普遍认为他没有抵达，因此阿蒙森理应是穿越北极的第一人。

3年后，伯德成为首个飞越南极的人，被认定为伟大的南极探险家。

阿蒙森和“挪威”号的故事则以悲剧结尾。1928年尝试第二次飞越北极时，诺比尔驾驶的“挪威号”坠毁。阿蒙森等一众人紧急起飞，想拯救这位意大利人和他的飞艇乘员。诺比尔最终得以获救，但阿蒙森和他的飞行员却失踪了。

飞越北极者?

1926年5月9日，理查德·伯德乘坐这架由弗洛伊德·贝内特驾驶的福克F.Ⅶ（“约瑟芬·福特”号）绕北极飞行一圈，航程为2455千米（1535英里）。他声称自己在16个小时内完成了目标。

两位竞争者

在挪威斯匹次卑尔根岛上，理查德·伯德（左）和罗尔德·阿蒙森握手致意。阿蒙森以为自己输掉了首次飞越北极的竞赛，但后来证据表明伯德从未到达北极。

飞越东西海岸

这架装有420马力“自由”发动机的福克T-2型最初是美国陆军航空勤务队的运输机。经过改装，在机翼增加了燃油箱后，它在约翰·麦克雷迪（John Macready）上尉和奥克利·凯利（Oakley Kelly）的驾驶下，于1923年5月完成了首次不着陆横跨美国的飞行。

德国汉莎航空公司的飞行员必须在没有精确地图、天气报告和备用零件，飞机场异常简陋的情况下，飞越乌拉尔山另一侧。接着，他们继续飞行，但无法预料目的地国家对国外飞机抵达的态度。经历重重困难后，他们不仅成功抵达目的地，而且之后又飞回了德国。

遭遇敌意

飞行员是高科技英雄，他们让帝国臣民瞠目结舌，而这种形象是当时航空业最让欧洲公众满意的一面。英国飞行家艾伦·科巴姆（Alan Cobham）在1926年出版的书中描述了一次往返英国和开普敦的飞行，当地人拿着长矛和盾牌，敬畏地抬头看他驾驶德·哈维兰D.H.50J从头顶飞过。然而，在未经开发的地区，不友好的当地人对开辟航线的飞行员而言是非常危险的。20世纪20年代，法国陷入摩洛哥柏柏尔人起义的战争中，与此同时，英国正忙于应对伊拉克的阿拉伯人反抗。英法两国都使用了军用飞机来平息动荡，当地民众对出现在本国的所有飞行员都抱有敌意也就不足为奇了。

在科巴姆往返澳大利亚的飞行中，他的机械师亚瑟·艾略特（Arthur Elliot）在伊拉克南部巴士拉附近被从地面射向飞机的子弹击中身亡。法国邮政飞行员沿北非沙漠海岸线探索从卡萨布兰卡到达喀尔的航线时，经常被骑着骆驼的游牧民射击。后来成为法国航空英雄的飞行员让·梅尔莫兹（Jean Mermoz）在1926年降落到沙漠时被当地部落的人抓起来关在洞穴里，支付了赎金才得以脱身。同年晚些时候，他的3名同事紧急迫降后就没这么幸运了——其中一人被枪打死，一人在支付赎金没多久后，因经受不住囚禁时的虐待而死去。

> *“我们亲眼目睹历史翻过一页；梦想已经实现。”*
>
> **加利福尼亚报纸对麦克雷迪和凯利首次不着陆横跨美国的评价**

打破纪录的人

麦克雷迪中尉（左）和奥克利·凯利站在为不着陆横跨美国提供动力的燃油箱旁边。他们在不到27小时的时间里飞行了4240千米（2650英里），从纽约长岛到达加利福尼亚州圣迭戈。

英国的英雄

图为1926年10月1日，英国著名飞行家艾伦·科巴姆驾驶改装后的德·哈维兰D.H.50J双翼机降落在国会大厦旁边时。人们站在泰晤士河畔，欢呼庆祝科巴姆完成了往返英国—澳大利亚的飞行。此次飞行耗时3个月，航程为43992千米（26703英里）。

20世纪20年代，邮政飞行员们是在世界上最荒凉贫瘠的一些地方进行定期飞行服务的精英群体。许多对客运而言缺乏安全性的长途航线，邮件运输都能飞。因急于发展航空业的政府可提供补贴，航空邮政成为定期商业服务的试验平台，还可以在晚上或恶劣天气等危险情况下飞行，它使用新的导航设备，大力完善飞机场及天气预报等基础设施和辅助服务。邮政飞行员被反复灌输律己精神和敬业精神。他们需要临危不惧，将飞机和邮件的损失降到最低，还要尽全力严格履行时间表。

邮政航空公司

让·梅尔莫兹和同事们所在的就是在危险情况下仍能提供按时抵达的航空邮政服务机构，刚开始被简单称为La Ligne（航线），后来改名为邮政航空公司。公司设立在法国西南部城市图卢兹，创始人是商人皮埃尔-乔治·莱迪克拉（Pierre-Georges Latécoère），1919年开始途经希腊到达摩洛哥卡萨布兰卡的邮件运输飞行。1925年，邮政业务拓展到西非海岸的达喀尔。两年后，邮政航空公司大胆地进军南美，那里未被开发的广阔市场等待着欧洲竞争者。1928年3月以后，各种各样的航空邮政服务把法国和巴西里约热内卢联系起来——邮件被船只从达喀尔运到巴西纳塔尔港口，再用飞机运到里约。20世纪30年代，法国飞行员驾驶水上飞船定期飞越南大西洋，在巴西、阿根廷和智利建立起航空邮政航线。邮政飞行员的壮举成为法国航空史上的传奇，不仅是梅尔莫兹，还有亨利·吉约梅（Henri Guillaumet）和飞行员兼作家安托万·德·圣-埃克絮佩里（Antoine de Saint-Exupery）等人。他们的一些惊险故事，尽管真实可鉴，但读起来就像虚构的小说。譬如，1929年3月，在探索从智利飞过安第斯山到达阿根廷的新航线时，梅尔莫兹和机械师亚历山大·科勒诺（Alexandre Collenot）从将近4000米（13000英尺）的高空坠落到一片岩石斜坡上，四周是深不可测的悬崖裂缝。他们在零下温度里花了4天时间修复莱迪克拉LAT26飞机，手头可用的工具只有橡胶碎片、皮革、布料、张线和胶水。他们被迫滑下裂成两道的岩石斜坡，积攒了足够速度后跃入空中。然而，发动机很快就出现故障，好在他们一飞越山峰就能滑翔下降到智利平原了。

陆军航空邮件运输

在美国，航空运输业在经历了明显不顺的开始后，为穿越东西海岸的商业航空开辟了道路。1918年5月15日，“一战”还未结束时，美国陆军航空勤务队就接到通知，要在华盛顿和纽约之间取道费城，提供世界上首班定期航空邮政服务，直到邮局有了自己的飞机和飞行员。陆军飞行员和他们的寇蒂斯-詹尼飞机对这项任务毫无准备。携带第一批航空邮件的飞机从华盛顿出发时场面宏大，威尔逊总统亲临现场，但缺乏经验的飞行员乔治·L. 波义耳（George L. Boyle）刚起飞便迷失了航向，被迫降落在离出发点只有几英里的野外。

让·梅尔莫兹

在1924年作为邮政飞行员加入莱迪克拉航空公司前，让·梅尔莫兹曾为驻扎在叙利亚的法国军队开飞机。在度过几年飞越北非运输邮件的惊险时光后，他在1927年接受了在南美为邮政航空公司开辟航线的任务。1928年，梅尔莫兹首次在夜间从阿根廷布宜诺斯艾利斯飞抵巴西里约热内卢。第二年，他开始探索飞越危机四伏的安第斯山脉至智利的航线。有一次，紧急迫降在安第斯山腰时，他单凭人力阻止了飞机滚到山涧里，并从飞机上跳了下来。这种被口口相传的壮举和跨越南大西洋的一系列勇敢飞行让梅尔莫兹成为法国的国家英雄。1936年12月7日，梅尔莫兹在驾驶他的“南十字星”（La Croix du Sud）飞船飞越南大西洋时坠机，飞船和机组成员均失去踪迹。

法国传奇人物

20世纪30年代，梅尔莫兹被卷入法国政界，政客们利用其英雄地位为某组织争取支持。

带翅膀的头像

这张邮票上印有法国飞行先驱让·梅尔莫兹的头像，其目的是纪念他勇敢无畏的壮举。

邮局

以上照片中为邮政航空公司的一家办事处。该公司总部设立在法国西南部城市图卢兹，是第一家在南美和欧洲之间进行定期邮件运输的公司。

新航线

法国政府希望通过邮政航空公司征服商业航空市场。梅尔莫兹探索夜间长途飞行，从而使得航空邮政相比陆地邮政有了明显优势。

小镇游行

在庆祝横贯大陆航空邮件运输服务开通的小镇游行中，一架装饰有旗帜和彩条的德·哈维兰邮政飞机正被拖曳前进。在20世纪20年代，这种DH-4飞机是美国邮政飞行队的主力。

取邮件

图为一架贝兰卡CM单翼机在低空飞行钩取邮袋。飞机行驶速度为160千米/小时（100英里/小时），可以看到邮袋通过绳索被挂在“贝兰卡”的吊钩上。

虽然出师不利，但在接下来的3个月里，陆军出人意料地圆满完成了华盛顿至纽约的航空邮件运输任务。受此鼓舞，美国邮政雄心勃勃地开始筹划用本国民航飞行员和专属飞机进行横贯北美大陆的航空邮件运输业务。1919年，纽约至克利夫兰和芝加哥的邮件运输航线先后成立。次年，航线扩展到奥马哈（maha）和落基山脉另一侧的盐湖城，再后来途经里诺（Reno）和内华达至旧金山。

第一次邮件投递

1911年9月23日，厄尔·L. 奥文顿（Earle L. Ovington）完成了美国首次航空邮件运输，携带将近2000封信件和明信片从长岛飞抵米尼奥拉。

长途邮件

这个写有签名的航空邮件袋是卡尔·罗杰斯（详情见39页）驾飞机横贯美国时运输的，这次从纽约到加利福尼亚的飞行开始于1911年9月，共持续了84天。

奈特的飞行

1921年，迫于美国航空运输资金短缺的困扰，邮局决定开展大胆的夜间飞行试验，以此有力证明横贯大陆的空中邮件服务是可行的。2月22日，两架DH-4飞机携带邮件从纽约飞往旧金山，另外两架携带邮件从旧金山飞往纽约。

他们要在黑暗中飞越夏延（Cheyenne）和芝加哥之间的广阔地带。灾难很快就降临了。一名向东飞行的飞行员在内华达坠机身亡。在向西飞行的飞机中，只有一架抵达芝加哥，因为暴风雪的侵袭，之后的飞行被取消了。半夜，唯一还在运输中的邮件交到了飞行员杰克·奈特（Jack Knight）的手上，他将完成从内布拉斯加州北普拉特（North Platte）到奥马哈这一段航程。他用航位推测法导航，地面上热情的市民沿路点起篝火给予引导。奈特在凌晨1点抵达奥马哈，接力的飞行员却没有出现。奈特喝了一杯浓咖啡，从墙上撕下前方的航线图，动身前往725千米（435英里）之外的芝加哥。

凌晨5点到达艾奥瓦市时，奈特已经精疲力竭，在露天驾驶舱里被冻僵了，他重新加油，冒雪飞往芝加哥梅伍德机场，并于2月23日上午8点40分到达，受到了英雄般的热烈欢迎。来自西海岸的邮件在离开旧金山33小时25分钟后终于抵达纽约。

测试，测试

杰克·奈特，1921年夜间飞行试验的英雄人物。图中他正戴着一个无线电麦克风和有耳机的头盔，测试无线电地空联络。

美国航空邮政飞行员其实都是一群硬汉。他们配有手枪以保护邮件安全，努力驾驶设备简陋的飞机跨过高山、沙漠。缺乏航空地图和可靠的导航设备，飞行员通过沿铁道飞行或者寻找笔记本上记录的教堂尖塔、谷仓橙顶、水塔等地标来辨别方向。碰到低云天气，他们只能在云层下面飞行，有撞上山坡甚至高大树木的危险。如果遭遇浓雾或者暴风雨——这是常事——飞行员别无选择，必须马上降落。即便在平坦开阔的地带，紧急迫降也有风险，就像飞行员迪恩·C. 史密斯（Dean C. Smith）简单的报告中描述的那样："熄火——低空飞行——唯一能降落的地方——落到牛身上——牛死了——我吓到了。"飞行员会去寻找可能有电话的农场，或者找到铁路，摇旗致意让火车停下。做这份工作，死亡是必须接受的风险。一位飞行员后来回忆道："如果当时想到自己可能会一辈子残疾或者变成瘸子，我会吓坏的。不过这种可能性太小了，飞行员一般都是直接死掉了。"

一开始，美国邮政有些高级官员认为航空邮件只是一时风尚，很快会被淘汰。飞机只能在白天飞行，所以必须和火车协同工作。早上，飞机从距离最近的火车站装载邮件，按路线飞行一段距离，夜幕降临时再把邮件还到火车上。因此，横跨美国的邮件运输中，只有一小部分是空运，运送时间只缩短了一点，与邮局的投入及飞行员所冒风险相比是微不足道的。

让航空邮运生存下去的唯一方法是进行常规夜间飞行，这样跨越东西海岸的邮件就可以全靠空运了。"一战"期间，飞行员已经多次证明夜间飞行是可行的，然而，要进行定期、可靠的长途夜间飞行，只依靠经验丰富、技巧娴熟、直觉敏锐的飞行员是不够的。1923年，军方在俄亥俄州代顿附近的麦库克（Mclook）机场进行的试验为此指明了道路。他们用旋转信号灯和闪光标识物在麦库克机场和112千米（70英里）之外的哥伦布之间建立起发光的空中航线，陆军飞行员沿这条线飞行，证明安全的定期夜间飞行是可行的。邮局着手把这项实验发展成全美发光航线系统。1924年7月，夜间航空邮件运输开始沿芝加哥到夏延之间的第一条发光航线进行。1925年《凯利法案》颁布，邮局可以把邮件运输承包给私人企业，横跨美国的定期空中邮件运输只需要30小时左右，而火车则需要3天。

空中航线网

美国邮局委派商业人士在1926~1927年修建了航线网，即便用现在的标准来衡量，安全系数也是很高的。地勤人员保证飞机保养良好，横跨大陆的航线中每隔约48千米（30英里）就有一个紧急降落场地，在危险关头拯救了许多飞行员。然而，以当时的条件也无法消除飞行的危险性：飞行员还得靠目测导航，缺少可在能见度低时飞行的仪表。无线电仅限于在沿途机场之间传递天气报告。这能让即将起飞的飞行员决定是否启航，往哪里飞，然而，飞行员一旦升入空中就收不到消息了，仍然有遭遇浓雾或者狂风暴雨的危险。

年轻的查尔斯·林德伯格就是一位能有力证明航空邮运持续危险性的飞行员。他曾经是一名陆军飞行员和巡回飞行表演者，后来在圣路易斯和芝加哥之间空运邮件，这是第一批被私人承包商开发的航线之一。1926年9月，他在芝加哥城外被困在一层浓厚的低雾上空，久久无法降落。燃油用尽后，他被迫带着降落伞跳下飞机。让人紧张不安的是，他在穿过低雾时听到飞机的发动机又启动了，一点残存的燃油不知怎的进入了油化器。飞机在距离他降落点大约1英里的地方坠毁。仅仅6周后，林德伯格因遭遇降雪和低云再次跳伞，但毫发无伤。这两次显著事故引起了人们对安全问题的关注——理智的航空行政官员威廉·P. 麦克拉肯（William P. MacCracken）刻薄地评论道：“如果他继续在野外摔飞机，可不利于商业航空的发展。”想必林德伯格辞去航空邮运职务，接受更重要的挑战时，麦克拉肯一定松了口气。

大难不死的林德伯格

1926年9月16日，伊利诺伊州渥太华附近的玉米地旁边，查尔斯·林德伯格和一位农民站在他的DH-4B双翼机残骸旁合影。之前就在飞机燃油耗尽时，他成功跳伞逃生。

装载邮件

地勤人员把邮袋放到这架西部航空快运公司（WAE）的道格拉斯M-2邮政飞机驾驶舱前方的邮件专用间里。1926年4月17日，WAE开通了洛杉矶到盐湖城，经停拉斯维加斯的“第四号定期航空邮政航线”。

发光的空中航线

为了弥补夜间飞行缺少良好导航设备及仪表的不足，20世纪20年代，横跨美国的信号灯系统建成，形成发光的空中航线。这些信号灯是约15米（50英尺）高的铁塔，上面有旋转的灯泡和镜子，发出的光束威力基本等同于灯塔。每隔大约16千米（10英里）就有一个信号灯，天气好时飞行员一定能看到。大部分信号灯使用电力发电，偏远地区也会使用乙炔气。在山地、沼泽和沙漠建造信号灯塔对工程师和施工人员来说是艰巨无比的任务，尤其是在高耸的山峰上安装信号灯塔，就更难进行了。

便携式照明灯

相当于烛光亮度5亿倍的照明灯也被用来标识空中航线。到1933年，美国各地已经有28800千米（18000英里）长的发光航线了。

林德伯格从纽约到巴黎的不着陆飞行

低空飞行

林德伯格面临的一个主要困难是要在33.5小时的跨大西洋飞行中保持清醒。这幅照片拍摄于他在美国境内向纽约飞行的途中。

“一个身材修长，微笑着的腼腆男孩正在大西洋某处的上空，从未有人冒险涉足过此处……如果飞机失事，将会是有史以来最让人遗憾的损失。”幽默作家威尔·罗杰斯（Will Rogers）在1927年5月20日写道。那个“微笑着的男孩”就是25岁的查尔斯·林德伯格，美国和欧洲的数百万人和罗杰斯一样，深切关注着他的命运。林德伯格是最新一位挑战首次纽约和巴黎之间不着陆飞行的飞行员，已经有6人在这项挑战中丧生。他计划驾驶单发动机单翼机独身一人飞行5760千米（3600英里）。林德伯格缄默的勇敢和俊朗的外表为其赢得众多追随者，但几乎没人敢说他能成功。

林德伯格的瑞安NYP型飞机携带着2000升（450加仑）燃油——简直就是一只有翅膀的汽油桶。为减轻飞机载重，他抛弃了所有不必要的东西，没有装备无线电和根据星座导航的六分仪。他整个航程的食物只有5个三明治和2壶水。即便如此，他也不确定这架装满燃油的飞机能否起飞。刚下过雨的罗斯福机场泥泞不堪，没有一丝能助力起飞的逆风。单翼机在泥水中加速，两度离地又摔落地面，最后终于达到足够升力，飞到跑道尽头的电报线上空。

“圣路易斯精神”号

“圣路易斯精神”号狭窄的驾驶舱挤在巨大的燃油箱后面，坐在驾驶座上看不到前方，如果想看前面，林德伯格只能让飞机转向。他用圣路易斯商人筹集的10580美元购买了这架装有223马力莱特“旋风”发动机的特制瑞安NYP飞机。

一旦升入空中，林德伯格就面临两大难题。一是导航问题。他必须用航位推测法判断方位，使用钟表和空速表计算飞行距离，用两个罗盘分辨航向。飞到海洋上空后，他就没有任何可见参照物来检查计算数据的准确性了。另外一个难题是疲劳。飞行前一天他就没有睡觉，接下来的一天半也无法休息。跨过纽芬兰海岸线，离开北美时，他已经连续飞行了11个小时，非常疲惫了。15个小时跨越大洋的飞行是对飞行技巧和生存本能的严峻考验，林德伯格在做邮政飞行员时已逐渐掌握了这些。他曾在日落月升间的完全黑暗中飞行了两个小时；他也曾飞过风暴云以致机翼结冰；破晓后，他又遭遇浓雾。极少有飞行员可以在能见度如此的情况下飞行这么久，仪表还这么简陋——林德伯格只有一个倾斜转弯仪和一个高度表。

> “在这里，我被大西洋包围着——它广阔、深邃、力量强大……如果我的飞机能飞，发动机能运转，我就可以坚持。”
>
> **查尔斯·林德伯格**

飞行程序让他保持清醒：他要频繁检查各个油箱，在航行记录中写下仪表的读取数据。飞机的不稳定性也助他一臂之力，只要他在控制时打个盹儿，完全没有设计成自主飞行的飞机就会一个颠簸把他震醒。

5月21日清晨，林德伯格出现幻觉，在浓雾中看到了陆地的形状。但先是有渔船出现，后来起伏的海岸也让他明白，已经成功飞越海洋了。值得一提的是，他几乎一点都没偏离航线，从丁格尔湾（Dingle Bay）穿过爱尔兰海岸。最后的960千米（600英里）基本都是直线飞行。他从瑟堡进入法国，跟随通往巴黎的发光路线前进，这段路就像“繁星点亮的夜空下，一片繁星点亮的陆地”。

美国人即将抵达的消息让巴黎沸腾起来。数十万民众涌向布尔歇机场，造成大面积交通堵塞。移居巴黎的美国人哈里·克罗斯比（Harry Crosby）描述了当时喧闹的情形：“探照灯金色的光束中，突然远远出现了一架飞机的身影，它像雄鹰一样下降，穿过机场——那是，林德伯格，林德伯格！人群立刻就哄闹起来，像被放出的野生动物，蜂拥而上围住了飞机……”

经历了33.5小时飞行后，林德伯格从完全的孤独状态置身于一群热情的民众之中，他一跃成为世界上最知名的人。

英雄凯旋

完成破纪录飞行后，林德伯格从巴黎返回美国，受到英雄式的欢迎。400万人目睹了纽约的盛大游行。因为惊人的努力，林德伯格从上尉升任美国陆军航空勤务队上校，并获得了杰出飞行十字勋章和一张25000美元的支票。

New York, June 17th, 1927
Bryant Park Bank
Pay to the Order of Charles A. Lindbergh
Twenty-five Thousand no/100 Dollars
Payable in funds current at New York Clearing House
$25,000 no/100
Raymond Orteig

不着陆的挑战

1919年，在法国出生的美籍旅馆老板雷蒙德·奥泰格（Raymond Orteig）为第一次不着陆从纽约到巴黎的飞行悬赏2.5万美元，但直到20世纪20年代中期，飞行家和媒体才对这项挑战产生广泛兴趣。1926年，法国战争英雄勒内·方克宣布他要成为第一个挑战该奖项的人。方克及其团队让伊戈尔·西科斯基按他的双发动机S-35运输机制造了一架三发动机型号。这架计划搭载4人横跨大西洋的飞机很时髦——配置包括最新无线电设备，有红色皮革装饰的座椅和一张床。但他们急于在冬季来临前进行，而没时间试飞满载状态下的飞机。9月21日，方克在众人面前试图从罗斯福机场起飞前往巴黎。但飞机根本就没离开地面。围观群众目睹飞机冲到跑道尽头的路障那里，爆炸成一团火球。方克与一名机组成员幸免于难，另外两人则不幸身亡。

显然，这样的意外只是让公众更加兴趣高涨。到1927年春天，更多知名飞行员准备攻克这项大奖。海军中校理查德·伯德计划驾驶福克三发动机飞机飞到巴黎，而法国“一战”王牌飞行员查尔斯·南热塞和弗朗索瓦·科利（François Coli）则宣布准备飞往纽约。但这项大奖好像会带来霉运。理查德·伯德的福克飞机在4月第一次试飞中坠毁，他因此退出角逐。10天后，受美国退伍军人协会赞助的飞行员诺埃尔·戴维斯（Noel Davis）和斯坦顿·伍斯特（Stanton Wooster）在飞往巴黎前的最后一次试飞中也坠机身亡。

5月8日，南热塞和独眼科利驾驶单发动机的勒瓦瓦瑟尔双翼机L'Oiseau Blanc（“白鸟”号）从巴黎布尔歇机场起飞，满怀信心地预计在第二天抵达纽约。然而离开法国海岸后，他们就消失不见了。人们痛苦地等待两位法国王牌飞行员的消息，但是这种希望却一点点被蚕食，这激起了法国人的伤感情怀。毫无疑问，这也使得查尔斯·林德伯格在5月21日成功完成纽约到巴黎的飞行后受到了更加热烈的欢迎（详情见110~111页）。

然而，欧洲和美国民众对这位年轻美国人的飞行反应到底有多么热烈，却没有详细描述。无论如何，独自飞越大西洋都是一次

不幸的“白鸟”号

“白鸟”号是由查尔斯·南热塞和弗朗索瓦·科利驾驶，先于林德伯格两个星期从巴黎飞向纽约的勒瓦瓦瑟尔双翼机。但最终他们却消失无踪。

查尔斯·A. 林德伯格

查尔斯·A. 林德伯格（1902~1974）的父亲是明尼苏达州的国会议员，他小时候羞怯不善交际，长大后性情温和独立。不同于美国“兴旺的20年代”的年轻人，他不吸烟、不跳舞也不喝酒。他痴迷于飞行，曾做过巡回飞行表演家，并在1929年作为邮政飞行员加入陆军航空兵团。

最初，他将成功飞越大西洋带来的巨大名气处理得极好，以自身魅力和镇静态度赢得了所有人的赞誉。他与天资聪颖的安妮·莫罗结为夫妇，成为世界上首屈一指的航空大使。但1932年，他尚在襁褓中的儿子被绑架杀害，之后他急切地想摆脱这种一举一动都被无数公众关注的生活。20世纪30年代后期，他倾向于支持纳粹德国，游说美国不要加入欧洲战局。后来尽管他在1941年后积极参与反日战争，但也没能恢复名誉。

寂寞的雄鹰

查尔斯·林德伯格的勇敢无畏和忍耐力使其成为当时最著名的飞行家之一，激励了人们对飞行的信念。照片中为他站在“圣路易斯精神”号飞机旁。

伟大的壮举。但是仅仅两周后，克拉伦斯·张伯伦（Clarence Chamberlin）和查尔斯·莱文（Charles Levine）就驾驶莱特-贝兰卡飞机（恰巧是林德伯格最初想驾驶的那款）从纽约飞到距柏林不到160千米（100英里）的地方，在速度和耐力方面均击败了林德伯格。他们成为报纸头版头条，但只有几天而已。林德伯格才是名声大震的那个人，这种名声最初让人兴奋，后来却带来了灭顶之灾。

“林德伯格效应”

林德伯格的飞行，唯一明确的历史意义是，作为一个转折点，标志着美国继莱特兄弟之后再次成为世界航空领域的领导者。即使这位新英雄没有热情积极地致力于航空事业的发展，“林德伯格效应”也能强力推动正在苦苦挣扎的美国航空运输业和飞机制造业。林德伯格完成横跨大西洋的飞行后，在古根海姆家族赞助下，前往美国各州巡回飞行，直接导致机场如雨后春笋般在美国各地出现。接下来的几年中，他力促发展客运航线，TAT公司（横贯大陆空中运输，即后来的TWA）因此宣称自己是“林德伯格航线”；他还为胡安·特里普（Juan Trippe）和泛美航空公司进行广泛的航线探索和展示飞行。

当然，林德伯格飞越大西洋的事迹也引发了跨越海洋和大陆飞行的新风潮，让报纸总有轰动性新闻可以报道，新一代飞行名人诞生。每个国家都必须有能与林德伯格抗衡的英雄。比如，法国有迪厄多内·科斯特（Dieudonné Coste）。1927年，他飞越南大西洋，沿南美洲海岸线飞行，后来沿太平洋海岸抵达华盛顿州。1930年，他和莫里斯·贝隆特（Maurice Bellonte）一起，驾驶布雷盖19型飞机首次完成了从巴黎直飞纽约的不着陆飞行。还有意大利海军军官弗朗西斯科·德·皮内多（Francesco De Pinedo），他驾驶一艘萨沃亚-马尔凯蒂（Savoia-Marchetti）飞船飞越大西洋，坠毁后又换了一艘飞了回来。1930年，曾在赫尔市做速记员的英国人艾米·约翰逊（Amy Johnson）驾驶一架德·哈维兰“飞蛾”孤身一人从英格兰飞到澳大利亚，成为报纸的宠儿。阿梅莉亚·埃尔哈特于1928年成为第一位飞越大西洋的女性，深受赞誉，满足了美国需要一位女性林德伯格的愿望，尽管她的福克三发动机飞机的驾驶员是维尔莫·斯杜尔茨（Wilmer Stultz）。

远程飞机

两次世界大战之间，公众对远程飞行的关注主要集中在简陋的导航设备的危险程度上。考虑到发动机的可靠性，多发动机飞机通常更受欢迎，水上飞机和飞船也是如此。“一战”灾难过后，创下纪录的远程飞行大多是由改装后的军用飞机完成的。

这些飞机和洛克希德“织女星”以及D.H.88“彗星”等20世纪30年代远程竞赛用机的性能差别很大，但没有飞机能媲美格拉夫-齐柏林飞艇的航程。

准备降落

1926年10月1日，成功完成到达澳大利亚的往返飞行后，艾伦·科巴姆准备把他的D.H.50J降落在伦敦国会大厦旁边。

布雷盖19“问号”

布雷盖19型于1922年问世，是两次世界大战之间产量最大的军用飞机。但该机因燃油箱容量大，进行了一系列远程飞行而声名鹊起。更重要的是，“问号”在1929年9月创造了飞行7905千米（4912英里）的世界纪录。

发动机：650 马力希斯帕诺－苏萨 12Lb 发动机
翼展：14.8 米（48 英尺 8 英寸）　**机长**：9.5 米（31 英尺 3 英寸）
最大速度：未知　**机组人员**：2
乘客：无

寇蒂斯NC-4

1919年5月31日，海军中尉瑞德驾驶的一架寇蒂斯NC-4成为首架飞越大西洋的飞机。美国海军派遣的3架寇蒂斯飞船中，只有NC-4完成了这次史诗般的飞行，从纽约出发，经停哈利法克斯、新斯科舍、亚速尔群岛和里斯本，分阶段抵达普利茅斯，航程达6319千米（3925英里）。

发动机：4×400 马力“自由”12A 发动机
翼展：38.4 米（126 英尺）　**机长**：20.8 米（68 英尺 3 英寸）
最大速度：137 千米 / 小时（85 英里 / 小时）　**机组人员**：5
武器：可装备 8 挺机枪但未安装

德·哈维兰D.H.88“彗星”（竞赛用机）

为纪念维多利亚州成立100周年，一场英国到澳大利亚的飞行竞赛正在筹划中。德·哈维兰为此次活动专门设计了一款先进的双座竞赛用机，3架在米尔登霍尔到墨尔本的麦克罗伯森飞行竞赛中现身。获胜的“彗星”式“格罗夫纳·豪斯”号仅用了不到71个小时。

驾驶舱前有3个油箱

发动机：2×230 马力德·哈维兰“吉普赛”6R 发动机
翼展：13.4 米（44 英尺）　**机长**：8.8 米（29 英尺）
最大速度：381 千米 / 小时（237 英里 / 小时）　**机组人员**：2
乘客：无

德·哈维兰D.H.60G“吉普赛飞蛾”

发动机：100 马力德·哈维兰“吉普赛”14 缸水冷直列发动机
翼展：9.1 米（29 英尺 8 英寸）　**机长**：7.3 米（23 英尺 11 英寸）
最大速度：164 千米 / 小时（102 英里 / 小时）　**机组人员**：2
乘客：无

德·哈维兰研发了理想的多功能轻型飞机，即1925年首次飞行的D.H.60“飞蛾”。1934年停产前，共有近600架面世，其中最为成功的是D.H.60G，它不仅在1928年的“国王杯”飞行竞赛中夺冠，还进行了多次远程飞行。

道格拉斯“世界巡航者”

“自由”V12
发动机

道格拉斯“世界巡航者”受美国陆军特别派遣，尝试完成首次环球飞行。4架飞机在1924年4月6日从西雅图出发，其中的“芝加哥”号和“新奥尔良”号在史诗般的175天里飞行了44298千米（27553英里），于9月28日重返西雅图。

发动机：420 马力“自由”V12 水冷发动机
翼展：15.2 米(50 英尺)　**机长**：10.8 米(35 英尺 6 英寸)
最大速度：166 千米 / 小时(103 英里 / 小时)　**机组人员**：2
乘客：无

福克F.Ⅶ“南十字星”号

三发动机F.Ⅶ是20世纪20到30年代最成功的商用及远程飞机之一，在荷兰、英国、美国、比利时、法国、意大利和波兰生产，为世界各地的航空公司和空军提供服务。F.ⅦB-3m是理查德·伯德、阿梅莉亚·埃尔哈特等先驱和探险家的座机，其中最著名的是查尔斯·金斯福德·史密斯（Charles Kingsford Smith），他驾驶“南十字星”在1928年6月9日完成首次跨太平洋飞行，在88个小时中飞行了12555千米（7800英里）。

发动机：3×237 马力莱特 J-5“旋风”9 缸气冷星形发动机
翼展：21.7 米(71 英尺 3 英寸)　**机长**：14.5 米(47 英尺 7 英寸)
最大速度：185 千米 / 小时(115 英里 / 小时)　**机组人员**：2
乘客：8~10

洛克希德5B型“织女星”

约翰·“杰克”·诺斯罗普（John “Jack” Northrop）设计的“织女星”在1927年成功问世。该系列中有快速小型客机和远程竞赛飞机，至20世纪30年代中叶已卖出128架。最受欢迎的是6座的“织女星”5B。1933年7月，独眼飞行员威利·波斯特（Wiley Post）驾驶“织女星”5C“温妮·梅”号进行了首次个人环球飞行。阿梅莉亚·埃尔哈特在1932年孤身飞越大西洋时驾驶的也是“织女星”。

发动机：450 马力普拉特·惠特尼“黄蜂”C1 9 缸气冷星形发动机
翼展：12.5 米(41 英尺)　**机长**：8.4 米(27 英尺 6 英寸)
最大速度：290 千米 / 小时(180 英里 / 小时)　**机组人员**：1
乘客：6(商业用机)

瑞安NYP“圣路易斯精神”

1927年2月，克劳德·瑞安（Claude Ryan）接到一位年轻人的订单，请他制造一架单翼机特别型。这位年轻的邮政飞行员受一群圣路易斯商人的资助，意图赢得为第一次纽约到巴黎不着陆飞行设立的2.5万美元大奖。改动包括把发动机前移，以安装巨型燃油箱及增加翼展。这位飞行员就是查尔斯·林德伯格，他在飞行33.5小时后，于1927年5月21日抵达巴黎。

发动机：223 马力莱特 J-5“旋风”9 缸气冷星形发动机
翼展：14 米(46 英尺)　**机长**：8.4 米(27 英尺 7 英寸)
最大速度：173 千米 / 小时(108 英里 / 小时)　**机组人员**：1
乘客：无

R34

R34号飞艇几乎和1916年9月被击落的齐柏林L33飞艇一模一样。1919年7月2日，它从爱丁堡附近的东方财富机场起飞，108小时后抵达纽约，在与盛行风的对抗中完成首次自东向西的跨洋飞行。6天后，它飞行75小时返回，又完成了首次往返飞行。

发动机：5×240 马力日光“毛利”四发动机
机长：196 米(643 英尺)　**直径**：23.2 米(76 英尺)
容积：55224 立方米(1950000 立方英尺)
速度：89 千米 / 小时(55 英里 / 小时)　**机组人员**：30
乘客：无

维克斯“维梅”F.B.27

被设计成远程重型轰炸机的“维梅”未赶上“一战”。但它实现了几次开拓性的远程飞行，最著名的是阿尔科克和布朗在1919年6月进行的首次不着陆跨越大西洋的飞行。

发动机：2×360 马力罗尔斯·罗伊斯“雄鹰”Ⅷ发动机
翼展：20.7 米(68 英尺)　**机长**：13.3 米(43 英尺 7 英寸)
最大速度：166 千米 / 小时(103 英里 / 小时)　**机组人员**：2
武器：可安装 2 挺机枪

LZ127“格拉夫·齐柏林”

LZ127在1928年面世时，为了纪念齐柏林，这种新型空中班轮被命名为“齐柏林伯爵”号。在将近10年的时间里，它多次横跨大西洋运送乘客和货物，并在1929年以平均时速113千米（70英里）的速度环行世界。它共安全飞行了上百万英里。但1937年5月，体积更大的“兴登堡”号飞艇损失惨重，这些荣耀都结束了。

外壳上的17个储气囊和17个燃油箱

驾驶舱和客舱

发动机：5×550 马力迈巴赫 VL Ⅱ V12 发动机
机长：236.6 米(776 英尺 3 英寸)　**直径**：30.5 米(100 英尺)
容积：105000 立方米(3708040 立方英尺)
速度：115 千米 / 小时(72 英里 / 小时)　**机组人员**：40~45
乘客：20

4年后，林德伯格跨洋飞行的第5个周年纪念日，在她的公关人员仔细计算时间后，埃尔哈特亲自上阵，独自驾驶洛克希德“织女星”飞越大西洋。

这些飞行因为其危险性而让人兴奋。飞行员死亡的概率高得可怕，确实也有很多人失去性命，尤其是在飞越无垠海洋时。死亡的战栗激发起大众情感。然而，与此同时，务实的天才发明家和设计师正为消除航空风险而不懈努力着。

仪表飞行

在低云或雾气中飞行是最常引发事故的原因之一——也是定期商业航班发展最根深蒂固的制约。能见度低时，如何找到方向和控制飞机都是大问题。飞行员一般是“靠运气”，依靠视觉和平衡感飞行。但雾天和云层厚重时没有视觉反馈，飞行员很容易迷失方向。他们极可能在该倾斜转弯时俯冲，然后拉驾驶杆，又导致转弯加速，结果开始进入致命的尾旋。总的来说，“一战”后使用的高度表和倾斜转弯仪让飞行员在零能见度下也可以飞行，但在仪表和直觉冲突时，极少有人会相信仪表。

仪表飞行技术

在1929年史上第一次仪表飞行测试中，试飞员詹姆斯·杜立德的双翼机上安装的高度表比当时通用的精准度高了20倍。为取代倾斜转弯仪，埃尔默·斯佩里发明了“航空地平仪”。该仪表由代表地平线的线条和小小的飞机标志组成。飞机倾斜转弯，地平线也随之倾斜，如果飞机上下俯仰，地平线也会随之升降。斯佩里的另一贡献是回转罗盘，与传统罗盘不同的是，它在飞机掉头时可保持稳定。杜立德的主要导航设备是无线电，可接收地面控制者发出的指示，根据无线电波束确定方向。

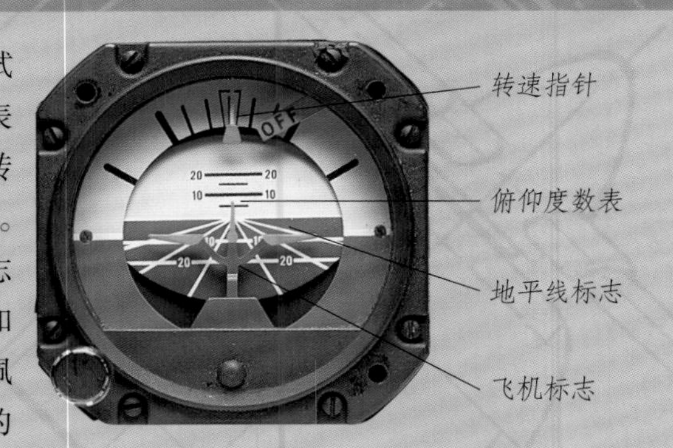

现代化的航空地平仪
1929年，埃尔默·斯佩里开始构思航空地平仪，它能用度数体现出飞机倾斜时的角度及俯仰角度。

尽管几个国家改进了仪表，进行仪表飞行，尤其是德国，但是20世纪20年代后期一些最关键的进展却诞生于古根海姆基金会在纽约长岛米切尔运动场设立的研究实验室。古根海姆基金会与世界顶尖的陀螺仪表专家埃尔默·斯佩里（Elmer Sperry）合作，雇用竞赛飞行员詹姆斯·杜立德试验仪表飞行。他们渴望在不看驾驶舱外面世界的前提下起飞，完成特定项目并安全着陆。杜立德将驾驶装有新一代飞行仪表（见上图）的联合飞机公司NY-2飞机进行挑战。

1929年9月24日，杜立德滑行驶入遮光罩封住的米切尔机场，完全看不到外面。为安全起见，另一位能有正常视线的飞行员也在飞机里，但不进行操作。杜立德通过无线电波束找到起飞路线，升入空中，在空中停留了15分钟，完成了两个180度转弯。降落虽然不平稳，但很安全。这是历史上第一次成功的仪表飞行，成为迈向航空安全的关键一步。

自动驾驶仪

此后不久，斯佩里继续研究有效的自动驾驶仪，他在此领域经验丰富。1914年，他的儿子劳伦斯·斯佩里在一次法国飞行表演上展示了陀螺稳定器。在飞行员双手不进行操作的情况下，一名机械师先是爬到机翼上，再爬到飞机尾部，改变重心本会让飞机前后俯仰，但这种设备能让双翼机保持水平稳定飞行。陀螺稳定器当时没有实际用途，部分原因是飞行员不需要，也因为陀螺仪可能会失去精准性，太不可靠。然而，在20世纪30年代，飞机仪表和无线设备愈加复杂，飞行员进行长途飞行时，哪怕仪表能暂时控制飞机也非常有用，而且斯佩里把陀螺仪和钟摆相连，弥补了仪表偏移的缺陷。1933年，美国独眼飞行员威利·波斯特首次个人环世界飞行时驾驶的洛克希德“织女星”式“温妮·梅”号飞机上，就装有斯佩里自动驾驶仪的样品。

设计突破

飞机设计的巨大飞跃足以同仪表进步媲美。“一战”刚结束，爱冒险的飞行员驾驶的飞机——比如维克斯“维梅”和布雷盖14——在航程、发动机动力、载重能力和稳定性等方面比战前飞机优越了很多，但依然是笨重的支柱—张线式双翼机，像是有意设计成这样以达到重量最大化。

战后初期，最创新的飞机结构出自德国设计师之手。福克公司的设计者雨果·容克斯和莱茵霍尔德·普拉茨制造出不用支柱的悬臂式单翼机。容克斯致力于全金属结构，设计出质量轻又坚固的硬壳式单翼机。容克斯飞机的金属外壳呈波纹状，虽增加了阻力，但却更加稳固。

詹姆斯·杜立德

詹姆斯·“吉米”·杜立德（James “Jimmy” Doolittle，1896~1993）出生于加利福尼亚，“一战”期间在通信兵部队中学会了驾驶飞机。1922年，他成为在24小时内横跨美国东西海岸飞行的第一人，在20世纪20年代成为最著名的飞行表演家之一。作为特技飞行员和屡破纪录的竞赛选手，他名声大震，曾获得1925年施耐德大奖、1931年本迪克斯奖和1932年汤姆森奖。他的飞行还有更重要的一面。作为特别试飞员，他还是1925年第一批航空工程学博士之一。“二战”时，他成为美国陆航的高级指挥官，积极作战，最出名的是领导了1942年对东京的大胆远程轰炸袭击。

谨慎的飞行员
航空先驱杜立德每次都会仔细衡量特技飞行风险，到90多岁时，他几乎囊括了各大航空奖项。

普拉茨坚持用木头做主要材料，但机身内部结构使用钢管，采用了上单翼，而不是容克斯更喜欢的下单翼。福克单翼机在20世纪20年代广受赞誉，尤其是被金斯福德·史密斯、伯德等飞行员驾驶的F.Ⅶ-m（三发动机）飞机。然而，后来木质结构和上单翼落伍了。20世纪30年代，可收缩起落架流行，上单翼飞机没有收缩起落架的空间。容克斯飞机的波纹金属蒙皮设计也有缺陷。1920年，另一位德国设计师阿道夫·罗尔巴赫（Adolph Rohrbach）博士发现用盖在砂箱隔条上的光滑金属制作机翼和尾翼面更具优势。这种"应力蒙皮"会承担一部分之前完全由机身承受的重力。直到1926年，罗尔巴赫关于光滑金属飞机的设想才引起美国飞机设计者的关注，但很快就对杰克·诺斯罗普和波音飞机公司产生巨大影响，后来几乎影响到所有飞行器制造商。

减少阻力

受到在弗吉尼亚设立的美国国家航空咨询委员会（NACA）等资金雄厚的实验室开展研究的推动，航空动力学理论不断进步，从20世纪20年代下半叶开始产生深远影响。NACA的风洞在研究不同飞机的四周气流方面尤其重要。有些试验直接应用于飞机设计。举例来说，20世纪20年代，气冷星形发动机因为完美的功率重量比被广泛使用，但暴露在外面的环形汽缸产生和流线型截然相反的效果。1928年，NACA使用不同发动机整流罩开展风洞试验，结果证明，设计恰当的完整发动机整流罩能减少发动机60%的阻力，还能促进冷却。"NACA发动机整流罩"成为星形发动机飞机的标准配置，大幅提高了飞机性能。

杰克·诺斯罗普设计的洛克希德"织女星"是20世纪20年代最早使用NACA发动机整流罩的机型之一。受福克公司无支柱上单翼及流线型硬壳式机身的影响，"织女星"成为当时最为先进的设计之一——毫无意外地受到波斯特、埃尔哈特等人的拥戴。它的机身由两个容易组装的预制部件构成，有望摆脱航空业传统生产工艺，使用大批量生产的方式。但"织女星"由云杉木制成，且起落架是固定的，这两点让它很快就过时了。

实现创新

20世纪30年代，前十年的飞机设计创新开花结果。单翼机完胜阻力大的双翼机，得益于冶金业的不断发展，尤其是质量轻的铝合金（飞机制造是铝材在当时最重要的用途），全金属应力蒙皮结构成为一种标准。发动机的功率重量比和可靠性不断提升，主要分为两类：气冷星形发动机，比如极受美国人欢迎的普拉特·惠特尼"黄蜂"系列；液冷直列发动机，例如罗尔斯·罗伊斯"灰背隼"发动机。星形发动机加了一圈汽缸，动力增强，NACA发动机整流罩使其更加有效。

勇敢的杜立德

下图中的詹姆斯·杜立德身着飞行套装，配有降落伞，在给他的莱尔德"超级解决者"（Laird Super Solution）竞赛机的机翼间的油箱补充燃料。杜立德因为完成第一次仪表飞行而名垂青史。他驾驶联合NY-2双翼机完成了24千米（15英里）的非常规飞行，并安全着陆。

杰克·诺斯罗普

杰克·诺斯罗普（1895~1981）生于新泽西州纽瓦克。除了在高中学过物理，他从未接受过任何工程学培训，后来却成为一名挑战飞行科技极限的设计师，实在是令人匪夷所思。1916年，他因偶然的机会开始设计飞机，和洛克希德兄弟在加利福尼亚圣巴巴拉的车间一同工作。道格拉斯飞机获得成功后，诺斯罗普协助艾伦·洛克希德（Allan Loughead）于1926年创办了洛克希德飞机公司。次年，诺斯罗普设计了洛克希德“织女星”，他大胆优雅的设计方案在这款飞机上展露无遗。1929年，他离职并创办了诺斯罗普飞机公司，该公司生产的“阿尔法”飞机被公认为超越了时代。在接下来的25年里，他致力于发展“飞翼”项目。尽管他的XB-35等飞翼轰炸机没被美国空军采用——对个人来说是沉重的灾难——但它们富有远见的设计被后来隐形飞机的设计所吸取。

设计会议

照片中，杰克·诺斯罗普（右）正在与诺斯罗普飞机公司的首席设计助理沃尔特·塞尔尼（Walt Cerny）及项目工程师汤姆·奎尔（Tom Quayle）讨论设计方案。

直列发动机因为采用乙二醇做冷却剂而得到很大提升，乙二醇凝固点低且沸点高，可以让散热器更小，减少重量和阻力。到20世纪30年代后期，飞机发动机已能输出超过1000马力的动力。多发动机飞机已然成为动力十分强大的机器。

现代化改良

NACA风洞试验揭示了惊人的发现，固定式起落架产生了飞机所承受的阻力总和的40%。一些设计师提出了状如流线型“裤子”的封闭式起落架，但可收放式起落架在20世纪30年代成为发展的潮流。最初，许多人担心起落架在降落时可能无法放下。当时最成功的道格拉斯DC-3飞机的可收放式起落架在发动机舱下面伸出，这样即使起落架没有放下，飞机也能靠机轮降落。

其他技术提高包括可变斜度和之后的恒速螺旋桨，后者出现前的某一阶段，螺旋桨只能选定某一设定，不能选其他的。例如，在驾驶沉重的“圣路易斯精神”号起飞跨越大西洋时，林德伯格面临的难题之一就是螺旋桨被设定成最适合巡航状态而不是起飞状态。另一革新是使用副翼暂时改变机翼形状，这样的效果是，高速飞机在降落时可以获得足够升力，低速行进。

机翼前缘还安装了除冰器，因此安全性得以提高——最初是使用充气橡胶设备击碎冰块。

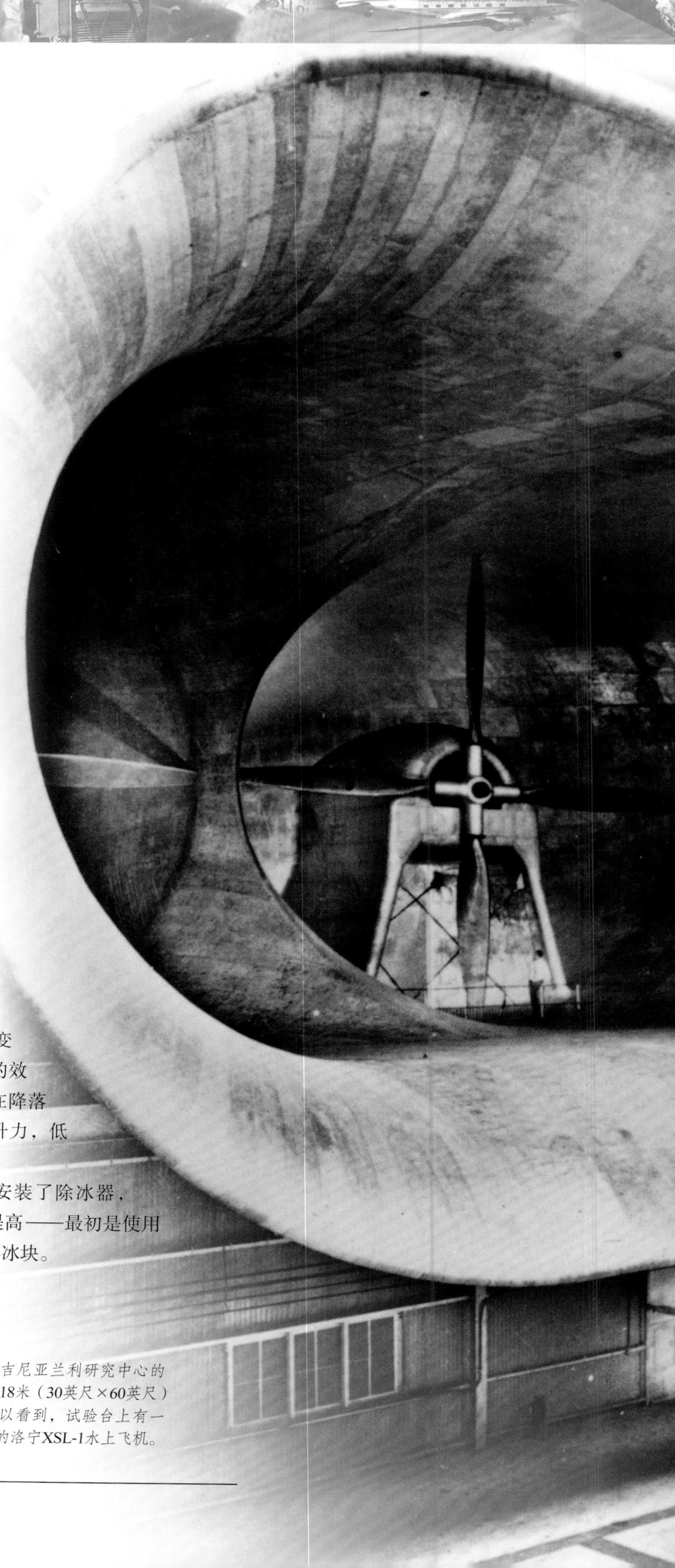

风洞试验

该照片摄于1932年弗吉尼亚兰利研究中心的试验所，展现了9米×18米（30英尺×60英尺）尺寸的巨大风洞。可以看到，试验台上有一架宽9.4米（31英尺）的洛宁XSL-1水上飞机。

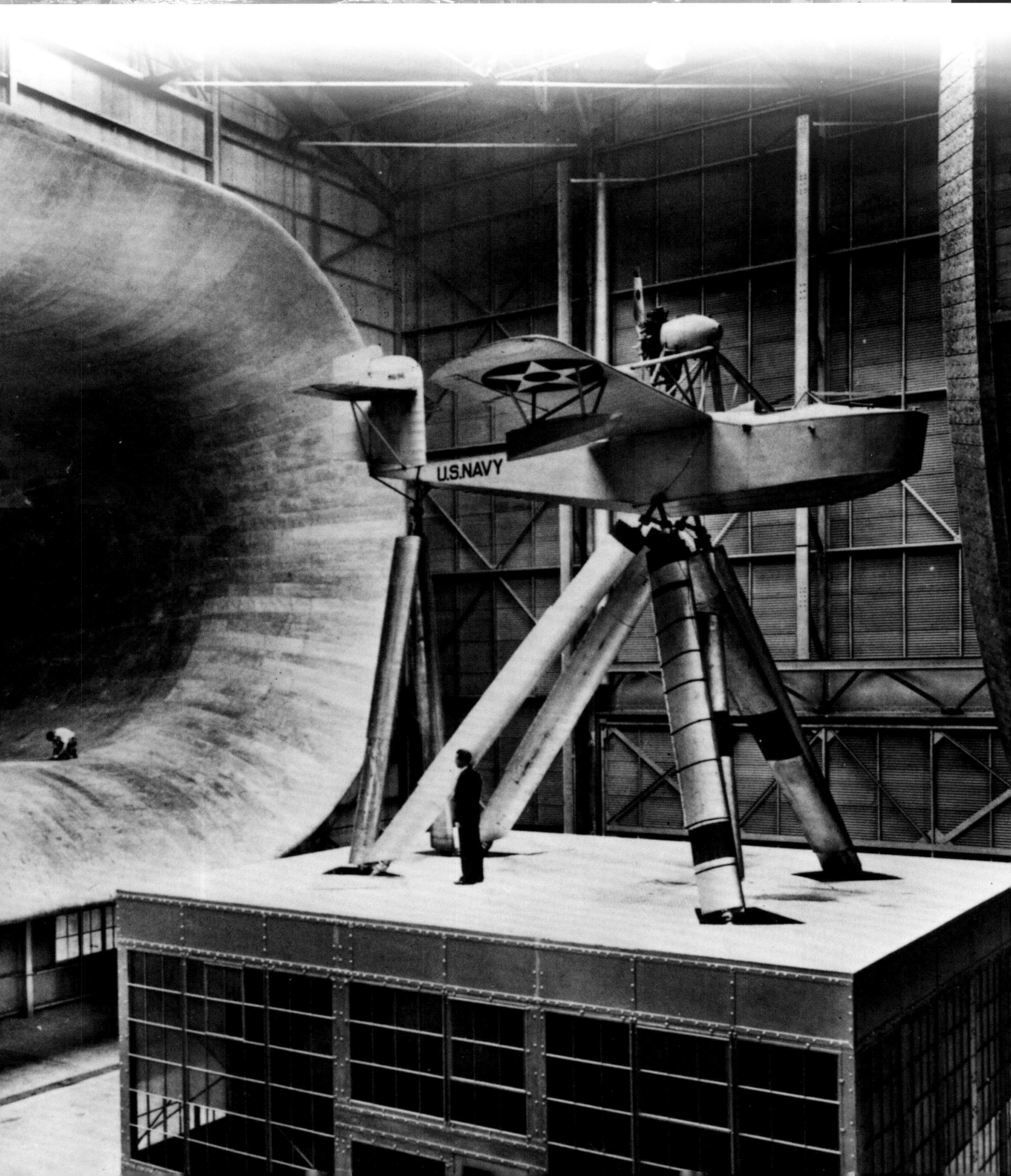
U.S.NAVY

洛克希德 10 型“伊莱克特拉”

时尚的内饰

洛克希德10型飞机内部小巧时尚。供暖、舒适的座椅和隔音效果使其在当时奢华无比。

空中邮差

英国航空公司是“伊莱克特拉”的第一批外国买主之一。该飞机被用于邮件运输，这也是速度快但载重量还较低的飞机的合理用途。1938年，英国首相内维尔·张伯伦就是搭乘英国航空公司的一架“伊莱克特拉”前往慕尼黑，和纳粹独裁者阿道夫·希特勒商讨了瑕不掩瑜的所谓和平协议。

追溯到1934年，洛克希德10型“伊莱克特拉”与波音247、道格拉斯DC-2、DC-3等飞机一样，属于开拓性的一代——双发动机、全金属、应力蒙皮单翼机，采用可收放式起落架等最新设计以减少阻力。和以前的飞机相比，它们载客飞行速度更快，航程更远，但“伊莱克特拉”是其中速度最快、设计最为时尚的。设计团队由哈尔·希伯德（Hal Hibberd）领导，但与众不同的尾翼则出自年轻的设计师凯利·约翰逊（Kelly Johnson），他后来在洛克希德公司度过了一段辉煌的职业生涯。他们制造出一种能搭载10名乘客外加邮件或者货物、巡航时速约为305千米（190英里）的飞机。DC-3因为载客量更大而赢得更多市场份额，但“伊莱克特拉”也从美国和国外航空公司吸引了不少订单，拯救了即将破产的洛克希德公司。共有149架10型飞机问世。

其后继机14型“超级伊莱克特拉”（见左上方）诞生于1937年，飞行速度达到惊人的370千米/小时（230英里/小时）。1938年，性情古怪的百万富翁霍华德·洛巴德·休斯（Howard Robard Hughes）驾驶一架该型飞机在4天内环游了世界。

全金属飞机

“伊莱克特拉”整机皆由轻质的铝合金制成，硬壳式机身和悬臂式机翼令飞机轻巧且坚固，没有之前飞机上产生阻力的支柱和张线。独树一帜的双尾翼设计提升了飞行稳定性。

前视图
照片中的“伊莱克特拉”10-E型飞机，发动机整流罩已被移走以展示两台普拉特·惠特尼“小黄蜂”发动机。每台能输出450马力，动力强劲且稳定性高，“伊莱克特拉”因此不必和之前的许多飞机一样安装第3台发动机。

夜间飞行者
洛克希德“伊莱克特拉”10型拥有陀螺罗盘、航空地平仪等大量飞行仪表，装备齐全，可以在夜间飞行。主驾驶和副驾驶并肩而坐，交流方便。

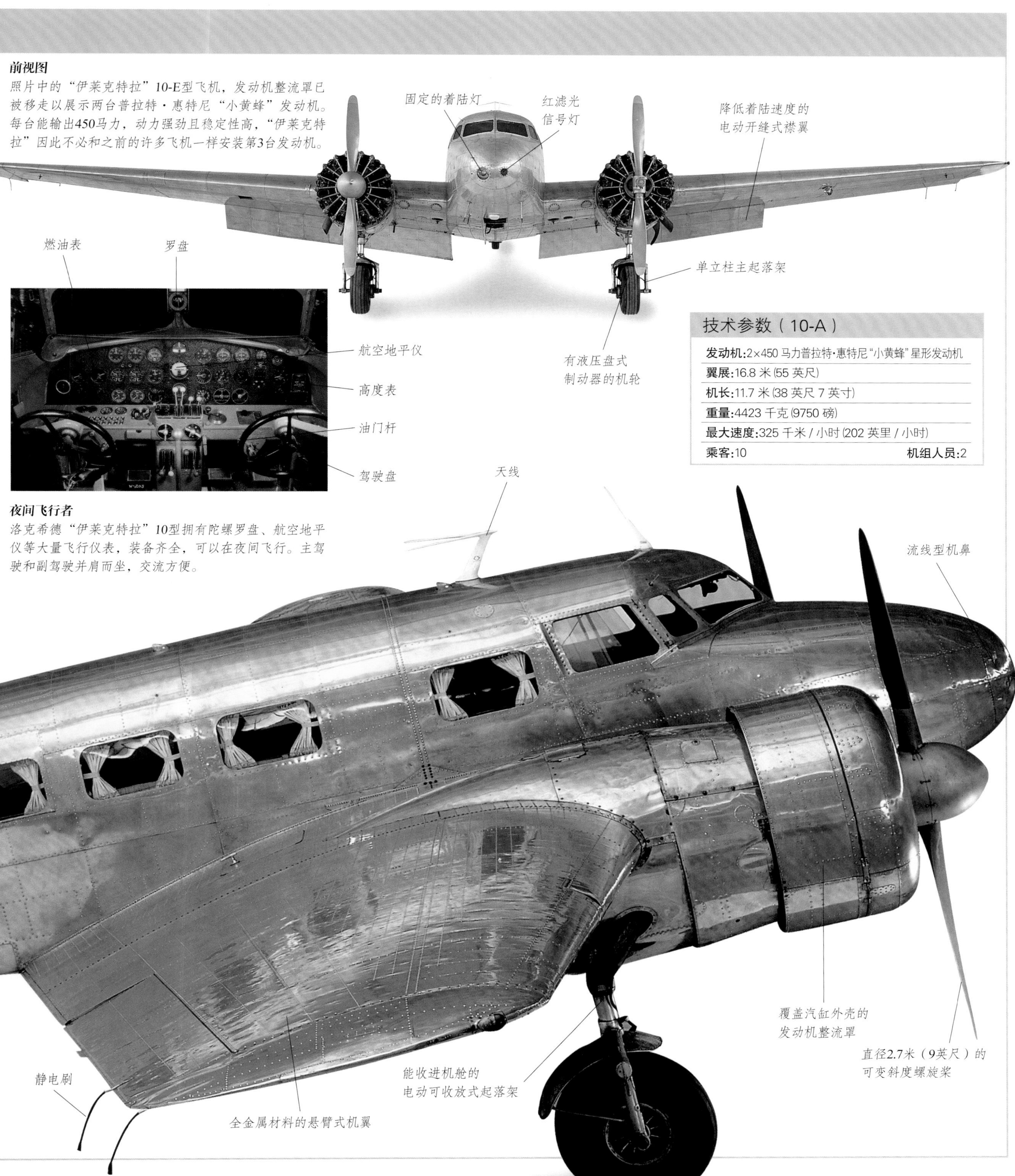

技术参数（10-A）	
发动机:2×450 马力普拉特·惠特尼“小黄蜂”星形发动机	
翼展:16.8 米(55 英尺)	
机长:11.7 米(38 英尺 7 英寸)	
重量:4423 千克(9750 磅)	
最大速度:325 千米 / 小时(202 英里 / 小时)	
乘客:10	**机组人员:**2

两次世界大战之间的竞赛用机

两次世界大战之间，比赛专用机的设计师只关注短途低空飞行的速度。最大行程和高空性能是商业和军事用机设计者要考虑的问题。当时亟须一种能安装在轻型飞机上，功率重量比高、产生阻力小的发动机。竞赛用飞机成为高辛烷值燃料和高性能发动机的试验台，推动了流线设计的发展。但竞赛依然是种运动——通常场面震撼，参赛者为享誉国际而战。这个时期，水上飞机速度最快，因为从开阔水面起飞几乎不受限制，只有浮筒能增加阻力。1931年，"施耐德杯"水上飞机竞速赛频频打破世界速度纪录颇受关注，参赛人员受各自政府资助。从20世纪20年代下半叶，陆上飞机竞赛在美国如火如荼地展开，受此鼓舞，竞赛飞行员詹姆斯·维德尔（James Wedell）等人和格兰维尔兄弟（Granville brothers）这样的小型飞机制造商提出了创新设计。

超级运动家

1932年克利夫兰飞机竞赛期间，吉米·杜立德在驾驶"小蜜蜂"R-1飞机。杜立德的R-1飞机创下了473千米/小时（294英里/小时）的陆上飞机速度世界纪录。

高德隆C.460

C.460是1936年美国飞行大赛中的明星。该机由高德隆公司的马塞尔·瑞法德（Marcel Riffard）设计，在1934年创下506千米/小时的飞行速度纪录，并在1936年的汤姆森大奖中痛击对手。

发动机：370 马力 6 升"孟加拉"6 缸直列发动机
翼展：6.7 米（22 英尺 1 英寸）　**机长**：7.1 米（23 英尺 3 英寸）
最大速度：506 千米 / 小时（314 英里 / 小时）　**机组人员**：1
乘客：无

寇蒂斯R3C-2竞赛机

寇蒂斯公司（1911年建造了最早的水上飞机之一）为1925年赛季生产了R3C-1和R3C-2（有浮筒）。10月25日，吉米·杜立德驾驶R3C-2，以395千米/小时的速度创下新的世界纪录。

发动机：565 马力寇蒂斯 V-1400 12 缸液冷发动机
翼展：6.7 米（22 英尺）　**机长**：6.7 米（22 英尺）
最大速度：395 千米 / 小时（246 英里 / 小时）　**机组人员**：1
乘客：无

格兰维尔R-1型"超级运动家"

1932年，格兰维尔兄弟生产了独树一帜的终极竞赛用机——"超级运动家"，该飞机分为两种：R-1和最大航程更远的525马力R-2飞机。

发动机：745 马力增压式普拉特·惠特尼 R-1340"黄蜂"9 缸星形发动机
翼展：7.6 米（25 英尺）　**机长**：5.4 米（17 英尺 9 英寸）
最大速度：473 千米 / 小时（294 英里 / 小时）　**机组人员**：1
乘客：无

休斯H-1竞赛机

霍华德·休斯设计出H-1，欲使其成为世界上最快的陆上飞机。1935年9月13日，休斯驾驶该机实现了目标，时速高达566.7千米。流线型设计也煞费了苦心，还有可收放式起落架，每个铆钉和缝隙的做工都很精细。

发动机：700 马力增压式普拉特·惠特尼"双黄蜂"星形发动机
翼展：9.6 米（31 英尺 9 英寸）　**机长**：8.2 米（27 英尺）
最大速度：567 千米 / 小时（352 英里 / 小时）　**机组人员**：1
乘客：无

马基M.39

1926年11月，意大利人驾驶卓越的M.39单翼竞赛机，获得在弗吉尼亚州诺福克汉普顿水道上举办的"施耐德杯"最快水上飞机大奖赛。该机由马里奥·卡斯托迪（Mario Castoldi）设计，绕闭合航线飞行的获胜速度为396.6千米/小时。之前两年靠改装寇蒂斯战斗机连获胜利的美国人还期待赢得大奖以实现三连胜，结果计划落败，美国海军也一同退出了比赛。11月17日，获胜的飞行员马里奥·德·贝纳迪（Mario de Bernardi）又驾驶M.39创下416.6千米/小时的世界纪录。

发动机：800 马力菲亚特 AS-2 V12 液冷发动机
翼展：9.3 米（30 英尺 6 英寸）　**机长**：6.7 米（22 英尺 1 英寸）
最大速度：417 千米 / 小时（259 英里 / 小时）　**机组人员**：1
乘客：无

红色是意大利队的竞赛代表色

低悬螺旋桨

张线和支柱连接机身下的浮筒

马基M.C.72

外观漂亮的M.C.72是为1931年“施耐德杯”制造的，但一前一后的发动机产生扭矩效应，造成飞机在水面上难以操控，致使它未能参赛。安装反转螺旋桨消除扭矩效应后，该问题就解决了。1934年10月，它创下了709.1千米/小时的世界纪录。

发动机：2800 马力菲亚特 AS6 串列 V–24 汽缸发动机

翼展：9.5 米（31 英尺 1 英寸）**机长：**8.3 米（27 英尺 3 英寸）

最大速度：709 千米 / 小时（441 英里 / 小时）**机组人员：**1

乘客：无

超级马林S.6B

1925年不成功的S.4是超级马林竞赛机的开端，S.6B则是该系列的终极型号。1927年，S.5在意大利夺冠；1929年，S.6在英国夺冠。1931年，S.6B独自飞完全程，在连获3次胜利后为英国赢得“施耐德杯”。9月29日，S.6B首次把世界纪录提升到400英里/小时以上。

发动机：2350 马力罗尔斯·罗伊斯 R V-12 汽缸液冷发动机

翼展：9.1 米（30 英尺）**机长：**8.8 米（28 英尺 10 英寸）

最大速度：655 千米 / 小时（407 英里 / 小时）**机组人员：**1

乘客：无

维德尔–威廉姆斯44型

1930到1932年间，詹姆斯·维德尔建造了3架44型飞机。它们是那个年代早期连获成功的竞赛机之一，在1931到1935年本迪克斯奖和汤姆森奖飞行竞赛中均名列前三。

发动机：525 马力增压式普拉特·惠特尼“小黄蜂”发动机

翼展：7.9 米（26 英尺 2 英寸）**机长：**7.1 米（23 英尺 4 英寸）

最大速度：491 千米 / 小时（305 英里 / 小时）**机组人员：**1

乘客：无

20世纪20到30年代，在飞机性能方面，大众最关注的就是纯粹的飞行速度。毫无疑问，这方面的进步成为航空技术总体提升的主要标志。在1909年兰斯航展中，所有飞机能达到的最大速度是77千米/小时（48英里/小时）。1920年，法国飞行员萨迪·莱科因特（Sadi Lecointe）驾驶纽波特飞机创下275.2千米/小时（171.1英里/小时）的世界纪录。1928年，意大利陆军少校马里奥·德·贝纳迪驾驶马基M.52水上飞机，飞行速度达到了512.7千米/小时（318.6英里/小时）。仅仅3年后，英国超级马林S.6B水上飞机就把纪录提升到652千米/小时（407英里/小时）。在不到10年的时间里，最大速度提高了一倍不止，然而，设计者遭遇技术瓶颈，深层的进步发展缓慢。到1939年，最大速度发展到751.7千米/小时（469.2英里/小时），这一纪录是由德国飞行员弗里茨·温德尔（Fritz Wendel）驾驶梅塞施密特Me209飞机创下的，远超过活塞飞机的极限。在兰斯航展后30年内，速度纪录翻了将近10倍。

施耐德杯

1912年，富有的实业家兼狂热的气球飞行家雅克·施耐德设立了“施耐德杯”大奖赛，是一项资助飞行距离超过150海里（278千米）的水上飞机竞赛。他希望这项大奖能促成水上飞机设计取得实际进步，但该奖项的角逐逐渐发展成只关注速度的竞赛。

流行的飞行竞赛

在速度大幅提升的环境下，飞行竞赛也随之流行起来。一年一度的“施耐德杯”水上飞机竞速大奖赛是国家间激烈竞争的焦点，从官方吸引了不少用于发动机和机身发展的投资。创始人雅克·施耐德（Jacques Schneider）想借此发展更为实用、可靠的水上飞机，这项比赛也因此成为只求速度不在乎其他性能的单一目标设计的试验平台。水上飞机在当时速度最快，因为它们起飞和降落的“跑道”长度几乎没有限制。

1920到1931年间，比赛由三大公司掌控：美国寇蒂斯公司、意大利马基公司和英国超级马林公司。1925年杜立德驾驶获胜的寇蒂斯R3C飞机是最后一种赢得施耐德奖的双翼机。此后，马基和超级马林单翼机成为主宰。1931年，超级马林飞机是唯一出现在“施耐德杯”中的飞机，最终经过“竞争”后为英国赢得该奖。这些质量轻、流线型的金属单翼机安装了动力强劲的液冷直列发动机，显然为“二战”中的战斗机指明了道路，但两者的血缘关系也可能没那么紧密。

在美国，个人和小公司建造并且用自己的飞机参加比赛，飞行竞赛无异于开拓创新。罗斯科·特纳（Roscoe Turner）就是个例子，他既是最成功的竞技飞行员之一，也是技压群雄的表演家，成名绝技之一就是和坐在乘客座位上的幼狮（背着降落伞）一起飞行。全美飞行竞赛等活动吸引了大量渴望惊险刺激的观众。20世纪30年代的顶尖比赛有汤姆森奖——在封闭场地绕指示塔飞行的速度竞赛，还有本迪克斯奖——横跨美国的比赛。著名的获胜者包括詹姆斯·杜立德、罗斯科·特纳、杰奎琳·科克伦（Jacqueline Cochran）、詹姆斯·维德尔以及百万富翁霍华德·休斯。

异想天开的设计

一些特制飞机达到了异想天开的极限，当中最古怪的是马萨诸塞州斯普林菲尔德的格兰维尔兄弟设计的“小黄蜂”竞赛用机。这种飞机基本上就是粘上翅膀的发动机，被公认为是最危险的飞机之一。但它们速度极快。杜立德驾驶“小黄蜂”R-1型飞机以404.8千米/小时（252.7英里/小时）的速度赢得了汤姆森奖。直线飞行时，它的最大速度可以达到将近480千米/小时（300英里/小时）。其他获胜的飞机，其发动机和机身的设计则更加迎合主流趋势，比如时尚的诺斯罗普“伽玛”和霍华德·休斯打破纪录的H-1竞赛机。然而，不管飞行竞赛有多少新奇设计和大胆想法，如果不能作为军用和商业飞机发展的重要试验平台，最终逃不过被边缘化的命运。

全美飞行竞赛门票

这张门票可允许一人参观在俄亥俄州克利夫兰举办的1929年全美飞行竞赛。道格拉斯·戴维斯驾驶“空中神秘旅行飞船”赢得了这场绕指示塔飞行的比赛，一年一度的汤姆森奖由该比赛产生。

航程最长的竞赛于1934年举办。麦克罗伯森竞赛要求参赛者从英国米尔登霍尔飞行到澳大利亚墨尔本——途经19个国家和7片海洋，航程达18100千米（11300英里）。敢于冒险的飞行者从世界各地赶来接受挑战，但参赛条件十分严格，最后只有20名参赛者动身前往澳大利亚。有趣的是，竞赛中的飞机既有竞赛专用机，比如杰奎琳·科克伦和卫斯理·史密斯驾驶的格兰维尔的“小黄蜂”；也有标准客运飞机，比如罗斯科·特纳和克莱德·潘伯恩（Clyde Pangborne）的波音247D。

最后，一架专门为该比赛设计的德·哈维兰D.H.88“彗星”赢得比赛，该机由英国飞行员C. W. A. 斯科特和T. 坎贝尔·布莱克（T. Campbell Black）驾驶。发动机、机身、仪表飞行、导航辅助和长途航线的沿途机场等设施方面的进步在这种飞机上得到最好的体现。“彗星”在飞行2天4小时38分钟后抵达达尔文市，这是澳大利亚之行的第一站。15年前，史密斯兄弟用了27天20小时才完成同样行程，而“彗星”到达墨尔本的时间是惊人的70小时54分钟。与此同样令人印象深刻的是，它还被两架客机紧追不放——荷兰皇家航空公司的一架DC-2和特纳、潘伯恩驾驶的波音247D。DC-2抵达墨尔本的时间仅比“彗星”晚了7小时。

一个时代的终结

这时，商业飞机已经能在数天内飞越半个地球，飞行员成为英雄的时代明显走向终结。1938年，此时距离林德伯格跨越大西洋的著名飞行仅仅过去11年，德国汉莎航空公司一架可乘载26名乘客的福克-伍尔夫Fw200“秃鹫”客机在不着陆飞行24.5小时后从柏林抵达纽约。这还不是“秃鹫”的最大航程——它甚至能从柏林起飞，两天

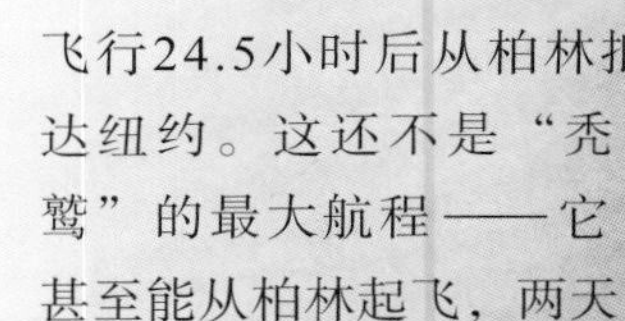

阿梅莉亚·埃尔哈特

阿梅莉亚·埃尔哈特（1897~1937）出生于堪萨斯州，在受邀成为首个飞越大西洋的女性之前，她只是个普通业余飞行员。她的公关助手（后来成为她的丈夫）认为其性格和外貌适合发展成女版林德伯格。她没有仪表飞行经验，在1928年6月飞越大西洋的福克三发动机飞机上只能无奈做第三驾驶员，但仍然一举成名。

“女版林德伯格”
在其宣传员的鼓动下，报纸称埃尔哈特是“女版林德伯格”。20世纪30年代，她取得了一系列惊人成就，成功为自己正名。

在强大的媒体宣传助力下，埃尔哈特相继取得了一系列惊人成就，成为名副其实的明星。1932年5月，在林德伯格从纽约到巴黎的5周年飞行纪念日上，她独自飞越大西洋。1935年1月，她孤身一人飞越太平洋，从夏威夷抵达加利福尼亚。埃尔哈特随后开始筹划驾驶洛克希德“伊莱克特拉”飞机环球飞行，请前泛美航空导航员弗莱德·努南（Fred Noonan）作为副手。1937年3月，他们从加利福尼亚奥克兰出发向西飞行，但在起飞时便发生了坠机事件，于是又决定向东飞行，认为这样会更安全些。1937年5月2日，他们再次出发，飞行大约35200千米（22000英里）后，在6月末抵达新几内亚的莱城（Lae）。1937年7月2日，明显已经精疲力竭的埃尔哈特想飞行4000千米（2500英里）后到达豪兰岛，即到达加利福尼亚前的最后一站，但她永远未能抵达。

来自夏威夷的热情欢迎
1935年1月11~12日，阿梅莉亚·埃尔哈特成为独自从夏威夷飞到加利福尼亚的第一人后，站在洛克希德“织女星”5C驾驶舱中。

后到达东京，期间3次停下加油。横跨大陆和海洋的飞行不再是什么英雄事迹。

航空“英雄时代”的浪漫是以牺牲无数年轻的生命为代价的。因追求距离和速度极限而离世的有以下名人：让·梅尔莫兹、威利·波斯特、查尔斯·金斯福德·史密斯、阿梅莉亚·埃尔哈特、詹姆斯·维德尔、伯特·辛克勒（Bert Hinkler）、哈利·霍克，以及其他数百人——他们的名字不为人知或者早已被遗忘。失去了高危险性，飞行无法让大众痴迷，也不能让林德伯格、埃尔哈特这样的人成为凭一己之力创造奇迹的人物。

就在单独的飞行员占据公众视线的同时，政府和大型企业把飞行视为商业利益以及国家实力和荣耀的体现。飞行逐渐成为政府部门、官方研究机构、商业组织和军事机构的重点关注的对象，发展成一种安全可靠的运输方式和日益高效的战争武器。20世纪30年代末，个人凭借勇气和技巧对抗自然力这种英雄般的飞行形象已经过时。

世界上航程最长的飞行竞赛

联合航空公司的乘务员克拉拉·约翰逊小姐正指着波音247D上的一幅画。该机参加了1934年伦敦到墨尔本的麦克罗伯森飞行竞赛并获得季军，而冠军飞机是一架德·哈维兰“彗星”。

“秃鹫”的飞行

在柏林滕伯尔霍夫机场上，人们热烈欢迎四发动机的福克-伍尔夫Fw200“秃鹫”运输机回家。1938年8月11日，“秃鹫”在24.5小时不着陆飞行后从柏林抵达纽约，展现了德国航空工业的实力。

载客飞行

两次世界大战之间，载客飞行从简陋高危的冒险活动迅速发展为一项优雅且节省时间的服务。

“先是欧洲，然后是全世界都会被飞行联系起来，国家间的关系紧密到如同只有一门之隔的邻居……铁路为国家做的，空中航线也能为世界做到。”

克劳德·格雷厄姆－怀特
1914年

第一次世界大战结束后，欧洲率先建立起定期航班客运服务。乘客还要身体强健才行。1919年8月首次推出每天定期国际航班服务，航线为从伦敦豪恩斯洛（Hounslow）到巴黎布尔歇（Bourget），乘客需坐在露天座舱里，身穿防护服以抵御寒冷。飞机不能在恶劣天气中飞行，经常无法完成3小时的不着陆飞行，还会紧急降落在农田中进行修理工作或添加燃油。乘客们需要为这种不可靠的服务支付42英镑——相当于一名普通英国工人6个月的薪水。

欧洲客运航线简陋的状况很快便得以改善，但即使是在封闭的机舱中，乘客也需要忍受震耳欲聋的噪声、令人厌恶的乱流、让人骨头散架的颠簸，还有炽热或者严寒。尽管紧急迫降的次数有所减少，但因为天气不佳取消航班的情况却依旧频繁。同连接欧洲各城市、数量多又准时的火车相比，飞机具有速度优势，但这种优势在很大程度上被来往机场所耗的时间抵消了。航空运输真正能给予乘客的是新奇和刺激、以新视角看地球的机会、冒险的感觉，以及亲身体验全球最新科技带来的优越感。

商业巨头
1916年，威廉·E. 波音（William E. Boeing）成立太平洋航空制品公司，次年更名为波音飞机公司。两次世界大战之间，该公司为美国陆军、海军生产战斗机，同时也为商业航空公司生产客机。威廉·波音于1934年退休。

商业突破
1934年，道格拉斯DC-2飞机刚一推出就风靡一时，在最初的6个月中开创了19项美国速度和距离纪录。借此，美国商务旅行者第一次能在一天内横跨美国。

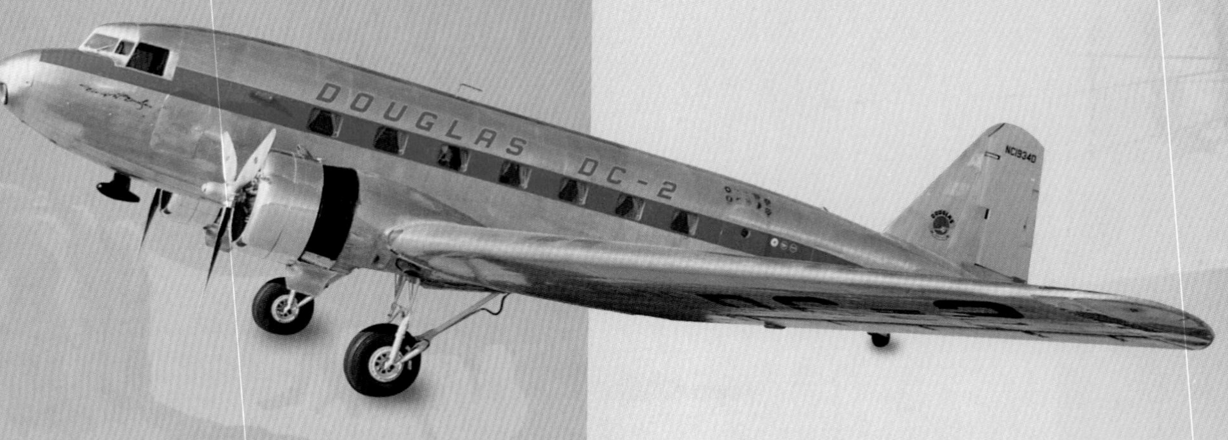

在很长一段时间里，飞行都是一种既不舒适也不可靠的昂贵旅行方式，而且毫无利润可言。飞机无法搭载足够的乘客以抵消其各项成本。“一战”后，欧洲航空客运的发展主要是来自制造商而非公众需求，战争结束导致军用市场崩溃，他们亟须为自己生产的飞机找到另一条出路。运输乘客总好过破产。法国顶尖飞机制造商布莱里奥、法曼、高德隆、莫拉纳、雷诺和布雷盖合伙创办了法国航空快运公司是明智的。同样，在德国，容克斯、阿尔巴特罗斯（Albatros）等制造商也开始成立航空公司。前军事飞行员和战后廉价的剩余飞机也吸引了爱冒险的企业家用小额预算经营客运服务。

搭机兜风
1927年纽约长岛，乘客们“盛装打扮”，戴着护目镜和飞行帽，身穿防护服，准备乘坐一架标准J-1飞机旅行。当时，美国航空客运几乎都这样简陋。

无论开头如何，早期客运商业探险得以生存的唯一原因是欧洲各政府决定推动航空旅行。早期飞行家梦想着飞行能跨越国界，把世界各国融合为一体，然而，恰恰相反，1919年《巴黎公约》规定，空中不会有“自由、普遍的大道”。这是首次尝试制定国际航空运输规则。公约还申明，各国享有“领土之上领空的完全专属主权”。飞行的发展的确完全受到国家冲突和帝国斗争的影响。但欧洲政府被说服，开始积极鼓励商业航空发展，并将其视为关乎国家荣誉和国土防卫的大事。他们意识到需要发展航空科技和制造实力，为未来可能打响的战争做准备。而且，他们还需要用飞机来紧密联系遥远的殖民地。

德国国家航空公司

海报中是一架容克斯Ju52，被用作民用飞机和军用运输机。

欧洲各政府为航空公司提供显性或隐性补贴——比如，与其签订利润丰厚的航空邮运合同——并且颁布提升安全性的扶持条例。它们保护航空公司免于竞争，授予其在特定航线飞行的垄断权，强制进行公司合并以符合国家利益。

20世纪20年代，在航空客运方面成为欧洲领头羊，尔后领先世界的是德国。这种成绩是惊人的，因为“一战”后数年，协约国一直以《凡尔赛条约》的条款对德国民用航空进行严格限制，并完全禁止军事航空发展。德国的对策是以强硬的决心维护飞机工业。有段时间，德国被完全禁止生产飞机，为避开限制，容克斯、道尼尔（Dornier）等制造商甚至迁离了德国。而“一战”结束时，福克就已经迅速行动，回到祖国荷兰了。

航空运输先驱

这架AEG J.Ⅱ双翼机是1919年DLR开展战后欧洲首次航空客运时所用的飞机之一。DLR是德国汉莎航空公司的前身之一，其标志是独具特色的鹤形企业标识，如该机尾翼所示。

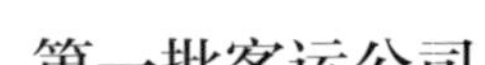

第一批客运公司

1919年2月5日，德意志航空运输公司（Deutsche Luft-Reederei，DLR）开始了战后第一次航空旅客运输，3天后法国法曼公司也开始尝试提供从巴黎到伦敦的客运服务。DLR在新德意志共和国制宪会议召开地魏玛市和首都柏林之间飞行。虽然起点低，德国还是在20世纪20年代发展出商业航线网，北部延伸到斯堪的纳维亚半岛，东部经波兰到达苏联，南部远及巴尔干半岛和地中海。1923年前，这些航线掌握在两家公司手中，一家是容克斯公司，另一家由船舶公司和银行家资助。1926年，对两家公司都提供补贴的德国政府强制把它们合并成一家国营航空公司，即德意志汉莎航空公司（DLH，1934年后被称为“汉莎航空”）。

刚成立时，汉莎航空公司是当时世界上最大的航空公司，据估算，它可以承担全球40%航空客运量。该公司拥有最先进的航空技术。他们模仿美国航空邮运，把灯塔点亮，方便夜间飞行的航线也出现了。由此诞生了柏林直达莫斯科的航空服务，飞机在晚上沿发光航线从柏林飞到柯尼斯堡（Konigsberg）。1929年，汉莎航空公司飞行员就开始接受仪表飞行的常规训练，空中交通管制员通过无线电调度飞机。1931年，该公司已能越过之前难以战胜的阿尔卑斯山，实现对意大利的定期旅客运输服务。

雨果·容克斯

雨果·容克斯（1859~1935）将近50岁时才对飞行产生兴趣。他是亚琛技术学院（现在的亚琛工业大学）的一位教授，开始探索全金属悬臂式机翼的空气动力学的可行性，后于1910年提出革命性的设计并申请专利，这种全金属飞机没有机身和尾翼，发动机、机组人员和乘客都在机翼内。这种“飞翼”始终没能投入生产，但“一战”期间，容克斯其他全金属飞机的设计被德国空军采用。

容克斯公司继续生产了从F13到Ju52等杰出飞机，同时还开办了短暂但成功的航空运输业务。1933年纳粹执政后，思想独立的容克斯成为首要迫害目标之一，他们逼迫他把公司和个人专利上缴政府。之后他被软禁起来，于1935年76岁生日当天去世。

天才设计师

当大部分对手还在制造有支柱和张线并用帆布覆盖的双翼机时，容克斯就开始生产全金属悬臂式机翼单翼机，为飞机设计指明了方向。

法国政府认为德国民用航空发展直接威胁到自己的利益，于是开始投入大笔资金建立自己的客运网络。1920年，法国有8家航空公司，每家都有垄断航线，享有补贴。英国在旅客运输方面较为落后，但到了1924年，许多航空运输商业探险在没有政府补贴的情况下勉强生存，英国政府这才推动公司合并成帝国航空公司，一家作为国家“选中机构”而受官方支持的私人企业。这种局势下，国有航空公司相继出现在法国（1933年成立的法国航空公司）和英国（1939年成立的BOAC，即英国海外航空公司）。

即使是欧洲小国也必须有自己的航空公司，这些“国家航空公司”中至少有一家大获成功。1919年成立的荷兰皇家航空公司（KLM）就是如此，该公司是陆军飞行员艾伯特·普雷曼（Albert Pleman）的杰作。KLM和福克公司合作密切，后者为前者提供了一些最出色的客运飞机，尽管缺少重要的国内航线网，艾伯特·普雷曼还是令公司闻名于世界航空界。1929年，KLM能定期执行从荷兰到巴达维亚港（现在的雅加达）的8天飞行，这是世界上航程最长的定期航班服务。

改装后的军用飞机

“一战”后最初的航空客运飞机是由轰炸机或侦察机改装而成。也正是这些飞机带给了乘客最原始的飞行体验，他们的座位上曾坐着一位侦察员或投弹手。例如，汉德利·佩奇O/11飞机由O/400轰炸机改装而成，两位乘客可坐在露天的机头阳台座位上，完全暴露在大自然中。定制载客飞机出现时，英国和法国主要使用德·哈维兰D.H.34等双翼机，但德国和荷兰航空公司更喜欢容克斯F.Ⅲ13、福克F.Ⅲ等现代化单翼机。20世纪20年代，福克和容克斯将这些单发动机飞机改装成多发动机飞机，占据了世界领先地位，直到美国在30年代强势进入商业航空领域。

横跨海峡的航空服务

1926年全国性罢工期间，轮渡服务取消，导致横跨海峡的航空运输大幅增加。帝国航空公司的伦敦到巴黎的每日航班因此获益匪浅，图中使用的是汉德利·佩奇W.10飞机。

20世纪20年代，空中旅行更加有序，人们乘坐专门设计的客运飞机旅行，拥有了比较文明的体验。比如说，爬进一架F13飞机，你会发现自己是封闭客舱的四五位乘客之一，大家均坐在观景窗边的软席座椅上。

打破纪录的福克飞机

KLM公司于1932年引进了福克F.ⅩⅧ客机，这是当时的一张宣传海报。该飞机将到东印度公司的飞行时间缩短到9天。而在一年后，一次航空邮件运输仅用了破纪录的4天时间。

RESERVATION MEMORANDUM

BOEING AIR TRANSPORT, Inc. NATIONAL AIR TRANSPORT, Inc. PACIFIC AIR TRANSPORT VARNEY AIR LINES, Inc.

UNITED AIR LINES, Inc.

№ 19691

Date Aug 4-1932

The following reservation has been made for the bearer

NAME Miss Rogers TO

FROM Des Moines

Seat No. On Plane leaving Des Moines at

as per confirmation of

THIS IS A RESERVATION IDENTIFICATION ORDER ONLY AND IS NOT PURCHASE OF REGULAR TICKET MUST BE MADE AT A UNITED AIR

Agent Sign Name Legibly City

Address 501 Locust St Write Legibly

TRIPLICATE—To be retained by Agent

Form UT 3 Revised -UAL 586

请出示机票

联合航空公司是20世纪30年代早期美国最大的航空公司，包括4家不同的运输公司，如上图机票所示，该公司也可以运输邮件。

你可以安心地等待，飞机一般会相对准时地抵达目的地。但第一次乘坐飞机的人还是会被震耳欲聋的发动机噪音吓到，而且飞机升空后，穿过乱流时，乘客就像坐上游乐场旋转木马一样颠簸升降。登机时一般会分发清洁纸袋。供暖机舱普及前，寒冷也是一大难题——1934年，国际航线指南还要再三告知读者，乘坐飞机“不需要穿特殊服装”。

飞行被努力塑造成奢侈的经历，毕竟它价格昂贵。比如说，宣传材料强调在一些巴黎到伦敦的航行中会提供香槟。1925年汉莎航空公司的一次飞行中首次播放了机上电影——当然是部默片，所以发动机噪声大也不会影响观影。但这样的改良还是少数。

奢华的印象

以上照片为女士们在DC-3飞机上喝咖啡，此类航空公司宣传照片都意图把飞行表现得非常舒适甚至很奢侈，这不难理解。它们还强调有女性乘坐飞机这一点，以此驳斥飞行对“弱势性别”而言太过危险的观点。

20世纪20年代，欧洲飞机旅客中绝大多数是男性，主要是赶时间的政府官员或商务人士。许多人认为对女性和儿童（总被归为一类）来说，飞行太过危险了。实际上，欧洲航空公司在早期几乎没出现任何伤亡，但乘客发现自己乘坐的飞机俯冲到只有树冠那么高、在低云下飞行，或者小心地沿公路或铁路行进以防止迷失时，还是会紧张不安。1922年巴黎到伦敦的航线中，一架英国飞机和一架法国飞机沿同一条航线相向飞行，结果发生了严重的相撞事故。毫无疑问，飞行仍是极少数人才拥有的经历。到1929年，只有2.5万名法国居民曾乘坐过飞机，不到总人口的千分之一。

南半球

20世纪20年代的多数时候，欧洲是航空客运发展的中心，但航空旅行也在世界其他地方蓬勃发展起来，这些地方人口较少，其他运输方式尚不健全。澳大利亚地势平坦，乡镇之间距离很远，铁路系统不完善，好天气也多，因此非常适合航空运输。1920年，从欧洲战场归来的两位飞行员赫德森·菲什（Hudson Fish）和金蒂·麦金尼斯（Ginty McGinnis），成立了昆士兰和北领地航空服务有限公司（缩写为Qantas，通常被译作快达航空公司）。

舒适地坐着
20世纪20年代后期，德意志汉莎航空公司的乘客乘坐一架容克斯G24三发动机飞机，他们正在惬意享受着，没有装模作样。注意，因为机舱没有供暖，所有人都穿着大衣。一直到20世纪30年代，德国人在航空客运方面居世界领先地位。

首部机上电影
1925年4月6日，德意志汉莎航空公司的一次航班为乘客播放了首部机上电影。由于重量限制，最初播放的是单盘短片；电影是无声的，正是嘈杂飞机的理想选择。注意这些藤椅，这是20世纪20年代大部分载客飞机的标准配置。

该公司马上就大获成功的关键是，它服务的两个城镇沙勒维尔（Charlevile）和克伦卡里（Cloncurry）相距960千米（600英里），没有其他可行的交通方式。然而，与其他航空公司一样，如果没有政府的补贴，快达航空公司无法生存，它依赖于慷慨的邮件运输合同。从1928年起，“快达”开始在澳大利亚国内航班上提供“飞行医生”服务。

在南美洲，航空飞行也能迅速缩短城镇和城市间的旅行时间，其他运输方式要么不完善，要么太过迂回。尽管雨林和山地带来严峻挑战，但在20世纪20年代早期，相比北美洲，南美洲在航空运输方面的发展更大。1919年，德国移民在哥伦比亚成立了美洲第一家常设航空公司斯克塔（Scadta），该航空公司于1920年开始服务。

巴黎到伦敦：一位飞行员的经历

20世纪20年代早期，飞行员弗兰克·考特尼（Frank Courtney）描述了他在恶劣的天气条件下，驾驶提供载客服务的D.H.34飞机从巴黎布尔歇到伦敦克罗伊登（Croydon）的经历：“滑行起飞时，我在露天驾驶舱里感觉潮湿难受。升空后，尽管离地面不算低，但还是略低于低云。我和往常一样，心算了偏航修正量后开始按罗盘给出的航向飞行……但6英里后，我发现云层下是长满树的山坡。显然，现在按罗盘航向飞行是不可能了，我便调头向左，选择了巴黎到布洛涅（Boulogne）的主干道……（我）被迫像驾驶汽车一样完全沿公路行驶，因为如果看不见它，我就彻底迷路了……”最终，他还是放弃了通向布洛涅的公路，因为这条路通往云雾缭绕的群山。他不敢径直穿越法国，只好沿公路飞到交通枢纽处，然后选择沿通往亚眠的道路飞行。他最终跨越海峡抵达英国白色悬崖，并找到一条迂回道路可避开云雾缭绕的群山。考特尼的结束语并不让人宽慰：“完成这样的旅程完全是靠飞行员做了什么风险准备，还有，在这样的飞行经历中……能成功避免和迎面而来的飞机相撞，通常是种运气。”

风吹雨打
从巴黎到伦敦的乘客在客舱中非常舒适惬意，而飞行员基本毫无遮蔽。

飞行员坐在露天驾驶舱中

起步缓慢的美国

美国旅客为何这么晚才选择航空旅行呢？美国虽然有四通八达的铁路网，但国土面积大，很适合空运，辽阔的大陆可以节省大部分旅行时间，美国航空邮政很快就证实了这一点。然而很难说服美国人严肃对待飞行。公众被巡回飞行表演者古怪滑稽的动作所迷惑，并不认为飞机可以作为交通工具使用。“一战”后初期开展的大部分乘客服务都是为了休闲度假，比如，海空公司经营从纽约到长岛或者新泽西度假胜地的航空旅行。在美国，航空的形象是轻率且危险的，这使得潜在投资者和顾客望而却步。

美国没有那些刺激欧洲政府发展航空事业的国际竞争和国防问题，因此20世纪20年代早期，美国联邦政府采取放任自流的政策，既不支持也不限制商业航空。但1925年是个转折点，政府决定让邮局把欣欣向荣的航空邮运网络移交给私人企业。当时并不存在这样的公司，联邦政府实际上是致力于创造条件让企业发展壮大。和世界其他地方一样，与其说美国商业航空是投机性的自由企业，不如说它产生于政府支持、公共投资基础设施、严格的监管以提高标准及保护新航空公司免于竞争的规则。

当务之急是说服人们相信飞行是安全的。1926年，《商业航空法案》（Air Commerce Act）规定所有商业飞机和发动机必须经过商务部航空局严格的检查并开具安全证明。所有飞行员和机械师必须申请从业执照。飞行员须接受飞行测试和体格检查，还要证明自己“品德良好”。最关键的是，如果被认为曾有过危险飞行——比如酒后驾驶或在公共活动中低空掠过人群等——可能会被吊销执照。

对航空旅客安全的关注甚至引发了应该给乘客配备降落伞的建议。这个想法引发激烈讨论但从未实施，部分是因为这样人们会更关注飞行的危险性，这就和航空工业及联邦航空部门的意图背道而驰了。

“林德伯格航线”

幸运的是，最终把邮运航线移交给私人企业时，林德伯格恰巧独自驾机于1927年横跨大西洋，轰动了全球（详情见110页），激起公众和商业投资者的航空热情。飞行学校遍地开花，资金潮水般涌向飞机制造商、发动机和螺旋桨工厂以及航空运输公司，各地市政府急着修建机场。但这股投资浪潮是基于对前景的乐观态度，而不是出于对当前的回报。计重收费的航空邮件是不稳定的收入来源。尽管有极端行为，比如航空公司运送寄给自家办事处的邮件，甚至偷偷在邮袋中放砖块以增加重量，也很难转亏为盈。但航空邮运公司不想发展乘客运输，因为它利润更低。

20世纪20年代晚期，最引人瞩目的乘客运输是由横贯大陆空中运输公司（TAT）提供的，该公司聘请林德伯格为顾问，宣传自己是“林德伯格航线”。如名字所示，TAT专营横跨美国的飞行。夜间飞行很危险，所以必须结合航空和铁路运输。该服务开始于1929年7月，乘客首先彻夜坐火车从纽约到俄亥俄州哥伦比亚，然后在白天登上TAT公司的一架福特三发动机飞机飞到俄克拉何马州的韦诺卡（Waynoka），再乘夜间火车抵达新墨西哥州克洛维斯（Clovis），然后再乘飞机结束最后一段行程抵达洛杉矶。这场历时2天的空铁联运旅行比乘坐特快火车快20个小时。

然而，节省的这点时间不足以吸引大量顾客，尤其是两个月后，一架TAT三发动机飞机撞到了亚利桑那州泰勒山上，机上人员无一幸免。1930年，空铁联运试验终止。

福克飞机坠毁

1931年3月，环球航空公司的一架福克F-10飞机在堪萨斯州坠毁，机组人员和乘客无一幸免。8名遇难者中有圣母大学橄榄球队教练、美国最出名的体育家之一克努特·罗克尼（Knute Rockne）。罗克尼的遇难充斥着报纸头版头条，引发了民众对美国航空业的严重信任危机。官方只好查明事故原因并采取补救措施。怀疑的矛头指向F-10的木质机翼，其外壳和桁架由胶水粘在一起。美国航空当局采取了前所未有的严厉措施，严禁F-10飞机从事客运。安东尼·福克声称要提起诉讼，但他的飞机已经注定大势已去。即使在符合严格条例，对F-10飞机的禁令有所松动时，也没有人愿意乘坐了。然而，以福克飞机公司的灾难为代价，人们对航空安全的信心有所恢复。

名人遇难者
美国体育名人克努特·罗克尼是在飞机坠毁事故中遇难的最著名的人物之一。

事故现场
环球航空公司福克F-10运输客机的残骸倒坍在堪萨斯的一个山腰上，克努特·罗克尼及另外7人遇难。据报道，事故目击者称飞机在坠地前，一个机翼掉了下来。

装载“飞鹅”
20世纪30年代，堪萨斯城的货物装卸员把航空特快包裹装载到一架环球航空公司福特三发动机飞机上。这架“铁皮鹅”因为波纹状金属厚机翼和机翼下方的星形发动机而很好辨认。

马德雷山脉

1929年，TAT开辟了从洛杉矶到纽约，横跨美国的空铁联运路线。查尔斯·林德伯格驾驶福特三发动机飞机从洛杉矶市开始首航。照片中为他正沿马德雷山脉飞行。

夜间飞行

20世纪30年代，美国航空运输网迅速发展，远超欧洲发展水平。1930年，邮政官员对合同中的一项条款赞不绝口，这就是航线也应该在晚上运行。1933年，美国有28800千米（18000英里）发光航线，航空公司不需要求助夜间火车就能完成横跨美国的客运。保障恶劣天气飞行安全的设施也有了突飞猛进的发展。美国航线每隔320千米（200英里）即有一个发射无线电波束的无线电导航台。早在1929年，飞机就能依靠无线电导航，从波士顿经停纽约和芝加哥抵达奥马哈。

福特 5-AT“三发”

虚假宣传的照片

一张宣传照片强调福特三发动机飞机的飞行体验是舒适顺畅的，大多数飞行都不具备这些品质。然而，所有乘坐螺旋桨驱动飞机的乘客都面临着剧烈震颤的问题。

汽车制造商亨利·福特是T型小汽车的创始人，被誉为头脑最冷静的商人。1924年，他宣布对飞机制造感兴趣，整个美国商界都屏息关注。福特声明他期待有一天飞机能像汽车一样，被“成千上万架”地大批量生产。这样的野心的确有些过分，但至少昵称“铁皮鹅”的福特三发动机飞机是美国第一种产量破百的客运飞机。

20世纪20年代，欧洲人在飞机设计中居于世界领先地位。为设计出一款成功的商业飞机，福特团队把福克飞机和容克斯飞机的优秀特性结合在了一起。福特合并了工程师比尔·斯托特（Bill Stout）的小公司，比尔正在制作有波纹蒙皮的全金属飞机，像容克斯飞机的风格。“铁皮”是指铝和铝合金。故事还在继续，理查德·伯德驾驶一架福克飞机试图飞越北极时曾在福特迪尔伯恩机场停留，福特的工程师趁机偷偷测绘了飞机，以模仿制造自己的样机。

“我想要1000美元，而且只能保证一件事：这钱你是要不回去了。”

飞机制造商威廉·斯托特

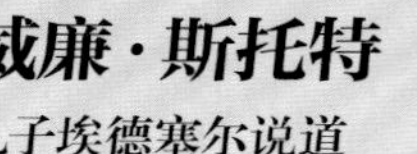

对亨利·福特的儿子埃德塞尔说道

航空餐

20世纪20年代晚期，在航空客运探索阶段提供的飞机餐饮中，鸡肉沙拉是主角。从20世纪30年代初开始，空中小姐成为航空客运的一大特色。

技术参数（5-AT-B）

发动机：3×420 马力普拉特·惠特尼“黄蜂”星形发动机	
翼展：23.7 米(77 英尺 10 英寸)	
机长：15.2 米(49 英尺 10 英寸)	
重量：5897 千克(13000 磅)	
最大速度：196 千米 / 小时(122 英里 / 小时)	
乘客：15	**机组人员**：2

飞机注册码

N9651

Ford TRI-MOTOR

升降舵操纵索

TRANS WORLD AIRLINE

TAT

TRANSCONTINENTAL AIR TRANSPORT, INC.

有减震器的可旋转尾轮

在由铆接在一起、覆盖瓦楞铝的槽型硬铝框架上覆盖波纹铝蒙皮

客舱入门

坚固的机器
福特5AT-B三发飞机是一架坚固可靠的载重机器，三台发动机发动时很安全，只有一台发动机工作也能保持水平飞行。位置高、巨大的厚机翼提供了固有稳定性。

福特的三发4-AT（Air Transport，航空运输）飞机于1926年首飞，1928年的5-AT体积更大，动力更强，最多能搭载15名乘客。“铁皮鹅”造型并不优雅。固定式起落架、暴露的气冷发动机和箱式形状增加了空气阻力，这正是20世纪20年代晚期设计师努力查明并试图解决的难题。它提供的旅行体验也不算舒适：只在白天飞行，乘客要忍受剧烈震颤和喧闹轰鸣。但三发飞机很可靠、坚固且安全，还能进行流水线生产。

简陋的仪表
以现代标准来看，福特5-AT-B飞机驾驶舱的仪表很简陋，外侧发动机的一些仪表实际位于发动机舱内，飞行员需要望向侧窗外读取数据。

“铁皮鹅”
美国飞机制造商比尔·斯托特在1926年设计了福特三发飞机，该飞机结合了荷兰人设计的福克三发飞机的尺寸和形状，以及德国设计师雨果·容克斯研发的全金属波纹蒙皮构造。

在接下来的10年中，该系统扩展到全美。仪表飞行和无线电导航成为商业飞行员的必备技能。20世纪30年代中期，几乎所有载客飞机都安装了与地面控制站沟通的双向无线电。

空中交通管制

随着通信技术水平的提高，管制机场附近的交通成为紧迫问题。起初，避免碰撞的方式很简单：控制员通常站在机场显眼位置，挥动绿色或红色旗子示意飞机起飞或着陆是否安全。后来的改良是把旗子换成能发出红色或绿色光束的发光笔，但在能见度低时，这样做是无效的。

1930年，繁忙的克利夫兰市政机场建起了第一座安装有无线电的空中交通管制塔。飞机驶近时，飞行员把所在位置通过无线电发送消息告知在机场的航空公司代表。管制员随即更新显示所有附近飞机位置的地图，用无线电通告飞行员是否有碰撞的危险。此外，起飞或降落许可也是通过无线电来传达。截至1935年，美国约有20个机场运行类似系统。

但空中交通日益拥堵。20世纪30年代中期，纽瓦克和芝加哥等繁忙的机场1小时就有60次飞机起降。飞机速度有所提升，并且也能在可视性差时按航线进行仪表飞行。由于快要抵达机场时才会有管制，一些飞机会在能见度为零时飞到同一高度，争夺着陆机会，而焦头烂额的管制员则需努力避免灾难的发生。在有些资金匮乏的机场，管制员们甚至还要充当接线员和行李员的角色，这样就更不利于交通情况的好转。

无线电导航

航空客运系统需要在白天黑夜、各种天气状况中都能使用的导航设备。发光航线在晴朗的夜晚作用良好，但有云雾时就毫无用处了。解决方法应该是某种无线电信标，无论何时，身处驾驶舱的接收器都能“看到”。然而，20世纪20年代可用的发射机还无法发出指示飞机的无线电波束，直到甚高频（VHF）无线电诞生。使用环形天线——一种竖立在地面上的电路——解决了这个问题。它能作为测向装置，因为面朝环形时，接收器会收到强烈信号，但呈直角时，几乎没有任何信号。无线电工程师用互成直角、组成十字的成对环形天线做实验。如果信号由两个环形天线交替发出，就会在等信号区变得连续不断——实际上就形成了无线电波束。嗡嗡声稳定持续时，飞行员可以辨别航向是否正确。无线电发射器正上方是“静锥区”，飞行员也可以以此确定位置。

当然，不能说这种导航设备完美无缺。无线电传输对弯曲或折射波束的许多干扰等很敏感，而且信号经常因静电消失，尤其是在最需要它们的恶劣天气下。但相比之前，无线电导航对飞行来说是个巨大进步，成为航空业的标准设备之一。

德国的无线电控制
德国的无线电导航设备发展居世界前沿。这架汉莎航空Ju52班机上装有测向环形天线和与地面控制塔沟通的双向无线电。

夜间服务
20世纪30年代，英国帝国航空公司和法国联合航空公司（后更名为法国航空）在巴黎布尔歇和伦敦克罗伊登机场之间开展夜间客运服务。帝国航空公司只使用英国制造的飞机，比如汉德利·佩奇H.P.42。尽管缓慢笨拙，但这种飞机却给乘客提供了非常安全和舒适的旅程。

跟踪动向
20世纪30年代末，在美国联合航空公司的飞行调度室里，一位女士正在更新形势图板上的飞行进度信息。航空公司调度员可通过电话告知空中交通管制员飞机行踪。

HANNO

空中小姐
联合航空公司的一位女乘务员身着新款夏季制服，站在一架道格拉斯DC-3飞机旁敬礼。1930年，波音航空运输公司首次启用女乘务员，其他大部分航空公司也纷纷效仿。1935年，环球航空公司不再聘用男性空中服务人员，并称新雇用的女性服务人员为“空中小姐”（air hostesses）。设用女乘务员最初是为了让乘客在飞行旅程中更安心，后来却成为飞行中的一道靓丽风景。

实现航线联合管制是一种解决办法。1936年起，在航线上采取仪表飞行的飞机必须向联邦空中交通管制员提供飞行计划。飞行员必须报告他们抵达航线上不同节点的时间，这样管制员就能通过改变地图上的标记来绘制他们的路线。管制员需要指引飞机，以保证它们在不同时间、不同高度靠近机场。

20世纪30年代的飞行员未必欣然接受这些新纪律。这意味着飞行员绝对不能因厌烦等候，就干脆在无净空条件时起飞或降落，但后来，保证空中秩序还是得到了普遍的认可。当然，飞行员和地面管制员之间有冲突也一如既往地存在。

乘务员职责

1930年，女乘务员的一份手册中包含以下指示：

- 时刻谨记要保持礼貌，体现训练有素的服务人员风范。
- 身穿制服时，对机长和驾驶机组要有礼有节。机长和副驾驶登机时须向其行军礼。
- 到站须剪票。
- 登记并检查飞机上所有行李。
- 每次飞行前，用小扫帚打扫地板。检查连接藤椅和地板的每个螺钉，确保它们安全地固定住了。
- 起飞后拍打客舱里的苍蝇。
- 提醒乘客不要向窗外丢燃着的烟蒂或其他物体，尤其是在居民区上空时。
- 携带一份列车时刻表以防飞机在某地延误。乘务员应陪同延误的乘客到达火车站。

第一批女乘务员

从制定安全规则、避免事故，到提升旅客飞行体验，无一不体现着为提高飞行形象所做的努力。1930年，艾奥瓦州的一位年轻护士埃伦·丘奇（Ellen Church）的倡议带来了重要革新。她关注飞行，说服当时在旧金山和芝加哥间开展邮件和乘客运输的波音航空运输公司，雇用她和另外7名护士作为女乘务员。当时，所有的飞机工作人员和绝大部分乘客是男性。丘奇据理力争，表示飞机上有女性存在会让公众相信飞行是安全的，而训练有素的护士正是男性乘客在漫长枯燥的旅程中所需要的。飞行员们不太欢迎年轻女性，而一位女乘务员则形容他们“暴躁易怒，更适合佩带枪支保护邮件”。但由女性照顾乘客的想法很快就力排众议，被各航空公司采用了。

20世纪30年代早期，乘客渴求舒适和安心，这是人之常情。以在波音80飞机上工作的第一批女空乘为例。波音80是三发飞机中的最新设计机型，足以和福特“铁皮鹅”的舒适度媲美。客舱装饰得很像普尔曼式火车的豪华车厢，有时髦的木地板、豪华软席和格调高雅的暗灯。飞行期间，会为乘客提供装在精巧瓷质盘子、杯子、碟子里的鸡肉沙拉和咖啡。客舱前方舱壁上还装着空速表和高度表，让旅客知晓飞行状况。乘务员还会指出沿途地标，并按需提供毛毯和靠枕。

女乘务员服务

1930年，在波音80飞机上，第一批女乘务员中的一位在为乘客倒咖啡。早期女乘务员都是训练有素的护士，在提供飞机餐时，她们会换上浅灰色护士制服。被受过医学培训的女乘务员照顾让乘客感觉很舒适，尤其是在晕机频发的情况下。

泛美航空公司的“翅膀”

1929年，泛美航空公司聘请了第一批乘务员，只雇用男性客舱服务员，直到1944年，首批女性乘务员才加入。泛美航空公司品牌代表着冒险和刺激，享誉全球。

尽管表面奢华，但大部分飞行依然是不舒适的。三台发动机的轰鸣声震耳欲聋，像在施工一样——因此登机时会发放给乘客耳塞。椅子没有减震器，无法减轻震颤。原则上，客舱有供暖，但供暖系统不够强大，乘客经常还需要穿着大衣。卫生间设施极其简陋，据一位乘务员描述：“在环形物上安个容器，再在地板上挖个洞就是厕所了，一掀开马桶圈，看哪，露天的！”

和晕机相比，以上这些都不算什么。由于无法在云层上方的无风带飞行，飞机经常会剧烈颠簸。女乘务员的首要任务就是照顾乘客把胃里的东西都吐到呕吐袋里。有时，使用瓷质餐具也不是明智之举。周围是呕吐的乘客，面前是破碎的瓷器，这种不愉快的飞行，对于乘客来说，与最差劲的海上航行一样堪比地狱。20世纪30年代早期，飞机因为天气恶劣紧急迫降在牧场或遥远的应急机场是很常见的。女乘务员的职责可能还扩展到清除临时跑道上的起飞障碍物，有时她们自己就被视为障碍物。20世纪30年代早期，飞行中按优先顺序进行排列依次是：邮件，乘客，女乘务员。如果飞行员认为飞机超重无法起飞，他会抛下女乘务员继续飞行。

乘务组

1936年，东方航空公司采取节约措施，改用男性乘务员。大部分女乘务员结婚后就会离职，而男乘务员接受培训后的工作时间更长。

1930年后，厌倦了福克、福特和波音三发飞机的不适后，乘客在寇蒂斯“秃鹰”飞机的某些航线上得到宽慰。该机被东方航空和美国

威廉·E. 波音

威廉·E. 波音（1881~1956）出生于底特律，在耶鲁大学学习工程学后，跟随父亲经营木材生意。1914年，他购买了一架水上飞机，觉得自己可以造出更好的。于是波音和时任海军中校的朋友康拉德·韦斯特维尔特（Conrad Westervelt）一起设计了B&W水上飞机，并于1916年在西雅图成立了太平洋航空制品公司进行生产。波音靠木材和家具生意度过困境，并在20世纪20年代扩展航空业务，不仅生产飞机，还成立波音航空运输公司经营在美国运送邮件和乘客。波音成功将相关公司联合在一起进行飞机制造和航空运输，成为1933年罗斯福总统当选后实行新政的反托拉斯检察官的显著目标。波音被卷入激烈的政治纷争，1934年波音以退休来反对强制把飞机制造商和航空公司分离的法案。生存下来的波音公司保持了敏锐的商业嗅觉，并始终追求着尖端科技。

创始人

波音退休后，他创建的公司成为世界飞机行业的领头羊。

航空相继使用，和大部分两战间歇期间的英国客机一样，它为提高乘客舒适度而牺牲了外形和性能。过时的支柱，蒙布结构双翼机容易结冰，更让人不安的是发动机容易同时起火，因此“秃鹰”算不上技术上的成功。但它宽阔的机身让奢华享受更进一步，内有12张在通宵飞行时可使用的卧铺。“秃鹰”的宣传非常强调客舱中还装有收音机，可以在飞行时播放音乐和新闻这一点。这里的卖点不是飞行娱乐活动，而是乘客能听到收音机这件事，因为隔音的“秃鹰”飞机在旅行中比当时的三发动机飞机安静多了。为了匹配其奢侈的形象，被雇来服务“秃鹰”飞机乘客的女性被称为“空中小姐”，这种叫法流传至今。

无利润的卧铺飞机

美国航空公司想在横跨大陆的飞行中提供卧铺设施，以此同铁路线上的普尔曼卧铺车竞争。这是道格拉斯卧铺运输飞机（DST）的卧铺。1935年投入使用的DST没有利润，因为它只能搭载14位旅客。DST的“座席客机”版21座的DC-3（见下页大图）则能够盈利。

波音VS道格拉斯

但“秃鹰”飞机本质上是落后的。展现空气动力学和流线型设计的最新进展，配有日益高效的气冷星形发动机的全金属应力蒙皮单翼机才是未来的方向。20世纪30年代，客机市场的竞争演变成道格拉斯和波音公司的正面交锋，两家公司都生产出了在客运性能上有变革性的飞机。

1931年，波音公司开始生产双发动机247型飞机，拉开了竞争的序幕。这种飞机呈流线型，动力强大，能以250千米/小时（155英里/小时）的速度飞行，可搭载10位旅客。它的隔音客舱减轻了发动机噪音——不装第三台发动机就已经减少了一部分噪音，柔软的座椅缓解震颤，247型飞机减轻了飞行的不适感。

由于波音和美国联合航空公司的从属关系，这款飞机只供给联合航空公司使用。这激怒了环球航空副总裁杰克·弗莱伊（Jack Frye），他要求道格拉斯公司制造一种能战胜247型的飞机。道格拉斯商用DC-1由此诞生。1934年2月，为抗议罗斯福把航空邮运移交给陆军，弗莱伊在万众瞩目的特技表演中驾驶DC-1样机在13个小时内从加利福尼亚伯班克（Burbank）飞到新泽西州纽瓦克，途中还遭遇了一场暴风雨。后来，机身略长一点的DC-2投入生产。与247飞机一样，DC-2也是造型优美、动力强大的双发动机全金属单翼机，具有NACA发动机整流罩、可收放式起落架等最新特色。但DC-2速度更快，航程更长，最关键的是能运送14位乘客，与247飞机相比，收入可以多40%。完成横跨美国的飞行，传统三发动机飞机需要27小时，中途经停14次补充燃料，而1933年投入使用的247型只需要20小时，中途停留6次。一年后，DC-2飞机把时间又缩短了2个小时，中途停留次数削减到3次。

利润

一个大忙人要花18小时从纽约到洛杉矶肯定会选择在晚上旅行，但DC-2不够宽敞，无法作为舒适的卧铺飞机使用。美国航空公司高管C. R. 史密斯认为若是有能提供14张卧铺或者21个乘客座位的飞机，就会得到商业航空的青睐——只靠乘客运输就能获得利润。

第一种现代化客机

可搭载10名旅客的波音247是第一种能展现20世纪30年代早期发动机和流线设计进步的飞机。它把优美的全金属悬臂式机翼设计和可收放式起落架、气动除冰装置结合在了一起。然而，247在商业上不算成功。1933年投入使用后，它在次年就被DC-2抢走了风头。

高空飞行

太平洋北部航空公司的一架道格拉斯DC-3正在飞越阿拉斯加群山。DC-3飞机在竞争中大获全胜，道格拉斯公司因此成为全世界首屈一指的民用飞机制造商——直到20世纪50年代后期波音707出现，它的地位才被撼动。

史密斯说服道格拉斯生产DC-2的加大版以达到要求。成果就是，道格拉斯卧铺运输飞机于1935年12月开始服务，“座席客机”版本DC-3则更为知名，成为航空史上最成功的飞机之一。

DC-3问世后，航空运输时代到来。仪表飞行和无线电导航的进步让紧急着陆和航班取消的情况鲜少发生，夜间飞行成为航空公司的必备行程。能搭载21名旅客的飞机全天候运行，虽然票价降低了，但依旧有利润。票价降低鼓励更多人乘坐飞机，到20世纪30年代末，美国航空公司每年可搭载300万名乘客，其中90%乘坐的是DC-2或DC-3。

唐纳德·道格拉斯

唐纳德·道格拉斯（Donald Douglas，1892~1981）出生于纽约布鲁克林，在美国海军学校学习两年后，转到麻省理工研究航空工程学，他只用了两年时间就修完了4年课程。1915年，年仅23岁的道格拉斯被马丁公司聘用为首席工程师，协助设计美国第一种双发动机轰炸机MB-1。1920年，道格拉斯搬到加利福尼亚，希望能创办自己的公司。他在一家理发店里开辟了一间办事处，直到富有的冒险家大卫·戴维斯（David Davis）出资4万美元要求他建造一架可以不着陆横跨美国的飞机。结果道格拉斯制造的“飞云”没能成功横跨大陆，戴维斯后来也退出航空领域，但道格拉斯公司已经打下了稳固的根基。公司开始为美国海军生产鱼雷轰炸机，1924年，其中4架被改装成道格拉斯“世界巡航者”，进行了第一次环球航行，公司从此声名鹊起。1928年，道格拉斯公司市值高达2800万美元，并且还聘请了当时能找到的最出色的设计师。20世纪30年代，他们制造了一些世界上最精良的活塞发动机飞机，比如DC-1，DC-2，以及有史以来最成功的飞机之一DC-3。

苏格兰式家长

拥有苏格兰血统、欣赏诗人罗伯特·彭斯（Robbie Burns）的道格拉斯，推崇用严厉的家长制作风管理公司。过了退休年纪后他依然大权在握，直到1967年，他才因为财政困难被迫把公司兼并给了麦克唐纳公司（即现在的麦道公司）。

道格拉斯 DC-3/C-47

长期服役

DC-3飞机彻底改变了商业航空：1939年，美国四分之三的航空旅客乘坐的是DC-3。有些航空公司，例如图中的莫霍克航空公司，直到20世纪60年代还在使用DC-3。

“这是第一种只靠载客就能盈利的飞机。”

C. R. 史密斯

长期担任美国航空公司总裁

道格拉斯C-47飞机（在美国被称为“空中列车”，在英国被称为“达科他”）是由20世纪30年代最杰出的客机DC-3改装而成的军用运输机。DC-3显然是美国航空公司总裁和道格拉斯飞机公司创始人唐纳德·道格拉斯长达两小时的电话交谈的产物。道格拉斯被说服制造DC-2飞机的加大版，作为拥有14个床铺的卧铺飞机使用。1935年，同样是由DC-2改装的21座DC-3首飞，其胜利光芒很快就掩盖了道格拉斯卧铺运输飞机。

DC-3有诸多优点。它性能稳定且易于维护——两小时内就能更换一台发动机；它能从土地、草坪或水泥机场起飞，而且非常坚固。据传，在抗日战争中，一架DC-3的一个机翼被日军打掉了，降落在中国境内。在安装了比原有机翼短很多的DC-2飞机备用机翼后，该机成功飞达中国香港。由DC-3改装而成的军用运输型于1942年开始服役，很快就成为“二战”中盟军的常用“战马”。

持久的吸引力

“二战”结束时，C-47和DC-3飞机都已算不上先进，但仍在使用。1958年，商业航空迎来喷气机时代，但DC-3依然是美国使用数量最多的商用飞机。

技术参数（C-47）

发动机:2×1200 马力普拉特·惠特尼 1830 转“双黄蜂”气冷星形发动机	
翼展:29 米(95 英尺)	
机长:19.7 米(64 英尺 6 英寸)	
重量:7700 千克(16976 磅)	
巡航速度:298 千米 / 小时(185 英里 / 小时)	**机组人员**:3
乘客:27 名士兵	

舒适旅行

DC（道格拉斯商业飞机）航线的一大特色，就是飞行员和乘客都能享受舒适顺畅的旅行。

工作繁重

“二战”期间，一架C-47军用运输机把一支美国军队外加一辆吉普车和一门榴弹炮送往战场。除了运送特重货物和伞兵部队，C-47还能被用作滑翔机拖曳机、滑翔机、水上飞机，在之后，它作为AC-47“幽灵”空中武装炮艇投入使用。

大批量生产

DC-3/C-47飞机非常适合大批量生产，图为俄克拉何马城一家工厂的生产线。共有超过1万架该机问世，此外，经过授权，苏联和日本至少还生产了2500架。

体型更大，性能更佳

道格拉斯C-47（见此图）是由DC-3改装的军用型号，DC-3是DC-2的加大改装版。和DC-2相比，C-47稍长一些，翼展和载重量更大。

20世纪30年代后期，乘客坐在温暖的客舱中，隔音材料把发动机噪音从让人崩溃的咆哮降低到响亮的嗡嗡声。乘客坐在缓解震动的厚垫座位上，享用被装在大保温设备带上飞机的热气腾腾的飞机餐。为了消磨时间，他们用客舱中免费发放的纸牌玩游戏，也可以写明信片或信件，航空公司稍后会进行邮寄。DST卧铺飞机更加奢侈。乘客可以在豪华休息室换上睡衣，期间会有人帮他们铺好床。早上，女乘务员会把早餐送到床前。白天，少数乘客还可以在铺着亚麻细布、摆着瓶装鲜花的桌子上享用餐点。

进入平流层

但空气乱流的问题尚未解决。对肠胃脆弱的人而言，大多数飞行依然是晕机的噩梦。唯一的解决方法就是在云层上方的无风带平流层飞行，这是波音从道格拉斯那里夺回主导权的好机会。1938年末，他们发明了四发动机的B-307高空客机，这是唯一能在平流层飞行的商业飞机。加压机舱令机组人员和乘客免受高空影响，涡轮增压器使发动机在稀薄的高空大气中可以有效运转，高辛烷值燃油亦提升了飞机性能。高空客机不算一次商业成功，但它在美国参加第二次世界大战时指明了载客飞行的发展方向。正如福克-伍尔夫“秃鹫”在1938年从柏林到纽约的著名飞行中所展示的那样，没有根本性的技术难题能阻碍飞机发展不着陆横跨大陆或者海洋的运输服务。重回和平时代后，在平流层碧蓝清澈的天空中飞行的客机会吸引各地旅行者在全世界飞行。

高空客机

高空客机于1940年开始航空服务——以上照片为一次宣传飞行的情景——为乘客提供了前所未有的顺畅快速的旅行。

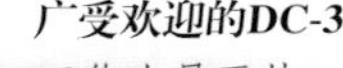

两次世界大战之间的客机

第一架客运飞机诞生于刚结束“一战”的欧洲。最初，大部分客机都是改装后的轰炸机，但容克斯和福克公司很快就开始生产出专门搭载旅客的飞机。各种各样的客机开始飞行，包括木质或者金属结构的单翼机和双翼机。20世纪20年代下半叶，出于安全考虑，三发动机飞机受到青睐——人们普遍认为就算一台发动机不运转了，另外两台也能保障安全。然而，1933年波音247诞生后，双发动机全金属飞机占据了市场主导地位，至少在美国是如此，此后道格拉斯DC-3成为销量最大的飞机。20世纪30年代末，动力强劲的四发动机客机开始出现，其航程更远，载重量更大。波音307高空客机采用增压客舱，为更加舒适的无风带高空飞行开辟了道路。

广受欢迎的DC-3

工作人员正从一架联合航空公司道格拉斯DC-3飞机（详情见140~141页）上卸载行李。20世纪30年代末，美国每10位空中旅客里就有9位乘坐的是DC-2或者DC-3飞机。

波音247

现代客机纪元始于1933年2月8日波音247的首飞。它比竞争对手的时速快大约113千米（70英里），其他航空公司的飞机则相形见绌，显得缓慢、过时又笨拙。然而，波音247飞机的成功正是它商业失败的原因。

70多架波音247只供应美国联合航空公司，不对竞争者开放，后者因此找到道格拉斯飞机公司。DC-1飞机发展到经典的DC-3飞机，把波音247的总生产量限制到只有75架。

发动机：2×550 马力普拉特·惠特尼 1340 转“黄蜂”9缸星形发动机

翼展：22.6 米（74 英尺） **机长：**15.7 米（51 英尺 7 英寸）

最大速度：304 千米/小时（189 英里/小时） **机组人员：**2

乘客：10

波音307高空客机

高空客机被认为是B-17“空中堡垒”轰炸机的商用改进型，它拥有和B-17相同的机翼、发动机和尾翼，采用了当时独树一帜的增压机舱。乘客第一次可以摆脱造成飞行不适的恶劣天气，在无风带飞行。环球航空和泛美航空都提交了订单，第一架高空客机于1940年交付。

发动机：4×1100 马力莱特 GR-1820“旋风”9 缸星形发动机

翼展：32.7 米（107 英尺 3 英寸） **机长：**22.7 米（74 英尺 4 英寸）

最大速度：357 千米/小时（222 英里/小时） **机组人员：**5

乘客：33

寇蒂斯“秃鹰”T-32（“秃鹰”Ⅱ）

尽管名字和外形同寇蒂斯“秃鹰”18型一样，但T-32是新设计的，于1933年1月首飞。作为双翼机，T-32已经不符合时代潮流了。早期使用者包括东方航空运输公司和美国航空公司。1934年，改进型AT-32出现，后来大部分T-32飞机都被改良了。

发动机：2×710 马力莱特“旋风”SGR-1820 9 缸星形发动机

翼展：25 米（82 英尺） **机长：**14.8 米（48 英尺 7 英寸）

最大速度：269 千米/小时（167 英里/小时） **机组人员：**3

乘客：12（卧铺型）

德·哈维兰D.H.34

1922年，第一架德·哈维兰D.H.34为戴姆勒航空公司飞行，巴黎航线的旅客感受到舒适的新标准。男乘务员提供点心，后方甚至还有专门的行李隔间。然而，机组人员依旧没有遮蔽。12架D.H.34中，除了卖给苏联的一架，其余都为英国提供服务。

发动机：450 马力纳皮尔“雄狮”12 缸发动机

翼展：15.6 米（51 英尺 4 英寸） **机长：**11.9 米（39 英尺）

最大速度：169 千米/小时（105 英里/小时） **机组人员：**2

乘客：9

道格拉斯DC-2

可搭14名乘客

莱特9缸星形发动机

道格拉斯DC-1很快就被其改进型DC-2超越，后者性能全面优于其他单发动机飞机。1934年5月，第一架DC-2交付环球航空，该公司后来运行了32架DC-2。世界各地的航空公司都采纳了这种机型，美国陆军和海军也订购使用了220架。早期客户之一荷兰皇家航空公司还用一架标准型DC-2参加了1934年麦克罗伯逊从英国到澳大利亚的飞行竞赛。DC-2飞机搭载着3名旅客和3万封邮件获得亚军，惜败给专业的高速竞赛机D.H.88。

发动机：2×720 马力莱特 SGR-1820 9 缸星形发动机

翼展：25.9 米（85 英尺）　**机长：**18.9 米（61 英尺 11 英寸）

最大速度：315 千米／小时（196 英里／小时）　**机组人员：**2

乘客：14

法曼F.60“巨人”

和许多早期客机一样，“巨人”原本是轰炸机，因为问世太晚没能参战。该机后来被众多欧洲航空公司使用，12名乘客被分在两个隔舱，4名在露天驾驶舱前，8名在后。1919年，一架“巨人”创下载重高度比的世界纪录，搭载25人飞到了5100米（16732英尺）的高空。

发动机：2×260 马力萨尔姆逊 9CM9 缸星形发动机

翼展：26.5 米（86 英尺 10 英寸）　**机长：**14.3 米（47 英尺）

最大速度：120 千米／小时（75 英里／小时）　**机组人员：**2

乘客：12

福克–伍尔夫Fw200“秃鹫”

1936年，库尔特·谭克（Kurt Tank）教授为满足汉莎航空对远程客机的需求设计了V1样机，该机由4台普拉特·惠特尼星形发动机提供动力，1937年7月进行首飞。相继诞生的V2、V3则使用BMW发动机。1938年8月，被命名为“勃兰登堡”号的V1样机从柏林不着陆飞到了纽约，用时24小时55分钟，回程仅用不到20小时。该机被德国汉莎航空和丹麦DDL航空公司投入商业使用，更为知名的则是在“二战”中被纳粹德国空军作为海上侦察轰炸机使用。

发动机：4×720 马力 BMW132G-1 9 缸星形发动机

翼展：33 米（108 英尺 3 英寸）　**机长：**23.9 米（78 英尺 3 英寸）

最大速度：325 千米／小时（202 英里／小时）　**机组人员：**4

乘客：26

福克F-10“超级三发”飞机

20世纪20年代，福克公司是世界上最大的飞机制造商，它的名字就是安全和可靠的代名词，直到1931年，一场意外改变了一切。第一架F-10“超级三发”飞机诞生于1927年4月，被泛美航空和环球航空等众多知名航空公司使用。1931年3月31日，环球航空的一架F-10在雷暴天气中坠毁。因为遇难者之一是圣母大学橄榄球队的著名教练，这场事故受到大众关注。F-10立刻跌入谷底，福克公司声誉扫地。

发动机：3×425 马力普拉特·惠特尼“黄蜂”C 星形发动机

翼展：24.1 米（79 英尺 3 英寸）　**机长：**15.2 米（49 英尺 11 英寸）

最大速度：198 千米／小时（123 英里／小时）　**机组人员：**2

乘客：14

汉德利·佩奇H.P.42

四发动机的H.P.42是有史以来最大的双翼机之一，1931年加入帝国航空公司时，它看上去就已经过时了。与造型优美的单翼机相比，H.P.42被嘲笑有“自制逆风”。虽然仅有8架H.P.42问世，但它们因为舒适、可靠和最为重要的安全性而获得声誉，“二战”爆发影响了其使用。在欧洲和殖民地航线服务期间，该型机队飞行总里程超过1000万千米（620万英里）。

发动机：4×550 马力布里斯托尔“朱庇特”X（FBM）9 缸星形发动机

翼展：39.6 米（130 英尺）　**机长：**27.4 米（89 英尺 9 英寸）

最大速度：169 千米／小时（105 英里／小时）　**机组人员：**3

乘客：38

容克斯F13

F13采用容克斯全金属波纹结构和悬臂式下单翼，于1919年6月首飞，在当时是非常先进的设计。它是第一种安装乘客安全带的飞机。1932年停产前，包括水上型和滑雪板起落架型在内的约60种改型共生产了450架左右。全世界许多知名航空公司都采用了这种飞机。

发动机：185 马力 BMW. Ⅲ a 6 缸直列发动机

翼展：17.8 米（58 英尺 3 英寸）　**机长：**9.6 米（31 英尺 6 英寸）

最大速度：140 千米／小时（87 英里／小时）　**机组人员：**2

乘客：4

水上飞船与飞艇

随着长途航空客运时代的到来，飞艇和水上飞船开始竞相争夺跨越海洋的航线。

“既像船，又像飞机，在纷乱的浪花中起飞——乘坐水上飞船是值得铭记一生的经历。”

格雷厄姆·科斯特
（Graham Coster）
在《海盗城：水上飞船的失落》中写道

在那个每次冒着危险横跨大西洋飞行都会占据报纸头条的时代，1928年10月，德国飞艇“齐柏林伯爵”号搭载多名旅客，从阿尔卑斯山不着陆飞行到了美国新泽西州莱克赫斯特（Lakehurst）。他们的旅行很时髦，有私人客舱、设施齐全的浴室、精美的食物和铺着地毯的餐厅，可以在这里欣赏美景。这是艘货真价实的“空中游轮”，目的是与海洋上最出色的班轮竞争。支持者狂热地相信“齐柏林伯爵”号代表着长途航空客运的未来。

虽然硬式飞艇在“一战”中所发挥的军事作用有限，但它的性能使得德国飞艇技术令敌对势力为之害怕和嫉妒。战争结束时，胜利方决定把硬式飞艇据为己有，不让德国生产。1919年，企图在战前于德国开展航空客运的德国飞艇股份公司（DELAG）重新运转的尝试被扼杀在摇篮里，因为该公司的两艘硬式飞艇作为赔偿被夺走了。随后飞艇生产遭到禁止，在腓特烈港的齐柏林工厂被下令摧毁。在战争时期飞艇部队总指挥雨果·艾克纳（Hugo Eckener）的巨大影响力下，齐柏林公司主动提出为美国海军建造一艘飞艇，因而幸免于难。这艘被称为“洛杉矶”号的飞艇直到1924年才投入生产，那时，战争仇视情绪正在消退，对齐柏林公司的惩罚被暂缓。

齐柏林公司还通过和美国结盟谋求生存。1923年，固特异和齐柏林结成联合企业，获得了齐柏林的专利。与德国相比，美国有一个主要优势——拥有氦资源。战争期间，氦被认定是一种合适的上升气体，这是因为和德国飞艇使用的氢气不同，氦气是不可燃的。几乎全世界所有的氦气都产自得克萨斯州的一小片区域。

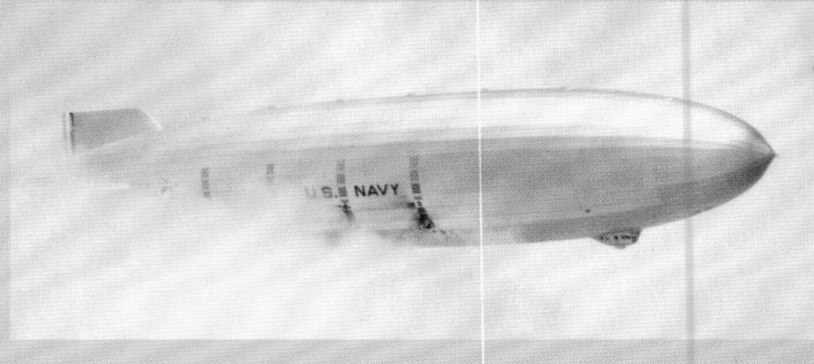

空中航母
照片中，这艘在云中出现的飞艇是寿命短暂的美国海军USS“亚克朗”号（ZRS-4），它是固特异–齐柏林联合公司的产品，也是世界上最特别的飞行器之一——一艘空中航母。

美国海军是美国飞艇的唯一客户，但其使用氦气充填飞艇的经验证明，飞艇太过脆弱，不能进行长期日常使用。1925年，美国仿照“一战”期间的硬式飞艇建造的“谢南多厄”号在一场猛烈的风暴中被撕成两半；1933年，固特异–齐柏林联合工厂的第一个产品“亚克朗”号在离开新泽西后沉入海底；1935年，它的姊妹艇“梅肯”号遭遇同样命运。只有“洛杉矶”号没有遭遇任何灾难，度过了服役期。

帝国飞艇

英国人对硬式飞艇的体验更令人沮丧。“一战”刚结束，R34就进行了一次令人印象深刻的飞行。R34是英国仿照“一战”期间在英国上空被击落的德国L33飞艇建造的。1919年7月，它搭载包括一名偷渡者在内的31名乘客，不着陆飞行4天半从苏格兰抵达纽约米尼奥拉后返回。然而，意图取得更大进步的尝试以悲剧告终。1921年，在港口城市赫尔上空进行飞行测试时，英国制造的R38飞艇因为操作不当断成两截。两截机身均起火爆炸，造成44名艇上人员死亡。然而，英国没有放弃在通往加拿大、印度和澳大利亚的航线上使用硬式飞艇运载乘客和邮件这一想法。

完美的“桑德兰”
肖特“桑德兰”——照片中这架装有离开水面后使用的陆上轮架的飞机，是英国帝国航空使用的顶级飞船的军用型。1938年开始在皇家空军服役，“二战”期间表现出色。

强大的“兴登堡”号

LZ129“兴登堡”号被放置在德国法兰克福市的飞艇库中，这艘意图变革航空客运的强大飞艇是最大的人造飞行器。据测量，该飞艇长达245米（804英尺），直径为41米（135英尺），最多能搭载72名乘客和大约60名工作人员。1937年5月，该飞艇被烧毁，硬式飞艇时代随之走向终结。

离开飞艇库

一群工作人员和德国飞艇LZ127“齐柏林伯爵”号一起离开飞艇库。该飞艇于1928年9月18日首飞，后来成为史上最成功的载客飞艇，累计飞行达590次。

盖住骨架

在德国腓特烈港的齐柏林工厂中，工人们正在“齐柏林伯爵”号的骨架上安装帆布蒙皮。金属-蒙布结构下的巨大气囊中装有199857立方米（7062100立方英尺）的氢气。

R100和R101两艘飞艇诞生了。R100可以飞行，在1930年夏天飞到加拿大并返回。但政府建造的R101完全是失败的设计——超重、漏气以及升力不足。然而英国空军大臣汤姆森勋爵坚持称这艘飞艇“像家一样安全”，并下令于1930年10月进行首飞。这艘R101计划搭载汤姆森与其他高级官员从英国飞往印度。但它只飞到法国北部的博韦（Beauvais）。在一个风雨交加的晚上，飞艇失去控制，撞到山上坠毁，54名乘客中只有6人幸存，汤姆森则在事故中死亡。

R101的悲惨结局终结了英国的飞艇计划，R100也被拆掉。法国的发明家和探险家曾在轻于空气飞行方面居世界领先地位，1923年，由L72齐柏林飞艇改装而成的“迪克斯莫德”号因遭遇暴风雨在地中海上空坠毁，法国因此退出飞艇领域。翁贝托·诺比尔的“意大利”号在1928年远征北极圈时坠毁后，意大利的飞艇发展也陷入了停滞状态。

21天环球飞行

1929年夏天，齐柏林公司的老板雨果·艾克纳完成了首次载客环球飞行，轰动一时，有力地展现了“齐柏林伯爵”号的潜力。19世纪科幻小说作者儒勒·凡尔纳曾设想80天环游地球，而飞艇在3周内就能完成。8月8日清晨，“齐柏林伯爵”号搭载16名乘客和37名工作人员离开新泽西莱克赫斯特。它向东穿越大西洋，于8月10日午餐时间抵达德国南部腓特烈港的齐柏林基地。经过休息和观光后，乘客重新开始11247千米（7029英里）的不着陆飞行，穿过广袤荒凉的西伯利亚抵达东京。途中艇长不时低空飞行，让乘客们能更清楚地欣赏沿途的名胜古迹。旅程难免无聊，作为调剂，菜单一直随沿途国家变化而变化——飞到德国时是莱茵河三文鱼，飞到苏联时是白鲟鱼子酱。

乘客和工作人员在东京受到场面混乱而热烈的欢迎，几天后，“齐柏林伯爵”号飞越太平洋，抵达洛杉矶。在加利福尼亚停留一晚，飞艇继续向东，于8月29日上午抵达莱克赫斯特。这次环球飞行共历时21天5小时31分钟。艾克纳受邀来到白宫与胡佛总统会面，人们在百老汇大街上为所有机组人员举行了盛大游行。

抵达日本

“齐柏林伯爵”号在日本东京的飞艇库中，吸引了众多好奇的参观者。它刚完成环球飞行的第二段航程——一段长达11247千米（7029英里）、历时102小时的不着陆飞行。

“齐柏林伯爵”号

最后，德国成为唯一具备设计和运行飞艇所需知识和经验的欧洲国家。德国民众一如既往地视飞艇为令人骄傲的国家先进技术的象征。1925年，雨果·艾克纳决定建造能提供越洋客运服务的飞艇，和冯·齐柏林伯爵在1908年LZ4坠毁后的做法一样，他激发民族感情，通过公众捐款筹得资金。

有史以来最成功的飞艇“齐柏林伯爵”号由此诞生。它在1928年9月首飞，是最大的飞行器之一——长度大约是大型喷气式客机的4倍。它配备有无线电测向仪等最新航空仪表，最引以为傲的是它能为20名乘客提供高品质旅行体验。吊舱的乘客区安静宽敞，温度适宜。艾克纳尽己所能地强调“齐柏林伯爵”号的奢华和诱人。1929年春天，一群德国达官显贵搭乘这艘飞艇在地中海和近东地区进行了一次神奇之旅，他们享用着昂贵的红酒和精致的美食，从观景窗欣赏罗马、卡普里、克里特、塞浦路斯和巴勒斯坦的美丽景色。

精致美食

“兴登堡”号的餐桌上铺着亚麻桌布，摆着瓷质器皿、镀银餐具和玻璃杯。乘务员从厨房端来精致美食和高档美酒。

然而，强调闪光点其实是故意转移注意力，让人忘记飞艇的严重缺点。如此庞大的机器只能运载20位付费乘客；速度非常缓慢，只有大约100千米/小时（60英里/小时）；也不能很好地适应北大西洋的天气。“齐柏林伯爵”号没有把德国与纽约联系在一起，倒是建立了到巴西的定时航班，那里的德国移居群体提供了大量客源。

尽管“齐柏林伯爵”号存在瑕疵，但在20世纪30年代早期，人们对飞艇旅行的信念依旧很高涨。德国着手在法兰克福修建机场，两艘更大的飞艇从这里实现了梦想已久的到美国的定期飞行。

观光

在这张海报中，“兴登堡”号正在曼哈顿上空飞行。乘客可以看到帝国大厦这样的美景名胜。

“兴登堡”之殇

致命火花

1937年5月6日，“兴登堡”号正准备在新泽西州莱克赫斯特着陆时突然起火坠落。在这幅骇人的照片中，飞艇坠落地面，尾部燃起巨大的火球。悲剧发生的原因至今还没有定论，最有可能的猜测是静电点着了易燃的蒙皮。

“飞艇起火了，被烈焰吞没……这是世界上最可怕的灾难之一……啊！可怜的人啊！所有乘客都在惊慌尖叫！”

赫伯特·莫里森

芝加哥WLS电台的无线电播报员

在曼哈顿上空飞行

LZ129“兴登堡”号飞艇在著名的曼哈顿上空飞行。当时，只有富人才支付得起飞艇旅行费用。飞越大西洋的单程旅行费用够买一辆新汽车，而往返费用能买一栋普通别墅。

悲惨的事故连续镜头

晚上7点25分，长达244米（800英尺）的“兴登堡”号正靠近系留柱，它已经比预计时间晚了13个小时。突然，一声闷响后，尾翼前端起火了。短短几秒近半个机身都开始燃烧，飞艇坠落地面，尾部先着了地（见下图）。一些乘客试图跳窗逃生，其他人顺着绳索往下滑。仅仅34秒后，飞艇就只剩下了烧得通红滚烫的框架。

1937年5月6日，“兴登堡”号抵达新泽西州莱克赫斯特，这原本不算重大事件。上一年，“兴登堡”号就已经完成了10次往返美国的飞行。但这是新飞行季的第一次飞行，播报员赫伯特·莫里森（Herbert Morrison）被派到莱克赫斯特，携带一台录音机等待飞艇抵达。下午3点30分，曼哈顿街道上的行人纷纷抬头注视这艘巨大飞艇低空掠过帝国大厦——这是常规做法，方便乘客欣赏景色，也是向纽约人宣传飞艇航空服务。“兴登堡”号由艇长马克斯·普拉斯（Max Pruss）掌舵，向南部莱克赫斯特飞去。但附近有雷暴，他推迟着陆，盘旋等待天气好转。普拉斯驶向莱克赫斯特时，已经是晚上7点了，当时小雨霏霏。晚7点25分，“兴登堡”号放下系泊绳索，准备着陆时，艇尾出现了一道奇怪的光。几秒后，飞艇燃起熊熊大火，不到30秒，整艘飞艇便被火焰吞噬了。

赫伯特·莫里森当场情绪激动地记录下他对此场景的印象，几小时后播报时撼动了所有美国广播听众：“快离开！快离开……飞艇起火了，被烈焰吞没……这是世界上最可怕的灾难之一。啊！女士们先生们，火焰足有四五百英尺高，飞艇失事了，太可怕了。一片浓烟烈火，现在飞艇撞到了地上……啊！可怜的人啊！所有乘客都在惊慌尖叫！”幸运的是，飞艇上的97人中有62人逃出生天，但有些幸存者被严重烧伤，包括机长普拉斯。

灾难起因尚无定论。一种普遍说法是静电点燃了泄漏的氢气。飞艇工作人员认为这是一次蓄意破坏。最新观点是飞艇气囊外皮上涂抹的密封剂——氧化铁和铝粉的混合物——是可燃的，被暴风雨中积累的静电电荷引发的静电火花点燃了。

“兴登堡”号

1936年，“兴登堡”号飞艇开始运营。该飞艇由4台柴油发动机提供动力，能搭载50名旅客并提供无与伦比的奢华享受，时速超过128千米（80英里）。

“齐柏林伯爵”号的乘客只能挤在吊舱里，而“兴登堡”号则在两个宽阔的甲板上安装了乘客设施。

上层甲板的两侧有观光走廊，乘客可以在此散步或透过全景窗欣赏美景。还有一间桌子上铺着亚麻细布的餐厅、一个写作间和一个配有小型钢琴的休息室。

它的下层甲板上有多个厕所、一个浴室、工作人员区、厨房和一个吸烟室。

但“兴登堡”号有一个严重缺陷：巨大的气囊装满了可燃氢气。飞艇设计者曾计划使用氦气，但美国拒绝提供。然而，德国工程师坚信“兴登堡”号很安全。

1936年冬天改装升级后，它可以容纳72名乘客；1937年5月，飞艇已经准备好恢复法兰克福到莱克赫斯特的定期航班了。一个美德联合财团雄心勃勃地计划用4艘飞艇运营跨大西洋服务。接着，5月6日的灾难就发生了（详情见左侧图片）。

“兴登堡”号神秘起火毁灭，国际飞艇运输也就此终结。

不管“兴登堡”号之灾的具体原因到底是什么，但据数据表明，飞艇一直都达不到客运的安全标准。

在30多年来建造的161艘飞艇中，有60艘因起火或结构缺陷而意外损毁。飞艇生产价格昂贵，速度缓慢，无法提供像今天这么庞大的国际客运量。自从“兴登堡”号坠毁之后，巨大的硬式飞艇就像空中邮轮一样，逐渐成为人们回忆中的一件老古董。

水上飞船时代

飞艇失败之后，飞越世界各大海洋的航空客运都落在了水上飞船的头上。在20世纪30年代，这些辉煌的飞行器迎来了短暂的黄金时代，成为长途空中旅行的贵族之选。从当时的情况综合来看，水上飞船占据优势地位在那时是合情合理的。尽管在公共海域安全降落有一定的困难，但是在跨洋的飞行中，这些水上飞行器比陆上飞机的安全性要高。

准备起飞
从水面起飞是水上飞船最震撼的场景之一。照片中为泛美航空公司的一架西科斯基S-40在佛罗里达州迈阿密的水面上滑行，准备起飞前往海地太子港。

广告的宣传手段
泛美航空公司采用多种色彩鲜艳、图像生动的方式来宣传新航线，包括（从左到右）时刻表、海报和行李标签。

它们不需要建立和维持机场群就能在偏远陌生地带飞行。船身造型使其比同时代陆地客机更宽敞，并且能提供更奢华的设施。这样，水上飞船更加时髦，可以与海上豪华邮轮抗衡，它们在大部分航线上竞争激烈。水上飞船工作人员也穿成航海风格，泛美航空运营的最著名机队被称为“飞剪”——以大航海时代的飞剪式高速帆船命名。

和其他航空领域一样，20世纪20年代早期，美国在水上飞船商业服务发展上落后于欧洲，即便是在《门罗法案》界定的中美和南美也是如此。1925年8月到9月，两架德国道尼尔“鲸鱼”飞船进行了一次表演飞行，从哥伦比亚飞越加勒比海抵达佛罗里达州迈阿密，并主动提出在美国与加勒比海岛屿之间开展航空邮政服务。美方拒绝合作，但该事件反映了美国发展海外空邮系统的必要性，从而导致1928年《凯利国外航空邮政法案》（Kelly Foreign Air Mail Act）的产生。随着美国国内商业航空的发展，政府支持的航空邮运合同成为美国国际客运服务发展的跳板。

商业帝国

年轻有为的企业家胡安·特里普成立了泛美航空公司，1927年和古巴签订合同后，该公司开始运营到哈瓦那的空邮服务。由于特里普的商业交际和游说才能，泛美航空与美国政府签订合约，垄断了加勒比海航线。这些航线由水上飞船运行——最初是伊戈尔·西科斯基的8座S-38。

1929年9月，特里普和妻子贝蒂，陪同泛美航空技术顾问查尔斯·林德伯格及其妻子安妮·莫罗·林德伯格进行了观光飞行，周游了加勒比海列岛和中美洲。这一事件加深了公众关于“水上飞船等于奢华迷人”的印象。

"加勒比飞剪"

图为工人从迈阿密的一艘S-40"飞剪"上卸下货物和邮袋。3架S-40被生产出来，在泛美航空的加勒比海和南美洲航线上运行，最大载客量为40人。

胡安·特里普

胡安·特里普（1899~1981）是航空梦想帝国的缔造者之一，毕业于耶鲁大学，是纽约名门之后。大学毕业后，他涉足国内航空邮运领域，创建了长岛航空公司，后来成立了空运公司，经营波士顿到纽约的空邮航线。1925年，他从古巴获得在哈瓦那的特许降落权。1927年，一家名为泛美航空的公司获得了在基韦斯特和哈瓦那之间运输邮件的合同，特里普被迫削减交易量。但他很快就掌管了泛美航空，凭借与华尔街及华盛顿的紧密联系、表演家级别的高超宣传水平以及在激烈商业竞争中生存的天分，特里普把公司发展成了第一家跨国航空公司。为开辟越洋航线，他积极发展更大更优越的水上飞船，建造出体积庞大的波音314。他还带领泛美航空步入喷气时代。1968年退休前，他最后采取的措施之一是倾全公司之力支持生产波音747，这个大胆的决策奠定了现代航空客运的基础，但也让泛美航空走向了破产。

活跃的二人组

1927年，胡安·特里普聘请查尔斯·林德伯格（上图右）开辟到南美和中美各国的航线。特里普有发掘新市场的敏锐天赋。1949年3月28日，他成为美国《时代周刊》的封面人物。

在接下来的几年中，通过几次手腕强硬的收购和在华盛顿的密集游说，特里普把泛美航空的航线控制权扩展到南美洲的东西两岸，公司成为唯一一家能在海外代表美国的航空公司——外交政策的"首选工具"。

随着航线变长、业务拓展，特里普需要载重量更大、行程更长的水上飞船。和泛美航空直接合作设计的西科斯基S-40诞生，可容纳40名乘客。S-40飞机是第一批被称为"飞剪"的泛美航空飞机。为配得上这个浪漫名号以及它们的优雅大方，于是泛美大肆宣扬飞机上有宽敞隔间、柔软座椅、双陆棋游戏和身穿制服的乘务员提供的热餐。1933年，好莱坞电影《飞往里约》（*Flying Down to Rio*）中盛赞了水上飞船飞往巴西的舒适服务。电影中，S-40飞机不时出现，却被新兴舞蹈明星弗莱德·阿斯泰尔（Fred Astaire）和金杰·罗杰斯（Ginger Rogers）的首次荧屏合作抢去风头。

第一批S-40飞船于1931年投入使用，那时特里普已经在开拓越洋客运航线了。按照商业逻辑，跨越大西洋是最好的选择，但泛美航空遭到欧洲政府的顽固抵制，后者坚持本国航空公司应该在所有跨大西洋航线中分一杯羹。互相开放降落权的协商失败后，泛美航空转向太平洋。1931年，查尔斯和夫人安妮·莫罗·林德伯格驾驶洛克希德"天狼星"飞机探索航线，越过阿拉斯加山脉来到日本和中国。林德伯格夫妇证明阿拉斯加航线在技术上是可行的，但由于一些原因，该航线最终被排除了。

乘客登机

在佛罗里达州迈阿密达南基（Dinne Key）的泛美国际机场中，泛美航空公司一架S-42的乘客正在登机。S-42可能是西科斯基最优秀的水上飞船，于1934年投入使用，将迈阿密到布宜诺斯艾利斯的飞行时间缩短到5天。

非洲探险

澳大利亚作家艾伦·穆尔黑德（Alan Moorehead）曾乘坐一艘帝国航空的水上飞船穿越东非。他回忆起与这片贫瘠大陆的奇异相逢：“天黑后就不飞行了，飞机停泊在美妙的地方……那里没有熟悉的机场建筑，没有广告，也没有任何交通方式；只有奔流不息的浑水，就像你照亮河流和森林湖水看到的一样……在赞比西河上……飞机降落前，他们不得不让汽艇来回开几分钟以驱赶河马。我还清楚地记得，在苏丹白尼罗河边一个叫马拉卡尔的小地方，丁卡族妇女……大胆地沿河岸行走，远远地扭头观看水面上壮观的水上飞船。”

向南!

上图海报上的是一架汉德利·佩奇H.P.42，右面的照片上的也是。海报宣传的是帝国航空公司飞越非洲和亚洲的航空服务。穿越东非这一段则由水上飞船完成。

于是泛美航空不得不开辟横跨太平洋中部，经停夏威夷和菲律宾到中国香港的航线。这便带来了严峻的技术挑战。加利福尼亚和中国香港相距12000千米（7500英里），其中到夏威夷长达3900千米（2400英里）的航程没有任何着陆点。然而，当时的水上飞船航程还没有这么长。

特里普派遣了两艘动力强劲的新型水上飞船：西科斯基S-42做先锋，探索航线；马丁130紧随其后，提供保障服务。泛美航空老板再次受益于与华盛顿方面的良好关系，不仅赢得了横跨太平洋的航空邮运合同，还说服美国政府把威克岛、中途岛和关岛划归美国海军管理，从而让这些岛屿成为水上飞船飞越太平洋的踏板。

在海洋中找到这些小地方也是一种挑战。航海者的传统方法有航位推测法以及利用六分仪确定太阳或群星位置的天文导航法，这些办法虽有效但不够可靠。泛美航空的首席通信工

海洋探索者

西科斯基S-42 水上飞船被泛美航空用来进行飞越太平洋和大西洋的勘测飞行，比如照片中的这架。1935年定期航班开始时，航程更长的马丁130飞船接掌了跨太平洋航线。

“中国飞剪”号

1935年11月，完成第一次从旧金山出发的跨太平洋定期邮运飞行后，泛美航空马丁130“中国飞剪”号在菲律宾马尼拉海岸的停泊站休息。

程师雨果·罗伊特瑞兹（Hugo Leuteritz）于是发明了一种远程无线电测向仪，与传统导航手段互补使用——飞机发送信号让小岛上的地面接收站确定它的位置，接收站再把位置信息传给飞机导航设备。

飞越太平洋

安装了新的无线电导航设备后，S-42在泛美航空著名飞行员艾德·缪吉克（Ed Musick）的驾驶下于1935年4月从旧金山出发，开始了第一次前往夏威夷的试验飞行。为扩大航程，S-42减免了所有不必要的重量，只携带了足够的燃油。即便如此，也险些发生意外。去程很顺利，飞机在18小时37分钟后抵达火奴鲁鲁。但返回时，逆风令飞行时间延长了5个小时，大大超过了S-42的21小时理论续航时间。神奇的是，飞机抵达加利福尼亚时居然还有一点燃油。

尽管开始时遇到了困难，但S-42还是成功完成了探索飞行。1935年11月22日，马丁130“中国飞剪”号从旧金山出发，开始第一次到菲律宾马尼拉的跨太平洋定期航空邮运飞行。它起飞时场面喧闹混乱，抵达目的地时也是如此，吸引了约30万人聚集观看。

工作人员积累更多航线飞行经验、在停留的小岛上建起宾馆后，载客飞行才能开始。终于，1936年10月21日，马丁130“中国飞剪”号搭载15位付费旅客从加利福尼亚出发，3天后抵达中国香港。同样的路程，坐船通常需要3个星期。

当然，美国没有垄断水上飞船领域。20世纪30年代，法国“拉泰科雷”水上飞船在加勒比海和大西洋南部飞行，汉莎航空在1934年开辟了从柏林经停西班牙和西非抵达里约热内卢的定期航线。英国水上飞船则在前往南非和澳大利亚的航线上往来穿梭。最初，这些旅程需要陆基飞机、水上飞船和火车共同完成，但英国帝国航空在1937年引进了肖特“帝国”水上飞船，可以从南安普顿分阶段飞到悉尼和开普敦。

精致菜肴

西科斯基S-42“飞剪”号设有厨房，泛美航空可以为乘客提供美味佳肴。男乘务员除了要供应点心，还要解说窗外的景点。

诸多目的地

泛美航空公司时间表首页上展示了许多目的地。美国和菲律宾之间的定期客运开始于1936年10月，每位乘客需要为13200千米（8200英里）的飞行支付799美元。

安然入梦

乘坐马丁130“飞剪”号飞越太平洋的旅客可以选择卧铺。然而，泛美航空在沿线的岛屿停留点上修建了宾馆，旅客可以摆脱发动机轰鸣与持续震动，在晚上好好休息。

奢华形象

“帝国”水上飞船与美国“飞剪”号在奢华程度上并驱争先。乘客可以舒适地倚在满是皮革香味的客舱里，享受丘纳德航运公司聘请的乘务员端来的龙虾和鱼子酱。他们也可以站在观景甲板的窗前，一览数千英尺下方的异域美景。非洲航线的乘客会收到一本旅行指南，上面列明可以游览的地点，包括在哪里能看到晒太阳的鳄鱼和象群。沿途的一些停留点可能地处偏僻，乘客会遇见珍奇动物和住在泥土屋里的村民。

毫无疑问，水上飞船旅行的形象是奢侈的。举例而言，泛美航空的跨太平洋客运就是一项当之无愧的贵族服务，旧金山往返马尼拉的票价超过1400美元，约合一名美国普通工人整整一年的薪水。太平洋水上飞船甚至受到好莱坞的追捧，在上映的电影《中国飞剪》(*China Clipper*)中，亨弗莱·鲍嘉(Humphrey Bogart)饰演了一位水上飞船飞行员。

但是，水上飞船的性能和它的奢侈程度不成正比。与20世纪30年代的陆基飞机一样，它们没有采取增压措施，因此经常在让人极为不适的天气条件下飞行。飞行速度非常缓慢，使得旅程成为漫长的折磨——“帝国”水上飞船从伦敦到悉尼要耗时9天。即使在宾馆过夜也没有得到实质性的体验改善，尤其是因为清冷天气更适合起飞，乘客们往往被要求在凌晨登机。一位女乘客如此描写伦敦到开普敦的一次飞行：“经常在凌晨3点到4点15分间被叫醒，然后飞行、飞行再飞行，让人精疲力竭，疲惫不堪。”

水上飞船也并不是完全可靠的。许多航行受恶劣天气影响而被迫中断，导航错误也令工

作人员经常处于焦虑状态，因为即使是最先进的无线电导航设备也很容易出错。在海洋条件不利时，水上飞船也很难降落。1938年，泛美航空的两架水上飞船在太平洋失事，安全问题变得尤为尖锐。1月，到新西兰的第二条航线刚开通不久，一架S-42B在帕果帕果（Pago Pago）附近空域发生爆炸，著名机长艾德·缪吉克和其他工作人员遇难。同年7月，另一架泛美航空水上飞船在关岛和马尼拉之间失踪。

极尽奢华

这张帝国航空肖特水上飞船的海报展示出飞船复杂的内部构造。1936年投入使用的S.23C型也被称为“帝国”飞船，能搭载17名乘客和5名工作人员，分阶段完成到澳大利亚、南非和印度的远程航线。

更大更好

胡安·特里普没有被这些挫折吓倒，继续快马加鞭成立了由6架波音314飞机组成的机队。卓越的波音314机体有马丁130的两倍大，是大型喷气式客机出现前空中最大的客机，也可能是有史以来最奢华的固定翼客机。飞机上有一个餐厅和7间客房，其中，位于尾部的“豪华间”在公司的促销宣传中被描述为“堪比游轮的蜜月套房”。飞机最多能提供74个乘客座位或者40个乘客床位。靠这种卓越的飞机，泛美航空终于在1939年5月开始了跨大西洋乘客运输服务，“扬基飞剪”号从纽约海军码头起飞，前往里斯本和马赛。

不幸的是，波音314到欧洲的服务刚稳定下来，“二战”就爆发了。但是，那时所有人，甚至特里普都认定了新一代陆基飞机才是未来。汉莎航空的FW200已经可以从柏林直飞纽约了，只是苦于美国拒绝授予降落权，这家德国公司才无法开设定期航班。而且，有增压舱的波音高空客机为同温层中更快速顺畅的飞行指明了方向。继波音314之后，特里普的又一次大规模投资是订购了40架洛克希德“星座”式客机。

水上飞船辉煌优雅，比如“齐柏林伯爵”号与“兴登堡”号的极度奢华，盖因当时长途空中旅行是富人专属，和性能相比，时尚与否才是更大卖点。尽管很快就过时了，但水上飞船依然是许多现代乘客怀旧的焦点。被困在现代飞机拥挤而平庸的内部舱室时，他们还是喜欢想象那个时代，在那时，空中旅行是一次值得回味的经历，一场永生难忘的冒险。

尽情享受

泛美航空波音314“扬基飞剪”号在1939年首次定期的跨大西洋航班飞行。它算得上是最为宽敞奢华的水上飞船。在就餐时间，乘客可以在餐厅享受到全套侍者服务和丰盛的酒水菜肴。

有趣的试验

远程航行的水上飞船并没有解决动力、载重和燃油之间矛盾的关系。人们试图让飞机在起飞时既能承载足够的有效载荷，也能携带足以飞越海洋的燃油，1929年的道尼尔Do X就是其中一次失败的尝试，这种动力极强的飞机装有12台发动机。一架Do X能容纳170名乘客，但因为自身缺陷没有投入使用。正如一位专家所言，它被斥为“一个野心勃勃的怪胎”。

动力—有效载荷—燃油问题的另一种解决办法是助力起飞。德国人曾试验过把水上飞船和浮筒式水上飞机弹射到空中。在肖特“梅奥”组合飞机中（下图），英国人用一艘空载的水上飞船把一艘满载的水上飞船驮升到空中。这种设想并非不可运作——1938年到1939年，肖特“水星”飞船进行了多次长途邮件运输飞行——只是不太实用，这算是航空领域的一件奇闻。

组合式飞机

帝国航空公司技术经理梅杰·R.梅奥发明了组合式水上飞船，于1938年7月首飞，一架肖特S.20“水星”飞船停在一架肖特S.21“迈亚”飞船机背上。

水上飞船

20世纪20到30年代，水上飞船发展的缓慢程度反映出研发新飞机资金不足的事实。水上飞船能在任何平静的水面起飞和降落，成为在欧洲和北美等技术先进地区以外的地方进行勘测飞行或者航空服务的明智之选。

对担忧越洋飞行的乘客而言，它们也是一种可靠的交通方式。巨大的"船"身能提供宽阔空间，奢侈度可以媲美越洋邮轮。

20世纪30年代后期，大型四发动机飞船在远程航线上十分流行——比如波音314、马丁130、西科斯基S-42和肖特"帝国"水上飞船——虽然无法和下一代陆基飞机抗衡，但它们也算性能优越的飞行器了。

肖特C型

图为"仙后座"号正在南安普敦装载货物，准备开始第一次从英国到非洲的客邮运输飞行。

波音314"飞剪"号

可以说，波音314"飞剪"号是有史以来最出色的水上飞船，也是30多年来最大的商业飞机。它由体型庞大但不适用的XB-15轰炸机改型而来，4个乘客舱分为两种级别，其中一种是卧铺区。除了抽水马桶，波音314甚至可以按需提供豪华套房。1939年5月，泛美航空公司开始邮件运输和跨大西洋客运。后来12艘波音314中，有3艘为英国海外航空公司服务，其余被美国军方从泛美航空征用，以便在北非、东南亚等地区作战。

发动机：4×1200 马力莱特"双旋风"14 缸星形发动机

翼展：46.3 米（152 英尺） **机长**：32.3 米（106 英尺）

最大速度：294 千米 / 小时（183 英里 / 小时） **机组人员**：6~10

乘客：40~74

卡普罗尼Ca60"航空"号

"航空"号是最稀奇古怪的飞机之一，其设计原则是机翼越多越好。这架奇特的水上飞行器有3套3层机翼和8台牵引式和推进式发动机，被称作三重三翼水上飞船。

发动机：8×400 马力"自由"V 12 发动机

翼展：30.5 米（100 英尺） **机长**：23.5 米（77 英尺）

最大速度：130 千米 / 小时（81 英里 / 小时） **机组人员**：最多 4 人

乘客：100

道尼尔Do26

先进的Do26是道尼尔众多水上飞船中的收尾之作，也是最优雅的一款，于1938年5月首飞。汉莎航空订购了两艘作为邮政飞机，"二战"开始前主要在南大西洋航线上飞行。仅有6架Do26问世，后来被改装成Do26D军用运输机。

发动机：4×880 马力容克斯"尤莫"205D 柴油发动机

翼展：30 米（98 英尺 5 英寸） **机长**：24.6 米（80 英尺 9 英寸）

最大速度：323 千米 / 小时（201 英里 / 小时） **机组人员**：12

乘客：12 名全副武装的士兵

道尼尔Do J"鲸鱼"号

1919年的《凡尔赛条约》限制德国制造飞机，克劳德·道尼尔教授便在意大利建造了J型"鲸鱼"号。第一艘样机于1922年首飞，共有超过300艘被生产出来。"鲸鱼"号或被多次用于长途勘测飞行。

发动机：2×360 马力罗尔斯·罗伊斯"雄鹰"Ⅸ 前后对置发动机

翼展：22.5 米（74 英尺） **机长**：24.6 米（80 英尺 9 英寸）

最大速度：324 千米 / 小时（201 英里 / 小时） **机组人员**：2

乘客：9~14

莱迪克拉“莱迪”521“巴黎海军上尉”号

1930年，“莱迪”521用于跨大西洋客运服务的设想出现，唯一一艘样机在1935年诞生。出于技术和外交问题，首飞被推迟，直到1938年8月，这艘将近44吨重、被命名为“巴黎海军上尉”号的水上飞船从亚速尔群岛出发，飞行22小时48分钟后抵达纽约。它开创了几项水上飞船载重高度比纪录，但法国跨大西洋服务尚未开始，“二战”就爆发了。

发动机:6×650 马力希斯帕诺－苏萨 12Nbr 发动机
翼展:49.3 米(161 英尺 9 英寸) **机长**:31.6 米(103 英尺 9 英寸)
最大速度:213 千米 / 小时(132 英里 / 小时) **机组人员**:6
乘客:30~70

马丁130“中国飞剪”号

就在泛美航空探索跨越太平洋的航线时，130型“中国飞剪”号出现了，它是3架“飞剪”号中的第一架，于1935年11月22日开始跨太平洋服务——最初是邮件运输——“菲律宾飞剪”号和“夏威夷飞剪”号相继问世。“中国飞剪”号被公认为所有太平洋水上飞船的鼻祖。

发动机:4×950 马力普拉特·惠特尼 R-1830 转“双黄蜂”14 缸星形发动机
翼展:39.7 米(130 英尺) **机长**:27.7 米(90 英尺 11 英寸)
最大速度:290 千米 / 小时(180 英里 / 小时) **机组人员**:6
乘客:30~70

萨伏亚－马彻蒂S.55X

1933年7月，意大利将军伊塔洛·巴尔博（Italo Balbo）率领24艘S.55X水上飞船组成的编队从意大利飞到芝加哥“一个世纪的进步”世博会，耗时平均仅48小时。这是S.55型飞船首飞9年来最突出的成就。该飞船有两个船身，颠覆了传统设计，它与意大利海军保持着成功的长期合作。

发动机:2×750 马力伊索塔－弗拉斯基“尼艾莎”750 转发动机
翼展:24 米(78 英尺 9 英寸) **机长**:16.8 米(55 英尺)
最大速度:279 千米 / 小时(173 英里 / 小时) **机组人员**:5~6
武器:4× 机枪;1 枚鱼雷或 2000 千克(4409 磅)炸弹

肖特S.23 C型（“帝国”水上飞船）

预测到航空邮运会有收益，帝国航空史无前例地向肖特兄弟公司订购了28艘先进的大型水上飞船。第一艘C型飞船“老人星”号在1936年10月30日开始第一次定期飞行。1937年6月，“百夫长”号运送1589千克（3500磅）邮件到达南非，帝国邮政服务从此开始。10月，帝国航空公司成为当时世界上最大的邮件运输商。1938年，支付274英镑就能在9天后抵达澳大利亚。尽管在战争中蒙受了损失，但“加勒多尼亚”号还是在1947年3月完成了最后一次帝国飞船飞行。

发动机:4×900 马力布里斯托尔“飞马座”9 缸星形发动机
翼展:34.7 米(114 英尺) **机长**:26.8 米(88 英尺)
最大速度:322 千米 / 小时(200 英里 / 小时) **机组人员**:5
乘客:17~24

西科斯基S-38

S-38算不上最优雅的水上飞船，它被描述成“丑陋的鸭子”“会飞的蝌蚪”“一堆飞机零件拼凑在一起”，但它是弱小的西科斯基公司取得的第一次商业成功。作为水陆两栖飞机，该机设计用途广泛，共有111艘面世。泛美航空主要在加勒比海附近航线上运行该飞机。

发动机:2×415 马力普拉特·惠特尼“黄蜂”C 型星形发动机
翼展:21.9 米(71 英尺 10 英寸) **机长**:12.3 米(40 英尺 4 英寸)
最大速度:177 千米 / 小时(110 英里 / 小时) **机组人员**:2
乘客:8

西科斯基S-42

S-38成功后，S-42应运而生，它是泛美航空首艘赢得著名“飞剪”称号的飞船。第一艘体积庞大的S-42飞机在1934年5月29日首飞，曾创下了不计其数的远程飞行纪录，它在1934年8月加入泛美航空。

发动机:4×700 马力普拉特·惠特尼“大黄蜂”9 缸星形发动机
翼展:34.8 米(114 英尺 2 英寸) **机长**:21.6 米(69 英尺 2 英寸)
最大速度:274 千米 / 小时(170 英里 / 小时) **机组人员**:最多 5 人
乘客:32

超级马林“南安普敦”

“南安普敦”飞船从1925年8月开始服役，为英国皇家空军服务12年，在水上飞船中，这个纪录仅次于“桑德兰”（详情见213页）。生产出的68艘飞船分为两型：一个木制船身的Mk.Ⅰ和多个铝合金船身的Mk.Ⅱ。该机因组队进行长途飞行而知名。

发动机:2×502 马力纳皮尔“雄狮”V 型发动机
翼展:22.9 米(75 英尺) **机长**:15.6 米(51 英尺 2 英寸)
最大速度:174 千米 / 小时(108 英里 / 小时) **机组人员**:5
武器:3× 刘易斯机枪;499 千克(1100 磅)炸弹

战争阴影

20世纪20到30年代，飞行器发展成为一种毁灭性武器，将会改变未来战争的本质。

第一次世界大战催生了一种影响战争未来的想法：单纯依靠空中力量就能取胜的观点。在漫长的堑壕拉锯战中，步兵伤亡惨重，这是寻找新作战方式的强大动因。空中炸弹袭击的例子，尤其是飞艇和哥达轰炸机袭扰伦敦，表明了这种新的作战方式可能是什么。

“……看到一架敌机，难道不足以引起恐慌吗？在死亡和即将毁灭的持续威胁下，正常人是撑不住的。”

朱利奥·杜黑将军

《制空权》，1921年

在1921年首次出版的《制空权》（*The Command of The Air*）一书中，意大利将军朱利奥·杜黑写道，在未来战争中，陆军和海军只是作为防御部队，重型轰炸机则会组成庞大编队，对敌方城市和工业中心展开大规模袭击。因为市民意志很容易瓦解，所以战争会迅速结束，人员伤亡较少。

尽管杜黑的著作只在其本国流传，却表达出军事航空领军人物的共有态度。这些人中就有英国空军参谋长休·特伦查德，和平降临前，他曾在1918年命令轰炸机部队对德国实施大规模空袭。两次大战间隔之间，他使得轰炸城市成为英国空军战略的核心。在美国，最支持空中军事力量的是比利·米切尔将军，他是1918年在欧洲的美国空中力量指挥官，战后担任陆军航空勤务队副参谋长。对特伦查德和米切尔而言，猛烈轰炸拥有巨大魅力——无论是摧毁城市，还是米切尔提倡的击沉靠近美国海岸的敌军船只——因为它提供了强大的空中力量，并且独立于其他武装部队又享有平等地位。特伦查德是幸运的，他已经掌管了当时世界上唯一独立的空中武装部队——英国皇家空军，尽管20世纪20年代他为皇家空军筹集的资金少得可怜。而米切尔必须奔走忙碌，为他自料命中注定要领导的空军四处活动。后来他因为一次活动卷入政治纠纷，与上级发生冲突，最终在1925年以不服从命令的罪名被告上军事法庭。

财政缩水

“一战”刚结束时，军事航空的当务之急就是说服吝啬的政府提供足够资金。美国空中力量从1918年的19万人缩减到1920年的1万人；英国皇家空军原本有近30万人，战争结束一年后变为不足4万人。出于对德国的忧虑，法国保留了较强的空军力量。20世纪20年代，特伦查德利用法国空中力量的“威胁”，靠游说建设英国皇家空军。

“一战”后，皇家空军在小规模的殖民地冲突中也得到了锻炼机会。

重要的飞机

1937年服役的舍维尔斯基P-35是美国战斗机发展史上至关重要的里程碑。它是第一架在美国陆军航空兵团中服役、有可收放式起落架和封闭座舱的单座全金属驱逐机。

飞行分列式

1938年，为了向敌军展示自己的强大，一支德国道尼尔Do17轰炸机编队在“德军的一天”集会中飞行。纳粹政权一有机会就炫耀自己的轰炸机力量，试图通过空中毁灭的威胁恐吓英国和法国。

伊塔洛·巴尔博

与成千上万名曾在“一战”中为意大利而战又幻想破灭的年轻人一样，伊塔洛·巴尔博（1896~1940）在20世纪20年代初期的意大利政治舞台上有一定影响力。1929年，他被任命为意大利航空部长，才开始学习飞行。1928年，他因组织大型编队飞行而蜚声国际——1928年，60架水上飞船飞越欧洲南部，10架水上飞船在1931年跨越南大西洋抵达巴西，24架水上飞船在1933年抵达芝加哥。墨索里尼嫉妒巴尔博因芝加哥飞行所取得的声誉，打发他去管理意大利当时的殖民地。1939年，巴尔博反对意大利与纳粹德国结盟，主张同英国建立良好关系。1940年，他的飞机被意大利高射炮兵误击，他本人坠机身亡。

航空部长

伊塔洛·巴尔博在1929~1933年间担任航空部长，协助意大利航空走向现代化，通过大型编队飞行为意大利赢得国际声誉。

意大利荣耀

这本小册子主要描述了“勇敢无畏的意大利航空者……和伊塔洛·巴尔博……他们为意大利航空赢得了荣耀……”，介绍他们闻名世界的从罗马到芝加哥的飞行。

1919年，阿富汗发生动荡，英国轰炸了喀布尔和贾拉拉巴德，还洒下传单警告阿富汗军队与部落首领，如果不投降下场将会很悲惨。这样做的效果并不明显。但在1922年到1925年的伊拉克动荡中，空军发挥了重要作用，证明皇家空军可以作为低成本的“帝国警察”。20世纪20年代，法国和西班牙也动用空军平息了各自在摩洛哥殖民地上由阿卜杜勒–卡里姆（Abd al-Karim）领导的柏柏尔人叛乱。法国派遣飞机为卡车机动部队和装甲车提供战术支援，大获全胜。

力量的象征

无论采取何种战术，实质效果如何，使用飞机镇压其眼中的“原始人”让这些傲慢的欧洲人非常满意。甚嚣尘上的白人种族优越论和西方技术超凡的论断开始受到反殖民运动挑战

“帝国警察”
20世纪30年代，一名当地军人在英国皇家空军的一架霍克“雌鹿”前站岗。英国飞机被派遣到伊拉克保卫基尔库克油田和输油管道不被敌对部落破坏，这比派遣帝国地面部队划算得多。

时，飞机又作为“文明人”相对“蒙昧者”享有优势的例证让他们感到欣慰。可想而知，对两战之间在欧洲大多数国家掌权的军国主义民族运动而言，空军力量尤其具有吸引力，意大利独裁者墨索里尼的法西斯主义为此开创先河。

1922年，墨索里尼和他的黑衫党追随者以威胁的手段掌权后，“一战”中的几位意大利王牌飞行员在他们的阵营里是非常重要的。墨索里尼本人很崇拜飞行，认为它是力量和现代化的象征。“并非每位意大利人都可以或应该飞行，”他声明，“但所有意大利人应该羡慕那些能飞行的人，并对意大利航空发展怀有深厚感情。”

1923年，独立的意大利空军部队，即意大利皇家空军成立，意大利空军力量因此迅速增强。从海军军官弗朗西斯科·德·皮内多1925年从罗马飞到东京的个人成就，到1928~1933年伊塔洛·巴尔博筹划的大规模水上飞船编队飞行奇观，惊人的飞行特技让墨索里尼独裁政府为之自豪，也让全世界注意到了意大利航空。意大利空军开始推行本国殖民运动，平息在北非沙漠的所谓“叛乱”。1935年意大利侵略非洲独立国家埃塞俄比亚时，空军被用来对抗海尔·塞拉西一世（Haile Selassie）的军队。

芝加哥上空的飞机

从意大利奥尔贝泰洛（Orbetello）出发，取道冰岛，在15天中跨越太平洋飞行9200千米（5750英里）后，伊塔洛·巴尔博派遣的24架萨伏亚-马彻蒂S.55X水上飞船组成的大型编队在1933年7月15日晚上飞过密歇根湖，向芝加哥进发。

为庆祝建市100周年，芝加哥在当月举办“一个世纪的进步”主题展会，大量游客涌入。数十万围观群众在湖滨翘首以盼意大利空军编队抵达。双船身的萨伏亚-马彻蒂三三成队，阵型整齐，在城市上空盘旋，尔后优雅地降落，同时43架护航的美国战斗机也在空中排列成“Italy”字样。

巴尔博受到了英雄般的欢迎，受邀参加庆祝晚宴和盛大游行——一条主干道甚至以他的名字命名。

打破纪录的水上飞船
翼展长达24米（79英尺）的大型萨伏亚-马彻蒂S.55水上飞船在1925年出现时被设计成鱼雷轰炸机，后来用于客运服务。安装在机翼上方的对置式发动机是特色所在。这种飞船打破了14项水上飞船速度、高度、航程和载重纪录。

胜利跨越大西洋
这张庆祝伊塔洛·巴尔博跨大西洋飞行50周年的海报描绘了萨伏亚-马彻蒂S.55水上飞船靠近纽约天际线时的情景。自由女神像隐约可见。

编队飞行
在史诗般的48小时跨大西洋到芝加哥的飞行中，巴尔博将军的萨伏亚-马彻蒂S.55水上飞船降落在牙买加海湾。24架S.55飞船紧密排列成“V”形。时至今日，飞行员还会称大型编队为“巴尔博”。

德国东山再起

德国是另一个从不质疑空军重要性的国家。被《凡尔赛条约》的条款剥夺了保留陆军或海军空中力量的权利后，整个20世纪20年代，德国军事领袖、航空专家和飞机制造商都在搞秘密活动，维持飞行员训练，紧跟军事航空技术和战略的最新进展。发展中的德国民用航空完成了部分目标，而前“一战”空军指挥官和飞行员在其中也发挥了主要作用。1925年后担任汉莎航空董事的前飞行中队指挥官埃哈德·米尔希（Erhard Milch）和德国国防军联系密切，确保了后者完全掌握最新的导航技术和飞行仪表知识。航空俱乐部和飞行学校也发挥了各自的作用，它们打着航空运动的旗号，实际上构成了未来军事飞行员的训练网络。

一个主要的德国军事航空项目出现在刚成立的苏联。1922年，德国魏玛政府和苏联找到了共同发展的模式，签订了《拉帕洛条约》（the Rapallo Treaty）。根据条约的秘密军事条款，德国可以在苏联开展陆军和空军训练，同时将向苏联军队提供训练和最新军事技术作为回报。德国在距离莫斯科350千米（220英里）的利佩茨克（Lipetsk）建立了固若金汤的军事基地，1925至1933年间，德国飞行员在此秘密受训，驾驶性能优越的军用飞机进行轰炸、战斗机战术和操作技巧等训练。

民用和军用
前“一战”战斗机飞行员埃哈德·米尔希在1925至1933年间执掌德国汉莎航空公司，受命重建德国空军。

展示空中实力

1921年7月，在弗吉尼亚海岬的切萨皮克湾（Chesapeake Bay），比利·米切尔将军用和马丁MT（上图）相似的马丁MB-2轰炸机击沉了被虏获的德国战列舰“东弗里斯兰”号。同年9月，他如法炮制，在轰炸实验中击沉了美国海军退役战列舰USS“亚拉巴马”号（下图）。

容克斯和荣巴赫（Rohrbach）无视条约，在苏联设立工厂，生产军用飞机原型机。同时，与德国交换的技术也促进了苏联军事航空发展，这也是后者极为依赖德国的航空发动机的原因所在。

美国孤立主义

20世纪20年代，美国的军事航空收获甚微。为抗议美国卷入“一战”，公众普遍采取“孤立”的态度。美国人决意对国外纷争作壁上观，认为其军事需求只有防御。因为美国面临的唯一威胁是海上战争，因此，海军分到了急剧缩水的军事预算中的大部分。倡导建立与陆军、海军平起平坐的强大独立空军是份苦差事，因为陆海两军首脑都想掌管自己的空中力量，而且公众普遍认为美国只需要防御。

比利·米切尔将军是成立美国独立空军部队的最积极倡导者，他为促成此事做出了巨大贡献。航空可以作为攻击力量赢得一场重大战争的观点影响很小，因为美国无意卷入这种冲突。于是，米切尔决定凭一己之力，证明飞机可以承担起保卫美国沿海水域的责任。在米切尔指出建造一艘军舰的钱可以建成一支大型轰炸机群后，这种说法赢得了国会一些人的赞同，海军才被迫给米切尔证明自己观点的机会。

威廉·“比利”·米切尔

在“一战”即将爆发的前几年间，威廉“比利”米切尔（1879~1936）在美国通信兵团中升迁迅速。1912年，年仅32岁的他成为总参谋部最年轻的军官。米切尔很早就对航空产生了热情，1917年，他成为西线战场上美国陆军空中力量的作战总指挥。他和英国皇家空军领导人休·特伦查德爵士联系密切，并与特伦查德一样，倡导建立独立空军力量。作为陆军副参谋长，米切尔为建立资金充足的美国空军锲而不舍地活动，游说国会议员，写畅销书和文章，筹划公开表演，比如击沉“东弗里斯兰”号以及进行道格拉斯“世界巡航者”号的飞行活动。

然而，米切尔太过积极地进行自我营销，公开诋毁意见不合的高级军官，远超公众对一位在职军官的接受程度。1925年，因为指责上级“无能（而且）过失犯罪”，他被送上军事法庭，被罢免了职务。不过，在美国，米切尔依然是个有争议的人物，许多航空爱好者认为他是一位有天赋的空中力量预言者。

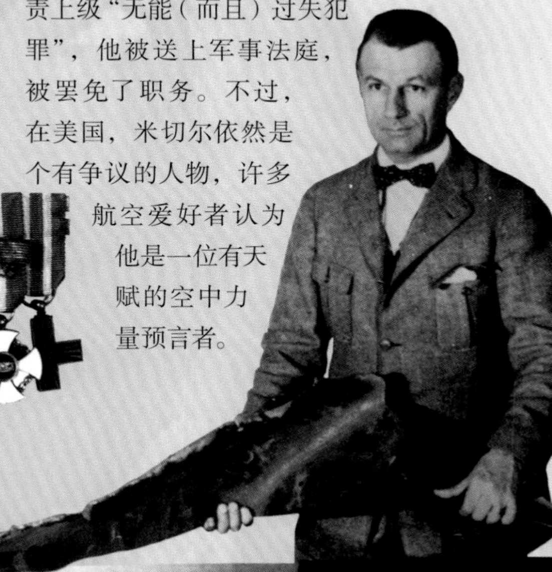

功勋卓著的指挥官

威廉·“比利”·米切尔被公认为是“一战”期间最卓越的美国战时指挥官，他的勋章和奖章有优异服务十字勋章以及数枚国外奖章，去世后还获得了国会奖励军事航空杰出贡献者的荣誉勋章。

米切尔的演示

1921年7月，米切尔聚集起一些马丁MB-2轰炸机，试图在海军观察员面前击沉3艘在战争结束后落入美军手中的德国军舰。携带270千克（600英镑）炸弹的马丁飞机发挥了驱逐舰兼轻型巡洋舰的功效。测试的关键在于它们是否能击沉第三艘军舰，这是一艘被虏获的全副武装的战列舰“东弗里斯兰”号。第一次尝试以失败告终。次日早晨，在500千克（1100磅）炸弹的不断攻击下，战列舰被摧毁但未下沉。最后，7架轰炸机投下900千克（2000磅）炸弹，战列舰终于沉入海中。米切尔成功了。据报道，看到海洋的骄傲屈服于空中力量，一些海军观察员眼含泪水。但其他人肯定在想，需要尝试3次才能击沉一艘被拴住、毫无抵抗的战列舰算不算令人敬畏。

米切尔的努力或许对促进海军航空发展产生了一定影响，但他提倡建立独立空军的建议却是泥牛入海。美国陆军航空勤务队在1926年正式升级为美国陆军航空兵团，但实际上依然从属于资金不足的陆军，同样资金短缺——20世纪30年代，美国地面部队比波兰或罗马尼亚的规模都小。

> *“发展空军力量时，一定要展望未来，不要往后看，一定要想清楚将来会发生什么……”*
>
> **威廉·“比利”·米切尔**

1934年冬，陆军接管了美国航空邮运航线后（详情见106~107页），航空兵团的不足被暴露在人前。军用飞机大部分是露天机舱的小型双翼机，比不上民用飞机，而且军事飞行员在恶劣天气或夜间飞行的经验很少，甚至完全没有。总而言之，美国军事航空落后于先进的民用航空数年之久。航空兵团的飞行员平均每飞行1000小时就会发生不止一次事故。几乎每星期都会有飞行员殉职。公众聚焦到这些不足后，航空兵团的邮件运输在设备和训练方面才得到了一些投资。

海上航空

尽管财政紧缩，但美国海军航空的进步依然明显。英国的情况证明了这可以部分归结于没有独立的空军力量。因为“一战”结束时，英国曾在舰载航空领域占据主导地位。1924年加入皇家海军的HMS“雄鹰”号开创了未来航空母舰的标准形态，其飞行甲板一侧的“小岛”可以容纳一座舰桥和烟囱。

但直至1937年，海军航空兵才由皇家空军直接控制，而且经常极度缺乏资金和一流飞机，因为英国皇家空军的指挥官认为海军航空是次要的。

在美国，争论的关键点不在于反对空军受海军管辖，建立独立空中力量的意义，而是在于航空母舰和战列舰的相对重要性和担负的角色。早在1921年，一位美国海军指挥官威廉·西

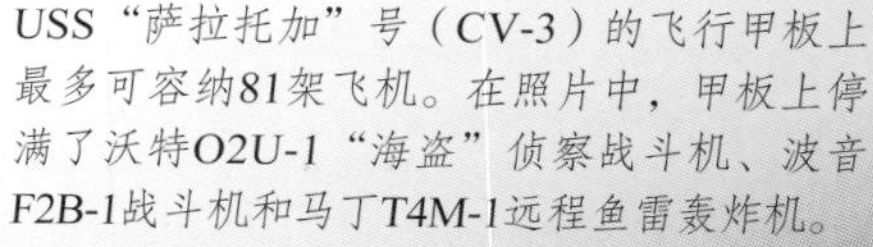

拥挤的飞行甲板

USS“萨拉托加”号（CV-3）的飞行甲板上最多可容纳81架飞机。在照片中，甲板上停满了沃特O2U-1“海盗”侦察战斗机、波音F2B-1战斗机和马丁T4M-1远程鱼雷轰炸机。

姆斯（William Sims）上将就曾预言“装载80架飞机的航空母舰”可能是“未来的主力舰”。威廉·莫菲特（William Moffett）领导的海军航空局积极致力于申明海军航空的重要性。但不那么热爱飞行的海军上将，尽管意识到飞机的实用性，却还是认为飞机应该支援战列舰，发挥侦察或空中防御作用，忽视了把海上飞机作为主要进攻力量的想法。第一艘美国航空母舰“兰利”号于1922年开始服役，它不是一艘非常成功的军舰——它由一艘运煤船改装而来，最高速度只有14节——但无论如何，它是一个开端。

航母先驱

USS“萨拉托加”号是美国海军的第三艘航母，其最大航速近34节，可容纳81架飞机。这艘由战列巡洋舰改装而来的航母于1927年开始服役，参加了多次特遣部队的演习，协助发展美国航母战略和原则。

航母舰载机

两次大战间歇期间，美国海军空中战略家研究出航母舰载机的基本组合形式。三种主要机型是：能守卫舰队、赢得制空权的战斗机；从上方袭击敌方船只的俯冲轰炸机；低空飞行的鱼雷飞机。

总体看来，在高性能单翼机取代速度缓慢的双翼机方面，海军航空兵落后于陆军航空兵。英国皇家海军尤其落伍，在1934年，最大速度只有222千米/小时（138英里/小时）的费尔雷“剑鱼”还是他们最新型的鱼雷轰炸机；但20世纪30年代大多时候，美国海军也依然把波音F4B双翼机作为主力战斗机。坚持使用双翼机有一定合理性：它们可低速降落，在海上，这是很有用的；而且占用甲板空间比单翼机小，因为单翼机需要更大翼展提供同等的升力。然而，它们速度太慢，在装载鱼雷的情况下要花很长时间才能接近目标，极易招致防空炮火的打击。

传奇的“网兜”
1934年开始服役的费尔雷“剑鱼”是一种可用于反潜作战的3座鱼雷轰炸机。值得一提的是，这种露天机舱双翼机在“二战”中的表现相当优秀。

接下来的两艘航母则体积更大，速度更快。这就是“列克星敦”号和“萨拉托加”号，它们原本都是战列巡洋舰。在1922年的华盛顿会议上，海军首脑同意限制战列舰数量，所以战列舰就不能造了，但可以建造两艘航空母舰。“列克星敦”号和“萨拉托加”号均可容纳81架飞机，最大航速为34节，比同等吨位的战列舰要快。在1929年之后的海军演习中，它们证明了自己作为进攻型打击力量发挥关键作用的能力。最引人注目的是，在1932年，这两艘航母上的150多架飞机对珍珠港海军基地发动模拟袭击，效果十分惊人，如果敌对势力这样做，将会造成毁灭性的后果——比如日本。

除了航空母舰外，美国还研究其他在海上提供空中支援的方法。20世纪30年代早期，海军飞艇“亚克朗”号和“梅肯”号进行了一系列试验。按照设计，它们应该装载能在空中发动和收回的战斗机——返航的飞机必须调整速度和飞艇保持一致，让自己位于艇身下方，然后向上飞行，挂在艇身树立的支架上。这些空中航母可以为舰队护航，并作为飞机的指挥和控制中心，搭载飞机执行侦察和防空任务。由于飞艇在敌军活动和恶劣天气下的脆弱性，这个看似辉煌的想法并没有奏效。1933年，“亚克朗”号在海上失事；1935年，“梅肯”号悲剧重演。从此美国海军继续使用的唯一轻于空气的飞行器就是非刚性的软式飞艇了。

航母编队

尽管财政紧张，20世纪30年代，美国海军在发展航母部队方面还是取得不错的进展，利用罗斯福新政项目的资金新增了“约克城”号和“企业”号。但航母的具体作用仍不明晰，许多高级指挥官依然相信传统战列舰才是海上战争胜利的关键。已被认定是美国海上战争头号潜在敌人的日本也对航母航空兵的作用闪烁其词，但他们认为必须使用飞机削弱美国舰队实力，再用重型战列舰给予致命一击。在此基础上，日本在20世纪30年代建成了全世界最强大的航母舰队，和对手美国相比，其飞机性能更加优越，机组人员更为训练有素。

双翼机降落
1922年10月，水手们站在安全网内观看一架美国海军的39-B双翼机成功降落在航母甲板上。

两次世界大战之间的军用飞机

1939年大战再次爆发时，从“一战”结束到20世纪30年代中期发展出的一代军用飞机已经过时。它们多为开放式座舱的双翼机，与“一战”中的先辈相比性能有所进步，主要是改良了发动机，在技术上并没有大变动。而技术变革的主要方向使得流线型悬臂式机翼单翼机成为主导——通常是全金属结构，有可收放式起落架和封闭式座舱——在1932年的马丁B-10B轰炸机上已有明显体现。一些双翼机被用于小规模冲突，其他一些在西班牙内战中也有参战，比如菲亚特CR.32和纽波特52型。有几种在“二战”初期英勇战斗，其中包括格罗斯特“斗士”和菲亚特CR.32。

“雄鹿”战队

霍克“雄鹿”是20世纪30年代英国皇家空军的标准轻型轰炸机，其最大速度为296千米/小时（184英里/小时），这在当时看来是很快的。

阿拉多Ar68

1936年替换He51开始服役时，Ar68本应是纳粹德国空军最后一种双翼机，然而，当它抵达空军中队时，继任者梅塞施密特Bf109已经在试飞中了。

发动机：690 马力容克斯“尤莫”210 Da 发动机

翼展：11 米(36 英尺 1 英寸) **机长**：9.5 米(31 英尺 2 英寸)

最大速度：335 千米 / 小时(208 英里 / 小时) **机组人员**：1

武器：2×7.92 毫米 MG17 机枪；60 千克 (132 磅) 炸弹

波音F4B-4

波音双翼战斗机家族始于1923年美国航空部队的PW-9，波音F4B-4是其中第4种型号，也是最重要的一款。第一批F4B-4于1928年问世，在美国航母“列克星敦”号上服役。F4B-4衍生出多种改型，直到20世纪40年代初才停止服役。

发动机：550 马力普拉特·惠特尼 9 缸星形发动机

翼展：9.1 米(30 英尺) **机长**：6.12 米(20 英尺 1 英寸)

最大速度：302 千米 / 小时(118 英里 / 小时) **机组人员**：1

武器：2× 机枪

布里斯托尔“斗牛犬”ⅡA

这架“斗牛犬”飞机的Mk.Ⅱ型于1929年6月加入英国皇家空军。生产数量超过300架，组成10个战斗机中队，在20世纪30年代早期完成了英国70%的防空任务，并出口到丹麦、澳大利亚和芬兰。

发动机：490 马力布里斯托尔“朱庇特”Ⅶ F9 缸星形发动机

翼展：10.3 米(33 英尺 10 英寸) **机长**：7.7 米(25 英尺 2 英寸)

最大速度：280 千米 / 小时(174 英里 / 小时) **机组人员**：1

武器：2× 机枪；35 千克 (80 磅) 炸弹

德瓦蒂纳D.500

D.500于1935年加入法国空军。尽管还是开放式座舱和固定起落架，却是法国空军中第一种现代化全金属单翼战斗机。这种战斗机十分重要，因此由包括德瓦蒂纳在内的3家制造商共同生产。D.500和安装机炮的改型D.501也被出口到立陶宛和委内瑞拉。共有308架D.500/D.501问世，最后一批501飞机于1941年退役。

发动机：600 马力希斯帕诺 – 苏萨 12Xbrs V-12 发动机

翼展：12 米(39 英尺 8 英寸) **机长**：7.7 米(25 英尺 5 英寸)

最大速度：359 千米 / 小时(223 英里 / 小时) **机组人员**：1

武器：4× 机枪

法曼F.222

20世纪30年代，四发动机轰炸机还非常罕见，法曼F.222系列和图波列夫TB-3就是其中两种。法曼飞机最初被用于对德夜间轰炸，后被改装成军用运输机（照片中为民用型）。

发动机：4×950 马力“土地神 – 罗恩”14N 14 缸星形发动机

翼展：36 米(118 英尺 1 英寸) **机长**：21.4 米(70 英尺 5 英寸)

最大速度：320 千米 / 小时(199 英里 / 小时) **机组人员**：5

武器：3× 机枪；4200 千克 (9260 磅) 炸弹

菲亚特CR.32

切莱斯蒂诺·罗萨特利（Celestino Rosatelli）于1923年设计的CR.1，是第一种由意大利人自主生产的战斗机，此后，一系列完美的战斗机诞生，其中最出色的应属1934年投入使用的CR.32。该机是西班牙内战中国民军的主力战斗机，由意大利和西班牙希斯帕诺–苏萨公司经授权生产，共生产了1100多架并被广泛出口。

发动机：600 马力菲亚特 A30 RA V-12 发动机
翼展：9.5 米（31 英尺 2 英寸） **机长**：7.5 米（24 英尺 5 英寸）
最大速度：375 千米 / 小时（233 英里 / 小时） **机组人员**：1
武器：2× 机枪

格洛斯特"斗士"

"斗士"是英国皇家空军最后一种双翼战斗机，也是第一种装有四挺前射机枪的双翼战斗机，于1937年开始服役，不到一年就被"飓风"逐渐取代。1941年前，有24个空军中队装备该机。1939年被派遣到法国的两个空军中队，于1940年5月被德军击败。1941年，所有"斗士"战斗机都退出了前线。

发动机：830 马力布里斯托尔"水星"Ⅸ 9 缸星形发动机
翼展：9.8 米（32 英尺 3 英寸） **机长**：8.2 米（27 英尺 5 英寸）
最大速度：414 千米 / 小时（257 英里 / 小时） **机组人员**：1
武器：4×0.303 英寸（7.7 毫米）勃朗宁机枪

格鲁曼FF-1

1931年4月2日，美国海军和格鲁曼签订合同，订购拥有可收放式起落架和封闭机舱的桶状双翼机，从此，格鲁曼的名号就等同于海军飞机。海军只订购了27架FF-1和33架SF-1（侦察机改型），但两者建立了稳定的合作关系，促成了"野猫""地狱猫"和"雄猫"等经典飞机的诞生。

发动机：700 马力莱特"旋风"9 缸星形发动机
翼展：10.5 米（34 英尺 6 英寸） **机长**：7.5 米（24 英尺 6 英寸）
最大速度：333 千米 / 小时（207 英里 / 小时） **机组人员**：2
武器：3× 机枪

霍克"雄鹿"

20世纪30年代，霍克公司装有著名"茶隼"发动机的造型简洁的双翼战斗机和轰炸机，可能是当时最具吸引力的英国飞机了。家族的第一位成员是优秀的"雄鹿"轻型轰炸机。它在1928年6月首飞，是当时皇家空军战斗机中速度最快的，很快就投入生产。其生产数量超过500架，广泛出口。"雄鹿"在皇家空军服役至1938年。

发动机：525 马力罗尔斯·罗伊斯"茶隼"1B V-12 发动机
翼展：11.4 米（37 英尺 3 英寸） **机长**：8.9 米（29 英尺 4 英寸）
最大速度：296 千米 / 小时（184 英里 / 小时） **机组人员**：2
武器：2× 机枪；226 千克（500 磅）炸弹

亨克尔He51

由于德国被禁止制造战斗机，He51的设计和生产都是秘密进行的，第一架He51在1933年首飞，1935年初开始，该机被交付给德国空军。经过不断改良，共有700余架诞生，其中最后一种改型是用于对地攻击的He51C。西班牙内战期间，He51被国民军和德国"秃鹰军团"使用。

发动机：750 马力 BMW Ⅵ V-12 发动机
翼展：11 米（36 英尺 1 英寸） **机长**：8.4 米（27 英尺 6 英寸）
最大速度：330 千米 / 小时（205 英里 / 小时） **机组人员**：1
武器：2× 机枪

马丁B-10B（139型）

B-10B在1932年首飞，当时正值航空技术迅速发展阶段。它是美国第一种投入生产的全金属轰炸机，创新性地安装了炮塔，速度比陆军战斗机还快。然而，波音B-17等更先进轰炸机的生产，限制了它的军事用途。但该机继续被生产用于出口，直至1939年。

发动机：2×775 马力莱特 1820 转"旋风"9 缸星形发动机
翼展：21.5 米（70 英尺 6 英寸） **机长**：13.6 米（44 英尺 9 英寸）
最大速度：343 千米 / 小时（213 英里 / 小时） **机组人员**：4
武器：3× 机枪；1025 千克（2260 磅）炸弹

中岛Ki-27"内特"（97式）

1936年7月首飞的Ki-27，或者说陆军97式是非常灵活敏捷的单翼战斗机。1938年3月加入日本陆军服役。1937年下半年到1942年末，共有3999架问世，其中许多作为神风特攻队轰炸机毁灭了。

发动机：500 马力中岛造布里斯托尔"朱庇特"9 缸星形发动机
翼展：11 米（36 英尺 1 英寸） **机长**：7.3 米（23 英尺 10 英寸）
最大速度：229 千米 / 小时（186 英里 / 小时） **机组人员**：1
武器：2× 机枪

纽波特52型

与在法国空军服役的62型C1一样，1929年到1936年被西班牙空军选中的52型也是全金属结构。西班牙内战爆发时，国民军和人民阵线都使用了该飞机。

发动机：580 马力希斯帕诺 – 苏萨 12Hb 直列发动机
翼展：12 米（39 英尺 5 英寸） **机长**：7.7 米（25 英尺 1 英寸）
最大速度：249 千米 / 小时（155 英里 / 小时） **机组人员**：1
武器：2× 机枪

20世纪30年代，世界从积极裁减军备转为大规模扩军备战。后五年中，德国和日本的军国主义政府及他们的潜在敌人对军事航空投入了大量资金，一场军备竞赛拉开序幕。商业和竞赛用机所展现的飞机设计、发动机和通用航空技术的进步被应用于新一代军事飞机，中国的抗日战争和西班牙内战也让一些空中力量有机会在实战中检验新飞机和新战术。

卷土重来

1933年，阿道夫·希特勒篡政后，纳粹德国开始重整军备，很快，扩军风潮便席卷欧洲。与独裁者墨索里尼一样，他认为飞机是活力、现代化和纳粹政权力量的象征，也是实现自己军事野心的有效工具。于是他下令立即大力扩张军事航空业，1935年纳粹德国空军宣布重建时，扩张就已经开始了。纳粹德国航空业的官方首脑是赫尔曼·戈林，但它迅速卷土重来的幕后操作者却是汉莎航空前任高管埃哈德·米尔希。为保存“阴影中的汉莎航空”所做的努力还远远不够，要建设希特勒所要求的庞大空军，米尔希的任务十分艰巨。1933到1936年间，他让德国飞机产量增长了令人震惊的800%，并培训出全新一代飞行员。

“德国再次成为航空领域的世界性力量。它的空中力量和航空工业已经度过蹒跚学步的阶段，但未来三年内还达不到完全成熟。”

杜鲁门·史密斯少校

美国驻柏林武官，1936年

米尔希的成绩是“辉煌”的，尤其是梅塞施密特Bf109战斗机和容克斯Ju87斯图卡俯冲轰炸机等新设计在30年代下半段投产，尽管如此，纳粹空军远非对手想象的那么强大。纳粹宣传者在外国执政者和民众心中营造出德国空军强大的形象，想借此削弱他们对抗希特勒无止境野心的意志。1936年后，已没有足够资源建设数量庞大的空军，巨大的压力引发混乱无能和无组织状态——这是纳粹体系的一贯特征。

时任汉莎航空技术总监，后担任生产总监的前“一战”王牌飞行员和特技飞行家恩斯特·乌德特是体系中难以捉摸的人。乌德特曾做过许多让人惊愕的决定，其中最著名的可能就是下令把1938年准备投产的Ju88高速中型轰炸机改装成俯冲轰炸机。结果，轰炸机被重新设计，速度从500千米/小时（310英里/小时）降到300千米/小时（185英里/小时），推迟两年才投入使用。乌德特和米尔希意见不合，戈林性情古怪，自私自利，纳粹德国空军还能如此强大，德国设计师、科学家和飞行员们作用巨大。

协约国的发展

1935年后，英法敏锐地意识到纳粹空军卷土重来的威胁，明白随着技术进步，本国现有的空中机群很快会被淘汰。英国皇家空军在1935年订购投产的新型战斗机是格洛斯特“斗士”双翼机（该机在1940~1941年马耳他防卫战中一战成名），幸运的是，霍克“飓风”战斗机原型机已在同年首飞，超级马林“喷火”战斗机也正在设计中。这些国家不如德国机动灵活，但更加理性，开始致力于长期发展新机型和生产它们的工业组织，发展相对缓慢。1938年，难得的和平被战争打破之前，越来越多精巧的单翼机加入了皇家空军中队，生产速度飞速提升。然而法国就没那么幸运了，进步迟缓，在1940年德国发动闪电战袭击后，德瓦蒂纳D.520战斗机等新机型才开始投入使用。

宣传飞机

1935年莫斯科红场上，一架图波列夫ANT-20“马克西姆·高尔基”号在五一劳动节游行人群上空飞行。这架宣传飞机装有扩音器，还有一台印刷机和备用药物。

创新者

20世纪20年代到30年代初，苏联和德国航空业有着互利互惠的合作，希特勒的上台切断了这种联系。在那十年中，苏联投入大量资源创建空军和发展新生航空工业。但包括伊戈尔·西科斯基、亚历山大·舍维尔斯基（Alexander Seversky）和亚历山大·卡特维利（Alexander Kartveli）在内的诸多航空领军人才外流，转而推动了美国航空的进步——比如说，卡特维利设计了共和P-47“雷电”，是“二战”中最重要的美国飞机之一。然而，飞机传统设计和航空动力学研究仍在稳步开展。安德烈·图波列夫（Andrei Tupolev）在战前是一名工程学学生，曾因进行革命活动被沙皇警察逮捕，20世纪20年代，他成为苏联航空发展最重要的推动者。其他脱颖而出的天才还有谢尔盖·伊留申（Sergei Ilyushin，最后受命专门发展远程轰炸机），尼古拉·波利卡尔波夫（Nikolai Polikarpov）、亚历山大·雅科夫列夫（Alexamder Yakovlev）和拉沃契金La-5战斗机的设计者斯易姆尹·拉沃契金（Syemyen Lavochkin）。

雷金纳德·米切尔

1933年，超级马林飞机公司的首席设计师雷金纳德·米切尔接受癌症手术后在欧洲休假。在与几位德国飞行员交谈后，他确信战争即将爆发，从此不顾医生的建议，开始一心一意建造后来被称为“喷火”的战斗机。

米切尔出生于英格兰工业城市——特鲁特河畔的斯托克，1917年加入南安普顿的超级马林航空工厂前曾是一位实习铁路工程师。不到两年他就成为公司的首席设计师，1928年维克斯收购超级马林，主要就是想把米切尔收入麾下。

他因为设计了荣获“施耐德杯”的水上飞船而声名鹊起；1925年他的S.4首次向世人展示了流线型快速单翼机，这是米切尔的设计特色。众所周知，他非常注重细节，继续设计了赢得施耐德大奖的S.5和S.6——1931年第一架最大速度达到640千米/小时的飞机。米切尔为“喷火”战斗机呕心沥血，飞机投产后不久便去世了，年仅42岁，但他确信这款飞机一定会成功。他唯一的遗憾是飞机的名字“喷火”由维克斯所起。

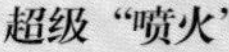

超级“喷火”

米切尔“喷火”战斗机的设计是革命性的：为实现气动效率最大化，飞机采用椭圆形机翼。“喷火”战斗机演化出许多改型，后来的机型和1937年的原型机（右图）大不相同。

1929年，波利卡尔波夫曾因所在部门发展新型战斗机时落后于进度，以“怠工”被关押。他和整个设计团队在被关押期间，设计出波利卡尔波夫伊-5战斗机，才得以于1933年被释放。

这一时期诞生了一些完美的创新飞机设计。举例而言，波利卡尔波夫的伊-16和梅塞施密特Bf109一样，都是第一批单座下单翼战斗机之一。20世纪30年代，苏联推动实现工业化，虽然比较艰难，却为飞机工业的高效大规模生产奠定了基础。

新一代战斗机

20世纪30年代，所有主要空军的双翼战斗机——1933年著名电影中，在帝国大厦顶部袭击“金刚”的那种飞机——都发展成了造型优美的悬臂式机翼单翼机，比如“喷火”、Bf109和菲亚特G.50“箭”。

新一代战斗机大部分是全金属飞机（但最成功的飞机之一“飓风”的机身还有蒙布覆盖，部分由木质支柱支撑）。它们安装有强劲的轻型发动机，在设计时谨慎减轻阻力，不仅抛弃了旧式双翼机的张线和支柱，还使用可收放式起落架和装在机翼或机身里面的机枪。在传统飞行员看来，这些飞机最具争议的部分是封闭式座舱和对仪表的依赖。

据说，乌德特首次坐进梅塞施密特Bf109的驾驶舱时，曾评论“这绝对成不了一架战斗机”，因为“飞行员得感受风力才能知道飞机的速度”。许多历来“凭感觉飞行”的老派飞行员也有同样偏见。然而，令他们无可辩驳的是，新机型速度快——一般是480~560千米/小时（300~350英里/小时）——爬升率高，还有俯冲、盘旋爬升和横滚等令人震惊的能力，是有史以来最令驾驶员激动兴奋的飞机。

重型轰炸机

然而，对大多数美国和英国空军指挥官而言，至关重要的不是战斗机，而是重型轰炸机。美国陆军航空兵团和英国皇家空军认为只要用对了飞机，战略轰炸就会成为空中力量的制胜法宝。在英国，特伦查德和其他指挥官支持该观点，争论称使用了轰炸机群，英国不需要派陆军越过海峡就能在欧洲作战——而且，1914到1918年的惨烈堑壕战正是英国人想要极力避免重复的。

威利·梅塞施密特

“一战”前，还是青少年的威利·梅塞施密特（Willy Messerschmitt，1898~1978）就开始制造滑翔机。因为健康欠佳无法参军，20世纪20年代，他开始设计动力飞机。1926年起，他委托巴伐利亚飞机制造工厂（BFW）生产自己的飞机，后来收购了这家公司。1933年后纳粹政权明争暗斗，梅塞施密特被迫在掌握国家航空大权的埃哈德·米尔希的敌意和设计师兼制造商恩斯特·亨克尔的激烈竞争中周旋。

德国空军在1935年采用了Bf109飞机，梅塞施密特因此享有盛誉，1938年，他把BFW更名为梅塞施密特股份公司。他探索航空尖端科技，生产了“彗星”式火箭飞机和Me262喷气式战斗机等机型，获得多重成功。纳粹溃败后，梅塞施密特在阿根廷避难，20世纪50年代返回故乡。

有天赋的设计师
威利·梅塞施密特是一位颇有天赋的设计师，但也会犯基础性错误或者计算失误。

梅塞施密特Bf109

1935年，梅塞施密特Bf109在飞机竞选试验中展现出完美的可操作性和优越的性能，被德国空军选为新的单座单翼战斗机。它是当时诞生的全金属单翼机设计中极为先进的典型——小巧、轻型结构、机翼薄，可以实现最佳性能。与前代战斗机相比，其创新之处包括封闭式座舱和螺旋桨电动开关。前缘缝翼和开缝襟翼可以改变机翼形状（使速度最大化），着陆低速飞行时保持稳定。

然而，Bf109也有严重缺陷。其座舱狭窄，飞行员视野不佳，尤其是在地面滑行的时候。薄薄的机翼要装备机枪或者机炮非常困难，而且太过脆弱，在地面上无法支撑飞机的重量。因此，起落架必须靠近机身，不能安装在机翼下方。起落架间距狭窄，再加上在低速状态下难以控制，飞机在起飞和降落时极易出现事故，尤其是在战争时期的临时跑道上。Bf109在西班牙内战中首次上阵，为德国“秃鹰军团”赢得了制空权。1938年制造的109E是原设计中第一种真正大批量生产的机型，也是最为著名的

> “新的Bf109飞机看上去就很好。当然，起飞不太寻常，但是……它的飞行性能棒极了。”
>
> **约翰尼斯·特劳洛夫特（Johannes Trautloft）**
> “秃鹰军团”飞行员

要求穿救生衣
左图为在不列颠之战中身穿救生衣的德国空军战斗机飞行员们。由于Bf109航程有限，在跨越英吉利海峡（返程）时，飞行员经常会用光汽油，必须“迫降”在大海中。

机身后方的无线电转换器/接收器组件

方向舵顶部的空气动力配重

金属框架，蒙布覆盖的方向舵

不可收放式尾轮

全金属硬壳式机身结构

强劲的发动机

Bf109E-3采用戴姆勒–奔驰DB601Aa12缸倒V型发动机，因此排气短管位置很低。倒转发动机是为了留出空间在曲柄箱上方安装两挺机枪。

狭窄的起落架

起落架间距狭窄，导致飞机倾斜摇摆不定，致使大约5%的Bf109飞机在起飞和降落时损坏。

拥挤的驾驶舱

Bf109狭窄、拥挤的单座驾驶舱是封闭的，座舱罩侧面则是露天的，这限制了飞行员的视野和头部活动。

一种改型，在不列颠之战中证明了自己足以媲美英国皇家空军的“喷火”和“飓风”。该机速度快，易操作，但时速超过480千米（300英里）时，控制就很费力了。尽管不能像“喷火”飞机一样急转弯，但它在俯冲时速度更快。

约有33000架Bf109飞机问世，创造了军用飞机生产纪录。战争结束时，Bf109在先进战斗机面前相形见绌，但许多Bf109直至20世纪50年代还在为外国空军服务。

技术参数（E-3）

发动机：1150 马力 12 缸液冷戴姆勒 – 奔驰 601Aa 发动机
翼展：9.8 米（32 英尺 4 英寸）
机长：8.6 米（28 英尺 4 英寸）
最大速度：570 千米 / 小时（354 英里 / 小时） **机组人员**：1
武器：4×7.9 毫米 MG 17 机枪；1×20 毫米 MG FF 机炮

稳定的飞机

战争爆发后，Bf109并不受飞行员欢迎，但它的爬升率优于任何英国皇家空军战斗机，在战斗中飞行稳定，为它完美的武器装备提供了理想的炮火台。它小巧、轻便，空气动力学效率高。

有人甚至说可以通过威胁使用轰炸机攻击他们的城市来震慑潜在的侵略者。因为，正如英国首相斯坦利·鲍德温所言，“轰炸机所向披靡”，战争爆发势必导致城市被立刻摧毁——这样的预想当然会吓退妄图破坏和平的国家。

英国认为战略轰炸本质上是一种精神武器，关键在于震慑平民，美国空军指挥官的想法则完全不同，他们认为轰炸是经济实惠的“武器”。通过精确轰炸工厂和交通系统，空军可以削弱敌人的作战能力。美国陆军航空兵必须准确命中特定目标，因为在掌握经济大权的政治家眼中，它的主要功能就是保卫美国海岸。换句话说，它必须宣称有能力击沉船舶——移动中的小型目标。

轰炸机原型

要想战略轰炸有效果，美国和英国空军需要拥有能完成这项任务的飞机。这些飞机航程要远，能深入敌军地域命中远距离目标，要能携带造成巨大损失的足够多的炸弹，速度和火力要足以漠视防空炮火——当时英军和美军的思维中还没有护航战斗机的概念。

轰炸机的发展非常迅速。1932年，最先进的轰炸机是马丁B-10，这架双发单翼机的最大速度可以达到惊人的320千米/小时（200英里/小时）。3年后，波音公司凭借四发动机299型后来居上，该机就是B-17“飞行堡垒”的原型。299型在1935年10月坠毁，差点造成项目流产，使波音公司陷入破产的危险境地，但航空队还是订购了14架。

俯冲轰炸

20世纪30年代，俯冲轰炸机引起广泛关注，因为与普通轰炸机相比，它们的炸弹投掷精确率要高得多，因此尤其适合攻击船只和对地面部队进行近空支援。20世纪20年代后期，美国飞行员支持尼加拉瓜政府，第一次展现出它们的实际效力。俯冲轰炸机后来被美国海军采用，成为航空母舰空中力量的重要组成部分。

德国空军首脑和飞行王牌恩斯特·乌德特在1934年拜访美国时，曾得到机会驾驶一架美国海军寇蒂斯“鹰”式俯冲轰炸机，而后强烈倡导这种新的空袭方式。乌德特支持Ju87“斯图卡”的生产，坚称所有德国新型轰炸机必须具备俯冲轰炸的能力。但是，与同等体积的战斗机相比，俯冲轰炸机更加缓慢沉重，因为它们必须足够坚固，能承受俯冲攻击的压力。因此，它们极易成为敌军战斗机的猎物。最终，俯冲轰炸机被在空战中占绝对优势的高性能战斗轰炸机所取代。

尖啸的俯冲战斗机

容克斯Ju87有倒鸥翼和安装在起落架上的“耶利哥号角”似的汽笛，外形很像捕食中的恶鸟。该飞机在1939到1941年德国成功发动的闪电战中赢得声誉。下方照片为早期机型，以及仍旧采用的“穿裤子的”起落架装置。

“飞行堡垒”的速度可以达到480千米/小时（300英里/小时），被美国认定为第一种实用的战略轰炸机。战争伊始，使用双发动机远程轰炸机的英国皇家空军后来也使用“斯特林”“哈利法克斯”“兰开斯特”等四发动机轰炸机。

战略轰炸

对欧洲大陆国家和日本来说，使用空中力量进行战略轰炸的吸引力不大。无论是法国、苏联等力求防守的国家，还是德国、日本等希望借此进行侵略扩张的国家，都相信战争中最关键的战役还是会发生在地面武装军队之间。他们虽没有忽略直接空袭敌方城市或经济目标的可能性，但认为空中力量的关键作用在于协助地面军队取得胜利。

20世纪30年代，德国比其他国家更早意识到空中力量的巨大作用。德国空军明白通过空中作战或者袭击机场和飞机工厂摧毁敌方空军的重要性，以此作为开展其他空中活动的前奏。空军经过训练，为机动战中的坦克和机械化步兵提供密切协助，同时为独立行动做好准备，从攻击交通要道和敌军后方铁路沿线的隧道及桥梁，到轰炸军备工厂和燃油库。军队运输和后勤补给是德国空军密切关注的方面，而德国武装部队的当务之急是机动性和突袭战术。

德国空军没有忽视战略轰炸，他们仔细考虑了引导轰炸机在夜间攻击远距离目标等事宜——英国皇家空军痴迷于轰炸城市，却根本没有认真对待这个问题。但德国人未能成功制造出四发动机重型轰炸机，主要是因为德国工业无法生产合适的发动机。德国只能依靠道尼尔Do17和亨克尔He111等双发中型轰炸机进行战略轰炸行动。

轰炸机编队

图为在美国空中力量展示中，一支吉斯通轰炸机编队飞过哈德孙河谷。20世纪30年代初，这些行动迟缓的双翼机代表了美国陆军航空兵团轰炸机的实力。

1936年西班牙内战爆发，纳粹德国找到了试验新飞机和新战术的机会。西班牙叛军右翼国民军官员寻求纳粹德国帮助，发动了持久军事行动。德国空军立刻派遣20架Ju52运输机，把士兵空运到国民军控制的西班牙南部城市塞维利亚（Seville）。这次行动前无古人——营级兵力在空中机动。1936年7月到10月，约2万名士兵和火炮等装备被空运到塞维利亚，国民军得以主动出击。

空中火炮

纳粹德国和法西斯意大利为国民军提供空中支援，苏联则派遣飞行员和飞机支援共和军阵营。1936年末，苏联伊-15和伊-16战斗机赢得了制空权，对地面部队造成严重损失，尤其是1937年3月，在瓜达拉哈拉（Guadalajara）摧毁了一支意大利机械化部队。德国空军则派出“秃鹰军团”予以反击，该军团有大约100架最新型的飞机和最训练有素的飞行员，由“红男爵”的表弟沃尔夫拉姆·冯·里奇特霍芬（Wolfram von Richthofen）上校担任参谋长。梅塞施密特Bf109战斗机所到之处，苏联飞机都被从空中驱逐。确立制空权后，“秃鹰军团”开始尝试近空支援，作为“空中火炮”为地面攻击开路，通过空袭敌方预备部队和后方通讯站进行封锁。空中力量的使用发挥了决定性作用，国民军最终于1939年大获全胜。

纳粹空军从陆空结合的军事实践经验中获益，总结出了相关结论。与此同时，全世界关注的焦点却只有一个：对平民的恐怖性轰炸。在西班牙内战的空中作战里，这是次要的，但却是引发伦敦、巴黎甚至纽约市民恐惧和焦虑的核心因素，纽约市民看到发生在西班牙的战争，不禁会想到自己将来可能面对的命运。西班牙冲突的双方不时会轰炸对方控制的城镇，但德国和意大利空军有更多的机会造成对方严重伤亡。1937年4月，巴斯克小镇格尔尼卡（Guernica）被炸毁，共和军掌控的马德里地区从1936年后就开始间歇遭受空中炸弹轰炸，1938年3月，意大利军队对加泰罗尼亚地区的巴塞罗那进行了持续3天的狂轰滥炸，造成约1300人死亡。

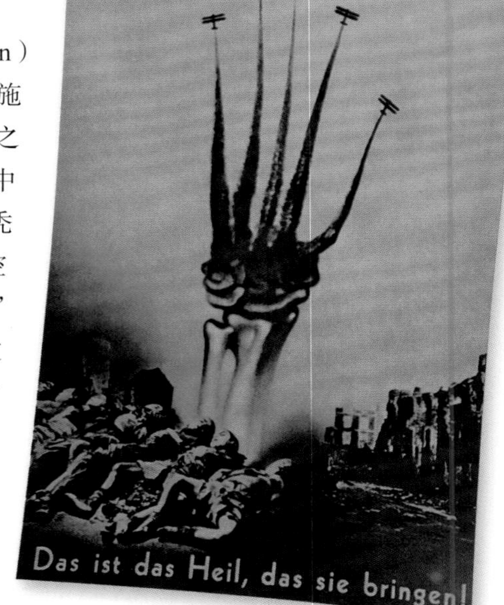

恐怖性轰炸

一张西班牙共和政府宣传海报极为强有力地抨击了德国在1937年轰炸格尔尼卡的行径：“这就是他们打招呼说‘嗨’的方式。”

平民的反应

毫无疑问，空袭吓坏了市民们。埃斯蒙德·罗米利（Esmond Romilly）是共和军的一位英国志愿者，曾如此描述自己在马德里空袭中被困在地铁站的经历：“拥挤的人群惊慌失措，根本无法移动……女人们在尖叫，男人们在楼梯上争抢着要进入避难所。”美国陆军军官斯蒂芬·O. 富卡（Stephen O. Fuqua）则描述了坐在巴士上或者路边小餐馆餐桌旁的市民被突然炸成碎片的情景——接着，他看到餐馆服务员“把人体残骸清理到了箱子里”。

尽管非常恐怖，但市民们显然很快就学会了如何从心理上应对轰炸的威胁。根据在西班牙的经验，“秃鹰军团”评估长期“无明确军事目标的毁灭性轰炸”可能会让公众的抵抗更加顽强，而不是削减士气。这和世界上大部分政治和军事领袖得出的结论不同。

人们看到什么，就会期待什么，格尔尼卡的例子尤其让人们坚信在大规模战争的初期阶段，城市很快就会被摧毁。

警惕的市民

图为共和政府控制的西班牙巴斯克地区毕尔巴鄂港（Bilbao），当空中出现飞机时，市民们正提心吊胆地在行走。1937年4月，在西班牙内战中支持国民军阵营的德国“秃鹰军团”与意大利航空兵团的战机对毕尔巴鄂进行了轰炸。

意大利的“支援”

西班牙内战期间，意大利萨伏亚-马彻蒂SM.81轰炸机被用于支援佛朗哥的国民军以及袭击城市。照片中的SM.81由菲亚特CR.32双翼战斗机在护航。

战争理论

与此同时，日本在1937年开始全面侵略中国，再次证明空中力量的有效和可怕，战争期间，上海、南京等城市均曾遭遇侵略者残忍的狂轰滥炸。

这引起了美国政府的强烈反对，随着轰炸平民事件不断发生，美国政府倾向于站在道德高地之上。国务卿科德尔·赫尔（Cordell Hull）谈到巴塞罗那轰炸时说：“在任何战争理论中，这种行径都是不合法

格尔尼卡的毁灭

1937年4月26日，星期一，是历史悠久的巴斯克小镇格尔尼卡的集市日。下午4点半左右，正值小镇最拥挤的时候，“秃鹰军团”的43架飞机——亨克尔He111中型轰炸机、He51战斗机与被当成轰炸机使用的Ju52运输机——发动了第一波攻击，整场血腥攻击持续了三个多小时。德国飞机投下烈性炸弹和燃烧弹，摧毁了一半城镇。巴斯克天主教神父艾尔贝托·奥纳因迪亚（Alberto Onaindia）描述了世界末日般的场景：“不到5分钟，天空黑压压的全是德国飞机。这些飞机飞得很低，机枪对着树林和道路扫射，老人、妇女和孩子抱在一起，躺在路边的水沟里……大火蔓延到整个城市。到处是哀恸的呼号。满怀恐惧的人们跪在地上向天空举起双手……”

秃鹰军团

这张明信片的照片中，西班牙和“秃鹰军团”的旗帜并排游行。袭击了格尔尼卡的“秃鹰军团”由希特勒迅速发展的德国空军中水平最高的飞行员组成。

次日，外国记者抵达现场，图文并茂地描述了这场灾难。国民军和德国在很长时间内否认格尔尼卡被完全炸毁。后来，他们更加无耻地辩称格尔尼卡是重要的军事目标，因为它有后备军队，还是交通要道。但共和政府在宣传中获胜，格尔尼卡成为纳粹主义和空中恐怖轰炸罪行的象征。艺术家巴勃罗·毕加索曾受委托为巴黎世博会的西班牙共和国展馆创造一件大型艺术品，历史表明他绘制的讽刺画作将成为人们永久纪念此次事件的寄托。

毁灭的象征

在这场被公认为针对平民的恐怖性蓄意袭击中，德国轰炸机共投下45000千克（100000磅）炸弹，格尔尼卡成为一片废墟，约有1600人丧生。

的。”1938年6月，参议院通过一项决议，谴责“对平民的野蛮轰炸”。然而，罗斯福政府仍然在为美国远程轰炸机部队寻求更多资金，认为阻止敌人轰炸己方城市的最佳方法是威胁对方会以牙还牙。

应对轰炸威胁的另一举措是做好空防，拦阻攻击，发展民防，减少伤亡。防空的概念在把战略轰炸作为取胜法宝的空军指挥官中并不流行，他们在强调自己的轰炸机“所向披靡”的同时，不得不承认敌人的轰炸机也是如此。

但德国在西班牙发现轰炸机实际上是非常脆弱的——每次炸弹空袭都需要一队战斗机护航。在英国，政府掌管着皇家空军，20世纪30年代下半叶，政府坚持优先发展战斗机，并建设协同作战的防空体系。

防御措施

杜黑坚信轰炸机无可阻挡的原因之一，是它们可以出其不意，在战斗机赶来阻拦前攻击。然而在20世纪30年代，所有发达国家的各种雷达都得到发展和改良——尽管不是全部都应用于防空事业——能让地面控制站区分敌机和自家飞机的原始IFF系统（敌我识别系统）也问世了。

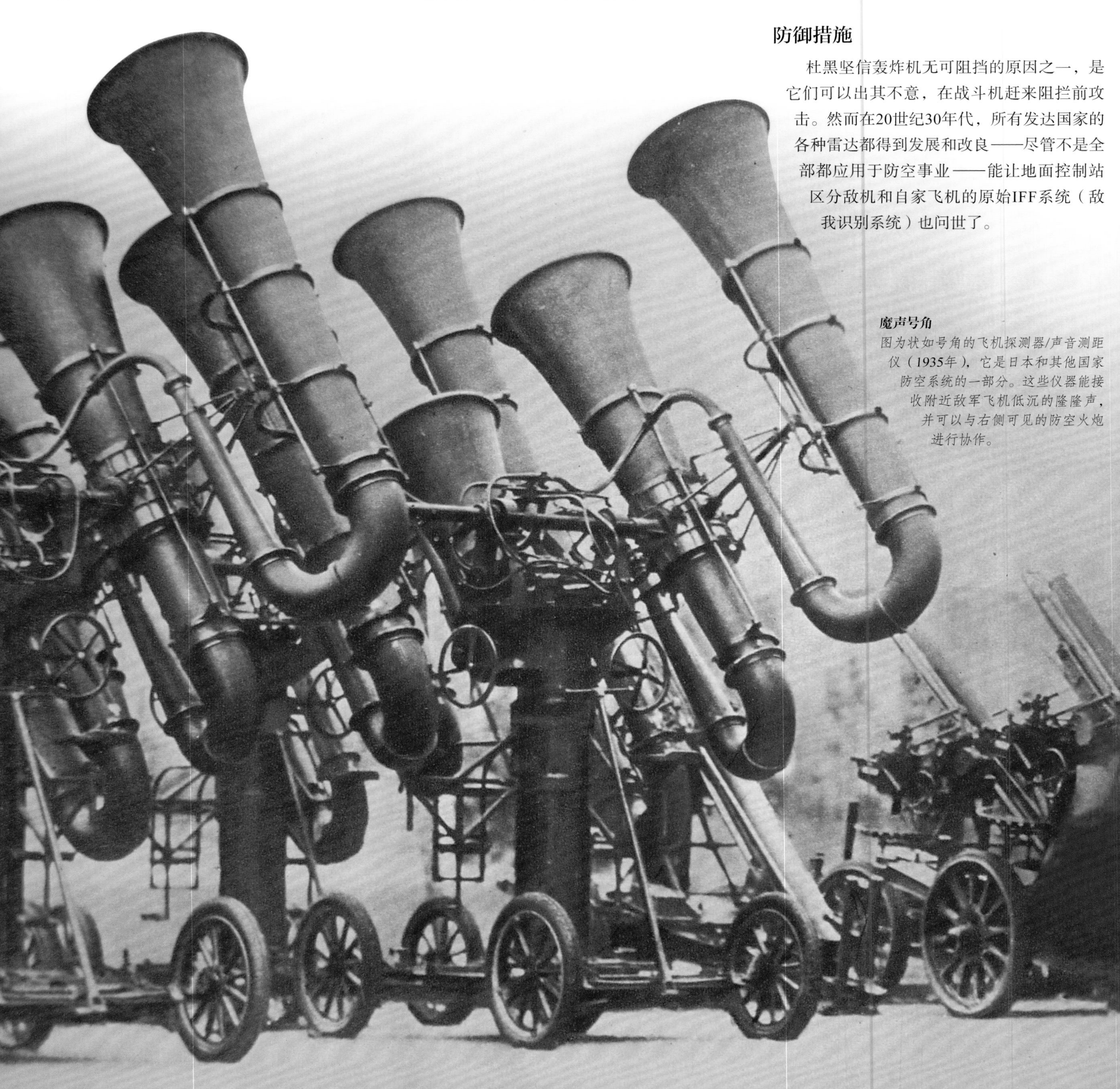

魔声号角

图为状如号角的飞机探测器/声音测距仪（1935年），它是日本和其他国家防空系统的一部分。这些仪器能接收附近敌军飞机低沉的隆隆声，并可以与右侧可见的防空火炮进行协作。

控制站采用发展于"一战"中的技术——通过在图板上推进模型追踪飞机动向，使用双向无线电线路向空中的飞行员发布指令——指挥截击机抵御入侵的轰炸机。

因为前线是海洋，而雷达在广阔的海洋上远比在陆地上有效，所以英国尤其做好准备要发展基于雷达的防御体系。对空袭的恐惧同样是一大动力。相较其他国家，轰炸机对英国人更具精神威慑力，因为在皇家海军的保护下，

"1938年我们眼中的空战，就像今天人们眼中的核战争一样。"

哈罗德·麦克米伦
前英国首相

他们一直认为自己可以免受异邦侵袭。英国航空高层告知政府，和德国开战的第一天，伦敦预计会有2万名平民死亡，第一个星期死亡人数可达15万人（事实上，在1939到1945年这6年的战争中，整个英国有29.5万人死于空袭）。当然，面对这种危言耸听的预测，欧洲掌权者表示，对希特勒在1938年迫切要求掌握战争的有利局势时忧心忡忡，担心空袭发生。他们最不想看到的就是战争引发灾难：城市就被瞬间摧毁，数万民众死亡。

第一批喷气式飞机

1939年8月27日，第二次世界大战爆发4天前，第一架喷气式飞机从德国马里奈赫机场起飞。试飞员埃里希·瓦兹茨驾驶小型亨克尔He178在空中停留了6分钟，开创了航空新纪元。飞机制造商恩斯特·亨克尔评论："发动机可怕的轰鸣声在我们耳中如同美妙的音乐。"

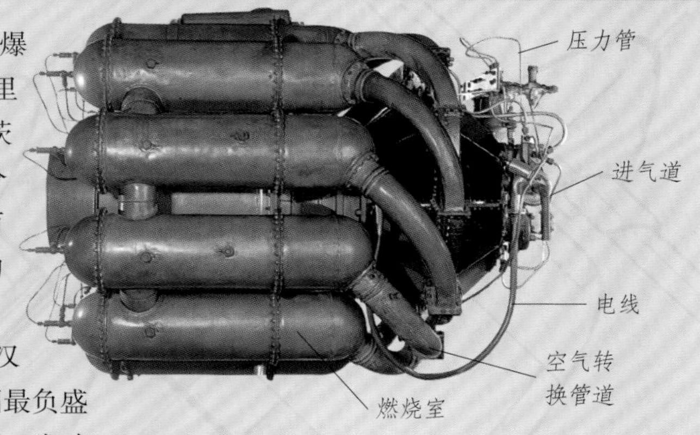

喷气推进发动机
惠特尔的喷气发动机的工作原理是进气、压缩、混合燃料点燃和排气。它比螺旋桨发动机快，且更节省燃料。

轰鸣的涡轮喷气发动机的概念是汉斯·冯·奥海因提出的，他毕业于德国最负盛名的理论航空家聚集地哥廷根大学。这一发动机遵循牛顿第三定律，利用燃气涡轮喷出气体。飞机在运动时划过空气；在压缩空气中混入燃料并点着；发动机向后喷出的热气推动飞机前进。

20世纪30年代，许多人研究利用燃气涡轮实现喷气推进，奥海因只是其中一位。英国皇家空军的弗兰克·惠特尔上尉也是一位，早在1930年，他就获得了喷气发动机的第一份专利。当惠特尔克服资金困难和政府漠视，致力建造他的发动机时，奥海因和助手马克斯·哈恩却得到亨克尔与德国空军部的支持。结果，英国第一架喷气式飞机原型格洛斯特E.28/39在1941年飞行时，德国已经开始着手制造实用的喷气式军用飞机了。

第一架喷气式飞机
1939年8月，埃里希·瓦兹茨驾驶世界上第一架喷气式飞机He178升空，该机最大速度超过640千米/小时。

回首当时，英国政治家、前首相哈罗德·麦克米伦评价道："1938年我们眼中的空战，就像今天人们眼中的核战争一样。"换句话说，在人们眼中，空袭不仅会在短时间内导致伤亡惨重，还会彻底摧毁文明。战争在即，1939年，发放防毒面具、建设防空洞、疏散儿童等计划尘埃落定。战争预备阶段，由1933年H. G. 威尔斯小说改编的知名科幻电影《笃定发生》（*Things to Come*，1936）中，世界在遭遇空袭后终成一片废墟，观众仿佛看到了自己的未来。1932年，目睹军用飞机在英格兰乡村上空盘旋后，英国诗人西格里夫·萨松（Siegfried Sassoon）曾预言，有一天，"飞行将成为恐惧的代名词"。但对许多人而言，这一天已经到来了。

世界的空袭之难
改编自H. G. 威尔斯科幻小说的电影《笃定发生》，生动形象地描述了在一场长达20年的战争的炸弹空袭后，地球成了一片废墟。

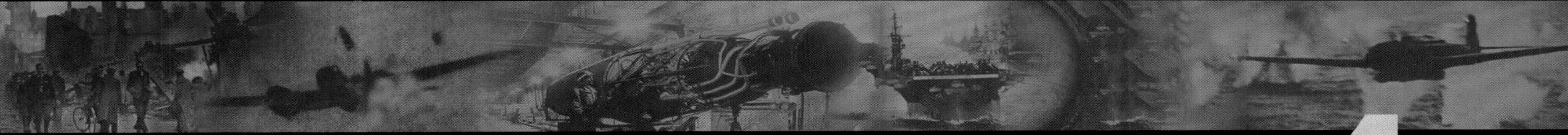

空中争夺战

4

在第二次世界大战中，飞机是主力军，在战争爆发前，参战飞机就已经处于筹备阶段了。虽然喷气式飞机和导弹在战争后期发挥了一定作用，但战争年代主要的技术进步集中于雷达和其他电子设备领域。而真正的创新则在于飞机的大规模生产和使用，有时，执行一次任务就要出动一千余架飞机。飞机在军事行动中的角色至关重要，它们可为地面部队提供机动能力、物资和火力支援。太平洋的海战演变成航空母舰之间的远程对抗。然而，飞机最壮观的用途是战略轰炸。摧毁敌方生产力、瓦解敌方作战意志的努力在向日本投掷原子弹时达到巅峰，开启了战争新时代。

昼间轰炸机

1940年9月7日，德国空军对英国首都实施第一次蓄意轰炸。轰炸当天，一架亨克尔He111轰炸机在伦敦码头区上空飞行。随着战争的推进，从空中轰炸城市变得愈来愈猛烈。

制空权

第二次世界大战爆发后，地面部队暴露在空中火炮之下，飞机成为军事行动取得胜利的关键要素。

1939年9月1日，德国入侵波兰。4个星期后，波兰军队投降，国土也被瓜分。这场闪电战终结了此前人们对空中力量重要性的所有质疑。纳粹德国空军派遣了大约2000架飞机到波兰战场，虽然参战规模远小于“二战”后期，但足够打败只有几百架飞机的波兰空军了，更何况德国飞行员战斗技巧较高。德国飞机获得了制空权，打击波兰地面部队，为装甲突击清理道路，破坏波兰的铁路和公路网，发动最具毁灭性的恐怖轰炸，使华沙大部分城区成为燃烧的废墟。

波兰战役是闪电战的第一次展示，凭借一连串这种具有毁灭性的短期机动战役，德国人在1940年4月攻占了丹麦和挪威，同年5月到6月占领法国和低地国家（对欧洲西北沿海地区的荷兰，比利时和卢森堡的统称），1941年春天占领南斯拉夫和希腊，1941年末时占领了远达莫斯科郊区的苏联国土。德国的连胜在很大程度上就是依靠空中力量。20世纪30年代，人们已经预想到战略轰炸的巨大破坏力，但直到战争后期它才真正实现。

“雷电”战斗轰炸机

共和P-47“雷电”是“二战”期间产量最大的美国战斗机。这种体积庞大的单座重型战斗机在空战和对地攻击中都非常有效。“二战”时欧洲战场的美国头号王牌飞行员弗朗西斯·S. 加布雷斯基（Francis S. Gabreski）就是驾驶这种飞机赢得了28次空战胜利。

然而，从一开始，空中力量就左右着成败。失去制空权的国家发现自己的陆军和海军在战斗中毫无胜算。德军在“二战”爆发后两年之内遭遇的唯一挫折就是没能征服英国——直接原因则是1940年德国空军没能赢得南部英格兰地区的制空权。

“斯图卡”飞行员

一位德国俯冲轰炸机飞行员坐在拥挤的双座机舱内——机尾炮手则在其后方掩护他和飞机。

德国占优势

德国空军在战争早期处于优势地位，不仅仅是因为其装备在数量和质量上占据绝对优势。德国空军的手段其实是非常原始简单的，比如轰炸华沙时，Ju52飞机乘员还是用铲子把零散的燃烧弹从飞机侧门扔下去的。战争刚开始时，梅塞施密特Bf109战斗机甚至还没有装备无线电，飞行员只能通过摆动机翼互相沟通。但德国空军飞行员训练有素，数量和技术优势让他们占据了上风。最重要的是，德国的战术判断相当准确，使空中力量影响了战斗进程。

1940年5月到6月的法国战役令英法两国的飞行员和指挥官们大为震惊。他们原本预料会是1914~1918年西线战场上的拉锯战重演，却在几天内就溃不成军，发现自己不仅战场失利且思想也落伍了。德军从一开始就掌握了制空权，通过袭击机场、有效使用高射炮和空战摧毁同盟国飞机。德军指挥官严格遵循集中兵力的原则，派遣大量飞机攻击战场重要节点，使在前线零落分散的英军和法军飞行员不知所措。而许多飞机性能不佳，更让盟军的困境雪上加霜。

“闪电战”机器

“二战”初期的闪电攻击中，下方照片所示的容克斯Ju87斯图卡俯冲轰炸机作为飞行火炮支援德国装甲部队作战。尽管威名赫赫，但“斯图卡”速度缓慢，很容易被战斗机击落。

在德国空军的梅塞施密特战斗机面前，英国皇家空军的费尔雷“战斗”轻型轰炸机和法国莫拉纳–索尼埃M.S.406战斗机不过是炮灰而已。

而可以和德国战斗机一较高下的“飓风”和“喷火”也很快撤回英国，因为已经没有可供盟军飞机使用的机场了。

英国皇家空军和法国空军还没有建立起陆空协同作战的有效体系，但德国空军已经形成兼具威慑力和机动性的一体化战略。德国空军从没有就空军是否应该“独立”或隶属于其他军种展开无谓争辩，他们有时利用飞机直接支持地面作战，有时实施广泛封锁，进而演变成战略轰炸，袭击敌方的工厂和城市。

飞行火炮

闪电战战术最突出的一点就是飞机作为“飞行火炮”为装甲和机械化部队提供火力支援。地面上，德国空军联络官被派到装甲部队中，配合军事行动指挥空袭，空军部队追随快速推进的前线时，后勤部门则为他们提供燃油和军需保障。德国人还清楚地认识到战争可能造成的心理影响，尤其是空袭会让地面部队丧失斗志这一点。“二战”闪电战时期最知名且令人生畏的Ju87斯图卡飞机其实在性能方面已经落伍，这种双座飞机载弹量较少，还是固定式起落架。但作战时，它恐怖的尖啸声会让被攻击者充满恐惧。该机能对桥梁、铁路交汇点等交通要道进行精确轰炸，形成密集编队后，能对地面部队或船只造成致命打击——就像1940年4月的挪威战役中“那样”。

地面支持

图为德军地勤人员正在对一架道尼尔Do17轰炸机进行维护和加油。德国空军的地勤组织严谨有序，在风云变幻的战场上保障着空中作战行动。

紧张的战斗

在第二次世界大战的空战中，单翼战斗机的速度之快挑战着飞行员反应时间的极限。1941年的一天，后来成为作家的英国皇家空军飞行员罗尔德·达尔（Roald Dahl）正在希腊飞行员上空飞行，遭遇了大批德国空军飞机：

“我还记得，那天上午在雅典上空，我们紧密的‘飓风’战斗机小型编队分散开来，被敌机包围。敌人从上空和后方涌来，并从正前方发起迎头攻击。我尽可能操纵‘飓风’兜圈子，一看到德国人就扣动扳机。这是我一生中最紧张，在某种程度上也是最激动兴奋的时刻。我瞥到有的飞机发动机后面冒着黑烟，也看到了梅塞施密特战斗机开火时机翼上喷出的红色亮光，又看到有一个人镇定地爬出着火的‘飓风’并从机翼上跳了下去……”

幸免于难后降落在机场时，达尔已经汗流浃背，汗水滴落在地面上，他的手止不住地颤抖，连烟都点不着。

“飓风”部队

悉尼·卡姆（Sydney Camm）设计的霍克“飓风”是英国皇家空军中的第一种单翼战斗机，也是不列颠之战中战斗机指挥部的中流砥柱。尽管不如梅塞施密特速度快，但它更擅长急转弯，适于空中格斗。

“目之所及都是黑压压一片敌机，从四面八方朝我呼啸而来。”

罗尔德·达尔

英国皇家空军飞行员兼作家

“斯图卡”飞行员一般是编队作战，在编队指挥官率领下翻滚着脱离编队后，即开始俯冲。俯冲到快与地面垂直时，飞机加速到480千米/小时（300英里/小时）以上，这时空气制动器启动，避免飞机因速度过快而解体。

盟军飞行员和高射炮手很快就注意到“斯图卡”在退出俯冲时极其脆弱。这个时候，飞机速度达到最低，飞行员忙于使飞机恢复水平飞行。其飞行速度减少了大约160千米/小时（100英里/小时），操纵性很差，很容易被敌军战斗机捕获。随着德国空军失去制空权，“斯图卡”就不复往日的辉煌了。

战争最初几年得出的一个普遍教训，就是所有轰炸机都无法抵御战斗机的攻击。1940年6月的敦刻尔克大撤退中，不只是“斯图卡”，还有He111、Ju88等——后者高速敏捷，后来改装成为夜间战斗机——都曾遭遇英国皇家空军“飓风”和“喷火”战斗机的沉重打击。

不列颠之战再次验证了这一点。单座战斗机称霸着天空（至少白天如此），与“一战”相同，空战时双方战斗机之间的近距格斗，瞬间反应就能够决定生死。

空降入侵

在支援陆军作战时，德国空军尝试使用伞降或滑翔机把部队空运到作战地点。这种新颖的军事战术最成功的战例之一，就是德军在1940年5月10日攻占比利时坚固的埃本埃马尔要塞（Eben Emael）。

当时，41架Ju52运输机各自牵引着一架载有空降突击队的滑翔机，在夜色的掩护下飞离德国，靠地面信号塔指引向着比利时边界飞去。第一道曙光洒落时，被释放的滑翔机大部分降落在堡垒之上，或者落在要塞附近。驻守埃本埃马尔的1000多名盟军士兵大吃一惊，很快就投降了。

德国最为“辉煌”的一次空降突击是在1941年5月入侵地中海克里特岛——这也是历史上第一次纯粹的空降入侵。

当时，大约5000名伞兵被空投到这个由将近3万名英国和英联邦士兵驻守的岛屿之上。他们首先占攻了马拉姆机场，使德国空军运输机能够运来大批增援部队和重型装备。然而，即使是克里特岛的行动也暴露出空降突击的缺陷。第一批降落的伞兵中有多人死亡，他们要么在毫无防备的下降过程中被杀，要么在刚落地解除跳伞装置时被杀，或者后来被英国及英联邦军队的坚决抵抗消灭。克里特岛行动的成功归功于飞机进行的有效的近距空中支援，以及持续不断地对初始突击力量进行兵员补充和物资供给。

全球冲突

1941年末，冲突从欧洲蔓延到全球，苏联、美国和日本先后加入战局。然而冲突双方的战争手段截然不同。当时的德国、意大利和日本军阀主义政府都鼓励武士精神，故意片面夸大战争是锻造钢铁意志的有利熔炉。

这些法西斯国家要求空军人员凭借血气之勇、无情侵略、无私奉献等军国主义精神取胜。美国、英国甚至苏联的态度则更为实际，也更为讲求实效。苏联虽然也一直号召人们为国家牺牲小我，但与其他盟国一样，明白战争获胜的关键在于经济组织而非尚武精神。

空中的胜利更需要驾机参战飞行员勇敢无畏、技术高超，地勤工作人员坚持不懈的支援保障，工程技术人员建设机场的努力，以及科学家、飞机设计者的创新精神。归根结底，工业产能才是保证空中战争取得最终胜利的关键所在。

生产力等级

在第二次世界大战中，主要参战国的生产力水平有天壤之别。随着空战需求的增强，日本和意大利根本没有继续下去的工业能力和高端产品。

德国则原则上拥有工厂和专家，但却没有好好利用。

因组织混乱、无力调配资源、决策失误，德国只是在1943~1944年间才达到巅峰状态，那时，航空部门被要求在空中轰炸密集、必要资源极度稀缺的条件下创造奇迹。

另一方面，英国的航空工业势头良好——它有能力弥补前线飞机的损失，这也是英国能撑过不列颠之战的主要原因之一。

苏联战时飞机工业成绩突出，考虑到1941年6月德国入侵造成的影响，这样的成就更是不易。尽管条件简陋，缺少娴熟工人、原材料和机械工具，苏联仍然生产出了大量性能优异的飞机。

然而，在大规模生产方面，美国是无与伦比的。

“二战”时期美国航空工业以风驰电掣般的速度极速扩张，总体效率惊人。道格拉斯公司就是产出规模程度的典范。截至1941年，它总共才生产了不足1000架DC-3客运飞机，但在整个第二次世界大战期间，它却生产了约10000架C-47s军用运输机。

容克斯Ju52/3m

绰号“容克斯大婶”的Ju52/3m运输机深受飞行员的喜爱。该机采用波纹铝蒙皮和老式三发动机布局，造型并不优雅。而且，它在飞行时噪音巨大，速度极慢——道格拉斯C-47可以轻松超越它。然而，最终仍有4800多架Ju52/3m问世，是产量最大的欧洲运输机。

最初作为客机设计的Ju52/3m用途广泛，轮廓鲜明，稳定可靠，主要用来运输军队和物资。西班牙内战爆发后，它们被用来把佛朗哥的军队空运到西班牙。“二战”期间，它是德国空军最重要的运输机，可以在任何天气条件下运行，飞越最荒凉贫瘠的地域，从冰雪覆盖的苏联到突尼斯的沙漠，从挪威峡湾到克里特群山。

1941年5月，在一次大规模的空降突击行动中，将近有500架Ju52/3m将伞兵从希腊本土空投到克里特岛上。在1942年至1943年可怕的冬季里，它们利用斯大林格勒附近结冰的跑道空运物资，疏散伤员。战争最后阶段，德国即将战败，但乘坐这种从未令他们失望的飞机，军人们似乎还是获得了一些慰藉。

狭窄的过道
Ju52/3m飞机的机舱狭长，两侧各有一排座椅，最多可容纳18位乘客。最初的单引擎Ju52飞机于1930年首飞，被用作民用运输机。

运输补给

右图为1940年4月德国入侵挪威时，一架Ju52/3m通过伞降空投补给。

喧闹的飞行

容克斯Ju52/3m飞行时噪音很大，会令机舱内的士兵或乘客感到不快，但更靠近飞机3个发动机的飞行员境况更糟。

坚固的发动机

左图为两位工程师在对Ju52/3m上的一台BMW星形发动机进行必要保养——发动机是飞机卓越可靠性的秘密之一。

多功能飞机

棱角分明的容克斯Ju52/3m飞机用途广泛，可以载客、运货、运输军队、实施轰炸、反水雷、拖曳滑翔机等，还能发挥救护车的功效。

普遍特征

这架修复后的容克斯Ju52/3m飞机如今主要用于纪念飞行，展示了容克斯系列飞机的许多特性，比如波纹铝蒙皮、固定式起落架和开缝副翼等。

技术参数

发动机：3×830 马力 BMW132T 星形发动机	
翼展：29.2 米（95 英尺 10 英寸）	
机长：18.9 米（62 英尺）	
巡航速度：265 千米 / 小时（165 英里 / 小时）	
机组人员：3	
乘客：18	

ZH T

从1941到1945年，道格拉斯总共生产了将近3万架飞机。飞机制造商产量扩大的同时，美国人也把汽车工厂转变为飞机制造工厂。

迅速扩张可能会导致生产质量严重下降，因为必须雇用大量没有接受过专门培训的工人。然而，飞机设计经过巧妙改良后，能在降低工人技术水平要求的同时实现批量生产。美国战时飞机工业的成就不是美国成为世界工业最强国的自发结果。它的成功也理所当然，是组织得当和发挥才智的壮举。

追忆往昔，美国在1941年12月的参战，就意味着德国和日本注定会失败，但仍需要长时间的努力才能使生产力和人力资源足以影响战局。经过艰难的学习之后，美国和盟军的空中力量才能与德军相匹敌。总之，盟军胜在飞机性能、飞行员训练水平和经验的不断提高和积累，而敌人则损失了经验丰富的飞行员且没有足够补充，还被迫沿用战争开始时的老机型作战。秉着“强中自有强中手”的精神，盟军在近距支援、空中封锁、发动更大胆的空降攻势等方面均赶超了德国。

缅甸空投

空中生命线

1944年，盟军部队在缅甸丛林中与日军作战，依靠空投来提供补给。日本空中力量已经被逐出天空，而盟军运输机活动自如，如入无人之境。

乔治·麦克唐纳·弗雷泽（George Macdonald Fraser），1944年在缅甸丛林密特拉（Meiktila）作战的一位苏格兰士兵，在地面上目睹了道格拉斯C-47运输机从空中投放补给时的情景：“第一架‘达科他’大型运输机嗡嗡驶近，在我们脑袋上方的空投区盘旋，可以看见锡克士兵站在敞开的舱门口准备卸载。随后而来的飞机也跟着慢慢转圈，在运输机丢出巨大包裹时微微倾斜转弯。这场景很壮观，飞机在阳光下闪闪发亮，包裹如雨般洒落……大多数帆布包自由降落，砰地落在稻田里，响声巨大，激起团团灰尘……

“我看见一个投放轨迹有所偏颇的包裹落在空投区旁边的一辆吉普车上，直接击中了发动机盖，把汽车压成了变形的残骸……”

亚洲的战争

战争规模的扩大需要飞行员和地勤人员能在世界上最恶劣的地域和气候下活动。1942到1943年与德军非洲军团作战时，盟军正是在撒哈拉沙漠上学会了如何有效利用空中力量对抗地面部队。这里的飞行条件很好，但使飞机发动机如何不被沙子阻塞又是个严峻问题，考验着技术人员的聪明才智。

中缅战场要求更高，这里也成为“二战”中许多传奇空战的发生地。1941到1942年，先是在仰光，尔后在中国南部，克莱尔·陈纳德率领独立的骁勇善战的美国志愿航空队——“飞虎队”这个名字更令人熟知——使用寇蒂斯P-40战斗机面对数量上占优势的日本空中力量并使之遭到严重损失。奥德·温盖特（Orde Wingate）将军的“钦迪特”远程突击队在日军占领的缅甸丛林中发动了漂亮的游击战。菲利普·科克伦（Philip Cochran）上校成立的美国空中突击队则提供飞机支援温盖特的奇袭行动，这支突击队拥有滑翔机、C-47运输机、北美P-51“野马”战斗机，甚至还有几架早期的西科斯基直升机。

最大胆的一次行动是在1944年3月，科克伦的67架“达科他”运输机拖曳着搭载钦迪特士兵、美国工程师、推土机及其他重型设备的滑翔机深入缅甸境内，释放并让滑翔机飞落到丛林空地上。他们在那里建造了飞机起降跑道，让运输机在次日晚上返回，然后带来增援部队、炮火、吉普车和一千多头骡子。然而事情并不顺利，第一批滑翔机中有一半迷航了，但用温盖特的话说，这“让他们深入了敌军腹地”。

为胜利生产

战争期间，美国工厂总共生产了18000多架四发联合B-24“解放者”轰炸机，平均日产十余架。能以前所未有的规模生产飞机，在夺取制空权时就会具有压倒性优势，因为敌方达不到同等规模。

“飞鲨”

1941下半年，在北非的英国皇家空军112飞行中队采用了特色鲜明的鲨鱼嘴装饰。

以印度北部为基地的美国和英国运输机不仅为盟军提供补给，在日本切断滇缅公路后，它们也成为中国的唯一供给途径，并且为在中国西南部的美军提供支持。1942到1945年间，所有的汽车、武器、弹药和燃料都是经“驼峰航线”运输的，这条航线由印度阿萨姆邦汀江出发，越过喜马拉雅山脉抵达昆明。它被公认为“二战”中运输机最艰难的飞行航线——航程为800千米（500英里），C-47，C-54和其他运输机需要跨越海拔高达5000多米（16000英尺）的山峰。

飞到河谷地带时，飞行员会遭遇到强烈乱流；如果戴上氧气面罩进行高空飞行，则要冒飞机结冰的危险。季风时节，浓云掩没了山脊和河谷；在大部分航程中，飞行员都看不见地面，只能依靠仪表飞行。因此数百名飞行员在飞越驼峰时牺牲——航线上布满了残骸——然而，至战争结束时，共有约66万吨补给运达目的地。这种经历对飞行员而言也可能没那么恐怖。英国皇家空军的一名飞行员记录他在一个月光皎洁的晚上驾驶“达科他”跨越喜马拉雅山时，无线电里还播放着BBC频道的一档关于古典音乐的精彩节目。

冬季战争

下图为苏联地勤人员正在冬季的恶劣条件下为一架轰炸机挂载鱼雷。这架飞机是英国制造的汉德利·佩奇“汉普登”双发动机轰炸机，机翼上涂有苏联红星标志。

飞越驼峰

一架C-47在跨越喜马拉雅山脉的印度–中国补给航线上飞行。跨越地带运输物资是项前所未有的挑战。众多盟军飞行员以生命为代价，证实这是可以做到的，他们为中国抗日战场运送了大批食物、燃油和军需品。

苏联的冬天

在苏联的冬季进行飞行，对飞行员来说，其恶劣的条件是最为艰巨的考验。德国空军和陆军都没做好准备应对低至零下50摄氏度的严寒。在坚硬的冰雪上起降并不困难，但保持飞机正常运转简直就是个噩梦。燃油箱和发动机润滑剂冻住了，液压泵发生故障，橡胶轮胎发脆裂开，飞行仪表和无线电也无法工作。通常只有四分之一的飞机可以飞行。

然而，在这样的恶劣条件下，德国空军依然完成了几次重要的空中补给行动。

1941年冬天，10万名士兵在德米扬斯克（Demyansk）被苏军包围，一支由Ju52和临时改作运输机的轰炸机组成的机群为他们提供了连续3个月的空运补给。

次年冬天，希特勒下令德国空军在斯大林格勒故技重演，但这时他们已经心有余而力不足了。1942年11月，弗里德里希·威廉·恩斯特·保卢斯（Friedrich Wilhelm Ernst Paulus）上将的第6集团军的25万人陷入苏军包围圈，每天至少需要300吨空投物资才能得以为继。但德国空军最初最多只能投送三分之一的物资，且数天后就完全停止了。

斯大林格勒空运

对德国空军而言，斯大林格勒空投是个人英雄主义、集体灾难和组织混乱的集合体。地勤人员和飞行员们都住在跑道边临时搭建的冰冷帐篷里，忍受着刺骨严寒和苏军的持续空袭。仓促组成的运输队群鱼龙混杂，Ju52和亨克尔He111轰炸机是主力军，教练机和通信联络机也在其中，甚至还有18架四发动机福克–伍尔夫“秃鹫”飞机。地勤人员夜以继日地在冰天雪地里工作，保障飞机的正常飞行——有时，正在修理发动机的机械师会冻得粘在机器上。飞行员经常在能见度几乎为零的情况下起飞和降落。

在往返斯大林格勒皮托姆尼克（Pitomnek）机场时，运输机经常受到苏军战斗机和高射炮的袭击。有时他们会在炮火攻击中降落，飞机上满是弹痕，一片狼藉。惨痛的事故时常发生：一架载满伤兵的运输机刚一起飞就坠毁了，显然是因为飞机升空时，伤员滑到了飞机的后部；从即将被苏军坦克攻下的塔钦斯卡亚（Tazinskaya）机场紧急撤退时，180架Ju52损毁了近三分之一，许多飞机在混乱逃亡中因和友机相撞而损毁。

跳伞与滑翔机

启动重大空降作战是“二战”中最为壮观的场景之一，天空中密密麻麻地排列着数百架装载伞兵和拖曳滑翔机的运输机。不幸的是，这种井然有序的场面在降落区上空会演变成混乱不堪。飞行员皮埃尔·克洛斯特曼（Pierre Clostermann）将1945年3月盟军在莱茵河东岸展开空降突袭时的场景堪比“世界末日：数千个白色降落伞在重型、中型和轻型高射炮组成的地狱般的火力网中降落，与此同时，‘达科他’运输机葬身火海，滑翔机撞到高压电线上，溅出蓝色火花”。

德国在战争早期的成功令美国和英国认识到空降作战的价值。但空降袭击技术难度很高。如果没有达到出其不意的效果，伞兵将会陷入极度危险的境地。即使经过严苛训练，伞兵部队在着陆时也会非常分散，或与装备分离。当敌军有所行动时，伞兵需要迅速同地面友军部队合作，或者接受近地支援和空中再补给。

滑翔机可以运载吉普、轻型火炮等装备和士兵。在一架滑翔机上，飞行员和副驾驶并排而坐，通过牵引绳索上的电话线与拖曳机飞行员沟通。他们的工作并不轻松。如果遭遇乱流，或者滑翔机不小心误入拖曳机的尾流中，牵引绳索就可能会断掉，滑翔机因而生死难测。抵达目标区域的滑翔机必须以高达110千米/小时（70英里/小时）的速度降落，而无论地况如何。当然，降落事故时有发生。

盟军的大规模空降作战——比如诺曼底登陆期间和1944年9月失败的“市场花园行动”——极少会按计划进行，但有时也成效显著。

“市场花园行动”
1944年9月17日，约1万名盟军伞兵通过伞降和滑翔机被送往德军占领的荷兰，准备夺取马斯河、瓦尔河和莱茵河上的几座重要桥梁。但这次行动没有彻底实现目标，因为没能拿下防卫森严的阿纳姆大桥。

> “数千个白色降落伞在高射炮地狱般的火力网中飘落，与此同时，‘达科他’运输机葬身火海。”
>
> **皮埃尔·克洛斯特曼**
> **如此描述1945年莱茵河空降突袭时的场景**

可伞降的摩托车
第二次世界大战期间，通常利用伞降空投装有武器、弹药、无线电，甚至图示摩托车等物资的箱子来支援部队。伞降物资经常还有更大型的装备，比如吉普车，需要多达四个降落伞才能安全着陆。

登上飞机
1942年的一次演习中，英国伞兵列队进入一架“莽汉”滑翔机。空降部队很快被誉为战斗精英，开辟了战争新领域，让将领们得以把军队投送安插到敌军后方，夺取桥梁、机场等关键地点。

从1942年11月到1943年1月末保卢斯投降，德国空军共损失了490架运输机，其中包括266架Ju52和165架He111。

东线战场

1943年后，德国空军在东线战场上的消耗日趋严重，无法支撑，并且盟军对德国的战略轰炸更令其雪上加霜。在纳粹新任工业部长艾伯特·斯皮尔（Albert Speer）的领导下，德国飞机产量终于得以增长，德国空军仍然能让敌方损失惨重，但却改变不了战争必然会失败的命运。

德国通常把欠缺经验的飞行员和比较落伍的飞机送到东线战场，而把最好最新的留下来守卫本土。然而，德国空军飞行员在苏联的“战绩”令人震惊：头号王牌埃里希·哈特曼（Erich Hartmann）取得了352架胜利战果，还有6位德军飞行员的个人胜利纪录超过了200架。但是，苏联战斗机逐渐可以匹敌——雅科夫列夫雅克-9战斗机可以自如应对福克-伍尔夫和梅塞施密特飞机，夺取了纳粹空军的制空权。

双方的“坦克杀手”飞机——苏联的伊尔-2攻击机和拉沃契金拉-5，德国空军的亨舍尔Hs129和装有反坦克炮的Ju87“斯图卡”——在1943年7月的库尔斯克大型坦克大战和随后苏联击退德国军队时的装甲作战中发挥了重要作用。据估计，“斯图卡”飞行员汉斯-乌利希·鲁德尔（Hans-Ulrich Rudel）仅凭一己之力就摧毁了500余辆苏联坦克。但德国坦克也深受空袭之苦，苏联则更擅长补充替换损失掉的装甲兵力。空中战斗也是如此。德国空军宣称共击落了44000架苏联飞机，但战争后期的东线战场上，德国飞机在数量上仍处于劣势。

诺曼底登陆

在西线，空中力量是1944年6月诺曼底登陆获胜并开始向欧洲腹地进军的关键。战争开始时，美国和英国空军准备不足，没有直接支援地面部队作战。他们明白要掌握战场制空权，但却对为陆军提供近距空中支援兴趣索然。厌恶为陆军服务的空军高级将领在发展地空协同作战战术方面也毫无作为。

雅科夫列夫雅克-3

“应避免在5000米以下的空域同机鼻下没有滑油冷却器吸气口的雅科夫列夫战斗机作战。”

东线战场上的德国空军指挥官

在1944到1945年间东线战场上激烈的大规模战斗中，苏联设计师亚历山大·雅科夫列夫的雅克-3作为卓越的空中格斗机赢得赞誉。令德国空军震惊又沮丧的是，至少在低空领域，雅克-3要优于福克-伍尔夫Fw190和梅塞施密特Bf109。据说，在1944年7月，一支由18架雅克-3组成的空军中队与30架德国空军战斗机狭路相逢时，大获全胜，击落了15架敌机，自己则只损失一架。

紧凑的飞机

通过修剪雅克-1的构形，把机翼缩小，苏联设计师亚历山大·雅科夫列夫创造出了一种所向披靡的战斗机。

轻型格斗机

雅克-3飞机线条流畅、质量轻，无需强劲发动机就能实现其高性能。为限制重量，装甲和武器都被削减了。该飞机由与苏联协同作战的自由法国空军驾驶。

雅克-3是从1939年的雅克-1到战争晚期的雅克-9这一系列战斗机家族中的一员，是“二战”中最小巧轻盈的盟军战斗机。雅克-3是原型机雅克-1的最大程度修改版，包括把机鼻下的滑油冷却器吸气口换成翼根处的两个较小的冷却器吸气口。该飞机提速快、爬升率高、机动性完美。主要缺点是武器装备少，导致苏联飞行员在瞄准器套住一架德国战斗机时通常无法一击致命。

同许多成功的苏联飞机一样，雅克-3朴实无华，生产和使用都很经济实惠，可以在苏联严冬时节从被冰雪覆盖的机场起飞。苏联飞机工厂在德国入侵后迁徙到乌拉尔山脉另一侧，在普遍极度简陋艰难的条件下，有将近4900架雅克-3在“二战”中问世。雅克-3的卓越战绩部分由自由法国空军诺曼底–涅曼中队（Normandie-Niémen Squadron）实现，1942年起，该部队在东线战场上与苏军协同作战。1944年9月，在可供驾驶的美国、英国和苏联制战斗机中，他们选中了雅克-3。

视野清晰的驾驶舱
就如此结构紧凑的飞机而言，雅克-3的驾驶舱算是宽阔的了，因此很受飞行员欢迎。该机操作轻巧灵敏，正前方的座舱罩可以提供全方位良好视野。

苏联红星
雅克-3战斗机在对抗德军的激烈生死战中功勋卓著。在苏联冬季的恶劣条件下，它们比德国空军的战斗机表现更出色。

视野清晰的单座机舱

自由法国代表色

机鼻机炮

直列发动机的排气管

小型油冷器吸气口

起落架保护装置

冷却液散热器进气道

自由法国战斗机
东线战场上和苏军并肩作战的自由法国空军“诺曼底–涅曼”战斗机部队驾驶过好几种盟军制造的机型，但他们最爱雅克-3；在该部273架空战战果中，最后99架都是驾驶雅克-3取得的。

技术参数

发动机：1290 马力克里莫夫 VK-105PF2 液冷 V12 发动机	
翼展：9.2 米（30 英尺 2 英寸）	**机长**：8.5 米（27 英尺 10 英寸）
重量：2690 千克（5930 磅）	
最大速度：650 千米 / 小时（404 英里 / 小时）	**机组人员**：1
武器：1× 安装在机鼻的 20 毫米施瓦克机炮；2×12.7 毫米 UBS 机枪	

这些战术最终在战争中得以运用，起初还是在北非沙漠战中，尔后在1943年盟军进攻意大利时发扬光大。通过积累经验，盟军在诺曼底登陆时才得以准备充分地大规模使用飞机支援陆军作战。

如果没有制空权，盟军根本就不会尝试进行诺曼底登陆。事实上，大批盟军战斗机保护着地面部队在空运中免遭空袭，第一波攻击中还包括用降落伞和滑翔机空投三个空降师。盟军轰炸机和战斗轰炸机全面彻底地摧毁了法国西北部的桥梁和交通网，整个登陆作战地域都被隔绝了。德军试图运入增援部队和物资，却被巡逻飞机持续袭扰，导致其增援行动无法开展。在前线，重型轰炸机第一次用于对敌军阵地进行“地毯式轰炸”，为进攻做准备。在1944年，就炸药投送效率而言，没有地面炮火能匹敌一个轰炸机中队。

近空支援也会出现问题。人们努力令空中力量在正确的时间袭击正确的目标，但战争条件下这绝非易事。当烟雾、火光等帮助辨认目标的各种信号出现时，在地面上或者前线上空轻型飞机中（该时期的又一创新）的空中前进控制官会召集并引导空袭，但常常反应时间太长，准确性不足。盟军飞机还经常会击中自己的部队，以致士兵们倾向于对所有飞机开火，

强大的“台风”

1941年作为战斗机在英国皇家空军服役的霍克“台风”最初是失败之作，飞行时易发生发动机不稳定、结构损坏的情况。战争后期，它转而专职发动对地攻击，破坏力惊人，可以抵御敌军炮火，并挂载大量炸弹和空对地火箭弹。

诺曼底登陆

1944年6月6日，美国军队在反攻日涉水上岸。在反攻前，盟军已经夺取了制空权，密集轰炸法国北部的桥梁、公路以及铁路，使德国无法将增援部队紧急调遣到诺曼底。若非如此，这次大型两栖作战行动根本不会实施。

火箭攻击

左图为1944年从一架英国皇家空军“台风”战斗机上俯视它对诺曼底公路上德军汽车发射火箭弹的场景。“台风”因为能利用火箭弹攻击摧毁敌方坦克而名声显赫，尽管非制导武器命中目标的概率很低。

而不管是敌是友。有时，飞行员们也会被派到前线地面部队中度过一段时间，和他们互换视角，但收效甚微。

对地攻击飞机在1944到1945年西欧战场上的贡献是无可否认的。霍克“台风”和P-47“雷电”等战斗轰炸机可以使用机枪、机炮、炸弹与火箭进行攻击，打击力惊人，令人生畏。凝固汽油弹也被用于对地攻击。与东线战场的情况相同，即使拥有重型装甲的坦克也无法抵御空袭。1944年圣诞节期间，德国在阿登高地发动了最后反攻，就是因为当时的恶劣天气令盟军飞机无法行动。

盟军战斗机和战斗轰炸机在敌占区上空游荡——捕猎火车、袭击机场、扫射卡车车队——数量上占绝对劣势的德国飞机无法让它们遭受严重损失，但高射炮可以。在低空飞行，射击或轰炸有高射炮防卫的目标需要勇气和运气。除了可能被敌军炮火击中，还有直接与目标、建筑物或指示塔架相撞的危险。如果目标爆炸——比如它可能是辆弹药车——飞行员就会身处飞溅的道路裂片和汽车底盘碎片之中。大部分飞行员一致表示更喜欢空战的积极挑战，而不是面对地面炮火时消极无力的感觉。

势不可当

战争结束时，与德国和日本的空中力量相比，盟军具有压倒性优势。盟军空中作战的规模宏大。美国和英国在欧洲进行战略时，千机大轰炸空袭很常见。1944年9月阿纳姆空降行动首日，盟军动用了4000多架运输机、战斗机、轰炸机和滑翔机。在1945年3月对柏林的最后一击中，苏联空军在短短一天内飞行超过17500架次。整场战争中，美国制造了将近30万架军用飞机，训练了数十万飞行员。战争造成了毁灭性的惨痛损失，其中大部分就是因为空中力量的壮大造成的。但战争留下的另一传说也是前所未有的大规模飞行行动。

意外之灾

1943年，美国地勤人员在英格兰维护一架P-47“雷电”战斗机。机身下的副油箱可为增加航程提供燃油。因为和德国福克-伍尔夫Fw190十分相似，“雷电”有被友军炮火攻击的危险，为了避免混淆，它的引擎罩被涂成了白色。

为了胜利

“二战”期间，法国飞行员皮埃尔·克洛斯特曼为自由法国空军和英国皇家空军效力。他描述了在1944年冬天指挥4架“暴风”战斗机空袭一列火车的经历——他认为“这些工作残忍又不人道，但我们必须完成……因为战争就是战争”。

“4架‘暴风’战斗机在冰冷的空气中滑降到距离地面3000英尺（900米）的高度，昏暗黎明的第一道曙光洒落在光滑的机翼上。我们向火车倾斜，4只被冻僵的戴着手套的手操控飞机拉近距离。现在能看清火车头和前面的高射炮车厢了，长长的混编列车拖在后面缓慢移动。

“我们没有丢下副油箱，开始全速俯冲……350……380……420……450英里/小时（550……600……675……725千米/小时）。出于对高射炮的本能畏惧，我喉咙发干，气血上涌。现在距离目标只有一两英里（1.5~3千米）了。我开始把瞄准具对准火车头前方20码（18米）的地方。

“就是现在！我紧张地前倾。只剩800码（730米）了。20毫米4联装高射炮断断续续地开火，第一波袭击开始，火车猛地急刹车……我掠过松软雪地，惊起一群乌鸦。我的机炮轰鸣——火车司机跳出车外，滚到沟里。炮弹在路边爆炸，穿透我能模糊看到的黑影。

“接着，烟囱喷出滚烫的火焰和煤渣，被击穿的管道中冒出的蒸汽把它们掩盖。我轻轻后拉操纵杆，避开电线，快速俯冲穿过浓烟，油烟弥漫的天空再一次出现在我眼前。我向后瞥去，火车头已经消失在油污和喷射的蒸汽之中。人们慌乱地从车门跑出来，像受惊的蚂蚁一样卧倒在路边。”

“在昏暗的黎明中扫射火车……这些工作残忍又不人道，但我们必须完成……因为战争就是战争。”

皮埃尔·克洛斯特曼

在战时日记《盛大的演出》（The Big Show）中如此写道

法国战斗机王牌

法国战斗机飞行员皮埃尔·克洛斯特曼坐在他的霍克“暴风”战斗机驾驶舱中。每次胜利后，他都会在飞机上画一个十字。克洛斯特曼认为“暴风”是“二战”中最好的盟军战斗机。

“二战”中的战斗机和战斗轰炸机

在“二战”中，战斗机要能扮演不同的角色。它们要和敌方的战斗机争夺制空权，拦截敌军轰炸机，还要进行地面攻击以支援陆军，为己方轰炸机保驾护航，以及作为夜间轰炸机完成轰炸任务。许多飞机都能出色完成多种工作，但没有飞机可以做到十全十美。

总体而言，最具空中优势的战斗机是“喷火”、梅塞施密特Bf109等轻型单座飞机，因为它们均具有俯冲快、转弯急的特点。而炮台稳定、火力猛的飞机则适合作为截击机使用，比如“飓风”。霍克“台风”和P-47“雷电”等能抗打击，装备大量武器的重型战斗机则在对地攻击中表现突出。最出色的夜间战斗机都是两座或三座的，因为飞行员还需要有人操作复杂的无线电和雷达设备。

护航战斗机不仅需要航程远、能护送轰炸机安全抵达目的地，还要有驱逐敌军截击机的超强战斗能力，北美P-51“野马”战斗机在这方面是无与伦比的。

超级“喷火”

*超级马林“喷火”战斗机从1938年开始在英国皇家空军服役，并在“二战”中持续生产。**（详情见202~203页）*

贝尔P-39D“飞蛇”

美国“飞蛇”战斗机的独特之处就是发动机位于飞行员身后，为20毫米或37毫米机炮通过螺旋桨轴射击腾出空间。P-39在高空时性能不佳，但在进行对地攻击时效果显著，成为东线战场上颇有价值的战斗机。

发动机：1150 马力艾利森 V-1710-35 液冷 V-12 发动机

翼展：10.4 米（34 英尺） **机长**：9.2 米（30 英尺 2 英寸）

最大速度：592 千米 / 小时（368 英里 / 小时） **机组人员**：1

武器：1×37 毫米 M4 机炮，穿过螺旋桨中心射击；2×0.5 英寸机鼻和 4×0.3 英寸装在机翼的勃朗宁机枪

布里斯托尔“布伦海姆”Ⅳ

1938年，布里斯托尔“布伦海姆”轰炸机开始在英国皇家空军中服役。然而，飞机更新换代的速度太快，“二战”刚开始，它就过时了。尽管如此，“布伦海姆”Ⅵ仍在1940年间被用来袭击欧洲德占区内的目标。该机是第一种安装机载雷达的飞机，也是1940~1941年间夜间战斗机部队的核心成员。

发动机：2×920 马力布里斯托尔“水星”XV 9 缸气冷星形发动机

翼展：17.7 米（56 英尺 4 英寸） **机长**：13 米（42 英尺 7 英寸）

最大速度：428 千米 / 小时（266 英里 / 小时） **机组人员**：3

武器：4×0.303 英寸勃朗宁机枪（战斗机型在机身下还增配了 4 挺机枪）；454 千克（1000 磅）炸弹

天线杆

勃朗宁机枪

寇蒂斯P-40E“战鹰”

美国P-40战斗机在1939年时就已经投产，但在战斗中，几乎所有其他战斗机都比它出色。即便如此，英国皇家空军和美国陆军航空队还是发挥它的长处，主要用于为地面部队提供近地空中支援。

发动机：1150 马力艾利森 V-1710-39 液冷 V-12 发动机

翼展：11.4 米（37 英尺 4 英寸） **机长**：9.5 米（31 英尺 2 英寸）

最大速度：539 千米 / 小时（335 英里 / 小时） **机组人员**：1

武器：6×0.5 英寸安装在机翼的机枪；1 枚 227 千克（500 磅）和 2 枚 45 千克（200 磅）的炸弹

福克–伍尔夫Fw 190A

1941年开始服役以来，安装星形发动机的流线型Fw190高速稳固、武备充足、视野开阔、易于维护，各方面性能都优于梅塞施密特Bf109，但却没能取代后者。事实上，在“二战”中的某些阶段，Fw190要优于同时代的盟军战斗机，毋庸置疑是德国生产的最出色的战斗机。通过简单改装，它就可以适用于“打了就跑”的袭扰轰炸、对地攻击、鱼雷攻击、战术侦察和夜间作战。

发动机：1700 马力 BMW801Dg. 气冷 18 缸双排星形发动机

翼展：10.5 米（34 英尺 5 英寸） **机长**：8.8 米（29 英尺）

最大速度：653 千米 / 小时（408 英里 / 小时） **机组人员**：1

武器：2×13 毫米机枪，4×20 毫米机炮，装于机翼；1 枚 500 千克（1100 磅）炸弹

紧贴机轮的可收放式起落架舱门外部（起落架可向内收起）

霍克"飓风"ⅡB

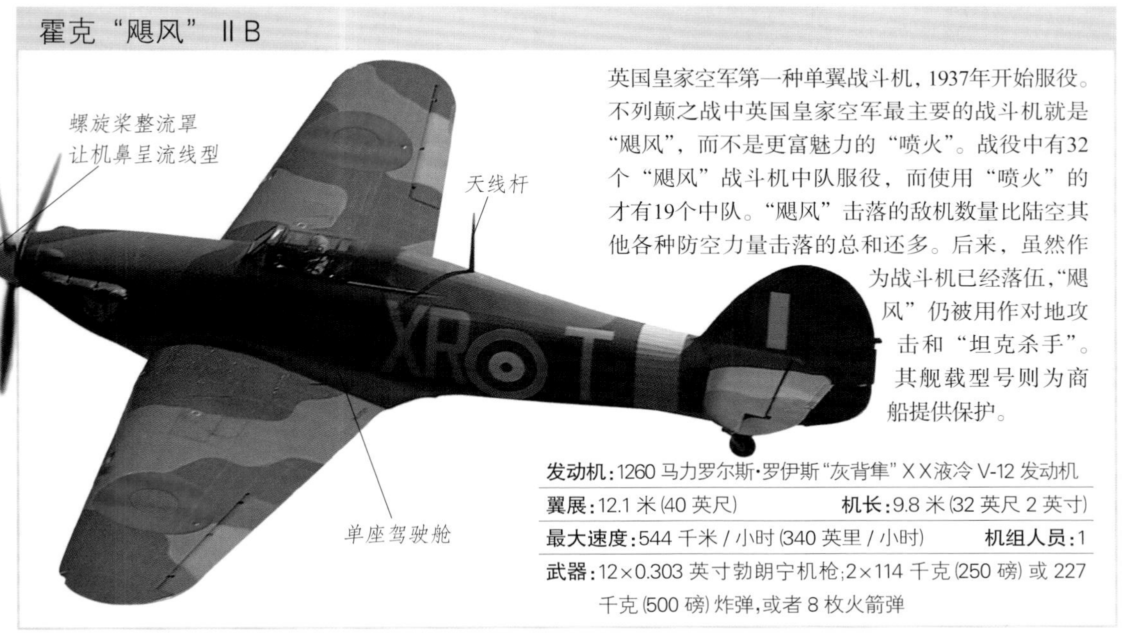

英国皇家空军第一种单翼战斗机，1937年开始服役。不列颠之战中英国皇家空军最主要的战斗机就是"飓风"，而不是更富魅力的"喷火"。战役中有32个"飓风"战斗机中队服役，而使用"喷火"的才有19个中队。"飓风"击落的敌机数量比陆空其他各种防空力量击落的总和还多。后来，虽然作为战斗机已经落伍，"飓风"仍被用作对地攻击和"坦克杀手"。其舰载型号则为商船提供保护。

发动机:1260 马力罗尔斯·罗伊斯"灰背隼"XX液冷 V-12 发动机

翼展:12.1 米(40 英尺)　**机长:**9.8 米(32 英尺 2 英寸)

最大速度:544 千米 / 小时(340 英里 / 小时)　**机组人员:**1

武器:12×0.303 英寸勃朗宁机枪;2×114 千克(250 磅)或 227 千克(500 磅)炸弹,或者 8 枚火箭弹

霍克"台风"ⅠB

按照设计，"台风"的发动机功率是前代英国战斗机的2倍，它在1941年仓促投产后，出现了一系列结构和发动机问题。更糟糕的是，它的高空性能不佳。然而，它在低空速度极快，并能携带重型武装，是极具杀伤力的对地攻击飞机，在1944年诺曼底登陆时作为"坦克杀手"发挥了爆破坦克的重要作用。

发动机:2180 马力纳皮尔"军刀"Ⅱ液冷 H-24 发动机

翼展:12.7 米(41 英尺 7 英寸)　**机长:**9.7 米(31 英尺 11 英寸)

最大速度:664 千米 / 小时(412 英里 / 小时)　**机组人员:**1

武器:4×20 毫米伊斯帕诺机炮;机翼下可挂载 8 枚火箭弹或者 2 枚 227 千克(500 磅)炸弹

霍克"暴风"Ⅴ

1944年开始服役的"暴风"由"台风"改进而来，使用同样的发动机，但机翼更薄，因而高空作战性能极佳。它速度很快，是为数不多的能截获并摧毁V-1巡航导弹，并能在1945年德国上空对抗Me262喷气式战斗机的飞机之一。

发动机:2180 马力纳皮尔"军刀"Ⅱ液冷 H-24 直列发动机

翼展:12.5 米(41 英尺)　**机长:**10.3 米(33 英尺 8 英寸)

最大速度:688 千米 / 小时(427 英里 / 小时)　**机组人员:**1

武器:4×20 毫米伊斯帕诺机炮;机翼下可挂载 8 枚火箭弹或者 2 枚 227 千克(500 磅)炸弹

亨舍尔Hs129B-1/R2

Hs129是一种对地攻击机，拥有装甲座舱和重型武器，目的是摧毁坦克。它的第一架原型机动力严重不足，因为没有适合的德国发动机，于是从1940年开始使用维希法国的发动机。这种飞机在遭到战斗损伤时不够稳定，非常脆弱。为对抗装甲厚重的苏联坦克，Hs129安装了37毫米甚至75毫米的巨型反坦克炮。

发动机:2×700 马力土地神 – 罗纳 14M 4/5 14 缸星形发动机

翼展:14.2 米(46 英尺 7 英寸)　**机长:**9.8 米(32 英尺)

最大速度:407 千米 / 小时(253 英里 / 小时)　**机组人员:**1

武器:2×7.9 毫米 MG17 机枪;2×20 毫米 MG151 机炮;1×30 毫米 MK101 机炮

伊柳辛伊尔-2M3强击机

这种强击机或装甲攻击机是独树一帜的苏联设计，在东线战场上发挥了决定性作用，它的生产数量超过37000架。装甲机身包围着发动机、飞行员和燃油箱，使飞机能穿过轻型武器射击网去攻击德国坦克。

发动机:1750 马力米库林 AM-38F 液冷 V-12 发动机

翼展:14.6 米(47 英尺 11 英寸)　**机长:**11.6 米(38 英尺 11 英寸)

最大速度:404 千米 / 小时(251 英里 / 小时)　**机组人员:**2

武器:2×23毫米机炮,2×7.62毫米和1×12.7毫米机枪;8 枚火箭弹或者 60 千克(1323 磅)炸弹

容克斯Ju87D-5

俯冲轰炸机（"斯图卡"）对坦克兵的近地支援是德国装甲作战战术不可或缺的一部分，它帮助德国赢得在波兰、法国和侵苏初期"闪电战"的胜利，因而也被视为神奇武器。但它在朝目标飞行时速度缓慢且脆弱，容易被现代化战斗机摧毁。整个编队被击落后，Ju87就从不列颠之战中仓促撤离了。盟军获得制空权后，"斯图卡"更成为鸡肋。

发动机:1400 马力容克斯久莫 211J-1 液冷 V-12 发动机

翼展:15 米(49 英尺 3 英寸)　**机长:**22.5 米(73 英尺 9 英寸)

最大速度:411 千米 / 小时(255 英里 / 小时)　**机组人员:**2

武器:2×20 毫米 MG 151/20 机炮;1×7.9 毫米 MG81Z 机枪;1800 千克(4000 磅)炸弹

拉沃契金拉-5FN

战争初期，因为轻型的飞机铝材很稀缺，大多数苏联战斗机都是完全木质的。拉-5飞机就存在这种重量劣势，因而在速度上不敌梅塞施密特Bf109G，但其操作性极强。1941年德国入侵苏联后，苏联竭尽全力扩大飞机生产。显然，在飞机绝对数量和改良设计上都需要和技术熟练、装备优良的德国空军抗衡。一开始，雅科夫列夫战斗机是最成功的，因为拉-5的速度过慢。1942年，FN改进型更换发动机后，性能得到大幅提升，甚至优于福克-伍尔夫Fw190。

木质机身

发动机:1700 马力什韦佐夫 M-82FN 气冷 14 缸星形发动机

翼展:9.8 米(32 英尺 2 英寸) **机长**:8.5 米(27 英尺 11 英寸)

最大速度:650 千米 / 小时(403 英里 / 小时) **机组人员**:1

武器:2×20 毫米施瓦克机炮,位于发动机上方

洛克希德P-38J“闪电”

为远程任务设计的洛克希德“闪电”战斗机，是第一种配备涡轮增压器和前三点式起落架的战斗机。它的生产成本较高，工艺复杂，最初主要在太平洋战场服役，因为在这里，长途水上飞行更需要双发动机布局。它们最知名的作战行动是在1943年，16架飞机在距离基地885千米（550英里）的地方击毙了日本联合舰队司令长官山本五十六海军大将。1944年，多架“闪电”战斗机抵达欧洲，被战术空军用于对地攻击战斗和照相侦察。

装有涡轮增压器的1425马力艾利森发动机

双机身

双垂直尾翼

美军陆航标志

发动机:2×1425 马力艾利森 V-1710 V-12 有涡轮增压器的发动机

翼展:15.9 米(52 英尺) **机长**:11.5 米(37 英尺 10 英寸)

最大速度:666 千米 / 小时(414 英里 / 小时) **机组人员**:1

武器:1×20 毫米伊斯帕诺机炮;4×0.5 英寸勃朗宁机枪;1452 千克(3200 磅)炸弹或 10 枚火箭弹

马基M.C.202“雷电”

马基M.C.200“闪电”是1940年意大利战斗机的主力，它是一种优良的格斗机，可以和“飓风”相抗衡，但动力不足。在盟军飞机不断进步的情况下，这个缺点是致命的，1941年起，该飞机改装德国发动机——最初是进口，后来获得了生产资格——M.C.202“雷电”由此诞生。尽管不如盟军和德国飞机，但“雷电”还是在北非、西西里和苏联等地服役了，直至1943年意大利投降。

发动机:1200 马力戴姆勒 – 奔驰 DB 601A 液冷 V-12 发动机

翼展:10.6 米(34 英尺 9 寸) **机长**:8.9 米(29 英尺)

最大速度:594 千米 / 小时(369 英里 / 小时) **机组人员**:1

武器:2×12.7 毫米和 2×7.7 毫米布雷达 -SAFAT 机枪

梅塞施密特Bf110C-5

Bf110被设计成保护战略轰炸机的重型远程战斗机，在不列颠之战中首次接受战火检验。但它连“飓风”都无法抗衡，可被后者轻松击败，因而必须由Bf109提供保护。在其他战区，只要没有战斗机侵扰，它就是高效的对地攻击飞机。1942年后，它安装了机载雷达，作为夜间战斗机使用取得成功，使袭击德国的英国皇家空军轰炸机司令部损失惨重。

发动机:2×1100 马力戴姆勒 – 奔驰 601A-1 液冷 V-12 发动机

翼展:16.2 米(53 英尺 5 英寸) **机长**:12.1 米(39 英尺 9 英寸)

最大速度:541 千米 / 小时(336 英里 / 小时) **机组人员**:2

武器:4×7.9 英寸 MG17 机枪;1×7.9 毫米 MG15 机枪,装于驾驶舱后部

米高扬米格-3

米格-3是1941年德国入侵时为数不多可供使用的苏联战斗机之一，在抵抗德国空军猛烈进攻时战绩突出。然而，由于受起飞重量限制，它能装备的武器有限，而且高空性能不佳。

发动机:1350 马力米库林 AM-35A 液冷 V-12 发动机

翼展:10.3 米(33 英尺 9 英寸) **机长**:8.2 米(26 英尺 9 英寸)

最大速度:640 千米 / 小时(398 英里 / 小时) **机组人员**:1

武器:1×12.7 毫米;2×7.62 毫米机枪,装于机鼻

中岛Ki-84-Ia“疾风”

日本战斗机因其更关注操作性和速度而非依靠重型武装令人关注。1944年开始使用的Ki-84是一种快速坚固、武备完善的战斗机，甚至优于“地狱猫”和“野马”。但盟军的猛烈轰炸削弱了日本的飞机产量和抵达前线飞机的质量。

发动机：1900 马力中岛 Ha-45 气冷 18 缸星形发动机
翼展：11.2 米(36 英尺 10 英寸)　**机长：**9.9 米(32 英尺 6 英寸)
最大速度：631 千米 / 小时(392 英里 / 小时)　**机组人员：**1
武器：2×12.7 毫米机枪；2×20 毫米机炮

诺斯罗普P-61A“黑寡妇”

P-61是第一种明确设计成配备雷达的夜间战斗机的飞机，不列颠之战后，美国陆军订购了该飞机，与此同时，英国皇家空军第一次成功实现雷达截获。巨大复杂的P-61直到1944年5月才服役，2个月后获得首次胜利。这归功于诺斯罗普的创新性控制系统，虽然其尺寸相当于中型轰炸机，但这种飞机出奇地灵活，杀伤力惊人。该飞机载弹量大，还经常执行夜袭任务。

发动机：2×2250 马力普拉特·惠特尼 R-2800-65“双黄蜂”星形发动机
翼展：20.1 米(66 英尺 1 英寸)
机长：14.9 米(48 英尺 11 英寸)
最大速度：589 千米 / 小时(366 英里 / 小时)
机组人员：3
武器：4×20 毫米 M2 机炮；2900 千克(6400 磅)炸弹

北美P-51D“野马”

北美航空公司按英国要求设计的“野马”飞机是“二战”中性能最为出色的远程战斗机，它于1940年10月首飞，最初使用艾利森发动机。改用帕卡德“灰背隼”发动机后，“野马”的性能有所改变。再加上低阻机翼和机身，它比“喷火”飞机速度快、航程更远。

泪滴状大型座舱罩能提供良好视野

3挺装于机翼的0.5英寸机枪

发动机：1490 马力帕卡德 V-1650-7“灰背隼”液冷 V-12 发动机
翼展：11.9 米(37 英尺)　**机长：**9.9 米(32 英尺 3 英寸)
最大速度：703 千米 / 小时(437 英里 / 小时)　**机组人员：**1
武器：6×0.5 英寸勃朗宁机枪；2 枚 454 千克(1000 磅)炸弹

共和P-47“雷电”

1943年投入使用的P-47是当时最大最重的单座战斗机。“雷电”最初为美国陆军第8航空队的战略轰炸攻势护航。它结构坚固，火力猛烈，因此在1944到1945年间主要用于摧毁德国装甲及其他部队、交通线和飞机场等目标，为陆军提供近空支援。

发动机：2300 马力普拉特·惠特尼 2800 转带有涡轮增压器的星形发动机
翼展：12.4 米(40 英尺 9 英寸)　**机长：**11 米(36 英尺 1 英寸)
最大速度：690 千米 / 小时(429 英里 / 小时)　**机组人员：**1
武器：8×0.5 英寸机枪；907 千克(2000 磅)炸弹

雅科夫列夫雅克-9

雅克-1到雅克-9系列战斗机共生产了近37000架，基本和伊尔-2强击机数量相当。人们最初发现由雅克-1改装的双座教练机比母机好掌控，于是把它改造成战斗机——雅克-7。1942年后半年，雅克-7发展成雅克-9，轻型铝翼梁取代了木材，从而拥有更多载重空间。后期更多变体问世，包括9D（远程）以及9DD（超远程）。数量众多的雅克-9是1942年末在斯大林格勒取得胜利的关键因素。

发动机：1260 马力克利莫夫 VK-105PF 液冷 V-12 发动机
翼展：10 米(32 英尺 9 英寸)　**机长：**8.5 米(28 英尺)
最大速度：599 千米 / 小时(372 英里 / 小时)　**机组人员：**1
武器：1×20 毫米萨瓦克机炮，通过螺旋桨轴射击；2×12.7 毫米 BS 机枪，位于发动机上方

“在人类战争史上，从来也没有一次像这样，以如此少的兵力，取得如此大的成功，保护如此多的生命。”

温斯顿·丘吉尔

对皇家空军战斗机司令部的评价，1940年9月

不列颠空战

与后来的空中作战相比，这次空中战役还属于小规模作战。然而不列颠之战和“闪电战”一样在世界历史上具有决定性的作用。

在战役打响前，不列颠之战就被视为史诗般的、具有传奇色彩的战役。1940年6月18日，英国首相温斯顿·丘吉尔在下议院宣布：“我预计不列颠之战一触即发。这次战役将关乎欧洲文明的生死存亡……敌人马上就会将他们的全部怒火和力量投向我们……因此，让我们振作起来承担责任吧。牢牢记住，如果大英帝国和英联邦将存续千年，人们回想起来，还会说‘这是他们最光辉的时刻’。”

战时首相

1940年6月，英国首相温斯顿·丘吉尔为国家的空中保卫战起了一个著名的名字，宣布：“不列颠空战一触即发。”

如此的豪言壮语引发了英国的通货紧缩。很多嘲讽者不遗余力地诋毁丘吉尔的言论，称之为“最光辉时刻的神话”。然而空战结束60年后，戏剧《“喷火”战斗机的夏天》（*Spitfire Summer*）的公演表明公众仍然对这次战役充满了遐想。它仍然是历史上第一次真正意义上的空中战役，就像后来的“不列颠空战”一样，是第一次持续的战略轰炸战役。

不列颠空战是一次英德之间的空中竞赛，只是英国早已有所准备，而德国没有。自从20世纪30年代中期之后，英国军事战略部署的重心就是抵御德国空军的袭击。而这次空袭不过是德国突然发现自己已经掌控了西欧，一时兴起的结果。希特勒对入侵英国是犹豫忐忑的，但是德国必须有所行动，才能让英国有挫败感。空袭看上去似乎是最合适的选择。这可能会迫使英国进行投降谈判，如果之后伴随着入侵的威胁，效果会更加明显。而且，如果空袭进展得非常顺利，入侵可能不仅仅是一个威胁，而会成为现实。

7月上旬开始，英国皇家空军和德国空军在英吉利海峡便冲突不断，英国的港口和商船的护航队是德国飞机的空袭对象。希特勒对空军下达了指令——“要不惜一切代价，在最短的时间内战胜英国空军”，德国空军响应了此指令，在8月13日对英国展开猛烈攻击。在战斗机的护航下，众多轰炸机部队主要对英国的机场、飞机制造厂以及雷达站展开了日间空袭。英国皇家空军的“喷火”战斗机和“飓风”战斗机的坚决抵抗，使得德国空军必须集中火力袭击英国皇家空军战斗机司令部的空军基地，并且损耗掉英国的空中战斗力。随后，在9月7日，英国皇家空军战斗机司令部面临着前所未有的巨大压力，但德国空军又将作战重心转移到了大规模轰炸伦敦上面。10月末，德国空军被迫放弃取得制空权的美梦，转而对伦敦及英国的其他城市进行夜袭轰炸，即“闪电战”。

传奇战机

超级马林“喷火”战斗机凭借其在1940年不列颠之战中的出色表现而被视为空中传奇。尽管在战斗机司令部中它不是数量最多的战机，但是从很多方面来说，它都是最优秀的。如果没有超级马林“喷火”战斗机，英国皇家空军飞行员们可能不会如此成功地击落德国的梅塞施密特Bf109战斗机。

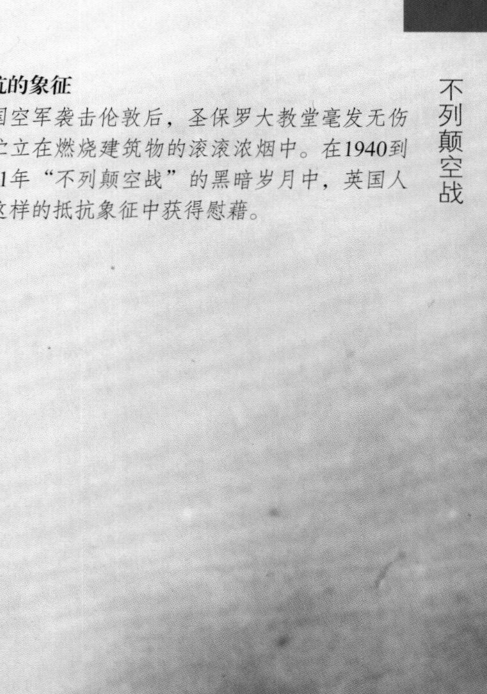

抵抗的象征

德国空军袭击伦敦后，圣保罗大教堂毫发无伤地伫立在燃烧建筑物的滚滚浓烟中。在1940到1941年“不列颠空战”的黑暗岁月中，英国人从这样的抵抗象征中获得慰藉。

控制室

英国皇家空军女子辅助队成员用耳机接听观测观察中心传来的信息，然后在大地图上推动代表敌方轰炸机的木块和箭头。控制员们则在二楼观察敌军的行动态势。

紧急起飞

这张照片拍摄于“二战”前的英格兰达克斯福德地区（Duxford），为英国皇家空军呈现给媒体的一场演习的情景。演习目的是展示飞行员在收到命令后多久能赶到飞机上。

德国指挥官们对于他们的攻击目标一直是困惑的，但是英国指挥官们却一直专注并且条理清晰地朝着一个目标前进。英国战斗机司令部总指挥休·道丁（Hugh Dowding）意识到，对于英国皇家空军来说，最后能作为一支完整的防御力量存活下来就算得上是胜利了。为了避免过早在战争中消耗太多资源，集中战斗机兵力消灭德国轰炸机，道丁组织了一场审慎而又冷酷的消耗战。

加密的时钟

控制室的时钟有不同的色块，形成一种颜色密码，地图桌上的箭头也使用同样颜色密码，依次显示上次飞机位置更新的时间。

英国空防

英国有着当时世界上最先进的空防系统，是组织规划和应用科技的胜利。前线的雷达站可以识别出德国飞机是否靠近英国的海岸。雷达操作员提供大量原始数据，这些数据会进入“信息过滤站”进行集中处理，然后发送给控制室人员。控制室的空军女子辅助队（WAAF）队员在大地图上用赌场庄家的耙子推动木块，将这些信息转化成3D表格，以便控制员在二楼的阳台上观察。总部有四组控制员，每一组都负责英国一个区域的空防，他们决定英国的战机应该在何时、何地、以何种火力迎击德国空军。而区域控制员则负责通过无线电向战机发送攻击目标的指示，每个区域通常指挥三到四个空军中队。

但是这个系统在敌机和友机的区分上是有漏洞的。英国空军是这样解决这个问题的：在特定区域飞行的皇家空军的战机都配有IFF设备（敌我识别器），可以收到该区特定的雷达信号。但是IFF设备经常供应不足，而且并非一直有效。此外，德国空军第210测试大队的Bf110战机发现低空飞行可以躲过英国雷达的探测。但这个系统高效可靠，大部分交流都依靠标准电话线，不存在拥堵的现象，而且容易修复。

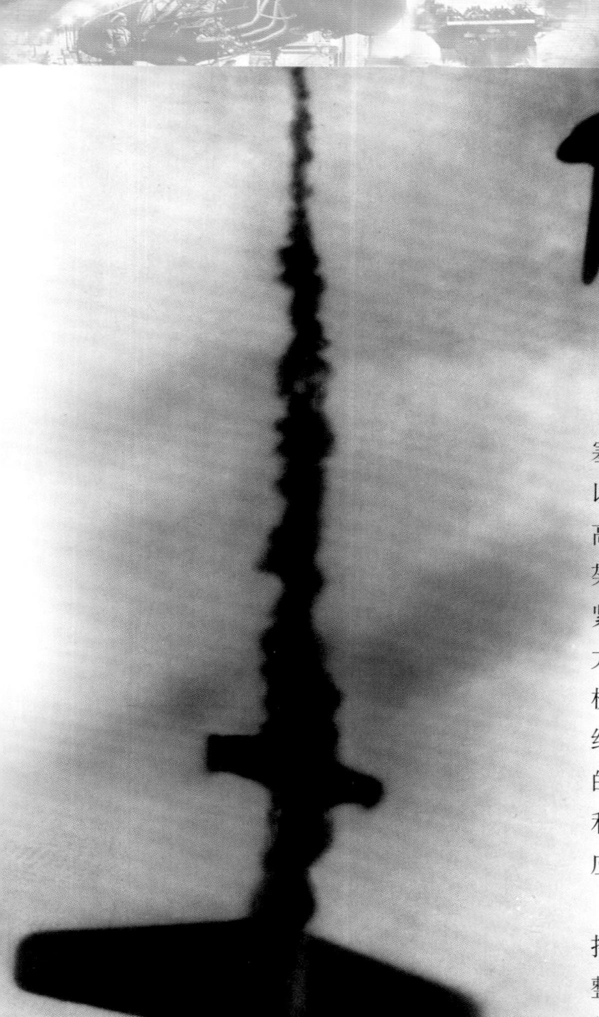

成功的空中拦截

一架梅塞施密特Bf110在英格兰南部被“飓风”战斗机击落。在空中缠斗中，德国重型的双发战斗机不是英国皇家空军“喷火”战斗机或“飓风”战斗机的对手。

紧急起飞命令

有了雷达早期预警系统，战斗机司令部就不需要持续召集飞行员进行空中战斗巡逻，而且也没有那么多资源。虽然如此，飞行员们的反应时间也非常紧张。当听到“紧急起飞”的命令时，战斗机飞行员都要奔跑到飞机上，因为多争取一秒钟就意味着迎击敌人时可以飞得更高一点。通常一个中队的飞行员赶到飞机需要5分钟的时间，如此罕见的“神速”足以使英国空军避免在战斗开始时处于不利的高度。

一旦开始飞行，“喷火”战斗机、“飓风”战斗机与梅塞施密特Bf109的飞行员就会迅速与战机融为一体。飞行员坐在狭小的金属驾驶舱里，身上紧紧地系着安全带，头顶是有机玻璃座舱罩，面前是防弹挡风玻璃，通常背后靠着装甲钢板。在这种情况下，飞行员几乎无法移动。他右手控制驾驶杆，左手控制油门，双脚控制方向舵脚蹬，右手大拇指放在驾驶杆顶端的机枪发射按钮上，机枪的位置与飞行员一样是固定不动的。战斗的时候，飞行员需要控制飞机，使机枪瞄准目标。战斗机装填的弹药每次可以连续射击13秒。

德国空军的护航战斗机飞行员通常驾驶梅塞施密特Bf109或Bf110，他们像潜行的捕食者，以轰炸机作为诱饵。他们排成“四指阵型”在高空潜行——两两一组，每组有一架长机和一架僚机——然后向下俯冲，跳到三架一组排成紧密V字的英国皇家空军战斗机编队上方。他们尤其会选在V字形尾端的比较容易受到攻击的飞机作为袭击目标。这种战斗可以在几秒钟之内结束。“梅塞施密特”从太阳方向俯冲而至，它的牺牲品恐怕都看不清将其击落的飞机的样子。利用俯冲所积累的速度，在对方还未能有所反应时，“梅塞施密特”就已消失得无影无踪了。

如果皇家空军的战斗机能将“梅塞施密特”拖入空中缠斗的话，他们获胜的机会就大多了。整体上来说，“喷火”战斗机，甚至是速度较慢的“飓风”战斗机都可以智取Bf109，而与Bf110相比，它们当然要更加敏捷。战斗中重要的策略就是急转到敌机的尾端进行攻击，一名优秀的英国皇家空军飞行员是可以在战斗中占上风的。

道丁命令英国战斗机要集中火力击落敌方轰炸机。英国战斗机分工合作，“喷火”战斗机负责拖住德国空军的护航战斗机，而“飓风”战斗机则负责攻击“亨克尔”“容克斯”以及“道尼尔”轰炸机群。而要攻击轰炸机并不容易。德国空军数量最多的轰炸机He111，当时有一部分是装甲化的，而Ju88轰炸机则坚固迅捷。他们训练有素的机枪手曾击落过大量皇家空军的战斗机。攻击轰炸机编队最有效的方式就是正面迎敌，然后直线飞行冲击。这容易让轰炸机飞行员感到不安，因为他们就在机头的位置，前面就是有机玻璃。然而，很少有飞行员有胆量冒着冲撞的风险从正面攻击，大部分是从后面或偶尔从侧面攻击轰炸机。击中轰炸机是相对容易的，但是击落一架轰炸机要困难得多。很多轰炸机返回飞机场时机身上都有很多弹孔，还有一至两名重伤甚至死亡的队员。

“梅塞施密特”不是很适合为轰炸机护航。Bf109航程不足，故在战区轮班时间最短。Bf110的航程可以满足要求，但不适合空中缠斗。随着损失的轰炸机数量增多，“梅塞施密特”不得不更认真地执行护航任务，提供近距离支援，而不是飞到3000米（10000英尺）的高空，“梅塞施密特”的飞行员很讨厌这一点。英国皇家空军飞行员也心存不满。一些飞行员因为地面控制员提出的纪律而怫然不悦，当他们的追捕直觉与宏观战略计划发生冲突时，更会火冒三丈。在1940年科技进步的条件下，飞行员以往的浪漫形象——孤独的追捕者或是独立的狩猎群，已经成为过时的概念了。

重任在肩

即便如此，战斗机的飞行员以及他们的技术仍然是决定战斗胜负的最终因素。由于英国飞机制造厂的卓绝努力，英国皇家空军从来没有面临飞机数量不足的困境。

阿道夫·加兰德

德国空军的王牌飞行员阿道夫·加兰德（Adolf Galland，1912~1996）第一次参加的战斗是西班牙内战。那时，他就作为近地支援操作专家而闻名。在“二战”初期，他极度渴望转到战斗机中队，于是让医生开了一份证明，声明他不适合驾驶露天驾驶舱的对地攻击飞机。在不列颠之战中，加兰德以JG26战斗机联队联队长的身份进行战斗。他的头发向后梳起，留着浓密的小胡子，手上永远拿着雪茄。加兰德认为自己是一名自由的狩猎者，而且沉迷于追求成为“最优秀的飞行员”。每天，他都和另一优秀的对手沃纳·莫尔德斯比较击落敌机的累积数量。他痴迷于飞行员作为独斗士的浪漫形象，对类似驾驶舱无线电一类的发明大加嘲弄。在1943到1945年，加兰德指挥德军战斗机抵御盟军对德战略轰炸。

天性活泼的王牌飞行员

右图中的阿道夫·加兰德露出轻松的微笑。他用米老鼠的图片装饰一架Bf109。但活泼的外表只是伪装，在内心深处，他是一个沉迷于杀戮的冷血狩猎者。

超级马林“喷火”战斗机

英国皇家空军战斗机飞行员鲍勃·史丹佛-塔克（Bob Stanford-Tuck）说：“有的男人喜欢游艇，有的喜欢女人……有的喜欢汽车，不过我认为‘喷火’战斗机驾驶员只要一坐进紧凑、舒适的‘办公室’（皇家空军对驾驶舱的戏称），所有工具都触手可及，就会立刻爱上这架飞机。”驾驶杆、脚蹬对指尖与脚的碰触很灵敏，一名优秀的飞行员会非常享受驾驶“喷火”战斗机飞行。

“喷火”战斗机在1936年完成原型设计，1938年投入生产。富于想象力的飞机外形设计和出色的新型罗尔斯·罗伊斯“灰背隼”发动机的完美结合注定为其带来卓越的质量。“喷火”战斗机包含了当时所有最先进的飞机特性——可调螺距螺旋桨、全金属硬壳式结构、可收放式起落架和封闭驾驶舱——椭圆形的机翼赋予了它独一无二的外观。这样的设计天才般地解决了困扰飞行员的问题，即如何在装备8挺机枪和一个可收放式起落架的同时，保证飞机足够坚固，能抵御高速空中作战产生的巨大压力。

> “‘喷火’战斗机别具一格，而且显然是一个杀手。”
>
> **阿道夫·马伦**
>
> **第74空军中队及不列颠空战中的王牌飞行员**

然而“喷火”战斗机也有几点不足。新式机翼设计一开始给大规模生产带来了困难；飞行员在地面滑行时无法看到飞机前面的东西；早期型号的发动机（1941年以前投入使用的）会在俯冲时停止工作，因为负重力切断了燃油供给，而使用燃油喷注系统的梅塞施密特发动机就不存在这个问题。但“喷火”战斗机一直坚持到战争结束，证明了米切尔设计的这款飞机总体实力过硬。

地面支援

照片中的地面工作人员是英国皇家空军女子辅助队队员，她们正在准备关闭侧舱门。飞行员正是通过这道门上下飞机的。

机头冷却水箱

流线型整流罩覆盖着可调螺距的机械装置

排气管

驾驶舱前的上层燃油箱

后视镜

木质薄片螺旋桨叶

金属管发动机托架

可拆卸翼尖，提高低空飞行的机动性

空速管，以在座舱中显示空速

主起落架支柱

由驾驶舱控制的冷却散热器面板

不断演化

截止到“二战”结束，共有20000多架“喷火”战斗机的不同机型问世。后来的机型不改变基本设计，就能让功率、重量及火力翻倍。

技术参数（F.Mk.V型）

发动机：1470 马力罗尔斯·罗伊斯“灰背隼”液冷 V12 发动机	
翼展：9.8 米（32 英尺 2 英寸）	**机长：**9.1 米（29 英尺 11 英寸）
最大速度：575 千米 / 小时（357 英里 / 小时）	**机组人员：**1
武器：2×20 毫米希斯帕诺机炮；4×0.303 英寸（7.7 毫米）勃朗宁机枪	

紧急起飞
收到常规警报后，飞行员们跑向他们的“喷火”战斗机。但是无论他们集合得多快，皇家空军的战斗机都很难飞到足够高度，在空战开始就让“梅塞施密特”失去其高度优势。

装填弹药
机械师将250~300发子弹的弹带装填到“喷火”战斗机上。那些有“通用机翼”的“喷火”战斗机有三种装填弹药的方式：八挺机枪（每只机翼上四挺），两门机炮和四挺机枪，或者四门机炮。

紧凑的驾驶舱
同大多数战斗机一样，“喷火”战斗机的驾驶舱设计也很紧凑，飞行员的舒适度并非首要考虑因素。仪表盘的中心是标准的仪表飞行面板，包括6种基本仪表，用来记录飞行速度、姿态、高度、垂直速度、转弯和侧滑。

可变螺距
德·哈维兰的恒速可变螺距螺旋桨有三种螺距设定，可以使起飞、巡航以及高速飞行达到最佳效果。

但是有经验飞行员的损耗，也意味着从来没有过独立飞行经验的新手要快速加入战斗。在其最初的几次空战中，他们纯靠运气才能活下来。

幸运的是，英国可以在英联邦以及欧占区招募士兵。战斗机司令部是一支国际部队，与英国人并肩作战的有加拿大人、新西兰人、南非人、澳大利亚人、许多波兰和捷克人、一些比利时人、自由区的法国人，甚至还有少数美国人。每个团体都有各自的特点——道丁对波兰人的描述是“劲头十足，举止散漫”——但他们的共同点是都有着年轻人的勇气，享受着这份职业带来的身份地位和“桃花运”。

在英国皇家空军飞行员中，等级差别普遍存在。从和平时期空军辅助队及大学航空中队（两个家境优越的年轻人的专属俱乐部）加入英国皇家空军的飞行军官，与那些从志愿后备队毕业的士官飞行员有很大区别。虽然军官和士官们并肩飞行战斗，但私底下交流不多。

在不列颠空战中，许多皇家空军飞行员都有过被击落的经历。在空战最胶着的战区，飞行员每个月至少被迫跳伞一次。因为人比机器脆弱，所以不应该毫无意义地强求飞行员照顾受损飞机安全降落——虽然有些飞行员还是会这样做。如果说“一战”和“二战”飞行员最大的区别是后者拥有降落伞，那么他们惊人的相同点就是对火焰的恐惧。飞行员们将全身都裹在衣服中，一丝皮肉都不裸露在外。他们希望这样可以多争取一两秒钟的时间，让他们逃离驾驶舱而不留下丑陋的烧伤。

阿道夫·“水手”·马伦

阿道夫·“水手”·马伦（Adolf “Sailor” Malan，1905~1963）是英国皇家空军的王牌飞行员之一。他在南非农场里长大，从小就对射击轻车熟路。马伦在1935年加入皇家空军。1940年8月开始领导第74空军中队，他教育士兵要有奉献精神和团队意识，不断加强训练。在击杀敌军时，他既专业又讲究方法，但没有时间追逐胜利比分。作为一名战术实验者，他放弃了皇家空军官方严格要求的V字队形，开创了“空战十项原则”。

“水手”和马斯克

马伦之所以被称为“水手”是因为他曾是一名商船水手。不列颠空战时已经30岁的他，按照当时战斗机飞行员的标准来说，已经算是一个“老人”了。

“少数人”

“一战”时，几位有天赋的飞行员在不列颠空战中创下了非常高的击杀纪录。这要求飞行员飞行技能高超、视力良好、反应敏锐、有杀手直觉，但很少有人能兼具这些条件。在不列颠空战中，皇家空军击落敌机数最多的飞行员是捷克人约瑟夫·弗兰蒂谢克（Josef Frantisek），他与波兰飞行中队一起飞行，击落了17架敌机。而英国皇家空军的最高纪录是由飞行士官金杰·莱西（Ginger Lacey）创下的，他是等级体制的受害者。德国空军大肆宣扬的两位王牌飞行员阿道夫·加兰德和维尔纳·莫尔德斯，与赫尔穆特·威克（Helmut Wick）少校在公开杀戮竞赛中争夺着第一的席位。尽管一些英国飞行员因此得到了名誉，例如无腿的道格拉斯·巴德（Douglas Bader），但是英国皇家空军不鼓励杀戮竞赛和个人英雄崇拜。即使在德国，“二战”王牌飞行员们也没有获得与“一战”时相同的社会地位。官方也不再热衷于用空中英雄博取公众对战争的支持。

正如丘吉尔所言，战斗机飞行员们是名副其实的“少数人”，公众欠他们太多。有544名战斗机飞行员在不列颠空战中阵亡，其中，参加战斗的皇家空军飞行员的牺牲率为五分之一。德国空军的伤亡更加惨重，共有2700名飞行员阵亡。造成这种差距的主要原因在于轰炸机机组折损率不同。总的来说，据统计，皇家空军共击落了1900架德国空军飞机，而自己只损失了一千多架飞机。

8月末到9月初这段时间，战斗机司令部压力巨大。当德国空军袭击机场时，地勤人员和平民相互支援，他们填埋弹坑、修复通信线路。英国皇家空军飞行员经常紧急起飞去应对恼人的空袭，以致士气低迷，精疲力竭。

勇敢的截击机

皇家空军的霍克“飓风”战斗机排成紧密阵型飞行。不列颠空战期间，“飓风”战斗机是道尼尔轰炸机和亨克尔轰炸机的终结者，而“喷火”战斗机负责钳制在高空尾随德国轰炸机的Bf109战斗机。

“如果你是新手，又必须在距离相邻飞机翼尖只有几英尺的地方飞行，这无疑是一种冒险的行为。”

罗兰德·达尔

如此评价驾驶“飓风”飞机进行编队飞行

多次仓促应对持续不断的袭扰，英国皇家空军的飞行员有时会士气不振，精疲力竭。为了取胜，德国空军必须摧毁战斗机司令部的抵抗，尽管战事拖得很久，德国人却始终未能如愿。

战争的转折点出现在9月15日，这天被英国定为不列颠空战日。当天战事激烈，德国空军轰炸机和战斗机分两批抵达，最多的一批出动了近500架飞机。对伦敦市民来说，这也是个奇观——战斗突然在头顶上爆发。英国皇家空军宣称击落了185架敌机，这个数字水分太大，真实数字可能是56架，是其自身损失的两倍。但战役远未结束，9月27日，差不多同等数量的德国飞机再次抵达。但英国皇家空军继续以充足的战斗机防御应对，再加上秋天气候不佳，德国的入侵计划必然搁浅，10月末，德国空军开始全力以赴对英国城市进行夜间轰炸。

防毒面具
民用防毒面具和军用型（左图）外形虽有所差别，但作用相同。然而，两个阵营都没有使用毒气弹，主要是担心报复。

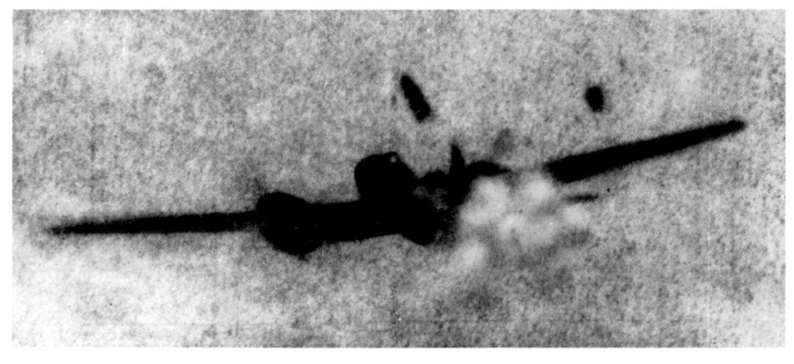

死里逃生
这张由照相枪拍到的画面显示，疑似亨克尔He111轰炸机的飞行员在被击中前几秒跳出飞机。尽管He111容易受损，但它们仍是“闪电战”中德国轰炸机部队的中坚力量。

闪电战

1940年9月7日伦敦遭受第一次重大昼间轰炸后，直至1941年5月，英国城市深受持续空中轰炸之害，规模之大，前所未有。杜黑对空战的构想成为现实——试图通过使用轰炸机群摧毁敌方城市和工业中心，打击民众士气。深受其害的不止伦敦，还有普利茅斯、朴次茅斯、加的夫、利物浦、贝尔法斯特等港口和伯明翰、考文垂等内陆工业城市。这是一次前所未有的试验，而英国民众是可怜的试验品。在空袭的紧张氛围中，他们的士气会不会坚挺？社会秩序会不会混乱，引发灾难？结局是未知的，但当时的形势不容乐观。

盟军对德国和日本进行轰炸，致使“闪电战”后期的轰炸规模相形见绌——1940到1941年，即使在最猛烈的袭击中，德国空军投下的炸弹也不足500吨，而就在1943年，英国皇家空军一个晚上就对德国投掷了2000吨炸弹。然而，德国空军的空袭也并非花拳绣腿。约有4万名平民在“闪电战”中丧生，东伦敦和考文垂等地遭到了德国空军的密集打击。

高度警惕
一架友机飞过时，博福斯高射炮炮手们在英国南岸的海边小镇上保持高度警惕。在英吉利海峡沿岸，德国飞机的偷袭时常发生。

容克斯Ju88轰炸瞄准器

在战争最初几年，德国空军的轰炸瞄准系统远胜于英国皇家空军。德国轰炸机通常安装两个轰炸瞄准器——一个用于水平轰炸，一个用于俯冲或下滑轰炸。

因缺少重型轰炸机，德国空军的行动效果严重受限。亨克尔He111的最大载弹量是2000千克（4500磅）左右，不足“哈利法克斯”等英国皇家空军四发轰炸机的一半，就算是容克斯Ju88也只有3000千克（6600磅）的载弹量。但在其他方面，德国空军的战略轰炸准备则要优于英国皇家空军。

制导袭击考文垂

1940年11月14晚上，12架亨克尔He111飞机从布列塔尼的瓦纳（Vannes）起飞，矛头直指英国中部的工业城市考文垂。它们隶属于第100轰炸机大队，是德国空军中为轰炸机群定位目标的精英“探路者”部队（PFF）。亨克尔飞行人员拥有X-gerät无线电波束导航系统（即“X-仪”，详情见208页）。

> “击中目标时，我们没有像往常一样鱼跃，而是默默地凝视着下方起火地带。”
>
> **德国空军飞行员**
>
> **回忆轰炸考文垂时的场景**

对经验丰富的飞行员来说，找到城市是小菜一碟。飞行员收听布列塔尼发射机发送到考文垂的“弯腿”（Knickebein）无线电波束，若信号由稳定的嗡嗡声变成断续的摩尔斯电码，则意味着他即将偏离波束，需要调整方向。“探路者”身后，同样的波束引导着将近500架轰炸机靠近考文垂。

三条东部地区发射的“横梁”拦腰截住第100轰炸机大队前方的“弯腿”波束。第一道作为预警信号提醒轰炸机人员他们正在接近考文垂。第二道出现在距离预设目标30千米（19英里）处，提醒导航员启动“X-仪”一台简陋的炸弹瞄准计算机。第三道波束距目标15千米（9.5英里），是另一个关键点信号，此时要设定“X-仪”自动释放炸弹。只要飞机在最后的15千米内保持方向、速度和高度的稳定，“X-仪”释放的炸弹就能准确命中目标。

英国意识到德国使用了无线电波束，就疯狂使用电子对抗措施，意图阻塞或误导德国飞机，但没有成功。亨克尔轰炸机投下了燃烧弹，考文垂市中心燃起大火，为从后方接近的轰炸机群照亮目标。当晚，德国飞机向考文垂投下超过500吨烈性炸弹和燃烧弹，造成500多人死亡，1000余人受伤。

轰炸过后的清晨

下图为1940年11月德军轰炸考文垂之后的清晨，当地人们还在为了生计而东奔西走。500多人在空袭中死亡，在当时对民众来说是一次强烈的冲击。

防火

一张英国海报宣传“防火卫士”，它在1941年成立，是一个志在消除燃烧弹爆炸后果的组织。在“闪电战”中，英国多处地区被大火烧毁。

远程控制轰炸

德国尤其关注如何定位和击中目标，奇怪的是英国轰炸机司令部却忽视了这个问题。德国空军在西班牙的经历已经证明夜间飞行的重要性，德军因此采纳了民用无线电导航技术。成效就是德国夜间轰炸机无须像“一战”时的飞艇和哥达轰炸机一样，在英国灯火管制的黑暗中靠直觉飞行。

所有德国飞机都能跟随一道“弯腿”无线电波束抵达目标所在地。用燃烧弹标记目标的先头部队第100轰炸机大队配备了更加高端的目标测定系统——“X-仪”和“Y-仪”等无线电波束导航系统。后者从1940年12月投入使用，可以支持远程控制轰炸。飞机跟随正常波束飞行，把波束辐射到来源地，地面接收站就能准确追踪飞机动向。轰炸机来到目标区域上空时，就会进入自动驾驶模式，只要抵达目标所在地地图坐标，地面接收站就会发出释放炸弹的信号。据估计，使用这项技术，攻击400千米（250英里）之外的目标时，炸弹能落在以目标为中心，半径90米（100码）之内的区域之内。

德国空军占据优势

实际上，德国空军的无线电波束导航系统运行并非一帆风顺。在秘密电子战中，英国迅速发展对抗措施，拦截或扭曲波束。轰炸机仍然更喜欢在明朗的夜晚发动攻击，可以用星辰或者地标定位——同1916年时一样，泰晤士河口在1940年依旧是德国的有用标志物。而且，科技发挥了魔力，大部分瞄准轰炸还是非常接近目标的。

无论白天情况如何，到了晚上，德国空军在英国上空占据主导权。100~500架轰炸机组成的机群在空中几乎畅通无阻。高射炮震耳欲聋，让人们相信它们正在反击，但实际上很少命中目标。虽然英国皇家空军夜间截击机中队成功次数开始增多，尤其是通过对双座布里斯托尔“英俊战士”或博尔顿·保罗“无畏”飞机的使用，它们要么是盲目飞行，在地面控制站的引导下找到目标，要么使用空中拦截雷达设备。但无论采用何种方式，取胜率却依然不尽如人意。在燃烧的英国城市昏暗的上空，即使挤在一架“容克斯”“亨克尔”或者“道尼尔”飞机的驾驶舱内，一名德国轰炸机乘员也有相当的自信能毫发无伤地返回。

蝶形炸弹

这枚小型杀伤性炸弹是德国轰炸机对英格兰投下的数千枚炸弹中的一枚。它有两个可旋转折叠翼，能降低下落速率，保护引爆装置。

活着就是胜利

最残酷的“闪电战”夜晚在1941年4月和5月降临，具有一定的欺骗性。德国当时正忙于准备入侵苏联。春末夏初，德国轰炸机开始向东线转移，谨慎警惕的英国民众慢慢意识到，他们似乎已经度过了劫难。

伦敦是最常被袭击的目标，在57个夜晚遭到了空中轰炸。民众的伤亡数量和紧急救援的压力一度到了无以复加的地步。然而，社会并没有瓦解，人们也没有对政府施压选择投降。在不列颠空战这样的“闪电战”中，能活下来就是胜利。

击落V1导弹

晚上，英国高射炮对V1导弹开火。V1的发动机排气管是燃烧的，在黑暗中清晰可见。许多V1被击落，会在被击中或者撞击地面时发生爆炸。

秘密武器

1944年夏天，伦敦遭遇第二次“闪电战”，这次的主力军是无人驾驶的V1巡航导弹。已经提前得知德国正在制造“秘密武器”的盟军，便对佩内明德实验场和正在法国境内修建的发射场进行了大规模轰炸，进而推迟了V1服役的时间。1944年6月，德国将其转移到盟军侦察机未发现的小发射场。诺曼底登陆后不久，希特勒下令对伦敦展开导弹袭击。

1944年夏天，每天有100枚V1飞过英吉利海峡，不管昼夜和天气状况。这些巡航导弹没有武装和护航，却对英国的空防造成了新挑战。与对付所有入侵者一样，英军使用了早期预警雷达、高射炮和战斗机，但“喷火”“台风”和“野马”很难对付这种高速又小型的目标。只有高性能的新型霍克“暴风”战斗机能轻松捕获导弹，盟军还使用了格罗斯特“流星”喷气式飞机进行拦截。击落V1是项危险的行动任务，因为它爆炸时可以轻易摧毁攻击者。鉴于此，“暴风”飞行员发展出一种技巧，即在导弹旁边飞行，把机翼伸到导弹机翼下方然后抬起机翼把它掀翻，V1因而失去控制，旋转坠落。

1944年8月，盟军攻占法国北部的V1发射场后，德国人开始从在北海执行低空飞行任务的亨克尔He 111飞机上发射V1。在向英国发射的8000枚V1中，约有一半被飞机或地面炮火击落。

希特勒的另一秘密武器V2弹道导弹是不可拦截的，尽管盟国空军付出了英勇的努力去摧毁防卫严密的V2发射场和生产基地。值得庆幸的是，德国最终也没造出能装在V2上的核弹头。1944至1945年，V型武器造成了近9000名英国人的死亡。

V1自动驾驶仪

这台V1导弹上的自动驾驶仪向导弹升降舵和尾舵发出信号，控制高度和方向。飞完预设距离后，就会启动最后的俯冲。

战利品

“二战”结束后，在德国诺德豪森（Nordhousen）的一家大型地下火箭组装工厂里，一位美国军人正在研究V2导弹。德国使用苦工在骇人听闻的条件中生产火箭，数万人死于折磨与虐待。

V2火箭

照片中为剥除了外壳的V2火箭，它是首次在战争中使用的弹道导弹。其飞行速度可达声速的5倍，往往在敌方尚未觉察就已经爆炸了。“二战”中共发射了约3200枚。

发射导弹

在战争尾声时，盟军使用虏获的一枚涂有美国标志的V1导弹进行试射。这枚V1由简陋的喷气发动机驱动，飞行速度超过640千米/小时（400英里/小时），可装载1吨炸药，撞击地面时毁灭性惊人。V1在英国造成了5475人死亡——平均每枚致死不到一人。

海上空战

与陆战一样，飞机也在海战中发挥了关键作用，尤其是在航空母舰远程作战的太平洋。

1942年5月7日晚，美国海军航母“约克城”号和“列克星敦”号正在南太平洋珊瑚海航行，一支开着着陆灯的飞机编队靠近航母。就在一艘护航驱逐舰对飞机开火时，无线电传来消息，告诉舰长停止射击友军飞机。驱逐舰舰长随即回复道，他一眼就能认出这是日本飞机。显然，这些飞机是在昏暗光线下误把美国航母当成了本国的航母。美国舰队火力全开，日本飞机随即关掉灯光，在黑暗中飞走了。接下来的半个小时，美国无线电话务员还能听到日本对手在谈论他们的飞机在漆黑海洋的某处坠落了。

此类事件被视为双方海军挑起战争的新模式。低云天气阻碍了空中侦察，日军和美军数天来都无法了解对方动态。日本航空母舰“瑞鹤”号和“祥鹤”号已经是个袭击过美国珍珠港海军基地（详情见214页）的老手了，但美国航母在那天早些时候才获得第一次作战经验，“破坏者”鱼雷轰炸机和“无畏”俯冲轰炸机击沉了日本轻型航母“祥凤”号——打头阵的飞行员鲍勃·狄克逊（Bob Dixon）发出简洁消息：打掉那艘讨厌的航母。

5月8日黎明，美国派出的巡逻机很快就发现了敌人。双方航母编队相距160千米（100英里）。早上8点30分，约90架美军飞机从航母起飞。当它们接近目标时，日本航母飞机也朝着

有人驾驶的炸弹

日本“樱花”22型人操炸弹的弹体头部装有爆炸物，由一架轰炸机搭载。炸弹释放后，敢死队飞行员点燃启动，驾驶炸弹去击中目标。

太平洋海军将领

美国海军上将切斯特·尼米兹（Chester Nimitz）从1941年起统领太平洋战区。海军中将马克·米切尔（Marc Mitscher）的著名事迹发生在1944年菲律宾海战中领导第58航母特混编队（TF58）期间。

美国军舰起飞了。美国飞行员发现日本航母处于热带风暴中。“瑞鹤”号躲入了浓雾，“祥鹤”号则被美军俯冲轰炸机多次轰炸，燃起大火，漂浮在海面上。海军少佐高桥赫一率领爱知D3A（“瓦尔”）俯冲轰炸机和中岛B5N（“凯特”）鱼雷轰炸机进行攻击时，“约克城”号和“列克星敦”号所在海域晴朗无云。飞到高射炮的密集火力网中时，高桥的飞机被炸成碎片，还有多架飞机命运相同，但其中大部分飞机成功驶离了热带风暴海域。

鱼雷轰炸机飞到甲板上空时，暂时出现了近距离正面交锋的场面。一位日本飞行员回想起自己看见“美国水兵注视着我们的飞机闯进来”。两艘航母都身受重创，尤其是“列夫人”（Lady Lex，“列克星敦”号航母的绰号）。由于起火燃烧和内部爆炸，它被抛弃了。“约克城”号挣扎着回到夏威夷进行修理。珊瑚海战役虽然不是一场决定性的会战，却是一次战争史上的转折点。

正在降落

一架寇蒂斯SB2C“地狱俯冲者”——“二战”最后两年中美国海军最重要的俯冲轰炸机——正准备降落在航母甲板上。飞行员在完成任务后找到返回航母的航线是很不容易的，尤其是在燃油不足的情况下。

史上第一次，双方海军部队只使用航母舰载机作战，作战距离远远超出了最强大的战舰火炮射程。

水上飞机和飞船

航母舰载机绝非“二战”期间海上的唯一空中存在。军舰上通常配备用于侦察的弹射器发射的水上飞机——比如深受英国人喜爱的缓慢笨拙的超级马林“海象”或者德国阿拉多Ar196等飞机。美国联合“卡特琳娜”、马丁“水手”、和英国肖特“桑德兰”（战前曾开航到开普敦和悉尼的“帝国”飞船的军用改型）等大型飞船也在海上巡逻，寻找敌军潜艇和船只的踪影，同时也发挥重要的海上救援作用。与大部分“二战”飞机相比，“卡特琳娜”和“桑德兰”速度缓慢，但航程非常远——“卡特琳娜”能在空中停留24小时。由于装备了大量防御火力以及炸弹、深水炸弹等物品，这些庞然大物并不轻巧。“桑德兰”因在比斯开湾上空规避德国空军战斗机的穷追猛打而知名，德国人戏称它为“豪猪”。

紧凑的“海象”

一架舰载“海象”飞船被运出机库，为减小存储体积，机翼被折叠起来。“海象”会在甲板上的弹射器协助下起飞，完成任务后降落在船边。

保驾护航

“二战”中飞机最重要的用途之一是为商船保驾护航，当时德国潜艇和飞机对出入英国的商船造成了严重损失。1940年冬天，Fw200“秃鹫”以被占领的挪威和法国为根据地，对大西洋商船发动了远程炸弹袭击。船只靠近陆地时——比如从英国出发，途径挪威驶向苏联摩尔曼斯克和阿尔汉格尔斯克港口的北冰洋船只——航程更近的Ju88和He111飞机也会施加毁灭性打击。

商船队需要空中掩护来阻止这些袭击。早期一种孤注一掷的措施是从商船上起飞一架霍克“飓风”战斗机，这是个有去无回的任务，因为飞行员唯一生还的希望就是在燃油耗尽坠入海中后会被人救起。后来，护航航母成为更有效的解决办法，但数量远远不够。还需出动“卡特琳娜”和“桑德兰”远程飞船耐心地在海上搜寻潜艇。最初，它们通常在潜艇露出水面时才能攻击，然而，1942到1943年，盟军飞机安装了升级的雷达和深水炸弹，攻击性得以增强。

盟军指挥官很晚才派遣足量空中资源参与大西洋战役，但直到1943年联合B-24“解放者”远程轰炸机在海洋上排兵布阵，才成为关键转折点。从那时起直至战争结束，盟军飞机对德国潜艇造成了巨大损失，后者再也无法对商船构成主要威胁了。

军舰防卫

没人会指责传统海军指挥官在战争准备阶段忽略空中力量这一事实。他们费尽心思武装军舰以对抗空袭——一艘战列舰或巡洋舰的密集高射炮火令人望而生畏。

飞机对抗潜艇

在大西洋战役中，飞机是对付德国潜艇的有效武器。左图为一架英国皇家空军海岸司令部的“桑德兰”飞船在大西洋上空巡逻。下图为一架美国飞机护送一支运送重要补给的商船队，该船队从美国出发，穿越大西洋到被围困的英国。

“二战”中的反潜机

在从1940到1943年的大西洋战役中，飞机在反潜艇作战中发挥了决定性作用。保护开往英国的商船免受德国潜艇袭击关乎国家生存。舰载飞机也有反潜艇职责，但主要任务落在了从沿海基地飞来的远程飞机身上。在此背景下，英国对负责大西洋反潜艇巡逻的英国皇家空军海防总队的关注却少得可怜。战略轰炸提倡者想派遣远程飞机对德国进行轰炸袭击，反对为保持大洋航线畅通而分散资源。反潜机的一个主要要求是最大航程。直到1942年下半叶，盟军都没有能巡逻至大西洋中部的飞机，德国U型潜艇敏锐察觉到这个防空护航漏洞。B-24“解放者”的海军型联合PB4Y-1航程可达4500千米（2800英里），它的出现填补了这个空白。1942年末，新装备令飞机成为有效的潜艇杀手，它们为1943年消除潜艇威胁做出了突出贡献。

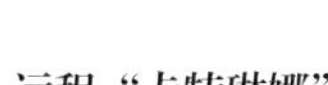

远程“卡特琳娜”

耐用可靠的“卡特琳娜”是当时最常见的水上飞机，在许多战区中为美国和盟国空军服务，战绩显著。

联合PBY“卡特琳娜”

PBY“卡特琳娜”是美国海军在1936年后使用的反潜巡逻飞机。RAF海防总队也订购了大量PBY和自己的“桑德兰”互相配合。“卡特琳娜”是史上产量最大的水上飞机（超过4000架）。尽管和“桑德兰”相比速度较慢，武装不够精良，但它结实坚固且适应力强。

发动机：2×1200 马力普拉特·惠特尼 R-1830“双黄蜂”气冷星形发动机

翼展：31.7 米（104 英尺） **机长：**19.5 米（63 英尺 10 英寸）

最大速度：314 千米 / 小时（196 英里 / 小时） **机组人员：**7

武器：5×0.5 英寸机枪；1614 千克（4000 磅）鱼雷、深水炸弹或炸弹

联合PB4Y-1“解放者”

1941年11月，RAF首次使用“解放者”进行超远程反潜巡逻。1942年11月，一架美国海军PB4Y-1“解放者”击沉了第一艘德国潜艇。海军拥有近1000架PB4Y-1飞机，包括专门为袭击法国V1导弹发射场设计的特殊远程控制机型。1944年8月，未来美国总统的哥哥约瑟夫·肯尼迪上尉在执行此项任务中阵亡。

发动机：4×1200 马力普拉特－惠特尼 R-1830-65“双黄蜂”14 缸星形发动机

翼展：33.3 米（110 英尺） **机长：**20.5 米（67 英尺 3 英寸）

最大速度：449 千米 / 小时（279 英里 / 小时） **机组人员：**9~10

武器：8×0.5 英寸机枪；3628 千克（12800 磅）炸弹

费尔雷“剑鱼”Mk. Ⅲ

绰号“网兜”的“剑鱼”是非常成功的一种皇家海军攻击机，它在整个“二战”期间服役。1940年11月，21架“剑鱼”鱼雷轰炸机从HSM“光辉”号航母上起飞，击沉了塔兰托的意大利军舰，自己只损失了一架。1943年起，安装雷达的剑鱼Mk. Ⅲ在北海和大西洋的商船护航航母上工作，击沉了多艘德国潜艇。

发动机：750 马力布里斯托尔“帕加索斯”30 气冷 9 缸星形发动机

翼展：13.9 米（45 英尺 6 英寸） **机长：**10.9 米（35 英尺 8 英寸）

最大速度：224 千米 / 小时（138 英里 / 小时） **机组人员：**2~3

武器：2×0.303 英寸维克斯机枪；1× 鱼雷或 681 千克（1500 磅）水雷、炸弹或深水炸弹；8×27 千克（60 磅）火箭弹

洛克希德（A-28/A-29）“哈德孙”Ⅰ

发动机：2×1200 马力莱特 R-1820“旋风”9 缸星形发动机

翼展：20 米（65 英尺 6 英寸） **机长：**13.5 米（44 英尺 4 英寸）

最大速度：396 千米 / 小时（246 英里 / 小时） **机组人员：**5

武器：5× 机枪；340 千克（750 磅）炸弹

魁梧的“哈德孙”是1938年由14型“超级伊莱克特拉”客机改装的海上侦察轰炸机，它是第一种被RAF采用的美国制造的飞机。其他开创的纪录包括第一架摧毁敌机的RAF飞机，第一架用火箭弹击沉潜艇的飞机。有将近3000架“哈德孙”在盟军中服役，直至战争结束。

马丁PBM“水手”

162型“水手”水上飞机在1937年投入设计，比名声更响的“卡特琳娜”晚4年。该机有海鸥形机翼和独树一帜的倾斜尾翼，于1941年开始服役。多种改进型的总产量超过1300架，其中最主要的战时机型是PBM。

发动机：2×1700 马力 R-2600-12“旋风”14 缸星形发动机

翼展：36 米（118 英尺） **机长：**24.4 米（80 英尺）

最大速度：319 千米 / 小时（198 英里 / 小时） **机组人员：**7~8

武器：7× 机枪；1814 千克（4000 磅）炸弹

肖特S.25“桑德兰”

肖特兄弟把最著名的“帝国”商业水上飞机改装成“桑德兰”式，为RAF海防总队服务。该飞机配备有雷达，工作是在大西洋巡逻长达13个小时，搜寻德国潜艇。通常情况下，在晚上露出水面被发现的潜艇还没来得及下潜就被击沉了。

发动机：4×1200 马力普拉特－惠特尼“双黄蜂”14 缸星形发动机

翼展：34.4 米（112 英尺 10 英寸） **机长：**26 米（85 英尺 4 英寸）

最大速度：343 千米 / 小时（213 英里 / 小时） **机组人员：**10

武器：12×0.303 英寸勃朗宁机枪，2×0.5 英寸机枪，安于横梁；2250 千克（4960 磅）炸弹或深水炸弹

偷袭珍珠港

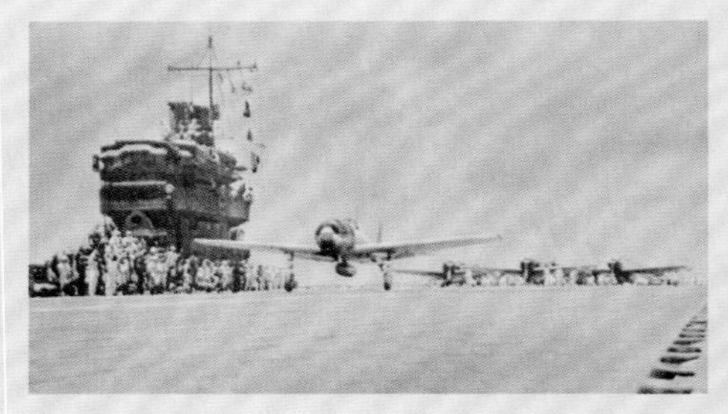

采取行动

上图为日本水手仰视一架三菱“零”式战斗机从飞行甲板上起飞。“赤城”号航空母舰上的一名海员评价珍珠港空袭：“空袭夏威夷！梦想成真了！”

“这不是演习！”

这条告知美国舰队珍珠港遭袭的消息在偷袭开始几分钟后被送达。但对正在浴血奋战的人来说，这已经不是什么新闻了。

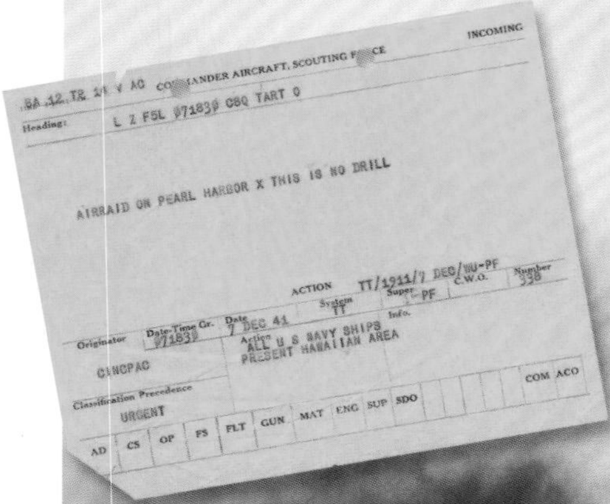

INCOMING
BA 12 TR 14 V AC COMMANDER AIRCRAFT, SCOUTING FORCE
Heading: L Z F5L 071830 CBQ TART 0

AIRRAID ON PEARL HARBOR X THIS IS NO DRILL

ACTION TT/1911/7 DEC/WU-PF
System TT | Super PF | C.W.O. | Number 338
Originator CINCPAC | Date-Time Gr. 071830 | Date 7 DEC 41 | Info.
Action ALL U S NAVY SHIPS PRESENT HAWAIIAN AREA
Classification Precedence URGENT
AD | CS | OP | FS | FLT | GUN | MAT | ENG | SUP | SDO | COM | ACO

1941年12月7日清晨，第一波袭击珍珠港的日本飞行员爬进驾驶舱，每人都携带装有大米、李子、巧克力及提振精神药片的飞行给养包。空袭部队指挥官渊田美津雄系上传统的一字巾后，螺旋桨转动，发动机轰鸣。183架飞机在波涛汹涌的海面上顺利起飞，组成编队飞往夏威夷瓦胡岛（Oahu），保持无线电静默。飞行中大部分是低云天气。渊田收听火奴鲁鲁无线电台播放的音乐节目，该节目也会随时更新当地天气状况，他在接近目标时改变了方向。云层散去后，飞行员俯视郁郁葱葱的岛屿。珍珠港映入眼帘时，渊田看到“整个美国太平洋舰队都在这里，这比我最乐观的美梦还要让人惊喜”。共90艘舰船停在岸边或船坞里，包括8艘战列舰。激动万分的渊田向航母编队发出偷袭成功的无线电报——“虎！虎！虎！”——同时第一波袭击开始，鱼雷轰炸机从水面低空掠过，俯冲轰炸机从3500米（12000英尺）的空中突袭。爆炸的滚滚浓烟遮天蔽日，渊田率领的水平轰炸机纵队穿过高射炮火力网，三菱A6M“零”式战斗机猛烈扫射下方的军用机场。地面上，多达300架美国飞机被损毁，日机几乎独霸天空。偷袭中途，一队从美国大陆飞来的B-17轰炸机也被惨击。

显然，日本飞行员对下方船舶和地面上的人间惨剧无动于衷，一心只想成功完成任务。返回航母后，在整体欣喜若狂的氛围中，许多人还觉得羞愧，认为自己错失目标，让战友和帝国失望了。170架飞机发动第二波攻击时，渊田依然留在珍珠港，向海军中将南云忠一报告了造成的破坏。南云评价“可以说，我们已经实现了预期目标。”这只是概括而论。

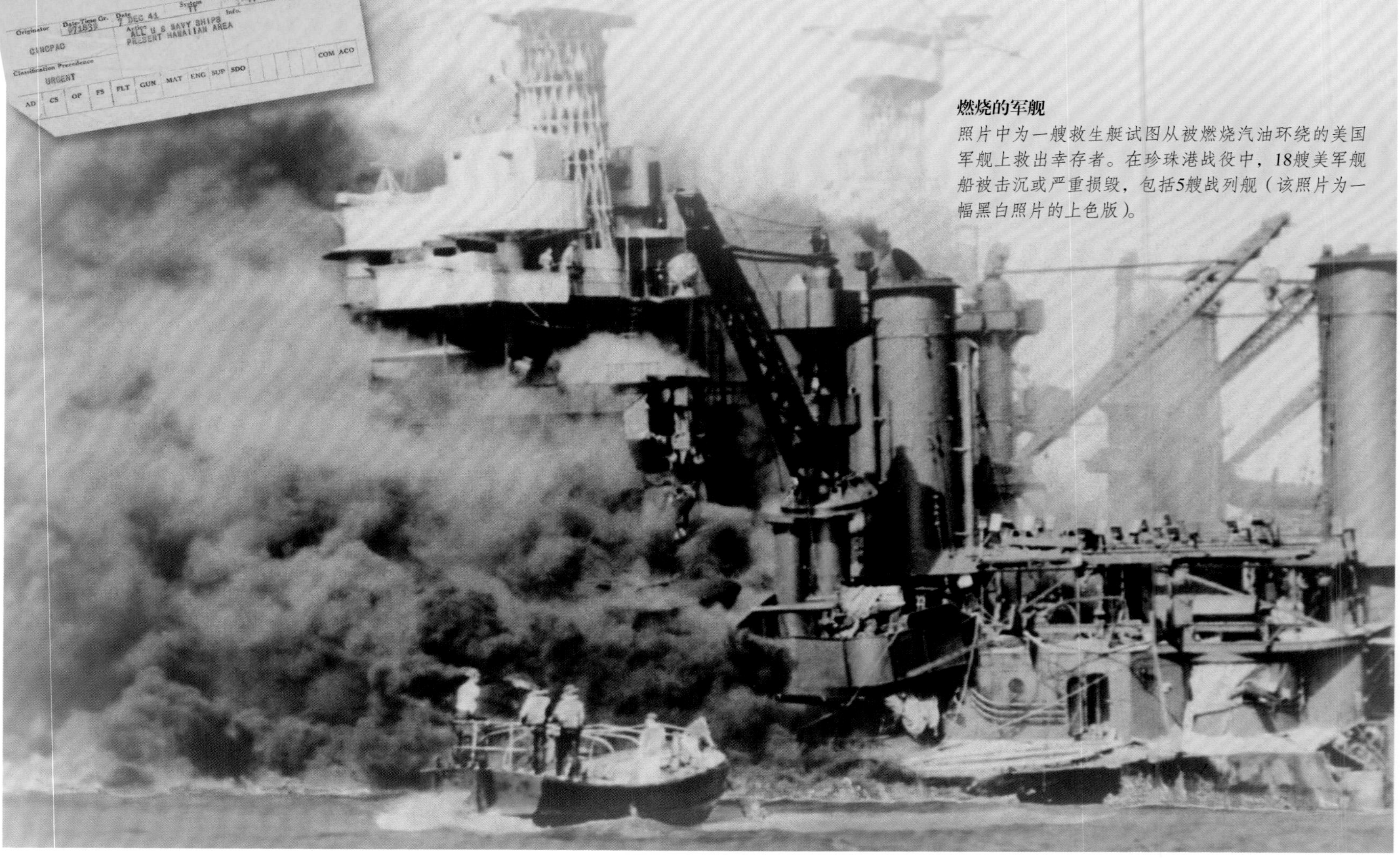

燃烧的军舰

照片中为一艘救生艇试图从被燃烧汽油环绕的美国军舰上救出幸存者。在珍珠港战役中，18艘美军舰船被击沉或严重损毁，包括5艘战列舰（该照片为一幅黑白照片的上色版）。

“剑鱼”攻击机

1940年11月，从英国皇家海军“光辉”号航母上起飞的“剑鱼”双翼机袭击了塔兰托的意大利舰队，这在一定程度上鼓舞了日本袭击珍珠港。

然而，当缺少足够的空中掩护时，水上舰船在空袭中的脆弱程度惊人。1941年12月10日是英国皇家海军在“二战”中最黑暗的日子之一，那天，战列舰“威尔士亲王”号和战列巡洋舰“反击”号在马来西亚海岸附近遭到日本三菱G4M（“贝蒂”）中型轰炸机和中岛“凯特”式鱼雷轰炸机的攻击。“威尔士亲王”号上有175门高射炮，能在1分钟内发射6万发炮弹，而且主力舰和护航驱逐舰都在开阔水域，可以全速行驶。然而，刚过了两个多小时，“威尔士亲王”号和“反击”号就沉没了，而日本只损失了3架飞机。

之前在发展航母方面并不占优势的英国也使用飞机打击水上舰船，取得了重大胜利。1941年5月，德国战列舰“俾斯麦”号在狂风暴雨的北大西洋行驶，想去布雷斯特海港寻求庇护，若不是被RAF海防总队的一架“卡特琳娜”发现，它本可以躲过皇家海军的追捕，结果却被“皇家方舟”号航母上的费尔雷“剑鱼”投掷的鱼雷击毁。用行动迟缓的露天座舱双翼机袭击世界上最先进的战列舰，这已经是非同凡响了，更何况还对战列舰造成了严重损失。

1940年11月袭击在塔兰托的意大利舰队是“剑鱼”另一次永载史册的胜利。21架看似落伍的鱼雷轰炸机从“光辉”号航母上起飞，在夜晚袭击严密防守的浅水海湾，共击沉3艘战列舰和一艘驱逐舰。塔兰托战役投入少但成绩显著，引起了全世界海军专家的研究兴趣——包括日本。

虎！虎！虎！

日本在1941年12月7日偷袭珍珠港是航空史上最声名狼藉的一次空中行动。这是日本高级指挥官的孤注一掷，因为日本控制中国和东南亚的狼子野心引发了和美国的冲突，而他们毫无战胜美国的希望。联合舰队司令长官山本五十六海军大将希望能在入侵东南亚的同时拿下美国太平洋舰队，这样一来，日本至少争取到了准备抵御美国进攻的时间。而被委任突袭指挥的南云中将持反对意见，他认为这不会奏效。

美国对日本没有提前预警就发动突袭的行径出离愤怒，但必须承认，从准备和执行上看，珍珠港袭击是一次技术成熟的海上空中作战。日本技术专家发明了一种能在美国海港浅水工作的鱼雷——普通鱼雷会陷入海床——以及安装了尾鳍后能穿透战列舰装甲甲板的炸弹。在残酷选拔中留下来的高水平飞行员一丝不苟地提前演练。包括6艘航母在内的31艘军舰组成特混舰队，靠随行的油船补充燃料，在波涛汹涌的海上秘密航行1600千米（1000英里），抵达夏威夷攻击范围内。

珍珠港战役中的日本飞机

爱知D3A（“瓦尔”）

作为珍珠港事件中日本皇家海军俯冲轰炸机的中坚，126架“瓦尔”飞机（盟军起的绰号）参与该战役。“二战”中，被爱知D3A击沉的盟军海军舰船数量多于其他任何敌军飞机。

发动机：1080 马力三菱“金星”44 气冷 14 缸星形发动机
翼展：14.4 米（47 英尺 1 英寸） **机长：**10.2 米（33 英尺 5 英寸）
最大速度：460 千米 / 小时（272 英里 / 小时） **机组人员：**2
武器：2×7.7 毫米机枪，1×7.7 毫米机枪；1×250 千克（551 磅）炸弹，2×30 千克（66 磅）装于翼下的炸弹

三菱A6M5“零”式

作为日本最著名的战斗机，“零”式在1940年首度亮相就超越了太平洋战场的所有盟军飞机。这种轻型飞机拥有出色的可操作性和当时无可匹敌的航程。

发动机：1300 马力中岛 NK1C“荣”21 型 14 缸星形发动机
翼展：11 米（36 英尺 1 英寸） **机长：**9.1 米（29 英尺 11 英寸）
最大速度：557 千米 / 小时（346 英里 / 小时） **机组人员：**1
武器：2×20 毫米机炮，安装于机翼；2×7.7 毫米机枪，安装于机身；翼架上携带 2×60 千克（132 磅）炸弹

中岛B5N2（“凯特”）

1940年，英国海军的鱼雷轰炸机还是传统的“剑鱼”双翼机，但日本已经建造出线条流畅的现代化全金属单翼机。在珍珠港战役中发挥主力作用后，它又协助击沉了“约克城”号、“列克星敦”号和“大黄蜂”号等航空母舰。

发动机：1115 马力中岛“荣”21 型气冷 14 缸星形发动机
翼展：15.5 米（50 英尺 11 英寸） **机长：**10.3 米（33 英尺 9 英寸）
最大速度：378 千米 / 小时（235 英里 / 小时） **机组人员：**3
武器：2×7.7 毫米机枪；1×7.7 毫米机枪，安装于驾驶舱后侧；机身中轴线下有 800 千克（1764 磅）鱼雷

甲板上的轰炸机

在1942年4月跨越太平洋奔赴东京进行杜立德空袭的途中，16架北美B-25“米切尔”轰炸机首尾相接地排列在USS“大黄蜂”号航母的甲板上。B-25因体积过大，无法放置于甲板下。

长期的和平状态使得美国在防御方面变得松懈麻木，这倒帮了日军的大忙。兼具技能和决心的日军飞行员发动了两波攻势。他们拥有当时世界上最出色的海军飞机，如三菱A6M“零”式战斗机和作为鱼雷轰炸机以及普通水平轰炸机使用的中岛“凯特”攻击机。珍珠港战役所使用的另一种机型是爱知“瓦尔”俯冲轰炸机，该飞机的优缺点和德国“斯图卡”相似。

当天，美国航母正好不在港内，日军也没有摧毁贮油槽，从而使美国能更加迅速地恢复，这限制了日军袭击的实际影响。但美军仍有18艘军舰沉没或严重受损，地面上有大约164架飞机被毁；日军出动的353架飞机中，只折损了29架。

美国复仇

珍珠港被偷袭后，美国人渴望立刻实施报复，1942年空袭东京，一定程度上满足了这种渴求。

珍珠港战役说服了对舰载飞机是海战中决定性攻击力量存在质疑的人。美国水面舰队的许多船只遭受了永久摧毁或暂时损坏，航母成为美国海军在太平洋上的主力舰只。最初，航母处于从属地位，现在却登上了中心舞台，水面军舰的主要功能转为了保护航母。

轰炸东京

偷袭珍珠港和此后的一连串挫折让美国亟须报复和提振士气。美国寻求反击日本的有效途径，策划对东京实施舰载机轰炸。要远距离袭击日本本土，没有航母飞机具备这么远的航程，因此，美国陆军航空队受命提供北美B-25“米切尔”轰炸机。此前没有人认为这些飞机能从航母甲板上起飞，但现在已别无选择了。

在赫赫有名的詹姆斯·杜立德中校的率领下，美国陆军航空队的飞行员志愿者们接受短途起飞、低空远程飞行的集训，于1942年4月乘坐“大黄蜂”号航母驶离旧金山。16架轰炸机由于体积太大无法放在下层机库，只能停在飞行甲板上，占用了“大黄蜂”号航母飞机的起落空间。“企业”号航母则提供空中掩护。计划是4月18日晚，“大黄蜂”号在距离东京约640千米（400英里）时轰炸机起飞，在夜色掩护中轰炸东京，然后在中国衢州机场降落。但是，18日早晨，日本巡逻船发现了特混舰队。尽管距离东京还有1050千米（650英里），而且现在是白天，美军还是决定轰炸机立刻起飞。

“这次袭击的导火索有很多，但……鼓舞美国民众士气是最重要的一点。”

海军少将亨利·L. 米勒
（Henry L. Miller）
如此评价杜立德空袭

杜立德率先起飞。飞机上装载着炸弹和额外的燃油，航母在波涛汹涌的海上行进，这都不利于B-25在海上起飞。幸运的是，风速为30海里/小时，航母速度为20海里/小时，形成了助力起飞的50海里/小时风速。杜立德轻松升空，其他15架飞机也随之起飞，只发生了一次小事故。

他们在4小时后抵达东京，达到了出奇制胜的效果。B-25的突然现身令日本陷入恐慌，轰炸结果与预计不同，大部分轰炸机燃油用尽，且所有飞机都迷航了，机组人员纷纷选择跳伞或紧急降落。

“萨奇剪”战术

即使是最杰出的美国海军飞行员也不愿与优于格鲁曼F4F“野猫”的三菱“零”式战斗机对阵。所幸海军中许多睿智的飞行员开创了对付“零”式战斗机的战术。吉米·萨奇（Jimmy Thach），第3战斗机中队的指挥官，主张放弃长机在前、两架僚机在后的三机V形编队，这是RAF曾经使用、美国海军战斗机正在使用的经典阵型。他令飞行员采取四机作战编队，两两一组，与德国空军“梅塞施密特”飞行员想出的方法一样。

飞行中的四机作战编队
照片中为美国海军格鲁曼F4F“野猫”战斗机按吉米·萨奇开创的四机作战阵型飞行。在每个四机作战编队中，飞机两两一组，每组有一架长机和一架僚机。

运用这种四机阵型，萨奇开创了一种专门消除“零”式性能优势的战术。

这种被称为“萨奇剪”的战术是如下这样运行的。“野猫”两两飞行，留出足够急转弯的空间，保证彼此后方安全。如果一架“零”式从后方攻击左排某一飞机，右排飞机会等它进入射程内，然后急转弯冲向队友。看到这个转弯，被盯住的“野猫”就知道后方有一架“零”式，会俯冲到右边。如果“零”式撤退，右排的两架“野猫”就从侧面袭击；如果继续紧跟，就正面射击它。萨奇在中途岛海战中实践了这种战术。

在80名飞机机组人员中，有73名幸存，包括杜立德，后来他作为欧洲战区的一名指挥官继续在“二战”中做出了杰出贡献。

“杜立德空袭”震惊了日军高层将领，迫使他们匆忙制订了向太平洋扩张的计划。

中途岛海战

美国太平洋舰队在1942年接到的指令是“保存实力，在必要时出击”。在战争开始时，美国只有6艘舰队航母，这个数字不久在与敌军的作战中还减少了。日本在海军飞机和飞行员质量和总体数量上都更胜一筹。

飞往东京
1942年4月18日，杜立德从USS“大黄蜂”号航母上起飞。海面波涛汹涌，B-25必须从倾斜的甲板上起飞。

但日本海军指挥官依然坚信，如果能引诱美国太平洋舰队出战，就可以摧毁其航母，进而控制海洋。这是他们在1942年6月侵略中途岛时的设想方案。

美国密码破译员已经破解日本海军的密码，提前知晓了中途岛作战的预谋，因此没有被日军同时进攻阿留申岛分散注意力。

美国太平洋舰队新任司令官切斯特·尼米兹无法组建足以同山本派遣的200艘军舰相匹敌的海军部队，不得不依靠空军阻止日军进攻。幸亏有珍珠港海军工厂工人的不懈努力，原预计需要90天才能从珊瑚海战役损坏中修复的“约克城”号3天内就修好了，并和“企业”号及“大黄蜂”号一道加入了尼米兹的舰队。尼米兹手头还有在中途岛上驻扎的波音B-17轰炸机。日军不清楚美国海军的实力和方位，派出4艘航母意图赢得制空权，为攻略中途岛开路——其他航母在珊瑚海之战后还未得到整修或被疏散到别处。

1942年6月4日，日军和美军在中途岛开战。美军大获全胜，只折损了“约克城”号，却击沉了日本4艘航母。但美国并未因中途岛之战立刻获得太平洋的制空权或制海权。尽管日本海军空中力量遭遇重挫，美国海军飞机在数量上依然处于劣势。继“列克星敦”号在珊瑚海折损、“约克城”号在中途岛折损后，1942年下半年，“黄蜂”号和“大黄蜂”号航母在瓜达尔卡纳尔（Guadalcanal）附近战役中沉没。在此期间，美国人只有一艘能在太平洋上随时使用的航母。一些舰载机飞行员发现他们没有可供起飞的甲板，只能和海军陆战队一起从瓜达尔卡纳尔亨德森机场破烂的飞机跑道上起飞。

埃塞克斯级航空母舰

1942~1943年，世界上最强大的航母舰队在美国造船厂中逐渐成形。早在1940年，美国海军就被授权建造新一代重型航空母舰，也就是后来的埃塞克斯级航母，第一艘于1943年参战。

这些现代化军舰的设计是基于之前航母战争的经验教训，非常注意在有限空间内起飞和保养飞机的实用性，同时在消防和损管控制方面也煞费苦心，因此，相比早期航母，埃塞克斯级航母在敌军空袭中的存活概率要大得多。

中途岛海战

鱼雷轰炸机

道格拉斯TBD“破坏者”（最上图）是中途岛海战中美国鱼雷轰炸机部队的主力，它们还有6架更新的格鲁曼TBF“复仇者”（上图）。它们都损失惨重——最上方照片中的“企业”号战前甲板上的这些TBD飞机，只有4架幸免于难。

1942年6月4日，中途岛海战爆发。日本舰载机在凌晨空袭中途岛上的机场，拉开了战役的序幕。在筹备后续袭击时，日军指挥官突然意识到它们可能处于美国航母的打击范围之内。那时，“企业”号和“大黄蜂”号已经派出飞机攻击日本航母了。不幸的是，美国飞行员难以定位目标，各飞行中队分散开来。15架从“大黄蜂”号起飞的“破坏者”鱼雷轰炸机率先发现日本航母，却无法和护航战斗机取得联系。“破坏者”在低空飞行实施攻击，速度缓慢且十分脆弱，遭到“零”式战斗机的突袭，全军覆没。

其他两艘航母的舰载机起飞后，“约克城”号上的也顺利升空，保持着良好阵型抵达，战斗机、俯冲轰炸机和鱼雷轰炸机严阵以待，准备协同作战。吉米·萨奇率领的“野猫”战斗机与日本担负战斗巡逻任务的“零”式相比，在数量上相差悬殊，处于劣势。尽管这些鱼雷轰炸机英勇作战，令日本战斗机手忙脚乱，但也损失惨重。

战役全景

这幅照片通过透视手法表现了战役场景。6月4日早上，USS“约克城”号的鱼雷轰炸机中队袭击了日本航母“苍龙”号和“赤城”号。照片中显示轰炸机不得不在海面上平稳低空飞行以发射鱼雷，同时还会受到敌舰高射炮和战斗机的猛烈夹击。

无畏的摧毁者

画家R. G. 史密斯想象日本“赤城”号航母被摧毁的场景：把炸弹投掷在航母上后，道格拉斯“无畏”俯冲轰炸机调头离开。

> “我看到阳光闪烁，这些俯冲轰炸机冲下来，就像一条美丽的银色瀑布……”
>
> **吉米·萨奇**
>
> **对中途岛海战的回忆**

“零”式战斗机太关注低空飞行的飞机，忽视了美军俯冲轰炸机，来自“约克城”号和“企业”号的道格拉斯“无畏”千钧一发之际突然现身于敌人航母上空。吉米·萨奇回忆俯冲轰炸机的攻击场景：“我看到阳光闪烁，这些俯冲轰炸机冲下来，就像一条美丽的银色瀑布……我从未见过这么壮观的俯冲轰炸。似乎每颗炸弹都弹无虚发……”大约5分钟后，日本的3艘航母——“赤城”号，“加贺”号和“苍龙”号——起火燃烧，滚滚黑烟使天空都变得昏暗了。

日军大为震惊，但还有一艘完好无损的航母——“飞龙”号。先是一波俯冲轰炸机，然后是一波鱼雷轰炸机从“飞龙”号起飞，对“约克城”号进行报复。由于每波轰炸机只有6架“零”式战斗机护航，它们遭到了“约克城”号战斗巡逻队的战斗机和航母高射炮火的猛烈打击。但日军飞行员不顾损失进行强攻。萨奇曾回忆起，有一个日本人在飞机着火的状态下，依然沉稳操纵发射鱼雷。“约克城”号被日军的俯冲轰炸机损坏，因鱼雷轰炸无法行动，最后被一艘日本潜艇发射的鱼雷击沉。“企业”号的俯冲轰炸机则摧毁了“苍龙”号，战役告一段落。

日军最终放弃侵略中途岛，损失了4艘航母和约330架飞机，美军损失了1艘航母和约150架飞机。日军还损失了大半经验丰富、技能娴熟的飞行员。这场战役对日军是一次毁灭性的打击，也是太平洋战役的转折点。

沃特 F4U“海盗”战斗机

“必须是十分优良、完美无瑕的飞机。”

海军上将赫伯特·D. 赖利
（Herbert D. Riley）

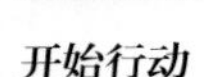

开始行动
所罗门群岛上的战斗机飞行员冲出“等待室”，奔向等待飞行的飞机。美国海军陆战队（如图所示）、美国海军和英国海军航空兵都使用“海盗”。它们一直服役到20世纪50年代。

有人认为F4U“海盗”是二战中最出色的舰载战斗机。从某种意义上来说，其精巧设计尤其适合于海上活动。比如新奇的“倒海鸥”式机翼。因此，设计者能把短小坚固的起落架安装在机翼最下方，方便在航母上降落，同时使大型螺旋桨不接触甲板。然而，在其他方面，“海盗”并不适合在航母上活动。1942年10月，第一批“海盗”战斗机交付美国海军，飞行员发现长长的发动机延伸到前方，他们必须探身从驾驶舱的一侧望去才能看见外面。当飞机试图在航母甲板降落时，这个问题尤其严峻，因为操作变得极其危险。1943年，岸基飞行中队（主要是美国海军陆战队）首次在太平洋战争中使用“海盗”。直到1944年4月，飞行员座位和座舱罩升高使飞行员视野得以拓展后，“海盗”才成为舰载机。

经过一系列改良，飞行员熟悉飞机特性后，“海盗”成为表现突出的飞机。它作为制空战斗机和装备炸弹或火箭弹的攻击机大获成功。与“零”式等日本战斗机作战时，它的击落比率是11∶1，即击落11架敌机才会有1架“海盗”被击落。

装备火箭弹
1945年7月，冲绳基地的地勤人员在一架“海盗”机翼下安装5英寸火箭弹。

显眼的螺旋桨尖

独树一帜的“倒海鸥”翼型

长长的机鼻

滑动式座舱罩

大直径螺旋桨

起落架（可向后收起）

起落架舱门

液压襟翼

死亡的哨音
F4U战斗机的涡轮增压中间冷却器在飞行时会发出呼啸声，日本人恐惧地称之为“死亡的哨音”。

技术参数（F4U-1D）

发动机：2300马力普拉特·惠特尼R-2800-32W气冷18缸星形发动机
翼展：12.5米（41英尺）
机长：10.2米（33英尺6英寸）
重量：4392千克（9683磅）
最大速度：756千米/小时（470英里/小时） **机组人员**：1
武器：4挺安装在机翼的20毫米机炮；907千克（2000磅）炸弹

单座
F4U“海盗”的驾驶舱中只有一个座位。作为单座战斗机，该机的发动机动力格外强大。

节省空间
“海盗”的设计包括向上折叠的机翼。别具一格的设计减少了在航母上的储存空间。

除了这些重型航母，新的轻型航母、护航航母也即将开始服役。到1943年秋天，太平洋海域的美国各式航母数量达到了19艘，并且还在持续生产中。

缺少舰载机和训练有素的飞行员，航母的存在就失去了意义。美国海军空中力量规划宏大——最初预期需要27500架飞机。为配合前所未有的大规模飞行员培训，海军率先使用了飞行模拟装置，以现在的标准来评判是很简陋的，但足够训练学员甲板降落、起飞和仪表飞行等技能了，相较于以前的方法也安全高效得多。

新一代海军飞机大批量生产——格鲁曼TBF“复仇者”鱼雷轰炸机、沃特F4U“海盗”战斗机、格鲁曼F6F“地狱猫”战斗机和替代“无畏”俯冲轰炸机的寇蒂斯SB2C“俯冲者”——需要艰难的实践来决定。如果不能在现有工厂和机器设备的条件下大量生产，飞机性能再好也毫无意义。这也是美国高效组织工作的体现，新航母一下生产线，飞机和飞行员就已经准备就绪了。

并非所有新飞机一问世就能获得成功。很多飞行员并不喜欢“俯冲者”，舍不得在中途岛表现出色的老式“无畏”。对飞行员和保养人员而言，“俯冲者”也是个挑战，因为它结构复杂且易发生故障，尤其是其生产商原本是制造汽车的，战争时被迫转型开始生产飞机。

作为舰载机，“海盗”战斗机的第一款机型有个致命缺陷，飞行员想在甲板着陆时会被发动机挡住视线。后来，人们找到了一个简单的解决方法，即把飞行员座位和座舱罩上调16厘米（6英尺），但直到1944年4月“海盗”战斗机才被允许从航母上起飞。总体看来，这些新飞机在性能方面前进了一大步，是日方主要进步所无法比拟的。

太平洋反击

1944年，美国准备发动一场由航母作先锋部队的太平洋反击大战。舰队组成航母战斗群，两三艘航母处在同心圆中心，最外一层是提供高射炮防护网的巡洋舰和战列舰，然后是主要负责反潜防御的驱逐舰。若干航母战斗群共同活动，被称为快速航母特混编队，成为一种强有力的攻击武器。

航母战斗群

1944年，一支由USS埃塞克斯级航母率领的航母战斗群前往菲律宾海执行任务。美国海军航空作战兵力规模飞速增长，而日本航母实力则缩减到了早期的水平。

新“复仇者”

格鲁曼TBF“复仇者”结构紧凑且结实，1943年后成为美国标准鱼雷轰炸机。“二战”后期，日本已经无法在飞机数量和质量上同美国抗衡了。

“我们的飞行员……每天都在进步，日军机群已经无法与之抗衡了。”

海军中将威廉·I. 马丁
（William I. Martin）
如此谈论“二战”最后一年

1944年的作战行动开始时，在技术、飞行水平和战术组织方面，美国显然已经和日本拉开差距。2月初，日本在特鲁克（Truk）防卫森严的海军基地受到美国海军9艘航母的多次袭击，包括配备机载雷达定位目标的“复仇者”鱼雷轰炸机的一次夜袭。除了船只损失惨重，日本每损失10架飞机才能击落1架美国飞机——这一切都预示着大事已然不妙。

日本则失去了山本大将，1943年4月，他死于美国空中力量之手。当时，美军截获并解码了一条无线电消息，得知了山本五十六巡视太平洋西南部日军的路线。约翰·米切尔（John Mitchell）少校率领洛克希德“闪电”P-38远程战斗机受令从瓜达尔卡纳尔岛上的亨德森机场起飞，他们的任务是在没有机载雷达和精巧设备引导的条件下在海面上飞行640多千米（400多英里），拦截日本飞机编队——山本五十六及随从乘坐的两架三菱“贝蒂”轰炸机和六架护航的三菱“零”式战斗机。约翰·米切尔使用罗盘、钟表和空速表，运用传统的航位推测法判断方位。由于他的才能和日本人的守时，P-38战斗机在布干维尔岛（Bougainville）海岸线终于发现了目标。山本五十六大将的飞机被击中，坠毁在丛林之中。他也因此免于亲眼看到自己一手扶持的日本海军溃败的场景。

日军的灾难

日军指挥官本想在1944年6月的菲律宾海战役中出奇兵袭击美国舰队，后者应该被困在一支强大的航母部队和马里亚纳航空基地之间。理论上，日军飞机可以在航母和岛上的飞机跑道间来回穿梭，痛击被夹在中间的美国人。而实际情况则是现在为人所熟知的“马里亚纳射火鸡大赛”。

6月19日上午8点半至下午3点，日军飞机分四波袭击了美国舰队。美军雷达操作员首先发出敌人正在靠近的预警，舰载战斗信息中心迅速调遣战斗机，引导它们迎击敌人。

毫无意外，缺乏经验的日军飞行员遭遇到了“地狱猫”的突袭。逃脱的飞机又被海军的高射炮拦截。与此同时，美军轰炸机袭击岛上的机场，战斗机追猎试图在此降落的日军飞机。在昼间作战中，日军共损失了300多架飞机，另外还有两艘航母被美军潜艇击沉。

第58快速航母特混编队指挥官马克·米切尔认为，不对日本舰队实施报复的话，战役就不算完整。6月20日傍晚定位敌军后，米切尔决定立刻行动，尽管他的飞机会达到航程极限且无法在夜幕降临前返回。200多架舰载机还是起飞了，照例是鱼雷轰炸机、俯冲轰炸机和战斗机的混合机群。去程中看着燃油表一点点下降，飞行员们敏锐地意识到返航时将会面临什么难题。

找到并攻击日本舰队时已经是晚上了。唐·刘易斯（Don Lewis）上尉回忆自己驾驶“无畏”俯冲轰炸机从4500米（15000英尺）的高空向一艘日军航母俯冲后的场景：“我最后瞥了一眼高度计，显示是3000英尺（900米）。停在下方的庞大航母显得更大了，它完全被笼罩在烟雾里。我很难长时间保持俯冲。有时，短短数秒就好像一辈子这样漫长。是时候了。我不能再下降了。就是现在！我拉下投弹器，感觉炸弹分离后开始拉起。我双眼蓄满泪水，耳朵生疼，高度计显示是1500英尺（450米）……我已经关闭俯冲副翼了，时速是280节，但好像还不够快……四面八方都是火力全开的军舰。天空满是黑色和白色的喷烟，在烟雾之中，被击中的飞机燃烧着坠入下方的海洋之中……”

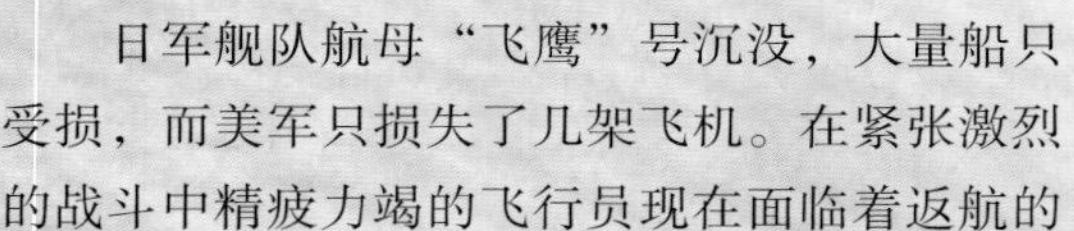

日军舰队航母“飞鹰”号沉没，大量船只受损，而美军只损失了几架飞机。在紧张激烈的战斗中精疲力竭的飞行员现在面临着返航的挑战，需要回到遥远黑暗海域那头的狭小飞行甲板上。很快飞机就燃油用尽，一头扎进了海里。为引导有足够燃油的飞机返航，米切尔下令舰队“开灯”，让探照灯、照明弹等一切能发光的东西在彻底的黑暗中发亮——在潜艇出没的海域，这是一种极需要勇气的行为。一些

无意义的死亡

一架执行自杀性任务的日军战斗机被美国海军高射炮击落。大部分自杀攻击的结局都是如此——并未对盟军军舰造成太大损失。

疲惫的飞行员飞进耀眼的灯光里，无法找到航母，便坠落在舰队之中。另一些飞行员在能看见甲板时飞机却已耗尽了燃油。共有80架飞机坠入海中，值得庆幸的是其中五分之四的飞行员被成功救起。

日本海军航空力量没能从菲律宾海战役造成的飞机和飞行员的惨重损失中恢复过来。同年10月的莱特湾海战是史上最大的一次海战，也是极富戏剧性的一次。从航母作战的角度来看，这次胜利轻而易举。日本航母缺少飞机，无法对美国舰队发动有力攻击或是抵御美国海军飞机的大规模袭击。战争结束时，日军航母舰队全盘崩溃。为了给舰队提供空中掩护，日军最后一搏，派出"信浓"号航母，它是当时世界上排水量最大的航空母舰，满载排水量超过72000吨，但其在处女航17个小时后就被一艘美国潜艇击沉。

自杀袭击

日本海军飞行员在莱特湾海战中第一次采用神风攻击战术。1944年10月19日，时任第一航空舰队司令的海军中将大西泷治郎向以菲律宾马巴拉卡特机场为基地的指挥官们建议："最大效率地发挥我们微薄力量的唯一方法"就是"成立自杀袭击小组……每架飞机俯冲撞击一艘敌军航母"。26名狂热的志愿飞行员组成第一支"特别攻击小组"，他们被称为"神风特攻队"（kamikaze）。"神风"是指13世纪蒙古人攻打日本时奇迹般拯救了日本的台风。

这些人难逃一死，日军想方设法鼓舞他们的士气。大西让他们相信他们"已经是没有俗世欲望的神"。起飞前，需要进行一个仪式：神风飞行员喝一杯水或清酒，唱一曲传统战歌，戴上武士一字巾。然后他们精神大振，出发前去为天皇献身。10月25日，一名神风飞行员驾驶三菱"零"式撞到"圣洛"号护航航母的飞行甲板上，燃烧的汽油蔓延到机库，引爆了贮存的弹药。"圣洛"号被猛烈爆炸的炸弹撕裂，不到一小时就沉没了。屡尝败果的日本终于取得了一次重要胜利。在接下来的数月中，陆基日本海军航空部队和陆军航空部队也采用了自杀战术。

把飞机转变成人工制导导弹有清晰的军事逻辑。在技术上不敌美军，又被迫把缺乏训练的飞行员送上战场，想靠近和袭击目标，日军别无选择。之前就有数百位日本飞行员没有对

自杀袭击者

近距离接触
一架日本"零"式战斗机试图撞击在USS"密苏里"号甲板上。"神风特攻"的最后时刻，飞行员基本上和对方是面对面的。

低空靠近
一架中岛B6N"天山"鱼雷轰炸机穿过密集的高射炮火，向一艘美军航母发动袭击——美国海军炮火使得水面浪花飞溅。

"日本飞机在枪林弹雨中俯冲。它多处中弹，像是拖着一道火焰和浓烟组成的军旗。它接近了，轮廓清晰可见，几乎无法前进，机翼的线条如剑般笔直。人们迅速逃离甲板：除了炮手，所有人都面朝下俯卧。火球燃烧着，呼啸着落到'舰岛'前面……整个航母都在震动，大约40码（35米）的飞行甲板像香蕉皮一样翻卷起来……"这是遭遇自杀式袭击时的可怕场面，被乔治·布朗德（George Blond）用来描述"企业"号被击中时的场景。

结合飞机撞击、炸药爆炸和燃油燃烧，自杀性袭击破坏巨大。要应对这种威胁，用美国飞行员吉米·萨奇的话就是："我们不仅需要良好的防空，而且防空系统必须是完全无懈可击的。"航母上的战斗机数量增多，代价是轰炸机和空中战斗巡逻队转移到外层驱逐舰警戒线上空，时刻准备拦截入侵者。还要密切监视返航的飞机，因为特攻队飞行员会试图偷偷混进防卫圈。美国开创"地毯式空中巡逻"系统，美国飞机几乎不分昼夜守在日军空中基地上方，让对方无法突袭。

但总有些日军飞机能突出重围，这时就需要海军炮手将其击落。日军飞行员熟知所有轰炸军舰的技巧，比如两架飞机一上一下飞行，分散高射炮火力或者同时从不同方向攻击。当然，美国炮手的难题在于，除非日军飞机完全被毁或者彻底失去控制，否则，即使被击中，神风队员也能完成任务。

美军舰队造成损失便命丧黄泉了。现在他们还是会死，但似乎不是白白送死了。

但事实却截然不同。自杀袭击成为常用战术后，他们发现这显然会快速耗损为数不多的经验丰富的飞行员。于是，自杀飞机被交给可有可无又数量众多的二等飞行员。经验丰富的飞行员驾驶护航机，运用技能击退美军战斗机。就算是早期飞机小组执行自杀袭击时，那些神风特攻队飞行员也几乎算不上精锐了。

1945年4月，日军指挥官招募狂热的年轻人前赴后继地展开特攻行动。美军开始袭击冲绳时，一支由2000多架飞机组成的自杀式袭击部队在日本南部的九州岛上成立，由海军中将宇垣缠指挥。他们对美军舰队发动了大规模袭击，数百架飞机同时试图突破美军防卫系统。参加这次“菊水特攻”的飞行员大多是招募而来的年轻学生，根本不会驾驶飞机。九州岛最重要的海军航空兵基地鹿屋一直受到B-29轰炸机袭击的威胁。这些飞行员住在摇摇欲坠的建筑物里，以地为席，他们在危险不适的条件下等待自己第一次也是最后一次任务。

“神风”效应

不可否认，“神风特攻”对美军舰队造成了精神和实质上的冲击。美军海员在第一次遭遇自杀式轰炸时的迷惑和恐惧无法形容，但这不会削弱他们训练有素的反应。实质伤害包括38艘沉没的舰船和288艘受损舰船——美国海军遭受重创，后期的英国盟军也是如此。战后的美国战略轰炸调查称，如果实施的攻击“力量更强更集中，可能会迫使我们撤离……”但日本没有资源保持长时间大规模自杀性轰炸。

1945年4月6日和7日，“神风特攻”的最巅峰，每天有300多架飞机袭击美军舰队，6月，日军就被迫削减到每次攻击派遣50架飞机了。约2000架日军飞机和大量飞行员在攻击中丧命，而替补资源远远不足。

最终，以武士道中的自杀精神对抗强大的工业实力必然会失败。美国的生产和战斗组织性更强。与推崇在战争中阵亡的人相比，珍惜军人生命的指挥官们和珍惜自己生命的飞行员们的战斗效率更高。

1945年8月15日，日本天皇宣布日本投降时，神风特攻队指挥官宇垣缠海军中将率领10名飞行员起飞，执行最后一次自杀性任务。

“二战”中的美国航母飞机

“二战”中美国海军航母飞机主要有三种：俯冲轰炸机、鱼雷轰炸机和保护舰队、护送轰炸机靠近目标的战斗机。1941年太平洋战争爆发后，美国海军又新装备了单翼机，如道格拉斯“无畏”、格鲁曼“野猫”（在英国服役时被称作“圣马丁鸟”）和布鲁斯特“水牛”。两年内，它们逐渐被包括寇蒂斯“地狱俯冲者”、格鲁曼“地狱猫”和“复仇者”、沃特“海盗”等新一代飞机所取代。尽管没有立即受到飞行员的欢迎，但这些新飞机让美国同日本相比，在质量上拥有显著优势。

准备出发的“海盗”战斗机

指挥飞机从拥挤的航母甲板上起飞——此照片摄于“二战”后——需要纪律性和组织性。（详情见220~221页）

布鲁斯特F2A-3“水牛”

发动机：1200马力莱特R-1820-40“旋风”9缸星形发动机

翼展：10.7米(35英尺)　**机长**：8米(26英尺4英寸)

最大速度：517千米/小时(321英里/小时)　**机组人员**：1

武器：4×0.5英寸机枪

“水牛”是第一种在美国海军航母上服役的单翼战斗机，1939年投入使用。大部分出口国外（照片中为有英国标志的“水牛”），尤其是芬兰，“二战”中，“水牛”在芬兰为轴心国战斗。太平洋战役中，它的设计缺陷很快暴露出来，被“野猫”取代。

寇蒂斯SB2C-3“地狱俯冲者”

发动机：1900马力莱特R-2600-20“旋风”14缸星形发动机

翼展：15.1米(49英尺8英寸)　**机长**：11.2米(36英尺8英寸)

最大速度：472千米/小时(293英里/小时)　**机组人员**：2

武器：2×20毫米加农炮,2×0.3英寸机枪;907千克(2000磅)炸弹或鱼雷;2×227千克(500磅)炸弹,挂于机翼下方

从理论上讲，作为“无畏”的替代者，它在各方面都更胜一筹——速度更快，航程更远，内部弹舱能携带更多炸弹。但它延迟交付了。飞机问题太多，许多人严肃考虑取消该项目，但政治上不允许。最终，7000多架飞机交付军方（并投入使用），考虑到其绝对数量，它是“二战”中最常用的盟军俯冲轰炸机。但这无法阻止飞行员对它的嘲讽与不满。

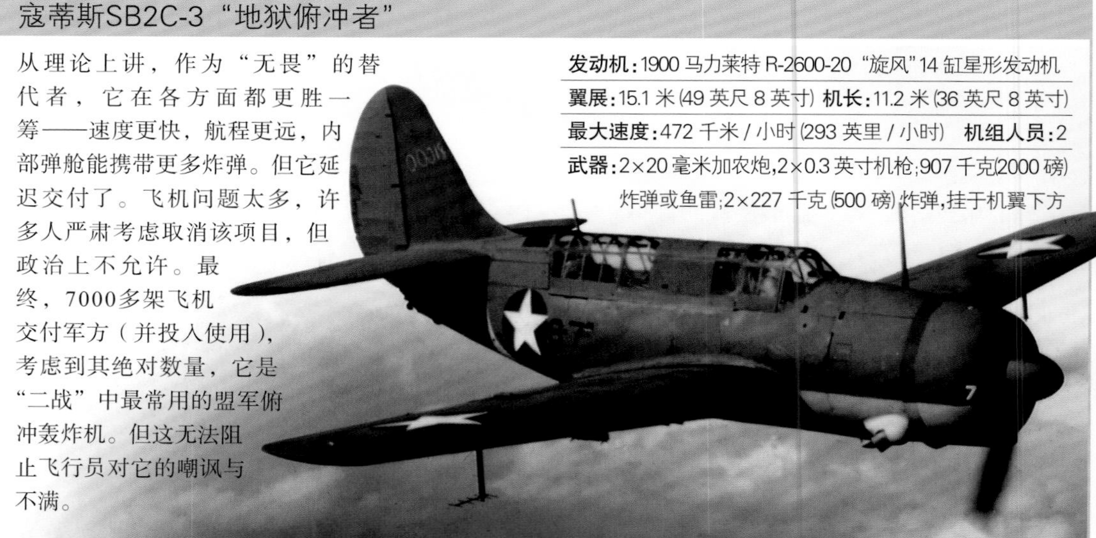

道格拉斯SBD-3“无畏”

“无畏”以诺斯罗普BT-1为蓝本，是“二战”初期美国海军最主要的俯冲轰炸机，是美军可用飞机中最卓越的，作为轰炸机和侦察机服役表现完美。1941年5月，SBD-3首次投入使用，也在1942年5月和6月的珊瑚海和中途岛战役中效力。“无畏”作战中队共击沉5艘日军航母，扭转了太平洋战局。相比日军轰炸机，它的载弹量更大，其抗损能力弥补了在战斗机面前的脆弱性——在所有美军太平洋舰载机中，它的折损率最低。将近6000架“无畏”问世，是击沉日本舰船最多的盟军武器。

发动机：1000 马力莱特 R-1820-52“旋风”9 缸星形发动机

翼展：13.9 米(45 英尺 6 英寸)　**机长：**10.1 米(33 英尺 1 英寸)

最大速度：402 千米 / 小时(250 英里 / 小时)　**机组人员：**2

武器：2×0.5 英寸机枪，装于机鼻；2×0.3 英寸机枪，装于座舱后方；载弹量 545 千克(1200 磅)

格鲁曼TBM“复仇者”

日军偷袭珍珠港那天，格鲁曼公司将最新的鱼雷轰炸机命名为美国海军“复仇者”（照片中为有英国皇家空军标志的TBM-1）。它在击沉60多艘日本帝国海军舰船中发挥了主要作用。“复仇者”有两个卓越超群的特性：它是第一种安装动力炮塔的单发飞机，也是第一种携带重型577毫米鱼雷的飞机。共有9836架“复仇者”问世。

发动机：1900 马力莱特 R-2600-20“旋风”14 缸星形发动机

翼展：16.5 米(54 英尺 2 英寸)　**机长：**12.5 米(40 英尺 11 英寸)

最大速度：444 千米 / 小时(276 英里 / 小时)　**机组人员：**3

武器：4×0.5 英寸机枪；907 千克(2000 磅)炸弹，或 1×577 毫米(22 英寸)鱼雷，8×12.7 厘米(5 英寸)火箭弹

格鲁曼F6F-5“地狱猫”

在设计替换“野猫”的战斗机时，格鲁曼公司咨询飞行员的意见，生产出和“野猫”结构相同但各方面有所增强的F6F。发动机动力几乎是之前的2倍，能够携带更多弹药和燃油，机身装甲钢板重逾91千克（200磅）。1943年1月投入使用后，“地狱猫”最著名的行动发生在1944年6月19和20日的菲律宾海海战期间，日军折损了300多架飞机，美军只损失了20架。这场战役有效终结了日军的海军航空实力。

发动机：2000 马力普拉特 – 惠特尼 R-2800-10W18 缸星形发动机

翼展：13.1 米(42 英尺 10 英寸)　**机长：**10.2 米(33 英尺 7 英寸)

最大速度：612 千米 / 小时(380 英里 / 小时)　**机组人员：**1

武器：6×0.5 英寸机枪；907 千克(2000 磅)炸弹，6×12.7 厘米(5 英寸)火箭弹

格鲁曼F4F“野猫”

“二战”爆发时，与“野猫”相比，日本“零”式速度更快，更易操作，武装更精良。在多次英勇的防御作战中，美军飞行员发现“野猫”具备一个可以胜过“零”式的优点—装甲板和自封油箱赋予的耐久性。“野猫”参与了所有太平洋重大战役，直到1943年末被“地狱猫”和“海盗”取代。它们还从大西洋的美国和英国皇家海军的商船队小型护航航母上起飞，与鱼雷轰炸机一道执行反潜任务。

发动机：1200 马力普拉特·惠特尼 R-1830-86“双黄蜂”气冷星形发动机

翼展：11.6 米(38 英尺)　**机长：**8.8 米(28 英尺 11 英寸)

最大速度：512 千米 / 小时(318 英里 / 小时)　**机组人员：**1

武器：6×0.5 英寸机枪，装于机翼

“死神”天降

盟军轰炸将敌方城市变为废墟，也因此付出了惨重代价，这让那些相信“轰炸机所向披靡”的人大为震惊。

“好多人说轰炸无法制胜。我的答复是并没有人尝试过……让我们拭目以待。”

阿瑟·哈里斯爵士

空军元帅，英国皇家空军轰炸机司令部司令官，1942年

几乎没有比“二战”中大型轰炸机编队作战更像世界末日的画面了——有时空中充斥着1000多架飞机，下方土地上烟尘弥漫，火光熊熊。总体看来，轰炸机代表着力量和冷酷破坏，但驾驶轰炸机的人却绝非坚不可摧。战争大部分时候，盟军轰炸机机组人员比袭击目标死亡率更高。

整装待发

一支加拿大小组准备好驾驶“惠灵顿”轰炸机执行任务了。加拿大飞行人员在英国皇家空军和加拿大皇家空军中队中飞行。

美国陆军航空队第15航空队投弹手霍华德·杰克逊（Howard Jackson）回忆起“二战”中空袭德国前的感受：“任务前夜，恐惧就开始蔓延。这种感觉和害怕不同。害怕是去邀请可能会拒绝你的女孩儿一起跳舞时的感受……恐惧是焦虑、噩梦以及找不飞的借口，还有头疼、腹泻、颤抖和沉默无言的感觉。”这种感觉很普遍，也完全合情。轰炸机机组工作是美国和英国武装部队中最危险的工作。1942年至1945年，被称为“强力第八”（Mighty Eighth）的美国陆军第8航空队对德实施昼间轰炸攻击，损失了2.6万人——是参战成员的八分之一——另有4万人受伤或被击落，沦为战俘。RAF中英国和联邦轰炸机人员死亡数字更令人震惊，高达5.6万人，超过参与夜间战略轰炸作战人数的一半。年轻的轰炸机机组人员多为19岁到22岁的男性，有时，他们的任期存活率不比“一战”巅峰时被派到索姆河或凡尔登的步兵高。1943年6月末，美国陆军航空队第381轰炸机大队有36名机组人员，驾驶B-17飞机从英国东部的里奇韦尔出发。截至10月第2周，原成员中只有10位存活。据估测，1943年冬天，在轰炸机司令部服役的空勤人员执行30次任务后的生存概率只有五分之一，这已经比之前某些情况下好多了。

容克斯夜间战斗机

在保卫德国免受盟军轰炸袭击时，被设计成高速轰炸机的多功能容克斯Ju88作为夜间轰炸机表现出色。从机鼻伸出的天线是利希滕斯坦（Lichtenstein）机载雷达系统的一部分。

战略轰炸

轰炸机机组人员必须接受这种考验，因为上级指挥官认为战略轰炸是制胜的关键，甚至能立即赢得胜利。统领轰炸机司令部的阿瑟·哈里斯（Arthur Harris）爵士和美国陆军航空队的卡尔·斯帕茨（Carl Spaatz）将军等人坚信，只要有资源，不需要牺牲数万士兵的地面战役，他们就能终结战争。

RAF的轰炸作战起步缓慢。“二战”前，RAF指挥官争论战略轰炸部队的震慑作用——威胁会从空中摧毁对方城市以让侵略者停手。然而，德国入侵波兰时，并未有人尝试用轰炸德国城市的办法迫使德国撤退。英国政治首脑怕引起德国人的报复，又热衷于对罗斯福总统阿谀奉承，而后者呼吁参战国不要使用飞机作为恐吓武器。

轰炸油田

1944年5月，美国陆军航空队第15航空队的联合B-24“解放者”轰炸罗马尼亚普洛耶什蒂油田。3000多名美军空勤人员在袭击普洛耶什蒂时阵亡，但最终成功摧毁石油设备，对德国的战争机器造成了致命打击。

直到1940年5月，RAF轰炸机还只限于用来袭击海上目标和投放宣传单。

从各个方面看，轰炸机司令部的装备都极不理想，无法实施战略轰炸。它的双发动机布里斯托尔“布伦海姆”、阿姆斯特朗·惠特沃斯“惠特利”、汉德利·佩奇“汉普顿”和维克斯“惠灵顿”轰炸机在载弹量、速度和武器装备等性能上都严重不足。大部分人员缺乏训练，不得不操控劣质的轰炸瞄准器，而导航设备仅仅是一个罗盘和一幅地图。即便如此，军方认为它们无须战斗机护航就能在白天向目标飞去，然后把炸

沃利斯的“惠灵顿”轰炸机

巴尔内斯·沃利斯（Barnes Wallis）设计的双发动机维克斯“惠灵顿”是“二战”开始时英国皇家空军最先进的轰炸机。尽管在昼间袭击中脆弱得让人绝望，但它是种相当高效的夜间轰炸机，参与对德空袭，直至1943年退出前线战场。

导航设备

轰炸机司令部的双发轰炸机主要依靠地图和罗盘的导航来接近目标。这张地图（最左图）是空勤人员和地面部队使用的系列地图中的N53页，柏林地图。天文罗盘（左图）利用太阳、月亮和其他天体帮助机组人员标绘正确航向。

弹投放到指定地点。这种异想天开使数百位年轻人失去了生命。单次任务的折损率达到50%。即使轰炸机接近了目标，也无法准确命中。

由于无法承受昼间行动的巨大损失，从1940年春天开始，轰炸机司令部转而实施夜间轰炸，但装备更加紧张。为了免于平民遭到轰炸，英国的政治首脑依然只授权对合成炼油工厂和铁路调车场进行攻击。但1941年的一份官方调查估计，在敌军阵营黑暗的上空中摸索行进的轰炸机中，只有三分之一能把炸弹投放到距离目标方圆8千米（5英里）的范围内。

平民目标

照理来看，英国本应该彻底放弃战略轰炸，或者至少等到航程足够长、能为轰炸机护航的战斗机出现再说。但在战争时期，这是英国唯一能反击德国的方式。

1942年2月，轰炸机司令部意识到由于技术缺陷，夜间轰炸在袭击任何小于城市的目标时效果甚微，随即受命聚焦于摧毁“敌方普通民众，尤其是工人的士气”。轰炸机可以对城市进行“区域轰炸”，它们也确实这么做了。

总体而言，对于轰炸平民的决策转变，RAF轰炸机机组成员表现出忠于命令的冷漠或者激动兴奋。

一位飞行员回忆道：“被简要告知我们第一次不是袭击军事目标，而是无差别袭击一座城镇时，人群兴奋地欢呼应和，因为大部分成员来自饱受德军空袭之苦的城镇。”

阿弗罗“兰开斯特”轰炸机驾驶员杰克·柯里（Jack Currie）描述的态度可能更加典型：“我认为，我们觉得自己处于激烈的生死战中，我们必须忠于职守，不能太受良心谴责。”

选择“区域轰炸”与新走马上任的司令官阿瑟·哈里斯有关，他完全相信轰炸敌方平民可以制胜。

阿瑟·哈里斯爵士很快就做出“成绩”，在1942年5月和6月对德国实施了三次著名的“千机大轰炸”。

阿瑟·哈里斯爵士

空军元帅阿瑟·哈里斯爵士（1892~1984）在1942年至战争结束期间担任轰炸机司令部司令官，公众对他的声誉存在激烈争议，然而，他麾下的部众却都很认可他的领导能力。

“一战”期间，哈里斯曾是英国陆军航空队的一名飞行员。他理解士兵的需求并为此极力争取——更优良的飞机和装备，合适的薪水和假期，官方对自己努力的认可——但为追求胜利，他也会毫不犹豫地牺牲数千军人的生命。哈里斯一直坚持轰炸城市制胜论，从未动摇过。当1945年2月轰炸德累斯顿成为政治问题时，他固执地拒绝否认与此有关，这种坦荡诚实让他付出了昂贵代价。战争结束时，英国王室对他避之不及，他因为执行在战时广受支持的政策而遭受诸多非议。

肩负使命

哈里斯直率又富有攻击性，还有一点粗鲁。他性格中的冲劲在轰炸机司令部中表现无遗，面对惨重损失，他也要坚定机组人员继续前进的决心。

夜间起飞

日光隐没后，RAF肖特“斯特灵”轰炸机列队起飞，对德国实施夜袭。“斯特灵”的飞行高度不如汉德利·佩奇“哈利法克斯”和阿弗罗“兰开斯特”，经常被高空飞行的友机投放的炸弹击中。

毁灭城市

汉堡是受毁坏最严重的德国城市之一。然而，直到战争接近尾声，盟军轰炸机也很少能造成如此大规模的破坏。

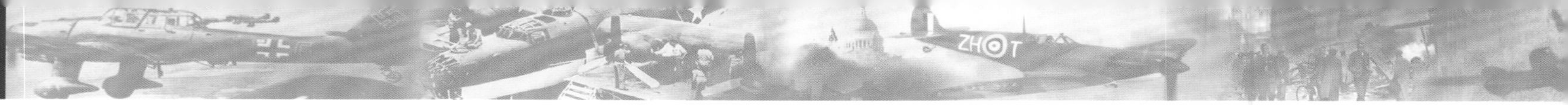

阿弗罗 683“兰开斯特”

DS771

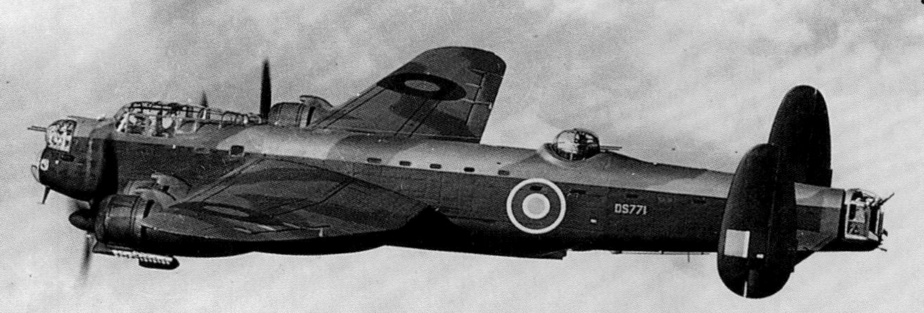

> “我们看到它们到来，就像压力重重的军队终于松了一口气。它们是不可战胜的，损失惨重的日子结束了。”
>
> **唐·查尔伍德**
> **（Don Charlwood）**
> **RAF“兰开斯特”导航员，1942年**

“兰开斯特”是“二战”中英国皇家空军最出色的重型轰炸机，它以失败的双发动机阿弗罗“曼彻斯特”为蓝本。四发动机的“兰开斯特”在1942年4月投入使用，受到了机组人员的热烈欢迎。战争爆发时，它因为找不到合适的发动机而无法服役。使用强大的罗尔斯·罗伊斯“灰背隼”发动机后，这种轰炸机的载弹量与航程比例要优于美国B-17和B-24轰炸机。

与美国轰炸机相比，“兰开斯特”配备机枪较少，部分原因是人力短缺，英国机组无法编成10人。“兰开斯特”的飞行机组一般有7人：飞行员、飞行工程师、无线电操作员、导航员、投弹手和2名机枪手。尽管飞行员是“机长”，但他通常是名士官，而其他机组成员，比如说导航员，可能是位军官。在机尾或者机背中部炮塔的炮手身处飞机最糟糕的位置，他们戴氧气面具，只能通过耳机和战友联系。机组的命运在很大程度上取决于他们对德国空军夜间战斗机来袭的警惕性。

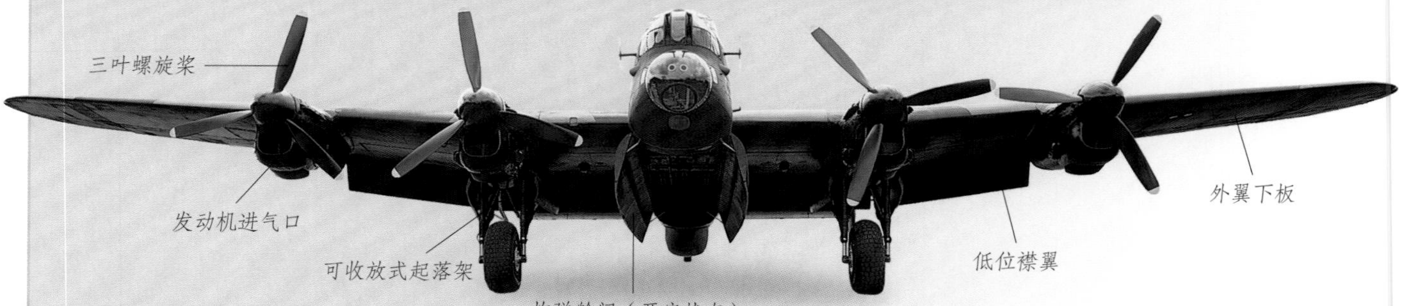

三叶螺旋桨
发动机进气口
可收放式起落架
炸弹舱门（开启状态）
低位襟翼
外翼下板

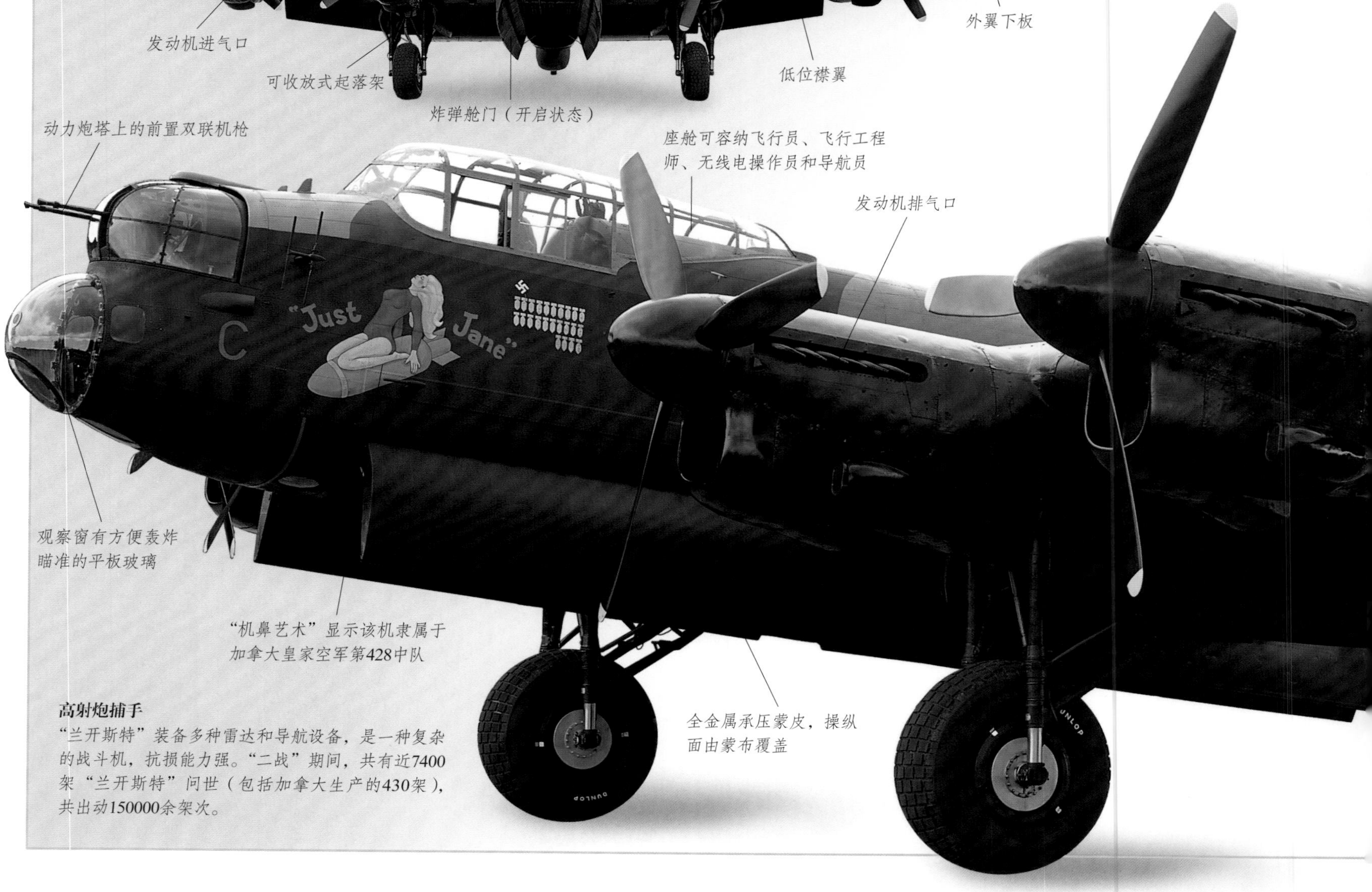

动力炮塔上的前置双联机枪
座舱可容纳飞行员、飞行工程师、无线电操作员和导航员
发动机排气口
C
"Just Jane"
观察窗有方便轰炸瞄准的平板玻璃
“机鼻艺术”显示该机隶属于加拿大皇家空军第428中队
全金属承压蒙皮，操纵面由蒙布覆盖
DUNLOP

高射炮捕手

“兰开斯特”装备多种雷达和导航设备，是一种复杂的战斗机，抗损能力强。“二战”期间，共有近7400架“兰开斯特”问世（包括加拿大生产的430架），共出动150000余架次。

检查设备
一次夜间出击前，飞行员和飞行工程师（也是副驾驶）在检查“兰开斯特”的控制系统并商讨路线。

调节无线电
一名无线电操作员找到波长，在起飞前测试机器。联络通过摩尔斯电码进行——注意，摩尔斯电码按键就在他的右手边。操作员还控制飞机的防御雷达，警告炮手敌军战斗机正在靠近。

驾驶舱内部
“兰开斯特”的夜间飞行设备齐全，飞行仪器应有尽有，包括两套强动力“灰背隼”发动机的四个仪表盘。飞行工程师身兼副驾驶职责，但所受训练还不足以让轰炸机安全着陆。如果飞行员遇难，其他机组人员通常会选择跳伞。

技术参数（Mk. X）
发动机：4×1390 马力帕卡德“灰背隼”28- 活塞发动机
翼展：31 米（102 英尺）
机长：21 米（68 英尺 11 英寸）
机高：5.9 米（19 英尺 6 英寸）
重量：30855 千克（68000 磅）
最大速度：434 千米 / 小时（270 英里 / 小时）**机组人员**：7
武器：8×0.303 英寸机枪；6350 千克（14000 磅）炸弹或 1×9084 千克（22000 磅）“大满贯”炸弹

着陆灯
…型发动机舱
副翼
方向舵
动力炮塔后置四联机枪
NX611
方向舵配平片
雷达的天线罩
可收放式尾轮

机腹装弹
上图这架“兰开斯特”（照片中正在挂载一枚1800千克/4000磅的炸弹）是“二战”中最有效的远程轰炸机之一。

高载弹量

英国皇家空军械士正在检查准备装入“斯特灵”轰炸机的115千克（250磅）炸弹。尽管经过仔细检查，但投放到德国的炸弹中还是有约七分之一没有爆炸。

由于轰炸机司令部能在前线作战的轰炸机不足500架，要完成这些行动必须全军出动，甚至启用训练尚未完成的空勤人员。但至少在科隆的轰炸破坏效果明显，大机群对某一城市开展集中轰炸的模式已然成型。

轰炸机机组

战争初期，RAF轰炸机成员通常训练不足。除了飞行员，他们大多是为了加入空军学习一门技能，后来就是为了更多薪水而报名飞行的年轻人。随着训练水平的提高，导航员、无线电操作员、投弹手和炮手的专业技能弥补了飞行员的不足。训练结束时，他们通常不会被分配到某个机组，而是通过自我选择组队——他们被召集起来，被告知要自己挑选组成机组。机组一旦形成，在地面和空中都要集体行动。“兰开斯特”飞行员杰克·柯里说：“如果一名炮手和其他机组的飞行员待在一起超过一两次，就会被认为不正常，不忠诚。”执行任务时，机组成员依靠彼此保全性命，同生共死。一名英军飞行员评论：“锻造出的友情深厚又独特，是以前所没有过的，对我而言，以后也不会再有了。”

雷达

“二战”期间在德国上空进行的夜间飞行促进了结构紧凑的机载雷达设备的发展。举例而言，德国空军在Bf110和Ju88上安装了利希滕斯坦拦截雷达，大幅提升了飞机性能。它由无线电操作员操纵，探测范围达3千米（2英里），在飞机接近目标时使用。英军轰炸机则配备H2S雷达装置（下图）来寻找目标。双方阵营还使用各种雷达干扰设备。德国使用雷达监测器，通过敌军轰炸机H2S发射的信号探测它们，而类似设备会提醒轰炸机机组，雷达引导的夜间战斗机正在靠近。

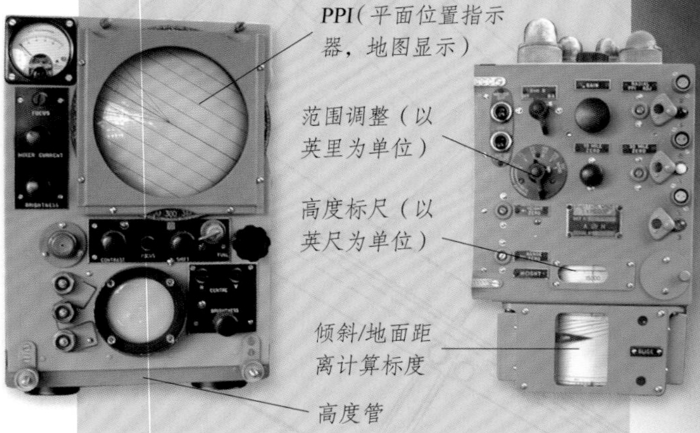

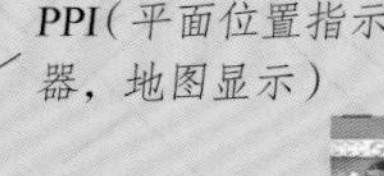

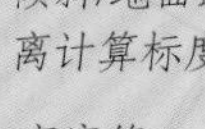

H2S雷达装置

英国皇家空军H2S机载雷达装置帮助夜间轰炸机辨别地面目标。在浓积云天气下，美国陆军航空队也会使用它进行昼间袭击。

即使忽略敌军高射炮和战斗机，夜间轰炸也是危险重重。负载很重的“兰开斯特”或“哈利法克斯”不易起飞，而且着陆通常又很艰难——轰炸机即使没有损伤也不易在晚上着陆，因为为了避免敌人夜袭，机场不能灯火通明。天气状况经常是最棘手的问题。轰炸机可能会结冰，许多飞行员最可怕的梦魇就是遭遇雷暴，这会让一架“兰开斯特”像狂风中的一片树叶一样失控地旋转。在轰炸机群中飞行需要高超的飞行技术，会有在半空相撞的危险。在目标上方时，可能会被更高空轰炸机投放的炸弹击中。但飞行员们也会回想起驾驶巨大的飞机在夜间飞行时那些放松甚至愉悦的时刻——漫天星辰下，在厚厚的云层上滑翔，或者返航时在北海上空放松地点燃一支雪茄，开启自动飞行模式，关掉氧气，期待一顿培根加鸡蛋的丰盛早餐。

简报会

1943年12月下旬一次夜间空袭柏林后，英国皇家空军飞行军官G. 邓巴（G. Dunbar）（左数第二个）率领一群军官召开简报会。

导航辅助

1942到1943年间，轰炸机司令部对德国城市和工业区的夜间袭击愈演愈烈，装备和战术的重要进步在其中发挥了作用。首先，更优良的四发动机“哈利法克斯”和“兰开斯特”轰炸机出现了，能携带大量炸弹抵达德国心脏地带。而导航辅助设备让他们的夜间轰炸的准确率足以与德国空军在“闪电战”中的准确率媲美。

首先问世的导航辅助设备是“吉”系统（Gee）：英国站点发射到德国的无线电波束网，由飞机接收器接收，导航员可以准确绘制出飞机的进程。这足以让普通轰炸机机组在黑暗中找到一座德国城市。接下来是“双簧管”（Oboe）：一道波束指引飞机向目标前进，几道横波束告诉机组何时靠近了目标，何时该投放炸弹。最后，机载下视雷达H2S在1943年诞生，提高了在夜间甚至厚云天气下的地面目标辨别率（详情见234页）。

“双簧管”和H2S大多被称为“探路者”部队的精英中队使用。该部队驾驶“惠灵顿”或“斯特灵”轰炸机（以及后来的德·哈维兰“蚊”式），任务是使用燃烧弹准确标记目标，以便不太熟练的飞行员和投弹手进行目标追踪。

汉堡之战

在德国上空夜战的猫鼠游戏中，一个带来暂时优势的新举动可能招致毁灭性后果。这就是1943年7月下旬德国港口城市汉堡空战的情况。英国皇家空军发明了一个叫“窗户”的新招数，用轰炸机撒布闪光铝箔条以迷惑德国雷达。没有雷达，高射炮、夜间战斗机的操纵者就什么也看不见，只得让轰炸机肆意通行。还没等德国防卫者搞清楚情况，英国皇家空军短短时间内就发动系列攻击，把汉堡市夷为平地。

7月27日至28日晚上，735架轰炸机在一个多小时中投下2326吨炸弹和燃烧弹，4万多人在大火中丧生。汉堡的毁灭正是轰炸机司令部鼓励的“理想状态”——如果连续数夜进行这种大规模破坏，可能会让德国人郑重考虑投降。但轰炸机没有做到这一点。直至1945年2月，如此具有破坏性的情景才在德累斯顿重演。

战略空袭

1943年轰炸机司令部袭击汉堡时，一架“兰开斯特”的身影在火光、烟雾和高射炮中出现。

失败的昼间战斗机

在不列颠之战中，双座的梅塞施密特Bf110是失败的护航战斗机，但作为夜间截击机却表现突出。

跟在“探路者”身后的轰炸机主力部队组成“轰炸机流”，希望靠绝对数量就能突破德军防御。1943年末，轰炸机安装了甚高频无线电进行空中通信，所以一架袭击时绕目标飞行的“探路者”的“主轰炸机”就能指导作战了。

德国的防御

但这些技术进步没有令英国皇家空军赢得德国夜空的制空权。一组雷达站打消了轰炸机突袭的可能性。夜间战斗机随时准备从机场起飞，拦截来自任意方向的袭击者。潜在目标被探照灯组成的致密障碍网环绕着，由雷达引导的高射炮守卫着。轰炸机司令部的损失居高不下也不足为奇。

战争早期，德国夜间战斗机在地面控制员的指导下飞向轰炸机，只能靠目视接近以完成绝杀。利希滕斯坦机载拦截雷达的使用（详情见234页）极大地提高了有效性，尽管战斗机机鼻上的方向测定天线组形状怪异——被德国飞行员称为“倒刺铁丝围栏”——产生了减缓飞机速度的阻力。后来，德国人装备了红外探测器，能探测到“兰开斯特”的发动机排气口。

直至1943年中期，德国夜间战斗还是恪守计划严密的扇形防守，待在严格地面管控中的“包厢”里。但在汉堡之战的关键时刻，德军开始采用更灵活的战术。飞行员哈乔·赫尔曼（Hajo Herrmann）开创了“野猪”战术，单座昼间战斗机在目标上方高空自由翱翔，突然袭击在地面炮火中出现的轰炸机。这种战术十分奏效，以至于成立了专门的“野猪”中队。继“野猪”之后，“驯服野猪”战术诞生。装备机载雷达的夜间战斗机以及埋伏或混在轰炸机群中的夜间战斗机随意猎杀目标。

辨认飞机

德国空军新兵使用模型辨认德国和盟军飞机。双方阵营的飞行员都有被高射炮手或飞行员认错，进而遭遇“友军炮火”的时候。

“野猪”中队使用的Bf109等单座战斗机没有夜间飞行的设备。夜间飞行任务大多由双座Bf110或改装后的Ju88等轰炸机执行。这些飞机上有无线电和雷达设备操作员，夜间飞行相当安全有效，足够高速敏捷，能捕获无护航的轰炸机。

斗智斗勇的夜间空战引发了复杂的技术革新和各种受启发的即兴发挥。比如，利用英国皇家空军轰炸机机身下没有机枪这一劣势，一些德国Bf110飞机配备了两门向上开火的加农炮，这些飞机有个奇怪的名字：“斜乐曲”（Schräge Musik）——对一种爵士乐的俗称。截击机在轰炸机下方保持水平飞行，利用反射瞄准器瞄准，直接向上开火，主要射击燃油箱。英国皇家空军对“斜乐曲”一筹莫展，但发展出干扰或迷惑德国雷达和无线电的整套对抗措施，并在轰炸机上安装近距探测雷达以检测靠近的战斗机。

水坝破坏者

1943年5月16日晚袭击鲁尔大坝的行动可能是轰炸机司令部最得意的时刻。这个想法是"惠灵顿"轰炸机的首席设计师、科学家巴尔内斯·沃利斯博士提出的。沃利斯计算出，2700千克（6000磅）放置得当的炸弹可以把默内（Möhne）和埃德尔（Eder）大型水坝炸开缺口。他发明了一种"跳弹"，能跳过水面，击中大坝一侧，并在沉没后爆炸。

英军专门成立了一支轰炸机精英部队第617中队来执行这项任务。指挥官是25岁的盖尔·吉布森（Guy Gibson），成员有英国人、澳大利亚人、加拿大人、新西兰人，甚至还有两三个美国人。他们必须在夜间穿越炮火，从精确的高度和距离对大坝投下跳弹。为确保飞行高度精准到60英尺（18.3米），"兰开斯特"上装有两盏灯，当水面上的两个光圈重合时，飞机就正处于合适的高度上。轰炸机还安装了VHF无线电，吉布森可以在空中指挥作战，这项创新后来被广泛运用。

5月16日晚，刚过9点，19架"兰开斯特"向鲁尔大坝飞去。其中5架在抵达目标前被击落或被迫返回。吉布森率先对防卫森严的默内水坝展开轰炸，低空掠过密集高射炮火力时，他的炮手猛烈开火反击。吉布森的炸弹在水坝爆炸但没有造成水坝溃决。第二架"兰开斯特"则被高射炮击中，撞到了山腰上。英军又发动了第三次轰炸，这次，吉布森和另一架"兰开斯特"并肩飞行，分散德军炮手注意力并集中攻击他们。三次轰炸后，大坝终于溃决，奔涌而出的洪水淹没了下游山谷。

晚些时候，埃德尔大坝也被炸开缺口，另还有两座水坝被破坏。而代价也十分巨大——19架"兰卡斯特"损失了8架——而且，尽管这次轰炸鼓舞了英国士气，但取得的实质性效果却很有限。

"兰开斯特"机组

英国皇家空军中校盖尔·吉布森（左）和他的"兰开斯特"机组成员合照，包括在他左边的投弹手斯帕福德（Spafford）和最右边的导航员特里·特兰姆（Terry Taerun）。

大坝溃决

战地艺术家弗兰克·伍滕（Frank Wooten）的作品（左图）和一张空中侦察照片（下图）展示了默内大坝出现缺口、洪水正在涌入下游山谷的情景。

炸弹专家

跳弹的创意来自巴尔内斯·沃利斯博士，他后来提出了可变后掠翼战斗机的概念。

跳弹

"兰开斯特"飞机经过改装，在机身下而不是炸弹舱中携带沃利斯跳弹。炸弹释放前，一台电动机赋予它一定转速，帮助炸弹越过大坝前的防雷网，在击中大坝后径直沉没，因此能直接轰炸大坝的水泥墙。

锁定旋钮
目镜
转速筒
水平旋钮
十字变阻器
转弯和偏离旋钮

诺登轰炸瞄准器
投弹手把空速、风向和其他相关数据输入诺登轰炸瞄准器，等待两个十字套住几英里外的目标。瞄准器会告诉他如何驾驶飞行以及何时投放炸弹。

可以用轰炸机司令部的损失衡量德国防空效力。1943年8月到1944年3月，RAF夜间进攻的主要目标是柏林，每次参与袭击的轰炸机平均损失率约为二十分之一。而站在RAF的角度来看，丝毫没有改进的迹象。1944年3月末，RAF在一次对纽伦堡的袭击中损失更为惨重，派出的795架轰炸机中有95架没有返航。

美国加入

1942年，美国陆军航空队加入欧洲轰炸作战。尽管早期英国的经历令人沮丧，但美军指挥官相信他们的无护航轰炸机能在白天穿过德国防护网，对重要战略目标实施准确轰炸。理论上，波音B-17和联合B-24的飞行高度超过了高射炮射程，而且大型编队密集不断的炮火能够抗衡敌军战斗机。袭击在德国的目标时，轰炸机能“杀出一条往返通道”。

抵达英国东部空军基地的美国陆军第8航空队陆空人员需要适应的地方有很多，不只是茶和啤酒。欧洲的战争情形和在得克萨斯或亚利桑那的训练完全不同。首先就是天气状况。一名空军人员这样谈论英国：“我热爱那个国家。人人都是战士，品行良好，但气候不是我的菜，简直是飞行的地狱。”和夜间轰炸相比，昼间轰炸的优势在于能见度。但在经常被云雾遮蔽、天气变幻莫测的欧洲，这种优势通常是不存在的。

美国陆军航空队准确轰炸的关键在于诺登轰炸瞄准器（见左图），它是一种精密的原始计算机，能“精确投放炸弹”。这些轰炸瞄准器被视为至关重要的秘密设备，不执行任务时，空勤人员需把它们从飞机上拆下，交给武装警卫守护。如果在敌军领空被击落，投弹手有严格命令要先毁掉它们。

但诺登轰炸瞄准器太过复杂，只有训练有素的投弹手才能正确操作。后来，美国陆军航空队只在编队引导轰炸机上安装这种瞄准器；引导机投弹后，编队其他轰炸机才跟着投弹。但是，最出色的投弹手也要在看到目标之后才能使用瞄准器。云雾和烟尘都可能会破坏轰炸精确率。

1943年间，美国陆军航空队的昼间攻击达到高潮，在英国、北非和后来的意大利都设有出发基地。但轰炸机也损失惨重。举例而言，1943年8月17日，从英国基地出发的B-17飞机同时对施韦因富特（Schweinfurt）的滚珠轴承工厂和雷根斯堡（Regensburg）的飞机工厂发动袭击。被派遣执行双重任务的376架飞机中，有60架被击落，另有11架飞机在返程时损坏严重，只能被拆毁以获取零件。

面对这样的损失，美国空军坚定不移，这种勇气和精神值得赞扬。

寇蒂斯·李梅

寇蒂斯·李梅（Curtis Lemay，1906~1990）将军作为美国陆军航空队最冷血的军官而出名——据说他的手下宁愿在敌军战俘营里待着，也不愿为他工作。

这一切均源于他的无情。李梅出身贫寒，好不容易进入空军后，靠勤奋和毅力不断晋升。1942年，他率领第305轰炸机大队的B-17来到欧洲，证明了自己的装备是“强力第八”中最有效的，投弹量最多且损失最小。1944年，他转移到太平洋战区，亲自出任务来评估形势，领导对抗日军的作战。1945年春天，他发明了低空夜间凝固汽油弹袭击战术，把一些日本城市夷为平地。之后，他统领美国核弹部队。

冷面将军

作为冷战初期美国战略空军司令部的总指挥，李梅的强硬性格增强了核弹震慑力度——这个人已经做好准备，如有必要，就会“发动”核战争。

燃烧而死

1944年轰炸奥地利时，一架B-24“解放者”起火燃烧。拍下这幅照片的美国陆军航空队摄影师说：“我感觉很内疚，在抓拍下这幅死亡照片的时候，里面有个活人就要被烧死了，而我却无能为力。”

波音B-17“空中堡垒”

波音B-17的战时型号——B-17C、D、E、F以及G——都是卓越非凡的作战机器。被称为“空中堡垒”的B-17上布满了机枪，能在9000米（30000英尺）以上的高空飞行，编队行动时，投放的炸弹吨数是惊人的。在晴朗天气下，精密的诺登轰炸瞄准器可以让B-17击中很小型的目标，否则美国陆军航空队需要依赖盲目的轰炸技术。

对B-17的十人机组而言，机舱的空间拥挤不堪。飞机也没有采取增压措施，高空反应令人非常难受。机组人员必须

> “B-17飞机非常结实，容易驾驶，即使损坏严重也能带你返航……”
>
> **迪克·阿特金斯（Dick Atkins）**
> **美国陆军航空队飞行员**

涡轮增压发动机
B-17G有4台涡轮增压发动机，各自有一副直径3.5米（11英尺6英寸）的螺旋桨。因此，它不仅能承载大量炸弹，还能在高空巡航。

技术参数（B-17G）

发动机：4台有通用电气B-22涡轮增压器的1200马力莱特R-1820气冷星形发动机	
翼展：31.6米(103英尺9英寸)	
机长：22.7米(74英尺4英寸)	
重量：16391千克(36135磅)	
最大速度：486千米/小时(302英里/小时)	**机组人员**：10
武器：13×M-2勃朗宁0.5英寸机枪;2724千克(6000磅)炸弹	

忍受数小时的刺骨严寒——机尾机枪手和机身中部机枪手有时会被冻伤。德军战斗机很快发现袭击B-17的最好方法是从前面进攻。玻璃机鼻起不到保护作用，直到有机头炮塔的B-17G出现之前，塑胶玻璃机鼻上也只有一个球形炮塔和插座式机枪。幸运的是B-17很坚固：许多B-17在失去大块机翼、机身或尾翼的情况下还能返回基地。

B-17总是采用大编队作战，因此有必要进行大规模生产。德军每击落一架B-17，美国工厂就会生产出两架以上。结果，在“二战”最后一个月时，可使用的B-17的数量比以往都要多。

必要准备

在英国的一个美国轰炸机/战斗机基地，这架B-17正在进行起飞前的必要准备。B-17飞机最多能装载2724千克（6000磅）炸弹，航行约3200千米（2000英里）。

机组条件

B-17飞机内空间拥挤。机身中部的机枪手（上图）身穿全套飞行装备，包括氧气面罩和防弹衣，无法直起身来。如要去尾部炮塔（右图），只能手脚并用地爬过去。

B-17座舱

在B-17座舱中，机长和副驾驶员正面和侧面可视范围绝佳。最重要的飞行仪器就在两个驾驶盘中间，两名飞行员都能看到。

战斗机器

除了内置炸弹外，B-17G飞机的前部、后部和侧面还安装了13挺勃朗宁机枪。

装载空中堡垒

照片中为美军地勤人员正将炸弹装到一架波音B-17E“空中堡垒”上。B-17的常规载弹量为2700千克（6000磅）左右，约为英国皇家空军“兰开斯特”的二分之一，因此，英国人认为B-17是中型而不是重型轰炸机。

常规轰炸

美国陆军第8航空队轰炸机的常规作战开始得很早。凌晨两点左右，一位作战军官打开营房的灯，空勤人员们被叫醒准备执行今天的任务。他们在漆黑的夜色中踉跄着去开简报会，会上将宣布今天的轰炸目标，一般需要深入德国内部，飞行员们一片不开心的叫声。凌晨4点，机组人员吃早餐，如果他们有胃口的话；地勤人员则爬到B-17上做准备工作，装载军械物资。一小时后，飞行员们会在分散于飞机旁的帐篷里，等待控制塔发出意味着“启动发动机”的红光信号。尽管每位机组成员都小心谨慎地做了必要准备，大部分人还是会携带一枚幸运硬币或者心爱之人的一封情书——面对生死未卜的命运，人们会变得有些迷信。

这些“空中堡垒”每隔30秒起飞一架，各自装载着大约50枚炸弹、9500升（2100英制加仑）燃油和沉重的弹药箱缓缓升空。接着，球形炮塔机枪手爬到自己的位置，飞到海拔3500米（10000英尺）时，机组人员就需要吸氧了，飞机继续爬升，组成编队，各在其位。出发前往德国时，轰炸机的场景蔚为壮观。一位飞行员回忆起自己对该场景的“兴奋和骄傲”：“庞大的作战机群值得一看！举目望去全部都是B-17，一些是军绿色的F型，其余是全新的银色的G型。”

接下来的飞行既寒冷又不舒适，尤其是对蜷曲在球形炮塔中的机枪手而言，他的膝盖都快碰到下巴了。

面对高射炮

只要昼间轰炸机离开战斗机的护航范围，就会受到德军战斗机群的袭击，主要是Bf109和福克-伍尔夫Fw190。这时，不适和寒冷立刻会被抛在脑后，取而代之的是战栗和兴奋。

德国空军飞行员不顾轰炸机上林立的枪炮，他们经常会从正面袭击，利用B-17机鼻缺少装甲和武器这一缺点，试图打乱轰炸机阵型。他们也会发动横向攻击，径直穿过编队时用机枪和机关炮扫射轰炸机。有德军战斗机在编队周围游荡时，B-17机枪手们就会开火。不久，一些机组人员从燃烧的B-17上跳下来，天空中飘着许多降落伞；但还有一些“空中堡垒”在半空中爆炸，里面的机组成员根本就没有逃生的机会。

穿过密集的炮火接近目标时，投弹手和诺登轰炸瞄准器代替飞行员控制飞机。要保证轰炸精度，必须径直平稳地飞向目标，但这正中德军地面炮手的下怀。

“空中堡垒”出击

战争爆发时，美军指挥官相信B-17“空中堡垒”机群能抗衡战斗机袭击，因为它们速度快，飞行高度高，枪炮多火力强。但德军战斗机没有轻易被吓住。他们发现袭击B-17的最好方法是从正前方进攻。玻璃机鼻起不到保护作用，直到B-17G安装机头下部机枪前，机上都没有向前开火的武器。战斗机从正面进攻时，炮火有时会射进机身内部击中机尾机枪手。遭遇战斗机袭击时，会有恐惧加上肾上腺素飙升的兴奋感这种强烈的体验。

据1943年8月17日空袭雷根斯堡的一位B-17飞行员罗伯特·莫里尔（Robert Morrill）上尉回忆：“每次机枪射击时，整个飞机都跟着震颤。机群开火后，天空中布满千万条子弹轨迹。我向后瞥了一眼，上层炮塔地面上铺满弹壳，机枪手就站在弹壳堆上。在驾驶舱里，我的手紧紧粘在方向盘和油门杆上，想拿都拿不下来。尽管天气寒冷，我却满头大汗，汗水顺着氧气面罩滑下，落到我的衣服里冻结成冰。但没有人想过要后退。”

> “没有人想过要后退。”
>
> **罗伯特·莫里尔**

幸运的是，B-17有良好的抗打击能力。它结实可靠，许多B-17在被击中，在缺少大块机翼、机身或尾翼的情况下还能返回基地。正如一位美军军官所说：“B-17飞机非常结实，容易驾驶，即使损坏严重也能带你返航。”

防弹服
为抵御高射炮袭击，美军空勤人员身穿1942年发明的加强型防弹夹克。

抵御严寒
与机组其他人一样，B-17机身中部机枪手身穿能抵御高空寒冷的保暖飞行套装。飞机内的温度有时会降至-45℃（-49℉）。

军官飞行员
美国陆军航空队轰炸机的机长和副驾驶都是军官，而且通常有大学文凭。在B-17上，他们可以清晰地看到天空和大地。

释放炸弹后轰炸机向上抬升时，机组人员明显松了一口气——接下来就是比较轻松的返航了。那时，许多B-17已经身受重创；有些飞机上的机组人员已经阵亡或者负伤。回程的时间似乎变得尤其漫长，下午三四点钟，轰炸机回到机场，焦急等待的地勤人员开始对其进行清点。

战斗机支援

提高昼间轰炸效力与轰炸机机组人员存活率的唯一方法是使用战斗机保护其免受攻击。但1943年作为护航机的P-38“闪电”和P-47“雷电”航程约为725千米（450英里），只能陪伴B-17与B-24在德国边界往返。显而易见，德军战斗机等待护航机返回后就会对轰炸机大开杀戒。美军迫切需要一种航程达1600千米（1000英里）、能在空战中自如应对“梅塞施密特”和福克-伍尔夫战斗机的机型。

战争前，人们没预料到远程护航战斗机会成为需求，由于设计和生产新飞机之间漫长的间隔期，乍看起来，这种需求很难实现。但一个不可能的领域却诞生了解决之法。北美P-51“野马”曾是款失败的战斗机。其产自美国、符合英国设计需求和性能参数的早期机型在战争中表现不佳，被贬为进行地面支援。若不是罗尔斯·罗伊斯试飞员罗恩·哈克（Ron Harker）建议把野马的艾利森发动机更换成“喷火”战斗机使用的“灰背隼”发动机，它可能会一直如此。将美国飞机结构与英国发动机结合在一起，“二战”中最优良的战斗机由此横空出世。

配备副油箱的“野马”可以往返德国。最大速度超过700千米/小时（440英里/小时），再加上惊人的爬升率和战斗升限，它的战争性能超越了Bf109和Fw190。1943年12月承担护航战斗机职责后，“野马”很快就使得战争天平向美国袭击者方面倾斜，减少轰炸机损失，大幅提升德国空军被击落的战斗机数量。1944年春天，美国陆军航空队派遣轰炸机到德国时，护航战斗机最多可达1000架。

盟军的成功

1944年间，盟军赢得了德国制空权——这是实现真正高效战略轰炸的前提。夏初，为准备和支援诺曼底登陆，轰炸机兵力有所分散，暂时减缓了德国的压力，但法国随后的解放迫

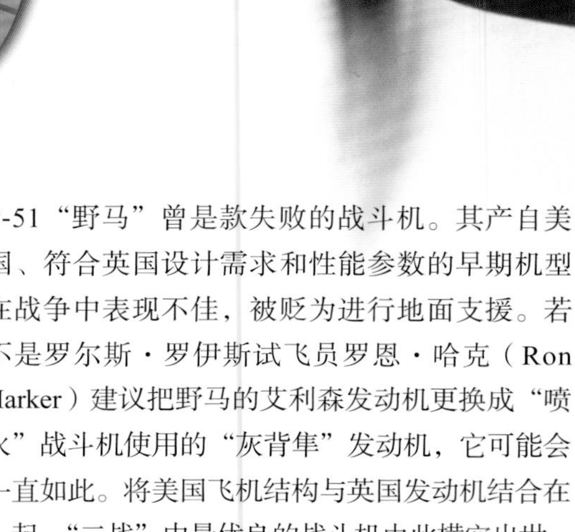

红尾翼

据说第332战斗机大队是唯一一支从未被德军战斗机击落过的美军护航战斗机部队。这支在意大利附近活动的战斗机大队中所有的飞行员都是黑人。美籍黑人在经过漫长艰难的反歧视斗争后才得到在战争中驾驶飞机的权利。即使是美国陆军航空队同意训练他们后，亚拉巴马塔斯基吉的高级官员仍固执地认为黑人只适合做助手，并拒绝送他们上战场。在抗议和政治压力下，第一个由黑人组成的战斗机部队在1943年被派往北非。

由本杰明·O. 戴维斯（Benjamin O. Davis）中校担任指挥官的第332大队有4个飞行中队，1944年中旬开始担负护航任务，在袭击柏林和普洛耶什蒂油田等防卫森严的目标时出动。因为他们“野马”飞机上涂的颜色，轰炸机飞行员称呼他们为“红尾翼”。塔斯基吉的飞行员们则更放肆地称他们是“幽灵空军”。在种族隔离的美国武装部队，黑人飞行员面临屈辱的限制——他们必须使用分开的休闲放松设施。但轰炸机机组很快就发现和“红尾翼”在一起比和其他护航队在一起的安全系数更高。

第99战斗机中队

在加入第332战斗机大队前，第99战斗机中队（标志如右图所示）曾获得两次总统嘉奖。

黑人中队

1944年意大利，第332战斗机大队的飞行员们在他们的一架“野马”旁合影。塔斯基吉飞行员共击落261架敌机，战争期间，黑人飞行员共获得95枚杰出飞行十字勋章。

强大的“野马”

北美P-51“野马”是“二战”中最著名的美国战斗机。它的航程和高性能可以有效保护盟军轰炸机深入德国本土轰炸目标。

准备起飞

一位地面人员正在向“野马”发出起飞信号。“野马”和“喷火”一样使用“灰背隼”液冷发动机，外观也与使用气冷星形发动机的大部分美国战斗机不同。

使德国加紧防御。即便如此，盟军耗费漫长时间和大量炸弹才严重影响到德国继续战争的能力。破坏交通枢纽，德国会迅速重建；对工业地点的破坏有限，因为重要工厂转移到了地下。但以燃料供应为目标的袭击，包括袭击罗马尼亚普洛耶什蒂油田和德国以煤炭制作燃油的工厂，终于开始摧毁德国的战争机器。

燃油耗尽前，曾经不可一世的德国空军已经只剩一个空架子了。1944年春天，盟军袭击破坏了飞机工厂，但德国飞机产量在那年达到巅峰，4万架飞机问世。然而损失的飞行员却不能像飞机一样得到顺利替换。争夺制空权造成人员伤亡后，德国空军开始把训练不足的人送上战场。总的来说，德国的飞机和飞行员都无法与对手匹敌。一方面寡不敌众而屡战屡败，另一方面机场受到攻击，燃油储备缩减，到1945年，德国空军已经是强弩之末了。

“二战”中的德国喷气式飞机与火箭飞机

“二战”爆发一个星期前，德国的一架亨克尔He178实现了第一次喷气飞行，但德国经历诸多困难和数次延迟才发展出实用型军用喷气式飞机。经验带来了必要的设计改进，比如把活塞发动机飞机的标准尾轮换成前轮，避免起飞时气流喷射到跑道上。但生产推力强大的可靠喷气发动机很耗时间。容克斯最终制造出高效的涡轮喷气发动机“尤莫”004，并安装在“亨克尔”、“梅塞施密特”（Me262成为“二战”中最重要的喷气式飞机）和“阿拉多”飞机上。喷气式飞机本质上还是试验机型，难以驾驶且不够可靠，但在战争后期也发挥了一定作用。

出现较晚

喷气驱动的Me262A-1战斗机在1944年投入使用，其最大速度比盟军传统飞机快了超过160千米/小时（100英里/小时）。

阿拉多Ar234B“闪电”

世界上第一种喷气式轰炸机（下图为234A型）原本被设计为远程侦察机。1944年8月投入使用后，主要为德国提供摄影情报。在它出现前，盟军已经拥有了制空权。“阿拉多”携带大量炸弹而速度较慢，在德国的最后防卫战中很少执行作战任务。

发动机：2×900 千克（1980 磅）推力容克“尤莫”004B 涡轮喷气发动机

翼展：14.2 米（46 英尺 3 英寸） **机长：**12.7 米（41 英尺 5 英寸）

最大速度：742 千米 / 小时（461 英里 / 小时） **机组人员：**1

武器：2×20 毫米 MG151 机炮；1×500 千克（1100 磅）炸弹

巴赫姆Ba349B-1“草蛇”

该机是巴赫姆公司在1944年下半叶设计出的一款紧急截击机，木质机身造价低廉，一次飞行后就弃用。这种火箭推动的喷气机在斜坡上垂直起飞，飞行员驾驶飞机到目标处，释放火箭弹然后跳伞离开。虽然进行了试验飞行，但“草蛇”未曾投入使用。

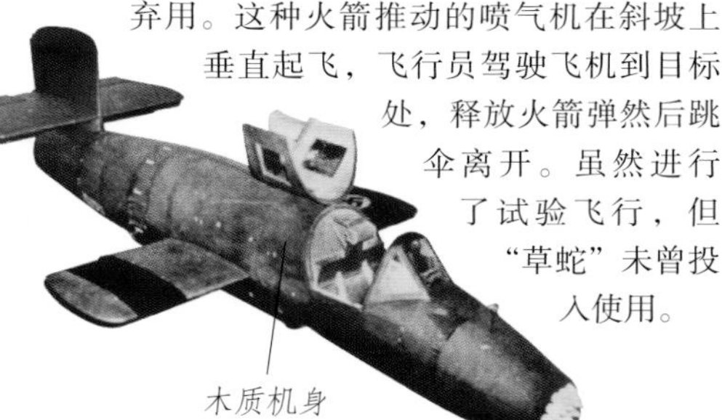

发动机：2000 千克（4410 磅）推力瓦尔特 509C 液体燃料火箭，外加 4 支 300 千克（660 磅）推力“斯密丁”固体燃料火箭助推器

翼展：约 4 米（约 13 英尺 2 英寸） **机长：**约 6 米（约 19 英尺 9 英寸）

最大速度：约 998 千米 / 小时（约 620 英里 / 小时） **机组人员：**1

武器：24×73 毫米 Hs 217“暴风雪”火箭弹

亨克尔He162A-2

1944年9月，制造大批量生产的轻型喷气式战斗机的紧急预案启动。令人惊异的是，首批共46架飞机于1945年2月交付。但直到德国投降，只有二十几架能够作战。在当时稀缺的熟练飞行员的驾驶下，它在为数不多的作战中没有获胜纪录。

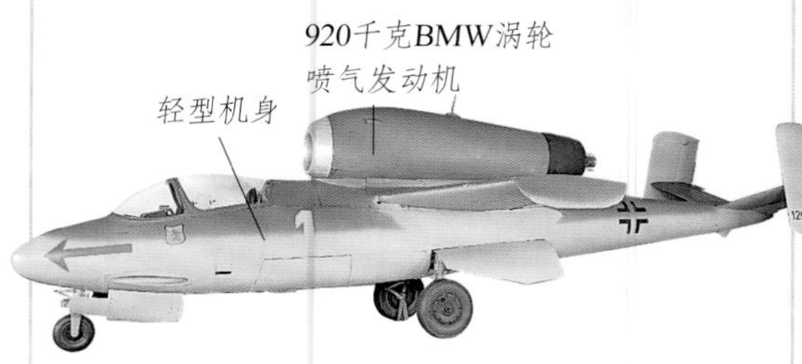

发动机：920 千克（2028 磅）BMW 涡轮喷气发动机

翼展：7.2 米（23 英尺 7 英寸） **机长：**9 米（29 英尺 8 英寸）

最大速度：840 千米 / 小时（522 英里 / 小时） **机组人员：**1

武器：2×20 毫米毛瑟机炮

亨克尔He178

1939年8月27日，He178进行世界上首次喷气式飞机飞行，比安装惠特尔发动机的格洛斯特E.28/39飞机早将近两年。它的设计者汉斯·约阿希姆·帕布斯特·冯·奥海因（Hans Joachim Pabst von Ohaim）博士基本和弗兰克·惠特尔同时开始研究涡轮喷气发动机，但他在亨克尔公司工作（惠特尔是英国皇家空军军官），能更快得到一架试验飞机。

发动机：380 千克（838 磅）推力亨克尔 HeS 3b 涡轮喷气发动机

翼展：7.2 米（23 英尺 7 英寸） **机长：**7.5 米（24 英尺 6 英寸）

最大速度：约 600 千米 / 小时（约 373 英里 / 小时） **机组人员：**1

武器：无

梅塞施密特Me163“彗星”

这种革命性的火箭推进截击机的发展开始于1938年，代号为“X计划”。起飞时，飞行员需抛弃一辆辅助小车。飞机以惊人的速度和重型机炮火力迎战盟军轰炸机。

发动机：1701 千克（3750 磅）推力瓦尔特液体燃料火箭式发动机

翼展：9.3 米（30 英尺 7 英寸） **机长：**5.7 米（18 英尺 8 英寸）

最大速度：960 千米 / 小时（596 英里 / 小时） **机组人员：**1

武器：2×30 毫米莱茵金属－博尔西希 MK108 机炮

梅塞施密特Me262A-1a“燕”

后掠翼梅塞施密特Me262性能绝佳，是世界上第一种可以作战的喷气式战斗机。1941年首飞，但由于发动机问题不断，其直到1944年7月才投入使用。那时，它们在数量上已远远不敌盟军飞机了。

发动机：2×900 千克（1980 磅）推力容克“尤莫”004B 涡轮喷气发动机

翼展：12.5 米（40 英尺 11 英寸） **机长：**10.6 米（34 英尺 9 英寸）

最大速度：870 千米 / 小时（540 英里 / 小时） **机组人员：**1

武器：4×30 毫米莱茵金属－博尔西希 MK108 机炮

德累斯顿被毁

照片中为1945年2月，盟军轰炸机摧毁了德累斯顿后，幸存者在废墟中搜寻的场景。约6万人在德累斯顿袭击中死亡，从而引发大众对战略轰炸的道德批判。

德国喷气式战斗机

德国战斗机王牌飞行员和防空总监阿道夫·加兰德依然坚信如果德国能正确使用王牌——梅塞施密特Me262喷气式战斗机，结果会截然不同。他形容在1943年5月第一次驾驶Me262的经历，像是“在被天使推着”。这款喷气式飞机比螺旋桨驱动的飞机的时速高约160千米（100英里），是德国人梦寐以求的防卫武器，能穿透所有轰炸机的战斗机防护网。

Me262项目经过数次令人沮丧的延迟——机身在1941年已经准备就绪，但确定合适的发动机和解决起飞着陆问题耗时很长。加兰德希望大批量生产Me262，让它成为德国坚不可摧的屏障，但未获同意。当时政府高层正痴心于寻找能制胜的攻击性“秘密武器”，坚持把Me262发展成轰炸机。然而事与愿违，几架喷气式战斗机首先被制造出来，一支实验性质的战斗机部队在德国南部莱希费尔德成立以检验飞机。Me262问题重重，难以驾驶且着陆非常危险——降落速度快，需要很长的跑道，轮胎承压过大，很可能会爆胎，而且发动机经常会突然冒出火焰。即使速度上略逊一筹的盟军飞行员无法追上Me262，但他们意识到可以在Me262机场上空等候，当喷气式飞机返回降落时再予其迎头痛击。

尽管有所不足，不过Me262的确给盟军飞机造成了严重损失。在战争接近尾声时，Bf109和Fw190被数量上多了几百架的盟军飞机击落，而喷气式飞机却能够幸存下来。战争最后几个月，加兰德作为空军中队指挥官复出，并把几位幸存的德国空军王牌收入麾下，组成第44喷气式战斗机联队，驾驶喷气式飞机进行自知无望的最后反击。然而，德国城市当时已暴露在昼夜轰炸之下，这是无可掩盖的事实。1945年2月，德累斯顿遭到破坏，柏林一片荒凉，燃烧的废墟终于将战略轰炸倡导者有关世界末日场景的预见变成现实。

新型轰炸机

日本因为地理位置较远，因而直至战争后期一直免于轰炸威胁。在1942年4月（详情见217页）杜立德舰载起飞的一次性轰炸过后，一直到1944年夏天，美国新型B-29轰炸机参与作战，日本才再次遭遇轰炸。B-29“超级空中堡垒”是军事航空中的重要进步。它的航程约为6400千米（4000英里），是B-17的2倍，最大时速为560千米（350英里）。机组人员的工作环境比早期轰炸机好得多，供暖增压的机舱可以避免高空飞行带来的不适，机枪手使用电子化瞄准器操作遥控炮塔。美中不足的是美国陆军航空队没有经过充分试验就仓促把新机推上了战场。从1944年6月开始，B-29以印度为基地，经过中国西南部去攻击日本。从亚洲发动袭击不可避免地产生了诸多后勤难题，再加上各种设备故障、发动机失火和敌人攻击等问题，损失严重。

远东的战略轰炸

1944年11月下旬，B-29从太平洋马里亚纳群岛上的基地起飞发起持续攻击。连续3个月，它们白天从高空痛击日本，采用对德采取的“精确轰炸”战术，起到的效果有限。在9000米（30000英尺）高空的西伯利亚急流中飞行，遭遇时速320千米（200英里）的狂风，导航员经常找不到目标，即使能定位，但在大多数云层遮蔽的天气下，投弹手也无法击中目标。

1945年3月，寇蒂斯·李梅将军发明了新战术。B-29在夜间低空飞行。拆除机上的武器装备以减轻重量，且装载的大部分是燃烧弹。3月9日晚，279架B-29点燃了一场大火，近四分之一个东京被烧为灰烬，约8万人丧生。返回基地的轰炸机都被熏黑了。夜复一夜，其他城市也遭遇同样厄运。不久，大部分日本人逃往乡下，工业生产一落千丈，交通联系被切断。在1945年8月向广岛和长崎投放原子弹前，战略轰炸已严重打击了日本继续进行罪恶战争的能力。

沃尔特·诺沃特尼

奥地利人沃尔特·诺沃特尼（Walter Nowotny，1920~1944）少校被选中领导德国空军首支全面运转的喷气式战斗机中队。23岁时，诺沃特尼已经是知名的战斗机王牌飞行员了，一位有225次获胜纪录的苏联战场上的老兵，荣获有钻石宝剑橡叶骑士十字勋章。1944年10月，由Me262组成的诺沃特尼突击队以靠近波兰边界的阿西默（Achmer）和海茨帕（Heseper）机场为基地，这是美国轰炸机袭击德国的主要飞行通道。在无可避免的结局到来前，诺沃特尼连续一个月率领飞行员驾驶故障频发、易出事故的喷气式飞机作战。11月8日，战斗机部队总监阿道夫·加兰德拜访阿西默机场期间，诺沃特尼最后一次起飞迎战轰炸机及其护航战斗机。在击落一架联合B-24和一架疑似“野马”的战斗机后，他的一台发动机起火，飞机一头扎到机场旁边的地面上。英国皇家空军飞行员皮埃尔·克洛斯特曼（Pierre Clostermann）回忆起当诺沃特尼阵亡的消息传来时，人们用“近乎喜爱”的情感缅怀这位敌手，这属于“没有意识形态，没有仇恨，没有边界之分”的参战战斗机飞行员之间的相惜之情。

德国空军王牌

驾驶一架Me262飞机阵亡前，沃尔特·诺沃特尼在空战中已获胜258次，主要是在东部战场上取得的。

战后分析

“二战”结束后，盟军战略轰炸在实效和道德层面受到评判。从实用角度上说，它被认为是浪费资源，这些资源本可以更有效地用于其他军事目的。从道德角度上说，它因故意或无意造成数十万平民死亡而遭到抨击。诚然，赢得制空权，派遣大量轰炸机和制造摧毁敌军腹地所需的炸弹耗时漫长，但最终还是完成了，鲜有德国人或日本人能小看轰炸的影响。至于道德方面，战争时期，人们很快就会认可竭尽所能不择手段地去伤害敌人，正是出于这种事实，盟军对华沙、鹿特丹、广岛和长崎等地使用了轰炸机。

> “感谢老天，战争结束了。我再也不会被击中。我可以回家了。”
>
> **西奥多·范·柯克**
>
> **“伊诺拉·盖伊”号导航员**

战争道德

轰炸机指挥官都是“硬汉”。有一个关于阿瑟·哈里斯的故事，据说“二战”期间，他曾因开车超速被英国警察制止，警察说：“你再这么开车会撞死别人。”“年轻人，”哈里斯回答，“我每晚都会杀几百人。”战争结束后，被问到对轰炸机的所作所为于道德上有何感想时，李梅一如既往的直率：“为我们的行为接受道德谴责？愚蠢！士兵必须要战斗。我们战斗了。如果我们完成了任务，自己的队伍没有蒙受太大损失，这就是美好的一天了。”飞行人员们持有相似观点。驾驶B-17的梅尔文·拉森（Melvin Larsen）说他从未受轰炸困扰：“我知道，我们每次投下炸弹时……都会让战争离结束更近一步。”飞行人员们有自己的职责，他们冒着生命危险履行了这项使命。

昼间袭击者

右图为在一次昼间高空任务中，B-29“超级空中堡垒”投放出威力巨大的炸弹。在对日常规轰炸中，美国轰炸机转而采取低空夜间燃烧弹轰炸袭击，效果最为显著。

轰炸广岛

当地时间1945年8月6日凌晨2点45分，一架B-29轰炸机从马里亚纳群岛的提尼安岛上起飞，机上载有世界上首枚可实用的原子弹。担任指挥官的是保罗·W. 蒂贝茨（Paul W. Tibbets）上校，1944年成立的以投送美国秘密武器的第509混合大队大队长。蒂贝茨把母亲的婚前姓名“伊诺拉·盖伊”（Enola Gay）印在了机鼻上。

“伊诺拉·盖伊”号上有一枚4.4吨重的“小男孩”原子弹，因为超重，在起飞时有些惊险。但之后6小时的飞行还算顺利。去程中，另有2架B-29陪同“伊诺拉·盖伊”号接近目标，作为这次大行动的观察机。完成了导航、准备炸弹等工作后，机组人员开始喝咖啡、吃火腿三明治。天气侦察飞机用无线电通知，首选城市广岛的天气还算晴朗。

上午8点40分，“伊诺拉·盖伊”号在9000米以上的高空接近广岛。副驾驶罗伯特·刘易斯（Robert Lewis）当时记录道：“我们轰炸目标时，会有一次暂停。”投弹手托马斯·费瑞比（Thomas Ferebee）少校用诺登轰炸瞄准器接管过飞机，投下的“小男孩”原子弹在相生桥上空爆炸。一投下炸弹，轰炸机立刻爬升，接着满是刺眼的亮光。第一次冲击波对飞机的影响很大，以致蒂贝茨以为他们被高射炮击中了。

蘑菇云升起了，下方土地陷入火海，蒂贝茨宣布：“战友们，你们投下了世界上第一枚原子弹。”为这一刻，机组人员经过了严苛训练，真正奏效时，他们倍感欣慰。导航员西奥多·范·柯克想：“感谢老天，战争结束了。我再也不会被击中。我可以回家了。”

“小男孩”

投放到广岛的原子弹长3米（10英尺），重4400千克（9700磅）。它的爆炸威力相当于12500吨TNT当量。

“伊诺拉·盖伊”号机组

上图为向广岛投放原子弹的机组成员：任务指挥官是蒂贝茨上校（后排右数第3人），其右边是投弹手费瑞比少校，左边是副驾驶刘易斯上尉。

“二战”中的轰炸机

“二战”中的轰炸机十分强大，比“一战”先辈们的打击能力大得多。在地面炮火和敌方战斗机前，轰炸机是脆弱的，需要大量火力和战斗机护航或者夜色掩护才能生存。美国和英国将轰炸机作为战略武器，斥巨资打造能在白天或者夜晚进行大型编队袭击的远程重型轰炸机。他们旨在摧毁敌对势力的军事努力。然而，盟军轰炸对德国士气的打击有限，但1944年4月以后针对工业——尤其是石油、交通以及城市的袭击，尽管损失严重却成效显著。1944到1945年间，日本在美军的空中轰炸中遭到了更严重的打击。

阿弗罗“兰开斯特”

阿弗罗“兰开斯特”是最具效力的英国重型轰炸机，能携带6350千克（14000磅）炸弹。它最为人称道的事迹是在1943年袭击德国水坝（详情见232~233页）。

波音B-29“超级空中堡垒”

1944年问世的波音B-29是“二战”中体积最大，也是技术最先进的轰炸机。B-29是远程重型轰炸机的巅峰之作，分别于广岛和长崎投下原子弹，推动了太平洋战争的终结。B-29的主要缺陷在于发动机容易起火，这会造成发动机故障和飞行意外。

发动机：4×2200 马力莱特 R-3350-23 “双旋风”星形发动机
翼展：43.1 米（141 英尺 3 英寸） **机长**：30.2 米（99 英尺）
最大速度：603 千米 / 小时（357 英里 / 小时） **机组人员**：10~14
武器：12×0.5 英寸机枪；1×20 毫米机炮；9000 千克（20000 磅）炸弹

联合B-24J“解放者”

这种敏捷灵活的机型被用作轰炸机、运输机、海上巡逻机、侦察机和反潜机。“解放者”是历史上产量最大的美军飞机，因其航程远，在太平洋战区尤为适用。

发动机：4×1200 马力普拉特－惠特尼 R-1830“双黄蜂”星形发动机
翼展：43.1 米（141 英尺 3 英寸） **机长**：30.2 米（99 英尺）
最大速度：507 千米 / 小时（300 英里 / 小时） **机组人员**：12
武器：10×0.5 英寸机枪；3990 千克（8800 磅）炸弹

德·哈维兰D.H.98“蚊”式B.16

德·哈维兰“蚊”式是敏捷度较高的战斗轰炸机，也是“二战”中最出色的飞机之一。经过改装，“蚊”式飞机可以完成布雷、地面袭击、攻击敌人、侦察和领航等任务。

发动机：2×1290 马力罗尔斯·罗伊斯“灰背隼”73 直列发动机
翼展：16.5 米（54 英尺 2 英寸） **机长**：26.6 米（87 英尺 3 英寸）
最大速度：689 千米 / 小时（408 英里 / 小时） **机组人员**：2
武器：1812 千克（4000 磅）炸弹

汉德利·佩奇“哈利法克斯”II

汉德利·佩奇“哈利法克斯”是英国皇家空军的第二种四发轰炸机，它易于驾驶，比“惠灵顿”速度更快，航程远且载弹量大。唯一的缺点是防卫火力不足，空袭中损失严重。1942年，早期机型从轰炸机司令部退役后，作为布雷机和鱼雷轰炸机在海岸司令部重获新生。

发动机：4×1390 马力罗尔斯·罗伊斯“灰背隼”22 水冷直列发动机
翼展：31.8 米（104 英尺 2 英寸） **机长**：21.4 米（70 英尺 1 英寸）
最大速度：477 千米 / 小时（282 英里 / 小时） **机组人员**：7
武器：9×0.303 英寸勃朗宁机枪；2630 千克（5800 磅）炸弹

容克斯Ju88R-1

1935年，为响应官方对高速中型“快速轰炸机”的需求，容克斯Ju88应运而生，成为“二战”中德军轰炸机的主力。有将近15000架问世（比其他德军轰炸机的总和还多）。最初被设计成进行水平和俯冲轰炸的Ju88被成功改装为战斗机、侦察机和教练机。因为出色的灵活性，它成为“二战”中最出色的飞机之一，可以实施布雷、鱼雷轰炸、无人驾驶导弹袭击、夜间作战、远程护航、陆地和海上袭击、爆破坦克及领航等行动。

发动机:2×1600 马力 BMW801MA 气冷星形发动机
翼展:19.8 米(65 英尺 8 英寸) **机长:**15.6 米(51 英尺)
最大速度:470 千米 / 小时(292 英里 / 小时) **机组人员:**2
武器:3×7.9 毫米 MG17 ;3×20 毫米 MG FF/M 机炮

低置/中置机翼

夜间战斗机型的雷达

气冷BMW801MA星形发动机

腹部内舱容纳两门20毫米机炮

三菱Ki-21（“萨莉”）

Ki-21型97式重型轰炸机是珍珠港战役中日本陆军航空队的标准轰炸机。尽管它早在1945年前就已经过时了，但在“二战”中却有重要作用。1937年首次飞行后，它经历了多次改动，包括增添了一个机背炮塔。1944年以后，它被Ki-67（“佩吉”）所取代。

发动机:2×1490 马力三菱 Ha.101 气冷星形发动机
翼展:24.9 米(72 英尺 10 英寸) **机长:**19.7 米(52 英尺 6 英寸)
最大速度:460 千米 / 小时(297 英里 / 小时) **机组人员:**7
武器:1×12.7 毫米,5×7.7 毫米机枪;750 千克(1654 磅)炸弹

北美B-25H“米切尔”

北美B-25H“米切尔”是一种中型轰炸机，1940年8月首飞，珍珠港战役前开始服役。战争期间，有870架B-25交付给苏联。后来的机型还安装了一门75毫米机炮和鱼雷发射装置。

发动机:2×1850 马力莱特 R-2600-29“旋风”星形发动机
翼展:20.6 米(67 英尺 7 英寸) **机长:**16.1 米(52 英尺 11 英寸)
最大速度:438 千米 / 小时(275 英里 / 小时) **机组人员:**6
武器:13×0.5 英寸机枪;1800 千克(4000 磅)炸弹

萨伏亚–马彻蒂SM.79-2“食雀鹰”

发动机:3×1000 马力比亚乔 P.14 RC40 星形发动机
翼展:21.2 米(69 英尺 7 英寸) **机长:**16.2 米(53 英尺 2 英寸)
最大速度:456 千米 / 小时(270 英里 / 小时) **机组人员:**4
武器:4×12.7 毫米布雷达 -SAFAT 机枪;1×7.7 毫米刘易斯机枪;1240 千克(2750 磅)炸弹或 2 枚鱼雷

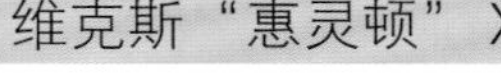

尽管“驼背”造型看起来很怪异，SM.79却是款高效的中型轰炸机，许多人认为它是“二战”中最出色的陆基鱼雷轰炸机。1934年作为商业运输机首度现身，在西班牙内战中成为轰炸机，为国民军效力。SM.79在意大利轰炸机部队中占据半壁江山，在地中海附近被广泛用于攻击船舰、侦察和传统轰炸任务。它击沉了众多英国船只，包括“马来亚”号和“阿尔戈斯”号，也被用来支持意大利在北非的活动。

肖特S.29“斯特灵”Ⅰ

肖特“斯特灵”是第一种在RAF服役的四发轰炸机。不幸的是，短小的翼展限制了其有效载荷和飞行高度，很快就被汉德利·佩奇“哈利法克斯”和阿弗罗“兰开斯特”等取代。1943年，它被作为运输机和滑翔机拖曳机使用。

发动机:4×1590 马力布里斯托尔“大力神”XI 星形发动机
翼展:30.2 米(99 英尺 1 英寸) **机长:**26.6 米(87 英尺 3 英寸)
最大速度:440 千米 / 小时(260 英里 / 小时) **机组人员:**7~8
武器:8×0.303 英寸勃朗宁机枪;6350 千克(14000 磅)炸弹

维克斯“惠灵顿”X

天线整流罩

1675马力布里斯托尔“大力神”Ⅵ星形发动机

机尾动力炮塔

蒙布覆盖的结实结构（网格）以提供保护

双发维克斯“惠灵顿”是中型轰炸机，因结构结实且承受损失能力强而知名，设计者是发明了跳弹的巴尔内斯·沃利斯。在四发轰炸机出现前，“惠灵顿”是英军最高效的夜间轰炸机，在1941到1942年的这段黑暗岁月中起到关键作用。在1941年埃姆登之战中，它率先投下1880千克（4000磅）巨型炸弹。战争中期，它也在海上巡逻、运输和训练等方面发挥了重要作用。

发动机:2×1675 马力布里斯托尔“大力神”Ⅵ星形发动机
翼展:26.2 米(86 英尺 2 英寸) **机长:**19.7 米(64 英尺 7 英寸)
最大速度:431 千米 / 小时(255 英里 / 小时) **机组人员:**6
武器:6×0.303 英寸勃朗宁机枪;2722 千克(6000 磅)炸弹

冷热空中对抗

5

东西方阵营的冷战对抗是“二战”结束后的40年间航空发展的最大动力。核时代国防的紧迫性令性能优势的竞争愈演愈烈，结果带来了飞机设计、喷气发动机、航空电子设备和武器等方面的巨大进步。同时，许多地区爆发了真枪实弹的战争，空军在实战中“检验”最新技术。20世纪80年代末开始进入后冷战时期，空中力量作为实现战略目标以及维护国家利益的手段依然至关重要，必须掌握尖端科技，才能不断发展进步。

北美X-15

以波音B-52为母机的X-15装有火箭发动机，试验机型问世后不久就开始在超高空飞行。X-15是速度最快的飞机，飞行速度可达音速的6倍多。

突破音障

“二战”结束后，喷气式飞机和火箭式飞机的试飞员们冒着巨大危险，推动高速飞行不断发展到极限。

“爬升速度之快超出想象……径直飞上天空时，有种之前从未有过的强烈的速度感。老天，这是一次多么棒的飞行！”

查克·耶格尔
对驾驶贝尔X-1飞机的评价

英国早期喷气式飞机
英国德·哈维兰D.H.112“毒液”喷气式战斗轰炸机在1949年首次亮相。德·哈维兰是喷气航空领域最杰出的试验家之一，1944年生产了“吸血鬼”式，1946年生产了命途多舛的D.H.108。

尽管喷气式飞机在“二战”中发挥的作用微不足道，但战争结束时，喷气动力在未来争夺空中霸权的冲突中将占据决定性的地位，这一点是显而易见的。当时，活塞式发动机和螺旋桨飞机已经发展到了极限。但是喷气式飞机可以飞得更快——1945年11月，英国的一种喷气式战斗机格洛斯特“流星”创下了新的世界纪录，飞行时速达975.46千米（606.25英里），飞行高度也有所提高。

本可能以相对谨慎、从容的速度发展的喷气式飞机，由于20世纪40年代后半叶冷战时期的到来而加快了发展速度。随着苏联与美国及西欧国家之间的嫌隙逐渐加深，双方都迫切追求军事航空科技的进步。经历了“二战”以后，各国清楚地认识到掌握空中霸权对敌对方的威胁。即使那些表面上和平的国家也不惜冒着牺牲飞行员生命的风险来换取空军水平的提高，希望本国空军力量能战胜潜在敌人。喷气式飞机发展迅速、保密性强且成本高昂。

新的英雄

在研发高性能喷气式飞机的竞赛中，试飞员成了新的航空英雄。随着热战的消失、航空竞赛以及长途飞行表演的衰退（谁还会为独自飞越大西洋而惊奇?），飞行测试吸引了那些天赋异禀又富有冒险精神的年轻飞行员们。

火箭式飞机测试

第三代贝尔X-1型火箭式飞机（只在1951年飞行了一次）与波音B-50母机“配对”，即将在美国加利福尼亚州的爱德华兹空军基地进行试验飞行。波音B-50重型轰炸机被置于千斤顶上，X-1则将被固定在炸弹舱下。B-50母机会在6000米（20000英尺）的高空将其释放。

从20世纪40年代后半叶一直到50年代，飞行员们驾驶一直无法保证其生命安全的飞机，且飞行速度超过了以往人类所有旅程的速度。当时包括风洞实验室以及其他方式在内的所有模拟飞行，都不足以让设计师们解决飞行器的缺陷，或者模拟出在高速飞行下的空气动力问题。所以必须依靠实践，即一名飞行员操控飞机来进行测试。

主要参与者

军事喷气式飞机的发展是一项高成本、高科技的竞赛，只有极少数国家有条件参与。随着曾经公认处于喷气式飞机科技领先地位的德国在“二战”中战败出局，1945年英国凭借格洛斯特“流星”战斗机和“吸血鬼”战斗机曾短暂处于领先地位。但是英国资源不足，无法长期保持领先地位，到40年代末就被欧洲其他国家追平了：法国有达索“飓风”轰炸机，瑞典有萨博29“圆桶”战斗机。但是，无可避免地，美国和苏联在发展军事喷气式飞机上投入的资源最多，并很快就有了收获。

美国转向喷气动力研究的步伐慢得出奇。实际上，美国人坐看德国人和英国人进行开创性的研究，然后在他们的基础上继续发展。美国的第一种喷气式战斗机——贝尔P-59“彗星”战斗机，使用了英国设计师弗兰克·惠特尔的喷气发动机，由通用电气公司制造。它于1942年首飞，但是表现非常令人失望，因此从未上过战场。1943年由凯利·约翰逊“臭鼬工厂”设计的F-80“流星”战斗机最初也使用英国发动机，但是之后独立发展了自己的发动机——完全美式的艾利森J33发动机。尽管美国第一种投入实用的喷气式战斗机F-80“流星”没有来得及参加“二战”，但成为T-33教练机的原型机，数代美国战斗机飞行员通过T-33掌握了职业生涯的基本技能。苏联的米格-15也采用了英国发动机技术。

海上喷气式战斗机

1946年F-80“流星”战斗机在美国海军航母上服役。海军进行试飞，以测试喷气式飞机是否可以在飞行甲板上运用。

机身设计

美国和苏联从德国人那里借鉴学习，在机身设计上取得了关键性的进展。Me262采取了部分后掠翼设计。缴获的文件显示，德国的空气动力学专家们一开始想让该机的后掠角度更大，因为他们的数据表明这样可以降低高速飞行的阻力。但他们最终没有采取这种做法，因为后掠翼会造成低空飞行的不稳定，而他们无力解决这个问题。

北美的公司得到了德国的资料，他们在1945年还在研究如XP-86的平直翼喷气式战斗机。

德国的资料使他们彻底推翻了之前的设计，开始采取完全后掠翼设计，并且通过增加前缘缝翼来解决低速飞行不稳的问题。其研究成果就是1948年投入生产的F-86“佩刀”。同时代的苏联米格-15喷气式战斗机也采取了后掠翼式设计，虽然都是从德国借鉴来的，却与美国的设计想法不尽相同。

F-86“佩刀”和米格-15已经逼近超音速飞行的边缘。然而，在当时的概念里，飞行速度是否能达到1马赫——音速——还是个未知数。

克拉伦斯·“凯利”·约翰逊

革新的设计师

凯利·约翰逊站在一架洛克希德P-80“流星”战斗机模型前，这是早期“臭鼬工厂”的作品。约翰逊设计的飞机以颠覆性的创新和富于想象力的解决方案而著称。

飞机设计师克拉伦斯·“凯利”·约翰逊（1910~1990）带着密歇根大学的航空工程学位在1933年加入洛克希德公司。他在二十多岁时就成为洛克希德的首席工程师，设计了P-38战斗机和“星座”式客机。1943年，约翰逊带领团队研制P-80喷气式战斗机，从初始设计到成形仅用了7个月时间。如此快的速度要归功于他组建了一个紧密团结且完全保密的小型团队，最大程度上避免了政府干预。因为需要忍受附近塑料工厂的强烈气味，该小组又被称为“臭鼬工厂”。约翰逊是这样定义臭鼬工厂的，即“几个在解决问题方面能力出众的优秀人才……他们尽可能使用最简单直接的方法”。这一理念后来被广泛应用到约翰逊设计的洛克希德飞机上，包括F-104“星式”战斗机和U-2及SR-71高空侦察机。

火箭发射“雷电喷气”

一架共和飞机公司的F-84“雷电喷气”战斗机在“零距离”起飞发射试验中升空。1946年首飞的“雷电喷气”是该公司螺旋桨动力P-47“雷电”战斗机的接班人。它们都出自亚历山大·卡特维利（Alexander Kartveli）领导的设计团队。“零距离”发射的方式是为了使F-84有迅捷的反应，能实现战术核反击。

危险的试验

在加利福尼亚州爱德华兹空军基地进行“零距离”发射试验时，F-84“雷电喷气”和F-100“超级佩刀”都借助机尾下可抛射的火箭吊舱从导弹发射平台起飞。请注意，在这场新技术的危险试验中，救护车正在一旁待命。“零距离”发射的目的是让战斗机在跑道被完全摧毁时也能够起飞。

突破音障

弯腰而进

查克·耶格尔示范如何进入贝尔X-1［绰号“迷人的葛兰妮”（Glamorous Glennis）］驾驶舱。测试飞行时，首先飞行员作为乘员进入B-29或者B-50母机，然后直到轰炸机达到一定高度，飞行员再爬下进入X-1的驾驶舱。

母机准备就绪

1947年10月14日，耶格尔跨越音速障碍的这一天，B-29母机已做好了起飞的准备，贝尔X-1半嵌入炸弹舱。测试飞行一般在[illegible]

关键时刻

母机在6000米（20000英尺）以上的高空将贝尔X-1释放。然后X-1的飞行员需要让机鼻下倾，通过滑翔俯冲来增加速度，然后点燃一个或多个火箭发动机燃烧室。耶格尔将其描述为：“关键时刻：这是最有可能搞砸的时候。”

1947年10月14日，人们从未听过的一种声音在加利福尼亚州莫哈韦沙漠干涸的湖床上空回响——一架飞行速度达到1马赫的飞机产生的音爆。这架飞机就是贝尔X-1，而控制该飞机的飞行员就是来自西弗吉尼亚州的查克·耶格尔（Chuck Yeager）。

那天早上，耶格尔差点没能成功起飞。两天前，他骑着马进门，摔断了两根肋骨。但这位西弗吉尼亚州的飞行员绝不可能因此放弃已计划好的这样一个挑战令人畏惧的音速的机会。X-1被挂在B-29轰炸机母机的炸弹舱下，距离地面2000米（7000英尺）时，因为有伤在身，耶格尔顺着梯子爬到X-1驾驶舱的过程非常痛苦。此外，除了常规的飞行装备，耶格尔还带了一把扫帚柄，作为撑杆帮助他从驾驶舱里面锁上舱门——这是起飞之前的即兴发明。

当B-29母机搭载着X-1飞到6000米（20000英尺）的高空时，母机飞行员问耶格尔是否做好了起飞准备。“见鬼，是的，”这位弗吉尼亚人拖着长音回答道，“让我们赶快把它了结吧。”这是耶格尔第9次动力驾驶X-1，按照惯例——马赫数逐次增加——B-29俯冲而下，像释放滑翔炸弹一样释放了这架火箭式飞机。耶格尔生动地描述了这次坐在X-1里从空中发射的经历：“炸弹释放挂钩一下子把你从座位上震起，一脱离黑暗的炸弹舱，阳光突然在眼前爆开，明亮炫目。”耶格尔让机鼻朝下，提高速度，避免失速，然后将飞机放平，迅速把4个火箭发动机燃烧室一一点燃。他“砰”地一下坐回座位，上抬机鼻，加速冲向高空大气层。

达到0.88马赫时，X-1开始颤抖。耶格尔曾

“我好像出现了幻觉！我们正在超音速飞行！这感觉就像婴儿的屁股一样顺滑：而奶奶就坐在那儿惬意地喝着柠檬水。”

查克·耶格尔

如此描述突破音速时的感觉

突破音障

一架伴随机拍到火箭推动的贝尔X-1正在加速，试图超音速飞行。照片中的这次试验飞行发生在1951年，就在原本是橙色的“迷人的葛兰妮”被涂成白色之后。

经历过这种情况，遭遇冲击波后，升降舵会失去控制——正是因为这种现象，许多人才认为飞机永远不会超过音速。但耶格尔有备而来，他有防止失控的新技术，不再使用升降舵控制俯仰，转而操纵尾翼上的安定面。

耶格尔飞驰到13000米（42000英尺）的高空，速度还在增加。“我注意到，我的速度越快，飞行就越顺畅，”他写道，“突然，马赫表指针开始摆动。它指到0.965马赫的位置上——接着轻轻摆过1马赫。我好像出现了幻觉！我们正在超音速飞行！这感觉就像婴儿的屁股一样顺滑：而奶奶就坐在那儿惬意地喝着柠檬水。”

在慕洛机场滑翔降落后，耶格尔没有受到英雄般的热烈欢迎。由于“X-1”计划的机密性，连大型私人庆祝仪式也被明令禁止。他们喝了几瓶啤酒，吃了几块牛排，仅此而已。但关键性的一点已经实现。耶格尔后来写道：“真正的障碍不在空中，而在于我们对超音速飞行的知识和经验不足。”

马赫表

X-1的仪表板上有一个马赫表——1马赫就是音速。在首次超音速飞行中使用的马赫表最大值为1。图中展示的马赫表是为后续飞行准备的。

人们曾经普遍认为“音障”会限制飞行速度的进一步提高。因为从未有人实现超音速飞行，因此这一推测似乎是有道理的。“二战”后期，驾驶活塞发动机飞机的飞行员在以次音速进行大角度俯冲时曾经历过剧烈震荡。另一个令人不安的经历是在以接近音速的速度飞行时，飞机会突然失去控制——操控全部失灵，就像连接控制面板的电线都被切断了一样。

音障

从此以后，高速飞行就变得平凡无奇了，很难想象20世纪40年代末人们为提高飞行速度而产生的焦虑。人们之前所有旅行方式的速度都赶不上喷气式飞机的飞行速度。自然而然地，人们会怀疑是否存在人类身躯所能承受的速度极限以及飞机的飞行速度极限。随着不明原因的飞机失事事件的增多，关于音障的推测也越来越多。1946年5月，米格-9战斗机原型机在试飞时失控坠毁，米格首席试飞员阿列克谢·格林切克（Alexei Grinchik）不幸遇难。这一事件让苏联的专家们非常担心，但外界并不知情。然而，1946年9月，杰弗里·德·哈维兰——英国一家飞机制造商创始人的儿子在一次坠机中身亡，引发外界轰动。德·哈维兰当时驾驶的测试机是D.H.108，采用了无尾后掠翼式设计和“吸血鬼”战斗机的机身，却在空中解体后坠毁。当时的大众报纸都认为他是音障这一空中隐形障碍的受害者。

“突破飞行极限”

神秘的音障使贝尔X-1别具优势。贝尔X-1于1946年在加利福尼亚慕洛机场（Muroc，后为爱德华兹空军基地）发射起飞。X-1是完全意义上的测试机，是美国国家航空咨询委员会的科学家们为了测试高速飞行的效果而设计的。针对这一项目共挑选了18位飞行员，包括贝尔公司试飞员查莫斯·“滑头”·古德林（Chalmers “Slick” Goodlin）和美国陆军航空队上尉查理·“查克”·耶格尔。只有军事飞行员才有敢于“突破飞行极限”的性情。

耶格尔上尉经历过许多惊险时刻，但在一次又一次的飞行后，他将X-1的飞行速度冲向了音障。

贝尔 X-1

“4个火箭燃烧室会喷出一条长达30英尺（9米）的火舌，所产生的冲击力足够将你震回到上周。”

查克·耶格尔

如此描述全速驾驶X-1飞行的感觉

“任何可以正常思考的人都会想知道他在当时那种情况下到底在想什么——他被绑在一个随时可能爆炸的‘炸弹’中，而且可能会被丢出炸弹舱。”这是耶格尔对坐在贝尔X-1火箭式飞机中，等待被B-29母机发射时状态的描述。“随时可能爆炸的‘炸弹’”对X-1来说是个不错的描述。X-1本来就是人工驾驶的有翼抛射弹，起初是针对陆地发射设计的，选择空中发射的方式是为了尽可能延长飞行时间——全速飞行时间为2分30秒。爬升到可操作高度时会用尽所有燃料。

X-1是严格意义上的为收集数据而生的测试飞机。1944年设计之初，美国国家航空咨询委员会和美国陆军航空队一致认为有必要对高速飞行产生的问题进行研究探索。在制造机身时，贝尔的设计团队实现了速度和强度的最大化——首要考虑的因素就是飞机所能承受多少超常的压力和冲击力。贝尔的工程师们还设计了额外的安全装置——将水平安定面，即水平尾翼，设计为全动的，这样就能在升降舵失灵的情况下控制俯仰。

X-1使用酒精和液态氧混合燃料，而液态氧必须在–182.7℃（–297℉）的低温下保存。液态氧就储存在飞行员的身后，因此耶格尔描述说，“这是我驾驶过的最冷的飞机”，驾驶X-1就像“在冰冻食品柜中全神贯注地工作”。

驾驶员可以选择逐个点燃4个火箭燃烧室，或者将它们组合点燃，若4个同时点燃将会达到最大推力。大多数飞机都在大约6000米（20000英尺）的高空开始飞行，然后爬升到大约14000米（45000英尺）。白天的试飞结束后，飞行员会关掉发动机，抛弃所剩的燃料，进行无动力滑翔降落。3架X-1原型机最终达到了1.46马赫的速度。

正视图

空速表

马赫表

火箭燃烧室压力指示器

高度表

稳定器位置

燃料供应表

拥挤的驾驶舱

贝尔X-1的驾驶舱极其拥挤，飞行员的视野非常有限。推拉驾驶盘可以移动升降舵，控制俯仰，使速度最高达到0.94马赫，超出这个速度时就只能通过控制可移动的水平尾翼来调节速度了。

技术参数

技术参数
发动机：反应发动机公司 XLR11-RM3 火箭发动机
翼展：8.5 米（28 英尺）
机长：9.4 米（30 英尺 10 英寸）
机高：3.3 米（13 英尺 5 英寸）
重量：5557 千克（12250 磅）
最大速度：1556 千米 / 小时（967 英里 / 小时）

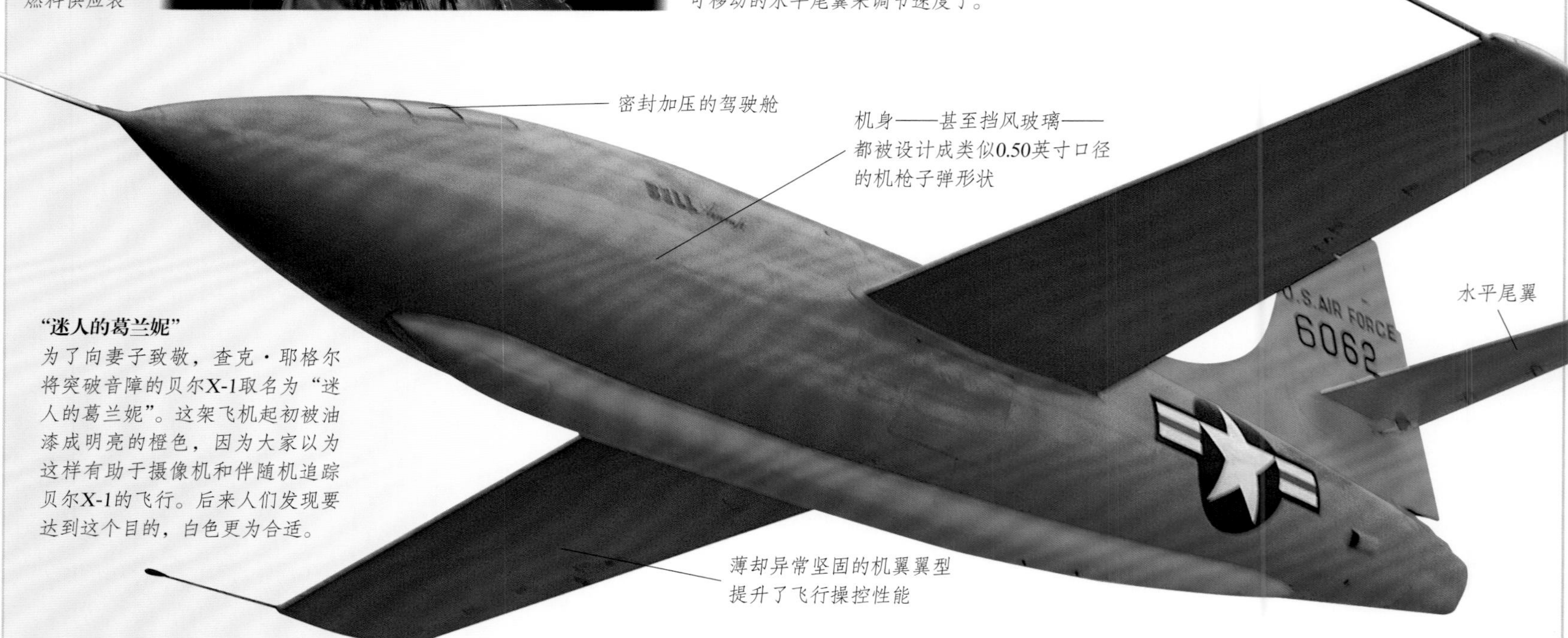

“迷人的葛兰妮”

为了向妻子致敬，查克·耶格尔将突破音障的贝尔X-1取名为“迷人的葛兰妮”。这架飞机起初被油漆成明亮的橙色，因为大家以为这样有助于摄像机和伴随机追踪贝尔X-1的飞行。后来人们发现要达到这个目的，白色更为合适。

速度更快的型号
贝尔X-1A和X-1B是1949到1952年间生产的改良版新型火箭式飞机。与原始的X-1相比，它们可以装载更多的燃料，而且重新设计的驾驶舱盖可以使飞行员有更好的视野。1953年12月，耶格尔驾驶着X-1A飞到了2.44马赫。

飞行速度达到0.86马赫时，猛烈的振动就像“减震器很糟糕的情况下，在坑洼不平的石子路上行驶”一样。达到0.94马赫时，冲击波会使升降舵失灵，而螺距控制也会随之失控。解决的方法是通过倾斜安定面即尾翼的水平部分来控制俯仰。达到0.96马赫时，飞机遭遇到与速度无关却近乎灾难性的事故，飞到13000米（43000英尺）的高空时，耶格尔的驾驶舱的挡风玻璃冻结了，彻底遮挡了他的视线，他必须用非常简陋的设备进行仪表着陆，并与伴随机飞行员对话，在后者的指导下着陆。

最终突破

1947年10月14日，耶格尔终于平安无事地突破了著名的音障。轻松得连耶格尔自己都觉得有些失望。“本应该遇到些阻力的，”他写道，“一些能让你觉得终于一拳击穿了音障的事情”。但是唯一让他知道X-1达到1马赫的是驾驶舱内的仪表盘以及那些监控飞行的国家航空咨询委员会的工程师。

打破音障只是一个开端，爱德华兹空军基地的飞行员们继续突破飞行速度和高度的极限。在20世纪50年代初期，由美国海军飞行员比尔·布里奇曼（Bill Bridgeman）和NACA试飞员斯科特·克罗斯菲尔德（Scott Crossfield）驾驶的道格拉斯D-558-2“空中火箭”处于领先地位。D-558-2有着近乎完美的流线型机身及小型后掠翼设计，在1951年8月达到1.88马赫的速度，即1992千米/小时（1238英里/小时），飞行高度达到20100米（66000英尺）。1953年11月，道格拉斯D-558-2跨过新的里程碑，速度达到2马赫。受到竞争精神的鼓舞，耶格尔很快进行了反击，在第二年的12月，贝尔X-1A的飞行速度达到了2.44马赫。

冒险的追求

火箭式飞机的飞行不断突破飞行科技的极限，同时一直都是极端危险的。“空中火箭”遭遇“超音速偏航”的意外，很可能使飞机突然在倾斜飞行时陷入侧滑。贝尔X-1系列则深受不明爆炸的折磨，最终确定罪魁祸首是火箭系统内部的垫圈中有一个细微的但致命的缺陷。但是按照耶格尔的话说，这只是“X-1可以杀死你的众多方式”之一。1953年12月，在创下2.44马赫的飞行纪录时，X-1A完全失去了控制，耶格尔动作太大，导致飞机在15250米（50000英尺）的高空翻转，不过后来耶格尔又重新掌控了飞机才幸免于难。但遭遇相同困境的另外一名试飞员米尔本·阿普特（Milburn Apt），就没那么幸运了。1956年9月，阿普特驾驶着贝尔X-2达到了3.2马赫，成为飞行速度超过3218千米/小时（2000英里/小时）的第一人。但是一味追求创造新纪录最终让其送了命。突然失控的X-2从高空垂直坠落，而游离在意识边缘的阿普特没能在飞机坠毁之前跳伞逃生。

查克·耶格尔

查理·艾伍德·“查克”·耶格尔，1923年出生于西弗吉尼亚州泥河边哈姆林的一个偏远小镇。1941年高中毕业后，他加入美国空军并作为战斗机飞行员接受训练。1943年，耶格尔被派往欧洲战场，在纳粹占领的法国上空曾被击落，后途经中立的西班牙逃回英格兰。耶格尔在诺曼底登陆战役中重返战场。他驾驶着“野马”战斗机，宣称击落了13.5架敌机，其中有5架是在同一天击落的，包括一架梅塞施密特Me262喷气式战斗机。

“二战”后，耶格尔在位于俄亥俄州代顿的赖特·帕特森空军基地接受试飞员训练。被选中参加在慕洛空军基地的X-1研发项目后，他在1947年10月成为第一名突破音障的飞行员。这份成就在很久之后公之于众，面对突如其来的荣誉和声望，他和从前驾驶喷气式飞机一样，从容自信。1953年他又创造了飞行纪录，驾驶X-1A达到了2.44马赫，但耶格尔也甘愿充当助手，经常在别人驾驶测试机时在一旁驾驶伴随机。

耶格尔在试飞员中是很与众不同的，因为他没有大学学历。缺少这一正式的资格使他无缘第一批宇航员的选拔。在1975年耶格尔以准将军衔退役。

佩戴头盔的飞行员
这张照片中，耶格尔头戴标准的飞行员头盔，他曾将一个皮质橄榄球头盔即兴改造成了他的第一个飞行员头盔，并切出孔槽来放置听筒和供氧装置。

杰奎琳·奥丽奥尔

喷气式飞机试飞员只有几位女性，法国飞行员杰奎琳·奥丽奥尔（Jacqueline Auriol，1917～2000）就是其中一位。奥丽奥尔在20世纪40年代后期开始试飞，当时，她作为法国总统的儿媳已小有名气了。而以试飞员的身份获得声望是在1949年她乘坐的水上飞机在塞纳河上坠毁之后。当时她受到严重的面部创伤，经历了22次手术才恢复了容貌。

奥丽奥尔无惧危险，继续飞行，接受了美国的军事训练课程，成为一名合格的喷气式飞机飞行员。1951年5月，她驾驶着一架英国“吸血鬼”战斗机，飞行速度达到了818千米/小时，创造了女性飞行员的新纪录。从那时开始一直到1964年，她和美国女飞行员杰奎琳·科克伦为“世界上飞行速度最快的女人”这一头衔而不断竞争。两人都在1953年突破音障，科克伦驾驶F-86“佩刀”战斗机率先突破音障，奥丽奥尔驾驶着达索“神秘”Ⅱ紧随其后。到1959年，该项非正式竞争的飞行速度已经超过2马赫。1963年6月，奥丽奥尔驾驶达索“幻影”ⅢR战斗机达到2039千米/小时的速度，这是她的最高纪录。科克伦于1964年超越该纪录，成为最后的赢家。

超音速杰奎琳

照片中为奥丽奥尔正穿着飞行服站在达索“幻影”ⅢR战斗机前拍照。

超音速喷气式飞机

喷气式飞机很快就在速度和高度上追上了火箭式飞机。乔治·韦尔奇（George Welch）驾驶F-86“佩刀”战斗机的原型机，早在1948年4月时俯冲速度就达到1马赫。F-100“超级佩刀”喷气式战斗机是为水平超音速飞行而设计的第一种喷气式战斗机，1953年在爱德华兹空军基地首次试飞。1958年，F-104“星座”战斗机创造了喷气式战斗机的纪录，速度达2259千米/小时（1404英里/小时），飞行高度高达30500米（100000英尺）。实际上，到20世纪50年代末，最先进的截击机的标准水平飞行速度都达到了2马赫——不仅是美国的飞机，苏联的米格-21、法国的达索“幻影”Ⅲ及英国的“闪电”战斗机都达到了这一速度。

通过使用加力燃烧室，涡轮喷气发动机能短时爆发超能量，即将燃料喷入炽热的尾气中产生额外的反冲力。而令人目眩的开创性机身设计能最大限度地减少阻力，提升飞行性能。

三角翼解决方案

照片中为一架服役于瑞士空军的达索“幻影”Ⅲ在炫耀它的速度。无尾三角翼结构几乎是达索飞机的标志，是超音速喷气式飞机的一种设计方案，在保持后掠翼的高速性能优势的同时实现升力最大化。

“幻影”采取了三角形机翼设计，扩展小型战斗机的翼面；米格-21则采取了“有尾式”三角翼设计。而F-104战斗机则走了另一个极端，它被形容成“有人的导弹”，超薄机翼非常短小，从翼根到翼尖只有2.3米（7.5英尺）宽。

前所未有的强大动力和创新设计并未令飞行员的工作变得轻松简单。据估计，在20世纪50年代，每4名飞行员中就有1名死于飞行事故。F-104是最出名的“无情战斗机”。F-104被大批量送往联邦德国，试图重建战后被解散的空军力量，但它在10年间造成100多名飞行员死亡。

20世纪50年代末，美国和苏联的一些试飞员开始为宇航员的新角色做准备。与此同时，爱德华兹空军基地的明星X-15从1959年开始研发，在1968年一飞冲天（尽管未进入太空轨道），飞行速度达到6.7马赫，高度达到108千米（67英里）。喷气式飞行员的英雄时代逐步转向太空时代。

弹射座椅

喷气动力飞机速度很快，飞行员不可能通过传统的跳伞方式从残机中逃生。德国是喷气式飞机发展的最前沿，在1941年率先开始研发弹射座椅，将它们装到亨克尔He280喷气式战斗机原型机上。“二战”结束时，美国人俘获了一架德国喷气式战斗机，以机上的弹射座椅为基础，研制自己的弹射座椅。

虚拟座椅

一名助理拿着一个罐子，里面装有能启动弹射座椅的点火装置，他站在一个可以提供相同能量的弹簧旁边。

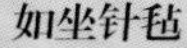

但是，飞行员们很快发现这些弹射椅很危险。拉下手柄后，系统要先抛弃舱罩，然后在半秒钟之内将飞行员投掷出去，弹力要够猛才能让飞行员的速度快到躲过飞机垂尾。如此快的加速度会给飞行员的身体造成很大负担。而且在弹射过程中，飞行员的四肢会四处挥动，偶尔还会有断肢的风险。难怪20世纪50年代的大部分飞行员宁愿冒着被灼伤或是坠毁的风险也要令受损的飞机安全着陆。时至今日，飞行员仍然将弹射座椅作为最后的逃生选项。但英国的马丁-贝克座椅和苏联的红星座椅比之前的弹射座椅要安全很多。四肢被绑缚在座椅上也能减少对飞行员的伤害。座椅越来越稳定，更加符合空气动力学设计，而且如果飞行员在飞机倒飞的情况下弹射而出，座椅可以自行调整角度。

如坐针毡

在弹射座椅的测试中，一名飞行员从战斗机驾驶舱后部弹出。显然，人们想尽可能避免这种强烈冲击。

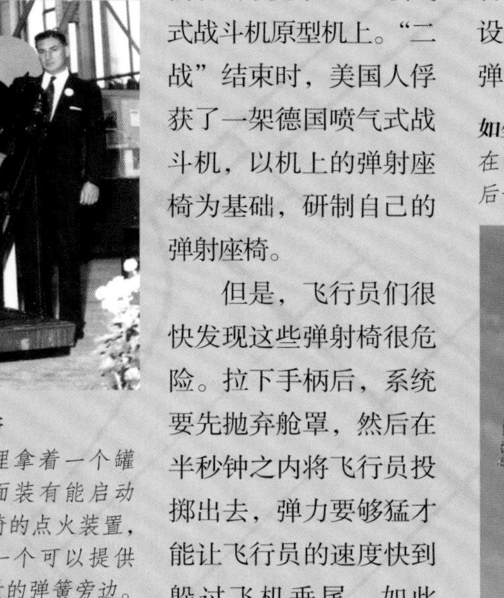

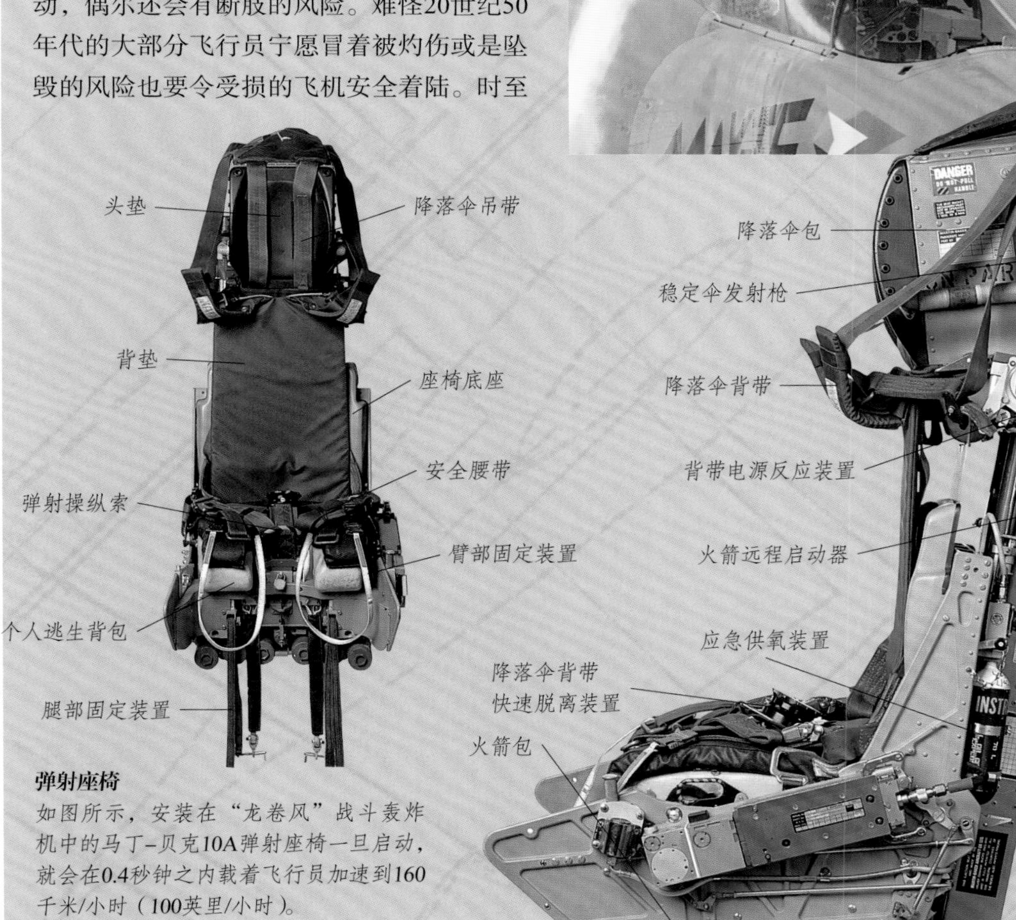

弹射座椅

如图所示，安装在“龙卷风”战斗轰炸机中的马丁-贝克10A弹射座椅一旦启动，就会在0.4秒钟之内载着飞行员加速到160千米/小时（100英里/小时）。

早期军用喷气式飞机

“二战”期间，德国是军用喷气式飞机领域的领先者（详情见246～247页），但英国也从未落后太远。格洛斯特E.28/39试飞成功后，英国制造了第一批格洛斯特“流星”系列战斗机，其中几架曾在1945年飞行。起初，美国使用英国发动机制造出“彗星”战斗机和后来的“流星”战斗机。这些战斗机几乎都有两台发动机，因为单发飞机达不到令人满意的性能。战后喷气式战斗机的一个特点是采用后掠翼设计——这一想法是从德国人那里借鉴的。后掠翼的设计大幅减少了飞机在接近音速飞行时所产生的阻力。喷气发动机科技的快速进步也令飞机设计师们获益匪浅，单台发动机就能推动这些轻型飞行器。

检查“米格”

美国空军工作人员正在检查一架米格-15——F-86“佩刀”战斗机在20世纪50年代初那场战争中的主要对手。（详情见272～273页）

贝尔P-59B“彗星”

1941年6月，英国赠送给美国一台惠特尔发动机原型，与美国共享了喷气飞行的秘密。贝尔设计了一款双发飞机，1942年10月，使用通用电气发动机的P-59成为美国第一架喷气式飞机。

发动机：2×907 千克(2000 磅)推力通用电气 J31-GE-3 涡轮喷气发动机

翼展：13.9 米(45 英尺 6 英寸) **机长**：11.6 米(38 英尺 2 英寸)

最大速度：658 千米/小时(409 英里/小时) **机组人员**：1

武器：1×37 毫米 M4 机炮；3×0.5 英寸机枪

达索“神秘”ⅣA

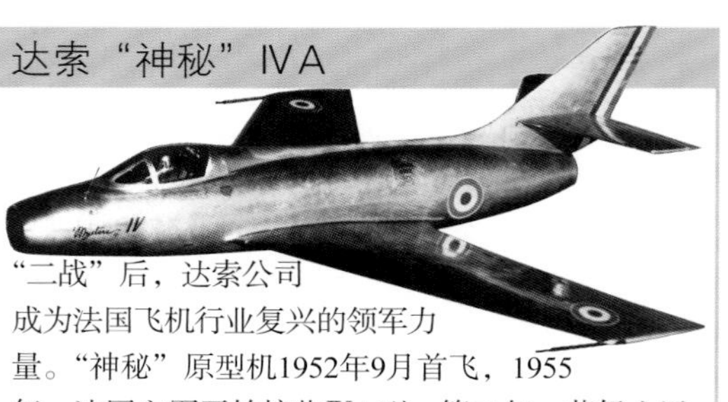

“二战”后，达索公司成为法国飞机行业复兴的领军力量。“神秘”原型机1952年9月首飞，1955年，法国空军开始接收ⅣA型。第二年，苏伊士运河危机期间，法国和以色列空军飞行员驾驶着“神秘”ⅣA与埃及空军的米格-15和米格-17在空中战斗。

发动机：2855 千克(6280 磅)推力希斯帕诺-苏萨 250A 涡轮喷气发动机

翼展：11.1 米(36 英尺 6 英寸) **机长**：12.9 米(42 英尺 2 英寸)

最大速度：1114 千米/小时(696 英里/小时) **机组人员**：1

武器：2×30 毫米 DEFA551 机炮；2×454 千克(1000 磅)炸弹或 12×火箭

德·哈维兰D. H.100“吸血鬼”(F.1)

“吸血鬼”是第二款在RAF服役的喷气式战斗机，但因问世较晚而未参加“二战”。因为发动机和机身都出自一家公司，所以研发精力主要放在组装两者上。双尾撑布局应运而生，短小的喷气管会增大喷气发动机效率。它的速度很快，操作灵活，在英国皇家空军第一支特技飞行表演队服役。

发动机：1420 千克(3100 磅)推力德·哈维兰“妖怪”涡轮喷气发动机

翼展：12.2 米(40 英尺) **机长**：9.4 米(30 英尺 9 英寸)

最大速度：869 千米/小时(540 英里/小时) **机组人员**：1

武器：4×20 毫米西班牙机炮

英国电气公司“堪培拉”B.2

作为英国第一种喷气式轰炸机，“堪培拉”（图中所示为“堪培拉”B.1）沿袭了经历过战争检验的“蚊”式轰炸机的设计理念，即可以避开敌方战斗机的高性能无武装的中型轰炸机。它从1951年开始在英国皇家空军中服役，见证了1956年苏伊士运河战役。它还在美国授权生产，并作为马丁B-57轰炸机加入美国空军。“堪培拉”在夜袭以及摄影侦察中的表现也十分出色。

发动机：2 台 2948 千克(6500 磅)推力罗尔斯·罗伊斯“埃汶”RA.3 涡轮喷气发动机

翼展：19.5 米(64 英尺) **机长**：20 米(65 英尺 6 英寸)

最大速度：917 千米/小时(570 英里/小时) **机组人员**：3

武器：2722 千克(6000 磅)炸弹

格洛斯特E.28/39

1940年英国航空部签发了一项飞机生产合约，准备使用空军上尉弗兰克·惠特尔设计的发动机，生产第一架英国喷气式飞机的计划由此成为现实。游说多年后，惠特尔终于使自己的革命性想法得以被采纳，格洛斯特E.28/39在1941年5月15日完成首次飞行。

发动机：390 千克(868 磅)推力喷气动力公司 W.1 涡轮喷气发动机

翼展：8.8 米(29 英尺) **机长**：7.6 米(25 英尺 3 英寸)

最大速度：749 千米/小时(466 英里/小时) **机组人员**：1

武器：无

格洛斯特“流星”F.8

“流星”是英国第一种喷气式战斗机。1944年7月，“流星”Ⅰ型首次参战，在“二战”的最后一年被用来对抗V1导弹，以及空对地袭击。1950年，“流星”F.8开始在英国皇家空军服役，取代了之前F.4在战斗机司令部中的位置。

发动机：2×1633 千克(3600 磅)推力罗尔斯·罗伊斯涡轮喷气发动机
翼展：11.3 米(37 英尺 1 英寸)　**机长：**13.5 米(44 英尺 5 英寸)
最大速度：962 千米/小时(598 英里/小时)　**机组人员：**1
武器：4×20 毫米希斯帕诺机炮

格鲁曼F9F-2“黑豹”

格鲁曼是美国海军的老牌战斗机供应商，“黑豹”是该公司的第一种喷气式飞机，坚固实用。第一架原型机在1947年首飞，1949年开始交付部队。在后来的战争中它主要用于空对地袭击。

发动机：2270 千克(5000 磅)推力普拉特－惠特尼 J42-2 涡轮喷气发动机
翼展：11.6 米(38 英尺)　**机长：**11.4 米(37 英尺 3 英寸)
最大速度：926 千米/小时(575 英里/小时)　**机组人员：**1
武器：4×20 毫米 M3 机炮;907 千克(2000 磅)炸弹

伊尔-28“猎兔犬”

伊尔-28是苏联首批喷气式轰炸机中的一员，于1950年服役。问世数年后，西方国家才知道它的存在，当时，伊尔-28的产量已经接近10000架了。此外，伊尔-28还有侦察机和鱼雷轰炸机等机型。

发动机：2×2700 千克(5952 磅)推力克利莫夫 VK-1 涡轮喷气发动机
翼展：21.5 米(70 英尺 4 英寸)　**机长：**17.7 米(57 英尺 10 英寸)
最大速度：900 千米/小时(560 英里/小时)　**机组人员：**3
武器：2×23 毫米机炮,安装于机头 2×23 毫米机炮,安装于机尾炮塔;3000 千克(6500 磅)炸弹

洛克希德P-80A“流星”

P-80是美国第一种可操作的喷气式战斗机，抵达欧洲时已经错过了“二战”。尽管按照设计，它应该配备德·哈维兰“妖怪”引擎，但生产出的机型和美国发动机组相匹配。在后期战争时期（1950～1953），（重新命名的）F-80是美国空军的前线战斗机。

发动机：2087 千克(4600 磅)推力艾利森 J33-9 涡轮喷气发动机
翼展：11.9 米(38 英尺 11 英寸)　**机长：**10.5 米(34 英尺 6 英寸)
最大速度：898 千米/小时(558 英里/小时)　**机组人员：**1
武器：6×0.5 英寸(12.7 毫米)口径机枪

麦克唐纳F2H-2“女妖”

1944年，因格鲁曼公司正忙于生产活塞发动机飞机，因此美国海军选择了一家新成立的麦克唐纳公司来生产自己的第一种喷气式飞机，即FH-1“幽灵”。“幽灵”于1945年服役，但动力太弱，只能充当教练机。随着发动机的升级，“幽灵”发展成为F2H“女妖”，并在1949年3月开始交付军方，比格鲁曼的“黑豹”战斗机早了好几个月。在后来的战争中它主要作为战斗轰炸机使用。

发动机：2×1474 千克(3250 磅)推力西屋电气涡轮喷气发动机
翼展：13.7 米(44 英尺 10 英寸)　**机长：**12.2 米(40 米 2 英寸)
最大速度：856 千米/小时(532 英里/小时)　**机组人员：**1
武器：4×20 毫米 M2 机炮;1361 千克(3000 磅)炸弹

萨博29“圆桶”

因为圆桶状的外形，萨博29战斗机有个众所周知的瑞典语绰号：“圆桶”。萨博29是“二战”后西欧的第一种后掠翼战斗机。1951年开始服役，1976年就退役了。它在20世纪50年代创下了几项飞行速度世界纪录，也是唯一一种参加过战斗的瑞典飞机，1961年在刚果，5架联合国维和部队的J29B战斗机摧毁了加丹加的空军力量。

发动机：2270 千克(5000 磅)推力瑞典航空发动机 RM2 涡轮喷气发动机
翼展：11 米(36 英尺 1 英寸)　**机长：**10.1 米(33 英尺 2 英寸)
最大速度：1060 千米/小时(659 英里/小时)　**机组人员：**1
武器：4×20 毫米希斯帕诺机炮;990 千克(2200 磅)翼下炸弹

北美F-86A“佩刀”

1944年开始研制的北美航空的第二种喷气式战斗机受德国影响，采用了后掠翼设计来提高速度。1948年，一架F-86在俯冲但不是水平飞行时超越了音速。1950年11月，美国空军惊讶地发现他们的喷气式飞机竟然在速度方面不敌苏联米格-15。因此，尚未完训的“佩刀”空军中队匆忙赤膊上阵。

后掠翼

襟翼增加飞机升力

发动机：2725 千克(6000 磅)推力通用电气 J47-GE-13 涡轮喷气发动机
翼展：11.3 米(37 英尺 1 英寸)　**机长：**11.2 米(36 英尺 7 英寸)
最大速度：1086 千米/小时(675 英里/小时)　**机组人员：**1
武器：6×0.5 英寸(12.7 毫米)口径机枪;2×454 千克(1000 磅)炸弹

雅科夫列夫雅克-15

1945年2月，苏联命令飞机设计师们生产喷气式战斗机，但当时苏联没有可用的发动机，因此，他们使用缴获的德国发动机。雅科夫列夫对雅克-3进行了改良，用喷气发动机替换活塞发动机。另外，飞机还安装了全金属尾轮，以抵抗喷气冲击。

发动机：900 千克(1984 磅)推力 RD-10 涡轮喷气发动机
翼展：9.2 米(30 英尺 2 英寸)　**机长：**8.7 米(28 英尺 6 英寸)
最大速度：805 千米/小时(500 英里/小时)　**机组人员：**1
武器：2×23 毫米机炮,安装于发动机上方

“后掠翼像迅捷的箭一样；机翼上阳光闪耀，明亮而干净；8台发动机动力强劲，效率极高……（炸弹舱中）存放了两枚氢弹。”

皮特·乔治
（Peter George）
《奇爱博士》
（Dr Strangelove or: How I Learned to Stop Worrying and Love the Bomb ）

喷气时代

“二战”结束后的几十年里，装备有核武器的空军马不停蹄地训练，为迎接一场从未到来的所谓“世界大战”做准备。

在冷战白热化阶段，大约有600架载有核武器的美国轰炸机分散在美国和其他盟国的空军基地，加满了燃料，不分昼夜地蓄势待发。机组人员在轰炸机附近待命，他们研究气象简报和任务计划，打扑克或是看电影，理论上已经准备好随时响应命令，在15分钟内登机，以免空军基地遭突然袭击而被夷为平地。为保险起见，在太平洋上的飞机上永远装载着12～70枚核弹，处于警备状态。这些飞机24小时轮班，飞行距离长达16000千米（10000英里），时刻准备着，等待进攻命令。一旦命令下达，B-52和B-47就会俯冲而下，躲过对方雷达，投下大规模杀伤性武器。这是电影《奇爱博士》和美剧《同归于尽》（*Cmutually Assured Destuction*）中的世界——在这里，保持和平唯一可行的方法就是持有能瞬间进行毁灭性打击的真正威胁性武器，而空军就是这场大决战中被选中的代理人。

洛克希德U-2R
洛克希德U-2高空侦察机在冷战时期被用作间谍机飞越苏联。它的飞行高度很高，本应不受苏联截击机和导弹的威胁，但在20世纪60年代，还是有两架U-2被击落。

1945年投掷到广岛和长崎的原子弹揭开了空战的新篇章。20世纪50年代，冷战双方都拥有了“那种炸弹”。“铁幕”两侧，空军的首要职能是预警和拦截敌方的核袭击，突破敌方空防，实施自己的核攻击。1947年，独立的美国空军成立，取代了陆军航空队。认识到核能角色的重要性后，美国空军内部又成立了战略空军司令部（SAC），专门负责领导核轰炸机部队。

直到装备洲际弹道导弹和侦察卫星前——也就是20世纪60年代早期——核对抗几乎只是飞行员和飞机的事情。高空间谍机监视敌方军事动态，提供潜在目标和空防设施的照片。高性能喷气截击机则时刻准备对抗即将到来的轰炸机。它们由一系列预警雷达站指挥，这些雷达站分布在加拿大北部和格陵兰，直到英国境内，给位于地下掩体中的控制室提供消息。值得一提的是战略轰炸机，20世纪20年代和30年代的一些空战理论家相信轰炸机战无不胜，能够独立、迅速地赢得战争，“二战”似乎证明他们是错误的。但是核时代出人意料地到来，证明了这些人很有先见之明。现在，一般而言，一支轰炸机部队的确能发动突袭，在数天之内结束一场战争。只要几架杀伤力巨大的轰炸机能穿过对方防线，这就足够了。

火箭助推的轰炸机

照片中为一架波音B-47喷气式轰炸机在进行火箭助推起飞。装满炸弹和燃油的飞机需要额外的推力才能飞离地面。B-47航程较短，借助空中加油，最终被改造成为可靠的洲际核轰炸机。

虽然核进攻和防御成为军费支出和空军部署的重点，但从冷战开始，局部危机和热战频发对军用飞机和机组人员提出了不同要求，但没有上升到核对抗的高度。1948年到1949年的“柏林空运”开了先河，不停工作的英美货运机成为众人瞩目的焦点，而过去处在舞台中心的一般是战斗机和轰炸机。

纪念邮票

这枚纪念邮票是为纪念1948年冬天为西柏林供应食物和燃料的“空中生命桥”。而就在几年前，盟国空军还曾轰炸过这座城市。

柏林空运

“柏林空运”是航空史上最有名的补给行动，起因是战败的德国和成为废墟的首都柏林被获胜的盟国暂时分割。西方列强控制了柏林的三块防区，这三块防区深处当时苏联的控制区域。

1948年夏天，苏联决定接管整个柏林地区，于是封锁了连接柏林和西德的陆地通道。据计算，柏林人每天需要共计4500吨的食物和燃料才能撑过这个冬天。开始空运物资时，美国空军仅有102架C-47驻扎在欧洲，每架能够装载3吨的物资。任何会简单计算的人都会觉得空运物资只是一种象征性举措。美国驻德军事长官卢修斯·克莱（Lucius Clay）将军说，就算只是尝试一下，人们也会认为他是“世界上最疯狂的人”。然而，空运行动很快就准备就绪。能装载10吨物资的四发动机C-54“空中霸王”从遥远的夏威夷和阿拉斯加飞来，壮大了物资运送战队。英国皇家空军的“桑德兰”水上飞机也降落在柏林的哈维尔湖上，以“兰开斯特”轰炸机为原型机的阿弗罗“约克”运输

“在我们听来，发动机的响声就像音乐一样悦耳。”

一位不知名的柏林人

写于“柏林空运”时期

机也赶来了。为减轻交通拥堵，坦佩尔霍夫（Tempelhof）和加图（Gatow）建造了新的飞机跑道。9月前，天气好的时候，空运能轻松完成最低目标。但是，随着冬季来临，持续低云和降雨已经算是飞行员能碰到的最好情况了，运气最坏时会遭遇雾天和冰雪。

当时形势紧迫，压力巨大，在一座城市的未来寄托于空运的成败之际，平时并未给人留下深刻印象的空中交通管制、仪表飞行、后勤组织人员的工作在此刻都重要起来。他们基本不需要担心炮火——苏联并没有真的想干预——但是不分昼夜、持续3到6分钟的飞行间隔风险性是很大的。共计有54名盟国飞行员在空运物资时失去生命，而把损失控制在这种水平，需要所有参与人员最大程度地发挥自己的职能——从飞行员、空中交通管制员，到那些保证运输机运行的地勤人员。

解除封锁
1949年5月，苏联解除了对柏林的封锁。消息传来，引来一阵欢呼。空运一直持续到当年9月，城市供给情况才恢复正常。

到1949年2月，联合空运部队每天能够运输8000公吨物资。苏联方面在5月解除了陆地封锁。而空运还在继续，直到9月才结束，运输机总计飞行了277000架次。

“柏林空运”具有冷战时期空中冲突的特点——有防止大国之间全面战争的限制性措施。

空中对决

20世纪50年代，美国介入发生于朝鲜半岛的那场“错误的战争”，在第一阶段，比较集中地展示了在现代战场中空中力量的重要性。对于在地面上的进攻一开始就被阻拦，然后被迫后撤，可能还要遭受轰炸机和提供近空支援、执行封锁任务的战斗轰炸机的打击。

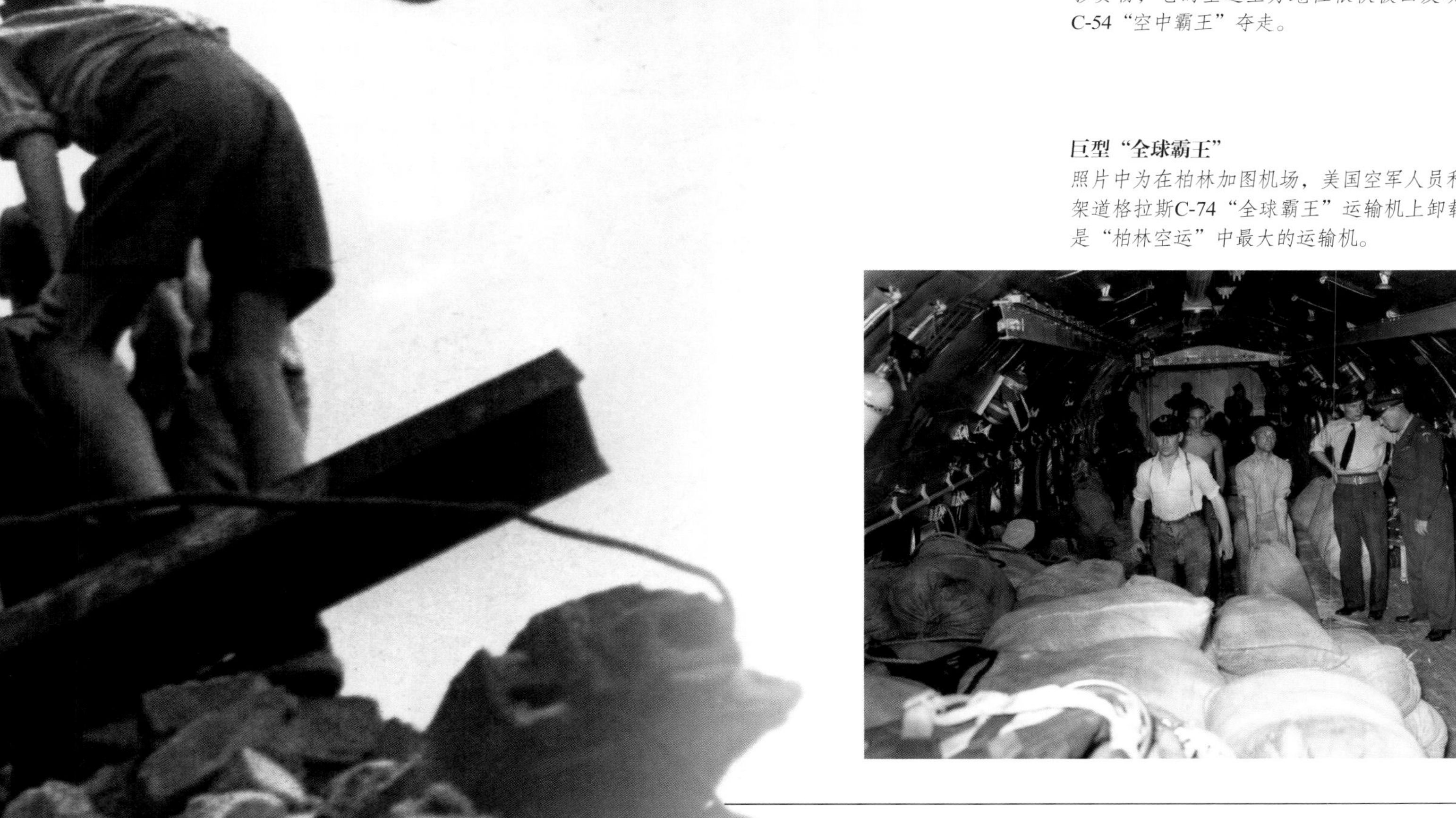

受欢迎的运输机
在“柏林空运”早期，西柏林的孩子们站在碎石堆上向一架道格拉斯C-47挥手。C-47无法为城市运来足够货物，它的空运主力地位很快被四发动机道格拉斯C-54“空中霸王”夺走。

巨型“全球霸王”
照片中为在柏林加图机场，美国空军人员和市民正从一架道格拉斯C-74“全球霸王”运输机上卸载面粉。C-74是“柏林空运”中最大的运输机。

俯冲的"佩刀"

照片中为1953年前后，一架北美F-86"佩刀"喷气式战斗机俯冲而下，向内华达州内利斯空军基地的目标区域发射火箭弹。与在"二战"中一样，虽然喷气发动机使高速作战成为可能，但枪炮依然是空战的主要武器。

弗朗西斯·“加比”·加布雷斯基

弗朗西斯·“加比”·加布雷斯基（Francis “Gabby” Gabreski，1919 ~ 2002）出生在宾夕法尼亚州一个小镇，父母是波兰移民。1932年，他被带去观看“汤姆森杯”比赛，詹姆斯·杜立德驾驶一架“小黄蜂”竞赛机赢得了冠军，当时，还是孩子的加布雷斯基就深深爱上了飞行。1940年，他申请加入陆军航空队，由于太过紧张和不熟练，他差点退出飞行训练，只在最后一次机会的“淘汰飞行”中勉强过关。

他被派到欧洲战场后，先是在英国皇家空军波兰中队中服役，后来成为美国陆军第56战斗机大队的一员。他驾驶P-47“雷电”战斗机取得了28次胜利，后来在1944年夏天被击落，成为战俘。

与许多经历过“二战”的飞行员一样，加布雷斯基后来对雷达控制瞄准器等新技术嗤之以鼻。

他酷爱嚼口香糖，每次作战都会从嘴中扯出一些口香糖，粘在佩刀机的挡风玻璃上作射击瞄准用。

小镇男孩

加布雷斯基的王牌地位使他闻名遐迩——他应邀去见总统——但在内心深处，他还是那个热爱飞行的小镇男孩。

当时，大部分飞机还都是“二战”中的产物，基本和F-80“流星”喷气机一样古老——包括用于地面攻击的“野马”战斗机、在航母上服役的美国海军“海盗”，以及B-26和B-29轰炸机。可以说，这些久经战阵的飞机统治了蓝天。但当对手带来了当时最先进的米格-15，这场战争便成为喷气式飞机时代的第一场战争。

喷气机空战

第一次有关两款喷气式飞机发生冲突，其中一架被击落的事件发生在1950年10月。当时，美军飞行员拉塞尔·J. 布朗（Russell J. Brown）中尉驾驶一架F-80，击落了一架米格-15，这架喷气式飞机从安全基地起飞，开始拦截美国轰炸机，威胁到美国一直引以为傲的空中霸权地位。而在1950年12月，美国装备了作为地面攻击机的F-84“闪电”战斗机以及最新战斗机F-86“佩刀”开始与米格-15对抗。

这场战争中存在着奇怪的“一战”尾声。1914年到1918年的西线战场上，空军最重要的职能是支援陷入残酷绝望的消耗战中的地面部队。如今，战斗机飞行员以及他们争夺制空权的竞争再次成为万众瞩目的焦点。米格飞机和“佩刀”在“米格走廊”中的决斗被赋予传奇色彩，战争尚未结束，就被视为空战的经典。

米格飞行员大都默默无闻，通常由50多个身强体壮的人组队行动。相比之下，“佩刀”飞行员数量少多了，但都是一些求胜心切之人。

“飞行香蕉”

照片中为在一次早期的空中突袭中，美国海军陆战队员们正从比亚塞奇HRP-1纵列双旋翼运输直升机上下来。HRP-1在1947年首飞，因为机身与众不同，被称为“飞行香蕉”。

许多美国飞行员都是"二战"老兵——战场上飞行员的平均年龄在30岁左右，在1941至1945年就已经算是年纪比较大的飞行员了。这场战争中的头号王牌飞行员乔瑟夫·麦康奈尔（Joseph McConnel）上尉就符合典型的这场战争飞行员的形象——30岁，"二战"老兵（之前是B-24驾驶员）。像詹姆斯·贾巴拉（James Jabara）和"加比"·加布雷斯基这样的王牌飞行员都曾在早期战争中做过战斗机飞行员。

"米格走廊"

在"米格走廊"上，两大势均力敌的喷气式战斗机群正面相遇了，这也是一场有着不同训练传统的飞行员之间的较量，对比战术和武器风格，"米格走廊"的战斗绝对是空战史上扣人心弦的一幕。

高空作战最能体现米格-15的性能强大。米格飞机在14500米（48000英尺）的高空巡航，速度接近1马赫，"佩刀"难以望其项背。如果它们停留在这样的高度——就像以往经常做的那样，"佩刀"就没有开战的可能性。

更富攻击性的米格飞机驾驶员会离开大编队，俯冲袭击在低空巡逻的"佩刀"。他们寻找机会对美国人下手，然后向上拉升，凭借优越的爬升技术逃脱追捕。这种战术被美国飞行员称为"溜溜球"（Yo-Yo）；米格飞机从阳光中现身，又重新向太阳飞去的做法则被称为"急速阳光"（Zoom and Sun）。

水平飞行时，"佩刀"比米格飞机速度更快，在低空更加灵活。如果能把米格飞机引入空中格斗，"佩刀"获胜的概率就更大。一种被称为"喷气流"的战术非常有效。16架"佩刀"机分成4个小队，隔几分钟便进入"米格走廊"。如果米格飞机忍不住冲向其中一队，后续编队就会聚集起来，发动猛攻。

"佩刀"的一大行动劣势是离基地太远，就算有作战时可丢弃的副油箱，在战场上也最多只能坚持20分钟。而米格飞机距离基地通常只有几分钟的航程。"佩刀"机的数量一直都没有米格飞机多，通常对比至少是三比一或四比一。

关键因素就是飞行员素质。在大多数驾驶米格飞机的飞行员之中，经验丰富的飞行员相对较少，而美国的飞行员却都是空中老手。

米高扬－格列维奇米格-15

"这架战斗机像跑车一样炫目……看上去是款一流的飞机。"

空军中校布鲁斯·辛顿（Bruce Hinton）

米格-15是以阿尔乔姆·米高扬（Artyem Mikoyan）和米哈伊尔·格列维奇（Mikhail Guryevich）为首领导的苏联设计局的一款产品。这款飞机在1947年12月首飞，也就是美国F-86"佩刀"首飞的2个月后。这两种飞机注定会成为这场战争中争夺制空权的关键角色。"佩刀"和米格-15的后掠翼外形相似，但作用不同。"佩刀"是一款空优战斗机；而米格-15主要是一款截击机。最初，生产米格-15是为了保卫苏联，防止美国轰炸机群从高空入侵其领空。因此，设计者推出了这款飞机，它的升限高达15500米（51000英尺），爬升率为每分钟高2750米（9000英尺）。它还装备了强大的机炮——打击轰炸机时比机枪更好用，但是在混战中却不够灵活。

在战场上，美国飞行员沮丧地发现米格-15在爬升中每分钟比"佩刀"快900米（3000英尺）。此外，米格-15能够在"佩刀"无法企及的高度飞行。1953年，查克·耶格尔（突破音障的第一人）飞到日本仔细查看了一架米格-15飞机。他认为这种飞机没有创新的地方，只是一架配备强大发动机、坚固灵活、设计优良的飞机。

技术参数

发动机：克里莫夫 VK/1FA 涡轮喷气发动机	
翼展：9.6 米（31 英尺 6 英寸）	
机长：11.3 米（36 英尺 11 英寸）	
重量：4182 千克（9220 磅）	
最大速度：1074 千米/小时（667 英里/小时）	**机组人员**：1
武器：2×23 毫米机炮；1×37 毫米机炮；外加额外炸弹或非制导火箭	

试飞

试飞前，一队美国空军人员正在对一架苏联制造的米格-15做最后检测。（1953年，冲绳）

简单的设计

美国偏好技术复杂的尖端战斗机，相比之下，苏联军工设计者则偏爱大批量生产的简单机器。米格-15机载设备的简洁性体现了这一理念。

强大的发动机

米格-15是由机身内置的克里莫夫VK/1FA涡轮喷气发动机提供动力，这种发动机是罗尔斯·罗伊斯“尼恩”（20世纪40年代中期在英国诞生）的改型。

表现一流

第一次在战场上看到米格-15时，美国飞行员就对它印象深刻。简洁的线条、35度的后掠翼和内置机身的单台发动机是其优越性能的有力保障。

受欢迎的战斗机

米格-15（照片中展示的是教练型）是第一种大批量生产的苏联后掠翼战斗机。有数千架米格-15问世——不仅是苏联，波兰和捷克斯洛伐克也有生产。

军用直升机

喷气式战斗机对抗并不是这场战争的唯一创新点，另一亮点是广泛使用军用直升机。它们不做攻击用，但是作为从战场上撤出受伤人员的运输工具，仍具有直接影响力。西科斯基H-5、贝尔H-13和希勒H-23用缚在机身上的篮筐运送伤员。伤员能在陆军流动外科医院得到迅速医治，从根本上提高了其生存概率，因此很多人都要感谢直升机的救命之恩。许多被击落的飞行员同样应该对这些直升机表示感谢，因为当他们的飞机在被击落或坠入大洋时，是美国海军的HO3S、美国空军的H-5和H-19执行了营救任务。

救死扶伤并非直升机的全部用途。H-19运输直升机运送部队和货物，还充当空中联络机和空中战场侦察机。美国人正逐步发现直升机在常规战争中的一些用途，与此同时，英国人驾驶一款被称为“蜻蜓”的西科斯基H-5直升机，在后来的一些局部战争中发挥了重要作用。

1953年战争终于停火。这场“有限战争”中的迹象表明，空军力量足以对战斗进程施加重要影响，尽管并非决定性的影响。

直升机的演变

飞机设计师伊戈尔・西科斯基曾说过：“人类第一次梦想飞行时，使交通工具能够脱离地面，垂直升起并且盘旋飞行的想法可能就已经诞生了。”在20世纪的第一个10年中，西科斯基和其他人一样，开始探索这一想法。法国人保罗・科尔尼（Paul Cornu）享有盛名，因为他在1907年成功使第一架直升机短暂飞离地面，但这离实现可控、持续的载人旋翼飞行还有一段很长的距离。

直升机设计者们面对众多问题，其中最棘手的就是控制问题。首先，旋转叶片产生的扭力——直升机的旋转叶片相当于飞机的机翼——会使直升机自动向叶片反方向旋转。1912年，俄国试验者鲍里斯・尤里耶夫（Boris Yuriev）证明，只要在尾部内置一个垂直推进器就可以克服扭力问题，但他的研究成果没有引起重视。

即使直升机不再像陀螺一样旋转，人们也很难解决控制它升降、前进、后退、变向和盘旋的问题。阿根廷工程师劳尔・帕特拉斯・德・佩斯卡拉（Raul Pateras de Pescara）在这方面取得突破性进展，他解决了如何变化旋翼叶片倾斜度的问题，这样直升机就会向不同方向倾斜。这种周期变距操纵杆可以使飞行员控制飞机前后左右移动。

西班牙工程师胡安・德拉・谢尔瓦（Juan de la Cierva）在20世纪20年代发明了旋翼机，进一步推动旋翼技术发展。和飞机一样，旋翼机是由螺旋桨驱动的，但由旋翼提供升力，飞机前进时，旋翼在空气作用下旋转起来。为了使这一混合驱动的交通工具运作起来，德拉・谢尔瓦不得不穷尽一切地探讨离心器的特性。他的验证机为直升机研究赋予了新动力。

科尔尼的直升机
法国人保罗・科尔尼声称，在1907年11月，他驾驶早期双旋翼直升机飞离了地面几秒钟。现代研究认为该直升机根本无法承受自身及飞行员的重量。

20世纪30年代后半叶，法国、德国和美国的试验者都争相制造一款实用的直升机。普遍认为是法国人路易・布雷盖在1935年赢得了这场竞赛，但是第二年，海因里希・福克（Heinrich Focke）的Fa61在前者的设计上做了极大改进。在美国，1939年，西科斯基重试被抛弃了将近30年的试验，生产了VS-300。“二战”期间，直升机投入工厂生产。

这种新的飞行方式成功后，西科斯基成为公众人物。他的最终梦想是直升机能成为汽车的接替者，停落在美国每家的房前草坪上。虽然愿望没有成真，但是旋翼飞行器有许多不同的用途，这也不算是遗憾了。

谢尔瓦C-30旋翼机
胡安・德拉・谢尔瓦的“旋翼飞机”号是第一架实用的旋翼机。由于旋翼没有动力，它能提供升力，但不能提供推进力。这里展示的旋翼飞机是一架C-30，是阿弗罗公司经过授权为英国皇家空军制造的，命名为罗塔-1（Rota 1）。

早期直升机

德国飞机制造商海因里希·福克是福克–伍尔夫公司的创始人，在20世纪30年代后期曾引领世界直升机发展。“二战”期间，福克设计的直升机在政府命令下进行生产，用作军事用途，但只有少数飞机服役。同时伊戈尔·西科斯基1939年的试验机单旋翼VS-300，后来改进为变成R-4“食蚜虻”，在1942年投入生产，为美国陆军服务。不像它的德国同伴，R-4有机会在战场上证明自己的价值。“二战”期间，贝尔公司也开始发展直升机，1946年大获成功的贝尔47成为首架特许民用直升机。截止到20世纪50年代早期，大约有30种直升机面世，包括西科斯基设计的经典款装有单水平旋翼和垂直尾桨的型号，装有双反向旋转水平旋翼的直升机，以及在旋翼末端装有小喷口、不需要尾旋翼的直升机。

“贝尔韦代雷”原型机
173型原型机在1952年首飞，后来成功发展成英国皇家空军的192型“贝尔韦代雷”。

谢尔瓦C.8 Mk.4旋翼机

早在第一架实用的直升机出现之前，人们就已经实现了旋转翼式飞行。早在1920年，胡安·德拉·谢尔瓦就开始试验这种他称之为“旋翼机”的飞机模型。它的旋翼无需动力驱动，因此不能垂直起飞或是向后飞行，但是接近能垂直降落。1928年9月18日，一架C.8L成为首架成功穿越英吉利海峡的旋翼机。

发动机：200 马力阿姆斯特朗–希德利“山猫”IVC 7 缸星形发动机
旋翼直径：12.1 米(39 英尺 8 英寸) **机长**：8.7 米(28 英尺 6 英寸)
最大速度：161 千米 / 小时(100 英里 / 小时) **机组人员**：1
乘客：1

费尔雷喷气式旋翼螺旋桨飞机

最初的旋翼式螺旋桨飞机在1947年12月面世，综合了旋翼飞机和直升机的特色之处。1948年，它创造了旋翼飞机新的速度纪录——200千米/小时（124英里/小时）。1954年1月，喷气式旋翼螺旋桨飞机出现，发动机压缩的空气传到两个旋翼叶片顶端的喷气装置中，为飞机提供动力。

发动机：525 马力艾尔维·列奥尼达 9 缸星形发动机
旋翼直径：18.3 米(60 英尺) **机长**：7.6 米(25 英尺)
最大速度：225 千米 / 小时(140 英里 / 小时) **机组人员**：2
乘客：1

福克–阿克基里斯Fa61

Fa61是第一架完全可控的直升机，在1936年6月首飞。这架新飞机受谢尔瓦旋翼机的影响，但由于使用了双旋翼，灵活性惊人。这款飞机创造了旋翼飞机的多项世界纪录，后来，著名女飞行员汉娜·莱契（Hanna Reitsch）在1938年2月驾驶这款飞机进入柏林德国会展中心表演，向世人展示了该机操控的简单灵活。

发动机：160 马力布兰莫 Sh.14a 7 缸星形发动机
旋翼直径：7 米(23 英尺) **机长**：7.3 米(24 英尺)
最大速度：100 千米 / 小时(62 英里 / 小时) **机组人员**：1
乘客：无

皮亚塞茨基YH-16A“运输者”

弗兰克·皮亚塞茨基（Frank Piasecki）与西科斯基同为美国直升机设计先驱。从20世纪40年代中期开始，他的公司制造了一系列的双旋翼飞机，当今的波音“支奴干”就是该系列的直系后代之一。1953年原型机的改良版使用涡轴发动机取代了活塞发动机，并于1955年首度问世。一年后，该项目被取消。

发动机：2×1800 轴马力艾利森 YT-38-10 涡轮轴发动机
旋翼直径：25 米(82 英尺) **机长**：23.8 米(77 英尺 7 英寸)
最大速度：235 千米 / 小时(146 英里 / 小时) **机组人员**：3
乘客：40 名士兵

西科斯基VS-300

1909年，年轻的伊戈尔·西科斯基制造了一款失败的直升机，后来他把注意力转移到巨型飞机和水上飞机上。30年后，他又回到了“初恋”身边，而他的名字后来也成了直升机的代名词。1939年9月13日，他的VS-300悬挂试飞成功，是第一架成功的美制直升机。

发动机：75 马力 4 缸莱康明发动机(首次悬挂试飞)
旋翼直径：8.5 米(28 英尺) **机长**：20.1 米(66 英尺)
最大速度：103 千米 / 小时(64 英里 / 小时) **机组人员**：1
乘客：无

西科斯基R-4“食蚜虻”

VS-300后来演变成世界上第一种批量生产的直升机R-4“食蚜虻”。1942年，原型机试验成功，美国陆军航空队史无前例地订购了100架R-4B。“二战”期间，“食蚜虻”服役于盟军，证明了直升机的实用性。

发动机：180 马力华纳 R-550 超级“圣甲虫”星形发动机
旋翼直径：11.6 米(38 英尺) **机长**：10.7 米(35 英尺 3 英寸)
最大速度：121 千米 / 小时(75 英里 / 小时) **机组人员**：2
乘客：无

美国核轰炸机

美军及其盟国军队在上场战争中损失惨重，致使美国开始重新评估自己的防御政策。而与常规战争相比，核威慑似乎是一种更高效合算的方法。因此，在20世纪50年代，军事航空的重要成果就是飞机构成了主要的（而且，最初是唯一的）核武器威慑体系。

“铁幕”两侧的核科学家非常顺利地制造出威力越来越大的核武器。1952年研发出的第一枚氢弹，威力是摧毁广岛的原子弹的500倍。但是即使是拥有众多资源的美国，为了建立核时代洲际轰炸机部队还是花费了不少时间。1947年，战略空军司令部的潜在核打击部队仅由10架B-29轰炸机组成。但是人们普遍认为B-29不能胜任——无论是在航程，还是在高度和速度上。

为了核任务而寻找轰炸机接替者的进程一度被优柔寡断和政治手段所阻挠，争论的重点是哪种轰炸机能担此重任，以及担此重任的轰炸机是否物有所值。波音公司的最初提议是B-47，这款有创意的喷气机设计有后掠翼，发动机装在机翼下的吊舱中。人们认为它的速度快到足够突破对手空防，它以大约890千米/小时（560英里/小时）的速度巡航，但不能完成洲际航程——因此，它要么得驻扎在靠近对手边境的美国盟友领土上，要么

巨型核轰炸机

一列机组人员站在庞大的康维尔B-36核轰炸机的水平尾翼上。该机是有史以来最大的飞机，垂尾足有5层楼那么高。

> *“我相信我们能悄无声息地把B-36飞到目标上空，不让敌人发现，直到展开炸弹袭击。”*
>
> **寇蒂斯·李梅**
>
> **美国战略空军司令部司令**

得严重依赖空中加油。

要建造真正的洲际轰炸机，美国空军考虑的一点就是它是否出自美国最富创造力的设计者杰克·诺斯罗普之手。从20世纪40年代早期开始，诺斯罗普就一直致力于XB-35的研究，这是一种螺旋桨驱动的飞翼轰炸机，没有机身和尾翼。他建议使用喷气驱动的YB-49作为美国战略核轰炸机。然而经详细讨论后，空军却选择了康维尔B-36，这种轰炸机十分出色，尤其是它的尺寸——一位飞行员曾描述为“就像驾驶着一栋公寓大楼似的”。

巨型核轰炸机

康维尔B-36由一列推进式螺旋桨和涡轮喷气发动机提供动力。它的体型十分庞大，机组15个人要从轰炸机的前机舱移动到后机舱，可以躺在轮式小车上在增压管道中移动实现。不值班的时候，他们就睡在飞机的床铺上。

B-36的翼展长达70米（230英尺），是“二战”时B-17的2倍多——比现在的波音747也要大得多。它是向喷气时代过渡的实实在在的里程碑，拥有6副推进式螺旋桨和4台涡轮喷气发动机，这些动力配置使飞机起飞时，大地都为之颤抖。与B-47配合部署后，B-36可以暂解燃眉之急，直到20世纪50年代后期，B-52开始服役，成为美国核轰炸机部队的主力。

威慑部队

这是1949年的纪录片《目标：和平》（Target：Peace）中的一个画面，展示了一名机组人员眼中正在飞行中的B-36机群。B-36退役后，被戏称为“和事佬”（Peacemaker），以此强调它的目的就是通过威慑来阻止战争。

强硬对手

让美国人惊慌的是，苏联似乎总能赶上甚至超越西方的技术进程。回顾往事，很明显美国人经常夸大苏联的实力，错误的情报助长了考虑不周的偏执。这在20世纪50年代中期的“轰炸机差距”危机中表现得尤为突出，当时，许多美国人开始相信，在建立战略核轰炸机部队方面，苏联远超于美国。

事实上，苏联在制造可靠的洲际核轰炸机时更加困难重重。1949年，苏联研制出第一枚原子弹，它只能在对抗美国的“自杀式”任务中使用，因为苏联的图波列夫图-4轰炸机的航程有限，只能执行单程任务。直到图-95从1956年开始服役，苏联才算拥有真正意义上的洲际航程轰炸机——这是一款涡轮螺旋桨飞机。

截击机

飞机仅用一枚炸弹就能摧毁整座城市，这种威胁使得冷战时期的双方迫切需要研发截击机。由于轰炸机速度不断提升，预计从雷达发现敌方入侵开始，一架截击机必须在10分钟以内赶到并摧毁目标。

20世纪50年代设计的专用截击机由驾驶员操纵导弹平台，在直线飞行时能实现速度和爬升率的最大化，机载电子系统直接与地面控制站相连。被称为“终极截击机”的F-106以超过2马赫的速度飞行，能在1分钟内爬升将近12千米（4万英尺），飞机没有装备机炮，完全依靠空对空导弹。

这种性能优越、电子系统复杂的飞机十分昂贵。一架F-106的制造成本是F-86“佩刀”的10倍多，运行费用也几乎是天文数字。对于那些想要追赶美国和苏联的国家来说，仅是经济条件就令其却步了。尽管如此，法国仍热衷于保持其对美国的独立性，生产了高性能战斗机，例如在20世纪50年代由达索公司生产的“超神秘”战斗机和“幻影”Ⅲ战斗机，并且在接下来的10年中致力于发展独立的核打击部队。

“熊”式

1956年开始服役的图波列夫图-95“熊”式涡轮螺旋桨轰炸机，使苏联第一次拥有了对美国实施核打击的能力。

波音B-52“同温层堡垒”

“从B-47轰炸机移到‘傻大胖子’上，就像从跑车上下来，再坐进加长的豪华轿车里一样。”

吉恩·德特里克上尉
（Gene Deatrick）

虽然波音B-52被飞行员们称为“傻大胖子”，但事实证明，它是航空史上最持久耐用的军用飞机。它从1955年6月加入美国战略空军司令部，直到今天还在前沿服役。B-52是特意设计用来向对手投掷核弹的。但事实上，这种飞机适应能力非常强，能够执行高空任务，也能实施低空打击；能为巡航导弹提供发射平台，也能在地区冲突中充当威力强大的传统轰炸机。

B-52炸弹舱及翼下挂架能装载数量惊人的炸弹。例如，B-52D的“大胃王”机型能装载27200千克（60000磅）炸弹——几乎是“二战”时一架“兰开斯特”重型轰炸机载弹量的5倍。

B-52以双层座舱的前机身为特色。驾驶员和副驾驶员坐在上面，导航员和雷达导航员只能蹲伏在下面的“黑洞”里。导航员的弹射座椅向下弹射——这在低空任务中令人担忧。电子作战官面朝后坐在上层驾驶舱后面，炮手们坐在旁边，遥控着机尾炮塔。在B-52的早期机型中，炮手们坐在飞机机舱外的机尾炮塔中，忍受着抖振和摇摆。（在后来的机型中）他们则坐在机身前部，使这份工作没有那么与世隔绝，稍微舒服了点。因为最初认为B-52可能会被导弹攻击，所以没有装备全方位的自卫机炮（部分原因是机组只有6个人），转而使用封锁、迷惑敌方导弹制导系统的电子对抗和干扰措施来对付导弹袭击。

武器固定外挂点

高垂尾
多年来，B-52经过多次改进，有许多衍生机型，但高垂直尾翼的特色一直得以保留。然而，B-52G（下图所示）的尾翼与以往机型相比，短了将近2.5米（8英尺）。

狭窄的“凯迪拉克”
B-52被戏称为“空中的凯迪拉克”，但驾驶舱和其他地方空间都很狭小。中等身材的人在飞机中都找不到地方可以站直，而且只有驾驶员能看到外面。

安全/弹射舱门
告警雷达天线
涡轮喷气发动机
0185
光电监视系统
前主起落架
双发动机吊舱

致命的货物
这架B-52（左图）正在装载巡航导弹，后者能利用飞过的区域作为参照物，指导自己飞向目标。这种系统的打击精确度很高。

控制中心
B-52长寿的部分原因要归功于定期更新机载系统（右图），包括导航设备、雷达和雷达干扰设备。

发动机保养
两名技术精湛的工程师正在检修B-52上8台强大涡轮喷气发动机中的一个。

区别性特征
从飞机的前视图中，可以看到B-52的独树一帜之处：产生巨大推力的8台发动机、长长的后掠翼、护翼稳定轮，还有翼尖的外挂副油箱。

技术参数（B-52G）

发动机:8×6237 千克(13750 磅)普拉特·惠特尼 J57-43WB 涡轮喷气发动机	
翼展:56.4 米(185 英尺)	**机长:**50.2 米(160 英尺 11 英寸)
最大速度:1046 千米 / 小时(650 英里 / 小时)	**机组人员:**6
武器:4×13毫米(0.5 英寸)M3 机枪，用于防卫；9027 千克(20000 磅)炸弹；2×AGM-28B“大猎犬”导弹或 12×AGM-69A“斯哈姆”导弹	

军用导弹

1950年，美国海军测试了一枚早期地对空导弹。它将彻底改革空防，并对飞机设计提出了新的要求。

20世纪50年代，英国也致力于发展自己的核威慑力量，生产了战斗力强大的飞机，进行反击和防御：三大“V轰炸机”——“胜利者”轰炸机（Victor），“勇士”轰炸机（Valiant）、“火神”轰炸机（Vulcan）——还有霍克“猎人”战斗机和英国电气公司的“闪电”截击机。但是到1959年“闪电”服役时，英国因为经济紧缩，被迫放弃了独立研发用于战略核战争的飞机。

> “我就是一名正在驾驶飞机的飞行员，只是……我飞到哪里就会侦察到哪里。”
>
> **弗朗西斯·盖瑞·鲍尔斯**
>
> **回到美国后接受采访时称**

导弹研制

英国政府愿意取消昂贵的战斗机-截击机项目的原因之一，就是认为空防很快会成为导弹的天下。20世纪50年代末，地对空导弹效力的不断增长，使得一些大国开始全方面重新考虑战略核战争。核战斗机部队准备通过速度和高空突破敌军防线。但一旦地对空导弹被证明能击落高速飞行的飞机，轰炸机就不得不转向低空袭击，试图在敌方雷达盲区和导弹射界之外飞行。

U-2

苏联的萨姆导弹能打击高空飞机，这在1960年得到证实：一架U-2间谍机在斯维尔德洛夫斯克上空被击落。按照设计，U-2能在超过21000米（70000英尺）的高空飞行，希望能够超出苏联雷达、陆基导弹和截击机的侦测打击范围。从1956年起，U-2在中央情报局的指示下屡次飞越苏联，窃回军事设施的详细照片。但是，1960年5月，弗朗西斯·盖瑞·鲍尔斯（Francis Gary Powers）驾驶的U-2被在机身附近爆炸的萨姆导弹卷入致命旋涡中。鲍尔斯从驾驶舱中逃脱，跳伞降落到地面，但他没能成功启动U-2的自毁装置，也拒绝吞食防止被活捉的氰化物毒药。苏方从该事件中获得了极大的外交优势，得以从艾森豪威尔总统和其他西方领导人的首脑会议中脱身。

空对空导弹

20世纪40年代，第一代空对空导弹研制成功。它们由雷达制导或者红外制导。雷达制导的导弹，例如“猎鹰”导弹和“麻雀”空对空导弹，其设计目的是拦截高空轰炸机。截击机上的雷达锁定目标，导弹根据截击机雷达的反射信号进行追击。在导弹飞行期间需保证雷达探测到目标就意味着截击机必须保持水平直线飞行——也就是说，在战斗机进行格斗时，导弹将毫无用处。

相比之下，红外制导的“响尾蛇”导弹在发射后自动寻找（目标）。在经典的空中格斗中，飞行员在敌机尾后操纵飞机指向敌机，然后向它的热排气管发射导弹。导弹中的一个红外探测器就会把导弹导向热源。70年代前，红外制导导弹非常有效，但存在缺陷：迎头射击的导弹是无用的，若有另一个热喷气流出现，导弹就很容易挑选错误的目标去攻击。

各种导弹都有对抗措施，这是毫无疑问的。雷达制导系统可能会被箔条干扰；红外制导导弹可能会被敌机发射的信号弹迷惑，或被快速机动摆脱。

雷达制导“麻雀”导弹

一架美国海军F-14A“雄猫”战斗机正在发射一枚AIM-7“麻雀”雷达制导空对空导弹。“麻雀”被包括美国在内的北约成员国军队广泛使用。

“猎鹰”导弹

一名飞行员展示在20世纪50年代中期投入使用的雷达制导（左）和红外制导的“猎鹰”导弹。

空中间谍
绝密的洛克希德U-2侦察机的主要目的是满足中情局和美国空军的要求，直到20世纪60年代侦察卫星问世之前。

航空摄影
美国洛克希德·马丁公司的U-2侦察机的作用依赖于照相机的发展，它能够从22000米（70000英尺）的高空进行侦察摄像。这台照相机（右图）是宏康B，1962年末被装在U-2上侦察南方邻国。更右边的照片展示了导弹危机期间，邻国的导弹安装工人和发射台。

鲍尔斯因间谍活动受到审讯，而冷战进入了最动荡的时期。

1962年，来自爱德华兹空军基地的U-2飞到南方邻国，拍摄到岛上部署苏联中程弹道导弹的准备活动。美国政府要求苏联撤出导弹，同时，核轰炸机部队拉响红色警报，70架B-52轰炸机24小时轮班飞行。危机解除前，又有一架U-2被苏联萨姆导弹击落，这次是在南方邻国上空。在这场可能导致百万死亡的危机中，驾驶这架U-2的飞行员是唯一的遇难者。

变化的核武库

导弹危机发生时，核武库也在发生重大变化。尽管飞机仍是战略核武器盔甲的一个重要部分，但洲际弹道导弹和潜射导弹正逐渐取代轰炸机，成为主要的核武器运载工具。低空突破敌方空防的需求意味着战斗轰炸机在多样化攻击力量中变得越来越重要，另外还有重型轰炸机（也越来越重要），而高空截击机则过时了。卫星分担了大部分的侦察重任，但1966年服役的SR-71“黑鸟”侦察机证明了自己拥有足够的速度和高度，能“蔑视”任何导弹防御系统。

导弹危机的结束使冷战的紧张局面相对缓和，核军备竞赛却从未停止。但是从20世纪60年代中期开始，大家对核战爆发的注意力被转移到了传统战争的现实上。而飞行员继续训练，对从未开始的核大战时刻保持警惕，中东地区和东南亚地区的热战则不断爆发。

间谍机飞行员
1960年被击落后，盖瑞·鲍尔斯因其间谍活动在苏联受到审讯。随后，他被用来换回一名苏联特工。

洛克希德SR-71“黑鸟”侦察机

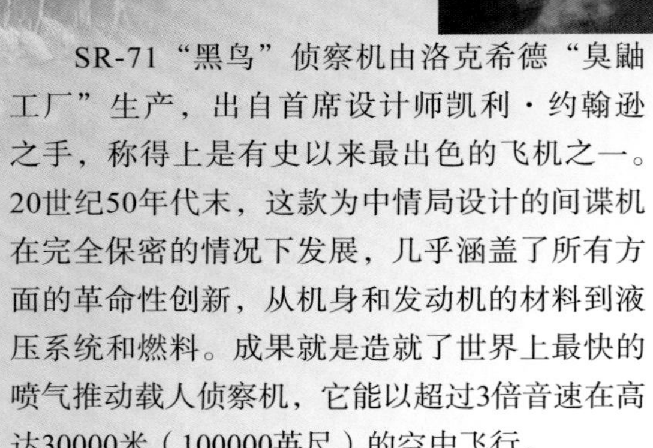

“我在冬天的傍晚起飞，飞向已经陷入黑暗的东方……你从明亮的白天飞来，飞入无尽的黑暗之中。”

吉姆·韦德金斯
SR-71飞行员

SR-71“黑鸟”侦察机由洛克希德“臭鼬工厂”生产，出自首席设计师凯利·约翰逊之手，称得上是有史以来最出色的飞机之一。20世纪50年代末，这款为中情局设计的间谍机在完全保密的情况下发展，几乎涵盖了所有方面的革命性创新，从机身和发动机的材料到液压系统和燃料。成果就是造就了世界上最快的喷气推动载人侦察机，它能以超过3倍音速在高达30000米（100000英尺）的空中飞行。

20世纪60年代早期，试飞员在内华达州格鲁姆湖中情局基地第一次看到“黑鸟”侦察机原型时，就被其形状和尺寸吓了一跳——机身狭窄细长，还有安装在机翼上的巨大的发动机舱。事实上，其发动机比机身主体还要宽些。黑色防雷达波涂料——这也是飞机名字的由来，覆盖了一层钛合金，这是一种轻型防热材料，给洛克希德公司的工程师出了不少难题。它既硬又脆，在绝大部分现有机型上都无法使用，并且对杂质非常敏感。但约翰逊坚持使用钛合金的直觉后来被证明是正确的。以3马赫速度飞行时，钛合金能抵抗极高温度，但飞机机鼻一般会因为高温起皱。结束飞行后，地勤人员会用喷灯把飞机弄平滑——SR-71飞行员吉姆·韦德金斯（Jim Wadkins）上校形容这一过程“就像熨衬衫一样”。

SR-71于1966年投入使用，并执行所谓全球侦察任务，这也是设计它的初衷。洛克希德公司雄心勃勃地计划研发SR-71的其他改型，尤其是以YF-12A为原型的高空战斗截击机。该公司声称如果为93架这种飞机装备空对空导弹，就能保护整个美国免受苏联轰炸机的袭击。但美国政府是不会为这项野心勃勃而又代价昂贵的项目提供资金的。

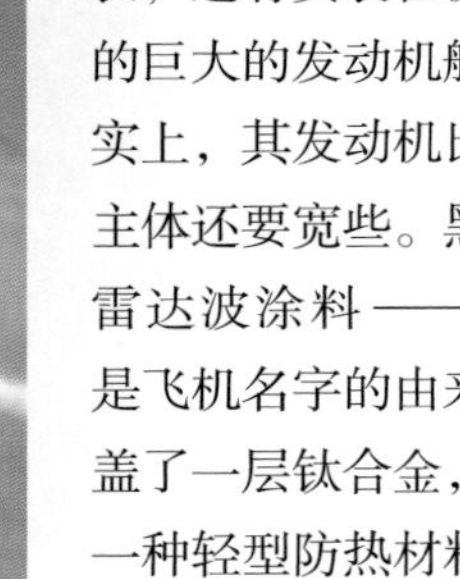

加满燃料
以SR-71飞机的速度如果在空中加油，氧气容易引起爆炸，因此地勤人员在加油前用液态氮清洗油箱（顶图）。空中加油（上图）进一步延长了SR-71本来就很出色的航程。

钻石型激波
SR-71B起飞时，废气呈现出钻石型激波。发动机排气喷口释放的冲击波遭到反射就会形成这些激波。剩余燃料着火时，钻石型激波就会闪闪发亮。

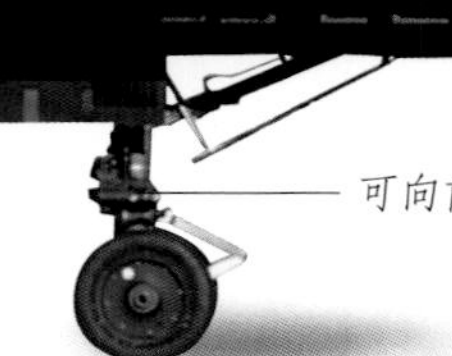

紧急减速
为了在降落时迅速减速，SR-71使用了阻力伞。以上照片中，驾驶SR-71的飞行员以机头向上的降落姿态使用阻力伞。

自动飞行
SR-71的特色之一是安装在仪表板右边的卓越自动驾驶仪。这一装置在侦察任务中经常被使用，可以为成像传感器提供最大稳定性。

气动设计
SR-71引人注目的设计包括薄型机翼和极其狭长的机身，目的是减少阻力。

技术参数（SR-71A）

发动机	2×14742 千克(32500 磅)普拉特·惠特尼 J58 涡轮冲压式喷气发动机
翼展	16.9 米(55 英尺 7 英寸)
机长	32.7 米(107 英尺 5 英寸)
重量	30618 千克(67500 磅)
最大速度	3620 千米 / 小时(2250 英里 / 小时,3.4 马赫)
机组人员	2
有效载荷	9072 千克(20000 磅)特殊传感器

最高最快
1964年首飞的“黑鸟”侦察机是史上飞行速度最快、高度最高的涡轮喷气式飞机。它的昵称来自能帮助散热和吸收敌方雷达波的特殊色系。

20世纪70年代前的核轰炸机

在20世纪40年代下半叶，“二战”时期用于常规战略轰炸的飞机组成了美国第一支核轰炸机部队。与此同时，人们开始研发特制的核轰炸机。普遍认为突破空防的最佳方法就是飞得尽可能高尽可能快。喷气发动机是实现这些目标的最佳解决方案，但同时也有严重弊端，那就是不能达到所需航程要求。而既大又沉的早期核弹也无法发挥作用。人们尝试了多种巧妙方案，包括火箭助推起飞、喷气和活塞动力结合，终于通过改良喷气发动机和空中加油解决了航程问题。1957年以后，地对空导弹投入使用，截击机性能也得到提升，这使得人们开始彻底重新思考。轰炸机被迫采取低空突防，试图在雷达盲区潜行。与此同时，核装置也越来越小型化。到20世纪60年代末，被设计成战斗机的F-111等攻击机更多地用于低空突防，洲际弹道导弹则成为核震慑的核心力量。

B-52轰炸机

波音B-52轰炸机作为美国核震慑的重要运输工具的时间相对较短，后来长期作为常规轰炸机使用。（详情见278~279页）

阿弗罗698“火神”B2

发动机：4×9992 千克（22000 磅）推力布里斯托尔·西德利“奥林匹斯”301 涡轮喷气发动机

翼展：33.9 米（111 英尺） **机长**：30.5 米（99 英尺 11 英寸）

最大速度：1029 千米/小时（640 英里/小时） **机组人员**：5

武器：21×454 千克（1000 磅）炸弹、核弹或 1× 蓝钢导弹

自20世纪50年代中期开始，“火神”“胜利者”和“勇士”轰炸机组成了英国核威慑力量的“V轰炸机”部队。在整个服役生涯中，该部队被作为远程核武器投送平台使用，一开始装备的是自由落体炸弹，从1963年开始变成防区外导弹。1969年，其核威慑角色被潜射导弹所取代。“火神”曾是第一种带有三角翼的四发动机飞机——它被选中，是因其兼具良好的装载能力和高空超音速飞行能力，并且航程较长。

波音B-47同温层喷气式飞机

作为首批服役于美国战略空军司令部的喷气式轰炸机之一，B-47被定义为中程轰炸机，但最初几年，它的航程和载弹量算得上一种重型轰炸机。空中加油和可抛弃副油箱让B-47取代了B-50（B-29“超级空中堡垒”轰炸机的改进型）。1950到1966年，超过2000架B-47投入服役。

发动机：6×3266 千克（7200 磅）推力通用电气 J47-GE-25 涡轮喷气发动机

翼展：35.4 米（116 英尺） **机长**：32.6 米（107 英尺）

最大速度：980 千米/小时（606 英里/小时） **机组人员**：3

武器：2×20 毫米机炮；9080 千克（20000 磅）炸弹

波音B-50D

“二战”时最强大最富有经验的波音B-29在日本投下了数千吨的常规炸弹和两枚核弹。日本投降后，除了少数新机型B-29D，数千架B-29订单被取消，B-29D则被重新命名为B-50。人们希望该飞机能撑起美国核威慑力量，直到速度更快、航程更远的飞机出现。这比预想的时间要长，B-50从1948到1953年一直在一线服役。

发动机：4×3500 马力普拉特·惠特尼 R-4360-35“大黄蜂”气冷星形发动机

翼展：43.1 米（141 英尺 3 英寸） **机长**：30.2 米（99 英尺）

最大速度：611 千米/小时（380 英里/小时） **机组人员**：8

武器：12×0.5 英寸机关枪，4 个遥控炮塔；1×20 毫米机炮，载人炮塔中；9080 千克（20000 磅）炸弹

高大尾翼

3500马力普拉特·惠特尼“大黄蜂”气冷星形发动机

遥控炮塔

康维尔B-36J

1941年，美国似乎必须要从本土袭击德国和日本，于是便订购了B-36，但它的研发进程快慢取决于战争形势的变化。1945年，因其长达16090千米（10000英里）的航程能够对美国的新对手苏联发动核打击，B-36重获新生。

发动机：6×3800 马力普拉特·惠特尼 R-4360-53“大黄蜂”气冷星形发动机

翼展：70.2 米(230 英尺) **机长**：49.4 米(161 英尺 1 英寸)

最大速度：661 千米/小时(411 英里/小时) **机组人员**：15

武器：16×20 毫米机炮,8 座遥控炮塔中 32710 千克(72000 磅)炸弹

康维尔B-58“盗贼”

1946年，美国开始研发这种超音速核轰炸机。武器和大量燃料装载于机身下方的吊舱中，吊舱可以投掷到目标上，如此一来，飞机在返程时会更快更节能。该计划受到现有技术的限制，并遭到多次推迟，几次差点被取消，终于在1961年开始服役。而那个时候，防空导弹有了长足发展，“盗贼”轰炸机变得易受攻击，1970年，所有该型飞机都被除役。

发动机：4×6815 千克(15000 磅)推力通用电气 J79-GE-5B 加力式涡轮喷气发动机

翼展：17.3 米(56 英尺 10 英寸) **机长**：29.5 米(96 英尺 9 英寸)

最大速度：2122 千米/小时(1319 英里/小时,2 马赫)

机组人员：3

武器：1×20 毫米 M-61 加特林机炮,安装于尾翼中;巨大的机身下方吊舱中的核弹和燃料

马萨契夫 M-50“野蛮人”

这架苏联轰炸机和美国B-52旗鼓相当，同时开始服役，多年来在西方鲜为人知，北大西洋公约组织为其命名为“野蛮人”。与B-52一样，它的效力被战斗机和导弹防御的发展所磨蚀。然而，它没有像B-52一样，成为一款传统战略轰炸机。

发动机：4×8700 千克(19180 磅)推力米库林 AM-3D 涡轮喷气发动机

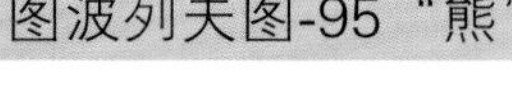

翼展：50.5 米(165 英尺 7 英寸) **机长**：47.2 米(154 英尺 10 英寸)

最大速度：998 千米/小时(620 英里/小时) **机组人员**：8

武器：7×23 毫米 NR-23 加农炮,2 座遥控炮塔、1 座载人炮塔和机鼻中 15000 千克(33000 磅)炸弹

图波列夫图-16“獾”

动力强大的米库林AM-3迅速发展，结束了苏联对（罗尔斯·罗伊斯）喷气发动机的依赖。被西方称为“獾”的图-16是款远程中型轰炸机，装备有两台AM-3发动机。1954年，它和B-52几乎同时开始服役，而后者需要6台发动机才能达到同等性能。20世纪60年代和70年代，该飞机的出口型在印度尼西亚和埃及被广泛使用。

发动机：2×9500 千克(20945 磅)推力米库林 AM-3M 301 涡轮喷气发动机

翼展：32.9 米(108 英尺) **机长**：36.3 米(118 英尺 11 英寸)

最大速度：992 千米/小时(616 英里/小时) **机组人员**：6

武器：7×23 毫米 NR-23 机炮;6000 千克(13000 磅)炸弹,或 2× 空对地导弹

图波列夫图-95“熊”

“熊”式轰炸机是唯一一种使用涡轮螺桨发动机的轰炸机，1955年开始在苏联空军中服役。它还是唯一一款带有后掠翼的螺旋桨飞机，这样能使飞机同时保持速度和性能。其原型机依然是目前速度最快的螺旋桨飞机。虽然战斗机和导弹防御的进步让图-95过时了，但它凭借航程远这一特点，在侦察和海上巡逻中仍扮演了重要角色。苏联海军还研发了远程反潜机型（图-142）。

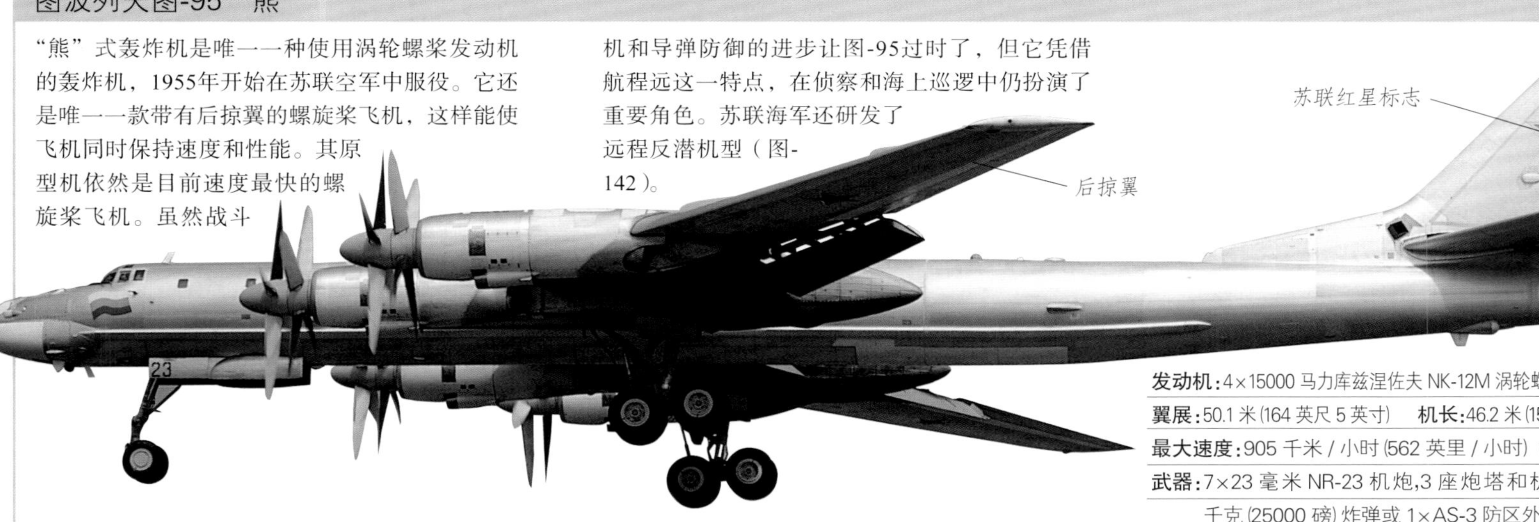

发动机：4×15000 马力库兹涅佐夫 NK-12M 涡轮螺旋桨发动机

翼展：50.1 米(164 英尺 5 英寸) **机长**：46.2 米(151 英尺 6 英寸)

最大速度：905 千米/小时(562 英里/小时) **机组人员**：10

武器：7×23 毫米 NR-23 机炮,3 座炮塔和机鼻中 11340 千克(25000 磅)炸弹或 1×AS-3 防区外导弹

20世纪50年代和60年代的截击机

战略家认为第三次世界大战可能会以核轰炸机的空袭为爆发开端。考虑到这一点，战斗机的首要目标是在敌军轰炸机实施核袭击之前进行拦截，而成功拦截主要靠反应速度。人们不希望截击机与敌军战斗机交战，因此机动性不是一个紧迫问题。截击机的设计力求最大加速度和爬升率。它们在起飞1分钟内爬升到约12200米（40000英尺）的高度，在地面控制站的指导下飞向轰炸机，用雷达制导的空对空导弹将其击落。每次任务平均持续约10分钟。20世纪50年代，因为新型喷气技术达到瓶颈，许多为此项任务设计的飞机遭遇困境。如果飞行员经验不够丰富，遇到F-106等西方截击机时是很危险的。而苏联则一如既往寻求更容易生产和驾驶的简单便宜的机型。

终极截击机

照片中为一架康维尔F-106从一架KC-135同温层加油机中加油，而另一架正在等待。F-106又被称为“终极截击机”。

康维尔F-102“三角剑”

康维尔公司曾在1948年建造了世界上第一种三角翼飞机，但这种超音速全天候截击机没有突破1马赫，使得该公司颜面扫地。然而，康维尔紧急重新设计飞机，改造机身以减少阻力，保证了F-102在3年后于1956年服役。

发动机：7802千克(17200磅)推力普拉特·惠特尼J57-P-23A涡轮喷气发动机

翼展：11.6米(38英尺1英寸) **机长：**20.8米(68英尺4英寸)

最大速度：1328千米/小时(825英里/小时,1.25马赫)

机组人员：1

武器：2×核弹或6×常规型“猎鹰”空对空导弹,机身舱中

康维尔F-106“三角标枪”

发动机：11130千克(24500磅)推力普拉特·惠特尼J75-P-17涡轮喷气发动机

翼展：11.7米(38英尺3英寸) **机长：**21.6米(70英尺8英寸)

最大速度：2035千米/小时(1265英里/小时,1.9马赫)

机组人员：1

武器：1×“妖怪”无制导空对空核火箭弹;4×常规型“猎鹰”空对空导弹,机身舱中

F-102的问题得到解决后，第二轮更加复杂的重新设计又开始了。这种飞机最初叫F-102B，后来变成现在的F-106。F-106拥有更加强劲的发动机，主要设计采取了超音速飞行必备的“蜂腰”形状。它还安装了更加高端的射击控制装备，自动与地面探测系统联网。F-106于1959年开始服役。

英国电气公司“闪电”F.1A

“闪电”是RAF的第一种超音速战斗机，也是英国第一种超越音速的飞机。它能爬升到18000米之上的高空，并装有雷达，让飞行员能够锁定目标。1974年后，“鬼怪”战斗机开始取代“闪电”。

发动机：2×6545千克(14430磅)推力罗尔斯·罗伊斯210涡轮喷气发动机

翼展：10.6米(34英尺10英寸) **机长：**15.2米(50英尺)

最大速度：2230千米/小时(1386英里/小时,2.1马赫)

机组人员：1

武器：2×30毫米“阿登”机炮;2×“火光”空对空导弹

格洛斯特“标枪”F(AW).9

“标枪”战斗机是RAF1956～1964年的主要全天候战斗机。它也是世界上第一种双发喷气式三角翼战斗机，设计目的是在高空拦截轰炸机，装备有全天候电子设备。经历了诸多研发问题后，性能终于变得可靠，但那时“标枪”的速度已经无法拦截日益迅速的轰炸机了，它在20世纪60年代早期被超音速“闪电”战斗机取代。

发动机：2×5579千克(12300磅)推力布里斯托尔·西德利涡轮喷气发动机

翼展：15.9米(52英尺) **机长：**17.2米(56英尺9英寸)

最大速度：1130千米/小时(701英里/小时) **机组人员：**2

武器：4×30毫米“阿登”机炮,安装于机翼中;4×“火光”空对空导弹

厚重的三角翼放置发动机和燃料以增加空气动力效率

装在机鼻的雷达

霍克“猎人”

后掠翼的“猎人”战斗机是RAF从1954到1960年的主要截击战斗机，取代“流星”服役，直到20世纪60年代初引进超音速“闪电”。超过1100架“猎人”被售往国外，服务于全球约20支空军部队。

发动机：4542千克(10000磅)推力罗尔斯·罗伊斯“埃汶”涡轮喷气发动机

翼展：10.2米(33英尺8英寸) **机长：**14米(45英尺11英寸)

最大速度：1150千米/小时(715英里/小时) **机组人员：**1

武器：4×30毫米“阿登”机炮,安装于机身下机炮吊舱中;机翼下454千克(1000磅)炸弹或火箭弹

洛克希德F-104A“星”

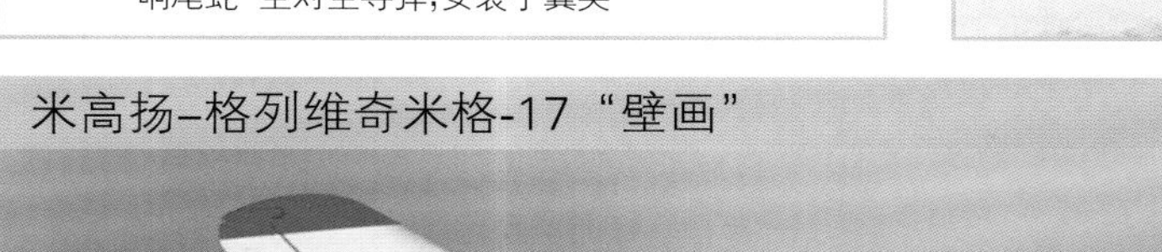

洛克希德公司的凯利·约翰逊认为美国飞机太过沉重，因此他向美国空军推销轻型战斗机的创意，并且制造了这款非同寻常的“载有一人的导弹”。尽管它非常快——在1958年打破了世界速度纪录——但航程非常短，而且因为机翼短小，机动性也很差。

发动机:6713 千克(14800 磅) 推力通用 J79-GE-3 涡轮喷气发动机

翼展:6.7 米(21 英尺 11 英寸) **机长**:16.7 米(54 英尺 9 英寸)

最大速度:2330 千米 / 小时(1450 英里 / 小时,2.2 马赫) **机组人员**:1

武器:1×M-61 20 毫米旋转机炮,安装于机身中;2×“响尾蛇”空对空导弹,安装于翼尖

麦克唐纳F-101B“巫毒”

“巫毒”战斗机原本是B-36轰炸机的超音速护航战斗机，后来因为航程不够，便被改造成一种战略核打击飞机，F-101B全天候截击机由此诞生，配备最新的“碰撞航向”雷达射击控制系统。这款机型于1959年服役，共有超过400架飞机投入使用。“巫毒”速度快，武备强，但不易驾驶；约五分之一的飞机坠毁失踪。到1970年，该机被淘汰。

发动机:2×6800 千克(14990 磅) 推力普拉特·惠特尼 J57-P-55 涡轮喷气发动机

翼展:12.1 米(39 英尺 8 英寸) **机长**:20.6 米(67 英尺 4 英寸)

最大速度:1963 千米 / 小时(1220 英里 / 小时,1.85 马赫)

机组人员:2

武器:3×“猎鹰”空对空导弹,机身舱中;2×“妖怪”无制导空对空核火箭弹

6800千克推力普拉特·惠特尼加力涡轮喷气发动机

米高扬-格列维奇米格-17“壁画”

1952年问世的米格-17基本已经摆脱了限制米格-15性能的高速飞控问题。据称，其原型机能在水平飞行中超过1马赫，但生产出来的飞机却达不到这个速度。米格-17所有机型的总产量约为8000架，包括波兰、捷克斯洛伐克等国的授权生产数量。

发动机:3380 千克(7452 磅) 推力克里莫夫 VK-1F 涡轮喷气发动机

翼展:9.5 米(31 英尺) **机长**:11.1 米(36 英尺 3 英寸)

最大速度:1145 千米 / 小时(711 英里 / 小时) **机组人员**:1

武器:1×37 毫米和 2×23 毫米机炮,安装于机鼻下方

米高扬-格列维奇米格-19S“农夫”

米格-19S是苏联生产的第一种超音速战斗机，它要么以微弱劣势被美国F-100击败，要么以细微优势击败F-100成为世界第一，这取决于你相信哪一方的说辞。无论真相如何，1954年末，美国得到“超级佩刀”时，苏联空军也开始使用米格-19S。米格-19S被出口到许多苏联的友好国。

发动机:2×3040 千克(6700 磅) 推力米库林 AM-5 涡轮喷气发动机

翼展:9 米(29 英尺 6 英寸) **机长**:12.5 米(41 英尺 2 英寸)

最大速度:1452 千米 / 小时(903 英里 / 小时,1.4 马赫)

机组人员:1

武器:3×30 毫米机炮和导弹或火箭

萨博J35A“龙”

20世纪60年代到70年代，这款全能型高性能战斗机是瑞典先进空防体系的一个关键部分。“龙”式战斗机拥有独特的“双三角翼”形状，机动性强，在起飞和降落时表现出色。

发动机:6895 千克(15200 磅) 推力瑞典沃尔伏 RM6B 发动机

翼展:9.4 米(30 英尺 10 英寸) **机长**:16 米(52 英尺 4 英寸)

最大速度:1915 千米 / 小时(1190 英里 / 小时,1.8 马赫)

机组人员:1

武器:2×30 毫米“阿登”机炮;4×“响尾蛇”导弹

雅科夫列夫雅科-28P“火棒”

雅科-28原本是一种攻击轰炸机，透明的机鼻中载有一名投弹手。改装一个双人驾驶舱，在机鼻添加拦截和制导雷达后，它被改造成一种全天候战斗机。机身炸弹舱变成燃油箱，所以雅科-28P有充足的航程在苏联的北极边界巡航，防止美国从北极上空发动袭击。1962年开始，超过400架该型飞机投入使用，最终被苏霍伊苏-27所取代。

发动机:2×6200 千克(13700 磅) 推力图曼斯基 R-11F 涡轮喷气发动机

翼展:11.6 米(38 英尺 2 英寸) **机长**:21.5 米(70 英尺 5 英寸)

最大速度:2060 千米 / 小时(1280 英里 / 小时,1.94 马赫)

机组人员:2

武器:2×AA-3 空对空导弹,安装于机翼下

空中力量

东南亚和中东地区的战争，展示了喷气机和导弹时代空中力量的潜能与局限。

在1968年1月到3月的溪山战役中，作为美国的支援力量，洛克希德C-130和仙童C-123运输机穿过火炮和迫击炮袭击，昼夜不停地把物资送到溪山基地的飞机跑道上。由武装直升机护航、一波歼击机开道的运输直升机“超级机群”每天3次将物资运往基地附近与外界隔绝的海军前哨，并运走伤员。美军的B-25飞机从11千米（7英里）的空中扔下威力巨大的炸弹，足可以把狭长的地形炸成月球表面。

空中作战是孤注一掷且喧闹混乱的。这里的天气对飞行来说糟糕透顶。海军陆战队的官方历史描述溪山附近战役时说：“大量飞机经常被困在低悬云层下的有限空间里，有过季风气候飞行经验的人才能适应这种乱糟糟的氛围。”跑道上迫击炮和火炮的火力太过密集，运输机不敢停留，降落、滑行、起飞一气呵成，甚至根本不降落，打开货舱门直接把物资扔下来。

但空中作战确实“有效”。14年前，一支法国军队被当地反抗军队围困，情况和现在一样。法军最终在奠边府被击败，不得不从东南亚撤退。尽管媒体的预期结果很悲观，但溪山的当地抵抗军队坚持了下来，最终获救。两者的区别在于空中力量。

美国空中作战的种类和数量惊人：比如说，部队运输直升机群为“空中骑兵”提供机动性；改装后的运输机装备成武装直升机。

“鬼怪”

麦克唐纳F-4“鬼怪”Ⅱ飞机是20世纪60年代最出色的西方战斗机。在这个时期的战争中，它为美国海军、海军陆战队和空军服务。“鬼怪”飞机也可以执行其他任务，比如侦察和电子战。

空中机动部队

照片中为1967年美军第1骑兵师的步兵从贝尔UH-1直升机上跳下来进行当地侦察巡逻。第1骑兵师这样的空中机动部队依托直升机的机动性和空中施加的火力行动，是美国在此战中陆军战术的关键部分。

侦察机安装了最新的电子和红外线探测设备；数千架陆基和舰载战斗机与攻击机把这场根本谈不上什么正义的战争推进到当地北部。然而，尽管美国空军"本领超群"，适应战争特殊需求的能力也展现出来，但是美国空军不该在"错误的地点"打这场"错误的仗"，更不该选择这样的对手和规则。

"空中起重机"

一架西科斯基CH-54"塔赫"飞机协助在南方丛林中建造一个美国陆军重火力点。CH-54没有传统的封闭货仓，可以运输几乎所有尺寸和形状的物体。

美国政治首脑认为，如何避免和当时的主要对手的冲突升级成大规模对抗，同时避免南部被对方控制，这是问题所在。美方认为，北方领导着南方游击队，美军无法推进到北方，但可以进行一定程度的轰炸行动。轰炸北方极具政治吸引力，因为这样可以减少美军人员伤亡，而且相对而言容易控制——政治决策者可以操控轰炸程度。然而，避免冲突升级意味着不能无差别摧毁北方主要城市内部和周围。1965年后，美国被迫派遣大量地面军队到当地南部，由前所未有的大规模空军在战术上提供支援。

"60架直升机呈编队飞行……这种场景令人终生难忘。"

伯纳德·W. 罗杰斯

描述1967年的"雪松瀑布行动"

从20世纪60年代初期开始，许多美国空军已经介入这场冲突。举例而言，美国机组驾驶装载"橙剂"的运输机，让广阔乡村的树叶脱落，企图使游击队无处藏身。美国陆军和海军陆战队成为战争主力后，飞机成为指挥作战的战术核心。指挥官考虑集中火力和机动性这两方面，而飞机可以兼得。直升机可以克服在条件困难地区和行踪不定的对手作战的难题，无论游击队现身何处，直升机都能快速运输人员和物资抵达。飞机还可作为移动火炮，空中炮火可以摧毁对手。

这场战争中使用的直升机规模之大，前所未有，执行任务水平超过以往战争。它们四处运输部队和装备——西科斯基"空中起重机"下还挂着重型火炮，以保证深入险恶地带的重火力点的物资和装备齐全。它们营救伤员，进行低空侦察，并作为空中指挥所。但和以往不同，直升机积极参战，用机枪和火箭弹攻击对方地面部队，让部队像"空中骑兵"一样空降战场。大规模直升机空运作战的场景十分惊人。伯纳德·W. 罗杰斯（Bernard W. Rogers）中将形容1967年"雪松瀑布行动"中的一场空运作战："60架直升机呈编队飞行，在树冠高度嗡嗡地抵达边水村，这种场景令人终生难忘……不到一分半钟，整个步兵营约420人就站在地面上了……"

汽油弹和白磷弹

在这场战争中，美国空军使用大量凝固汽油弹和白磷弹来对抗隐蔽的游击队，这种做法引发世人的强烈争议和谴责。

当时，美国直升机的唯一威胁是地面炮火。对方士兵近距离包围直升机降落区也是一大危险。贝尔UH-1是战争中无处不在的通用直升机，每架飞机打开的舱门处都有一名枪手，"飞行猎枪"就像西部荒原马车上的蛮横守卫。对直升机机组而言，战争近在咫尺且关乎个人生死，正如记者弗兰克·哈维（Frank Harvey）所写："超音速飞机只需要在高

飞行笔记本

在一名美国海军陆战队直升机飞行员的机组飞行记录簿中，夹有一张抵达航空设施的手绘地图，还有无线电导航的方向和距离等细节记叙。

搜索与破坏

在一场“搜索与破坏”任务中，美国第1骑兵师的一队战斗直升机飞过密林中的偏远降落区。直升机能将整个步兵营空运到战场。一位飞行员评论直升机编队“总是看起来很散漫……因为从来没有两架直升机在同一高度上”。

空猛掷炸弹，而直升机不一样。飞行员咕哝着冲向稻田和火线，近距离开火……被穿过有机挡风玻璃和旋翼的枪弹击中。”直升机的角色扩展到提供空中火力，尤其是1967年AH-1“眼镜蛇”直升机抵达战场后。据估计，一架武装直升机发射一次火箭弹的威力相当于105毫米的榴弹炮猛烈开火。陆军召集了大量飞机提供近空支援，武装直升机也成为其中一员。地面部队经常被指责在战争中太过依赖空军。步兵巡逻遭遇游击队时很少应战，只是匆忙喊来空中支援代劳。据传，有一次一名神经紧张的上尉召唤一场空袭，竟只为对付一名勇敢的狙击手。但是，避免步兵鏖战的想法也很正常，而且飞机可随时待命。

战争进入白热化后，美国空军、海军和海军陆战队平均每天开展800次战术空袭。老旧的活塞发动机飞机，尤其是A-1“空中袭击者”，在对地攻击中尤为突出。它们速度较慢，有助于识别目标，但近空支援任务一般由F-4“鬼怪”Ⅱ和F-100“超级佩刀”等高性能喷气机完成。

B-52

B-52轰炸机组成了南方战场上最为强大的攻击部队。但直至美国参战的尾声，这些精英战略轰炸机都被禁止在北方使用，无法发挥重要作用。为给B-52搜寻目标，一些所谓的技术创新问世。英勇的北方通过著名的“胡志明小道”向南方运送人员和物资，美军飞机就在沿途群山和树林中散布窃听装置和其他传感器。检测到军队或运输队行踪后，B-52就会从太平洋上的关岛基地起飞，投放炸弹，一次性摧毁方圆几公里的土地。

事实上，美军在南方的可支配火力太多了。在无人居住的偏远地带作战时，美国飞机造成的破坏不算什么。但战争转移到人口众多的乡村时，对当地平民的伤害让美国民众深感耻辱，加大了国内对战争的抗议呼声。使用在“二战”中首度出现的凝固汽油弹也是争执和抗议的焦点所在。对美国军方而言，这只是对付藏身隧道和堑壕之中的对手的“有效武器”。但一张一个当地小女孩被汽油弹烧伤的照片，成为这场不光彩战争中最著名的画面之一。

贝尔AH-1“眼镜蛇”

20世纪60年代初，军队意识到他们的运兵飞机在地面炮火面前非常脆弱，于是便萌生了制造战斗直升机的想法。在执行任务时很难使用固定翼直升机，因此军方决定换一种更好的直升机进行护航。

在这场战争初期，美国使用UH-1“易洛魁”（“休伊”）直升机压制地面火力，它只是军用运输直升机的武装加强版。从某种意义上说，AH-1“眼镜蛇”的进步也是有限的：约85%的内部零件和UH-1完全相同。然而，它却是第一种专门被设计成武装直升机的旋翼机，因此成为军用直升机发展中的里程碑。

AH-1在1965年首飞，两年后抵达战场。除了护航，AH-1还受命执行“扫荡”任务，和OH-6“卡尤塞”侦察直升机合作，被称为“粉色团队”。在600米（2000英尺）空中飞行的“眼镜蛇”直升机的保护下，侦察直升机在低空飞行，搜寻对手。当对方士兵对OH-6开火时，“眼镜蛇”会俯冲而下，对火力来源地带展开攻击。战争之后，AH-1被赋予坦克杀手的新职能。它装备了反坦克导弹和升级版发动机，提高了在传统战场（必须和地面炮火、敌方飞机和导弹作战的地方）的存活率。配备了火力控制计算机和红外线接收器等众多高级航空电子设备后，“眼镜蛇”在20世纪80年代成为一种十分复杂精密的战斗机器。

涡轮轴发动机的排气口

尾橇

升降舵

尾桁

喷毒的眼镜蛇

利用直升机两侧短翼挂载的反坦克导弹和火箭弹，AH-1可以对地面发起强大攻击。

前座

射击手坐在前座；飞行员坐在后座（座位更高）。射击手手边有多种电子瞄准设备。

瞄准系统取景器

航空地平仪

空速表

无线电罗盘

射击手座位

瞄准控制/击发器

火力猛烈

AH-1飞机火力惊人，武备位于机头和机身两侧。一位战争亲历者说，如果一架AH-1飞机火力全开，就像身处"爆炸的弹药厂中"一般。

狭长目标

为保证"眼镜蛇"尽可能不成为对方目标，它被设计成流线型机身，轮廓狭长。

主旋翼叶片

桨距控制杆

旋翼毂整流罩

XM-200火箭发射巢

装甲挡风玻璃

"陶"式导弹发射器

固定着陆滑橇

主旋翼叶片

旋翼头

旋翼连杆

飞行员座位

可向上掀起的铰接式驾驶舱侧门

挂载的有M134型速射机枪和榴弹发射器的XM-200机枪吊舱

技术参数（AH-1G）

发动机：1400轴马力莱康明T53-L-13涡轮轴发动机

旋翼直径：13.4米（44英尺） **机长**：13.5米（44英尺5英寸）

重量：4275千克（9500磅）

最大速度：274千米/小时（171英里/小时） **机组人员**：2

武器：1×米尼岗M134型7.62毫米机枪；1×M129 40毫米榴弹发射器；14×70毫米M159火箭弹

奇怪的混合体

1965年到1968年，美国对北方的空战和南方战争同时进行。对北方展开一系列“报复袭击”后，一场所谓代号“滚雷行动”的持续空袭在1965年5月拉开序幕。

“滚雷行动”常被描述为战略轰炸，实际和后者截然不同。战略轰炸的首要目标是摧毁对方工业和军事基础设施，而美国政府由于其非道义性，谨慎避免战争升级或背离国际舆论，严格限制空中力量的使用范围，严令禁止这种行为。包括主要城市河内、海防在内的北方大片区域以及与北邻边界附近的广阔地带，禁止轰炸。即使在允许轰炸的区域，特定目标也经常被排除在外——比如港口设施和最初的防空系统。

执行行动的不是美国战略轰炸机，而是F-100、F-4、F-105等战术攻击机，最初的主要目标是桥梁、道路和补给仓库。这本质上是一次封锁活动，企图阻碍对方向南方进行人员和物资输送。但美国政府一直希望这次行动能造成足够破坏，以达到让对方停止支持南方战争的战略目的。

“滚雷行动”是一个奇特的混合体，本质上是战术轰炸，却有所谓的战略目的——轰炸桥梁等以削弱对方的抵抗意志。

由于交战受到严格限制，这也令美军飞行员身处险境，极大削减了空中作战的效力，这部分是为了减少平民伤亡。然而，美国还是因为开展这种不人道、非正义的行动而受到全世界人民强烈的谴责和抗议。

有效的防空体系

北方结合地空导弹和高射炮，形成抵御美军空袭的强大屏障。高射炮在低空具有致命杀伤力，迫使美军飞机飞得更高，而地空导弹在高空则威力最强。

机群

空袭时，美国空军组成“打击集群”，支援飞机远远多于有袭击任务的飞机。为战斗机提供燃料的KC-135加油机距战场最远。一架RC-121雷达监测机担任空中指挥所，发出米格飞机起飞的预警。EB-66B“驱逐者”飞机装有电子对抗设备，由F-4战斗机护航，在攻击机群上空飞行。EB-66B只能干扰地面雷达，试图让地空导弹和高射炮“失明”。如果它们失败了，装有反辐射导弹的“野鼬鼠”F-105或F-4就充当急先锋，与地空导弹开战。机群的核心是20架或30架装有炸弹和“小斗犬”导弹的F-105战斗轰炸机，周围的F-4战斗机负责击退米格飞机。一次任务动辄会出动100余架飞机。

“雷公”

共和F-105“雷公”飞机被飞行员称为“重击”，是这场战争中美国最主要的攻击机。它快速、坚固，装有复杂的电子仪器，能携带大量导弹和炸弹穿过最高端的防空网。

“小斗犬”导弹

在战争最初几年中，“小斗犬”是美军最常用的空对地导弹。发射操纵员使用小型控制杆进行无线电制导，令导弹飞抵目标。“小斗犬”导弹后来被可以“锁定”目标后自主导引的导弹所取代。

> “飞行员咕哝着冲向稻田和火线……被穿过有机挡风玻璃和旋翼的枪弹击中。”
>
> **弗兰克·哈维**
>
> 记者

越战中的直升机

美国开始全面参与这场战争时，正值美国军用直升机数量和种类迅速增加之际。“支奴干”已经成为战场运输工具，西科斯基“空中起重机”的载重量再攀高峰，第一种攻击直升机贝尔“眼镜蛇”正在进行飞行试验。参战后，美国陆军对旋翼机在战争中的作用仍有怀疑——这些飞机看起来经受不住对手炮火。但质疑很快就消失了，因为直升机承受损失的能力非常强，如果武装精良，还能对对方造成大面积破坏。直升机群的核心一直是全能的“休伊”，但专门化趋势日益明显，举例而言，“卡尤塞”直升机就是作为有效的观察平台来使用。

“眼镜蛇”武装直升机

“眼镜蛇”直升机（照片中为AH-1T）在此战中作为近距支援飞机而首次亮相。（详情见292～293页）

贝尔UH-1易洛魁

在20世纪50年代初的战争中，直升机在伤员运送方面发挥了效用，尔后贝尔设计了这款装有涡轮轴发动机的直升机。官方名称为“易洛魁”，但后来人们根据原型机型号HU-1而称它为“休伊”。

发动机：1100 马力莱康明 T53-L-11 涡轮轴发动机
旋翼直径：13.4 米（44 英尺）**机长**：12.7 米（41 英尺 7 英寸）
最大速度：222 千米 / 小时（138 英里 / 小时） **机组人员**：2
乘客：3 名重伤员或者最多 7 名坐着的乘客

波音-伏托尔CH-47A“支奴干”

第一架“支奴干”是伏托尔107的扩大版，在1961年以伏托尔114的名义首飞。第一种生产型是1961年开始服役的CH-47A，该机很快成为此战中“休伊”直升机密不可分的重载搭档。截至1999年，有超过800架“支奴干”问世，机型众多。

发动机：2 台 2200 轴马力莱康明 T55-1 涡轮轴发动机
旋翼直径：18 米（59 英尺 1 英寸） **机长**：15.5 米（51 英尺）
最大速度：270 千米 / 小时（168 英里 / 小时） **机组人员**：2 ~ 3
乘客：44

休斯OH-6A“卡尤塞”

20世纪60年代早期，休斯是竞标美国陆军轻型观察直升机12家公司之一。绰号“飞蛋”的369型在1965年5月胜出。“卡尤塞”在这场战争中被派遣执行炮击定位、护航和侦察等多种任务。它成功的秘诀在于先进的结构设计，流线型机身重量轻，力量强且很坚固。

发动机：317 轴马力艾利森 T63-A 涡轮轴发动机
旋翼直径：8 米（26 英尺 4 英寸） **机长**：7.1 米（23 英尺 2 英寸）
最大速度：244 千米 / 小时（152 英里 / 小时） **机组人员**：2
乘客：4

西科斯基CH-53D“海上种马”

CH-53以水陆两用的西科斯基S-65为原型，1967年在此战首次投入使用。该机使用“空中起重机”的转子系统，为美国海军陆战队提供了梦寐以求的重型突击直升机和重载能力。美国空军把它改装成HH-53，又称“超级乔利”，是最重要的救援直升机。

发动机：2 台 3925 轴马力通用电气 T64-GE-413 涡轮轴发动机
旋翼直径：22 米（72 英尺 3 英寸）
机长：20.5 米（67 英尺 2 英寸）
最大速度：315 千米 / 小时（196 英里 / 小时） **机组人员**：3
乘客：55

西科斯基CH-54A“塔赫”

1962年5月首飞的西科斯基S-64A是第一款“空中起重机”。通过战场的检验后，YCH-54A“塔赫”（Tarhe，美洲印第安人用词，意为“起重机”）接到军方大批订单，1965年，外形笨拙的“空中起重机”全面服役。它能运输受损飞机、大炮和装甲车，货舱也可以充当战地医院、兵营或指挥所。

发动机：2 台 4500 轴马力普拉特·惠特尼 T73-P-1 涡轮轴发动机
旋翼直径：22 米（72 英尺） **机长**：21.4 米（70 英尺 3 英寸）
最大速度：203 千米 / 小时（126 英里 / 小时） **机组人员**：3 ~ 4
乘客：87 人或者 9072 千克（20000 磅）负荷

西科斯基H-34“乔克托”

1962年开始在美国陆军服役的H-34“乔克托”是美国海军HSS-1反潜直升机的衍生机型。1962年，“乔克托”被派遣到战场，用于人员运输和空中搜索救援。然而，美国海军陆战队是UH-34“海马”的主要用户，因为陆军担心该飞机无法承受地面火力。美国陆军最后一架“乔克托”在20世纪70年代初就退役了。

发动机：1525 马力莱特 R-1820 星形发动机
旋翼直径：17.1 米（56 英尺） **机长**：14.3 米（46 英尺 9 英寸）
最大速度：196 千米 / 小时（122 英里 / 小时） **机组人员**：2 ~ 3
乘客：18

米高扬－格列维奇米格-21

被北约称为“鱼窝”的米格-21，受益于其目标性强和易实现目的的设计。20世纪50年代后，苏联军方认为他们需要新一代短程截击机和空中优势战斗机，于是该机的设计开始被提上日程。这种飞机速度必须要快——能以2马赫速度飞行，而且容易操作，其他特征都要为其高性能服务。飞机还要简单可靠，易于保养，成本足够低以便大量生产。

米高扬–格列维奇设计局的设计是一款“不加修饰”、简单又经典的空中格斗机和轰炸机杀手。1959年，美国正在研制F-4“鬼怪”——该机重到需要两台发动机，还需要一位电子作战军官操作复杂的电子设备——与此同时，米格-21则作为单座单发轻型战斗机问世，机上安装1台简单雷达、2枚热跟踪导弹和1门机炮。F-4飞行员在北方上空首次遭遇米格-21时，先进的电子设备和强大的发动机功率并没有给它们带来好运。实际上，在高速转弯中，米格飞机更加敏捷迅速，机载航炮赋予了它们绝对优势，因为美国战斗机最初根本没有安装机炮。

多年来，米格-21从最初的轻巧和简单不断发展演变，后来的机型安装了更精密的雷达和延长飞机航程的副油箱。发动机经过改装，飞机能携带更多导弹和燃油。但廉价、可靠与高性能的优点得以保存。超过13000架米格-21问世，它们为世界各地的空军服务，直至21世纪初，仍有许多米格-21在服役。

“它飞行性能绝佳、坚固、简单且容易大量生产……”

伊凡·伦德尔
（Ivan Rendall）
如此评价米格-21战斗机

深受喜爱的飞机
自1959年第一架米格-21诞生以来，这种飞机先后为50多支空军效力，参与了至少30场战争。照片中为在1999年，一架米格-21UTI从科索沃的飞机跑道上起飞。

水平尾翼作用筒整流罩

发动机加力燃烧室的排气管

发动机舱通风进气口

通信天线

腹鳍

减速板

主起落架

准备行动
1965年7月，在莫斯科的一场训练演习中，一群苏联飞行员奔向列队等候的米格-21战斗机。

技术参数（米格-21F-13）
发动机：1×6200 千克(13670 磅)带加力的图曼斯基涡轮喷气发动机
翼展：7.15 米(23 英尺 5 英寸)
机长：15.76 米(51 英尺 8.5 英寸)
最大速度：2220 千米 / 小时(1386 英里 / 小时)　**机组人员：**1
武器：1×30 毫米机炮;4×K-13 空对空导弹;4×250 千克(550 磅)炸弹或 4×220 毫米或 325 毫米空对地火箭弹

快速敏捷

米格-21只有1台发动机，却十分敏捷，在空中格斗中鲜有敌手。然而，它有时不适合蛇形飞行，会造成涡轮喷气发动机停止运转或喘振。

简单却高效

与米格-21的总体风格保持一致，狭小的驾驶舱里只有飞行仪表和发动机仪表等必需设备。

简约

体积较小、三角形机翼结构和轻巧是米格-21（图为21F-13机型）的鲜明特色。因为把重量降到了最低，它靠一台发动机就能运行。

甚至这场战争的主要始作俑者，美国国防部长罗伯特·麦克纳马拉（Robert McNamara）最后都这样很无奈地向公众说道："世界上最强大的超级大国在一周内造成1000名平民死亡或重伤，试图打击一个落后的国家，希冀后者在有激烈争议的话题上投降，这种画面可不算美好。"

这对身处"滚雷行动"第一线的美国空军而言很有讽刺意味。

战斗轰炸机从基地或者第七舰队的航母上起飞，必须应对高射炮、SA-2地对空导弹、安全驻扎在河内附近禁炸区域的米格-17和米格-21战斗机的猛烈袭击。对方最为先进的防空武器杀伤力巨大，在3年的战争中，美国共损失了938架飞机，大多毁于防空炮火或地对空导弹（萨姆导弹）。

对决

"滚雷行动"中美国空军的关键飞机是作为制空战斗机的F-4"鬼怪"Ⅱ和负责对地攻击的F-105"雷公"。

但是对于在作战中各自所担负的任务来说，"鬼怪"和"雷公"都不怎么样。

F-105是深入突防的战斗轰炸机，原本被设计用于携带核弹突破苏联防空体系，并不是为了对桥梁和公路等目标实施精确轰炸。F-4则是强大的通用战斗机，但设计者也没想过将它用于传统空中格斗。

按设计，它应该在敌机进入视线范围前就发射雷达制导的"麻雀"导弹，在它接近时再追加热跟踪的"响尾蛇"导弹。它并没有安装用于近身格斗的枪炮。

在这里的交战规定要求辨别出一架飞机的身份后才能发动攻击，从一开始就剥夺了"鬼怪"Ⅱ的最大优势。这意味着米格-17和米格-21可以在近距离中发挥机动性和航炮的作用，有获胜的机会。

"鬼怪"的飞行员很快学会了在空中机动战中施展所驾飞机的优越性，但对方飞行员一贯技巧娴熟且气势逼人，这使得"鬼怪"飞行员越来越疲于应付。

1967年，一些F-4战斗机安装了一门机炮；而装有内置机炮的F-4E直到1968年末才出现。

智能炸弹

“二战”中，德国和美国试验把无线电操控系统连接在传统钢铁炸弹上，制导炸弹从而首次亮相。它们并非毫无用处，但无线电制导极易受到干扰，而且运载机在引导导弹时无力抵抗防空炮火的攻击。

20世纪50年代晚期，“电光”制导的炸弹试验开始进行。1967年在中南半岛首次使用的美国海军“白星眼”滑翔炸弹在弹头处有一台电视摄像机，能将画面传输回舰载飞机上。飞机的电子作战官则操纵导弹锁定目标或一直指向它。

1968年激光制导的“宝石路”炸弹投入使用后，智能武器才真正成熟。一道激光光束照射目标，炸弹制导系统追随反射光束抵达源头。运载机本身可以不是目标指示者，因此投放完炸弹就可以调头返航了。

智能袭击

“宝石路”激光制导炸弹在测试场内展示了其精确性。该炸弹需要一架飞机或者一名地面军人用一束激光照射目标。其余工作则由炸弹制导系统完成。

固定尾翼
激光导引头
可偏转弹鳍
炸弹壳体

激光制导的“宝石路”

“宝石路”炸弹安有探测器，能寻找并锁定被激光光束照射的目标。

最初，美军采取了为核战而制定的战术，飞机在对方地区低空飞行，躲在雷达可探测区的下方。

> “就个人安危而言，萨姆导弹十分可怕：它可能随时会取走你性命……”
>
> **罗宾·奥尔兹**
> **（Robin Olds）**

但他们很快发现这样飞机会暴露在高射炮炮火之下，后转而采取高空策略，利用电子对抗措施干扰制导SA-2导弹的雷达，使用“百舌鸟”导弹损毁地对空导弹发射阵地。

携带“百舌鸟”导弹的飞机一般是F-105，绰号“野鼬鼠”。它们必须径直飞向萨姆导弹，被导弹阵地雷达发现后，就释放一枚可追踪雷达来源位置的“百舌鸟”导弹。较为“理想”的状态是在地空导弹发射前完成以上步骤。

> “轰炸机隐藏在云层之上。炸弹呼啸着在森林的各个角落爆炸，响声如雷。”
>
> **陈麦南**
> **（Tran Mai Nam）**
> **记者**

美军采取诸多对抗措施，以保护飞机免受地对空导弹的伤害，但许多飞行员发现纯粹凭技巧和速度躲开导弹才是最佳方式。

1968年11月初，对方同意进行和平谈判，“滚雷行动”因此正式结束。在“滚雷行动”中，美军飞行员共出动约30万架次，投放了86万吨左右的炸弹。他们给对手造成了巨大的破坏，尤其是允许袭击发电厂和燃料储备设施后。但没有人真正相信他们英勇的对手是“被轰炸到谈判桌上”的。

制导武器

1969到1972年间，美国空军可以说获得了几项重大进展，部分是“反思”最近这场战争中“不如人意”的表现而得来的。一个普遍观点是战斗机飞行员缺乏空中格斗训练，过度依赖导弹，从而忽视了一些空战的基本原则。1969年3月，美国海军在位于加利福尼亚的米拉玛海军航空站设立了关于战斗机武器、战术和信条的研究生课程——更广为人知的名字是“Top Gun”（精英）项目。

与此同时，美国空军改装F-4E，给它安装了内置机炮。

到1972年，美军飞行员不仅更适应空战，而且拥有的武装更强，能对地面目标实施精确打击。

就在战争爆发时，制导武器就开始循序渐进地发展，但电视和激光制导武器的诞生是一个巨大突破。它们能以极高的成功率轰炸一座桥梁或单一建筑物这些小型目标，这在航空史上还是第一次。

如果不是战争本质和美国空军运作规则发生了变化，技术和装备本身的提升作用并不大。此时，对手的进攻是传统战争而不是游击战。他们使用坦克等其他大量装备，这便为空袭提供了清晰又有价值的目标。此外，他们还需要源源不断的大量燃料和军需品供应才能保持运转。美军的密集空袭——例如在1972年5月，固定翼飞机共出动1.8万架次——让胜利前进的对方部队损失惨重。同时，美国空军几乎对北方全境发起疯狂攻击，开始不加限制地选择轰炸目标。美国海军的A-7“海盗”还扔下水雷以阻塞对方港口等外援物资的输入点。

从仓库、燃料库到公路、铁路和桥梁，补给系统被这些蛮横的飞机全盘摧毁。10月，在和平谈判取得突破之后，代号为“后卫行动”的空袭才停止。

“精英”

1968年秋天，一份海军调查总结称飞行员的近距离战斗训练不足，建议开展新的训练课程，战斗机飞行员可以在真实空战操作中同模拟的敌机对抗。因此，1969年在加利福尼亚州米拉玛海军航空站，精英学校应运而生。

从战场返回
返回美国“星座”号航母后的兰德尔·“杜克”·坎宁安上尉（正中间）。

徽章
现代战斗机作战训练鼓励飞行员之间互相竞争，因此美国海军的战斗机武器学校得名“精英”（右下角的徽章上有此字样）。

美国海军飞行员兰德尔·“杜克”·坎宁安（Randell “Duke” Cunningham）上尉及其雷达官威廉姆·德里斯科尔（William Driscoll）上尉展示了空战技能的“进步”。1972年5月10日两次得手。当时，他们驾驶的F-4J在北方上空遭到米格飞机袭击。“鬼怪”Ⅱ和米格飞机盘旋混战，每个飞行员都想咬住对方的尾巴，此时，坎宁安使用“响尾蛇”导弹击落两架飞机。飞向海岸时，他又遭遇另一架米格-17，来势凌猛且坚持不懈，“鬼怪”Ⅱ战斗机怎么也甩不开它。坎宁安突然关小油门，使用减速板，终于让米格飞机冲到了前头，自己位于后方，用“响尾蛇”导弹击落了它。坎宁安与德里斯科尔共有5次这样的纪录，被称为此战中美军首批王牌飞行员。

20世纪70年代，美国空军在战斗机武器学校中也采用了所谓“精英”原则。尽可能逼真的模拟战场让飞行员把飞机运用到极限。现代战斗机飞行员“像训练一样去战斗”，让这一点不证自明。

电影版本
1986年电影《壮志凌云》（Top Gun）以美国海军战斗机武器学校为背景，重新演绎了战斗机飞行员是“浪漫主义英雄”这个由来已久的传统。这部电影票房很高，但却被里面的F-14“雄猫”战斗机喧宾夺主了。

“鬼怪”战斗机
F-4“鬼怪”Ⅱ原本为美国海军设计，但也被美国空军使用，在性能和设备方面堪称“完美”。明显落后的米格飞机竟然能在空战中自如应对F-4，这令人震惊，也在一定程度上促成了精英学校的成立。

大规模投弹

1965年，一架B-52轰炸机在南方上空投下一系列炸弹。B-52F可以携带23500千克（51750磅）炸弹，但在后来问世的“大胃王”B-52D面前却相形见绌，后者的最大载弹量接近27000千克（60000磅）。

破坏场面

军事行动造成的破坏通常是由炮火导致的，例如图中“新年攻势”后西贡的华埠区的场景。

偏离

在1972年的战争中，3架B-52组成的编队对在南方作战的对手地面部队展开攻击，从11千米（7英里）的高空投下炸弹，经常需要穿过浓厚的云层。尽管在“二战”早期，军队就开始练习引导轰炸机把炸弹投放在地图坐标确认的某个地点，但这依然需要机组人员和地面控制者具备过硬技术，炸弹晚释放5秒钟就会造成约0.8千米（0.5英里）的偏离。用雷达追踪飞机的地面控制员在树林中工作，再三检查彼此的位置。地面控制员在无线电上倒数“5、4、3、2、1，发射”，领航的B-52根据他的指令释放炸弹。另外两架飞机上的雷达导航员也在规定的时间打开投弹开关。机组人员完全不知道行动效果。只能在释放炸弹时感到飞机轻颤，看到约66枚炸弹下坠时划出的亮光。炸弹在1分钟后击中地面，那时B-52已经调头返航了。飞行员可能会瞥见云层下方的闪光，仅此而已。

黑洞
B-52上的雷达导航员是负责投放炸弹的机组人员。他的岗位在下层座舱，在飞行员和副驾驶下方无窗的“黑洞”里。

撤离

在美国于这片土地上的最后一次空战中，B-52成为主要角色。1972年的战争中，它们被广泛使用，但在同年12月下旬，和平谈判在即将达成和解的节骨眼上陷入僵局，B-52又开始肆无忌惮地对河内和海防发动大规模轰炸。

12月18日到29日，超过15000吨炸弹被投放在北方城市之内或周围的目标上。攻击达到高潮时，整个晚上有120架B-52在战斗机、对地攻击机、电子战飞机和直升机战斗救援队的支援下发动进攻，目的就是摧毁北方的军事和工业基础设施，包括飞机场、导弹发射场、军营、发电厂和铁路调车场。为实现精确轰炸、减少政治上不能接受的平民伤亡，尽管SA-2导弹向上齐发“迎接”它们，B-52也必须在接近目标时直线水平飞行。损失是不可避免的——15架B-52被击落——当然，也有炸弹没有击中目标，其中有一枚落到了医院。但整体而言，美军所谓的“后卫Ⅱ行动”达到了给对手造成巨大破坏的目的。

圣诞轰炸攻击后，一项和约很快达成，美国军队最终从中南半岛撤离。但没有证据证明对手是被轰炸吓得让步了。轰炸是一种力量的展示，缓解美国在这场失败战争中无法取胜的痛苦，也是妄图警告对手如果打破和约将会遭遇何种处境。

大规模使用空中力量没能对这场战争的格局产生决定性影响，反而成了一种政治包袱，成为战争批判者的主要目标，也必然会遭受历史和世人的持续谴责。

最后一架直升机撤离
1973年1月，尼克松总统（上图）下令最后一批美国军队从中南半岛南部撤离。右面照片中为1975年5月在西贡，人们争相爬上能把他们带到近海航母上的直升机，寻求逃生机会。

20世纪70年代前的西方作战飞机

在20世纪60年代至70年代早期参战的西方飞机中，大多数都设计于50年代。有些非常长寿，比如道格拉斯“天鹰”亚音速攻击机，它在1954年首飞，1982年马尔维纳斯群岛（英称福克兰群岛，阿根、英争议）战争中，阿根廷还使用了这种飞机。F-100“超级佩刀”和达索“超神秘”属于初代超音速战斗机，稍晚出现的F-4“鬼怪”和“幻影”Ⅲ进展到2马赫速度，是最先进的战斗机。达索“神秘”和“幻影”系列飞机因受政治追捧而知名，是1967年六日战争（即第三次中东战争）前几年中法国供应给以色列的军火的主要装备。最初作为美国海军战斗机出现的“鬼怪”可能是10年间最重要的战斗机。意图击败“天鹰”的轻型攻击机沃特A-7“海盗”Ⅱ和格鲁曼“入侵者”都是20世纪60年代设计的，并在战争中投入使用。1991年海湾战争时，两者都还活跃在前线。

华约战斗机

代号“鱼窝”的米格-21是轻型战术战斗机。它深受喜爱，广泛出口的原因在于廉价——成本仅是一架“鬼怪”Ⅱ的三分之一左右。（详情见296~297页）

达索“幻影”ⅢC

法国政府积极鼓励法国三角翼战斗机的发展。高度成功的“幻影”ⅢC被多家外国空军使用，阿根廷在1982年马尔维纳斯群岛战争中正是利用它们对抗了英军。

发动机：6000千克（13225磅）推力施耐克玛“阿塔”9B涡轮喷气发动机

翼展：8.2米（27英尺） **机长**：15.5米（50英尺10英寸）

最大速度：2350千米/小时（1460英里/小时） **机组人员**：1

武器：2×30毫米德发机炮；最多1362千克（3000磅）炸弹、火箭弹或导弹

达索“超神秘”

这是首架以超音速飞行的西欧战斗机，原名“神秘”ⅣB，后更名“超神秘”。飞机的一些设计借鉴了美国F-100，但完全由法国设计，使用法国制造的发动机。该机从1957年开始在法国空军服役。

发动机：4500千克（9920磅）推力施耐克玛“阿塔”101G-3涡轮喷气发动机

翼展：10.5米（34英尺5英寸） **机长**：14米（46英尺1英寸）

最大速度：1200千米/小时（743英里/小时） **机组人员**：1

武器：2×30毫米德发机炮；翼梁上的内置发射器可以装载35枚火箭弹，907千克（2000磅）炸弹或武器

道格拉斯A-4D“天鹰”

美国海军的第一种喷气式攻击轰炸机小巧轻便，该机速度很快，原型机曾打破500千米/小时的世界速度纪录。1956年加入海军和海军陆战队后，“天鹰”在前线战场服役了20年。

发动机：3856千克（8500磅）推力普拉特·惠特尼J52-6涡轮喷气发动机

翼展：8.4米（27英尺6英寸） **机长**：12.2米（40英尺1英寸）

最大速度：1102千米/小时（685英里/小时） **机组人员**：1

武器：2×20毫米机炮；3720千克（8200磅）炸弹

格鲁曼A-6E“入侵者”

这款美国海军和海军陆战队的全天候攻击轰炸机从1965年起直接参战。气泡状座舱内有世界上最精密的导航和攻击雷达系统，能自动降落在航母上。“入侵者”在海湾战争中也有所表现。

发动机：2×4218千克（9300磅）推力普拉特·惠特尼J52-8A涡轮喷气发动机

翼展：16.2米（53英尺） **机长**：16.7米（54英尺9英寸）

最大速度：1037千米/小时（644英里/小时） **机组人员**：2

武器：最多8165千克（18000磅）炸弹、火箭弹或导弹

麦克唐纳–道格拉斯F-4J“鬼怪”Ⅱ

F-4被设计成美国海军防空战斗机，具有超音速性能，大容量机内燃油舱，雷达和导弹装备强劲。1973年，美国海军和空军的“鬼怪”Ⅱ都在海外战场活动。这种飞机安装了不同装备后，可以执行多种任务。

发动机：2×8120千克（17900磅）推力通用电气J79-GE-10涡轮喷气发动机

翼展：11.68米（38英尺4英寸） **机长**：17.7米（58英尺2英寸）

最大速度：2414千米/小时（1500英里/小时） **机组人员**：2

武器：4×AIM-9响尾蛇，4×AIM-7麻雀防空导弹；或者7257千克（16000磅）炸弹

北美F-100D“超级佩刀”

“超级佩刀”原型机在1953年首飞时就突破了音障。它大量使用高强度的钛合金，取得了飞机设计的革命性进步，不久就成为美国空军最灵活多用的战术战斗机之一。

发动机：7688千克（16950磅）推力普拉特·惠特尼J57-P-21A涡轮喷气发动机

翼展：11.9米（39英尺） **机长**：15米（49英尺）

最大速度：1461千米/小时（908英里/小时） **机组人员**：1

武器：4×20毫米M-39E机炮，安装于机身；最多3193千克（7040磅）炸弹、火箭弹或导弹

共和F-105D“雷公”

共和公司因“二战”中的“雷电”战斗机而闻名，它制造了远程战术战斗轰炸机史上最大型的单座单发飞机。该飞机在1959年投入使用。因损失惨重再加上保养昂贵，它逐渐退出了历史舞台。

发动机：11113 千克(24500 磅)推力普拉特·惠特尼 J75-P-19W 涡轮喷气发动机

翼展：10.7 米(34 英尺 11 英寸) **机长**：19.6 米(64 英尺 3 英寸)

最大速度：2237 千米/小时(1390 英里/小时) **机组人员**：1

武器：1×20毫米M-61伏尔肯旋转机炮;3629千克(8000 磅)炸弹,2722 千克(6002 磅)导弹,挂在翼下

沃特A-7E“海盗”Ⅱ

该攻击机源于“十字军战士”，却与之截然不同，牺牲超音速性能换来承载能力和航程的增加，它外形粗短，因此被戏称为“SLUF”——短小丑陋的家伙（Short Little Ugly Fellow）。1966年，美国海军和空军都订购了这种飞机，海湾战争期间，它仍在海军前线服役。

发动机：6804 千克(15000 磅)推力艾利森 TF41-A-2 涡轮风扇发动机

翼展：11.8 米(38 英尺 9 英寸) **机长**：14.1 米(46 英尺 1 英寸)

最大速度：1123 千米/小时(698 英里/小时) **机组人员**：1

武器：1×20 毫米 M-61“火神”旋转机炮;最多 6804 千克(15000 磅)炸弹、火箭弹或导弹

沃特（F-8A）F8U-1“十字军战士”

“十字军战士”（图为法国F-8E）是1957年后美国海军主要的舰队防御战斗机，比使用同样发动机的F-100性能更优越。其上单翼向上倾斜，能在航母甲板上降低起飞和降落的速度。F-8战斗力很强，却被更优秀（也更昂贵）的“鬼怪”逐渐取代。

发动机：7327 千克(16200 磅)推力普拉特·惠特尼 J57-P-4 涡轮喷气发动机

翼展：10.9 米(35 英尺 8 英寸) **机长**：16.5 米(54 英尺 3 英寸)

最大速度：1630 千米/小时(1013 英里/小时) **机组人员**：1

武器：4×20 毫米机炮;2× 响尾蛇空对空导弹,机腹有 32 枚导弹

在战场上，飞机造成的破坏越大，美军就受到越多指责。对平民伤亡的容忍度在下降，尤其是因为空袭导致的平民伤亡。这是对在所谓的“和平时期的战争”中使用飞机的潜在主要抑制。

六日战争

1967年，在以色列破天荒地在和中东地区邻居的六日战争中，把空中力量的作用发挥得更为充分。

以色列空军是支独立的部队，只有几百架飞机，全都是法国机型，大部分是达索“幻影”Ⅲ、“神秘”、“超神秘”和“暴风”，而且多为战斗轰炸机，因为以色列没有独立战斗机和轰炸机部队的财政预算。多年来，以色列空军谋划通过摧毁地面的敌机而在战争伊始就获得制空权。这种战略的目标很清晰，可以实现，需要冷血无情地忽视宣布开战这种“战争礼仪”。

1967年6月5日凌晨，196架以色列飞机4架一组，低空飞过地中海和西奈沙漠，对目标的10个机场展开协同袭击。这是珍珠港偷袭后最有效的空中突袭。以色列飞行员保持完全的无线电静默，没有被对方雷达发现。发现列队停放在停机坪上的目标飞机后，以色列战斗轰炸机先是投下炸弹，第二次飞过时再进行扫射。一些飞机上有专门的反跑道炸弹，在火箭助力下扎进跑道的水泥表层后爆炸，造成深约2米（6英尺）的大坑。

对方的600架飞机大部分在地面被摧毁。在空中和以色列交战的那些飞机也被大量击落，败下阵来。尽管高射炮也击落了20架以色列飞机，但地对空导弹雷达和导弹攻击力小，完全没有效果。对方丧失作战能力后，以色列继续袭击了其他机场。在10个小时内取得彻底的制空权。

霸占天空后，以色列在接下来的日子里袭击对方装甲部队和炮兵阵地，对其造成了毁灭性打击。

“幻影”

六日战争使得“幻影”Ⅲ成为当时世界上最著名的飞机，但以色列的获胜并非源于技术优势。它在一定程度上证明空战中被精心挑选、训练成一流战士的飞行员和一般对手之间存在着差距。它也证明，在天气一贯晴朗，地势会使得陆军暴露在外、无处可藏，大多数战斗发生在人烟稀少或无人地带的战区中时，空中力量更具威力。也展示了在没有强制性的政治规则和限制的情况下飞机较为强大的军事效力。

马塞尔·达索

马塞尔·达索（Marcel Dassault，1892～1986）是法国飞机制造商，生产了“幻影”和“神秘”战斗轰炸机。他原名马塞尔·布洛赫（Marcel Bloch），是首批获得航空工程学位的法国人中的一员。“一战”期间，他与亨利·波太兹（Henri Potez）合作，为知名的“斯帕德”战斗机发明了一款螺旋桨并成立了飞机制造公司SEA。“一战”后，公司破产，布洛赫转行制作家具。20世纪30年代，他成立马塞尔·布洛赫飞机公司，生产全金属飞机。

作为一名杰出的犹太商人，纳粹肆虐时，布洛赫的命运堪忧。他参加了法国抵抗运动，但被盖世太保拘捕，关进布赫瓦尔德集中营。但他大难不死，并在战争结束后更名为达索。达索建立了战后航空商业帝国——达索公司，其生产的优良喷气式飞机使得法国在军事航空发展中一直处于前沿领域。在“阵风”战斗机首飞后不久，达索就去世了。

漫长事业

法国航空先驱马塞尔·达索的漫长职业生涯，从张线支撑的双翼机延续到超音速喷气机时代。

1967年后，苏联又向埃及提供了米格飞机和萨姆导弹，同时美国成为以色列的军火供应商，先后提供了道格拉斯A-4和麦克唐纳F-4“鬼怪”。此后的一段漫长时期里，中东成为冷战新型飞机和防空系统的长期作战“试验场”。

电子作战

六日战争中，相比导弹，枪炮和钢铁炸弹更具优势，电子作战效力有限。但在1973年以色列和敌对方军队在赎罪日战争（即第四次中东战争）的全方位冲突中，导弹和电子对抗系统（ECM）成为战斗的核心。苏联制造的萨姆导弹和雷达制导的高射炮最初令以色列空军损失惨重，后者被匆忙派到战场，对跨过苏伊士运河的敌方军队和在戈兰高地上行进的敌方军队展开空袭。

以色列飞行员的高水平确立了其在空战中的彻底优势，但只有在美国为他们的F-4战斗机安装电子对抗措施的前提下，他们才能应对高炮加导弹的防空系统，再一次赢得战场上的制空权。教训是显而易见的：即使再训练有素、斗志昂扬的飞行员，也需要配备最先进的装备，才能在风云莫测的电子战场上生存下来。

垂直起飞和降落

受1967年以色列先发制人的空袭影响，空战策划者对机场的防御能力十分担忧。对方飞机列队停放在机场上，等着被袭击，这种事并非典型，也算得上是全世界空军的标准做法。各国军方急于重新规划机场，把飞机分散开，建设防弹掩体。但飞机依赖水泥跑道依然是敌方可以利用的弱点。如果跑道变得坑洼，即使完好的飞机也不能运转。

对机场脆弱性的担忧引发了人们对VTOL（垂直起飞和降落）飞机的兴趣，它们能从任何平台表面起飞，尽管其中一些原本是舰载飞机。为制造实用的VTOL固定翼飞机，人们进行了各种尝试。20世纪50年代中期，一些“尾座式”试验飞机问世——例如康维尔XFY-1“波戈”和瑞安X-13垂直起落喷气机等。

飞行员需要费九牛二虎之力才能爬进这些直坐式飞机的驾驶舱，而且降落也极其困难，飞行员不得不使其双脚保持在过头顶的位置才

英国宇航公司“鹞”式

“鹞”式飞机是唯一成功的V/STOL（垂直或短距起降）的喷气式飞机。它最强劲的对手是苏联的雅克-36，后者能垂直起落，但不能在短距离内常规起飞。这是重要的区别，因为垂直起飞会限制飞机能承载的燃料和军械品。也就是说，短途起飞的“鹞”式飞机能增加航程和武器载荷。因此，“鹞”式执行任务的标准做法是STOVL——短距起飞和垂直降落。

“鹞”式成功的秘诀在于“飞马”推力矢量发动机，与其他喷气机的单个固定排气管不同，它有4个旋转喷口。垂直起落时，喷口转到垂直向下的位置。短距起飞时，它们被固定而形成一个角度。正常飞行中，它们指向后面。“鹞”式设计者们面临的最严峻挑战之一是如何解决垂直飞行中飞机控制的难题，当时，尾舵、副翼和水平安定面等常见操纵面都无法运转。解决方法是把飞行员控制的喷嘴安装在机尾、机鼻和翼尖上，它们能释放高压喷气，在悬停飞行中控制飞机俯仰和旋转。然而，使用这种系统绝非易事——一名“鹞”式飞行员把操纵它比喻成在4根摇摇摆摆的竹竿上保持平衡。

英国皇家海军的“鹞”式的改型“海鹞”在1980年投入使用。由于“鹞”式能从180米（600英尺）的飞行甲板上起飞（在倾斜式滑跃甲板的辅助下），原本被认为只够直升机起飞的小型航母也能搭载固定翼飞机了。海军飞行员发现旋转喷嘴能实现迅速降速和出乎意料的急转，这都是常规战斗机无法完成的。

尽管“鹞”式速度较慢，以致无法作为一种顶级的具有空中优越性的战斗机使用，但在20世纪90年代，英国宇航公司（BAe）与波音公司联合生产了“鹞”ⅡPlus——一款专用轰炸机。这证明了在当代军事航空领域，依然有人相信V/STOL这种概念。

技术参数（GR-5）

发动机：9865千克(21750磅)推力罗尔斯·罗伊斯“飞马”105推力矢量涡轮风扇发动机

翼展：9.3米(30英尺4英寸)

机长：14.4米(47英尺2英寸)

最大速度：1064千米/小时(661英里/小时) **机组人员**：1

武器：2×25毫米阿登机炮；2×AIM-9L响尾蛇空对空导弹；4173千克(9200磅)武器/副油箱

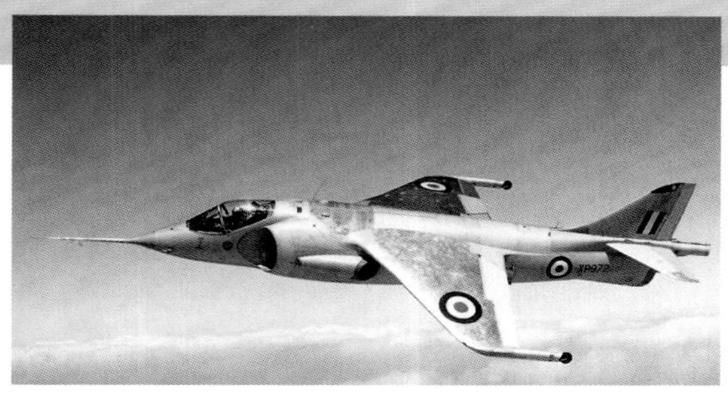

处女航

原型机霍克P.1127（如左图所示）完成首次悬停飞行3年后，“鹞”式“垂直起落喷气机”在1966年首飞。“鹞”式飞机于1969年开始在英国皇家空军服役。

向前看

英国皇家海军“海鹞”战斗机（右图）的特色是“平视”显示仪，它把高度、速度等重要的飞行数据都显示在玻璃平板上，飞行员无需低头就能看见。

导火索（在应急弹射时打破舱罩）
平视显示仪
身着全套飞行服的飞行员
弧形挡风玻璃
操纵杆

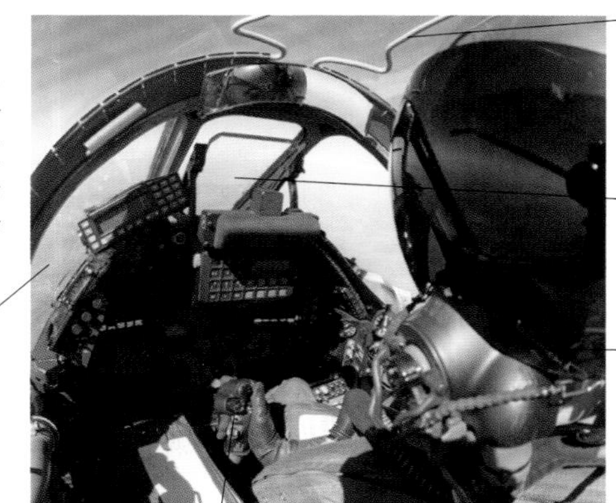

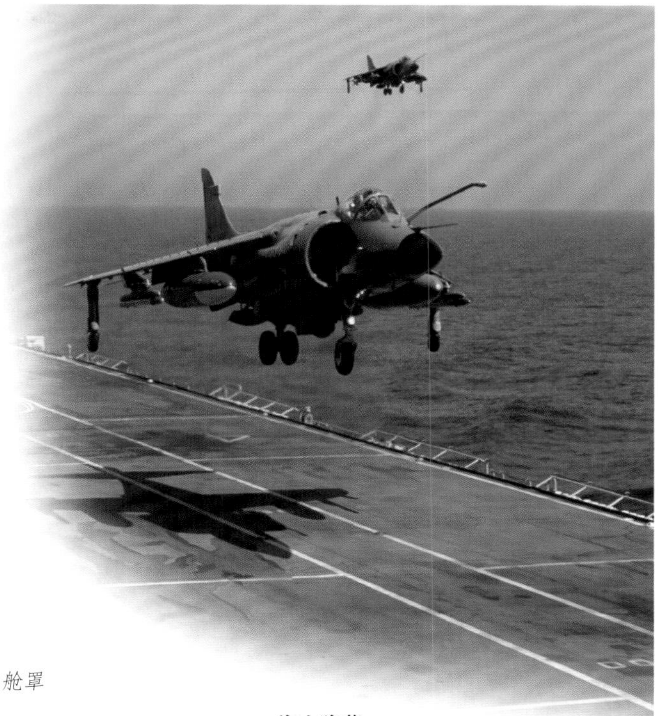

海上降落

这架“海鹞”正准备降落在一艘航母的飞行甲板上。在恶劣天气中，常规飞机很难落在倾斜甲板上，此时垂直降落的能力尤为珍贵。

武器

“鹞”式GR.5飞机的武备包括位于机身下方的两门机炮，每分钟可发射超过3500枚枪弹。

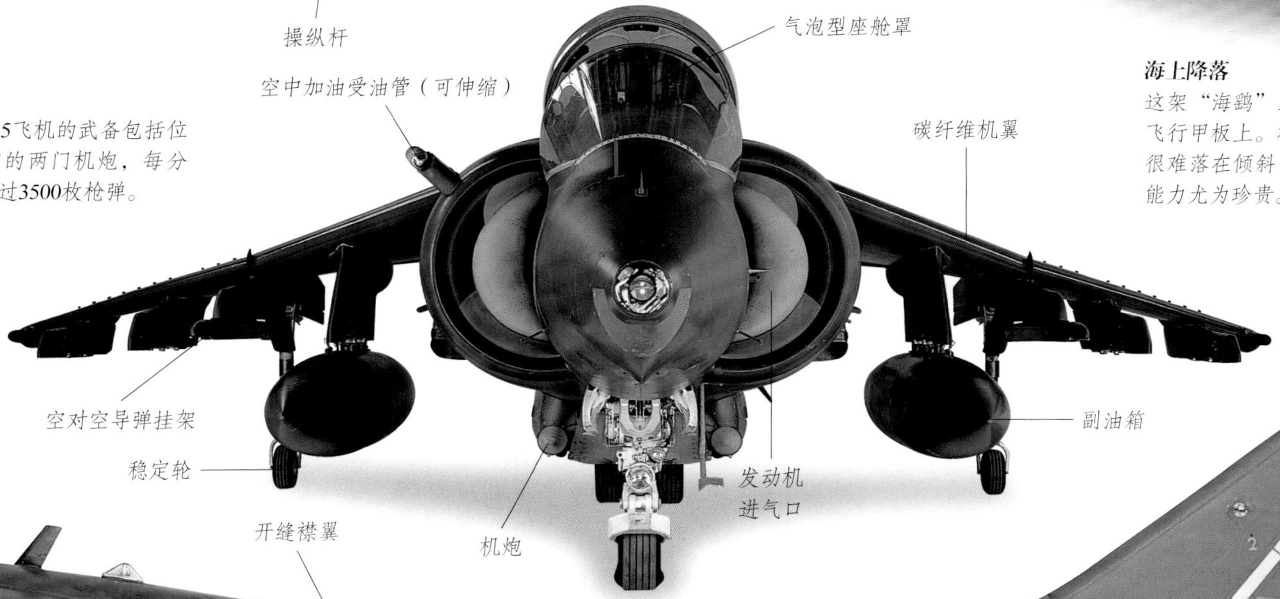
气泡型座舱罩
空中加油受油管（可伸缩）
碳纤维机翼
空对空导弹挂架
副油箱
稳定轮
发动机进气口
机炮

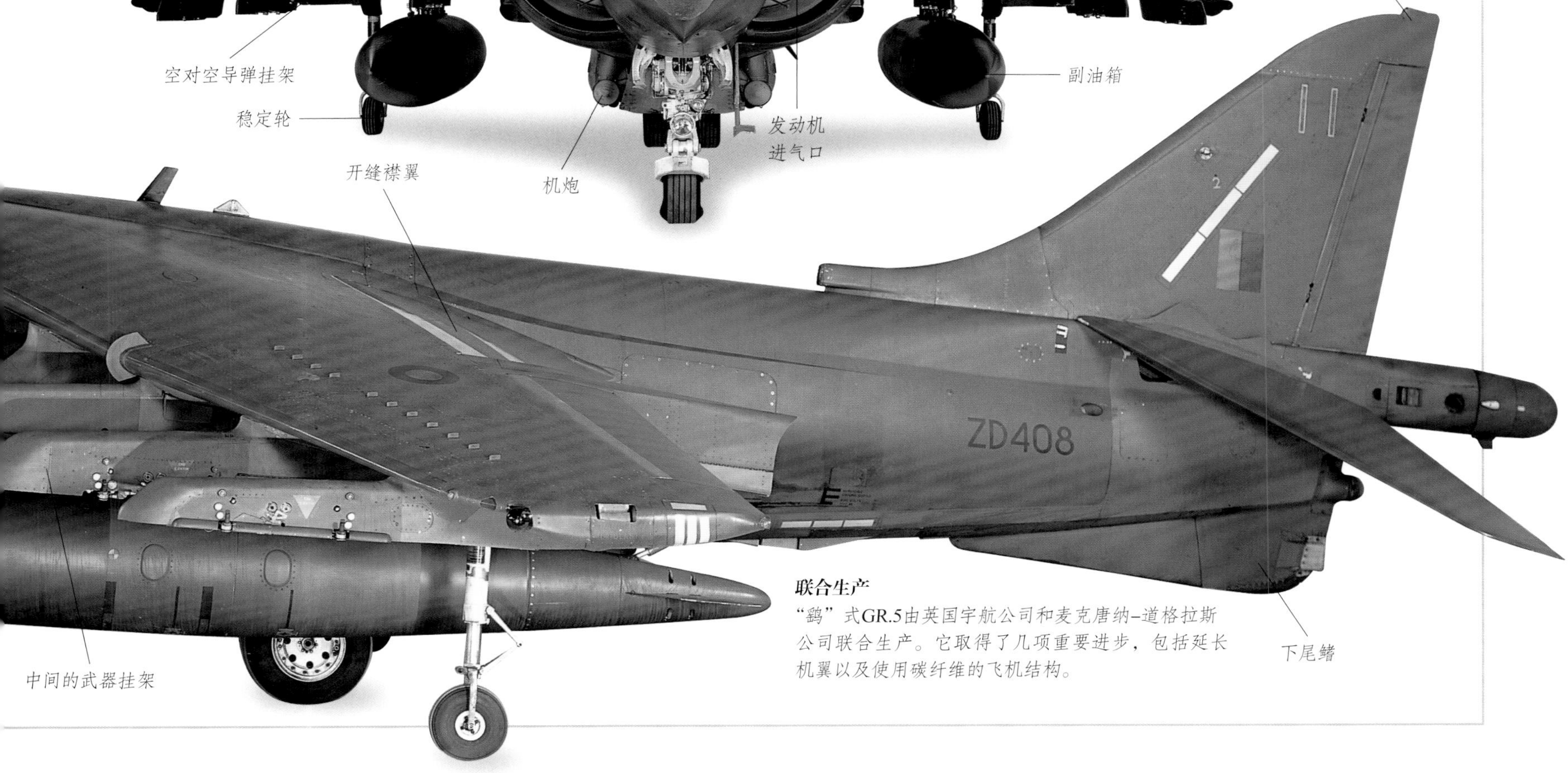
翼尖整流罩
开缝襟翼
ZD408
下尾鳍
中间的武器挂架

联合生产

“鹞”式GR.5由英国宇航公司和麦克唐纳–道格拉斯公司联合生产。它取得了几项重要进步，包括延长机翼以及使用碳纤维的飞机结构。

能操纵飞机完成垂直向后下降。因为这些飞机令人不适，后来在普通飞机上安装提供额外升力的发动机的试验逐渐展开。达索在“幻影”ⅢV上安装了8台小发动机，把它垂直送入空中，然后照常飞行。但额外发动机对飞机的整体性能有不利影响。

> “根据规定，我不能说出参加袭击的飞机数量。但返回的数量和出发时的数量一样。”
>
> **布莱恩·汉拉恩**
> **（Brian Hanrahan）**
> **马岛战争中一次“鹞”式空袭的报告**

垂直起落喷气机

20世纪60年代，最初由霍克·西德利（Hawker Siddeley）设计的英国宇航公司“鹞”式“垂直起落喷气机”提出了解决方案。它在垂直起落和常规飞行中使用同一台发动机，利用旋转喷口让喷气垂直于地面或者向飞机后方喷出。它能从短距跑道或飞行甲板上常规起飞。按最初设想，它的主要功能是作为从前线后方的隐蔽场所起飞的战地支援飞机。但武装直升机的发展在一定程度上抢走了它的风头，前者能发挥同样作用，且不需要飞机跑道。“鹞”式飞机能在某些特殊情况下使用，独创性惊人，但依然处于边缘位置。垂直起飞无法兼顾高水准的速度、航程、有效载荷等性能。军事策划者仍没有摆脱机场的局限。

马尔维纳斯群岛战争

在马尔维纳斯群岛战争（简称马岛战争）中壮观但奇特的海空冲突里，“鹞”式飞机迎来了巅峰时刻。英国皇家海军在既没有全尺寸航母，也没有预警飞机的情况下被派往狂风暴雨的大西洋南部——而这些都是舰队防空的必要元素。英国特遣舰队由20架“海鹞”和皇家空军的“鹞”式GR.3飞机守护，阿根廷使用的则是20世纪60年代的古董飞机，大部分是“幻影”Ⅲ和A4“天鹰”，还有少数“超级军旗”攻击机。

冲突早期，一架皇家空军的“火神”轰炸机成为英国在盛怒下出动的独立战略核轰炸机部队的唯一成员，往返飞行6250千米（3900英里）轰炸了马尔维纳斯群岛上的一个飞机跑道。而阿方“超级军旗”发射的“飞鱼”反舰导弹——一种普通的法国反舰导弹，因为击沉了两艘英国舰船而名声大震。训练有素的皇家海军和空军飞行员驾驶的“海鹞”和GR.3，比老旧的阿根廷喷气机强得多。它们能在频繁的恶劣天气下持续空中巡逻，这比其作战性能更加惊人。

马尔维纳斯群岛战争的主要教训是又一次证明了电子作战和导弹技术的至关重要。因为缺少预警飞机，英国皇家海军的舰船在“飞鱼”

反舰导弹面前显得非常脆弱。改良后的“响尾蛇”导弹赋予“海鹞”空中作战的优势。因为20世纪70年代中期之后，美国的热跟踪导弹具备了“全向攻击性能”，即在打击目标时不必再从飞机后面开火。

从许多方面看，马岛战争是不合时代潮流的。到20世纪80年代，空战已经进入新时代。追溯过去，1967~1973年的越战和中东战争可以作为一个过渡阶段，在这个阶段，导弹、智能炸弹、制导系统和电子对抗措施之间愈加复杂的针锋相对开始改变空战格局。但是，直到配备AWACS（airborne warning and control systems，机载空中预警和控制系统，即预警机），精密昂贵得惊人的新一代战斗机和强击机在20世纪70年代出现，技术最先进者和其他人才拉开了一道不可逾越的鸿沟。

“海鹞”起飞

一架英国皇家海军“海鹞”制空战斗机从HMS“无敌”号轻型航母的滑跃甲板上起飞。“海鹞”可以短距起飞，因此在马岛战争中，皇家海军能在没有全尺寸航母的情况下提供空中掩护。

"喷气式战斗机是20世纪下半叶的伟大符号之一，标志着成就、技术卓越、彻底现代化和军事力量的巨大潜能。"

伊万·伦德尔
（Ivan Rendall）
《滚雷行动》（Rolling Thunder）

高科技时代

使用电子和精确制导武器的新一代军用飞机令空中力量空前强大。

1982年6月，叙利亚空军派遣米格-21和米格-23到贝卡谷地与以色列空军交战。在为期3天的大规模空战中，叙利亚有50架飞机被美国提供给以色列的F-15和F-16战斗机击落，而以色列战斗机则无一损毁。叙方的地面防空系统同样毫无效力，只击落了一架有人驾驶的以色列战机。这样的结果与以色列飞行员技术过硬密切相关，但不是取得空前优势的全部原因。以色列的优势是航空技术和电子工业取得革命性进步的一个表现。这次技术革新一直持续到20世纪90年代。

现代战斗机时代可以追溯到20世纪70年代中期，美国海军F-14"雄猫"和美国空军F-15"鹰"式的诞生。这些不惜成本的飞机是技术创新的结果。它们有强劲的发动机，能产生之前发动机的两倍推力，还安装有雷达计算机等设备，在飞行和战斗中把飞机性能提升到新高度。

可以说F-14是第一种现代战斗机，它有可变后掠翼，计算机自动调整后掠角，以实现飞机在所有情况中的最佳性能。两名机组人员坐在宽阔的玻璃气泡状驾驶舱里，四周一览无遗。

在F-14"雄猫"座舱中
从一架美国海军的F-14"雄猫"战斗机的双人驾驶舱向外望去，周围毫无阻碍，一览无遗。可变后掠翼现在呈大后掠角，这是机载计算机自动为超音速飞行做出的选择。

"狂风"GR.1
帕纳维亚"狂风"由英国、联邦德国和意大利联合出产，是一种2马赫可变后掠翼战斗机，于1974年首飞。这架GR.1型是一种封锁/强击机。

一台平视显示器（HUD）可以使数据显示在飞行员面前的玻璃板上，所以他无需转移视线。按设计，“雄猫”可进行超视距作战。装备了雷达制导导弹后，它能与160千米（100英里）之外的对手交战。它是第一种配备能从高空追踪低空飞行敌机的雷达的战斗机，这种雷达能从“杂乱”的背景中辨别目标——“雄猫”战斗机因此具备了其他战斗机梦寐以求的“俯视和俯射”的著名能力。

飞机的雷达最多能同时追踪24架敌机，并锁定其中6架作为“不死鸟”导弹的攻击目标。

此外，能接收到侦察机和卫星数据的机载计算机，可令F-14随时了解整个战场的各方面动态。

新一代战斗机

F-14和F-15（详情见312~313页）是极其复杂也十分昂贵的现代化武器系统。但人们还需要更轻巧便宜、能大量购买、注重空战机动性的飞机，美国第二代现代化战斗机洛克希德·马丁F-16则满足了该需求。F-16后来也成为复杂的多功能战斗机，但它是最灵活敏捷的近距离作战战斗机，为空中机动性树立了新标准。

在航空历史上，稳定性和机动性曾经不能共存——飞机越不稳定，就越灵活。F-16的设计者们创造了一种内在不稳定、靠复杂电子设备控制飞行的飞机。在电传飞行控制系统中，一台计算机与飞机操纵面相连，确保每时每刻进行正确调整以控制飞机。对F-16高机动性能的限制来自人体的局限——飞行员在不昏迷情况下能承受多大重力。

美国海军的F/A-18“大黄蜂”战斗机在1987年投产时，世界其他地区奋力追赶，一个重要原因是成本。即使对美国来说，F-14和F-15也贵得离谱，武器也是一样——一枚“不死鸟”导弹的成本约50万美元。西欧靠国际合作才勉强入局。20世纪70年代，英国、意大利和联邦德国公司联合生产了帕纳维亚“狂风”，欧洲再次通力协作，在21世纪研制了欧洲战斗机。在法国，达索公司生产出“幻影”2000和“阵风”。

苏联制造的飞机可能是美国战斗机的战场对手。

苏联准备投入大量资源追赶美国，但其传统是生产更简单坚固的飞机，以便通过数量来获得战场优势。

一架现代战斗机驾驶舱的内部

飞机设计者们非常清楚，现代战斗机的复杂性超出了飞行员的承受能力，不管多么训练有素也不例外。现代化“玻璃”座舱首次出现在F-18“大黄蜂”战斗机上，后来也复制到其他战斗机上。设计初衷是以适用方式为飞行员提供所需信息，最大程度上减轻处理难度，缩短反应时间。

为避免出现飞行员搞混刻度盘和仪表的窘境，现代化驾驶舱中有平视显示器，还经常会有3个多功能显示器（MFD）彩色屏幕。飞行员可以从上面获取所需信息——一张附有目标物和飞行信息的移动地图，一系列雷达显示器，能辨别各种威胁信息的电子对抗系统，等等。F-15“鹰”式战斗机首创的HOTAS系统（Hands on throttle and stick，手不离杆）让飞行员能在双手不离开油门杆和操纵杆的情况下应对威胁或与目标交战。通过一排开关按钮——F-15飞机中，油门杆上有9个，控制杆上有6个——让飞行员能执行重要任务，比如锁定目标、选择和释放武器、散布干扰或热焰弹来引开来犯的导弹等。HOTAS系统需要很强的电子敏感度才能操作，但它意味着飞行员不必在激战正酣时浪费生死攸关的时间去寻找所需的按钮，就像平视显示器让飞行员紧盯天空的同时也能够获得必要数据一样。

由于这些创新，单座战斗机再度流行起来。曾经，人们公认现代战斗机的航空电子设备和武器系统太过复杂，一名飞行员无法驾驭，但驾驶舱设计的改进和计算机的使用极大地减少了工作量。

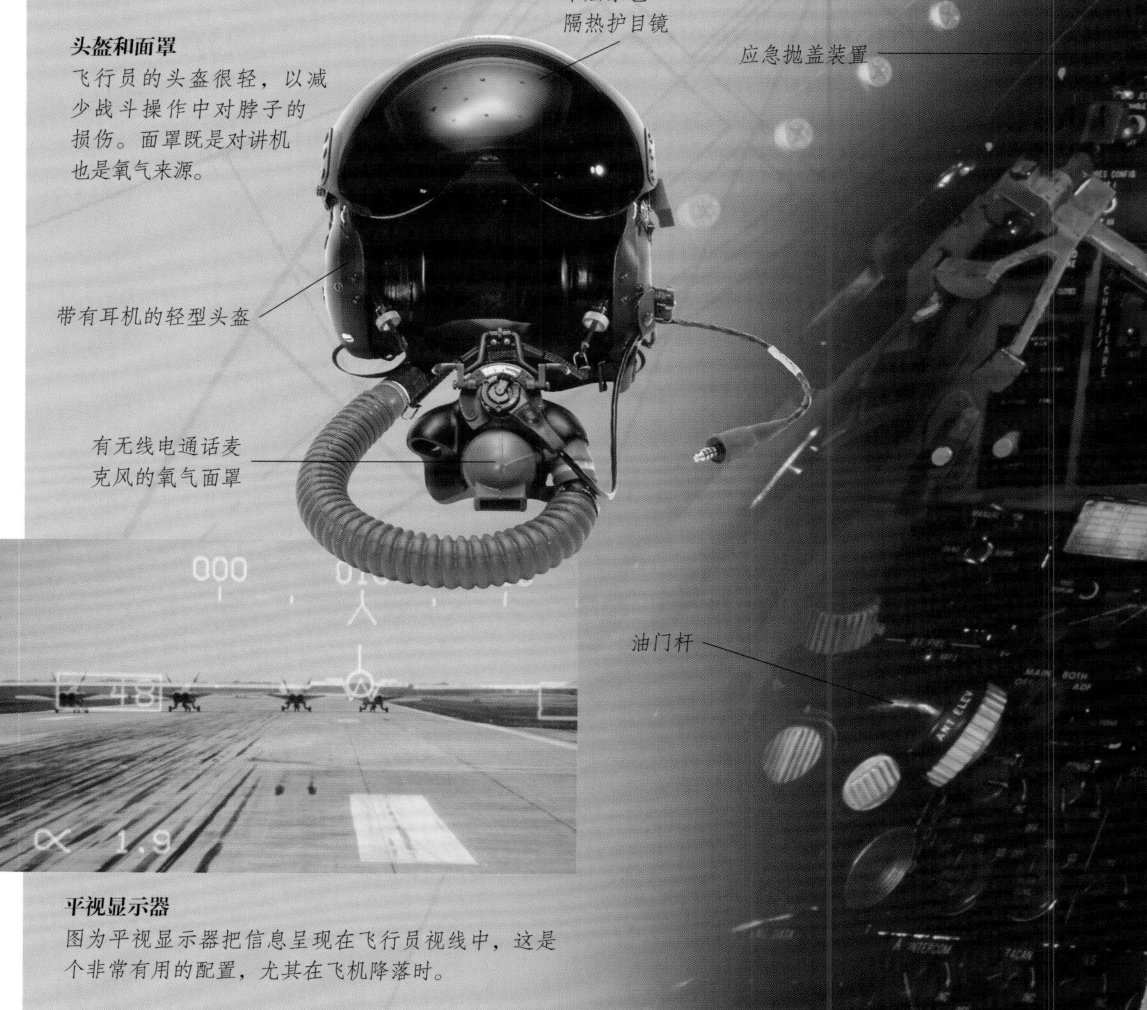

F-16驾驶舱
F-16单座战斗机驾驶舱中有彩色多功能视觉显示器，飞行员触碰按钮或者油门杆和操纵杆上的旋钮，就能获得所需信息，这样，飞行员就能在双手不离操控装置的同时发射武器或采取对抗措施。

头盔和面罩
飞行员的头盔很轻，以减少战斗操作中对脖子的损伤。面罩既是对讲机也是氧气来源。

平视显示器
图为平视显示器把信息呈现在飞行员视线中，这是个非常有用的配置，尤其在飞机降落时。

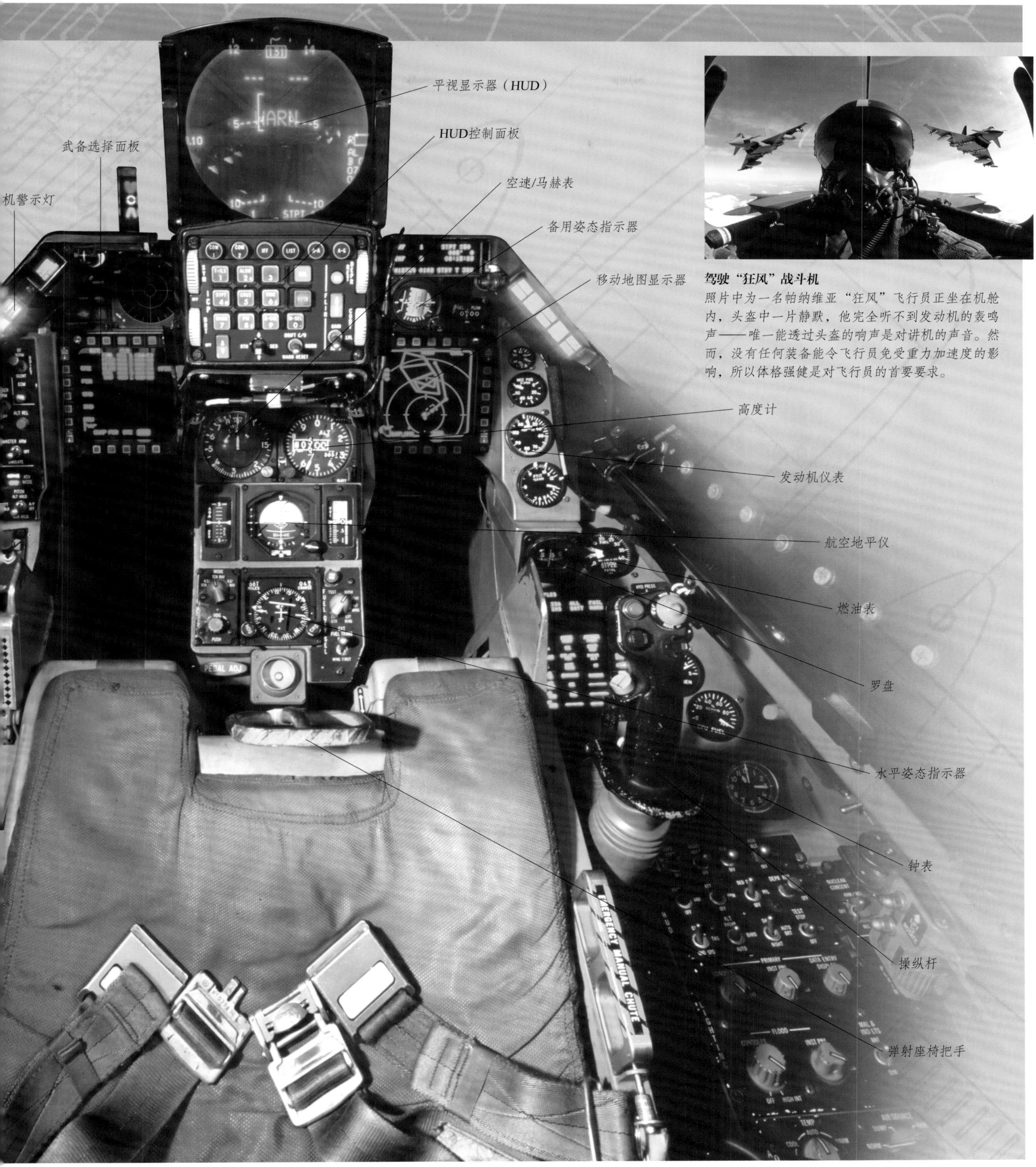
平视显示器（HUD）
HUD控制面板
武备选择面板
机警示灯
空速/马赫表
备用姿态指示器
移动地图显示器
高度计
发动机仪表
航空地平仪
燃油表
罗盘
水平姿态指示器
钟表
操纵杆
弹射座椅把手
EMERGENCY MANUAL CHUTE

驾驶“狂风”战斗机

照片中为一名帕纳维亚“狂风”飞行员正坐在机舱内，头盔中一片静默，他完全听不到发动机的轰鸣声——唯一能透过头盔的响声是对讲机的声音。然而，没有任何装备能令飞行员免受重力加速度的影响，所以体格强健是对飞行员的首要要求。

直到20世纪80年代，苏联生产出第一批真正意义上的现代战斗机——米格-29和苏霍伊苏-27，比美国晚了近10年。

这些飞机和后来的设计体现了苏联科学家和工程师的聪明才智，但根深蒂固的问题依然存在。

在计算机和微电子方面，苏联落后于西方。从飞行员训练到地面保养，苏联体系的各个方面都为运行如此复杂的飞机而十分紧张。

现代战斗机飞行员

新一代战斗机对飞行员的要求并不新奇，从某种意义上，新飞机严格遵循了可以追溯到“二战”时的“喷火”战斗机甚至更久远的传统。

飞机是飞行员身体的延伸——飞行员爬进驾驶舱时会说“穿上战斗机”。

战斗机飞行员需要具备的素质基本上与之前的相同：骁勇好斗，身体健康，视力良好，有空间感，时刻警惕，天资聪颖以及头脑冷静。

在某些方面，现代战斗机飞行员有让前辈嫉妒的优势。仿真飞行模拟器避免了年轻生命在训练事故中的白白送命。总的来说，战斗机飞行员不再是20世纪50年代至60年代时的高危职业。20世纪70年代以来，有了更可靠的发动机，对喷气式飞机设计的更深理解和在很大程度上避免飞行员失误的计算机化控制，战斗机事故损失率每10年就会减少一半。和自动驾驶仪相连的地形跟踪雷达等设备让飞机能在60米（200英尺）的低空超音速飞行，即使地形崎岖，安全性也很高。

但是，新飞机对飞行员有空前的体力要求，这是毫无疑问的。早期高速操作的主要危险在于对飞机产生过大压力，而现代战斗机的主要危险则是对飞行员在生理方面产生巨大压力。人在清醒状态下能承受的最大重力加速度是5g左右。但飞机操作可能产生更强的重力，比如12g。如今飞行员进入驾驶舱内的精制装备里就有抗荷服；紧紧贴合下半身和大腿上部，将身体下部的血液压向上身和大脑。抗荷服能将承受过载能力提升到6g或7g，超过这个临界点，飞行员就必须借助拉伸肌肉来暂时承受更高的重力加速度了。

麦克唐纳－道格拉斯 F-15“鹰”式

1967年，苏联推出了米格-25截击机，美国国防专家紧急呼吁研制一款性能优越、灵活性强的新型空优型战斗机与之对抗。F-15“鹰”式战斗截击机应运而生，它的结构材料轻巧，专门设计的普拉特·惠特尼涡轮风扇发动机动力强劲，推重比极高。“鹰”式战斗机能在1分钟内垂直爬升至8850米（29000英尺）——相当于珠穆朗玛峰的高度。

大部分于1974年投入使用的F-15是单座型，意味着飞行员要处理目标识别、辨认和追踪目标、使用对抗措施抵御导弹攻击以及现代化战争中复杂的各个任务，同时还要飞行。设计师们为减轻飞行员负担做出了卓有成效的努力，他们的许多创新之举，比如HOTAS操纵系统，成为所有现代化战斗机的标准。后来的改进型（F-15C和D）配备了更为先进的系统，包括改良后的APG-70雷达。

F-15尽管在近距格斗中不如某些更小型轻便的飞机灵活，但在垂直飞行中加速快的独特技术，能为陷入困境的飞行员提供绝佳逃生路线，在几次战争中无一折损。

各就各位

1988年7月27日，两架F-15发挥最初担负的战斗截击机职能，在加拿大东海岸附近拦截了两架苏联图-95“熊”式远程轰炸机。

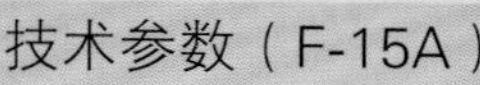

技术参数（F-15A）

发动机：2×10782 千克（23770 磅）推力普拉特·惠特尼 F100 涡轮风扇发动机

翼展：13 米（42 英尺 8 英寸）　**机长**：19.4 米（63 英尺 8 英寸）

重量：14515 千克（32000 磅）　**机组人员**：1

最大速度：1875 千米 / 小时（1164 英里 / 小时，2.5 马赫以上）

武器：1×M-61A1 20 毫米机炮；4×AIM-9L/M “响尾蛇”和 4×AIM-7F/M “麻雀”空对空导弹，或者 8×AIM-120 “先进”中程空对空导弹

多功能战斗机

“鹰”式被设计为一种战斗截击机，但作为多功能战斗机的性价比更高。双座型F-15E被改进成对地攻击机和低空穿透轰炸机。

“鹰”式飞行员

照片中为一个F-15E机群在训练后返回基地。飞行员身穿全套飞行服，包括硬质头盔和供氧装备。先进雷达在HUD上显示高分辨率的探测数据，飞行员能清晰辨认远距离目标。

气泡状驾驶舱

F-15的设计者们创造了一个气泡状驾驶舱以提供完美的全方位视野，内有创新的HUD和HOTAS系统。此后，这些设计创新成为所有现代战斗机的标准。

优越的战斗机

“鹰”式一次次证明了它作为空中优势战斗机的优越性。1982年，以色列利用它对叙利亚造成了毁灭性打击。1991年海湾战争中，F-15C亦取得了多次空战胜绩。

侦察机、AEW飞机和AWACS飞机

20世纪50年代后，美国中央情报局使用的U-2间谍机成为提供冷战情报的重要来源，后来军用卫星部分替代了飞机的高空侦察职能。另一方面，空中预警机（AEW）和机载空中预警和控制系统（AWACS）飞机愈加重要。海上舰队抵御潜艇或携带远程空对地导弹的飞机袭击时，预警机至关重要。机载“天眼”逐渐成为空中指挥中心，指挥空战进展。1991年后，联合监视目标攻击雷达系统（J-STARS）把这种理念扩展到地面战争。高空侦察催生了一些技术极为先进的飞机，但AEW、AWACS和J-STARS载机基本只需要对现有客机或运输机进行改造，安装雷达和计算机设备即可。

高空侦察机
凭借3马赫的速度和超高空飞行，SR-71B“黑鸟”侦察机就能够避开麻烦。（详情见282~283页）

波音E-3A“哨兵”（AWACS）

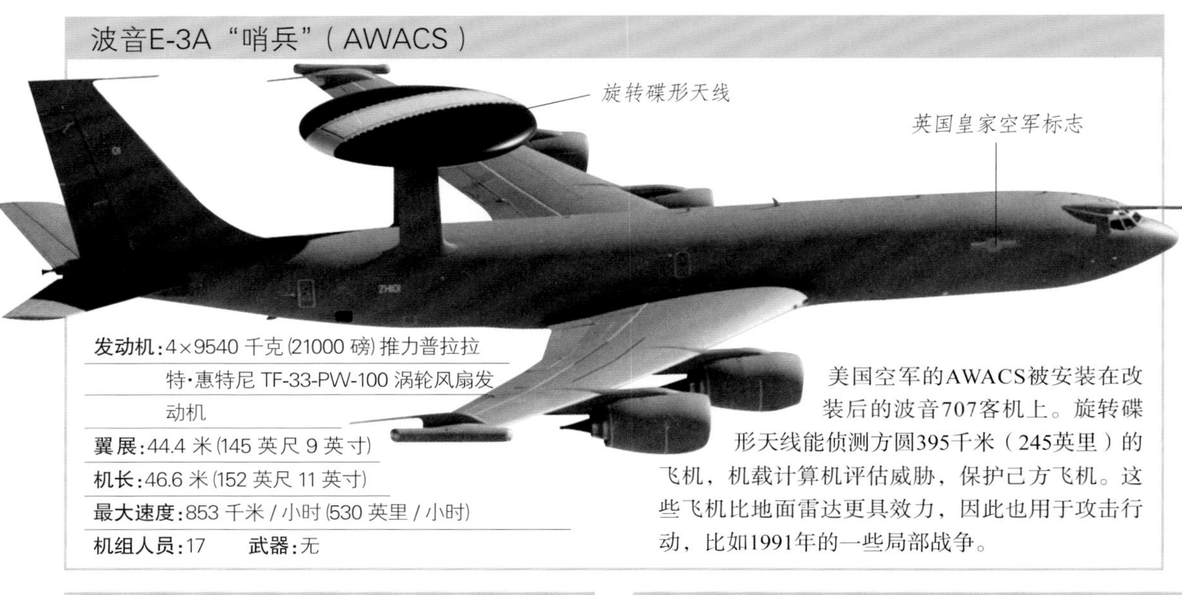

旋转碟形天线

英国皇家空军标志

发动机：4×9540 千克（21000 磅）推力普拉拉特·惠特尼 TF-33-PW-100 涡轮风扇发动机

翼展：44.4 米（145 英尺 9 英寸）

机长：46.6 米（152 英尺 11 英寸）

最大速度：853 千米/小时（530 英里/小时）

机组人员：17　**武器**：无

美国空军的AWACS被安装在改装后的波音707客机上。旋转碟形天线能侦测方圆395千米（245英里）的飞机，机载计算机评估威胁，保护己方飞机。这些飞机比地面雷达更具效力，因此也用于攻击行动，比如1991年的一些局部战争。

波音E-8A J-STARS

美国陆军和空军合作开展了名为“联合监视目标攻击雷达系统”的项目，意图对地面目标达到AWACS对空中目标的效果——俯视雷达和前线战场的陆军地面站联网。其原型机于1991年和1997年在一些局部战争中投入使用。

发动机：4×8177 千克（18000 磅）推力普拉特·惠特尼 JT3D-3B 涡轮喷气发动机

翼展：44.4 米（145 英尺 9 英寸）**机长**：46.6 米（152 英尺 11 英寸）

最大速度：853 千米/小时（530 英里/小时）　**机组人员**：18

武器：无

布雷盖1150“大西洋”

“大西洋”是为北大西洋公约组织的欧洲伙伴制造的一款远程反潜巡逻机，设计者是法国布雷盖公司，使用者是法国、西德、荷兰和意大利空军。在18个小时的巡逻中，“大西洋”机组人员利用雷达和其他侦测装置搜寻潜艇，然后摧毁它。

发动机：2×6106 马力罗尔斯·罗伊斯发动机“苔茵”R Ty 20 Mk 21 涡轮螺旋桨发动机

翼展：36.3 米（119 英尺 1 英寸）**机长**：31.8 米（104 英尺 2 英寸）

最大速度：657 千米/小时（409 英里/小时）　**机组人员**：12

武器：6000 千克（13227 磅）“飞鱼”或“玛特尔”空对面导弹、鱼雷、深水炸弹或炸弹

格鲁曼E-2C“鹰眼”

发动机：2×5100 马力艾利森 T56-A-427 涡轮螺旋桨发动机

翼展：24.6 米（80 英尺 7 英寸）　**机长**：17.6 米（57 英尺 7 英寸）

最大速度：626 千米/小时（389 英里/小时）　**机组人员**：5

武器：无

“鹰眼”是第一种专门研制的预警机，为美国海军服务，取代了一系列反潜机改型的职能。巨大的碟状旋转雷达追踪舰队附近的飞机，强大的机上计算机处理信息，指挥己方战斗机应对威胁，直接和武器计算机联网。

霍克·西德利“猎迷”MR.1/2

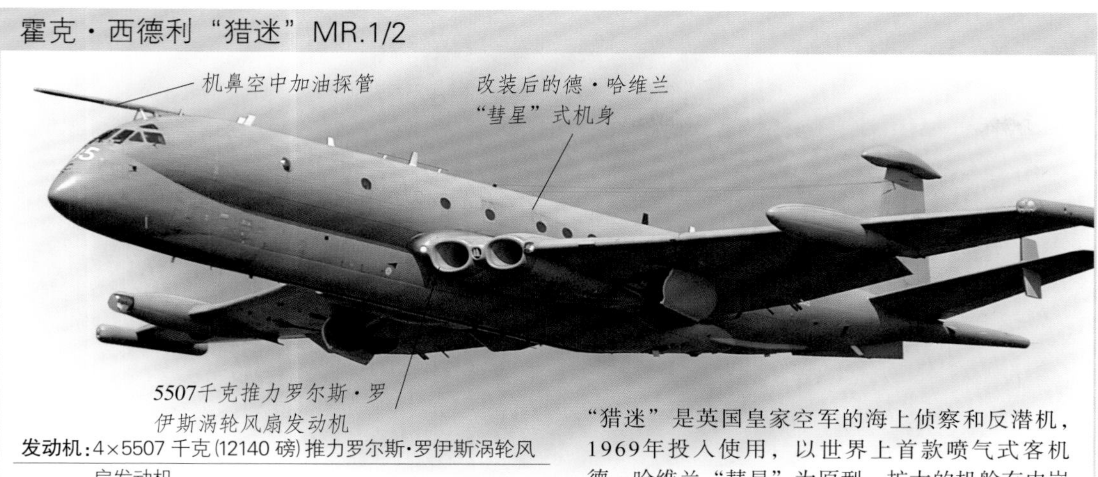

发动机： 4×5507 千克（12140 磅）推力罗尔斯·罗伊斯涡轮风扇发动机

翼展： 35 米（114 英尺 10 英寸） **机长：** 39.3 米（129 英尺 1 英寸）

最大速度： 927 千米 / 小时（576 英里 / 小时） **机组人员：** 11

武器： 6120 千克（13500 磅）“鱼叉”空对面导弹、鱼雷、深水炸弹或地雷；2×“响尾蛇”空对空导弹

“猎迷”是英国皇家空军的海上侦察和反潜机，1969年投入使用，以世界上首款喷气式客机德·哈维兰“彗星”为原型。扩大的机舱有内嵌式武器舱，因为脱胎于久经考验的民用设计，机组人员在需要空中加油的19个小时的巡逻里可以轻松控制飞机。有几架飞机经过改装后只携带侦测设备，担负电子情报（ELINT）搜集机职能。

洛克希德P-3C“猎户座”

1961年后，“猎户座”成为美国海军的陆基海上巡逻和反潜艇猎/杀飞机。它把L-188型“伊莱克特拉”客机的机身缩短了2.2米（7英尺4英寸），并在机身下方增加了武器舱。它还可以攻击水面战舰，传递信息给地面己方部队。交付数量超过500架，提议替换它的飞机计划取消后，“猎户座”又服役了许多年。它还被出口到澳大利亚、加拿大、新西兰、日本和西班牙等多个国家。

发动机： 4×4910 马力艾利森 T56-A-14 涡轮螺旋桨发动机

翼展： 30.4 米（99 英尺 8 英寸） **机长：** 35.6 米（116 英尺 10 英寸）

最大速度： 761 千米 / 小时（473 英里 / 小时） **机组人员：** 10

武器： 最多 9072 千克（20000 磅）“鱼叉”空对面导弹、鱼雷、深水炸弹或地雷，置于武器舱或翼下

洛克希德U-2A

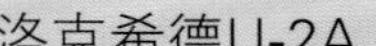

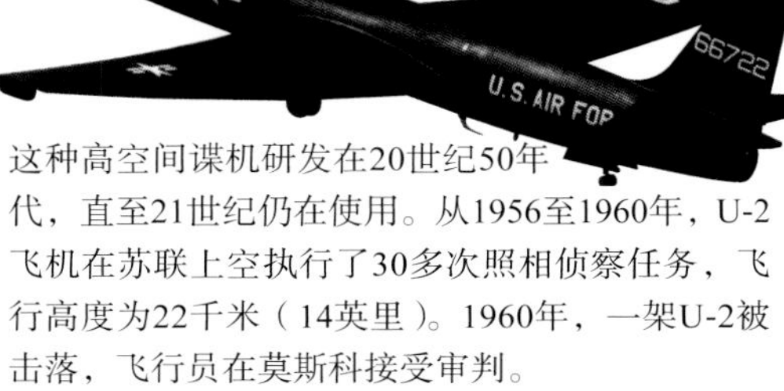

这种高空间谍机研发在20世纪50年代，直至21世纪仍在使用。从1956至1960年，U-2飞机在苏联上空执行了30多次照相侦察任务，飞行高度为22千米（14英里）。1960年，一架U-2被击落，飞行员在莫斯科接受审判。

发动机： 5085 千克（11200 磅）推力普拉特·惠特尼 J75-P-13B 涡轮喷气发动机

翼展： 24.4 米（80 英尺） **机长：** 15.6 米（49 英尺 7 英寸）

最大速度： 795 千米 / 小时（494 英里 / 小时） **机组人员：** 1

武器： 无

米亚西舍夫M-55“地球物理学”

这种苏联飞机于20世纪70年代问世，与美国U-2高空间谍机功能相同，但其设计者称它更为稳定。原型机M-17被改良成M-55“地球物理学”，俄罗斯称用它进行大气探测。当然，美国也声称U-2飞机有同样目的。

发动机： 2×5000 千克（11025 磅）推力阿维达维格特尔涡轮喷气发动机

翼展： 37.4 米（112 英尺 11 英寸） **机长：** 22.8 米（75 英尺）

最大速度： 750 千米 / 小时（466 英里 / 小时） **机组人员：** 1

武器： 无

飞行员还需要专门的装备，甚至包括在超高空飞行所需的全压宇航服。自第一顶飞行头盔问世以来，其设计取得了突飞猛进的发展。飞行头盔曾经因为太重而常常伤到飞行员脖子，如今的头盔在提供同等保护的同时，又更加注重轻巧性。

所有现代战斗机飞行员都必须要戴着面罩飞行，这个特殊的面罩同时也是对讲机，还能提供氧气。战斗机飞行员必须学会恰当调整氧气含量，并在出现低氧（脑部缺氧）症状的迹象之时能立即察觉。

驾驶现代单座战斗机不仅消耗体力，而且有较高的脑力要求。

复杂的多模式雷达、红外线导航和锁定设备、辨别敌军雷达或导弹的传感器以及联通预警机的数据链相结合，可能提供给人脑难以妥善处理的庞大信息量。

而且飞行员在处理信息流的同时，还必须操纵精密的锁定设备和武器系统发动攻击，并进行有效的自卫防御。当然，同时他还得准确无误地驾驶飞机。

计算机的发展让组织和分析不同来源的数据成为可能，最有用的信息被以越来越易于使用的图表形式悉数呈现在飞行员面前。这向着实现计算机或机载控制设备脱离飞行员独立进行目标锁定或发射武器，又迈进了一步。

其实，无人驾驶的远程遥控航空器（RPV）在战争中大量投入使用后，种种迹象表明了战斗机飞行员很快也会成为明日黄花。

现代化变革

1991年，“沙漠风暴行动”充分展示了美国及其领导的多国部队的所谓空中实力，大部分民众逐渐意识到空战的现代化变革。

多国部队在冲突中展示了机载控制系统指挥作战的强大效力，隐身技术的实用性以及制导导弹和智能炸弹方面的进步。

在海湾战争期间，4架波音E-4“哨兵”预警机全天候飞行，各自控守区域被划为三部分的战场中的一处，还有一架做后备支援。

E-3由波音707客机改装而来，能携带识别力超强的雷达。飞机内，训练有素的人员操纵多排显示控制台，在漫长劳累的轮班作业中全神贯注地盯守屏幕。

控制员必须解读不同来源的信息。

这些信息来源包括敌对方导弹发射场上空无人侦察机携带的电视摄影机，然后再把这些丰富且令人费解的信息流转化成连贯的空战图像呈现出来。

通过和机载计算机联网的数据链或超高频无线电通话，预警机控制员每分钟都要告知飞行员战场动态。实际上，控制员可以精心部署整个战局，协调多国部队每天出动约3000架次飞机。

多国部队战斗机经常靠预警机的情报和视线之外的对方飞机交战——一些对方飞行员还没看见敌机，甚至完全不知道它的存在就被导弹击落了。对方飞机场遇袭时，飞机掩体根本不是美国精确制导武器的对手。对方空军很快就认识到自己的落后，放弃了战斗，飞到其他地方寻求庇护。

穿透对方天空的混编机群的技术性能比以往大幅提升。机群中可能有擅长使用电子对抗措施来干扰对方雷达的EF-111；装有反辐射导弹，在“野鼬任务”中摧毁对方地对空导弹发射场的F-4；核心是执行地面攻击任务的攻击机群；而F-15则进行战场空中巡逻，为整个机群护航。

隐身技术

然而，有种飞机不需要其他飞机协助就能穿透对方的防空网。在此次战争中，F-117这种雷达无法发现的隐形飞机投入使用，有力地证明了自己物有所值。它不惧雷达，在突破防空系统时无需像大部分攻击机一样超低空飞行；也不需要护航战斗机、电子作战飞机或反雷达攻击机的陪伴。飞行员独自在夜间飞行，保持雷达静默，眼睛紧盯屏幕，显示屏让他能找到进入敌方区域的航线，定位并锁定目标。通常结果是目标被摧毁，F-117原路返回，像幽灵一样了无踪影，留下敌方士兵向着夜空胡乱射击，却没有侥幸击中它的可能。

飞机的雷达截面——它和雷达形成的角度——与其外形有关。

雷达依靠发射到飞机机件上并返回到接收器上的信号探测目标，但这对于F-117来说是无效的，它使用有角度的平面以令信号偏离而不是反射回去。

洛克希德 F-117“夜鹰”

1975年，洛克希德“臭鼬工厂”启动了一项研制防雷达隐形飞机的秘密项目。研发过程并非一帆风顺，第一批F-117A直到1982年才交付美国空军。它绰号“蝙蝠飞机”或“臭虫”，因为使用多面体平面偏转折射雷达波，尤其是从前面来看，它的外形很独特。

机身覆盖有雷达波吸收材料，驾驶舱窗户有镀金层，把雷达波引导到机身。甚至发动机进气口都有精巧的格栅，否则可能产生敌方可以追踪的雷达反射信号。为保持隐身效果，所有武器和燃油箱都在机身内部。为避免暴露自身位置，它不能使用雷达，转而向前伸出一个可俯视地面的被动红外探测器。因此，一有飞机靠近，就会立刻被发现。飞行员的驾驶舱外视野非常有限，但没有关系，因为飞机亚音速飞行的速度太慢，无法进行昼间战斗。它只在夜间发起袭击活动，而且飞行员从不向外看，紧盯前方的多功能显示器屏幕即可。

以战斗机（fighter）的“F”命名有些奇怪，因为F-117A没有枪炮，也不常携带导弹。作为一种专用的夜间渗透攻击机，它装备了最先进的智能武器和用于精确攻击的目标定位系统。如果由一位飞行员操作，F-117A是复杂的武器系统，它在靠近目标时需要大量电子设备协助，但在1991年的战争中，F-117A的攻击十分精准。

F-117A已经确立了在美国空中军械库中的核心地位。它们价格昂贵，每架超过4000万美元，但通过精确攻击和近乎无懈可击的特性证明了自己物有所值。在1999年的科索沃战争中，曾有一架F-117A被塞尔维亚炮火击落。

隐形“夜鹰”

和其他武器一样，F-117A旨在对抗敌对方日益提高的军事能力。而在这种情况下，F-117A索性变本加厉，超越了一系列武器——雷达引导的防空系统。

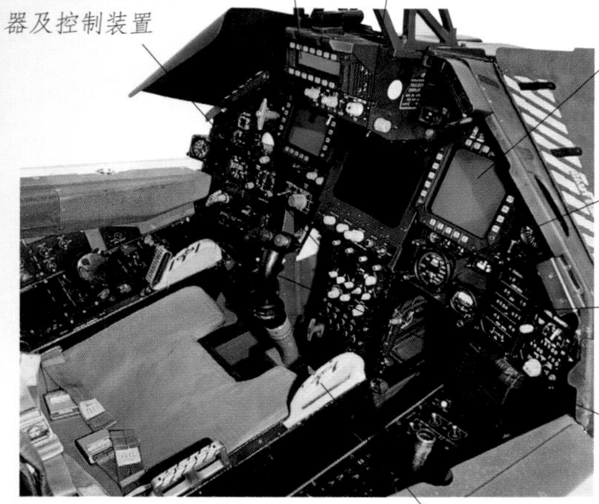

数据输入面板
传感器显示屏
红外捕捉与指示系统（IRADS）显示器及控制装置
彩色多功能显示器（CMDI）
雷达高度表和高度计
发动机性能指示器
操纵杆
弹射座椅把手

虚拟现实界面
F-117装备有精密的导航和攻击系统，搭配数字航空电子设备系统，增加任务效能，减轻飞行员工作负荷。有移动地图显示器、平视显示器和红外线图像屏幕等设备。

沙漠侵袭
1988年出现在世人面前的“夜鹰”战斗机在1991年的“沙漠风暴”中首次积极展开行动。F-117A从内华达沙漠的基地起飞，经空中加油到达前线机场，战争期间共出动1300多架次，是唯一能袭击目标地的多国部队飞机。

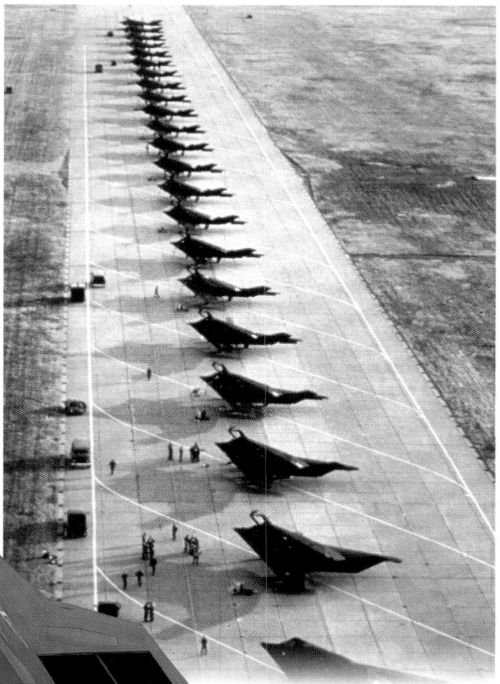

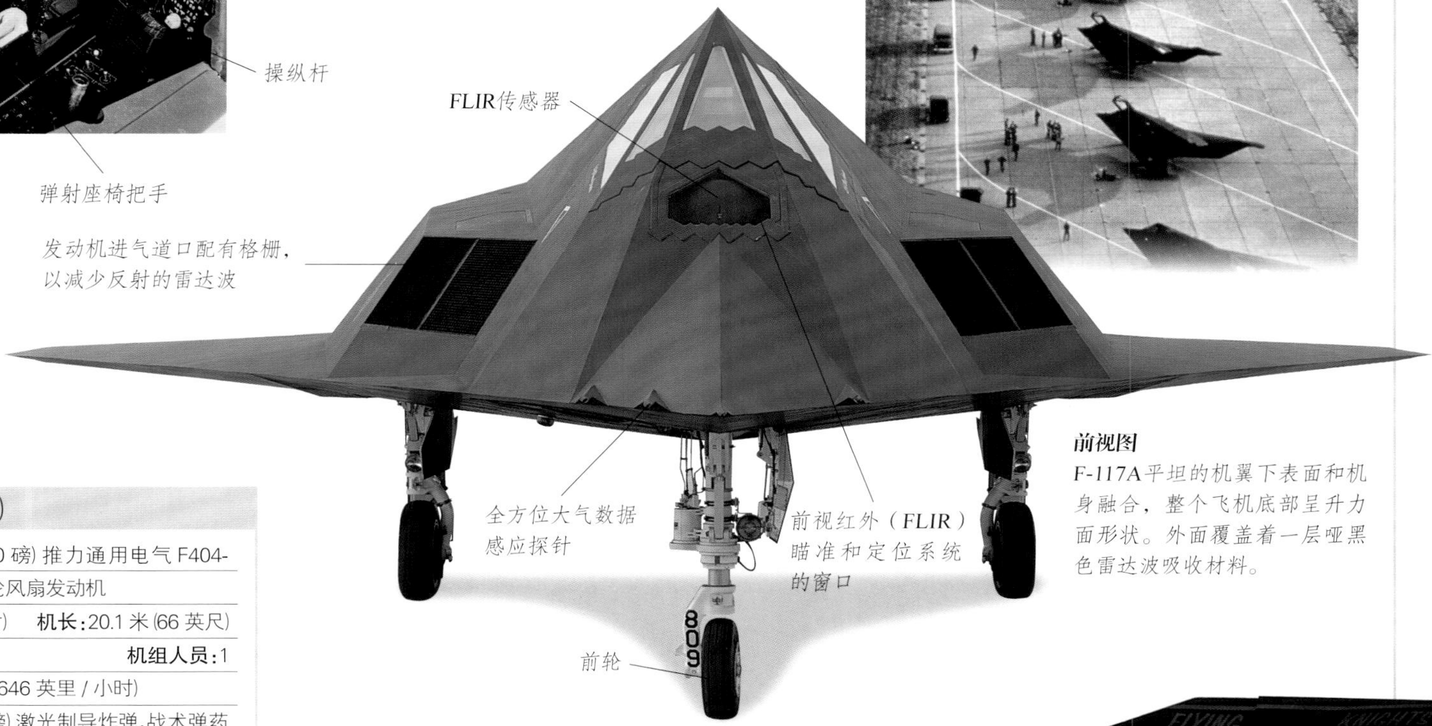

FLIR传感器
发动机进气道口配有格栅，以减少反射的雷达波
全方位大气数据感应探针
前视红外（FLIR）瞄准和定位系统的窗口
前轮
809

前视图
F-117A平坦的机翼下表面和机身融合，整个飞机底部呈升力面形状。外面覆盖着一层哑黑色雷达波吸收材料。

技术参数（F-117A）

发动机：2×4900 千克（10800 磅）推力通用电气 F404-GE-F1D2 不加力涡轮风扇发动机	
翼展：13.2 米（43 英尺 4 英寸）	**机长**：20.1 米（66 英尺）
重量：23814 千克（52500 磅）	**机组人员**：1
最大速度：1040 千米 / 小时（646 英里 / 小时）	
武器：最多 907 千克（2000 磅）激光制导炸弹，战术弹药撒布器、导弹或核弹	

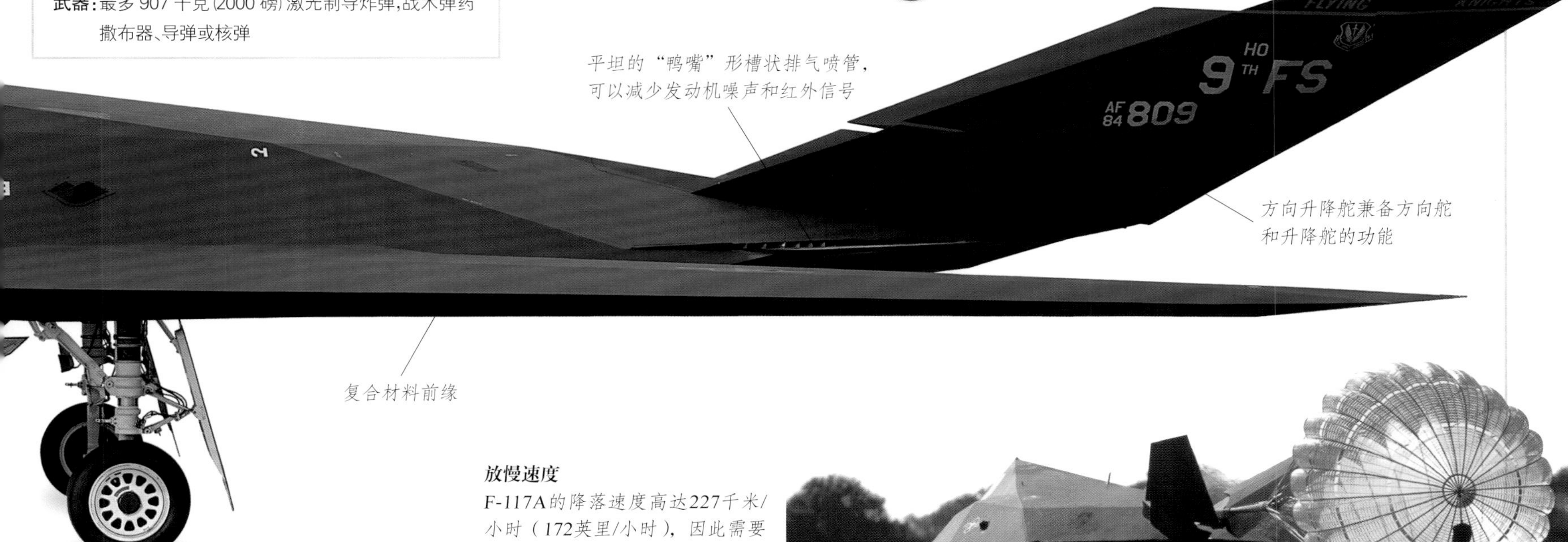

平坦的“鸭嘴”形槽状排气喷管，可以减少发动机噪声和红外信号
方向升降舵兼备方向舵和升降舵的功能
复合材料前缘
FLYING KNIGHTS
HO
9TH FS
AF 84 809

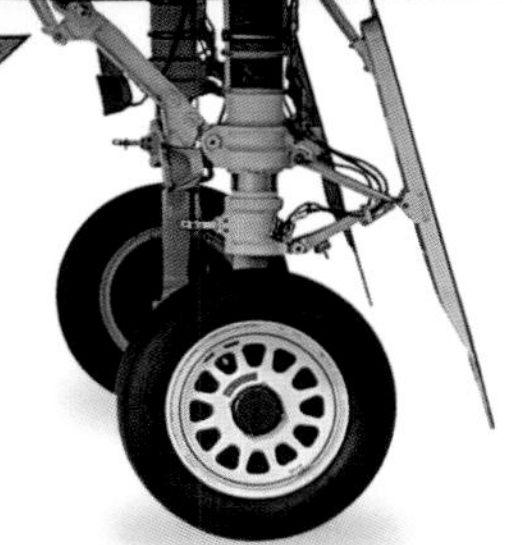

放慢速度
F-117A的降落速度高达227千米/小时（172英里/小时），因此需要阻力伞来减少降落滑跑距离。

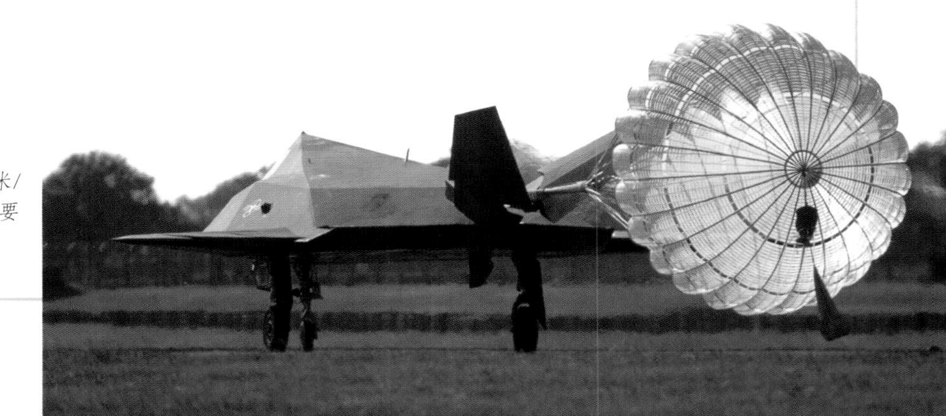

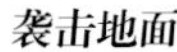

此外，飞机的每个部位，从驾驶舱、尾鳍到发动机进气道，都有减少雷达反射的特殊设计。隐身的另一途径是在机身上覆盖一层雷达波吸收材料——把雷达脉冲能量转化成热量的避免反射的涂料和盖片。

F-117完全依靠雷达隐身才能在战争中存活。它是亚音速飞机，机动性不强，甚至没有电子对抗设备。如果雷达技术进步或其他追踪手段能撕下“夜鹰”的隐身外衣，它就会变得软弱无力。

袭击地面

麦克唐纳-道格拉斯F/A-18“大黄蜂”于1981年首次交付美国海军，正如命名所示，它是种双重角色飞机——既是灵活的空中优势战斗机，也是强大的对地攻击机。在1991年的战争期间，“大黄蜂”主要被用于对地袭击。

击中

1991年1月，一枚激光制导导弹击中对方军火库。这是从一架法国战斗机上看到的画面。

致命威胁

当然，智能炸弹和导弹的制导系统质量提高是F-117A实现精确攻击的必要条件。海湾战争中所使用的弹药和20世纪70年代早期所用的没有实质差别，但“沙漠风暴行动”期间，媒体报道的精确打击威力巨大，给公众留下了深刻印象。尽管后续调查揭露了在战争中，许多武器并没有实现预期效力，但毫无疑问，激光制导、电视制导和反辐射导弹及炸弹比之前战争中的所有武器更精确。

海湾战争中，空中力量最让人印象深刻的可能是其对陆地战场的影响，它促使多国部队以付出最小伤亡作为前提获得“胜利”。老兵B-52再次披挂上阵，对沙漠上的对方战壕投下数量惊人的钢铁炸弹。但决定性的破坏是新科技造成的。两架波音-诺斯罗普·格鲁曼E-8 J-STARS飞机在空陆战场发挥了AWACS在空战中的作用。和AWACS E-3一样，E-8也由波音707改装而来。J-STARS控制员能观察到对方陆军的一举一动，指挥攻击机摧毁装甲部队、载重卡车、燃料库或火炮阵地。机载雷达提供的图像分辨率非常高，甚至可以挑出个别车辆作为攻击目标。

供多国部队调遣的对地攻击飞机有AH-64武装直升机、A-10雷电“疣猪”反坦克攻击机、还有F-16或F-18的对地攻击型。这些空中打击编队同J-STARS相结合，具有致命威力。举例而言，1991年1月22日，多国部队发现60多辆对方坦克正在活动后，立即召集空袭，摧毁了其中的58辆。J-STARS还精心部署，对2月份准备从科威特撤离的对方军队展开进攻，指挥F-18编队把它们堵在返回的路上，发动了一波又一波的空中袭击。

空中力量

基于“二战”及之后战争的经验，人们认为单凭空中力量无法赢得战争，但这次的战争颠覆了这个既定认知。美国空军参谋长梅里尔·A. 麦克皮克（Merrill A. McPeak）坦率地断言，“沙漠风暴”标志着“这是航空史上第一次，陆地军队被空中力量所打败”。飞机在这场战争中发挥最大效力是有特定原因的。作为战略空袭，对方当时有许多合适目标，从指挥和控制中心到兵工厂、导弹发射场和机场。同样，地面冲突中，在固定阵地的部队和在开阔沙漠移动的坦克，也是空袭的目标。天气条件也很有利，几乎总是晴天。

然而，在如此彻底的优势面前，仍旧应对空中力量未来所具有的潜能保持审慎，但要做到这一点并不容易。

空中哨兵

E-3“哨兵”早期预警和指挥机——其实就是背部安装了碟形雷达天线的波音707，是多国部队空中作战的中枢。

首要选择

要看空中力量作为军事选择的政治吸引力的关键，只要看看这场战争的阵亡名单就可以了：对抗一个拥有数量众多的武装部队的地区性大国时，多国部队只损失了很少数量的人员。因此，在局部战争中，利用飞机进行战争，似乎可以用很小的损失即能达到目标，于是，飞机便逐渐成为世界上技术先进国家的首选武器。

坦克杀手

A-10“疣猪”攻击机专门用来近距支援地面部队，尤其是对付敌方装甲车辆。它动作较缓慢，但能长时间待在战场上空，抗地面炮火打击的能力很强。

破坏的景象

海湾战争中，多国部队对对方地面部队（下图）的空袭留下了可怕的破坏场景。准备趁夜逃到科威特的人们发现道路被F/A-18投下的地雷封锁了。接着，这些车辆被E-8 J-STARS空对地雷达飞机操控员指挥的空袭所损毁（左图）。

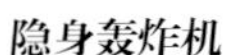

隐身轰炸机

诺斯罗普B-2属于飞翼设计，使用多角平面减少雷达反射特征。雷达波吸收外部涂层极其敏感，轰炸机必须停放在湿度适宜、一尘不染的洁净的机库中。

2001年9月11日针对美国的恐怖袭击引发了一系列新事件，空中力量登上中心舞台。美国派遣舰载和陆基飞机在“反恐战争”中对某些地区施压，效果明显，再次让认为只有地面部队才能实现所谓美国目标的评论家们目瞪口呆。无论敌对方机动性多强，隐藏的有多好，美军基本上都能找到他们，并且能动用从巡航导弹到无人驾驶飞机、固定翼炮艇机和B-52轰炸机的一切武器进行破坏。

局限性

当然，对空中力量持批评态度的评论家们指出这些都是明显不公平的冲突。在2003年美国和英国入侵伊拉克时，有悲观预测认为这次情况会有所不同。大量地面部队将必须和对方军队在代价高昂的战争中殊死搏斗。然而，空中力量再一次证明了自己的价值。媒体最关注摧毁在对方首都的行宫和政府办公室的“震慑行动”，但绝大多数空中火力的目标是目标部队和装甲力量。由于敌对方的防空系统在入侵前已被破坏，美国和英国的飞机长驱直入，肆意活动。“全球鹰”无人机等联军侦察机追踪敌对方军队的所有举动，即使在恶劣天气下，空袭也能准确击中目标。实际上，联军地面部队的作用就是把对方军队引出来，好让飞机起到作用。

空中力量在最初入侵时实现快速取胜，但后来局限性凸显。暴动和袭击掀起浪潮，由于难以辨认目标，以及对空袭导致平民伤亡的政治敏感性，空中力量沦为战争机器，效力肯定应该受到限制。就算武器再精确，也会有情报错误、设备故障或简单人为原因造成的失误。美国空军能在对这里的全面战争中肆意妄为，疯狂打击他们认为值得摧毁的目标，但即使如此，也无法阻止自杀性炸弹的袭击和被入侵地区民众的反抗。

下一代飞机

研发新飞机的时间间隔延长，这也意味着在21世纪初期，世界主要空军主要仍是为冷战所设计的。例如，B-2隐身轰炸机旨在携带核弹穿透苏联防空系统。2005年加入美国空军的洛克希德·马丁F-22“猛禽”，最初被当成在空战中能够抗击苏联对手的战斗机。这些飞机的未来在何处是非常值得考虑的问题，尤其是它们造价十分昂贵——据报道，B-2项目耗费约450亿美元，但只生产了21架轰炸机。

面临全球恐怖主义扩散的威胁，美国人企望将来能把空中力量的触角延伸到全球，可以打击世界上任何被认为是“美国敌人”的车辆或建筑。卫星和无人机是这种全球监控，更准确地说是针对性报复的预想的核心。然而，在不久的将来，有人驾驶的常规战斗机和轰炸机还会大量生产。

21世纪，无论实际国防需求如何，要想树立国际地位，一个国家就必须要拥有真正意义上的现代化空军，这已经成为技术优势的重要象征。

无人机

遥控飞机也有远程遥控航空器和无人航空器（UAV）等不同叫法，20世纪80年代以来，它的实用性显而易见。虽然不能视其为一次性武器，但无人机能执行载人机无法承受的高危侦察任务。它们由地面上的技术团队“驾驶”，经常能够在空中待很长时间，反馈电视图像或其他数据——比如来自雷达和红外传感器的数据。在2001至2002年美国入侵阿富汗期间，RQ-1“捕食者”无人机首次被用于攻击，发射“地狱火”空对地导弹。在这里投入使用的还有用于全天候侦察的高空RQ-4A“全球鹰”无人机。

RQ-1“捕食者”

通用原子公司的“捕食者”无人机长7.9米（26英尺），飞行速度为134~224千米/小时（84~140英里/小时）。它由地面控制站的一名飞行器操作员和三名传感器操作员进行控制。

内置相机和雷达的传感器装置

稳定鳍

“猛禽”和“隼”

下页照片中为一架设计于21世纪的F-22“猛禽”战斗机，它正在一架F-16“隼”式战斗机左侧飞行。尽管它们合力在一起算是巨大进步，但仍存在细微差别。F-22使用复合材料，有隐形功能；能达到1.4马赫左右的巡航速度，而不是只在短暂爆发中有超音速；矢量推力系统提升其灵活性；还有非常精密的电子设备和计算机系统。

ED
002
ED
AF
87
392

现代作战飞机

现代战斗机是现代科技的奇迹之一。这些惊人的飞行器一般能达到2马赫以上的速度；每分钟爬升1万米（3万英尺），在16千米（10英里）的高空活动；在近距格斗中能实现高速闪躲和旋转；当然还能不分昼夜全天候运行。可靠的发动机、改良的设计和电传飞行控制，使得这些飞机比之前的高性能喷气机安全得多。发动机动力强劲——最多22700千克（50000磅）总推力——意味着它们能在保持性能的同时增大体型。飞机自身的导弹系统配合相控阵雷达和红外设备，能辨别远处敌机，提醒有导弹飞来，也可以与视距之外的飞机交战。这些飞机非常昂贵。从经济角度考虑，即使最精密的制空战斗机最后也会被用于对地攻击。

隐身战斗机

F-117和其他以“F”命名的现代飞机完全不同，这种亚音速夜间飞机依靠其隐身特性在敌方空域存活。（详情见316~317页）

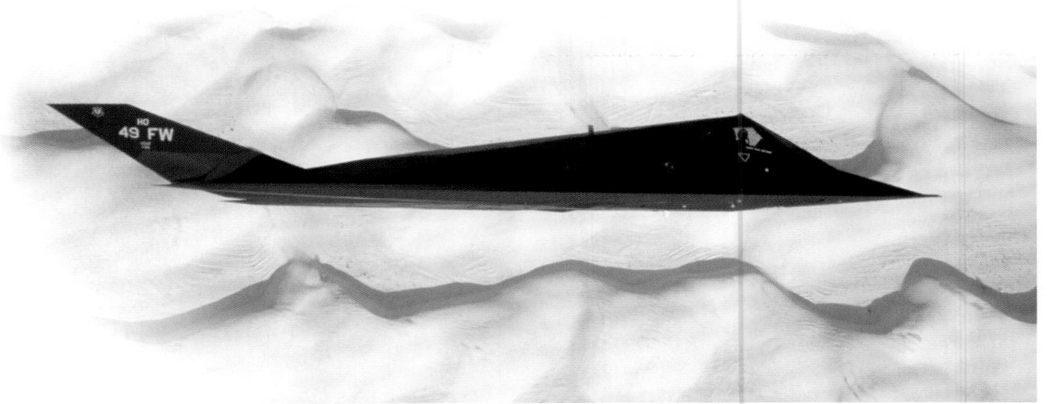

达索“幻影”2000C

达索公司的第三代无尾三角翼截击机使用电传操纵来获得比之前有尾机型强得多的盘旋能力。该机从1988年在法国空军中服役，1991年有14架作为“沙漠风暴行动”的一部分被派遣到沙特，但没有参战。它还有双座核攻击或常规攻击机型。幻影2000被出口到印度、埃及、秘鲁和希腊。

发动机: 9715 千克(21385 磅) 推力施耐克玛 M53-P2 涡轮风扇发动机

翼展: 9.1 米(29 英尺 11 英寸)　**机长:** 14.3 米(47 英尺 1 英寸)

最大速度: 2336 千米 / 小时(1452 英里 / 小时,2.2 马赫)

机组人员: 1

武器: 2×30 毫米德发机炮,4× 马特拉空对空导弹;最多 6300 千克(13890 磅) 攻击武器

欧洲战斗机（EFA）“台风”

寻找帕纳维亚“狂风”替代者的研究始于20世纪70年代晚期。英国、西德、意大利和西班牙合作研发的过程是漫长且缓慢的，但第一批欧洲战斗机在2003年投入使用。它是“可变任务”飞机，能在飞行中从空对空转换成空对地任务模式。

发动机: 2×9086 千克(20000 磅) 推力欧洲喷气 EJ 200 涡轮风扇发动机

翼展: 11 米(35 英尺 11 英寸)　**机长:** 16 米(52 英尺 4 英寸)

最大速度: 约 2124 千米 / 小时(约 1320 英里 / 小时,2 马赫)

机组人员: 1

武器: 1×27 毫米 IWKA- 毛瑟机炮;机身和机翼下有 13 个武器挂点

通用动力F-111E

F-111是世界上首款可变后掠翼飞机，1967年开始在美国空军服役。可变后掠翼让飞机能以平直翼起飞和降落，在超音速飞行时使用后掠翼。F-111首度安装了自动地形跟踪雷达，成为强大的低空攻击机。F-111参加了20世纪七八十年代的一些局部战争，后来出现在1991年的“沙漠风暴行动”中，最终在1993年退役。

发动机: 2×8392 千克(18500 磅) 推力普拉特·惠特尼 TF30-P-3 涡轮风扇发动机

翼展: 19.2 米(63 英尺)　**机长:** 22.4 米(73 英尺 6 英寸)

最大速度: 2655 千米 / 小时(1650 英里 / 小时,2.5 马赫)

机组人员: 2

武器: 2×340 千克(750 磅) 核 / 常规炸弹;或 1×20 毫米机炮和 11340 千克(25000 磅) 炸弹或导弹

格鲁曼F-14A“雄猫”

这款从1974年开始服役，直到21世纪才退役的美国海军舰队防御战斗机，是第一种装有可变后掠翼的舰载飞机。“雄猫”号称是无可匹敌的近距空战飞机，部分是由于机动飞行时能随着操作自动变化后掠角的后掠翼。

发动机: 2×9480 千克(20900 磅) 推力普拉特·惠特尼涡轮风扇发动机

翼展: 19.5 米(64 英尺 1 英寸)　**机长:** 19.1 米(62 英尺 8 英寸)

最大速度: 2517 千米 / 小时(1564 英里 / 小时,2.34 马赫)

机组人员: 2

武器: 1×20 毫米“火神”旋转机炮;6× 空对空导弹,或最多 6577 千克(14500 磅) 攻击武器

通用动力F-16C“战隼”

美国空军对轻型战斗机的不懈追求催生了20世纪80年代F-16的诞生。它速度极快、机动性极强且相对便宜，产量超过2500架。F-16A是昼间截击机，其中大多数转为在空中国民警卫队服役。F-16C的全天候运转和攻击能力较强，被当作战斗轰炸机。包括比利时、荷兰和以色列在内的F-16的外国客户也将它作为攻击机使用。

发动机: 12538 千克(27600 磅) 推力通用电气 F110-GE-100 涡轮风扇发动机

翼展: 10 米(32 英尺 9 英寸)　**机长:** 15 米(49 英尺 4 英寸)

最大速度: 2124 千米 / 小时(1320 英里 / 小时,2 马赫)　**机组人员:** 1

武器: 1×20 毫米“火神”旋转机炮;2×“响尾蛇”空对空导弹,最多 9276 千克(20450 磅) 攻击武器

命名显示为AFTI（先进战机技术整合）-F16，是与NASA、美国陆军、美国海军合作项目的产物

可投弃的副油箱

麦克唐纳–道格拉斯F/A-18C“大黄蜂”

“大黄蜂”（图为NASA安全保障飞机）是1981年后美国海军和海军陆战队装备的攻击机，因为能同时作为战斗机和攻击机使用，所以有不同寻常的双重命名“F/A”。尽管比F-14慢，但它体积小巧，操纵极其灵活。F/A-18攻击机群能在接近目标的途中进行自我保护，并在投下弹药后追猎敌军战斗机。

发动机：2×7257千克(16000磅)推力通用电气涡轮风扇发动机
翼展：11.4米(36英尺6英寸) **机长**：17.1米(56英尺)
最大速度：1915千米/小时(1190英里/小时,1.8马赫)
机组人员：1
武器：1×20毫米“火神”旋转机炮;2×“响尾蛇”空对空导弹,最多7711千克(17000磅)攻击武器(炸弹或导弹)

米格-23M“鞭挞者”

米格-23是首款苏联可变后掠翼飞机，主要目的是打击“鬼怪”战斗机和其他西方攻击机。为此，相比前辈米格-21，它能携带更大型的拦截雷达，体积更庞大。可变后掠翼减少了起飞和降落滑跑距离，因此它依然能使用苏联传统风格的前线小机场。米格-23从1973年开始为苏联及其盟友服务，一直服役到20世纪90年代。

发动机：12500千克(27512磅)推力哈赛图罗夫涡轮风扇发动机
翼展：14米(45英尺9英寸) **机长**：15.7米(51英尺7英寸)
最大速度：2490千米/小时(1546英里/小时,2.35马赫)
机组人员：1
武器：1×23毫米双管加农炮;10×空对空导弹

米格-25P“狐蝠”

米格-25的研制是为了对付美国洛克希德A-11（后来成为SR-71）。原型机在1964年首飞，尽管当时美国飞机只是作为侦察机，但苏联的截击机研制仍未停止。它依然是世界上最快的空战战斗机。

发动机：2×11200千克(24651磅)推力图曼斯基涡轮喷气发动机
翼展：14米(45英尺11英寸) **机长**：19.8米(64英尺9英寸)
最大速度：3000千米/小时(1868英里/小时,2.83马赫)
机组人员：1 **武器**：4×AA-6空对空导弹

米格-29“支点”

米格-29有如今常见的双垂尾和双悬挂式发动机布局，位于发动机间的机身是升力体的一部分，赋予它惊人的灵活性。和苏-27一样，它的研制目的是对付最新的美国飞机——F-15、F-16和F-18。1984年投入使用后，它在20世纪90年代的空中表演中通过展示“尾冲”体现了自己的能力，没有西方飞机能做到尾冲机动。

发动机：2×8300千克(18268磅)推力克利莫夫RD-33涡轮风扇发动机
翼展：11.4米(37英尺3英寸) **机长**：17.3米(56英尺10英寸)
最大速度：2450千米/小时(1521英里/小时,2.3马赫)
机组人员：1
武器：1×30毫米机炮;6×AA-10空对空导弹

帕纳维亚“狂风”GR1

“狂风”是第一款欧洲多功能战斗机，由英国、西德和意大利飞机制造公司联合研制和生产。1980年开始在这三国空军中服役，“狂风”使用可变后掠翼获得高机动性和超音速攻击能力。

发动机：2×7178千克(15800磅)推力涡轮“联盟”涡轮风扇发动机
翼展：13.9米(45英尺8英寸) **机长**：16.7米(54英尺9英寸)
最大速度：2336千米/小时(1452英里/小时,2.2马赫)
机组人员：2
武器：2×27毫米IWKA-毛瑟机炮;最多8172千克(18000磅)各种弹药,包括自由落体或制导炸弹、非制导火箭、JP233反跑道弹药撒布器、“响尾蛇”空对空导弹、空对地导弹和电子作战吊舱

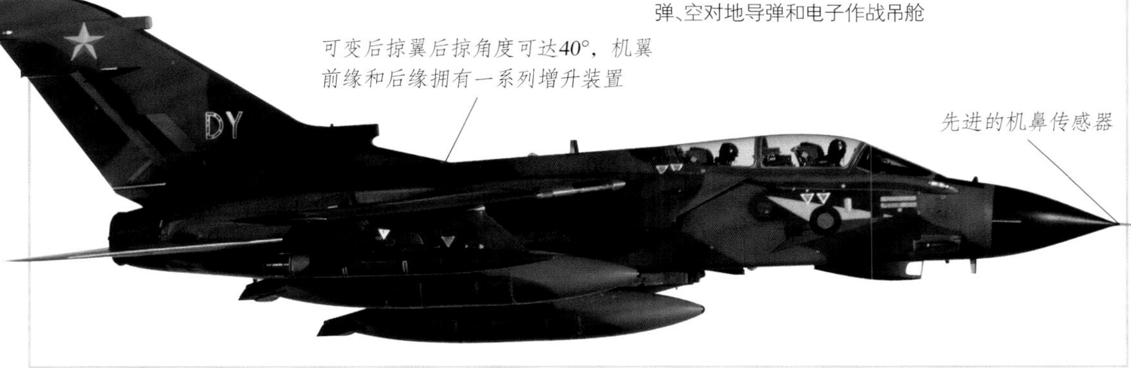

可变后掠翼后掠角度可达40°，机翼前缘和后缘拥有一系列增升装置

先进的机鼻传感器

萨伯39“鹰狮”

与前辈维根飞机一样，“鹰狮”采用带有鸭翼（安于机鼻附近的前翼）的三角翼结构，但体积更小，性能更佳。装备不同武器，从计算机系统选择合适的任务特性后，它也可以作为截击机、对地攻击或海上攻击机使用。该机从1982年开始研制，直至1997年才宣布投入现役。在瑞典空军中服役的同时，它也被出口到匈牙利、捷克共和国和南非，还在英国帝国试飞员学校中作为喷气教练机使用。它兼有单座和双座机型。

发动机：8223千克(18500磅)推力沃尔沃RM12涡轮风扇发动机
翼展：8.4米(27英尺6英寸) **机长**：14.1米(46英尺3英寸)
最大速度：2124千米/小时(1320英里/小时,2马赫) **机组人员**：1
武器：1×27毫米毛瑟机炮;2×“响尾蛇”空对空导弹,外加最多可挂载8枚空对空导弹、空对地导弹,或反舰导弹,或巡航导弹,或子母炸弹

苏霍伊苏-27“侧卫”

苏霍伊飞机比米格飞机大得多，但出人意料的是，这并不影响其灵活性，因为使用了翼身融合技术。该机在1986年开始服役。

发动机：2×12533千克(27588磅)推力留里卡设计局涡轮风扇发动机
翼展：14.7米(48英尺2英寸)
机长：21.94米(71英尺11英寸)
最大速度：2495千米/小时(1550英里/小时,2.35马赫)
机组人员：1
武器：1×30毫米机炮;10×AA-10空对空导弹

太空旅行

6

有翼飞行的发展主要靠个人爱好者、发明家和企业家的努力，但探索太空所需的资源却被有实力的大国掌控。飞入太空的基本条件非常简单。从理论上说，如果推力足够强大，任何物体都能被送入轨道或者摆脱地球重力。但实际上，这种冒险带来了令人望而却步的难题——需要动力强大的火箭、能承受极限力量和温度的太空交通工具、精确度高的通信和控制系统，以及能在大气层外维系生命的支援系统。如今太空旅行已然实现，这是组织得当、技术革新以及人类个体勇气的最佳例证。

飞向月球

1969年7月16日，“阿波罗11号”（Apollo 11）飞船发射升空，飞往月球。这次人类登月圆了长久以来受火箭和科幻小说鼓舞的狂热者们的梦，这个梦在不久之前还被冷静的现实主义者们视为一个幻想而已。

“当然，首先出现的是想法，幻想，神话故事。然后有了科学计算。最后，梦想得以实现。”

康斯坦丁·齐奥尔科夫斯基
火箭太空飞行的早期理论家，1926年

月球之旅

半个世纪来，人类太空旅行从几位梦想家的痴念，发展成超级大国间激烈的竞赛。

就在1903年莱特兄弟于基蒂霍克即将成功之际，一位籍籍无名的俄罗斯教师康斯坦丁·齐奥尔科夫斯基（Konstantin Tsiolkovsky）在一份发行量很小的科学报纸上发表了题为《利用喷气式器械探测宇宙空间》（The Exploration of Space with Reaction Propelled Devices）的论文。尽管几乎无人关注，齐奥尔科夫斯基却从理论上解决了人类翱翔太空的基本难题——如何在保全生命的情况下将人类送出地球大气层。

理论家
康斯坦丁·齐奥尔科夫斯基破解了太空飞行的许多理论难题，但没能解决实际问题。

太空旅行的幻想历史悠久。17世纪，人们刚认识到月亮和星球是太空中的移动天体，天文学家约翰尼斯·开普勒（Johannes Kepler）就在首批问世的科幻故事之一的《梦境》（*Somnium*）里幻想过月球旅行。到了19世纪，月球旅行已经成为科幻小说的常见素材。儒勒·凡尔纳（Jules Verne）的作品最具影响力，他幻想宇航员被一门强大到能突破地球万有引力的大炮发射到月球上。

受凡尔纳的故事鼓舞，齐奥尔科夫斯基从19世纪80年代开始研究太空旅行。他发现，用大炮将人发射到太空在理论上是可行的，但承受的力量会导致乘客死亡。就在他默默无闻地于简陋条件中工作时，灵机一动，想到了一个正确解决办法：火箭。根据牛顿第三运动定律，任何行为都会产生相等的反作用力，而火箭在大气层内外都可以作为推力系统。齐奥尔科夫斯基也研究出燃料如何为火箭发动机提供动力，燃烧液态氢和液态氧产生所需要的推力。20世纪早期，他继续设计了有可控舵面和多级火箭等预见性改良的宇宙飞船，以及能滑翔飞回地球的有翼航天飞机样机。

其他国家的独立个人也同齐奥尔科夫斯基一样，对太空火箭有着古怪的兴趣，20世纪20年代前，他们独立研究该课题，很少或根本不关注彼此的工作。在法国，航空先驱罗伯特·埃斯诺-佩尔特里（Robert Esnault-Pelterie）在1912年发表了关于太空旅行可能性的演讲。在美国，1909年，当时还是克拉克大学的一名研究生的物理学家罗伯特·戈达德（Robert Goddard）计算出进入地球轨道所需的速率。他开始研究固体燃料火箭发动机，并因为在1919年声明火箭可以抵达月球而引起报纸注意。戈达德从未提过人类太空之旅，但1923年，德国教师赫尔曼·奥博特（Hermann Oberth）出版了经典著作《飞往星际空间的火箭》（*Die Rakete zu den Planetenräu men*），他认为人类太空之旅是可实行的，并提出了液体驱动的两级火箭的方案。

登月舱
“阿波罗13号”的宇航员们在与这件复制品相似的训练舱中练习登月。然而，他们的船舱永远不会降落到月球上了，而是被用作太空中的“救生筏”。（详情见348页）

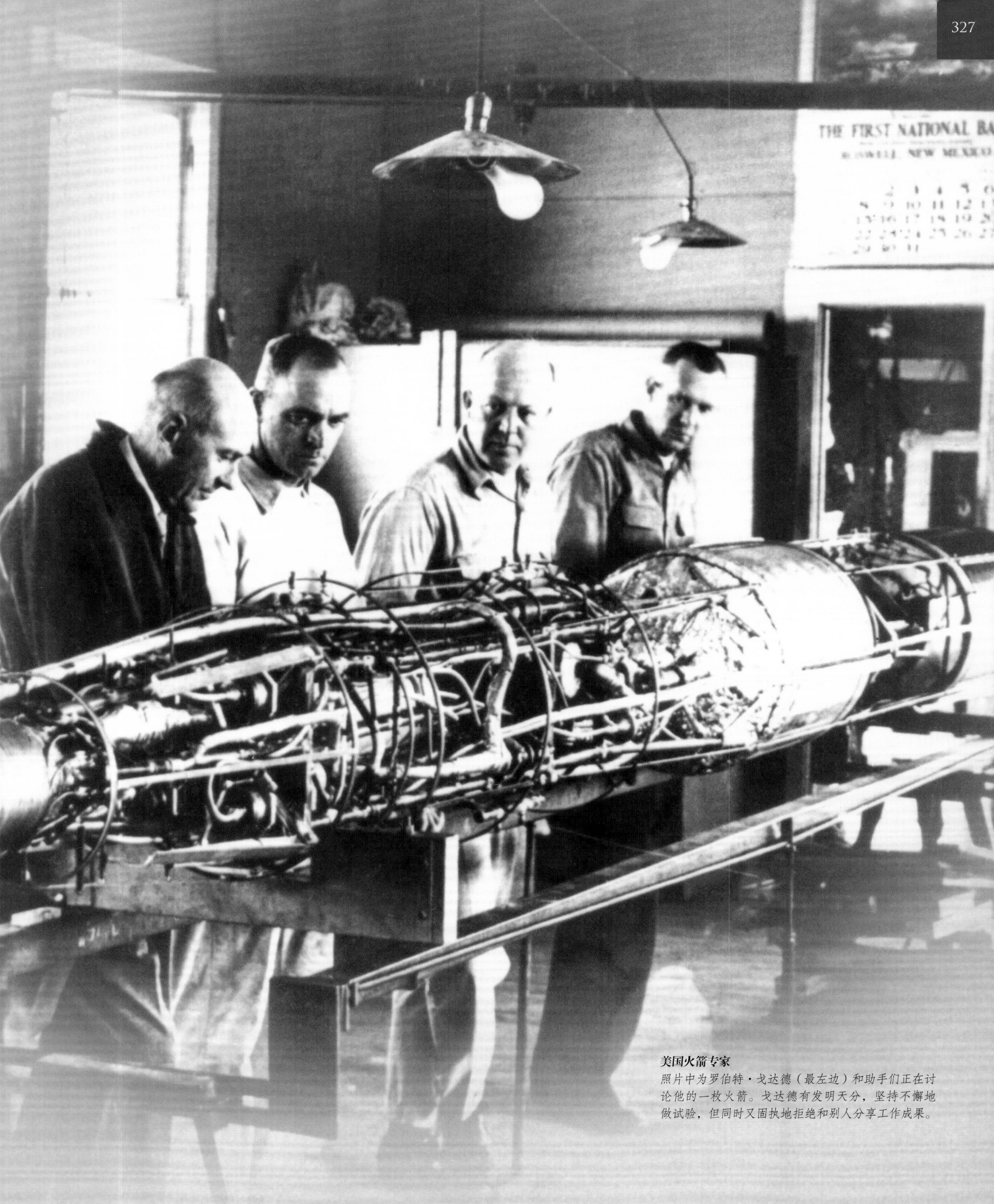

美国火箭专家

照片中为罗伯特·戈达德（最左边）和助手们正在讨论他的一枚火箭。戈达德有发明天分，坚持不懈地做试验，但同时又固执地拒绝和别人分享工作成果。

罗伯特·戈达德

罗伯特·戈达德（1882~1945）生于美国马萨诸塞州伍斯特，年轻时因阅读科幻小说而深受鼓舞，从此一生痴迷于太空旅行。在克拉克大学读书和任教期间，他一直研究火箭发动机，并于1926年发射了第一枚由液体燃料驱动的火箭。戈达德的工作受到林德伯格的关注，通过他得到古根海姆基金会的资助。因此，20世纪30年代，戈达德得以在新墨西哥州罗斯维尔工作，以试验更多更快的火箭。此外，他还研发出了精密的控制系统。

孤独的天才

罗伯特·戈达德天性特立独行，总是独自工作，不肯泄露工作细节。因此，德国火箭的实际进展没有参考他的开拓性工作。

20世纪20年代，将火箭送入太空的理论可行性已经确定，但这个话题更容易激发古怪爱好者而不是主流科学家的想象。戈达德、奥伯特和年迈的齐奥尔科夫斯基——1919年成为科学院院士——受到某些年轻群体的尊崇，这些人建立了致力于星际旅行的火箭俱乐部和社团。太空小说遍地开花，从巴克·罗杰斯（Buck Rogers）和闪电侠哥顿（Flash Gordon）的无聊冒险到弗里茨·朗（Fritz Lang）1929年的电影《月球上的女人》（*Frau im Mond*）。然而，火箭和科幻小说及太空殖民地这种乌托邦项目的联系，令头脑冷静之人无法认真对待这个话题。

但还是有实际进展的，戈达德是最初的领军人物。他1926年发射的液体动力火箭只飞到12.5米（41英尺），但1930年，他发射的一枚火箭飞到600米（2000英尺）高，1935年，他的一枚火箭上升到了2300米（7500英尺）的高空。

20世纪30年代下半叶，加州理工学院航空学教授西奥多·冯·卡门（Theodore von Karman）鼓励弗兰克·马琳娜（Frank Malina）和约翰·帕森（John Parson）等火箭试验家的工作。在接下来的十年里，加州理工的研究成果显著，包括发展火箭助力飞机起飞。另一个美国团体走了从科幻到现实的非同寻常的道路：1930年主要由科幻作家成立的美国星际学会在1934年成为美国火箭学会，专注于现场试验；20世纪40年代，其下属机构反应发动机公司诞生，建造了为贝尔X-1提供动力的发动机。

军方兴趣

美国没有在火箭发展中居世界之首。20世纪20至30年代，探索太空的想法在苏联和德国引发极大兴趣，军事权威将火箭武器视为有潜力的战争制胜者。

德国液体动力火箭的最初设计大部分由德国太空旅行学会完成。1931~1932年，这些德国狂热爱好者在柏林郊外的火箭飞行场上进行了约100次火箭发射，最高飞行到1552米（4922英尺）。德国军方梦想摆脱《凡尔赛条约》施加的严苛限制，十分关注学会的工作。军方觉得火箭团队是“表演家、江湖骗子和科学怪人”，出于多疑，决定雇用他们加入自己的武器项目以时刻监督。

但只有一个人接受了这个提议，那就是较

缴获的火箭

沃纳·冯·布劳恩（Wernher von Braun）的V-2火箭是“二战”后美苏太空和导弹项目的起点。照片中是一枚已被带到美国的V-2火箭。

为年轻的火箭狂热者沃纳·冯·布劳恩。他从1933年1月开始为军方工作，那年，阿道夫·希特勒就任德国总理。

发展能打击遥远目标的大型火箭吸引了越来越多的纳粹国家资源。1936年，冯·布劳恩手头有80名人员，从事一项最高机密的研究，还有在波罗的海偏远区域佩纳明德（Peenemünde）在建的研究设施。包括一个火箭工厂、发射台和一个液氧工厂。到了1943年，共有约6000名科学家、技术人员和工程师在那里工作，还有不计其数的强制劳动力和战俘。

> “一个失败的武器系统，可怕奴隶劳工的产物，V-2……打开了通往宇宙的大门。”
>
> **汤姆·D. 克劳奇**
> **（Tom D. Crouch）**
> **《瞄准群星》（Aiming for the stars）**

他们的努力成果是A-4，一种液体推进导弹，垂直发射时可升至176千米（110英里）的高度。

纳粹宣传部长约瑟夫·戈培尔重新命名它为V-2［V意为“复仇武器”（Vergeltungswaffe，或Vengeance Weapon）］。1944年夏天，德国开始使用它对抗盟军。它远远没有产生纳粹所希望的决定性影响——但它向西方盟国和苏联揭示了一种颠覆传统的新科技的存在。1945年，掌握这种新科技成为双方的主要优先事项。

纳粹德国濒临覆灭时，冯·布劳恩的处境非常绝望。他是党卫军成员，他的秘密武器是奴隶劳工在艰苦残忍的条件中生产的。但他明白，自己及团队掌握的知识是谈判的有力筹码。1945年末，冯·布劳恩和一些同事，连同被缴获的V-2被送到美国，作为“和平俘虏”为之前的敌对方工作。

接下来的数年中，来自佩纳明德的6000名工程师中有120人被重新起用，最终，在亚拉巴马州亨茨维尔（Huntsville）建立了流放营地。他们的首个集体任务是研制美国首枚核弹道导弹“红石”（Redstone），并于1953年在佛罗里达州卡纳维拉尔角（Cape Canaveral）进行了发射试验。

拍摄发射场景

1950年7月24日，卡纳维拉尔角，电影摄像机记录下以缴获V-2为第一级的缓冲器火箭的试验发射。尽管火箭狂热者深受太空探险的鼓舞，火箭研究的基金仍取决于其军事潜力。

沃纳·冯·布劳恩

沃纳·冯·布劳恩（1912~1977）出身于普鲁士贵族地主家庭，受20世纪20年代“火箭热”的影响，他1933年开始为德国军方工作。他一直声称自己对武器研究没兴趣，只是“榨取军事资金”研发最终能遨游太空的火箭。冯·布劳恩领导了纳粹制造V-2的项目，在“二战”尾声时，他筹划将项目的主要职员送到了美国。20世纪50年代，冯·布劳恩成为月球和火星旅行的积极倡导者，参加过迪士尼电视节目，为《科利尔杂志》（Collier's magazine）撰写了颇具影响力的文章。冯·布劳恩的团队在美国弹道导弹和空间项目运载火箭的发展中发挥了关键作用。

两面形象

冯·布劳恩后来竟然成为备受推崇的火箭先驱。

“红石”火箭
美国陆军的“红石”火箭是由沃纳·冯·布劳恩团队在亚拉巴马州亨茨维尔制造的，是V-2火箭的飞跃性发展型。尽管被设计成核导弹，但它也成为美国重要的早期航天器运载火箭。

当时，美苏深陷冷战对抗，发展远程导弹武器和在地球轨道部署卫星成为双方的首要目标。军事安全和对立意识形态的荣誉都处于紧要关头。苏联有火箭研究的传统，早在20世纪20年代，苏联就认为探索太空是社会建立新未来的恰当目标。苏联发明家成立了火箭俱乐部，比如MosGIRD（莫斯科喷气推进研究小组），该小组在1932年发射了第一批火箭，其中一枚飞到400米（1300英尺）高。

负责武器研发的红军元帅米哈伊尔·图哈切夫斯基（Mikhail Tukhachevsky）对火箭作为远途炮火尤为感兴趣。1937年。包括谢尔盖·帕夫洛维奇·科罗廖夫（Sergei Pavlovich Korolev）在内的大部分苏联火箭专家都在为图哈切夫斯基工作。后来，由于一些特殊原因，科罗廖夫与其他许多科学家停止了工作。苏联火箭研究项目暂时搁浅。

> “我们目瞪口呆地看着他给我们展示的一切，就像首次看到一扇新大门的羊群。”
>
> **尼基塔·赫鲁晓夫**
>
> **在会议上描述看到科罗廖夫火箭时的场景**

谢尔盖·帕夫洛维奇·科罗廖夫

谢尔盖·科罗廖夫（1906~1966）出生于乌克兰，1931年创办MosGIRD火箭俱乐部时，他是莫斯科高等技术学校航空工程专业的应届毕业生。他的才华被国家认可，在图哈切夫斯基管辖的火箭研究所领导一支科研团队。1938年，科罗廖夫被捕，随后被送往科累马金矿。后来他被召回工作，参与飞机设计研究和火箭项目。1944年获释后，谢尔盖·科罗廖夫领导了战后苏联火箭项目建设。他开创了许多第一次，包括第一次发射人造卫星和第一次人类太空旅行。谢尔盖·科罗廖夫在1966年死于癌症，是苏联太空项目的重大损失。

苏联英雄
科罗廖夫堪称是一位苏联的国家英雄型人物。正是他的设计天分、惊人意志力和聪明才智，才使得他能顺利地开展工作。

"斯普特尼克1号"

外观

直径为58厘米（23英寸）的铝球

3米（9英尺）长的鞭状空中无线电发射天线

具有象征意义的球体

这颗卫星的重要作用是向全世界证明苏联科技的发达。它在进入轨道后发射的信号宣告了太空时代的开始。

"斯普特尼克1号"（Sputnik 1）是世界上第一颗人造地球卫星，1957年10月4日深夜在丘拉塔姆的拜科努尔航天发射基地发射升空。为最大程度地降低失败率，苏联团队选择了简单卫星，比苏联R-7火箭升入太空的最大负载轻得多。谢尔盖·科罗廖夫卧在沙坑里看巨大的火箭升空，对自己的成功产生了怀疑。"这一切都是真的吗？"他说，"我们真的做到了吗？""斯普特尼克1号"在地球外800千米（500英里）环行，发射机发出嘟嘟声时，苏联举国欢腾。即将就任美国总统的林登·B. 约翰逊回忆起美国人的反应："意识到别国可能比我们的国家技术更先进，人们大为震惊。"

部件分解图

"斯普特尼克1号"内部

"斯普特尼克1号"是个铝球，内有两台无线电发射器、一组银锌电池和一个温度计等，重84千克（184磅）。它的飞行速度为30000千米/小时（18000英里/小时），每96分钟绕地球飞行一圈。

"二战"结束后，苏联控制了诺德豪森的V-2生产基地，还捕获了一些为德国火箭项目工作的科学家和技术人员，但总体水平较低。科罗廖夫和瓦伦汀·格鲁什科（Valentin Glushko）等苏联火箭专家利用这些渠道的情报，继续推动苏联火箭项目的发展。20世纪50年代早期，苏联的火箭发动机已能产生超过90000千克（200000磅）的推力——而"红石"火箭的发动机推力则为35000千克（75000磅）。

第一颗人造卫星

美国把大部分精力放在发展核轰炸机部队上，而1952年后，苏联把主要资源用于研制核武装的洲际弹道导弹（ICBM）。正如苏联空军上将日加列夫（Zhigarev）所言，目标是制造"能袭击美国大陆的远程可靠火箭"。1955~1956年，一种名为"拜科努尔航天发射场"的新综合发射设施在苏联问世。苏联将要试验一种震惊世界的火箭。科罗廖夫把5台火箭发动机组合在一起，为R-7"桦树"导弹提供了约455000千克（100万磅）推力。导弹射程为6400千米（4000英里），这也是世界上第一种洲际弹道导弹，能承载1吨物体进入太空。

经过再三延迟后，R-7在1957年5月开始试验发射，然而前8次尝试不是发射中止就是点火不久就爆炸了。正当科罗廖夫濒临精神崩溃之际，1957年8月21日的一次飞行试验终于取得了彻底的成功。第二次成功后，苏联领导人下令发射人造卫星。10月4日，苏联发射了"斯普特尼克1号"，造成巨大轰动。苏联领导人立刻下令再发射一颗。整整一个月后，"斯普特尼克2号"将一只狗送入地球轨道。

太空狗

不幸的"莱卡"（Laika）在太空舱里，它是第一个在太空旅行的生物。这只实验狗为此次旅行付出了生命的代价，最终于进入太空数小时后，在"斯普特尼克2号"中离世，主要原因是轨道过热及外太空压力。

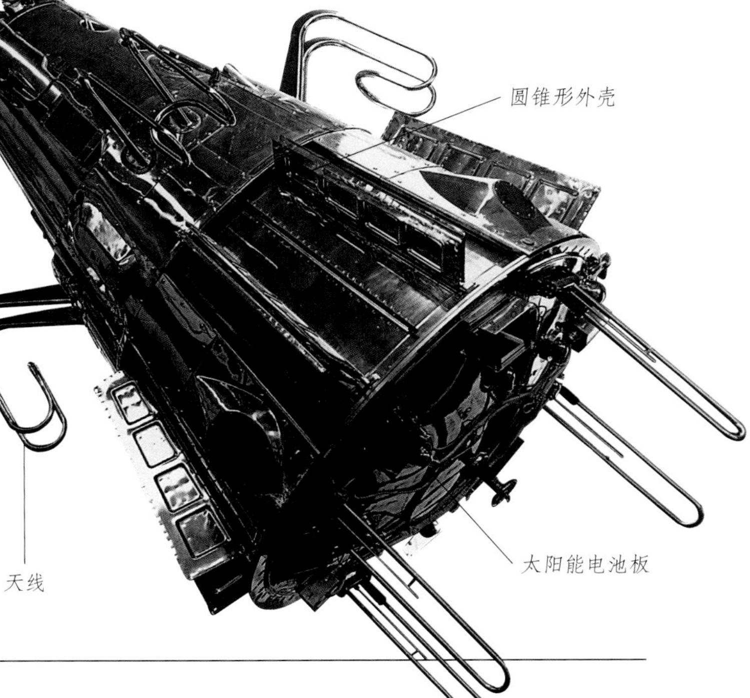

"斯普特尼克3号"

1958年5月15日发射的"斯普特尼克3号"是圆锥形的，长3.57米，宽1.73米（长11英尺8英寸，宽5英尺8英寸），重1327千克（2919磅）。它由卫星主体上覆盖的太阳能电池板提供动力。

与此同时，美国在已经拉开序幕的“太空竞赛”中加紧了步伐。美苏都宣布要在1957到1958年间的“国际地球物理年”发射一颗卫星。美国建造出名为“先锋”号（Vanguard）的火箭，推力和有效载荷都无法和苏联的R-7相提并论，但它在1957年12月首次发射却是万众期待，美国迫切需要它能有力反击“斯普特尼克”。然而，“先锋”号火箭却在发射时爆炸——一位目击者描述，这次爆炸“像是地狱之门被打开了”。苏联讽刺地询问美国需不需要“落后国家”的技术支援。

幸运的是，“先锋”号并非美国仅有的卫星项目。为美国陆军工作的沃纳·冯·布劳恩团队在亨茨维尔建造出“红石”火箭更强有力的改进型“朱庇特-C”，可以经过改装发射卫星。尽管军种间的竞争导致陆军远程火箭计划遭到削减，但“斯普特尼克”发射带来冲击时，冯·布劳恩和他的老板约翰·梅达里斯（John Medaris）上将已经准备提出发射卫星的请求了。“朱庇特-C”被改装成“朱诺1号”（Juno 1）运载火箭，同时，加利福尼亚州的喷气推进实验室在威廉·皮克林（William Pickering）的领导下组装出一颗卫星。1958年1月31日，“探险者1号”（Explorer 1）成功进入轨道。与第一批苏联卫星不同，它配备了最先进的科学仪器，确认了地球磁场间有辐射地带，就是如今所说的“范·艾伦辐射带”——以艾奥瓦大学物理学家詹姆斯·范·艾伦（James Van Allen）的名字命名，他设计了“探险者1号”的试验。

然而，长期以来，对科学知识或改良通信等实用科技目标的追求并不是美苏太空项目的主要目的。太空竞赛是两个超级大国之间的竞争，两国都想在宇宙舞台上证明自己的力量。双方都明白，在世界人们的眼中，先

航天飞机

北美X-15火箭飞机的飞行高度能达到108千米（67英里），足以在次轨道空间飞行。但它不能进入轨道，即使可以，也无法安全重返大气层内。

“他们从1.75亿美国人中站出来……（他们是）7位哥伦比亚坚石雕刻出的硬汉……”

《时代周刊》

写于“水星计划”7位宇航员首次新闻发布会后

美国第一批宇航员

1962年，“水星七人组”身穿航天服拍了一张正式合影：（从左到右依次是）沃利·施艾拉（Wally Schirra）、艾伦·谢泼德（Alan Shepherd）、迪克·斯雷顿（Deke Slayton）、加斯·格里森（Gus Grissom）、约翰·格伦（John Glenn）、戈尔登·库珀（Gordon Cooper）和斯科特·卡彭特（Scott Carpenter）。他们因被太空计划选中而成为当时全世界最有名的人。

把人类送上太空的就是获胜者（起码是第一轮的）。当务之急不是长期计划或实用性，而是尽快把人类送入太空。

1958年，美国把宇宙探险的基层组织分成三类。艾森豪威尔总统决定其中一类应由民众控制，于是选择把关注飞行试验且历史悠久的美国国家航空咨询委员会（NACA）转变成美国国家航空航天局（NASA）。美国空军负责第二个计划，继续和中情局合作开展自己的侦察卫星项目。第三个计划也由美国空军掌管，带有军事目的，而陆军很快被要求停止探索太空。1960年，冯·布劳恩团队被移交到NASA，成立“乔治·C. 马歇尔太空飞行中心”。

NACA曾和美国空军合作进行了X-15试验火箭飞机计划，许多工程师认为该飞机是通往太空旅行之路的垫脚石。X-15的速度可以媲美运载火箭，能抵达大气层边缘。NACA的工程师认为下一代X飞机就能进入太空轨道再飞回陆地。但NASA忙于尽快把人类送上太空，没时间等待或研究有翼飞机能否做到这一点。为支持冯·布劳恩在未来建造大型运载火箭的计划，目前所需的是太空舱和一项利用现有火箭技术能实现让一位美国人往返太空的飞行计划。

NASA成立时，工程师马克西姆·费格特（Maxime Faget）勾勒出所需机器的蓝图。要小巧轻便，能由“红石”火箭送到亚轨道飞行，太空舱应该是圆锥形，装有火箭发动机以在重返大气层时减速，还要有保护座舱的防热罩。下降时，底座朝下，打开降落伞落入海中。尽管存在缺陷，但只要能把美国人送上太空就行了。

最初，马戏团演员似乎是美国第一批宇航员的合适人选，但艾森豪威尔明智地主张应该启用军事试飞员。

太空猿
1961年，NASA将大猩猩“哈姆”（Ham）送上太空。“哈姆”比太空狗“莱卡”幸运，存活了下来。

宇航员训练

在失重状态下移动
受训的“水星计划”宇航员正在一架运输机的货舱里体验失重状态。飞机按抛物线飞行，达到弧形顶端再下降时会创造零重力条件，最多持续45秒。

海上练习
宇航员们正在成对练习“海中溅落”。这是一种笨拙但实用的无翼降落方法。

美国第一批宇航员接受的训练主要是反复模拟太空飞行状态，包括失重和快速提速产生的重力。失重体验是这样创造的——飞行员进入以抛物线或驼峰路线飞行的飞机，这种轨道会创造短暂的无重力条件。他们还被固定在宾夕法尼亚州约翰斯威尔（Johnsville）的美国海军离心机巨大手臂的一端进行旋转，由计算机再现太空飞行不同阶段中宇航员会经历的不同重力加速度。

宇航员们还要练习连续数小时躺在卡纳维拉尔角的模拟器中，坐在椅背着地的座位上，紧盯“水星”宇宙飞船控制台的复制品。还需要进行例行飞行训练，学会处理各种紧急事件。

宇航员都是技术娴熟的试飞员，最初不满这个像是视他们为自动化系统中“多余部件”的项目。他们想驾驶太空飞船，而不是作为测试太空飞行对人体影响的被动试验品。从一开始，这些宇航员就成功赢得了比早期苏联宇航员更多的操纵权。他们很快发现亲自操作是至关重要的，因为自动化系统的正确率不足百分之一。

“水星计划”七人组

严格的选拔程序开始了，这次选拔旨在选出能代表美国实力和骄傲的人。候选人需要接受过大学教育，体力和精神状态极佳，还有具备能成为美国英雄的生活方式和个人品质。最后选出来的7位都是已经结婚生子的男性，年龄在32~37岁之间。他们参加的计划被称为“水星”，他们是“水星七人组”。

当然，“水星计划”宇航员不像选拔者可能希冀的那样具备同样品质。最年长的海军上校约翰·格伦是参加过“二战”的老兵，性情温和，信念坚定。艾伦·谢泼德和沃利·施艾拉则更加外向，喜欢恶作剧和飙车。有些人的家庭生活并不像《生活》杂志上人物介绍中所写的那么理想，但面对这项危险任务，他们都具备一定的勇气。

第一次人类太空旅行

第一次人类太空旅行呈现给世人的是苏联技术顺利可靠的胜利，但实际上，他们使用的设备险些酿成大祸。

1961年4月12日清晨，宇航员尤里·阿列克谢耶维奇·加加林（Yuri Alexeyevich Gagarin）爬上发射塔顶部“东方”号宇宙飞船狭小而简易的太空舱。他在里面听着歌曲，50分钟后发射工作才准备就绪。接着，引擎轰鸣，加加林感觉到随着飞船向上加速，过载也在增加。几分钟后，火箭脱离，他进入了轨道，在失重环境下泰然自若，欣赏着壮观景象。向东飞过太平洋时，他陷入突如其来的黑暗中，穿过南美洲来到大西洋上空时又迎来破晓。

飞行1小时15分钟后，加加林听到也感觉到制动火箭点燃，开始返回了。但返回舱没能脱离飞船。加加林感觉自己滚动着进入了大气层。“先是头，再是脚，快速地滚动。”这种情况持续了10分钟，直到一根电缆烧断了，返回舱终获自由。

穿过大气层时，加加林听到防热罩在高温中碎裂的声音，感到过载增强。不过一切还算顺利。按计划，返回舱舱门在7000米（23000英尺）的空中打开，加加林的弹射座椅发射。他跳伞降落到萨拉托夫市附近的耕地上。

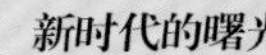

新时代的曙光

1961年4月12日，“东方1号”从拜科努尔发射场起飞，人类太空旅行时代由此拉开序幕。宇航员尤里·加加林在短短1小时48分钟内绕地球飞行了一圈。

勇敢的乘客

实际上，加加林只能算是“东方”号宇宙飞船的乘客。飞船的控制装置都被锁住了，但舱中密封信封里有一把钥匙，以防紧急情况发生，需要加加林进行操纵。

> “这种声音……很像飞机发出的声音。接着，火箭顺畅轻松地升空……”
>
> **尤里·加加林**
> **如此描述他的第一次太空飞行**

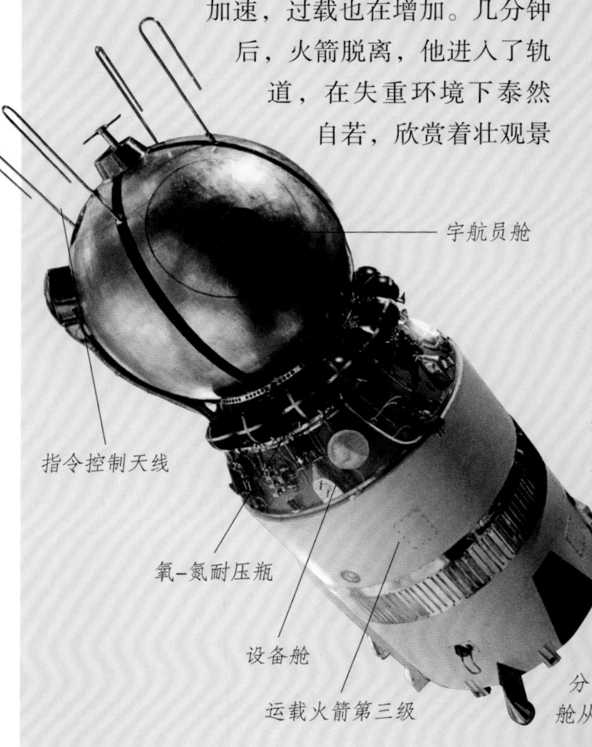

“东方1号”

宇航员待在“东方”号宇宙飞船顶部小小的球形太空舱内。飞船其他部分包括环境控制系统和点燃后让太空舱从轨道返回的反推力火箭。

火箭动力

将“东方”号送入轨道的运载火箭直接脱胎于在1957年发射了“斯普特尼克1号”的R-7，由一组核心装置和四个助推器组成。

显而易见，“水星”宇航员面临着未知的风险。这个计划是匆忙执行的——本来目标是在20世纪60年代中期实现载人飞行——但火箭技术依然不稳定，危险性高。计划使用“红石”运载火箭实现亚轨道飞行，然后使用更强大的“阿特拉斯”（Atlas）运载火箭实现轨道飞行。然而，1960年7月，载有“水星”太空舱的“阿特拉斯”在试射时刚升空就爆炸了，场面惊人。同年11月，“红石”和“水星”的组合也以失败告终，只离开发射台15厘米（6英寸）就坠落了。

功败垂成

因此，1961年1月31日，当一只叫“哈姆”的大猩猩被绑在“水星”太空舱里成功送上太空时，NASA并没有如释重负。这件事远远不算顺利——“哈姆”最后降落到了距预定海域210千米（130英里）的地方，被发现时已经奄奄一息了。

骄傲且技术娴熟的“水星计划”宇航员也不愿意说自己一直以来苦苦训练的飞行竟然被一只猩猩成功实现了。

但NASA准备在春天把人发射到太空，为了处理“哈姆”的太空冒险暴露的小故障，将计划从3月推迟到5月。这是次小延迟，却让苏联占了先机。

与美国太空计划星光熠熠、万众瞩目完全不同，苏联秘密开展工作。出现在公众面前的是一系列毫无事先通知的成功——这种突如其来提升了成功的影响力。

1959年，苏联通过“月球”号宇宙飞船赢得了第一场月球竞赛，“月球2号”撞上月球表面，“月球3号”绕月球飞行，第一次拍下月球背面的照片。但也有世界看不到的缺陷。1960年10月，将无人宇宙飞船送往火星的尝试失败了，随后发生了太空时代最悲惨的灾难，高级军官、工程师和技术人员在检查拜科努尔发射台上一枚新型推进火箭时，它突然点燃了。结果超过100人被火焰瞬间吞没。

登月计划

1961年5月25日，肯尼迪总统对国会宣布，美国将致力于在60年代末实现“把人类送上月球，并让他们安全返回地球”的目标。

和美国一样，苏联拼命想率先把人类送上太空，他们从空军战斗机飞行员中挑选了一支宇航员学员队伍。这20位宇航员比美国同行年轻得多，年龄在24岁到34岁之间。与立刻成名的“水星七人组”不同，他们并没有出现在公众面前，其存在是个秘密。因此，他们可以略去不表。1961年3月，24岁的宇航员瓦伦汀·邦达连科（Valentin Bondarenko）进行了一系列测试，需要住在高压氧舱里。他使用电热板做饭，试验结束时，他不小心把一块沾了酒精的棉布丢到电热板上，充满氧气的空气立刻爆炸起火。邦达连科被严重烧伤，不久后就去世了。

由于保密性需要，此类事件在苏联载人空间计划中无迹可寻。1960年5月，苏联开始试射“东方”号宇宙飞船，名副其实地把一整座动物园送入了轨道，包括狗、大鼠、小鼠、青蛙和豚鼠。

1961年4月，他们已经准备好动真格的了。邦达伦科去世仅三个星期，尤里·加加林就进入了轨道，一度成为世界上最著名的人。

毫无疑问，苏联的太空探索工作或其效果背后存在着其他目的动机。在第三世界中，每年都有新国家摆脱西方殖民的束缚，这些国家的民众视苏联为科技力量的领头人。输掉太空竞赛严重打击了美国的全球利益，尤其是当时冷战对抗进入白热化阶段。

尤里·加加林

尤里·阿列克谢耶维奇·加加林（1934~1968）出生于斯摩棱斯克附近的一个集体农庄。童年时，他在“二战”期间的纳粹占领中幸免于难。20世纪50年代，他来到专科学校，家人希望他能成为工厂主管。然而，他选择了空军训练课程，在1957年作为飞行军官毕业。1960年3月，26岁的他被挑选训练成宇航员，不过这并没有立刻带来荣耀。加加林当时刚结婚生子——他的第二个孩子在他第一次太空飞行一个月前出生——他住在莫斯科的简陋公寓里，每天乘车到市郊接受宇航员训练。

成为苏联英雄后，他的生活有了翻天覆地的变化，名人和外国官员来访不断。加加林一直渴望重返飞行和太空。他希望在1968年重新开始宇航员和喷气战斗机训练。但在那年5月，他因驾驶米格-15UTI教练机意外坠毁而亡。

富有魅力的英雄

荣升为苏联空军上校后，尤里·加加林成为出色的“国家大使”，作为苏联英雄这个公众角色展现自信的魅力。

> “这是探索的新时代；太空就是我们伟大的新疆域。”
>
> **约翰·F. 肯尼迪**
>
> **1960年作为美国总统候选人时的讲话**

加加林赢得了竞赛，成为进入太空第一人，美国唯一获胜的机会就是加大赌注——树立更有野心的目标，争取足够时间赶超苏联。

于是，美国新任总统约翰·F. 肯尼迪决定在人类登月计划上向苏联发出挑战。

他的前任艾森豪威尔在长期载人太空计划的巨额开支面前望而却步，把“水星”项目视为终点而非起点。肯尼迪却不计高昂代价，迫切地要开展大胆的科技项目，以保持美国的国际形象。

1961年5月25日，肯尼迪告诉国会：“我相信，我们的国家应该努力实现这个目标，在十年内把人类送上月球，并让他们安全返回地球。”一些美国太空专家认为，在规定的时间里实现目标是不可能的。但木已成舟。在肯尼迪对国会发表这个著名演讲前，“水星计划”已取得第一次胜利，美国人欢欣鼓舞。1961年5月5日，宇航员艾伦·B.谢泼德克服重重困难，进入“红石”推进火箭顶端的“自由7号”宇宙飞船中。在一次次延迟中，他被迫以后背朝地，面朝天空，难以移动的姿势等了4个小时。这让他的膀胱处于十分窘迫的处境，因为这原本是个15分钟的任务，没人考虑小便要怎么解决。终于，快9点30分时，最后的倒计时终于开始了。美国各地的数百万民众守在电视机或收音机前紧张地聚焦这一历史时刻。

> “为什么不处理好你的小故障……然后点燃蜡烛呢？”
>
> **艾伦·B. 谢泼德**
>
> **1961年发射前对地面控制站说**

“红石”从发射台上顺利升起，穿过大气层。火箭和飞船分离后，谢泼德航行到高达186千米（116英里）的太空，通过无线电传送，他的声音传播到了全美国。

美国的第一次

1961年5月5日，艾伦·B.谢泼德成为第一位进入太空的美国人。“红石”火箭发射器（左图）没有足够动力把“自由7号”送入轨道。谢泼德最高升到186千米（116英里）。在15分钟的飞行里，一台飞船相机（左下图）记录下宇航员的面部表情。后来谢泼德落到海里，被一架美国海军直升机救起（下图）并送到“张伯伦湖”号航空母舰上。

安全返回

谢泼德抓住机会试验人为操纵飞船仰俯、偏航和侧倾，对不想沦为“乘客”的宇航员而言，这是非常重要的。他成功重返大气层，落在百慕大附近的大西洋上，距离佛罗里达的出发点480千米（300英里）。

从某种程度上说，谢泼德在太空环行15分钟只是凸显了美国落后于苏联的程度之深——无法同加加林108分钟的轨道飞行相提并论。但也显示了美国在利用大众传媒方面远远强于苏联。在美国，太空竞赛从一开始就是电视景观。它是扣人心弦的“戏剧”，会激发全世界观众的情感。

在接下来的两年中，美国和苏联利用“水星”和“东方”飞船继续自己的载人飞行计划。

1961年7月，加斯·格里森追随谢泼德的脚步进行亚轨道飞行，但后来在海上溅落时，他的应急舱口突然打开，但他死里逃生。返回舱已经灌满了水，格里森赶快逃了出去，他全身湿透了，但好在逃过一劫，而宇宙飞船却沉没失踪了。

次月，盖尔曼·蒂托夫（Gherman Titov）乘坐“东方2号”（苏联按顺序命名“东方”飞船，但所有“水星”飞船都以序号7来命名）在轨道中飞行超过24小时，令美国相形见绌。

1962年，美国至少已经克服了“阿特拉斯”运载火箭试验的诸多难题，准备将一名宇航员送上太空轨道。2月20日，约翰·格伦坐在完美运行的“阿特拉斯”顶部的“友谊7号”飞船中从卡纳维拉尔角升空。

这不再是被发射到太空的人肉加农炮弹，而是真正的太空轨道飞行。在4小时55分钟的飞行时间里，格伦绕地球飞行了3圈。这绝对算不上是一次观光之旅。一些自动装置出现的问题，让人紧张不安，地面控制站一度以为太空舱防

“友谊7号”内部

与苏联“东方”号太空舱相比，约翰·格伦的“友谊7号”满是仪表盘和旋钮——这部分是由于“水星”宇航员在训练时坚持要在太空飞船上安装尽可能多的人工控制装置。

飞向轨道

1962年2月20日，“阿特拉斯”火箭携带“友谊7号”宇宙飞船和船内的约翰·格伦从卡纳维拉尔角点火起飞。美国空军建造的“阿特拉斯”比“红石”强大的多。格伦在长约5小时的飞行中绕了地球3圈。

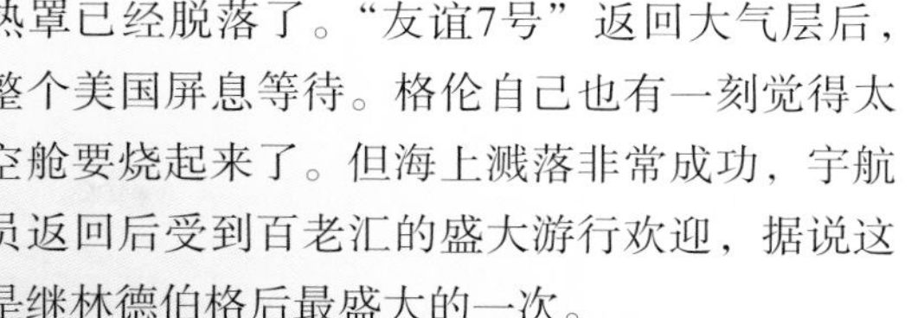

热罩已经脱落了。"友谊7号"返回大气层后，整个美国屏息等待。格伦自己也有一刻觉得太空舱要烧起来了。但海上溅落非常成功，宇航员返回后受到百老汇的盛大游行欢迎，据说这是继林德伯格后最盛大的一次。

时间最长的太空飞行依旧花落苏联，1963年6月，瓦莱里·别克维斯基（Valery Bykovsky）乘坐"东方5号"，差1小时就飞行满了5天。苏联继续获得加分。别克维斯基还在环绕地球时，曾经是棉纺织厂工人的瓦莲京娜·捷列什科娃（Valentina Tereshkova）乘坐"东方6号"升空。苏联不仅同时有两位轨道飞行者——他们已是第二次完成这个壮举——而且其中还有第一位登上太空的女性。从这方面看，苏联领先了美国20年。"水星"项目的最长飞行时间则是34小时20分钟，由戈尔登·库珀在1963年5月完成。他是"水星七人组"中第六位进入太空的，也是该项目的最后一人。因为心脏有小毛病，迪克·斯雷顿错失机会。但在1975年，斯雷顿也终于进入了太空。

人类登月的目标宣布后，"水星"项目变得更为重要——它是了解人类太空飞行的第一步。然而，从"水星"飞船和它的推进火箭到月球旅行之间没有罗马大道。登上月球不仅需要更加强大的推进火箭，还要求宇宙飞船上有动力装置和能实现在太空中与其他飞船对接等精密操作的计算机。它也需要宇航员能在太空中停留更长时间，能在飞船外活动——这样他们就能在没有空气的月球上行走了。为发展这些能力和科技，NASA开展"双子座计划"，同时，"阿波罗"登月项目的准备工作进入高潮。

到1964年，美国的太空项目已经成为国家历史上投入心血最多的活动之一。但苏联依然居于领先地位。

"双子座4号"宇宙飞船

"双子座"号双人宇宙飞船是"水星"号太空舱取得的巨大飞跃。它重3200千克（7000磅），可以由飞行员控制在太空中完成复杂操作。其旋转舱门更方便太空行走。

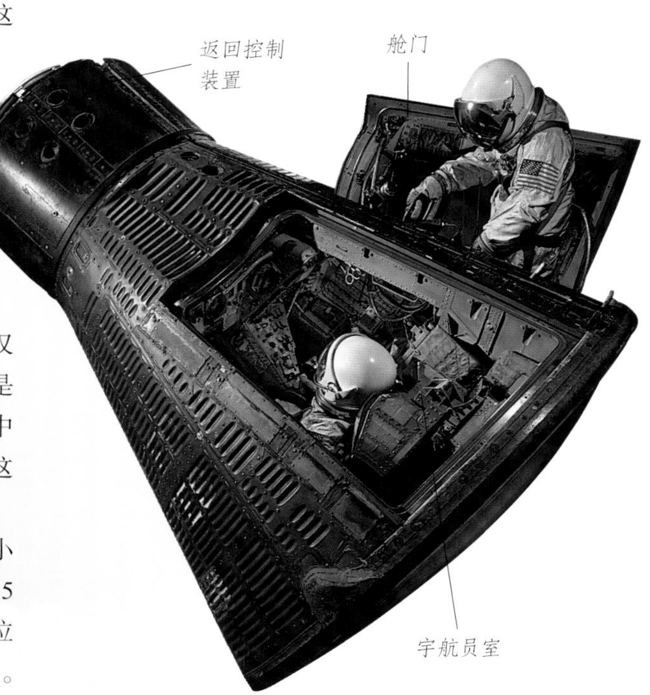

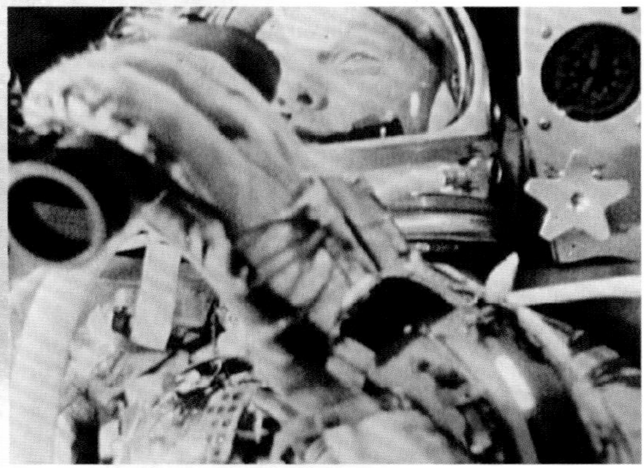

轨道中的格伦

1962年2月，约翰·格伦在用光度计看落日，他于5小时的太空旅行中看了3次落日。飞行中，宇航员看到萤火虫似的东西，不过，这些"太空小虫"其实是太空舱表面落下的冰粒。

太空漫步

“我觉得到处都是红色、白色和蓝色。”

爱德华·H. 怀特

如此描述太空漫步，摘自1965年6月《生活》杂志

苏联决意在太空宣传战中占据领先地位，致使谢尔盖·科罗廖夫在科技未成熟时仓促进行出舱活动（EVA）试验——太空漫步。1965年，意识到美国“双子座”新项目可能会率先实现太空漫步，科罗廖夫开始改装“东方”号以抢占先机。苏联依然使用电子管而非电路板技术，满是管道的太空舱内部不能暴露在太空中。于是科罗廖夫在舱门上安装了一个充气气密舱。宇航员可以爬进去，关闭身后的舱门，然后打开气密舱舱门，飘浮在太空中。

1965年3月18日，宇航员阿列克谢·列昂诺夫（Alexei Leonov）激动地从“上升2号”进入太空，一根脐状式绳索将其与飞船相连，以保持氧气供应和与同事帕维尔·巴亚耶夫（Pavel Belyayev）之间的通信联系，后者留下来控制飞船。不幸的是，列昂诺夫很快就发现绳索缠结又打开，自己不受控制地在旋转。更雪上加霜的是，当他试图回到气密舱时，他的宇航服膨胀起来，进不去舱口。最终，他降低服装内压力，才成功挤了进去。虽然“上升2号”事故多发，最终降落到远离预定目标3200千米（2000

高空生活

照片中为“双子座4号”任务宇航员爱德华·怀特在1965年6月3日留名史册的“太空漫步”中飘浮。怀特右手握着可以在太空中推动他活动的自我操纵枪，通过8米（25英尺）长的绳索与“双子座”飞船相连。

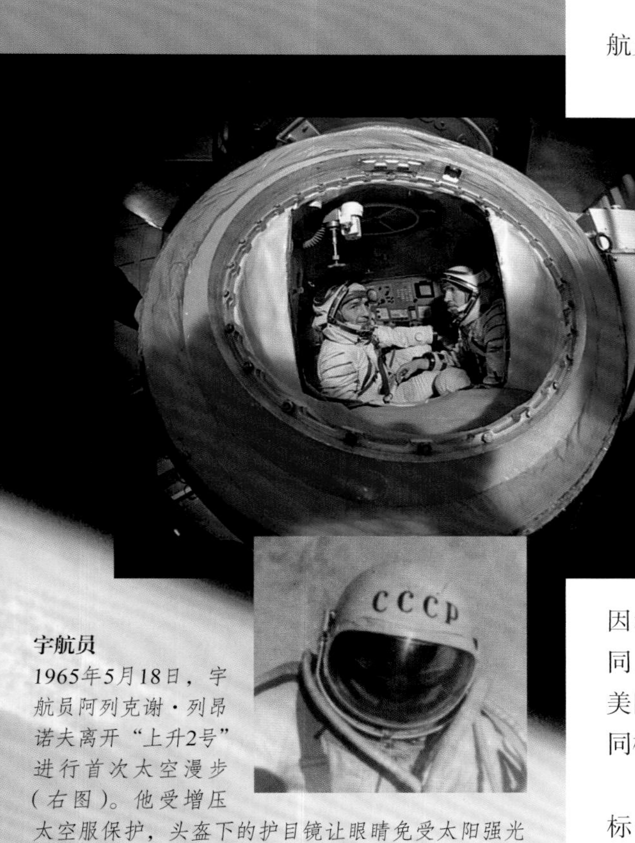

宇航员

1965年5月18日，宇航员阿列克谢·列昂诺夫离开"上升2号"进行首次太空漫步（右图）。他受增压太空服保护，头盔下的护目镜让眼睛免受太阳强光照射。继"东方"号飞船后，苏联开始使用"联盟"号飞船（上图）继续载人任务。

英里）的森林里，列昂诺夫还是成了太空漫步第一人。

美国人的第一次太空漫步与这些宇航员的经历截然不同。1965年6月3日，宇航员爱德华·H. 怀特飘浮出"双子座4号"宇宙飞船的主太空舱。与列昂诺夫不同，怀特有能让他任意移动的手握式设备。设备由两个装满压缩气体的盒子组成，可以喷出小股气流，产生驱动宇航员的足够推力。当然，他也通过绳索同飞船相连。怀特对自己的"无重力杂技表演"非常满意，甚至在计划的10分钟即将结束时开玩笑地威胁说不回去了。

怀特和同事詹姆斯·麦克迪维特（James McDivitt）在太空中待了4天。这是个重大里程碑，比之前美国所有太空飞行加起来的时间都长。尽管苏联的飞行时间更长，但有人担心在零重力环境中待这么久会对宇航员的身体产生不利影响。当在海上溅落的怀特和麦克戴维特被找到时，他们非常健康开朗，长途太空飞行的又一大障碍消除了。

NASA准备用"双子座"宇宙飞船将两名宇航员送上太空时，科罗廖夫更胜一筹。1964年10月，他用"上升"号飞船把三人送入了轨道。这是孤注一掷的危险举动。"上升"号只是旧"东方"号的改进型。

容纳三个人的唯一方法是不让他们穿宇航服，并拆掉弹射座椅。鲍里斯·亚格罗夫（Boris Yegarov）、弗拉基米尔·科马洛夫（Vladimir Komorov）和设计工程师康斯坦丁·费奥克蒂斯托夫（Konstantin Feoktistov）在白天成功进入太空。

因为苏联的保密，美国完全不知道科罗廖夫执行"上升1号"任务时的艰苦卓绝。1964年10月12日，"上升1号"发射后不久，尼基塔·赫鲁晓夫去职，但原因和太空计划无关。和热情洋溢的赫鲁晓夫不同，他的继任者并不支持耗资巨大的太空项目。美国则恰好相反，肯尼迪总统在1963年去世后，同样具有太空意识的林登·B. 约翰逊入主白宫。

美国太空探索工作专注一个坚定目标——把人类送上月球——而苏联的太空计划日益缺乏领导。随着可用资源的减少，苏联不可能随意分配资源。

1965年5月"上升2号"的第一次太空漫步是苏联最后一次领先于NASA。但这是危险的即兴之举，还不是周密计划中谨小慎微的一步。科罗廖夫在1966年1月去世了——他立刻从默默无闻的工程师变为万众尊崇的苏联英雄——也是对苏联的沉重打击。苏联有建造强大火箭和宇宙飞船的经验，已经无法从登月竞赛中抽身了，但1965~1966年间，美国已经领先。

为"双子座计划"和"阿波罗计划"做准备时，NASA的宇航员队伍再次招募新人。这次，没有人犹豫要不要从试飞员变成宇航员。对习惯于驾驶最新喷气战斗机或X飞机的许多人而言，被发射进太空，几乎不能控制飞船可不是有吸引力的选择。如今，不仅有机会踏上月球，宇航员在太空中也能真正控制飞船了。

"双子座"任务

第一次载人"双子座"任务的"双子座3号"在1965年5月23日发射升空。宇航员有原"火星七人组"的加斯·格里森和新手约翰·扬（John Young）。他们乘坐的飞船主要由两部分组成：飞船自身和装有氧气供应、助推器推进剂及其他设备的保障舱。保障舱会在返回前弹射出去。"双子座3号"比"水星"飞船大多了，被发射时能产生196000千克（430000磅）推力的二级火箭"大力神2号"送上太空。

对要执行数周任务的两个人来说，飞船还是太小了。他们并排坐着，每个人的空间还不如一个电话亭大。但对宇航员来说，这就像高性能战斗机的驾驶舱，有弹射座椅和复杂的控制装置，可以让宇航员改变轨道，最终在太空中与其他飞船对接。

并非所有的"双子座"任务都一帆风顺。目标是学习，而经验通常来源于错误。计划最重要的目标是实现两艘飞船间的对接。然而，"双子座6号"和"阿金纳"无人飞船的对接任务被取消，因为后者在发射期间爆炸了。1965年12月，"双子座6号"和"双子座7号"在轨道相会，再次为真正对接做准备。两艘飞船来到距离彼此只有几英尺的地方，"双子座7号"宇航员弗兰克·伯尔曼（Frank Borman）和詹姆斯·洛弗尔（James Lovell）后来继续在太空中生活了两个星期。4个月后，尼尔·阿姆斯特朗（Neil Armstrong）和戴夫·斯科特（Dave Scott）乘坐"双子座8号"与"阿金纳"飞船对接，实现了首次太空成功对接。

太空相会

1965年12月15日，在第一次"双子座"飞船轨道相会中，"双子座6号"的宇航员沃利·施艾拉和托马斯·斯塔福（Tommas Stafford）在靠近"双子座7号"时拍下了这个特写镜头。此活动为人类登月任务做出关键准备。

对接过程并不顺利。相连的飞船开始上下翻滚，宇航员启动了原本用于返回的助推器，试图控制飞船。这的确有效，他们最终死里逃生，完成了首次成功对接。

1966年7月10日，“双子座10号”的对接更为顺利，宇航员是约翰·扬与迈克尔·科林斯（Michael Collins）。他们不仅与“阿金纳”飞船相会并对接，还在两艘飞船相连时进行了机动操作。

在“双子座4号”的成功开端后，太空行走却遭遇难题。“双子座9号”任务期间，宇航员尤金·赛尔南（Gene Cernan）在试图开展舱外工作时陷入严峻困境，被迫削减舱外活动。但1966年11月的最后一次“双子座”任务中，“双子座12号”成功克服所有困难，埃德温·“巴兹”·奥尔德林（Edwin “Buzz” Aldrin）顺利无阻地完成了长达5小时的太空漫步。

不幸的机组人员

“阿波罗1号”任务的成员加斯·格里森、爱德华·怀特和罗杰·查菲（Roger Chaffee）是美国太空计划的首批罹难人员。1967年1月，他们的指挥舱（左图）在进行常规地面检查时突然起火，三人同时遇难。

“阿波罗”在行动

“双子座计划”的顺利实施打开了通往月球的道路。NASA早就确定了最佳路线。1959年，沃纳·冯·布劳恩将新的系列强大推进火箭命名为“土星”。与同时代的火箭先驱一样，冯·布劳恩一直认为人类登月需要这样强大的火箭，因为登月飞船要足够大，才能装载可把飞船从月球表面发射回地球的大量推进剂。然而，肯尼迪总统宣布他的登月计划时间表后，冯·布劳恩明白，发展新火箭会耗时太长。

他转而建议使用两个更小的“土星”火箭，一个把宇航员送上地球轨道，另一个运送推进剂，两者在轨道相对接，再驶向月球。但这个方案没被采纳。1962年，NASA采用了“月亮轨道相会”计划，使用有指挥服务舱（CSM）和登月舱（LM）的宇宙飞船。只有登月舱在月球表面着陆，然后发射起飞，和月球轨道中的CSM会合，一同返回地球。该方案优点在于所需推进剂较少，飞船可以更加小巧轻便，能被推力较弱的火箭发射升空。

把计划付诸实践需要艰苦的努力。冯·布劳恩的马歇尔太空中心与成百上千个承包商、分包商通力合作研发“土星”火箭的同时，格鲁曼公司负责建造登月舱，北美公司应对指挥舱的难题。NASA的附属工厂，1961年在得克萨斯州休斯敦成立的载人宇宙飞船中心，即如今的约翰逊太空中心，成为1965年后美国太空飞行的神经中枢。20世纪60年代中期，NASA的预算增加到每年超过50亿美元，约50万美国人从事太空计划相关工作，其中约3.6万人受雇于NASA。

然而，承包商北美公司经验不足，再加上NASA对常压下充满纯氧的飞船内部空气高度易燃这一点缺乏关注，导致安全问题被严重忽视。宇航员加斯·格里森、爱德华·怀特和罗杰·查菲因此付出了生命的代价。1967年1月21日，为首次载人“阿波罗”飞行做准备的地面试验中，指挥舱内的增压纯氧空气爆燃，这些宇航员们不幸遇难。震惊的NASA暂停了载人任务，仔细检查“阿波罗”宇宙飞船，并进行了千余次设计改动。

1967年，“土星5号”火箭试验成功，NASA在该项目上再创高峰。这台惊人的机器为冯·布劳恩的事业带来至高无上的荣耀。它分为三级，第一级由使用煤油和液氧混合推进剂的5台F-1发动机提供动力，两外两级由使用液氧液氢混合推进剂的J-2发动机驱动——这种推进剂是火箭先驱齐奥尔科夫斯基发明的。

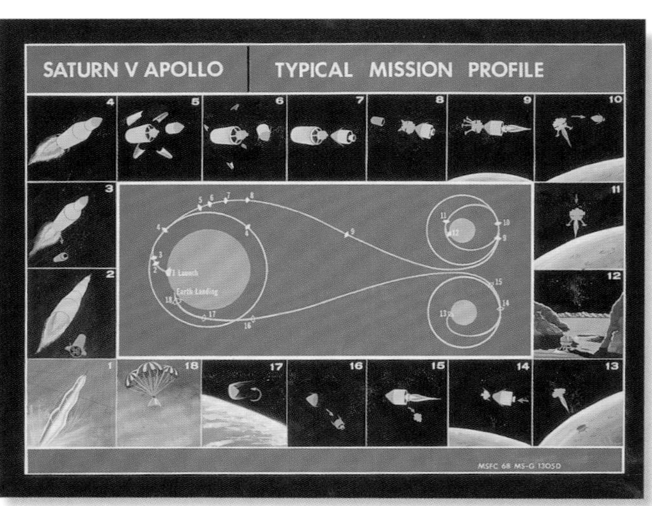

登月任务剖面图

这张描绘“阿波罗”任务计划不同阶段的剖面图形象生动地展示了该行动的复杂程度。计划的关键在于使用登月舱在月球表面着陆，然后再飞回月球轨道与指挥舱会合。

运输“土星”号

将“土星5号”巨型火箭的三级从不同工厂运到目的地卡纳维拉尔角，本身就是不小的成就了。火箭的第二级直径10米（33英尺），只能由特殊汽车运到驳船上，然后从海上运输。

组装“土星5号”
在卡纳维拉尔角的航天器组装大楼里，“土星5号”火箭的三级被安装在一起。火箭高达111米（363英尺），比40层楼还要高。第一级发动机（右图）产生的推力是美国首次太空飞行所用“红石”火箭的100倍。

对镜头微笑

1968年10月，第一次“阿波罗”载人任务期间，瓦尔特·康尼翰（右）举着一幅标语给地球上的电视观众看。“阿波罗7号”舱中有摄影机，观众得以领略宇航员在轨道中的风采。其他成员还有唐·埃斯利（左）和沃利·施艾拉。

可伸缩天线

电视摄像机

花瓣状可折面板

绝缘层

“月球9号”

1966年2月，无人驾驶的“月球9号”首次成功降落在月球表面。

在卡纳维拉尔角的航天器组装大楼中高达115米（380英尺）支撑塔的平台顶部上，三级火箭被组装在一起。接着，火箭、平台和支撑塔被巨型履带车牵引装置送到3英里外的发射台。它在1967年11月9日的第一次发射令所有目击者大吃一惊，340万千克（750万磅）推力产生了小型地震似的冲击波——宇航员迈克尔·科林斯描述说“就像一个巨人抓住我的前领口使劲摇晃”。它是最重的飞行物体，也是历史上最强大的飞行器。

在开展“阿波罗-土星”任务的同时，NASA也进行了无人月球探险，部分是为载人登月做准备。1966年5月到1968年1月，5艘“观测者”飞船在月球着陆；1966年8月到1968年1月，5颗绕月轨道飞行器（月球探测器）拍摄下几乎整个月球表面。这些任务让NASA确定了登月舱可以安全着陆的地点。

月球舱模拟器

登月研究器（LLRV）的设计目的是模拟登月舱在月球着陆的状态。它像一个大型的床架，借助喷气发动机的推力，能下降500米（1500英尺）着陆。1967年，它们成为宇航员训练机。

载人飞行停顿了一段时间，来解决“阿波罗1号”指挥舱着火暴露的问题。建造登月舱时也有延误——这情有可原，因为它有无数零件，每件都需要尽可能做到完美无缺。1968年4月“土星2号”第二次试射时暴露了许多小问题，所幸很快就得到解决。直到1968年10月，美国宇航员才重返太空，“阿波罗7号”载着沃利·施艾拉、唐·埃斯利（Donn Eisele）和瓦尔特·康尼翰（Walt Cunningham）进入地球轨道。

苏方的进展

就在“阿波罗”项目按部就班向着目标前进时，NASA时刻担心苏联可能会实现飞跃，一举将人类送上月球。1966年2月，苏联“月球9号”宇宙飞船登上月球，早于美国“观测者”任务3个月。可以预计，他们也会再次出其不意，赢得接下来的两个“第一次”——第一次人类绕月飞行和第一次载人登月。

苏联其实考虑过这两项任务，尽管他们的太空计划在规模和资源方面早已不占优势。1966年首次进入轨道的新型无人驾驶“联盟”号宇宙飞船成为环月飞船“探测器”号的基础，该飞船由“质子”号三级火箭发射。一艘搭载两名宇航员的宇宙飞船也以“联盟”号为蓝本，其中一名宇航员乘月球着陆器抵达月球表面。这项任务需要更强大的火箭：N-1四级火箭。苏联的载人登月计划与美国的主要不同在于，宇航员必须在执行太空行走任务时，能在宇宙飞船主体和月球着陆器之间往来。

直到1964年，苏联才授权进行载人登月计划，已经晚于美国的苏联很快就落得更远了。“联盟”号的无人驾驶试飞暴露了在载人飞行前需要解决的问题，但它们没能得到解决。1967年4月，40岁的宇航员弗拉基米尔·科马洛夫乘坐问题繁多的“联盟”号被送入轨道，他在1964年10月执行过极度危险的三人无宇航服“东方”号任务并幸免于难。按计划，他应该与另一艘“联盟”号飞船相会并对接，但科马洛夫的处境愈加困难，计划被取消。他只在太空中停留了一天就被要求返回地球。飞船部分失去控制，返回的过程也异常艰难。终于回到大气层内后，他的降落伞无法打开，因而不幸高速坠落地面。科马洛夫是第一位遇难的空间飞行者。

月球轨道竞赛

科马洛夫去世后，苏联连续18个月没有进行载人太空飞行——几乎与“阿波罗1号”起火后美国载人任务的停顿时间相同。1968年10月，在“阿波罗7号”任务一个星期后，一名宇航员重返太空，一艘有人驾驶的“联盟”号飞船在地球轨道中接近另一艘无人驾驶飞船。同时，强大的N-1火箭——苏联版“土星5号”——也已经准备就绪。更让NASA担忧的是，1968年9月，一艘无人驾驶的“探测器”号飞船——“探测器5号”，环绕月球又返回地球。宇航员阿列克谢·列昂诺夫和奥列格·马克洛夫（Oleg Makarov）开始训练绕月球飞行，希望苏联能再度夺得第一。科马洛夫去世后，N-1火箭试验再未成功，“探测器5号”返回轨道太高，会威胁到所有宇航员的生命安全，所以苏联更加谨慎。另一次无人飞行由“探测器6号”进行，被安排在12月以提高宇航员的生还率。就在苏联犹豫之际，美国后来居上。

NASA本来计划在“阿波罗7号”发射后再在地球轨道中执行一次任务，以检测登月舱和对接步骤。然后将“阿波罗9号”送入月球轨道，为最终进行月球着陆的任务做好一切准备。但不想被苏联拔去头筹的欲望促成了计划的改变。“阿波罗8号”的登月舱不可用，因此NASA直接开展了月球轨道载人飞行。

1968年12月21日，弗兰克·伯尔曼、詹姆斯·洛弗尔和威廉·安德斯（William Anders）乘坐的“阿波罗8号”发射升空。他们是第一批体验强大的“土星5号”火箭的宇航员——“阿波罗7号”是被“土星”1B送入轨道的。被推进器的力量摇晃震颤着，他们在11分钟后进入地球轨道。3小时后，“土星”号的第三级J-2发动机点燃，把他们送入太空。在为时3天、航程40万千米（25万英里）的月球之旅中，第一批离开地球轨道的人看着母亲星球在身后逐渐缩小。

惊艳之照
1968年平安夜，宇航员威廉·安德斯在“阿波罗8号”飞船中拍下这张惊艳之照。这是从月球轨道看到的地球，前景是月球表面。

他们的太空飞行航线正确，和地面的通信良好，直到飞船消失在月球后面。飞船助推火箭突然发力，把飞船送入月球轨道，飞船要在月球轨道停留20个小时。该事件成为媒体奇观，数百万观众从电视上观看宇航员和飞船下面经过的月球表面的黑白影像，这些影像被直播给了全世界。他们听到飞船成员谈对太空的印象，洛弗尔形容那是“巨大的孤寂感”。因为是平安夜，伯尔曼祝“美丽地球上的所有人”圣诞

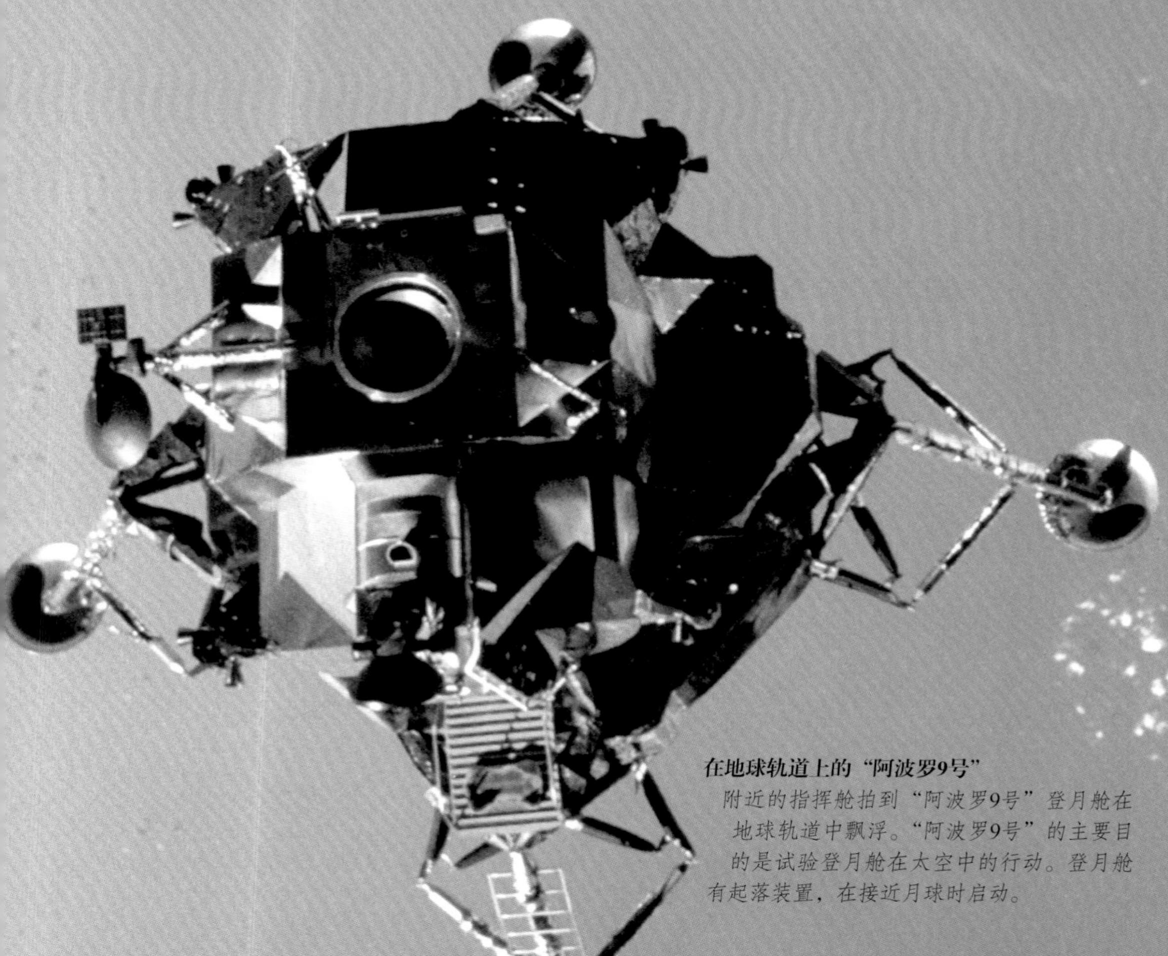

在地球轨道上的“阿波罗9号”
附近的指挥舱拍到“阿波罗9号”登月舱在地球轨道中飘浮。“阿波罗9号”的主要目的是试验登月舱在太空中的行动。登月舱有起落装置，在接近月球时启动。

> “从这里看去，地球就像一片广袤无垠太空中的美丽绿洲。”
>
> **詹姆斯·洛弗尔**
>
> **“阿波罗8号”宇航员在电视直播中如此描述，1968年12月24日**

快乐。

“阿波罗”飞船于12月27日安全返回，在海上溅落，带回了人类历史上最著名的照片之一——蓝色地球从月球黯淡的地平线升起，与漆黑一片的太空形成鲜明对比。

“土星”号点火升空
“阿波罗11号”发射的逐帧影像生动地展示了“土星”号的威力。第一级发动机在1分钟内用了15万升（4万美国加仑）推进剂。

这张照片广为流传，让人们认识到地球是个美丽又脆弱的星球，它在荒凉无垠的宇宙中能够维系生命是个奇迹，人类应满怀敬畏之心好好对待它。

一马当先

“阿波罗8号”大获成功后，就只剩下登月之争了。苏联绕月飞行如今变得毫无意义，而N-1火箭试射总是失败，让宇航员首次登上月球也是绝无可能了。苏联继续在地球轨道进行壮观的“联盟”号相会与对接，开始暗示自己根本无意登上月球。

NASA欢欣鼓舞，准备进行载人月球着陆计划了。1969年3月，“阿波罗9号”任务成功把登月舱按计划送入地球轨道，宇航员为詹姆斯·麦克迪维特和罗素·施威卡特（Russell Schweickart）。

同年5月，“阿波罗10号”在月球轨道中完成相同操作。任务指令长托马斯·斯塔福和驾驶员尤金·赛尔南驾驶登月舱飞到距离月球表面15000米（50000英尺）的空中，同时，约翰·扬在月轨指挥舱中等待他们返回。往返月球的旅行又一次顺利实现了。

一小步
NASA一直都明白电视报道的重要性，他们用摄影机拍下了尼尔·阿姆斯特朗走出“鹰”号登月舱，爬下梯子来到月球表面的过程。重压之下，阿姆斯特朗轻声说起已经在心里排练无数遍的话：“这是个人的一小步，却是人类的一大步。”（That's one Small Step for Man, One Giant Leap for Mankind.）

重要时刻来临

人类登陆月球已经是万事俱备了。

“阿波罗11号”即将完成肯尼迪总统设下的目标，而距离10年内的最终期限还有5个月。飞行人员有指令长尼尔·阿姆斯特朗、埃德温·“巴兹”·奥尔德林以及迈克尔·科林斯。“阿波罗计划”的成员是轮流执行任务的，以避免个人间的不良竞争。

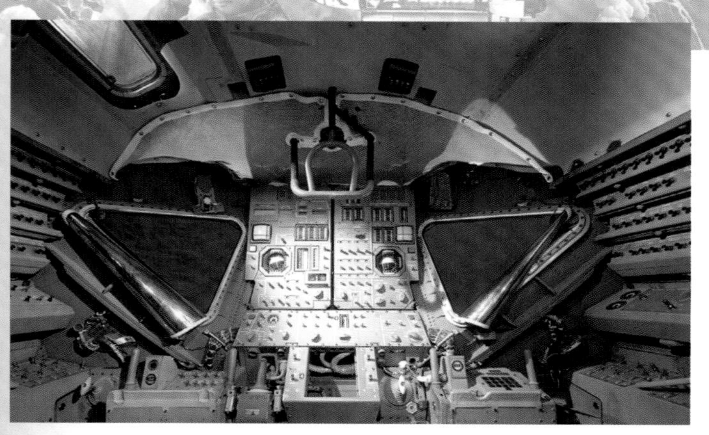

登月舱

这个复制品展示了尼尔·阿姆斯特朗和埃德温·奥尔德林降落月球时所乘登月舱的内部构造。他们并排站着，阿姆斯特朗在左，奥尔德林在右，各自旁边有一扇视角有限的三角舷窗。

因此，阿姆斯特朗机组成功登月纯属运气，不能说明他们比其他宇航员更优秀。科林斯由于脊椎问题被迫退出“阿波罗8号”任务，这次替换了“阿波罗11号”原定宇航员詹姆斯·洛弗尔，成为阿姆斯特朗机组的一员。

1969年7月16日，阿姆斯特朗、奥尔德林和科林斯从肯尼迪角（卡纳维拉尔角）的39A发射台起飞。在飞向月球轨道的3天旅行中，他们在“哥伦比亚”指挥舱中有大把时间欣赏壮观景色。阿姆斯特朗觉得，最激动人心的时刻就是通过月球阴影时，太阳隐没，从地球折射的光将月球照成蓝灰色。靠近月球时，科林斯被它的荒芜深深震惊了——他形容月球是“单调的石头堆”，与宇航员们身后星球的“葱翠山谷”形成鲜明对比。

着陆月球发生在7月20日，对欧洲、非洲和亚洲来说，阿姆斯特朗是在7月21日才登陆月球的。着陆很顺利。阿姆斯特朗和奥尔德林爬进“鹰”号登月舱，科林斯独自留在指挥舱里，在距月球表面100千米（60英里）的空中环月飞行。他们下降到13千米（8英里）的轨道。从轨道到月球表面的最后动力降落是整个任务中最紧张的阶段。休斯敦地面指挥中心谨慎操纵着登月舱的一举一动，随时准备在出错时叫停。

“公元1969年7月，来自地球的人类首次登陆月球之上。我们为全人类的和平而来。”

“阿波罗11号”船员留在月球的纪念牌上的内容

“阿波罗”11号机组

“阿波罗11号”任务的指令长尼尔·阿姆斯特朗（1930年出生）在俄亥俄州沃帕科内塔长大，15岁时学会驾驶飞机。他曾在“埃塞克斯”号航母上服役，后来成为爱德华兹空军基地最杰出的美国试飞员之一，把X-15飞到6500千米/小时（4000英里/小时）的高速。1962年，他从专注大气层上有翼飞行的美国空军“戴纳-索尔计划”（Dyna-Soar）转到NASA太空计划中。他之前进入过太空，执行过1966年不太令人满意的“双子座8号”任务。

登月舱驾驶员埃德温·奥尔德林（1930年出生）出生于军人家庭，他的父亲曾和查尔斯·林德伯格和詹姆斯·杜立德这样的人物一起飞行。与阿姆斯特朗一样，他也是一名老兵，但他没有成为试飞员，而是在麻省理工攻读博士，并为此写了一篇关于轨道会合的论文。奥尔德林被并不自谦的同事们视为最具竞争力的人。为了成为第一个出舱的人，他努力四处游说。另一名“阿波罗11号”宇航员迈克尔·科林斯后来这样描写奥尔德林，他“悔恨没有成为登月第一人，不甘屈居第二”。

迈克尔·科林斯（1930年出生）也来自军人家庭——父亲是陆军上将，哥哥是陆军上校。1962年，身为爱德华兹空军基地试飞员的他成功申请为NASA宇航员。他好像平静地接受了自己是唯一没有踏上月球的机组成员这一事实。

月球旅行者

“阿波罗11号”机组的正式合影，从左到右依次是指令长尼尔·阿姆斯特朗，指挥舱驾驶员迈克尔·科林斯和登月舱驾驶员埃德温·奥尔德林。

月球上的人

1969年7月，埃德温·“巴兹”·奥尔德林在月球上行走。通过护目镜（为保护宇航员的眼睛免受阳光直射而镀了金）的反射，可以看到拍照的指令长尼尔·阿姆斯特朗和“鹰”号登月舱的一根支架。在静海（Sea of Tranquillity，位于月面中央的宁静盆地之内，又译“宁静海”）满是尘土、一望无际的土地上第一次留下了人类的足迹。

宇航员有足够推进剂，能让降落发动机燃烧12分钟。尽管控制登月舱的计算机过载的警报引起恐慌，但降落并没有停止，直到阿姆斯特朗看清了即将降落的地点——位于火山口边缘一处岩石林立的区域。他选择手动控制，并开始寻找更适合着陆的地方。在所剩推进剂仅够维持20秒时，阿姆斯特朗开始降落，发动机激起大量尘土，飞船落在静海土地上。随后阿姆斯特朗说出了一句著名的话："休斯敦，'鹰'着陆成功。"接着，他和奥尔德林面向彼此，握了一下手。

距离阿姆斯特朗打开舱门、走下梯子踏上月球还有6个小时。他原本计划要说"个人的一小步，人类的一大步"。但他没记清楚，说成了"人类的一小步"，让整个句子变得毫无意义了。但这并不重要，因为有一个人正站在月球上，大约6亿观众在电视上看到了这一幕。

奥尔德林加入阿姆斯特朗，在月球上漫步了两个半小时。他们花时间放置一些科学仪器，收集岩石标本，但坦白讲，这次的任务就是抵达月球并在上面停留一段时间，别无其他。他们骄傲地插上美国国旗，在爱国举动后留下一

在月球轨道会合

登月舱在会合过程中靠近"阿波罗11号"的"哥伦比亚"号指挥舱（下图），该指挥舱由迈克尔·科林斯操纵。登月舱的上升段承载着月球漫步宇航员尼尔·阿姆斯特朗和埃德温·奥尔德林，远处是半个地球。

块纪念牌，牌子被粘在月球着陆器的支架上，表达着“高尚情操”：我们为全人类的和平而来。他们和所有来到有趣地方的游客一样为彼此拍照，还向地球打了电话——使用特殊电话线路同理查德·尼克松总统通话。

回到登月舱后，宇航员没脱下背包和鞋套就迫不及待地与飞船氧气供应器相连。休息过后的第二天，登月舱该返回指挥舱了。登月舱上升段的发动机点燃，他们发射升空；登月舱下半段，即降落段则被留在身后。上升段与在月球轨道的指挥舱相会，阿姆斯特朗、奥尔德林和科林斯再次聚首。此后返回地球、重返大气层与海上溅落像教科书一样按部就班，距离发射8天3小时零9分钟后，“阿波罗11号”降落在夏威夷附近的太平洋上。降落时间仅比计划晚了10秒左右。

任务开展前，有人担心宇航员会带回月球病毒或细菌，威胁到对外星污染没有自然抵抗力的地球人的生命安全。因此，“阿波罗11号”船员被称为“活动检疫装置”的密闭容器送到休斯敦。他们带回的岩石标本也经过了检疫。8月10日，官方宣布宇航员们没有受到任何污染。随后，宇航员们从被监禁状态一下子回归万众瞩目之中，百老汇为他们举行了盛大的游行，在35天的庆祝游行中，他们访问了25个国家。

成功返回

“阿波罗11号”准时在太平洋溅落后（左图），阿姆斯特朗、奥尔德林和科林斯在密闭容器中接受检疫，并在拥挤的隔间里受到尼克松总统（下图）的接见。他们乘坐游行车队沿百老汇行进，受到人们的热烈欢迎，这是美国历史上最盛大的游行之一。

势头不减

NASA没有止步不前。美国的“土星5号”火箭和“阿波罗”宇宙飞船足够再进行9次任务。此外，美国还希望能建造永久性月球基地和一个空间站，实现人类登陆火星的梦想。

然而，在荣耀之下，问题也越来越多。许多美国政治家更倾向于将登陆月球看作是最终胜利而不是深层项目的开始。当时美国经济衰退，国家财政深受耗资巨大的战争所累，NASA的预算也面临削减压力。在整个国家陷入怀疑和自我批评的情绪时，20世纪60年代推动太空计划发展的积极预期日渐模糊。

从月球上带回的物质并没有在科学报纸上引起轰动，这令NASA的处境雪上加霜。当然，前来观看华盛顿史密森学会陈列的月球岩石的民众把街区堵得水泄不通。还有，地理学家和天文学家发现了更多值得思考的问题，并对这些岩石展开研究。但只有生命迹象才能真正达到NASA吸引公众眼球的目的。

“阿波罗”13号

1970年4月13日晚，“阿波罗13号”飞向月球的旅行已经过了将近56个小时，距离地球约330000千米（205000英里），就在这时，船员突然听到“砰”的一声。原来是一个贮氧罐爆炸导致指挥和服务舱停电，现有氧气流失到天空中。对任务指令长詹姆斯·洛弗尔、弗雷德·海斯（Fred Haise）和杰克·斯威格特（Jack Swigert）而言，生还概率渺茫。斯威格特可能认为自己是世界上最倒霉的人了，他在最后关头才替换下疑似得了风疹的肯·马丁利（Ken Mattingly）。

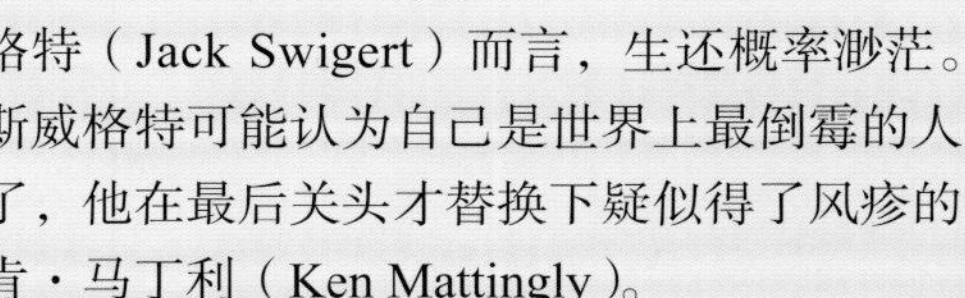

船员返回地球的唯一希望是没被损坏的登月舱，它有自己的氧气、水和电力系统。只要转移到登月舱，他们就能活下来了。休斯敦任务指挥中心研究出让宇航员安全返回地球的飞行计划，他们需要绕过月球进入返回轨道。但这需要4天时间，而登月舱的电力储备最多只能撑两天。

指挥人员和宇航员密切合作，寻找方法，关掉设备以节约电力，还灵机一动，制作简易装备把成员呼出的二氧化碳从不通风的登月舱里排出去。小小的登月舱很快就变得寒冷潮湿，温度下降到零度左右。三位宇航员无法入睡，没有热食物和水，但他们坚持着。同时，地球上的数百万人正关注着他们的命运——人们为他们祈祷，人群静静地站在商店玻璃里的电视前。

4月17日下午稍早，“阿波罗13号”在太平洋溅落，距离回收舰只有6千米（4英里）。观看这次事件电视直播的观众比观看第一次登月时的还多。《新闻周刊》形容它是“历史上最不可思议的救援活动”，很少有人能否认这一点。

最初的成员

图为“阿波罗13号”的最初成员，从左到右依次为詹姆斯·洛弗尔、肯·马丁利和弗莱德·海斯。发射两天前，杰克·斯威格特替换下了马丁利。

任务控制

休斯敦载人飞船中心是“阿波罗计划”的任务指挥中心。“阿波罗13号”发生意外时，这里的氛围高度紧张。指挥员下达指令，寻找宇航员生还的方案。

遭殃的服务舱

“阿波罗13号”服务舱死气沉沉地飘浮在太空中，爆炸在舱体上炸开一个口子，燃料电池、箱子和其他零件暴露在外面。这是宇航员准备重返地球大气层时看到的服务舱景象。

“阿波罗12号”在11月开展首次后续月球任务，再次展示出超凡技术，皮特·康拉德（Pete Conrad）和艾伦·宾（Alan Bean）的着陆点距离“探测器3号”宇宙飞船残骸只有几百米。但这次任务陷入争议，因为直播他们月球漫步的摄像机坏了。没有电视画面或图片，很难令大多数人信服。

讽刺的是，一次失败的任务却让公众关注度再次达到顶峰。唯一一次没有达到目标的登月行动，“阿波罗13号”成为突破万难的生存秀，触动人的内心，这是完美的科技展示永远无法做到的。（详情见左框内容）

最后的任务

尽管拥有登月的硬件设备，但在“阿波罗13号”“成功的失败”后，NASA面临财政紧缩，被迫把“阿波罗计划”限制为再进行4次。重点是科学调查，但只有一位科学家去过月球，他就是“阿波罗17号”任务中与尤金·赛尔南同处登月舱的地理学家哈里森·施密特（Harrison Schmitt）。

探索月球的技术不断进步。“阿波罗14号”在1971年2月飞向月球时，“水星七人组”老兵艾伦·谢泼德和登月舱驾驶员爱德加·米切尔（Ed Mitcher）拥有了第一辆月球车，一辆装载设备和标本的两轮车，它有个张扬的名字——“模式化设备运输者”。1971年8月，在执行“阿波罗15号”任务中，电池驱动的月球车出现，把月球探测区域扩展到着陆点方圆10千米（6英里）。

装备了改良后的增压宇航服后，最后3次“阿波罗”任务的成员能够在月球上开展大量工作。月球漫步总时间逐渐延长，在“阿波罗17号”任务中超过了22个小时。月球的重力只有地球的六分之一，在月球活动对宇航员而言绝非易事。哈里森·施密特形容爬上月球车这个简单行为就像做复杂的杂技动作，需要身体侧向扭动，双脚跳跃，然后“等待你慢慢落到座位上，最好是正确的位置”。采集标本也很困难，施密特和赛尔南深有体会，在取一点东西放入包里都需要全神贯注的情况下，他们收集了115千克（250磅）岩石标本。

“阿波罗17号”是最后一次载人登月任务。抵达月球表面3天后，施密特和赛尔南于1972年12月14日动身离开。他们留下了一块纪念牌，为“阿波罗计划”画上了句号。上面写着：“人

月球车

“阿波罗15号”是首个受益于月球车的任务。这辆由电池供电的车辆在月球上运行，四个轮子各自有一台发动机。它带有天线和摄像机，可让宇航员控制任务进程。

类完成了对月球的第一次探索……愿我们带来的和平精神与全人类同在。”

“阿波罗计划”结束时，公众关注度减弱，理所当然会有种失落感。许多美国人批判“阿波罗计划”耗费太多金钱和精力，还不能解决人类面临的紧迫难题。

但“阿波罗计划”的成就是无可置疑的。共有12人登上月球，带回了379千克（842磅）月球岩石供地理学家研究。每次任务都会留下科学仪器，帮助人们理解月球的构造和它的历史。还有，“阿波罗计划”也带来了许多领域的科技进步。

“阿波罗计划”不仅是科技创新和组织得当的展示，更是一次探险，证明人类的探求永远向前，永不止步。

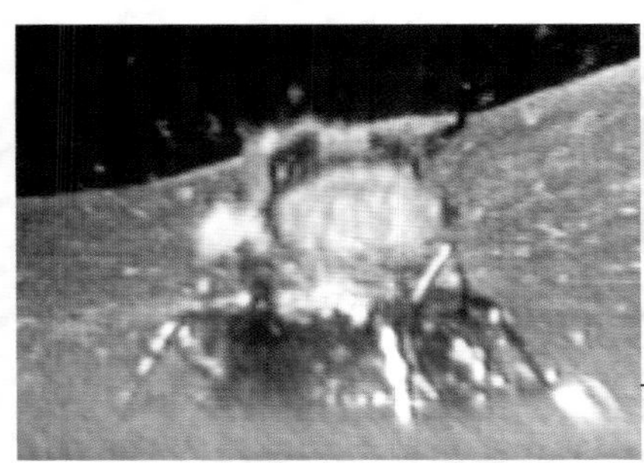

挥别月球

1972年12月14日，留在月球车上的电视摄像机拍到“挑战者”号登月舱的上升段和降落段分离，载着宇航员尤金·赛尔南和哈里森·施密特与“阿波罗17号”指挥舱会合。此后，从20世纪至今，人类再也没有踏上过月球。

“飞向群星……这是数代人魂牵梦萦的难题，所以，不管取得多大进展，总有种好像才刚开始的激动之情。”

罗伯特·戈达德

在写给赫伯特·乔治·威尔斯的信中如是说

翱翔太空的航天飞机

“阿波罗计划”结束后，载人宇宙飞行的重心转移到可重复使用的宇宙飞船和太空站上。

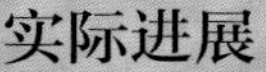

航天飞机飞行员

“哥伦比亚”号航天飞机在1981年4月首次飞上太空，“阿波罗计划”的资深宇航员约翰·扬和罗伯特·克里平（Robert Crippen）是驾驶员。

20世纪70年代，载人航天飞行计划必须适应威胁到自身生存的迅速变化的情势。超级大国间通过竞争推动宇宙竞赛的热潮已经退去。受越战和水门事件影响，美国陷入前所未有的消极低迷状态。在数十年的飞速发展后，世界经济爆发危机。新的需求是聚焦性价比高、有实际用途的航天科技。在这种大背景下，卫星的日常用途越来越大，无人驾驶的航天探测器效果显著，人们对载人航天飞行的必要性产生质疑。

实际进展

在不利的社会背景下，航天机构继续载人计划，虽然短时间内没有那么密集了，但仍然基于雄心壮志的长期目标——人类更频繁地在太空出现。考虑到可重复利用的航天器能节约的成本和实用性，发展它是合情合理的——如果每次返回地球都要从海里被捞起来，很难想象太空旅行会成为经常发生的日常事件。因此，航天飞机成为美国载人太空计划的重点也就不足为奇了。与此同时，苏联在建立空间站和研究长期太空飞行影响方面处于领先地位。

在地球轨道建立永久居住的空间站的想法来自最早的一些太空飞行空想家。1923年，德国火箭爱好者赫尔曼·奥博特描写了沿轨道飞行的“观测站”，宇航员使用“强大仪器”，能从这里看到“地球的每个角落”，提醒人们注意海上冰山——避免“泰坦尼克”号灾难的再次发生。奥博特想象可以通过手镜反射阳光，以闪光密码的形式把信息传回地球。

奥博特的门徒沃纳·冯·布劳恩很早就对空间站产生了兴趣，并将这份热情持续了一生。20世纪50年代，他设计出空间站的蓝图，并在60年代下半叶将其发展成月球计划的后续。但苏联率先建立了可以运行的轨道空间站，空间站成为苏联在20世纪后期太空探索中最突出的贡献。

1969年，实现人类首次登月的梦想破灭，苏联不甘屈居第二，于是将最初为载人月球飞行设计的硬件用于其他目的。

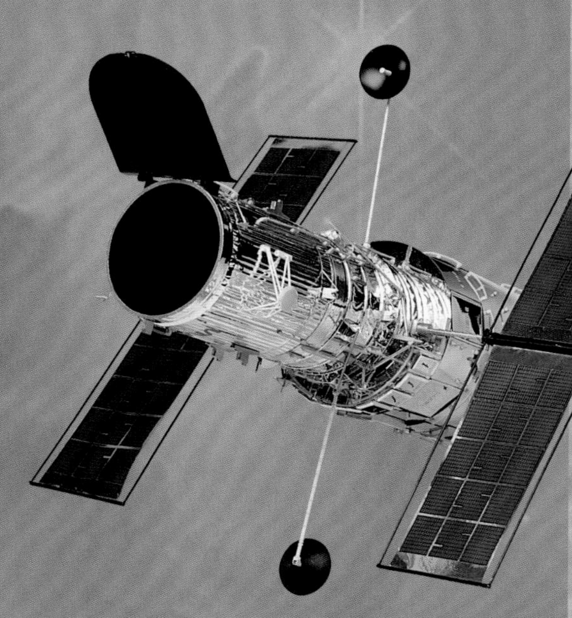

“哈勃”望远镜

“哈勃”太空望远镜（HST）在1990年4月升空。它观测天体的能力比地球上大多数最大型的光学望远镜都强得多。“哈勃”太空望远镜由航天飞机宇航员发射和维修。

助推起飞

航天飞机的两个固体燃料火箭助推器被捆绑在巨大的外部燃料箱上，每个都能输送1180万牛顿（260万磅力）推力，帮助航天飞机从发射台上升起。该航天飞机的设计使用寿命为100次。

“联盟”号宇宙飞船在太空中进行一系列操作和对接，有一段时间，轨道里同时有3艘飞船。1970年6月，“联盟9号”成员创下18天的轨道飞行纪录。这是第一个空间站“礼炮1号”在1971年4月19日建立的前奏。

命途多舛的计划

“礼炮1号”设计能容纳3名成员，宇航员携带能在站内充分使用的各种科学和观测设备。结果证明，没人愿意回忆起他们在这次宇宙创新中的经历。第一批成员乘坐“联盟10号”同“礼炮1号”对接，但没有成功进入。第二批成员乘坐“联盟11号”抵达并在“礼炮1号”上生活了3个星期，但在返回地球途中，他们因返回舱减压而遇难。

悲剧过后，“礼炮1号”又遭遇诸多挫折，直到1974年6月，一名苏联宇航员才成功进入轨道空间站（“礼炮3号”），生活了一段时间后返回地球。那时，美国已经完成了首次空间站试验。美国载人太空计划领导者的目光没有被登月限制住，一直把空间站视为未来规划的一部分，还有可重复利用的航天飞行器和在月球及火星上建立基地的长远目标。障碍在于资金。尽管NASA把空间站与可重复利用航天飞行器算成一个预算里不可分割的部分，但由于预算限制，不得不进行取舍。于是，在1973年5月14日发射的“天空实验室”（Skylab）是相对便宜的一次性轨道空间站，使用改装自月球飞行的硬件。“天空实验室”大获成功，但美国没有继续行动，建立长期的空间站计划。

不幸的机组

“联盟11号”成员弗拉季斯拉夫·沃尔科夫（Vladislav Volkov）、维克托·帕查耶夫（Viktor Patsayev）和格奥尔基·多勃罗沃利斯基（Georgi Dobrovolsky）因为返回舱空气泄漏而遇难，成为第一批在地球大气层外死亡的人。

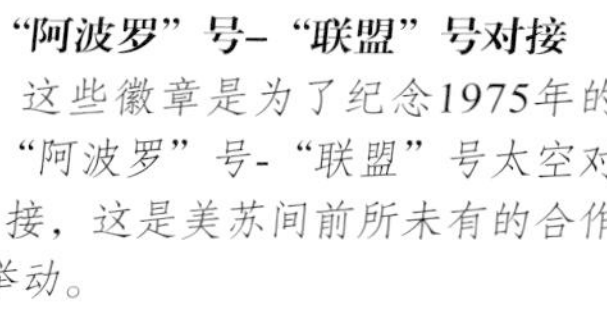

“阿波罗”号-“联盟”号对接

这些徽章是为了纪念1975年的“阿波罗”号-“联盟”号太空对接，这是美苏间前所未有的合作举动。

最后一批美国宇航员在1974年2月离开“天空实验室”。接下来的7年里，只有一组美国宇航员进入过太空。他们乘坐“阿波罗”号飞船进行“‘阿波罗’号-‘联盟’号实验计划”，这是冷战对手在缓和政策下进行国际合作的著名标志性事件。1975年7月17日，“阿波罗”号和“联盟”号宇宙飞船在太空相会。苏美宇航员交换礼物，友好交谈，一起生活了两天之后返回地球。

> “所有缺乏经验的宇航员都因为长时间太空飞行而暴躁易怒，但有长期飞行经验的人则不会。”
>
> **奥列格·加津科**
> **（Oleg Gazenko）**
> **苏联空间生物医学问题研究所所长**

从那时起直到1981年春天，苏联宇航员独领太空。空间站计划顽强克服重重困难和挫折，军民两用的“礼炮”号空间站连续升入轨道。早期的“礼炮”号条件简陋不适而且寿命短。即使是最成功的“礼炮4号”，两个机组在其中长时间生活，据说也是寒冷潮湿。然而，1977年9月发射的“礼炮6号”是一次重要进步。它由无人太空飞船补给燃料，可以反复使用火箭发动机对抗轨道衰减，在轨道一直待到1982年。它的继任者“礼炮7号”则从1982年工作到1991年。宇航员被迅速发展的“联盟”号飞船送上这些空间站，一次次打破太空时间纪录——1980年，瓦列里·留明（Valery Ryumin）和里奥尼·珀利夫（Leonid Popov）在太空中待了185天。

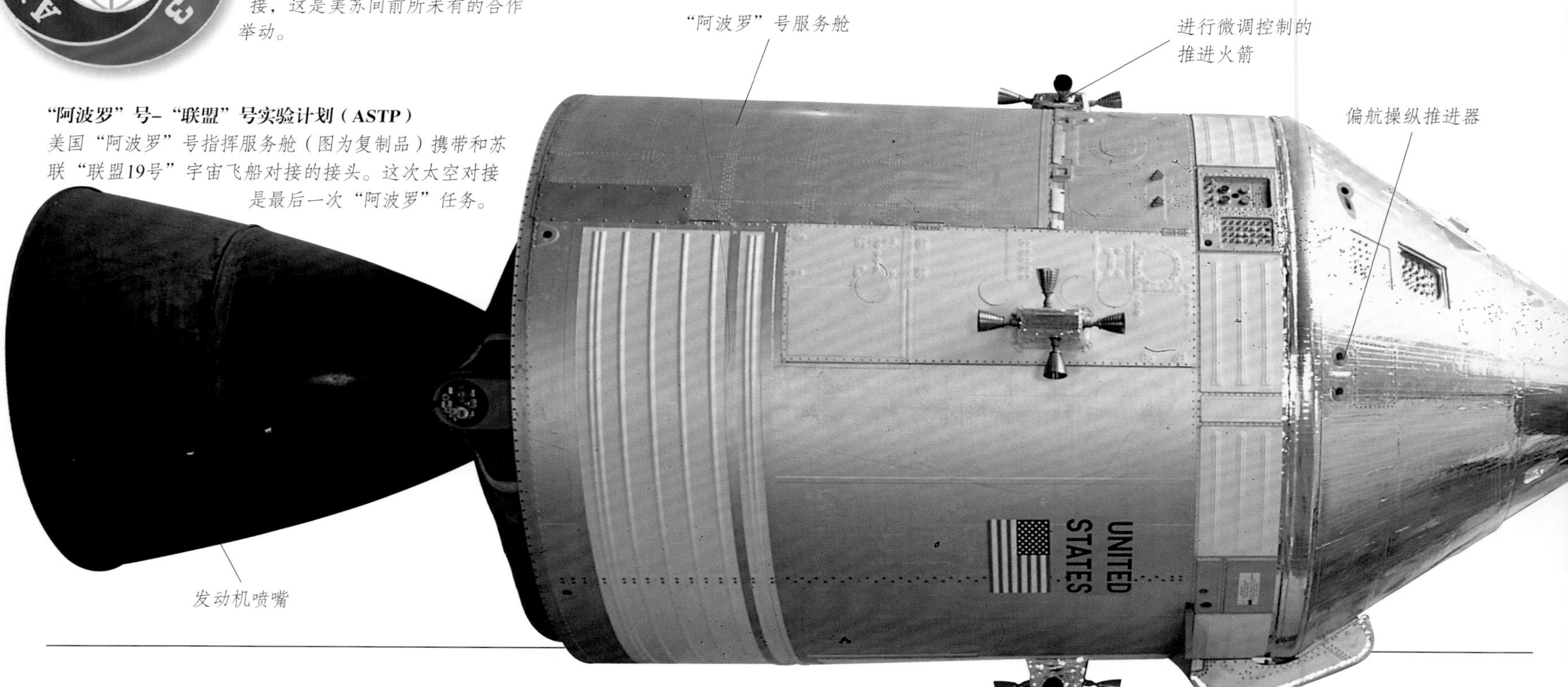

“阿波罗”号-“联盟”号实验计划（ASTP）

美国“阿波罗”号指挥服务舱（图为复制品）携带和苏联“联盟19号”宇宙飞船对接的接头。这次太空对接是最后一次“阿波罗”任务。

“天空实验室”

“天空实验室”是第一个美国空间站。它诞生于NASA面临预算压力、强调经济性和实用性之际。把“土星5号”火箭的第三级箭体改装成空间站比从零开始便宜多了，为了强调项目实用性，它被称为“轨道工作室”。这里将进行失重影响的医学实验，观察太阳和群星，拍摄地球表面照片，以及试验在太空能进行的工业活动。

1973年5月14日，“天空实验室”被发射进轨道，宇航员在11天后乘“阿波罗”飞船抵达。项目开始就出现了故障。升空过程中，“天空实验室”发生意外，隔热罩丢失，两块太阳能板也只有一块能用了。幸好，宇航员查尔斯·康拉德（Charles Conrad）、保罗·韦茨（Paul Weitz）和约瑟夫·科文（Joseph Kerwin）在气闸口安放了遮阳罩，修好了快速升温的飞船的损坏部分。

第一批宇航员在“天空实验室”内生活了28天，第二批和第三批都是3名宇航员，分别生活了59天和84天。“天空实验室”像小别墅一样宽敞，有三个休息区域、一间厨房和用餐区、一个有真空吸气式马桶的厕所，还有一个浴室——必须是密闭的，不然水会四处飘浮。宇航员的试验和医学测试任务繁重。有些失重影响很奇怪——比如说，在“天空实验室”生活期间，宇航员长高了大约1英寸。康拉德打趣说：“我终于比我的妻子高了。”还要经常锻炼保持肌肉紧绷，不然肌肉就会萎缩。尽管宇航员抱怨无休止的工作和乏味的食物，但同时千变万化的地球景观也带给他们精神慰藉。在这方面，他们是幸运的，因为“土星”火箭的工程师原本并不打算安装窗户。

轨道中的“天空实验室”
照片中为从“阿波罗”号指挥和服务舱中拍摄的在轨道中运行的“天空实验室”。该空间站由“土星5号”火箭第三级箭体改装而来，为3名宇航员提供了非常宽敞的生活空间。

“天空实验室”徽章
“天空实验室”项目被认为是大获成功的。尽管宇航员在上面只生活了共171天，但空间站在轨道中工作了6年。

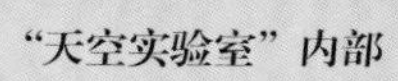

“天空实验室”内部
“天空实验室”有一间厨房和用餐区，还有医学检测装置。宇航员发现除了进食后会不停放屁这一尴尬之处外，长期失重状态对健康基本没有不良影响。

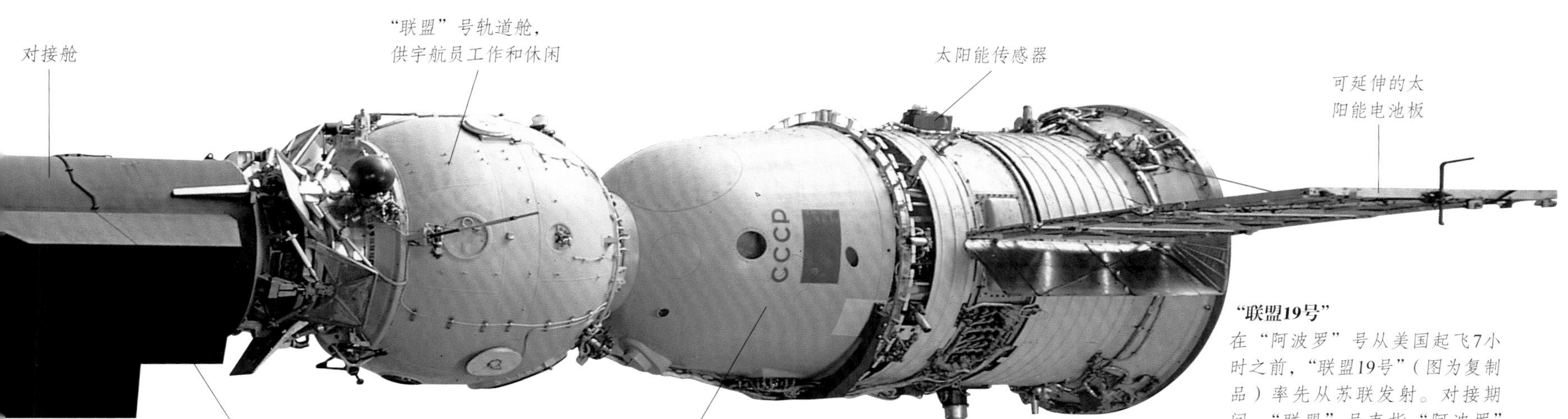

“联盟19号”
在“阿波罗”号从美国起飞7小时之前，“联盟19号”（图为复制品）率先从苏联发射。对接期间，“联盟”号直指“阿波罗”号，配合后者的动作转动。

“礼炮6号”和“礼炮7号”的条件比“礼炮4号”优越多了，但在太空生活仍然是对忍耐力的考验，而不是令人享受的探险——宇航员描述长期太空飞行时，满是对地球的怀念。毫无疑问，苏联在太空中成功建立起了一个具有潜力的永久人类居住地。

通向宇宙的翅膀

可以说，美国航天飞机计划的第一步是倒退的，回到了为抵达月球而被挤到一边的发展路线上。冯·布劳恩一直设想一架可重复利用的有翼航天器是打开宇宙大门的核心。还有，此类计划在20世纪60年代早期出现之前，美国空军就坚定地认为飞机能飞出大气层并返回。1969年后，空军和NASA合作发展很快被称为“航天飞机轨道器”的机器。NASA的处境不同往日，面临预算削减和科技上奢侈浪费的政治问责，于是他们把航天飞机的设想透露给政府官员，强调它是经济上较为可靠的交通工具。1972年，该项目被允许开展，但毫无疑问，NASA关于这个计划的财政拨款要受到严格审查。

在最初的设想中，航天飞机要完全可重复利用。北美罗克韦尔公司的提议是利用有人驾驶的有翼发射器，将轨道器送到大气层上方，并以1200千米/小时（7400英里/小时）的速度释放它，然后再返回地面。两个有翼机器的结合在运转起来经济实惠，但是制造成本是个天文数字。NASA被迫再次使用可分离的外部燃料箱——为了让轨道器更小——与可重复利用的固体推进剂火箭助推器。

为了向科幻作品《星际迷航》（*Star Trek*）里的飞船表示敬意，第一架航天飞机被命名为“企业”号（Enterprise），在1977年进行首次无动力试验飞行，由一架波音747带入空中，滑翔降落在爱德华兹空军基地上。按计划，航天飞

强大组合

航天飞机轨道器由罗克韦尔国际公司建造，巨大的外部固体推进剂火箭助推器出自马丁·马丽埃塔公司，固体燃料火箭助推器是美国齐奥科尔公司生产的。轨道器3个主发动机和助推器产生的总推力是3040万牛顿（684万磅力）。

“挑战者”号

为吸引公众对航天飞机计划的支持，NASA在1985年宣布将会挑选一位教师进行太空飞行。美国各地的教师投来超过11000份申请。来自新罕布什尔州康科德的克里斯塔·麦考利夫（Christa McAuliffe）从诸多候选者中脱颖而出，这也是NASA公共关系的胜利。

麦考利夫加入了定于1986年1月升空的“挑战者”号机组，同行的还有任务指令长迪克·斯科比（Dick Scobee）、驾驶员迈克·史密斯（Mike Smith）、格里格·贾维斯（Greg Javis）、朱迪丝·雷斯尼克（Judith Resnik）、埃利森·奥尼祖卡（Ellison Onizuka）和荣·麦克纳尔（Ron McNair）。1月28日早晨，“挑战者”号从卡纳维拉尔角的发射台上起飞，这是它的第10次任务。73秒后，灾难突然发生，“挑战者”号爆炸，很快被浓烟和火焰吞没，乘员舱从14千米（9英里）的高空坠入海洋。

事故原因很快被调查出来，一个固体火箭助推器的O形密封圈失效了，火焰外冒，烧破了液体推进剂箱的外壳。调查还确定了O形密封圈的问题早就被发现了，在寒冷天气下尤其危险。而28日那天早晨，气温还不到零摄氏度。

遇难

1986年1月28日，“挑战者”号爆炸后，航天飞机部件拖着浓烟划过卡纳维拉尔角上空的蓝天。

“挑战者”号机组成员

在飞行前，“挑战者”号航天飞机的机组成员兴高采烈地合影。后排左起第二人是高中教师克里斯塔·麦考利夫。

机应该在1979年首次飞入太空，但各种问题导致延迟，尤其是主火箭发动机故障，计划消耗的资金超过预算10亿美元。然而，1981年4月12日，距离加加林的划时代太空飞行正好20周年之际，“哥伦比亚”号航天飞机从卡纳维拉尔角起飞，约翰·扬和罗伯特·克里平负责操纵。飞行员发现避免航天飞机在重返大气层时起火的隔热层有些松动，但有惊无险，“哥伦比亚”号顺利返回地球大气层，滑翔降落在爱德华兹空军基地。接下来的试飞确认了航天飞机的成功，它在1982年11月开始正式投入使用。

从科技上看，航天飞机是一个世界奇迹。但作为一个许诺让太空飞行成为常规，用理查德·尼克松的话就是“让太空航行费用不再是天文数字”的计划，它很快就麻烦缠身了。事实证明，航天飞机既不便宜，也不容易操作。NASA以每年进行24次航天飞行为基础计算成本，然而，就算工程师和技术人员加班工作，两个月发射一次也很困难。航天飞机应该通过吸引需要发射卫星或其他太空服务的付费客户来摊消成本。但即使只收取一次发射成本的很小一部分，航天飞机也不如欧洲宇航局的“阿丽亚娜”火箭廉价。美国空军也放弃了用航天飞机代替一次性火箭发射侦察卫星的计划，这原本是“挑战者”号的工作。

NASA想继续把航天飞机发展成安全的旅行方式——人皆可用的太空客机。第一次，不是飞行员的人也能在太空旅行，先是进行太空试验的科学家和工程师，然后是精挑细选的能推动计划发展的乘客。其中有一名叫克里斯塔·麦考利夫的教师，1986年1月28日“挑战者”号爆炸时，她就在飞机上。美国对事故起因展开调查，航天任务被推迟，那是NASA最黑暗的日子。

被驮在背上的航天飞机

照片中为一架改装后的波音747正在将航天飞机从爱德华兹空军基地的降落跑道，运输到佛罗里达州卡纳维拉尔角的发射场。在试飞检测滑翔性能时，航天飞机也是从波音747背上进行空中发射的。

航天飞机轨道器

任务启动

"哥伦比亚"号航天飞机被缓慢移出机库，来到发射台上，它将在这里等待发射倒计时。航天飞机任务一般会持续一周——这次是针对"哈勃"空间望远镜的服务任务。

航天飞机是预算限制下被迫妥协的太空飞行器。1972年，NASA以建造成本为最大考虑条件，确定了其基本结构。航天器应该是个三角翼飞机，能在重返大气层后滑翔到地面。起飞时，需要一个外部液体助推剂燃料箱为主发动机提供燃料，还有两个捆绑在燃料箱上增强推力的固体火箭助推器。这种并不雅观的造型大幅削减了建造成本，但生产出的机器与梦想中能靠机翼往返太空的飞机相去甚远。

3台主发动机已经是难以克服的技术障碍了，此外，按照设计，航天飞机还有两个额外机动性发动机和44个推动器。飞船以30000千米/小时（18000英里/小时）左右的速度重返大气层，温度高达1659℃（3000℉），为保护飞机免受高温破坏，轨道器外层覆盖着约30000块二氧化硅片，而一名工人花3周才能贴上4块。

"这是激动人心又令人志在必得的时刻。整个机器震颤得厉害，咔嗒作响，都看不清仪表显示的内容了。"

机组成员詹姆斯·沃斯

（James Voss）

回忆发射时点火起飞的情形

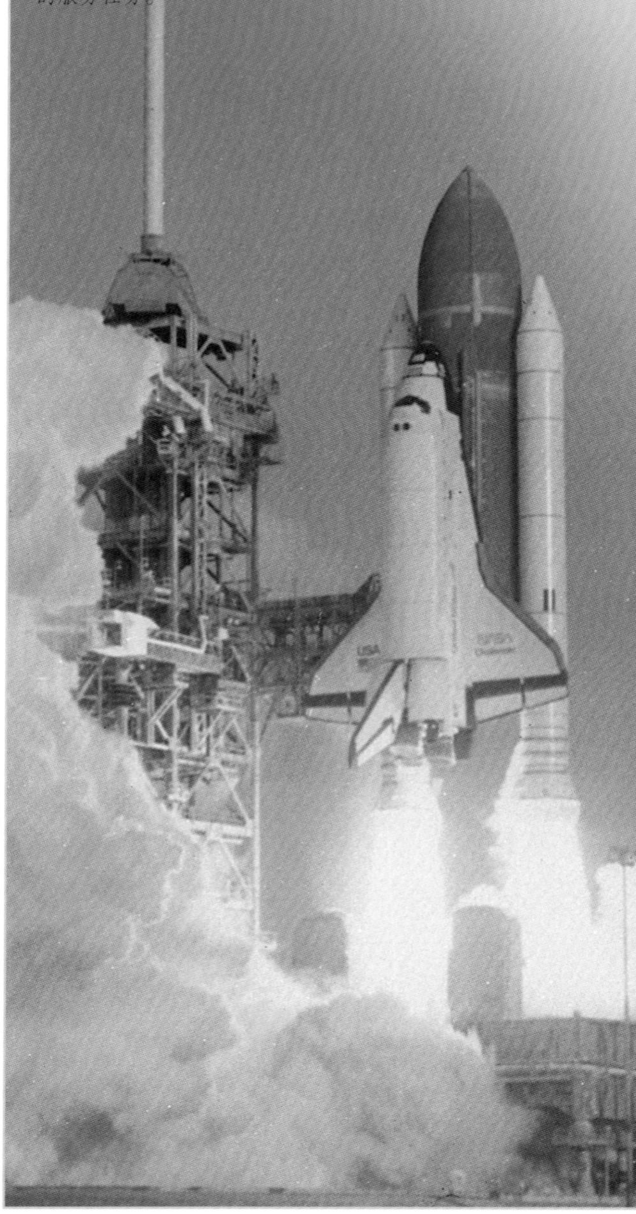

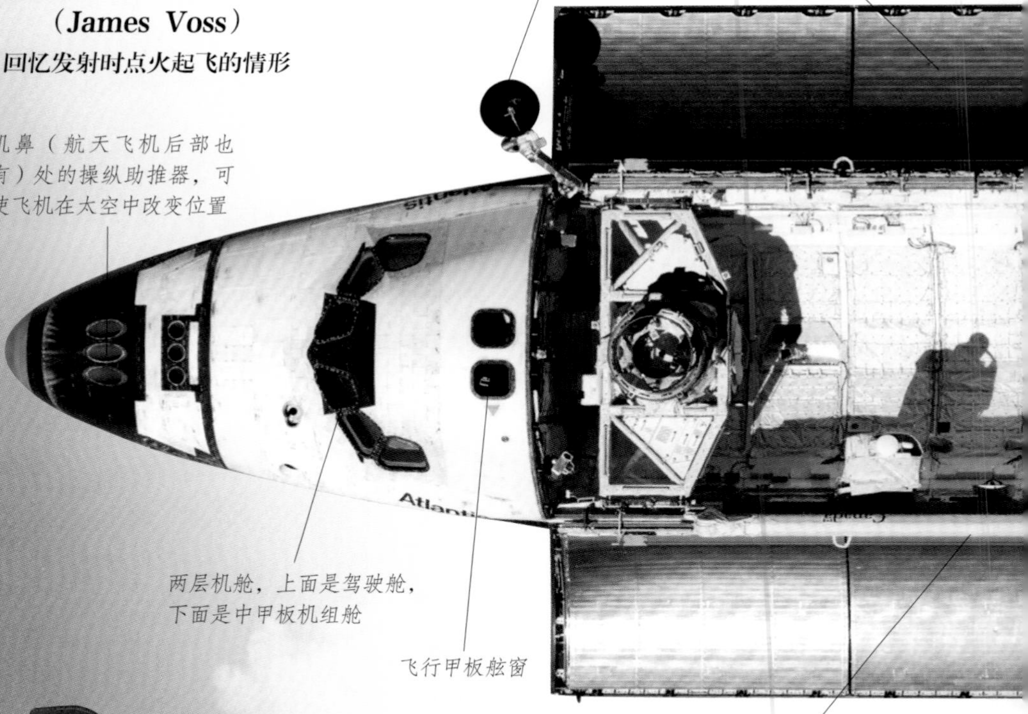

Ku波段天线

贴在货物舱门上的隔热面板能释放航天飞机与大气摩擦而产生的热量，以防止航天飞机过热

机鼻（航天飞机后部也有）处的操纵助推器，可使飞机在太空中改变位置

两层机舱，上面是驾驶舱，下面是中甲板机组舱

飞行甲板舷窗

驾驶舱控制的远程操纵臂系统，从货物仓发射和回收卫星，也是宇航员的机动平台

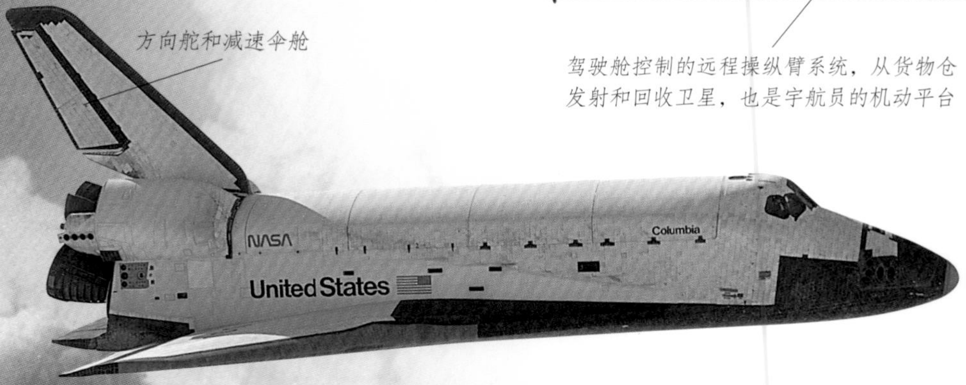

方向舵和减速伞舱

"哥伦比亚"号首次太空飞行

1981年4月12日，"哥伦比亚"号航天飞机进行处女航，飞行时间刚超过54个小时。2003年2月1日，结束第28次任务时，"哥伦比亚"号在返回大气层时失事，7名机组人员全部遇难。

航天飞机在1981年4月12日首次升入太空，这是美国科技水平和乐观进取精神的又一次飞跃。它用途广泛，曾被形容成“太空卡车”，能送卫星入轨，也可以作为小型空间站或实验室，进行太空修复，后来还为修建和运行空间站提供一臂之力。在6架制造出的航天飞机中，有两架因事故损毁，它们是1986年1月损毁的“挑战者”号和2003年2月的“哥伦比亚”号。

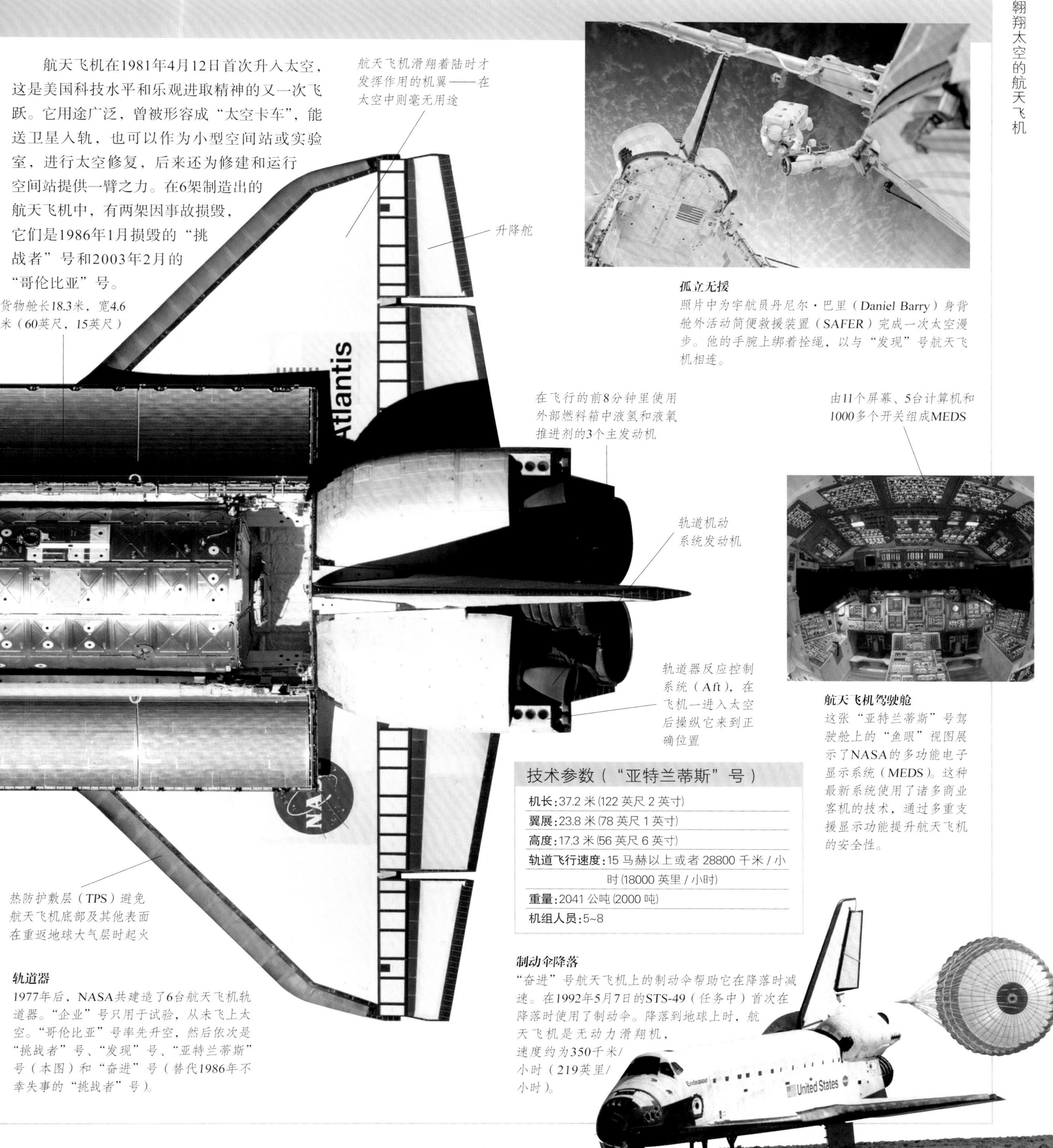

孤立无援

照片中为宇航员丹尼尔·巴里（Daniel Barry）身背舱外活动简便救援装置（SAFER）完成一次太空漫步。他的手腕上绑着拴绳，以与“发现”号航天飞机相连。

航天飞机驾驶舱

这张“亚特兰蒂斯”号驾驶舱上的“鱼眼”视图展示了NASA的多功能电子显示系统（MEDS）。这种最新系统使用了诸多商业客机的技术，通过多重支援显示功能提升航天飞机的安全性。

技术参数（“亚特兰蒂斯”号）

技术参数
机长：37.2 米(122 英尺 2 英寸)
翼展：23.8 米(78 英尺 1 英寸)
高度：17.3 米(56 英尺 6 英寸)
轨道飞行速度：15 马赫以上或者 28800 千米 / 小时(18000 英里 / 小时)
重量：2041 公吨(2000 吨)
机组人员：5~8

轨道器

1977年后，NASA共建造了6台航天飞机轨道器。“企业”号只用于试验，从未飞上太空。“哥伦比亚”号率先升空，然后依次是“挑战者”号、“发现”号、“亚特兰蒂斯”号（本图）和“奋进”号（替代1986年不幸失事的“挑战者”号）。

制动伞降落

“奋进”号航天飞机上的制动伞帮助它在降落时减速。在1992年5月7日的STS-49（任务中）首次在降落时使用了制动伞。降落到地球上时，航天飞机是无动力滑翔机，速度约为350千米/小时（219英里/小时）。

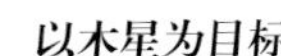

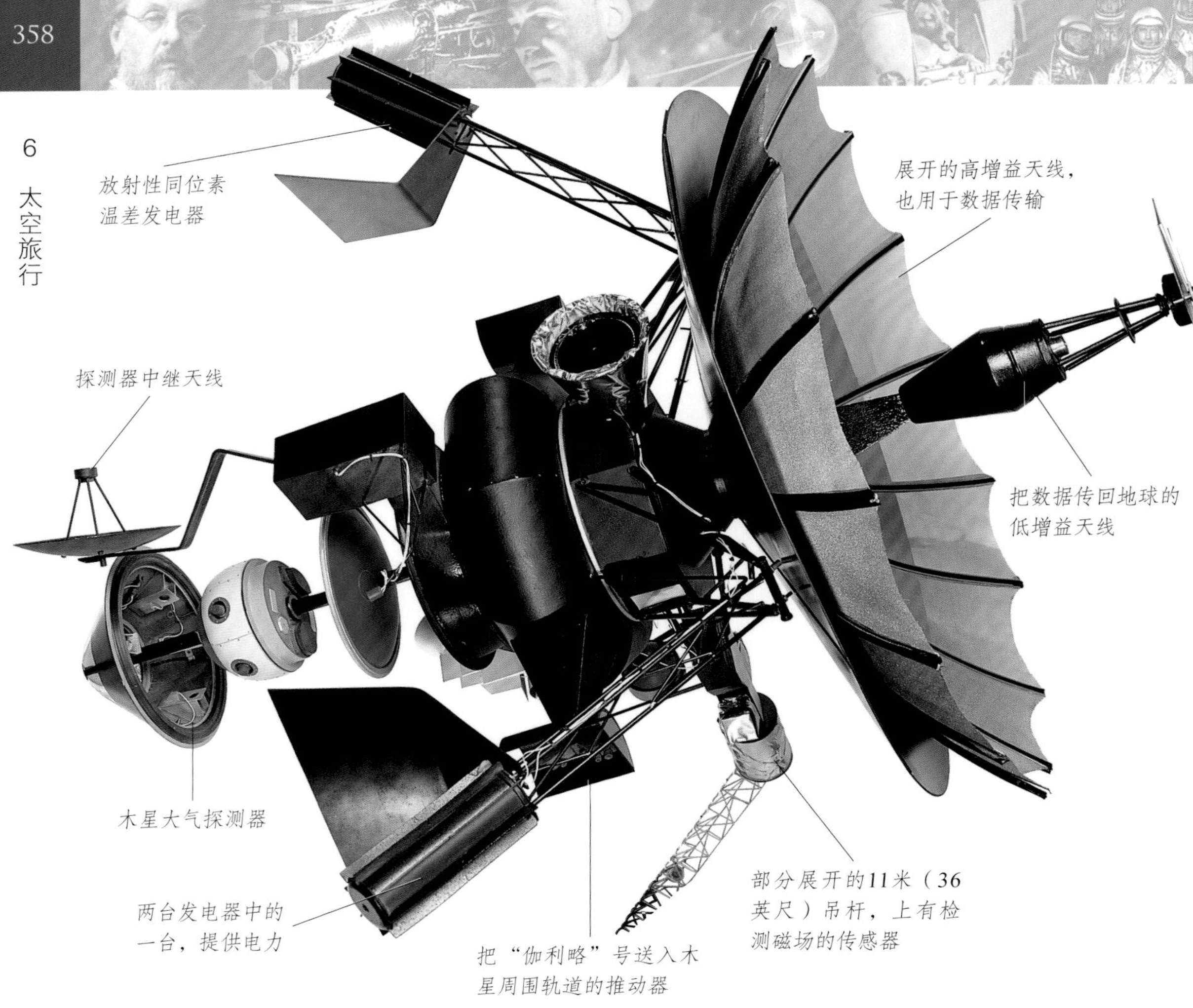

以木星为目标
1989年10月，“亚特兰蒂斯”号航天飞机发射了“伽利略”号木星探测器。在6年的旅行后，它于1995年7月抵达木星。主探测器进入木星周围的轨道，体积更小的大气探测器降落到木星大气层。在向地球传输了57分钟数据后，它在木星云层的压力下损毁。

为调查“挑战者”号事故成立的罗杰斯委员会提出一份报告，该报告指出NASA面临按日程发射航天飞机的巨大压力，不再把安全和质量控制作为首要关注点。重新确定NASA的太空计划至关重要，是“国家荣誉和技术领先的标志”，委员会号召在航天飞机升空任务恢复更可控的节奏前，要进行彻底的安全检查。

航天飞机重返太空

航天飞机在1988年9月重返太空，计划逐渐变成每6至8周发射一次。但航天飞机作为商业太空项目自给自足的愿景宣告结束。它只携带特定执行的物品或必要的太空军事设备。

航天也不再代替一次性火箭发射器发射卫星。传统运载火箭发射器也经历了困难时期——1986年，一枚美国空军“大力神”火箭在发射8秒后爆炸，NASA的一枚“德尔塔”火箭也在起飞后不久出现故障。但火箭依然保留下来，与可重复利用的航天飞机一起工作。

被航天飞机计划耽误的项目包括计划飞向木星的“伽利略”号木星探测器。原计划在1986年发射，“挑战者”号失事时，它已经被送到卡纳维拉尔角了。1989年，“伽利略”号故地重游，被“亚特兰蒂斯”号航天飞机送上太空。

同样在1986年等待航天飞机发射的还有“哈勃”太空望远镜。排上队后，“哈勃”在1990年4月进入轨道。一开始，这项任务差点让NASA再度承受代价昂贵的难堪。因为磨镜时的细微误差，本应收集远近光线的大主镜无法顺利工作。但NASA克服逆境，取得巨大成功。1993年12月，“奋进”号航天飞机在轨道和“哈勃”会合，并用机械手抓住了望远镜。航天飞机乘员随后走出飞机，进行繁重的修复工作，他们在太空中的身影在世人眼中成为另一个壮观的太空画面。“哈勃”通过提供遥远星体的惊人照片，证明了自己是当代伟大的科技成果之一。航天飞机在发射和维修卫星方面的重要性是无可置疑的。但“伽利略”号木星探测器和“哈勃”太空望远镜等无人科学任务的辉煌胜利让人们质疑，载人太空项目在除保养无人卫星的附属作用以外是否还有其必要性。

持久目标

虽然偶尔被有关批判其高额花费的争论阻碍了前进道路，但是人们依然努力追求载人太空飞行的目标。科学家们在太空中进行的试验是不能远程操作的，因此载人飞行具有一定的必要性。有人说，把人类送入太空本身就是珍贵的试验——1998年，77岁高龄的约翰·格伦乘航天飞机旅行，检测太空旅行对老年人身体的影响，地球上的老年人可能会因此受益。除了实用效果外，还有必须不断拓展终极疆土的感觉，以及势在必行的探索欲——如果人类能拜访火星，怎么可能不这么做呢？

在20世纪80年代初期，同60年代一样，渴望在太空计划中占优势的超级大国之间再度针锋相对。美国总统罗纳德·里根不仅致力于在太空部署武器的战略防御计划，还在1984年宣布美国将于10年内在太空轨道上建立一个永久空间站。

老手重返太空
1998年，经验丰富的宇航员约翰·格伦以77岁高龄重返太空，这是NASA最为成功的宣传妙招。格伦曾在1962年乘坐“友谊7号”完成了首次太空任务。

“哈勃”修复任务

1993年12月，航天飞机宇航员修复“哈勃”太空望远镜的壮观场面展示了航天飞机及其乘员在轨道上为卫星服务的实用价值。照片中为航天飞机机械手把一名宇航员举起，另一名宇航员则正在有效载重舱内工作。

“和平”号（Mir）空间站

“Mir”在俄语中兼有“和平”和“世界”之意。1986年发射的“和平”号空间站共有6个对接口，可以与用于科学研究的特殊组件相连。

当然，这算是进入已经被苏联强势占领的疆域。20世纪80年代间，苏联空间站计划不断发展——“挑战者”号事故造成美国航天飞机计划暂停的期间，苏联宇航员是唯一的太空旅客。1986年2月，轨道中的“礼炮7号”有了一位新伙伴——第三代轨道空间站“和平”号。宇航员来到“和平”号后，年迈的“礼炮”号继续无人飞行到1991年。

与航天飞机对接

照片中为1995年，俄罗斯“联盟”-TM宇宙飞船拍到“亚特兰蒂斯”号航天飞机和“和平”号空间站对接的画面。航天飞机与“和平”号对接是为建设国际空间站（ISS）做准备。

太空合作

这枚徽章是为了纪念美苏太空合作。

“和平”号在“礼炮”号的基础上前进了一大步。关键改良在于“和平”号是标准组件设计，生活条件更舒适，生命保障系统更精密，在原有核心舱室上增加了组件，实用性更强。被送上太空与“和平”号对接的额外组件有天气物理学观测台和用于失重、冶金学和结晶学研究的实验室。

苏联还拥有改进很多的载人宇宙飞船——“联盟”-TM宇宙飞船来服务“和平”号。为对抗美国的航天飞机计划，苏联在1980年开始建造“暴风雪”号航天飞机。

然而，“暴风雪”号只进行了一次无人飞行——被问世于1988年强大的“能量”号液氧推进火箭送上太空——就因为经济和科技难题以及缺少科学和军事支持被取消了。

在“和平”号上的生活

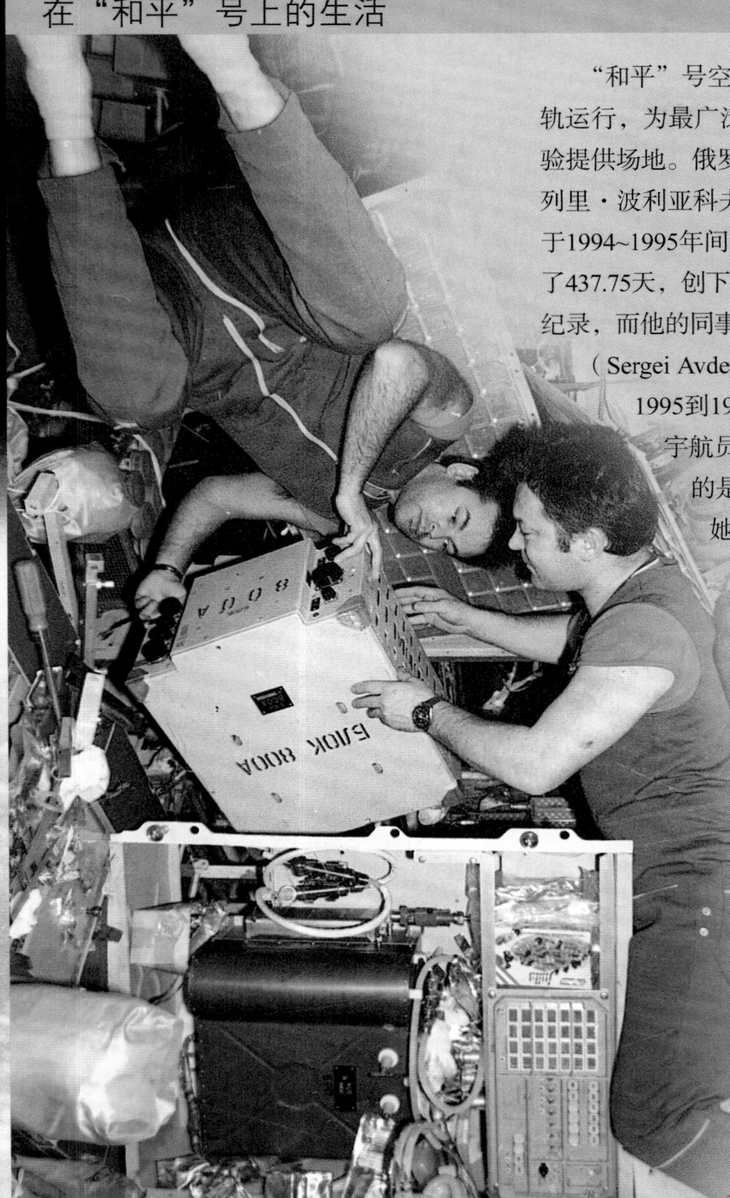

“和平”号空间站于1986到2001年在轨运行，为最广泛的地球大气之外生活试验提供场地。俄罗斯宇航员、物理学家瓦列里·波利亚科夫（Valeriy Polyakov）于1994~1995年间在“和平”号上生活了437.75天，创下太空持续生活的世界纪录，而他的同事谢尔盖·阿维德耶夫（Sergei Avdeyev）则在太空中生活了747.6天。1995到1998年期间加入“和平”号俄罗斯宇航员的美国宇航员中，停留时间最久的是香农·露西德（Shannon Lucid），她在轨道中生活了188天。

事实证明，人体能很快适应失重环境。举例而言，心脏、血管和动脉适应了更加通畅的血液循环。重新适应地球环境的问题则更加棘手。一些俄罗斯宇航员发现，经历连续数月的失重状态，重返地球重力环境后，他们虚弱到无法在没有协助的情况下走路甚至坐直。

在太空站里，太阳每24小时起落16次，为了不迷惑紊乱，俄罗斯宇航员严格实行地球作息时间，莫斯科时间每天早上8点，宇航员被腕表唤醒。他们睡在与墙壁相连的飘浮睡袋里。那里没有方位感——美国宇航员杰瑞·林奈格（Jerry Linenger）描述说自己睡觉时脚蹬天花板，头则靠近地板。

站内生活自然是十分拥挤的，对亲朋好友的思念之情影响着所有成员。越来越多的物品从地球来到“和平”号，再也没有返回，包括书和录像机等私人物品。然而，露西德也回忆起集体生活的点滴乐趣——举例而言，站中成员一起吃饭，“飘浮在有基座的桌子周围”，凝胶食物也是种特殊享受。后来在“和平”号生活的美国宇航员更加不幸，空间站条件开始恶化，系统崩溃，电力故障，还有其他威胁到生命安全的事故频频发生。

飘浮的世界

在每次太空任务中，美俄两国的宇航员都会面临失重带来的特殊问题。比如说，他们必须把脚套进地板上的环里才能坐在椅子上。

迈克尔·福尔

1997年，英国出生的美国人迈克尔·福尔（Michael Foale）在“和平”号生活时，老化的空间站已经非常危险了。

香农·露西德

1996年，美国生物化学家香农·露西德在“和平”号上生活了188天，打破一连串世界纪录。由于航天飞机出现问题，她的原计划归期延后了。

资金耗尽

虽然拜科努尔太空发射场不在俄罗斯，但是苏联太空计划的人员和装备主要由俄罗斯提供。即使后来的独联体国家有继续太空计划的意愿——无可否认，他们在一定程度上也这么做了——但被资金短缺问题严重制约。苏联时期的预算被分散成许多小部分，“和平2号”空间站计划无法开展，没有完工的“暴风雪”号被拆除。

1985年成立的“国有空间技术营销公司”太空部门曾经以一次数百万美元的价格出售前往“和平”号的旅行。日本支付700万美元购得一个席位，想让一名国民进入太空。但是，美国太空机构却把“和平”号纳入自己建立新空间站的规划之中。

与许多大胆的载人太空项目一样，里根总统的“自由”号空间站计划也因成本问题搁浅。国际合作是前进方式之一，加拿大、日本和欧洲航天局的成员国很快就签约加盟了。让俄罗斯加入，保证了当时身处困境的太空研究者、工程师和宇航员能得到财政援助，使用俄罗斯设备又在很大程度上缓解了美国太空经济的燃眉之急。前冷战对立的两个阵营携手合作还有政治效益，标志着人们对新态势的渴望。

作为国际空间站项目的一部分，俄罗斯和美国在1994年开启了一系列联合任务，包括俄罗斯宇航员乘坐航天飞机、航天飞机与“和平”号空间站对接、美国宇航员在俄罗斯空间站上生活等。昔日的老对手在5年间于航天方面通力合作。

国际空间站

“空间站会让我们在科学、通信、金属和救生药物等方面的研究突飞猛进……”

罗纳德·里根

国情咨文讲话，1984年

1998年11月20日，国际空间站（ISS）开始组装，从拜科努尔发射的俄罗斯“质子”号火箭把“曙光”号组件送入轨道。这是即将组成完整ISS的约100个部件中的第一个。ISS长110米（355英尺），宽88米（290英尺），重约455公吨（448吨）。2000年10月，三人小组在ISS上居住生活；空间站最后满员时有7个人，大部分是在ISS6个高端实验室中做实验的科学家。

ISS被描述成史上最复杂的国际科学计划。共有16个国家加入：美国、俄罗斯、日本、巴西、加拿大以及其他11个欧洲航天局成员国。

ISS最主要的用途是科学研究，包括观测地球和群星、研究晶体和金属、研究失重下的人体变化。由于航天飞机和资金方面的困难，ISS计划中的部分被削减。组装完成的目标日期是2006年，后来推迟到2010年。

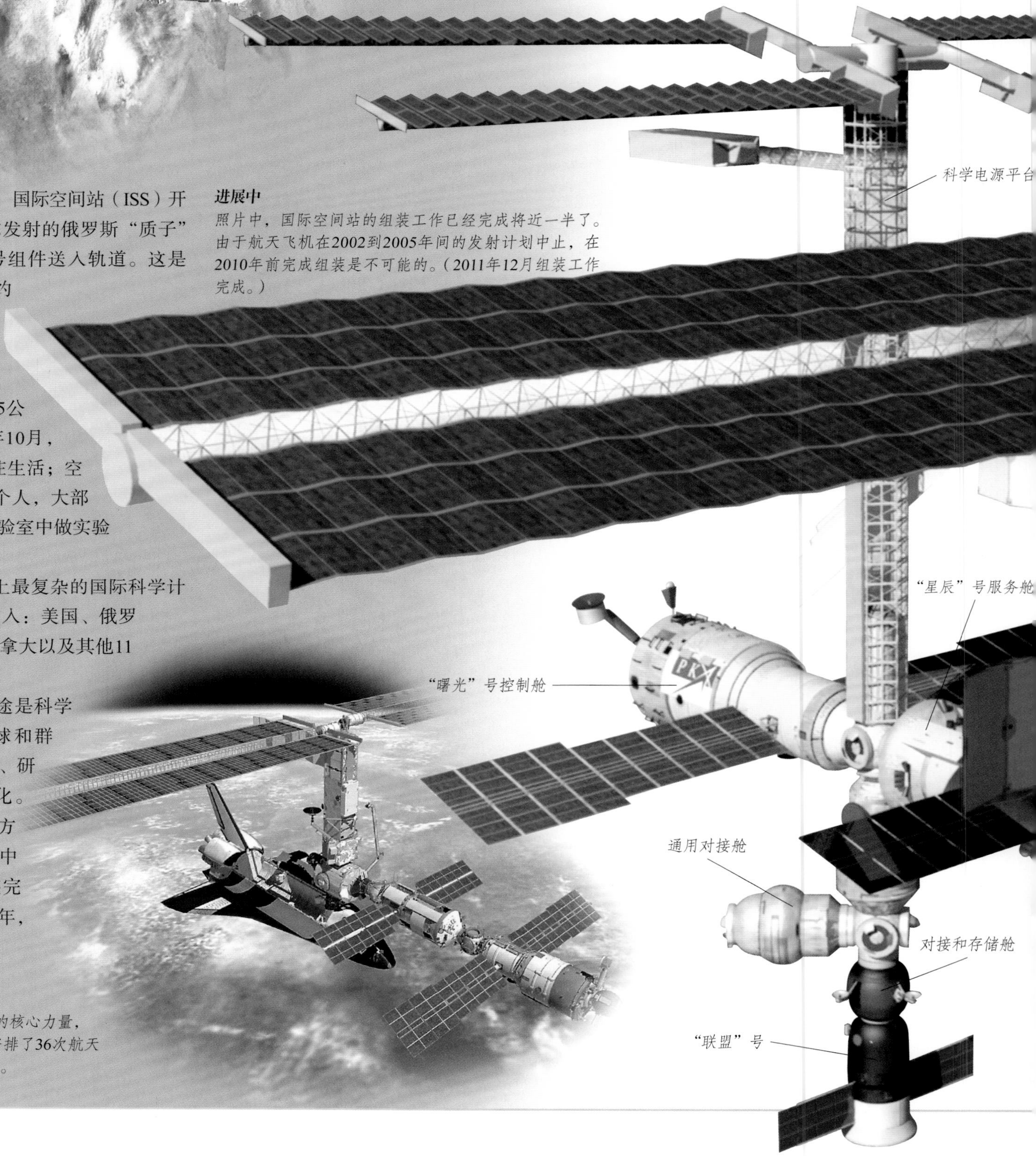

进展中

照片中，国际空间站的组装工作已经完成将近一半了。由于航天飞机在2002到2005年间的发射计划中止，在2010年前完成组装是不可能的。（2011年12月组装工作完成。）

组装任务

航天飞机是ISS建设计划的核心力量，最初，计划实施期间共安排了36次航天飞机发射来执行组装任务。

技术参数

技术参数
尺寸:约长 110 米(360 英尺),宽 88 米(290 英尺)
重量:约 455 吨(448 吨)
速度:28000 千米 / 小时(17500 英里 / 小时)
绕地球一圈时间:90 分钟
距地高度:350 千米(220 英里)
站内人员:7

轨道实验室

在马歇尔太空飞行中心，美国“命运”号实验室组件正在建造中，它是ISS的重要组成部分。即将在太空中开展的试验包括为医学研究制造蛋白质晶体。

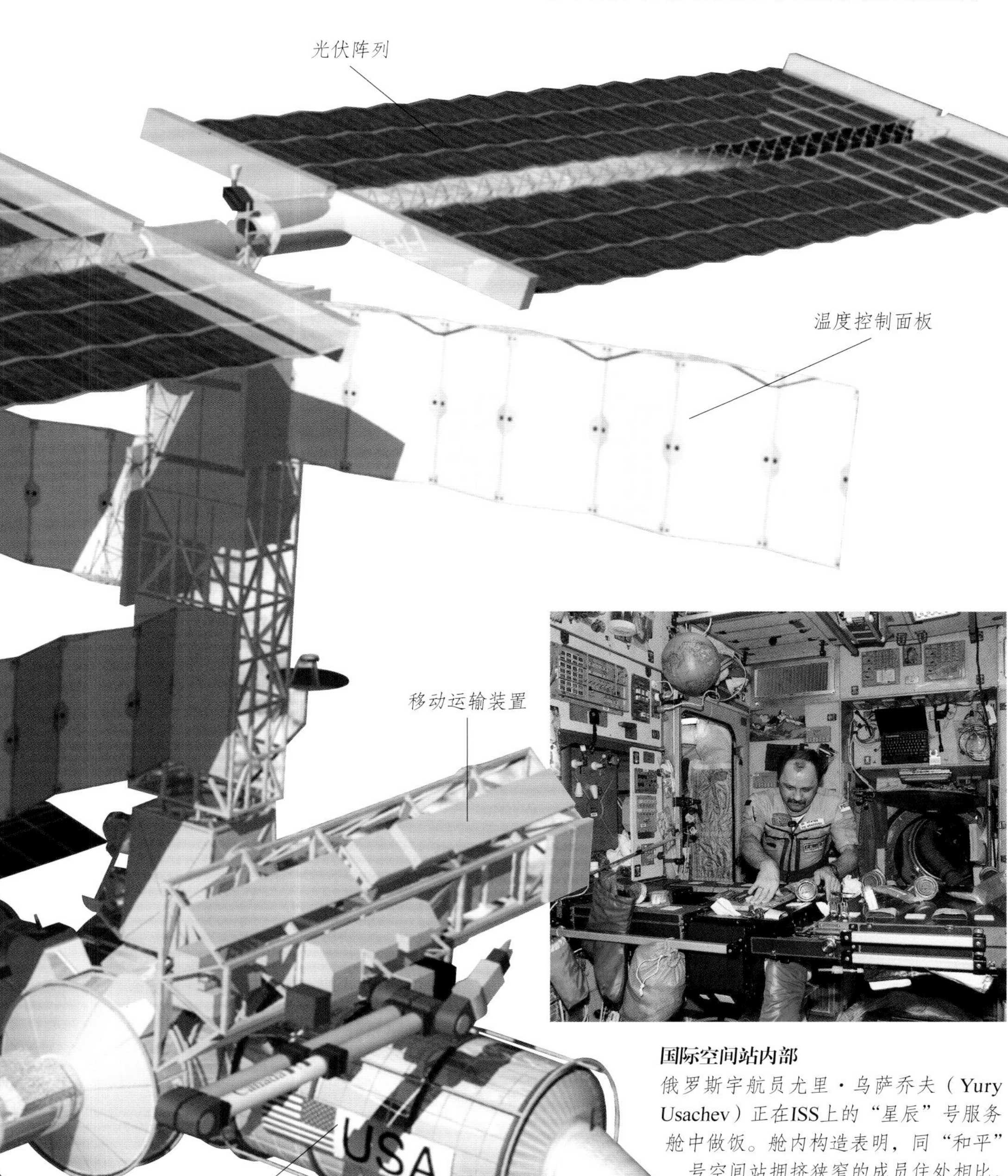

国际空间站内部

俄罗斯宇航员尤里·乌萨乔夫（Yury Usachev）正在ISS上的“星辰”号服务舱中做饭。舱内构造表明，同“和平”号空间站拥挤狭窄的成员住处相比，ISS上宇航员生活和工作的空间更加宽敞。

第一位登上“和平”号的美国宇航员是诺姆·撒加德（Norm Thagard），从1995年3月到7月共居住了115天；最后一位是安迪·托马斯（Andy Thomas），从1998年1月生活到6月。用一位NASA官员的话来说，“学会如何同一位国际搭档相处，学会理解俄罗斯的处事方式”是至关重要的练习。但美国也从中学到一课，俄罗斯的科技和运行技术并没有达到美国习惯的标准。

美俄联合计划开展时，“和平”号已经在轨道中运行了将近10年，大部分设备都在退化，急需更换。当时，俄罗斯空间计划的整体质量也受到资金限制。“和平”号的问题日积月累，严重威胁到美俄宇航员的生命。1997年6月，一艘货运飞船和太空站相撞，把后者表层撞出一个洞，部分太阳能电池板脱落。7月，一位宇航员不小心接错了电缆，空间站停电了。同年发生的事故还有氧气系统故障、计算机崩溃、冷却剂泄漏和一次让空间站烟雾弥漫的火灾。

在火光中结束

尽管有危险，NASA仍然坚持“和平”号合作计划，直到1998年夏天计划完成。然后，美国人强烈要求俄罗斯放弃“和平”号，一心一意地发展初期国际空间站计划。但“和平”号在俄罗斯人心中占有一席之地，不能马上就抛弃它。俄罗斯宇航员一直在上面生活到1999年8月。他们撤离后，还有次“延期执行”，一个欧洲商业财团出价要买下“和平”号作为太空旅馆。不管这笔交易有没有被作为一项严肃的提议来考虑，“和平”号还是走到了尽头。2001年3月，它被“进步”号补给飞船向下拉动，直到离地球足够近时被拉出轨道。“和平”号在大气层中起火，燃烧的残骸坠入太平洋，空间站最终结束了超过30亿千米（20亿英里）的旅程。

“和平”号从空中猛冲直下时，国际空间站的部件已经在轨道中组装了，为人类在太空永久居住提供了新平台。俄罗斯“质子”号火箭把“曙光”号组件送入太空时，计划正式开始实施。与“曙光”号连接的第二个组件“统一”号，一个月后被“奋进”号航天飞机送入轨道。

首位太空游客

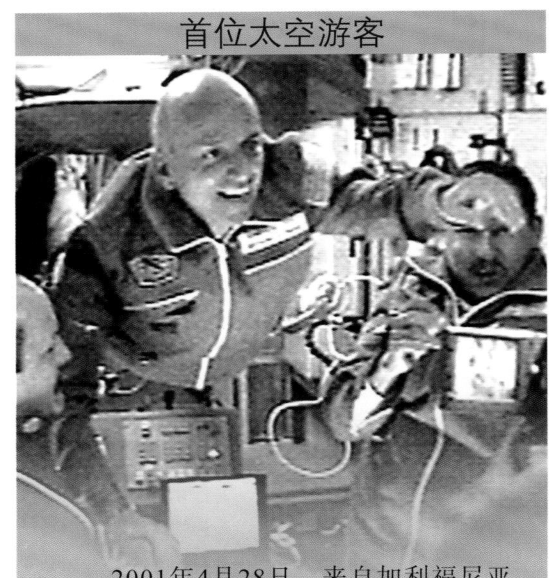

2001年4月28日，来自加利福尼亚州圣塔莫尼卡的丹尼斯·蒂托（Dennis Tito）成为首位自掏腰包的太空游客。他为往返国际空间站的旅行支付了2000万美元，乘坐“联盟”-TM飞船从拜科努尔发射场的发射台上升空。

蒂托原本打算花重金游历“和平”号空间站，但这个计划在2000年落空了，于是他把目标转移到ISS上。亟须各方资金的俄罗斯航天当局认为完成蒂托的梦想轻而易举，NASA却公开反对，但也无力阻止。蒂托显然非常享受为期8天的太空旅行。返回后，他形容自己是“一个严肃而有梦想的人，在艰难险阻面前也要追求梦想”。

未来太空旅行是不可阻挡的潮流，NASA在2002年2月收回反对意见。同年5月，南非人马克·沙特尔沃思（Mark Shuttleworth）成为俄罗斯第二位付费旅客。

下一个里程碑式的事件是首个三人小组于2000年10月开始在ISS上永久居住。

随着飞行和太空漫步的繁忙日程逐步推进，ISS被描述为当今世界上最非同一般的建筑用地。但ISS计划的花费逐渐超过了最初约定的170亿美元。据估算，最终开销是500亿到1000亿美元之间。然而资金还不是ISS最棘手的难题。2003年2月1日，“哥伦比亚”号在重返大气层时解体，7名机组人员全数罹难，航天飞机计划再次受到致命打击。调查报告称，外部燃料箱上的泡沫材料在起飞时脱落，击中“哥伦比亚”号左翼前缘，破坏了保护航天飞机在重返大气层时免受极端高温的隔热板。处理安全问题时，所有现存航天飞机都暂停了飞行任务。直到2005年7月，执行STS-114任务的“发现者”号升空，飞行才再度恢复，但问题依然存在。发射时，泡沫材料又脱落了。虽然这次没有对轨道器造成破坏，但在修理期间，航天飞机飞行仍再次被中止。没有航天飞机，ISS计划举步维艰。俄罗斯“联盟”号和“进步”号宇宙飞船能支持两名机组人员在太空站生活，并且继续进行少量建设工作。然而，只有航天飞机的运载能力才能运输ISS主要零件。

“我在地球上生活了60年，在太空中生活了8天。在我看来，这是两次不同的人生。”

丹尼斯·蒂托

第一位太空游客

“哥伦比亚”号失事后，美国总统布什立刻向全世界保证，载人太空飞行计划依然是安全的。官方的立场表明该计划持续和发展的势头是不可阻挡的。但是，

“冒险星”

作为航天飞机的进一步发展，洛克希德·马丁X-33“冒险星”（VentureStar）是一台完全可重复使用的太空飞行器——本质而言就是一架能往返太空的飞机。该计划在20世纪90年代晚期启动，很快就遭遇无法克服的难题，在2001年被取消。

许多观察员认为NASA的载人飞行计划缺乏指导性和重心。继续进行航天飞机飞行的主要正当理由是建造ISS，但ISS的关键目的只是为了让航天飞机有事可做吗？载人太空计划这种放任自流的感觉在2004年1月告一段落，美国总统布什宣布了他的“太空探索构想”——美国未来将重返月球，建立一个永久基地，并拜访火星。

NASA的超级X型飞机

微型飞船公司为NASA建造了一架X-43A超音速燃烧冲压喷气式飞机，探索配有一台吸气式发动机的飞机以10马赫速度超音速飞行的可能性。这种飞机的可能用途之一是作为可重复利用的航天飞行器。

新的方向

布什提出的这个全新的清晰目标得到了NASA的支持，但这需要对发展方向进行很大变动。很快，完成ISS建设的航天飞机任务安排减少，空间站的组件数量也有所下降。削减花费，同时把资源转移到新月球计划上是必要的。

长久以来，人们很清楚应该淘汰老旧的航天飞机机队，但前提是要有可替换的航天飞机，而且它应该是一种真正可重复利用的航天器，能靠自身动力往返太空。这个概念最初曾激发了航天飞机计划，1994年，在总统比尔·克林顿的指令下，实现构想的道路出现新转机。一批X型试验飞机诞生，野心是成为“太空客机”，能够运载乘客往返于地球和ISS之间——太空旅行经济发生转变。取代航天飞机已不再是当务之急，“太空客机”更有可能被留给私人企业家用于发展建设。

载人还是无人？

许多科学家依然公然质疑载人太空探索的价值。在太空时代前50年中，无人驾驶的太空探测器和卫星的确威力强大。它们把宇宙科学知识提升到载人任务无法企及的高度。20世纪60年代以来，太阳观测器、天文学观测器和地球物理学观测器环绕地球飞行，提供了大量关于黑洞、太阳耀斑等现象的新信息，并不需要科学家航天员的操纵。探索太阳系也不需要人类出现在太空。机器人行星探测器的成就十分突出。比如，幸亏有NASA在1989年发射的“麦哲伦”号宇宙飞船，我们才能得到金星表层的精确照片，它永远处于云雾之下，却被雷达揭开了神秘面纱。1976年“维京”号任务开展后，我们得以近距离观察火星表面，并且分析该星球的土壤和大气。“旅行者1号”和“旅行者2号”让我们重新认识土星和遥远的天王星，1996年的“伽利略”号揭露了木星及其卫星间令人吃惊的联系。无人探索的进程一直持续到21世纪。

无人驾驶的卫星对人类日常生活的实际影响存在于方方面面。除了其他方面，它们让通信、气象学、地图学和导航领域发生彻底变革。有了卫星，个人花费很少就能随时了解自己在地球上的精确方位，以及立刻和在世界任意角落的人取得联系。

然而，载人太空飞行的动力既非科学研究也非实用性。也许，2001年太空旅行拉开序幕时，它的本质就显露出来了。事实证明，腰缠万贯的人可以豪掷千金，在ISS上短暂停留。美国总统布什把重返月球作为载人火星飞行的前奏，出于同样原因，他希望国会能支付人类探险的费用。从齐奥尔科夫斯基和戈达德时代开始，太空旅行就是一个鼓舞人心的梦想，现在依然是。

探索星体

对未来的设想：下图是一架远程控制的NASA飞行器在火星上空飞行，执行调查任务；右图是由绳索提供动力的轨道器——绳索是一根长电线，能在通过星体磁场时产生电流。

日益缩小的世界

7

直到20世纪40年代，空中旅行逐渐发展，但仍然是轮船和火车旅行的边缘替代品。然而，到1957年，更多人选择乘飞机跨越大西洋而不是轮船。在接下来的10年中，喷气式客机取得的巨大成功令旅行方式有了更大转变。人们以前所未有的旅行方式，抵达前所未见的地方。1983年，波音公司总裁特克斯·布利翁（TEX BOULLIOUN）说："有些伟大的城市和度假胜地在遥远的地方，这些地方是船只和火车无法到达的。"载客飞行成为常态后——一些人还有飞行恐惧症——成千上万人驾驶自己的飞机或使用小巧却技术高端的飞行器，重新获得飞行最初的振奋体验。

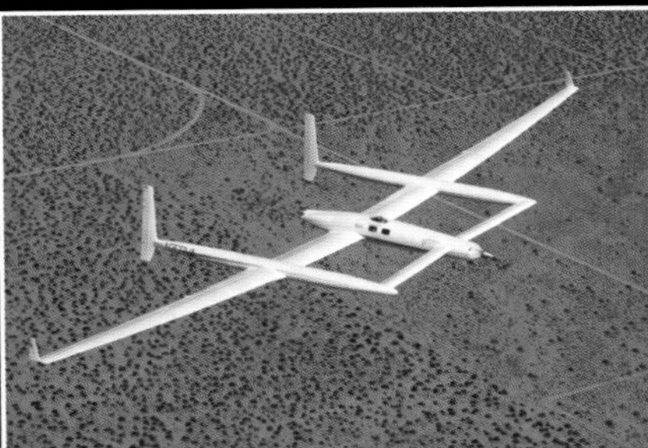

列队起飞

2000年，全球每天有超过400万人乘坐飞机。在繁忙的机场中，经常会看到客机排队等待起飞，这是技术进步让飞行变得高速、安全、可靠又实惠的自然结果。

乘喷气式客机旅行

20 世纪下半叶，航空旅行能让旅行者轻易到达世界的任何一个角落。

“现代飞机创造了新的地理坐标……再也没有遥远的地方：世界变小了，成了一个整体。”

温德尔·威尔基

《天下一家》（One World，1943）

在20世纪40年代初，美国航空公司的老板和飞机制造商意识到乘客航空旅行处于井喷的边缘。有增压客舱和增压发动机的波音307“同温层客机”在云层上方的无风带中飞行，让乘客有了更舒适的体验。亿万富翁、航空爱好者霍华德·休斯买下跨大陆及西部航空公司（T&WA）的股份，并且和总裁杰克·弗里奇（Jack Fryc）一起推动洛克希德公司研发“星座”式——一种能载人不着陆横跨美国的四发飞机。在道格拉斯公司中，四发的DC-4将要成为双发DC-3的继承者，而后来称为DC-6的一款增压机型也已经在讨论中了。

但战争随即爆发。1941年12月日本偷袭美国珍珠港后，商用飞机的生产被悉数叫停，所有资源均用来制造军用飞机。在作为客机投入使用前，DC-4成为C-54运输机。“星座”式的研发工作也暂停了，后来，这款飞机逐渐按军方要求建造成C-69运输机。与飞机制造商一样，航空公司也被征召为战争服务。

尽管从某种意义上说，战争打断了商用飞机的发展，但事实上，它极大加快了已有发展的前进步伐。航空技术上取得了重要进步，主要是在导航、雷达和通信上，但是最重要的是规模上的转变。

道格拉斯DC-4

作为“第一种四发客机”被推向市场的DC-4是DC-3的四发动机版。它能搭载50~80名乘客，航程可以横跨大西洋，中间仅需降落一次进行加油。然而，它缺少高空飞行的增压客舱。下图展示的是军用改造机型C-54“空中霸王”（Skymaster）。

强大的巨型喷气式客机

1970年投入使用的波音747体积庞大，改变了远程载客飞行的规模。它的载客量是之前喷气式客机的3至4倍，开辟了大规模空中旅行时代。尽管波音747是一项卓越的技术成就，但它的成功也让飞行显得更加平常了。

1941年，美国航空公司共有322架飞机，多为DC-3；在接下来的4年中，超过11000架DC-3的货运型和1600架DC-4的货运型出厂。一旦战争结束，尽管产量不可避免地减少，但业已扩张的产业规模仍然能够满足日益扩大的商业市场。国际航线网络的发展同样至关重要，同时对基础设施进行了大规模投资，包括建设四发飞机能够安全起飞的水泥跑道。随着和平时代的到来，航空公司及其人员已经积累了全球运营的深刻经验，包括海外业务。

战争期间，人们清楚地意识到，在未来，飞机会让世界变得更小。例如，美国政治家温德尔·威尔基（Wendell Willkie）就断言："再也没有遥远的地方：世界变小了，成了一个整体。"

平稳飞行的同温层客机

波音377"同温层巡航者"是波音公司生产的最后一种四发螺旋桨客机。其名称让人注意到一个事实——它的增压客舱使其能在同温层平稳飞行，免受气候困扰。然而，不幸的是，它的发动机经常出问题。

霍华德·洛巴德·休斯

当亿万富翁霍华德·休斯（1905~1976）在1939年入股环球航空公司，成为客运航空发展的中坚力量时，他已经是一位航空传奇人物了。他先是用继承的财富和怪才拍摄好莱坞电影，包括空战史诗大片《地狱天使》（*Hell's Angels*），1934年，休斯在飞行竞赛中寻找激情。他成立了休斯飞机公司，设计建造自己的竞赛用机H-1，并在1935年驾驶它创下时速563.7千米的世界陆基飞机速度纪录。后来他又完成了许多飞行壮举，最辉煌的一次是在1938年，他驾驶洛克希德"超级伊莱克特拉"飞机在91小时内环球飞行，创下世界纪录。

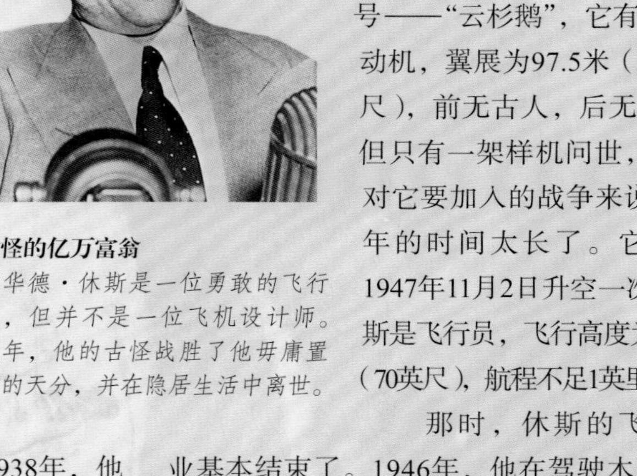

古怪的亿万富翁

霍华德·休斯是一位勇敢的飞行员，但并不是一位飞机设计师。晚年，他的古怪战胜了他毋庸置疑的天分，并在隐居生活中离世。

然而，作为飞机制造商，休斯并不成功。他坚信复合木材而非铝是未来飞机的材料，建议美国陆军部建造木结构轰炸机。但陆军部拒绝了，而使用H-1作为战斗机原型来发展。他的下一步计划是巨型军用水上飞机，由于他在华盛顿的出色游说能力，该计划没有立刻被拒。H-4"大力神"飞机主要材料是桦木，却有一个好听的绰号——"云杉鹅"，它有8台发动机，翼展为97.5米（320英尺），前无古人，后无来者。但只有一架样机问世，因为对它要加入的战争来说，两年的时间太长了。它只在1947年11月2日升空一次，休斯是飞行员，飞行高度为20米（70英尺），航程不足1英里。

那时，休斯的飞行事业基本结束了。1946年，他在驾驶木质D-2轰炸机的全金属侦察机攻型XF-11时险些遇难。那次坠机后，他鲜少飞行。1953年，他失去了对休斯飞机公司的控制权，在1960年又被排挤出财政困难的环球航空公司。

"云杉鹅"

霍华德·休斯的巨型H-4"大力神"号水上飞机，绰号"云杉鹅"，其研制目的是作为军用货运机，凭借其巨大的货舱运输大量物资，代替一些在"二战"中往来于大西洋上、受潜艇威胁的商船。

1944年，旨在为国际航空旅行新时代奠定政治基础和行政基础的会议在芝加哥召开。美国代表阿道夫·伯利（Adolf Berle）把芝加哥会议视为一个写下"开放天空篇章"的机会。然而这并没有完全实现。许多国家没做好放弃领空控制权的准备，也不愿停止为本国航空公司争取利益。但是，各方达成协议，允许国际航空旅行业务的扩展。

竞争加剧

国际航空公司行业甚至没有类似自由竞争的模式。大部分航空公司要么有政府资助，要么是国有的，普遍受到对航线和运行的严密管控。国际航空运输协会（IATA）规定票价，并协调不同公司的时刻表。美国是那时世界航空的领导者，1951年之后，更多的美国人选择乘坐飞机旅行而不选择长途火车。但是一些发达国家的航空公司坚持依靠自身力量。尽管原德国当时被彻底逐出航

空界，而英国和法国则继续集中精力维护与前海外领地的联系，但仍有一些令人惊喜的成功故事，包括澳大利亚航空公司（Qantas）、瑞士航空公司（Swissair）和斯堪的纳维亚航空公司（SAS）。

20世纪30年代，美国国内经济实行“有调控的竞争”模式，美国国际航空随之发展扩大。泛美航空失去30年代时享有的海外飞行垄断权，在华盛顿的游说决定了哪家航空公司可以分得哪杯羹。1945年10月美国海外航空公司首次进行波士顿与伦敦之间的陆基飞机定期飞行。但泛美航空在全球的最大对手是TWA，后者在战争期间发展出蒸蒸日上的国际分部。1950年，跨大陆及西部航空公司（即T&WA）更名为环球航空公司（即TWA）。

航空公司间的竞争在飞机制造商洛克希德和道格拉斯间展开。泛美航空用洛克希德“星座”式开始战后服务，但TWA才是它由始至终的支持者。1943年，在巡回宣传攻势中，杰克·弗莱伊和霍华德·休斯驾驶第一架“星座”式在7小时内从加利福尼亚飞到华盛顿特区——飞机喷成TWA的涂装。20世纪50年代期间，这家航空公司坚持使用“星座”的一系列升级版——“超级星座”，以及1957年的最终机型“明星客机”（Starliner）。道格拉斯用1947年的DC-6和1953年之后的DC-7进行反击，不断在航程和速度上追赶并超越洛克希德公司。20世纪50年代，泛美公司使用的是DC-6B和DC-7，还有波音377“同温层巡航者”，一种意图在奢华程度上与战前水上飞机相媲美的螺旋桨飞机。

优雅的“康妮”

在20世纪50年代，一架环球航空洛克希德1049型“超级星座”（昵称“康妮”）顺畅飞过纽约上空。环球航空是推动洛克希德公司生产航程能横贯大陆的大型增压客机的原动力。凯利·约翰逊（Kelly Johnson）与洛克希德团队设计的飞机是经典之作，特色在于其非同一般的三垂翼。乘坐“康妮”飞机旅行是舒适又时髦的享受。

在螺旋桨飞机的黄金时代，航空旅行比以往任何时候都更接近航空公司所宣传的舒适和迷人。高空飞行极大减少了乱流困扰，隔音措施降低了发动机噪音影响。旅行时间也大幅缩减——举例而言，从旧金山飞往纽约的航线，早期“星座”式需要11小时左右，而20世纪50年代中期的DC-7只要8小时左右。尽管经济型飞行的压力一贯存在，但螺旋桨飞机经常能提供十分宽敞的空间。许多飞机有双层卧铺，“同温层巡航者”还有楼下酒吧，顺着旋转楼梯就能抵达。

然而，对于大部分能承担起费用的乘客而言，飞行依然是种冒险。“二战”后乘飞机跨越大西洋的乘客还需短暂停留在纽芬兰甘德和冰岛香农的荒凉村落，等待飞机补充燃料，因此可能不会觉得自己的旅程枯燥无聊。航班还经常会因为恶劣天气延误或强制取消，许多螺旋桨飞机也深受发动机故障困扰。虽然驾驶舱技术突飞猛进——比如说，机载雷达在20世纪50年代被广泛使用——但飞行依然离不开人工操作。

喷气式客机时代来临

20世纪40至50年代的螺旋桨飞机动力强大，成就非凡。50年代，它们的航程扩大，能提供不着陆的跨海洋或跨大陆飞行。DC-6B让SAS在1954年首次开辟穿越极地的定期航线，将欧洲北部同美国西海岸相连。1957年，洛克希德1649“明星客机”连续飞行19个小时，从洛杉矶一直飞到伦敦。但20世纪50年代，螺旋桨飞机的技术已经抵达瓶颈，无法再有突破了。

喷气机技术用于商业运输的进程并非一帆风顺。经济实惠和可靠性是载客飞行的本质，但早期喷气发动机两者皆无。它们需耗费大量燃料，而且对保养人员也需求极大。难怪美国的航空公司和制造商们仍致力于活塞动力客机，战争结束就忽视了喷气机。相比之下，英国在原德国被迫退出航空领域后成为喷气动力设计的世界领导者，对喷气航空很感兴趣，先后建造出涡轮螺旋桨客机和涡轮喷气式客机，很快就领先他国。

回过头看，涡轮螺旋桨飞机只是过渡技术。它让热空气进入喷气发动机，驱动螺旋桨，动力和速度比活塞发动机强，且比同时代涡轮喷气发动机更节约燃料。第一种涡轮螺旋桨客机是1950年出现的维克斯“子爵”（Viscount）。

“二战”后的螺旋桨客机

“二战”后一直到20世纪50年代末，活塞动力、螺旋桨驱动的客机依然占据着天空。螺旋桨飞机之所以能在十多年间免受涡轮螺旋桨飞机和喷气式飞机的挑战，不仅因为制造可靠的喷气式飞机难度很高，而且因为它们本身也十分出色。“星座”式、DC-7等飞机在舒适度、航程和速度方面比大部分战前客机出色得多，此外，它们能横跨大陆，提供超越船舶和火车的优质服务。1957年，螺旋桨飞机的乘客数量首次超过远洋客轮。它们成功的关键包括增压客舱和更强大高效的发动机。

英国“大使”

30座的空速“大使”型是史上最优雅的飞机之一，1952年开始服役，意图复兴英国民用航线网络。

波音377“同温层巡航者”

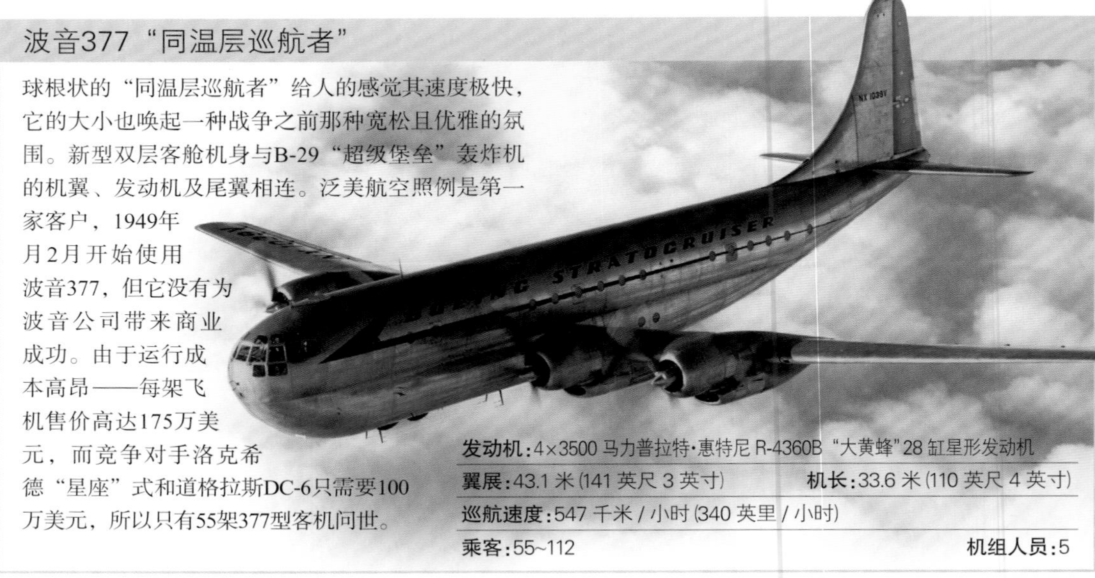

球根状的“同温层巡航者”给人的感觉其速度极快，它的大小也唤起一种战争之前那种宽松且优雅的氛围。新型双层客舱机身与B-29“超级堡垒”轰炸机的机翼、发动机及尾翼相连。泛美航空照例是第一家客户，1949年月2月开始使用波音377，但它没有为波音公司带来商业成功。由于运行成本高昂——每架飞机售价高达175万美元，而竞争对手洛克希德“星座”式和道格拉斯DC-6只需要100万美元，所以只有55架377型客机问世。

发动机：4×3500 马力普拉特·惠特尼 R-4360B “大黄蜂”28 缸星形发动机	
翼展：43.1 米（141 英尺 3 英寸）	**机长**：33.6 米（110 英尺 4 英寸）
巡航速度：547 千米 / 小时（340 英里 / 小时）	
乘客：55~112	**机组人员**：5

布雷盖763“茨魏布吕肯”/普罗旺斯

“茨魏布吕肯”型是战后早期制造成功客机的典型尝试。第一架球根状双层客舱“茨魏布吕肯”型在1949年2月首飞。为提高商业潜力，后来的飞机使用美国发动机替换了原型机的法国动力装置。尽管经历了漫长的军方测试，B-761却并没有投入生产，但有12架改良后的B-763“普罗旺斯”型在法国航空服务。

发动机：4×2100 马力普拉特·惠特尼 R-2800 “双黄蜂”18 缸星形发动机	
翼展：41.7 米（136 英尺 8 英寸）	
机长：28.7 米（94 英尺 2 英寸）	
巡航速度：320 千米 / 小时（286 英里 / 小时）	
乘客：101	**机组人员**：4

布里斯托尔“布拉巴宗”（167型）

布里斯托尔“布拉巴宗”型以布拉巴宗勋爵（Lord Brabazon）命名，勋爵领导的委员会向英国政府推荐应该建造何种战后民用飞机。事实上，庞大的“布拉巴宗”最为失败，唯一的样机在1949年9月4日飞行。它有8台发动机，2台一组对置4个反向旋转的螺旋桨。悲哀的是，它从未投产，原型机共飞行不到400小时，就在1953年报废了。

发动机：8×2500 马力布里斯托尔“半人马座”18 缸星形发动机	
翼展：70.1 米（210 英尺）	**机长**：54 米（117 英尺）
巡航速度：402 千米 / 小时（250 英里 / 小时）	
乘客：100	**机组人员**：12

康维尔240“康维尔班机”

作为马丁404的直接对手，康维尔中型客机家族成功多了。第一架康维尔110型原型机在1946年首飞，但只能搭载30名乘客。扩大版240型安装了更强大的发动机，并在1947年3月首飞。1958年结束生产时，共有571架康维尔240飞机问世，其中176架是客机，395架是军用型C-131和T-29。

发动机:2×2400 马力普拉特·惠特尼 R-2800 “双黄蜂” 18 缸星形发动机

翼展:28 米(91 英尺 9 英寸) **机长**:22.3 米(74 英尺 8 英寸)

巡航速度:432 千米 / 小时(270 英里 / 小时)

乘客:40 **机组人员**:3~4

道格拉斯DC-6B

道格拉斯DC-6从DC-4飞机发展而来，大部分研发工作由希望改进C-54的美国军方承担。尽管军用机型诞生前战争就结束了，但最初的商业机型大获成功，共生产175架。泛美航空的首次跨大西洋全货运服务就是DC-6完成的。随着航程和承载力的不断提升，能容纳107名乘客的DC-6C问世。直到1958年停产前，DC-6总产量超过700架，其中有几架作为货运飞机直到21世纪仍在飞行。

2500马力“双黄蜂”18缸星形发动机

发动机:4×2500 马力普拉特·惠特尼 W R-2800 “双黄蜂” 18 缸星形发动机

翼展:35.8 米(117 英尺 6 英寸) **机长**:32.2 米(105 英尺 7 英寸)

巡航速度:494 千米 / 小时(307 英里 / 小时)

乘客:54~102 **机组人员**:3

道格拉斯DC-7C“七大洋”

“二战”后，道格拉斯和洛克希德在远程客机市场的激烈竞争催生了一批性能卓越的飞机和发动机。DC-7是以DC-4为开端的四活塞引擎飞机家族的最后成员。第一架DC-7使用节能高效的莱特涡轮复合式发动机，在1953年5月首飞。1958年末停止生产时，共有338架问世，其中128架是最后机型——卓越的DC-7C，英国海外航空公司称它为“七大洋”(Seven Sea)。

发动机:4×3400 马力莱特 R-3350 涡轮增压 18 缸星形发动机

翼展:38.8 米(127 英尺 6 英寸)

机长:34.2 米(112 英尺 3 英寸)

巡航速度:580 千米 / 小时(360 英里 / 小时)

乘客:65~105 **机组人员**:7~8

伊留申伊尔-12“马车”

伊尔-12的研发目的是取代道格拉斯DC-3的苏联生产型里苏诺夫里-2。为了替换声名显赫的前辈，伊尔-12被大量生产。1943年开始设计的原型机并不成功，重新设计的飞机在1945年8月15日首飞，北约代号“马车”(Coach)，从1947年8月为苏联民航总局服务，其军事和民用机型被大批量供应给华约国家。1949年，为了支持改进型伊尔-14(下图所示)，伊尔-12停产。

发动机:2×1650 马力什韦佐夫 Ash-82FN 14 缸星形发动机

翼展:31.7 米(104 英尺) **机长**:21.3 米(69 英尺 11 英寸)

巡航速度:350 千米 / 小时(217 英里 / 小时)

乘客:27~32 **机组人员**:4~5

洛克希德1049G“超级星座”

造型美观的L-49是史上最优雅的飞机之一，最早设计于1939年，作为C-69被军方使用。战争结束后，81座的L-649机身加长，最多能容纳109位乘客，发展成L-1049。

发动机:4×3250 马力莱特 R-3350 涡轮增压 18 缸星形发动机

翼展:37.5 米(123 英尺) **机长**:34.7 米(113 英尺 7 英寸)

巡航速度:526 千米 / 小时(327 英里 / 小时)

乘客:81~109 **机组人员**:6

马丁404型(4-0-4)

马丁202型是“二战”后第一种双发客机。然而，1948年因为机翼机构脆弱发生的一场事故让该机型的生产暂时搁浅。一款改良后的增压404型“天空客机”(Skyliner)克服事故阻碍，成为20世纪50年代的经典设计。改良之处包括加长的机身，以及将其巡航速度提升至比DC-3快了将近160千米/小时(100英里/小时)的更强大发动机。1951到1953年间，共有103架问世，主要被东方航空和环球航空使用。

发动机:2×2400 马力普拉特·惠特尼 R-2800 “双黄 18 蜂” 缸星形发动机

翼展:28.4 米(93 英尺 3 英寸)

机长:22.7 米(74 英尺 7 英寸)

巡航速度:460 千米 / 小时(286 英里 / 小时)

乘客:34~42 **机组人员**:3

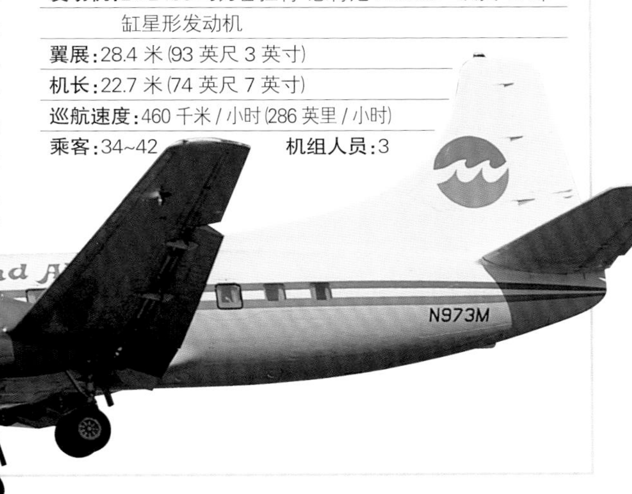

“彗星”式原型机

德·哈维兰“彗星”式原型机于1949年首飞。“彗星”式是第一种投入使用的喷气式客机，由于金属疲劳问题而多次坠毁。

维克斯“子爵”广受欢迎，能提供比活塞发动机客机更顺畅安静的旅行。虽然只能容纳50名乘客，但在英国欧洲航空公司（BEA）手中有利可图，该公司在20世纪50年代掌控欧洲西部所有乘客运输的四分之一市场。英国后来又制造出更庞大的布里斯托尔“不列颠尼亚”式和维克斯“先锋”式，而美国落后一步，生产了洛克希德涡轮螺旋桨飞机188型“伊莱克特拉”式，因为多次惊人的坠毁事故，该飞机名声扫地。

苏联也制造了最非同凡响的涡轮螺旋桨客机。图波列夫图-114是苏联军事航空的衍生品，以图-95远程涡轮螺旋桨轰炸机为原型。图-114在1957年加入苏联民航总局，是个庞然大物——波音747出现前世界上最大的客机。它能搭载170名乘客连续飞行8800千米（5500英里），巡航速度约为770千米/小时（480英里/小时）。1959年，一架图-114飞机仅用11小时就从莫斯科飞抵纽约；1960年，图波列夫飞机开辟定期航线，把苏联首度和古巴、加拿大、西非、印度和日本连接起来。

德·哈维兰“彗星”式

然而，在20世纪50年代期间，飞行的未来不是混血的涡轮螺旋桨飞机，而是纯粹的涡轮喷气式飞机，这一点是显而易见的。英国再度率先行动。1949年开始试飞的德·哈维兰“彗星”式是先进技术的大胆投机。公司董事长杰弗里·德·哈维兰是航空先驱时代的老手，曾设计过“一战”飞机，他把自己的财富押在世界第一种喷气式客机的成功上。最初，这场赌博看似会赢。1952年，“彗星”式在英国海外航空公司伦敦到约翰内斯堡的航线上飞行，立刻就在目标高端市场引发轰动。新型客机高速、顺畅又时髦。乘客争抢数量有限的机票——飞机最初只有36个座位——其他航空公司很快也使用“彗星”式，包括法国航空。美国《财富》商业杂志称1953年是“加冕和‘彗星’之年”。

但在1954年1月，灾难降临，一架从罗马出发的“彗星”式客机在9千米（3万英尺）高空爆炸。之前在印度的一次坠机被归咎于恶劣天气，而这次显然缺乏合理的解释。飞行恢复如常，然而3个月后，另一架“彗星”式又在地中海上空解体。专家们开始研究灾难起因，同时所有“彗星”式都被禁飞。漫长的调查最终揭露出飞机舷窗周围有结构缺陷。4年后，一款重新设计的“彗星”式恢复了商业飞行，载客量增加到72人。它出现的时机刚好，使得英国海外航空公司成为第一家开展定期喷气机跨越大西洋（在纽芬兰甘德停留一次）服务的航空公司，但当时，“彗星”式的技术和商业领先地位已不复存在。

在“彗星”式停飞期间，唯一能在世界各地运转的喷气式客机是苏联的图-104，它是安德烈·图波列夫设计局的又一力作，也是冷战时期核轰炸机计划的衍生物。1956年后，它成功开辟多条定期航线，包括途径伊尔库茨克的莫斯科—北京航线，从未出现过安全事故。但是，美国飞机工业才是“彗星”式崩溃的最大受益者，它抓住机遇，一举追上并赶超外国竞争对手。

> *“以喷气机的速度，40小时就能环绕地球一周。世界缩小了一半。”*
>
> **哈罗德·曼斯菲尔德**
> **（Harold Mansfield）**
> **《预想：波音的故事》**
> **（Vision: The Story of Boeing）**

波音的突破

20世纪50年代，波音还没有成为享誉全球的商业飞机制造商。它擅长制造大型军用飞机，但这为真正迎来载客喷气机新时代的波音707客机开辟了道路。以世界民用载客飞机领头羊道格拉斯公司为代表的美国大多数航空公司，质疑美国喷气空中旅行的商业可行性时，波音已经打算全力研发B-47、B-52轰炸机等大型军用喷气式飞机了。波音公司总裁比尔·艾伦（Bill Allen）认为，如果他能建造一种既能卖给空军也能卖给民用航空公司的飞机，就可以大赚一笔。

1954年，波音生产了名为“367-80”的原型机，它还有个广为人知的名字：“先锋80”。在美国空军中，它主要作为空中加油机为新型喷气轰炸机队服务，并圆满完成了这项任务，被军方命名为“KC-135”。至于航空公司，波音意识到必须提供一种差别很大的机型，研制成本也相应提高，但订单很快如潮水般涌来。这种四发喷气式客机的航程和有效载荷改变了远程旅行的方式。

涡轮风扇707

波音707在1958年加入航空公司服役，让喷气式客机旅行获得商业成功。很显然，照片中的这架707飞机安装了1962年后成为客机标准配置的涡轮风扇发动机。

1958年10月，波音707投入使用，在泛美航空从纽约爱德怀德机场（现约翰·F. 肯尼迪国际机场）到巴黎和伦敦的跨大西洋航线上飞行。虽然结构不同，但707的载客量是“彗星”式新机型的两倍多，远超过最新款的螺旋桨飞机。它的飞行速度为960千米/小时（600英里/小时），比螺旋桨飞机甚至涡轮螺旋桨飞机都快得多，一举将长途旅行时间缩减了将近一半。

波音707并非完美无缺。与所有早期喷气机一样，机上乘客可能觉得很安静，但居住在机场附近的人却能听到震耳欲聋的噪音。而且，第一批投入使用的707飞机发动机动力不足。这些JT-3涡轮喷气发动机必须注水才能产生起飞的足够推力，而且航程只有4800千米（3000英里）左右。但707很快就配备了更为强大、燃料效率更高的涡轮风扇发动机，机翼也相应变大。安装涡轮风扇发动机的707-320B成为1962年后的标准机型，航程约为7200千米（4500英里），虽然远不如现在的长途客机，但非常适合洲际飞行。

波音707横空出世后，乘喷气式客机旅行的潮流如暴风般席卷全世界。人们把螺旋桨飞机抛到脑后。涡轮螺旋桨飞机的运营商开始宣传他们的飞机也是喷气动力（很准确），环球航空甚至把最新的“星座”式客机命名为“喷射气流”（Jetstream）——可能是希望让螺旋桨飞机也沾上些许喷气时代的辉煌。

南方飞机公司“快帆”

容量更大

“快帆”12型最多能容纳140名乘客（最初的“快帆”只能搭载52人）。上图中的客舱非常舒适，有效隔绝了外部噪音（据说，在一头能听到另一头的轻声耳语）。

最常用来描述“快帆”客机的词是“优雅”，它被许多飞机爱好者认为是皮埃尔·萨特（Pierre Satre）领导的东南飞机制造公司设计团队贡献出的有史以来最赏心悦目的飞机之一。“快帆”是20世纪60年代喷气飞行“魅力时代”的标志。

流行于60年代

1972年，“快帆”停止生产（共有282架问世），但它是当时西欧各国中最为成功的喷气式客机，为后来“空中客车”系列的成功开辟了道路。

1951年，法国政府决定推动本国首架喷气式客机的研发工作。要求研制一种航程为2000千米（1242英里）、能容纳约60名乘客的飞机。由于法国没有双发设计所需的强大动力装置，东南飞机制造公司团队最初提交的是一份三发设计，直到罗尔斯·罗伊斯“埃汶”涡轮喷气发动机出现，双发设计才得以确定。

“快帆”原型机在1955年首飞，1959年第一批“快帆”投入使用时，东南飞机制造公司和西南飞机制造公司合并为南方飞机制造公司。最初，飞机发展顺利。它是唯一可用的中短途喷气式客机，时髦的外形对乘客极具吸引力。第一批“快帆”客机由法国航空、斯堪的纳维亚航空公司和巴西航空购得。1961年，联合航空订购20架改良后的“快帆”5型，该飞机从而打进了很有价值但国外商家难以进入的美国市场。道格拉斯迫切需要一种能对付波音727的产品，曾慎重考虑获得“快帆”的生产授权。1962年，道格拉斯签署协议，在美国推广“快帆”。

无发动机的时髦后掠翼

然而，“快帆”盛极必衰。美国航空公司运营者亟须能在更短航线上运营的喷气式客机，事实证明，法国飞机不够经济实惠——相比载客量，它的运营成本太高了。20世纪60年代初，英国BAC111客机进入市场，乘货运输量和燃油消耗之间的比率更高了。与此同时，道格拉斯决定生产自己的飞机，制造出大获成功的DC-9，波音也不甘落后，贡献了737型。“快帆”最终被排挤出日益拥挤的市场。

在建的原型机
照片中为在建的第一架“快帆”原型机（1955年完成）。在原型机的后面是第二架原型机的机鼻和各种零部件。

油门
遮光罩
油门锁
方向舵脚蹬
驾驶盘
副驾驶座位
机长座位

风格相似
英国德·哈维兰公司把“彗星”式的技术信息透露给了东南飞机制造公司，因此，“快帆”的驾驶舱布局与“彗星”式英国客机非常相似（机鼻部分则完全相同）。“快帆”的仪表设备已被现代客机淘汰。

位于后部的发动机
“快帆”是第一款把发动机装在机身后部的客机。这样做有几个好处：保持机翼整洁，减少客舱噪音，发动机远离燃油箱也降低了火灾风险。

技术参数（“快帆”12型）

发动机：2×6577 千克（14500 磅）推力普拉特·惠特尼 JT8D-9 涡轮风扇发动机	
翼展：34.3 米（112 英尺 6 英寸）	**机长**：36.24 米（118 英尺 9 英寸）
重量：31800 千克（70107 磅）	**巡航速度**：785 千米 / 小时（487 英里 / 小时）
乘客：140	**机组人员**：2（外加 4 名空服人员）

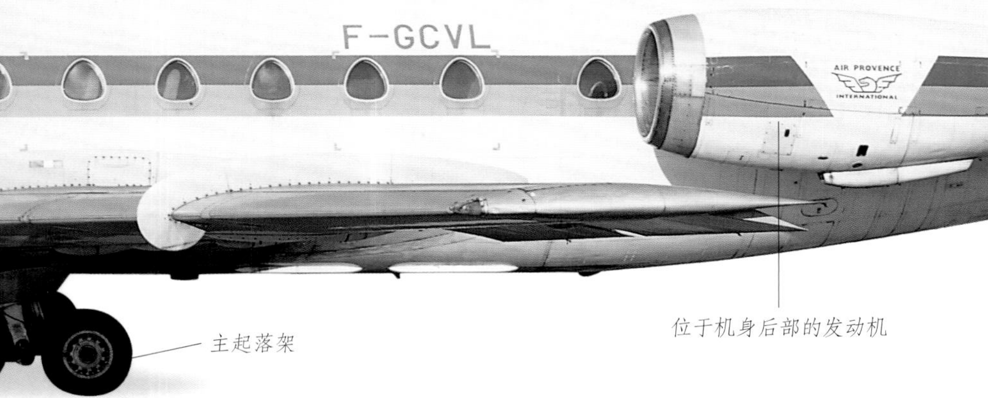

加长机型
1970年，法国宇航公司合并了南方飞机公司，生产出最后一款机型：“快帆”12型（如图所示）。“快帆”12型是加长型，比之前的型号载客量更大，发动机也更加强劲。

其他制造商也与波音公司竞争，抢占喷气式客机市场。道格拉斯本希望只比波音飞机晚11个月投入使用的喷气动力DC-8客机能战胜707。但DC-8遭遇到生产难题，问题得到解决时，707已经成为不可动摇的市场主导者了。大型喷气式客机的成功引发对大批量小型短途喷气式客机的需求。20世纪60年代，波音公司再次做出准确无误的决策，以三发727型和双发737型巩固了自己的地位。欧洲制造商则生产出“快帆”与非常成功的英国飞机公司BAC111。1966年，道格拉斯推出引人瞩目的短程客机DC-9，取得了巨大成功，但成功来得太迟了，无力挽回陷入资金困境的公司，次年道格拉斯被麦克唐纳公司收购。

空中小姐

20世纪60年代后期，利用空中小姐的颜值吸引力出售机票成为行业的通用做法。照片中为西南航空公司的空乘人员。

缩小的世界

航空公司决策者之所以对喷气式客机犹豫不决，其主要忧虑之一就是容量过剩。新客机不仅有更多座位，而且旅行时间更快，每日飞行次数是之前的两倍。只要座位能坐满，经济预期是喜人的。然而，没有证据显示乘客人数会达到这种规模。1957年，喷气式客机还未问世时，乘飞机跨越大西洋的人数就第一次超过了海运人数。然而，就算所有的海上乘客都改乘飞机，也远远不能填满不断生产出来的喷气机群。但是，喷气机旅行还是催生出大批新乘客。如果没有喷气式客机，这些人根本不会乘坐飞机。

早期客机是轮船和火车的替代品，人们在必需的旅行中才乘坐飞机。如今，即使原本不打算出门或不想跑这么远，人们也被吸引着乘飞机旅行，尤其是因为机票越来越实惠了。喷气机旅行前十年，远程航线的乘客英里数有了惊人增长——以环球航空为例，该数字从1958年的46亿乘客英里增加到1969年的191亿乘客英里，泛美航空从38亿乘客英里涨到171亿乘客英里。实际上，喷气式客机不仅改变了航空旅行，它们也改变了世界。正如泛美航空的创立者胡安·特里普所宣称的：“我们一下子把地球缩小了。”他也是第一批决定研发波音707的人之一。

不单调的飞机

1965年开始，为改变自己“可靠但无趣的航空公司”形象，布兰尼夫国际航空公司把飞机涂上大胆鲜艳的颜色。这个举动吸引了数千名新客户。图中这架飞机是亚历山大·考尔德（Alexander Calder）的DC-8“飘扬旗帜”号，诞生于1973年。

喷气机旅行界

乘客的增多对机场扩建和设备改良提出了迫切需求。为应对日益拥挤的天空，空中交通管制亟须升级。所幸，20世纪60年代，机载系统也取得了显著进步——1964年，一架“快帆”第一次在定期航班中实现自动驾驶着陆。整体看来，喷气式客机在安全性、可靠性、速度和舒适度上有所提升。乘客们惊奇于空中旅行变得如此安静顺畅。1959年，为了宣传跨越美国东西海岸的喷气机服务，美国航空公司夸口称：“发动机噪声和震颤，这两个造成旅行疲倦的罪魁祸首已经成为历史。”

20世纪60年代，社会充满了流行文化热情洋溢的气氛，人们尊崇青春和享乐，而喷气机飞行的新体验更融入其中。长途飞行依然有迷人光环，但螺旋桨飞机时代穿戴整洁的精英在机上酒吧中呷饮鸡尾酒的场景已经一去不复返。喷气机旅行更顺畅快捷，完全现代化。媒体创造了“喷气机旅行界”（jet set）这个术语，代指一种光鲜聪慧的年轻人，他们前一天晚上还在纽约聚会，第二天晚上又跑到激情四射的伦敦了。走下707客机是明星新秀的拍照好时机，机场成为欢迎流行歌手的舞台——1964年2月，甲壳虫乐队抵达纽约肯尼迪机场时，场面惊人，将“喷气机旅行界”这一风潮推向巅峰。

航空公司希望飞行变得更有趣，于是迷人的“空中小姐”成为卖座战争的关键武器。1965年，美国布兰尼夫国际航空公司（Braniff）

未来主义风格

巴黎的查尔斯·戴高乐机场是为满足喷气机时代带来的航空客运爆炸式增长需求所建的新型设施之一。它未来主义的外观风格反映了机场作为建筑风格创立者的新的重要性——就像20世纪末的教堂，是仿照19世纪的火车站的风格建造的。

顺应时势，宣布“乏味飞机的终结”，将所有飞机涂上七种华丽鲜亮的色彩之一——媒体称它们是“软糖豆机队”——女性空乘人员身穿意大利时尚大师埃米利奥·普奇（Emilio Pucci）设计的特殊制服。一则布兰尼夫的广告语这样写道:“您的妻子知道您和我们一起飞行吗？”1971年，国家航空公司（NAL）宣传活动最大程度地利用颜值吸引力，用一张照片抓住潜在乘客的注意力，照片上是一位年轻空乘，标语是：“我是琳达，带我飞吧。”这是极端做法，但所有航空公司都同意空乘服务人员应该是身材较好的年轻女性。毫无疑问，这是时代潮流。

甲壳虫乐队来到美国

1964年2月，甲壳虫乐队乘坐泛美航空101航班抵达纽约肯尼迪机场，数千名狂热粉丝前来迎接。鉴于喷气机飞行的魅力和新奇，机场似乎成了欢迎明星的最佳地点。

早期喷气式和涡轮螺旋桨客机

商业航空的基础不是技术创新或设计优雅，而是乘客数量和运行成本的经济方程式。对航空公司而言，喷气发动机技术最初并不是有吸引力的提议，因为它的燃料和保养费用高，有效载客量小。“二战”后，涡轮喷气式客机在一定程度上实现了喷气式飞机的舒适度和速度优势，且运营成本更加实惠。波音707是突破性喷气式客机，载客量足够大，速度也够快，能在长途航线上盈利。它在20世纪60年代大获成功，也给动力稍弱的客机留下广阔的发展空间，后者能使用小型机场或在更短航线上运营，这时，以较慢速度节约飞行成本是非常重要的。少数取得商业成功的英国飞机中的一款，BAC111飞机迎合了市场需求，道格拉斯DC-9也是如此，但波音再次量身订做出最符合客户需求的客机727和737。

“快帆”

“快帆”的设计引领潮流——它的后置发动机被广泛模仿——但其载客量有限，不足以盈利。（详情见376~377页）

英国飞机公司BAC111

这款飞机在1965年投入使用，与“快帆”的设计相近，是世界上第一种短程喷气式客机。它的独到之处是尾翼位于两个发动机之上，亨特飞机公司（英国飞机公司的一部分）照搬了这项设计。

发动机：2×5690 千克（12000 磅）推力罗尔斯·罗伊斯“斯佩”涡轮风扇发动机

翼展：28.5 米（93 英尺 6 英寸） **机长**：32.6 米（107 英尺）

巡航速度：871 千米 / 小时（541 英里 / 小时）

乘客：97 **机组人员**：2

波音707-120

707的研发是波音公司的一场豪赌。波音公司决定打破洛克希德/道格拉斯的垄断，拿出总资产的一半研制第一种双重身份军用加油/民用客机。1955年，在和DC-8的激烈竞争中，首批707-120飞机被泛美航空选中。

发动机：4×6120 千克（13500 磅）普拉特·惠特尼 JT3C-6 涡轮喷气发动机

翼展：39.9 米（130 英尺 10 英寸） **机长**：40 米（144 英尺 6 英寸）

巡航速度：919 千米 / 小时（571 英里 / 小时）

乘客：121~179 **机组人员**：4

波音727

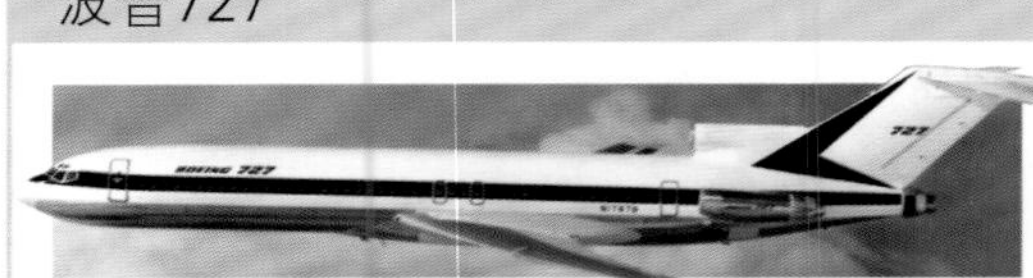

波音公司也制造了短程型707，但它不能在使用小型飞机场的同时满足乘客对喷气机旅行速度和舒适程度的需求。1963年，后置三发动机喷气式727客机问世，问题得到解决。它的多副翼复杂机翼和与707直径相同的宽敞机身相结合。该设计大获成功，成为世界上销量最好的喷气运输机之一，1984年停产时，总产量达到1831架。

发动机：2×7260 千克（16000 磅）推力发动机普拉特·惠特尼 JT8D-17 涡轮风扇发动机

翼展：32.9 米（108 英尺） **机长**：47.6 米（153 英尺 2 英寸）

巡航速度：964 千米 / 小时（599 英里 / 小时）

乘客：134~189 **机组人员**：3

波音737-200

737飞机（图为737-100原型机）机身短粗，发动机装在机翼上，外形不如短程客机竞争对手DC-9和BAC111美观，但乘客非常喜欢“大喷气机”的感觉。737比前辈更受欢迎，截至2002年初，737系列客机的订购量已经超过5000架。

发动机：2×7040 千克（15500 磅）推力普拉特·惠特尼 JT8D-9A 涡轮风扇发动机

翼展：28.4 米（93 英尺） **机长**：30.5 米（100 英尺 2 英寸）

巡航速度：927 千米 / 小时（575 英里 / 小时）

乘客：115~130 **机组人员**：2

德·哈维兰D.H.106“彗星”4B

“彗星”1型是第一种喷气式客机。1952年，10架“彗星”1型被交付给英国海外航空公司。它们把飞行时间缩短了一半，但一系列灾难事故导致所有“彗星”1型在1954年停飞。漫长的调查显示，事故起因是金属疲劳，当时，这种现象还鲜为人知。改良后的“彗星”4型航程更远。1958年10月4日，两架“彗星”飞机一架向东，一架向西，完成首次跨越大西洋的喷气动力载客飞行。

发动机：4×4760 千克（10500 磅）推力罗尔斯·罗伊斯“埃汶”524 涡轮喷气发动机

翼展：35 米（114 英尺 10 英寸）

机长：34 米（111 英尺 10 英寸）

巡航速度：809 千米 / 小时（503 英里 / 小时）

乘客：60~81 **机组人员**：4

道格拉斯DC-9

DC-9和领先两年的前辈BAC111型客机及后起之秀波音737争夺中短程客机市场，它的销量超过2200架，在商业上比英国飞机成功得多。主要原因是DC-9和737一样，逐渐发展成一个飞机系列，为各个航空公司客户提供合适的航程和有效荷载。1965年的DC-9系列10型原型机后来发展成1977年的DC-9系列80型，后者又进一步演变成麦克唐纳–道格拉斯MD-80系列。

发动机：2×5450 千克(12000 磅)推力普拉特·惠特尼JT8D-5 涡轮风扇发动机
翼展：27.3 米(89 英尺 5 英寸) **机长**：32.8 米(104 英尺 5 英寸)
巡航速度：797 千米/小时(495 英里/小时)
乘客：90 **机组人员**：2

福克F.27Mk200“友谊”

发动机：2×2320 马力罗尔斯·罗伊斯“达特”Mk536 涡轮螺旋桨发动机
翼展：29 米(95 英尺 2 英寸) **机长**：23.6 米(77 英尺 4 英寸)
巡航速度：480 千米/小时(298 英里/小时)
乘客：44 **机组人员**：2

20世纪50年代中期，一些飞机制造商生产出“DC-3替代品”。福克公司及其F.27离成功目标最近。和美国费尔柴尔德公司（Fair childbuilt）生产的飞机一样，这种机型的生产数量超过了所有其他涡轮螺旋桨飞机（苏联除外）。1955年11月24日首飞后，超过580架被卖给军事和民用客户，直到被改进型福克F.50客机取而代之。

伊留申伊尔-18

发动机：4×4190 马力伊夫钦科 AI-20M 涡轮螺旋桨发动机
翼展：37.4 米(122 英尺 9 英寸)
机长：35.9 米(117 英尺 9 英寸)
巡航速度：674 千米/小时(419 英里/小时)
乘客：100~120 **机组人员**：4~5

冷战期间，苏联以西方设计为基础，大量生产商用飞机。伊尔-18参照了洛克希德“伊莱克特拉”和维克斯“先锋”式。然而，1957到1979年，有550多架伊尔-18问世，产量超过西方同行。这款被制造商称为“莫斯科”的飞机被出口到华约的许多成员国，时至今日，还有多架飞机在为中东欧国家服务。除伊尔-18外，还有一种军用型号——伊尔-20。

图波列夫图-104A

图-104原型机在1956年3月22日抵达伦敦机场，西方得以第一次见识到苏联的首款喷气式客机。早期“彗星”式停飞，波音707两年后才投入使用，因而该飞机引起轰动。图-104从图-16“獾”式中型轰炸机发展而来，1956年9月开始执行首次苏联境内喷气机航班，仅搭载50位乘客。其改进型图-104A曾创下数个商业纪录，是图-104系列中产量最大的。

发动机：2×9710 千克(21385 磅)推力“米库林”AM-3M涡轮喷气发动机
翼展：34.5 米(113 英尺 4 英寸) **机长**：38.9 米(127 英尺 6 英寸)
巡航速度：770 千米/小时(478 英里/小时)
乘客：70 **机组人员**：4

维克斯超级VC10

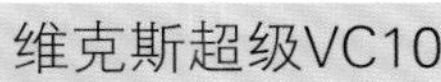

VC10是1958年为英国海外航空公司设计的一款新型远程客机。虽然深受乘客喜爱，VC10系列却没有赢得大批订单，因为它不如对手波音707和DC-8经济实惠。1969年，VC10在所有英国海外航空公司的远程航线上飞行，而在20世纪70年代前期引进波音747后，它就被淘汰了。

发动机：4×10205 千克(22500 磅)罗尔斯·罗伊斯“康威”550 涡轮风扇发动机
翼展：44.6 米(146 英尺 2 英寸) **机长**：52.3 米(171 英尺 5 英寸)
巡航速度：914 千米/小时(568 英里/小时)
乘客：174 **机组人员**：9~11

维克斯“子爵”701

“子爵”是第一种提供商业客运服务的涡轮螺旋桨飞机，也是第一种在北美大量销售的英国客机。载客量为32人的小巧原型机在1948年完成处女航，并于1953年4月加入英国欧洲航空公司。最后一架于1964年交付，总产量达到444架。“子爵”有安装空调设备的增压机舱，降落滑行距离相对较短，涡轮发动机安静顺畅，因此深受乘客和航空公司的喜爱。

发动机：4×1550 马力罗尔斯·罗伊斯“达特”506 涡轮螺旋桨发动机
翼展：28.6 米(93 英尺 9 英寸)
机长：24.7 米(81 英尺 2 英寸)
巡航速度：517 千米/小时(323 英里/小时)
乘客：59 **机组人员**：3

英国宇航公司 / 法国宇航公司“协和”式

在飞行史上，“协和”式客机定期航班可能是无与伦比的，100多位没有飞行服或头盔的乘客在远离地面17.7千米（11英里）的高空中飞行。他们的移动速度比步枪子弹还快，然而，据一位记者观察，乘客的咖啡“每2.7秒移动1英里，却纹丝不动”。

1962年，英法两国政府签订协议，寻求研发一种超音速运输机，他们相信客运航空的未来在于日益提升的速度和缩短的旅行时间。生产巡航速度高达2马赫的客机是个严峻挑战——只有战斗机能在短暂时间保持这个速度。“协和”式的设计过程中融合了许多创新。比如说，飞机在起飞和降落时迎度很大（机尾朝下），在传统飞机中，飞行员无法向前看，而通过让机头在起飞和降落时下垂，难题得到解决。超音速飞行时，机头靠液压抬升，遮阳板升起，让它和挡风玻璃呈流线型。

第一架原型机直到1969年3月才首飞，而第一架生产型飞机出现于1973年。1976年，法国航空和英国航空在同一天启用第一批“协和”式客机。然而，当时超音速客机的运营条件糟糕透顶。生态游说团体针对高污染和噪声等级作出回应，攻击“协和”式客机，导致该机被世界上许多机场禁飞。结果，只有16架生产型“协和”式问世。然而，“协和”式的确树立了神圣地位，乘坐“协和”式客机旅行是一种奢华享受，或是千载难逢的体验。飞行员克里斯托弗·奥莱巴（Christopher Orlebar）把“协和”式描述成“一个工程学的梦想，一架美丽的飞机，超越了所有构想……”，他的说法得到许多人的认可。

> “把‘协和’式客机奉为奇迹是有理由的。”
>
> **布莱恩·杜伯萧**
> **（Brian Trubshaw）**
> **“协和”式试飞员**

组装飞机
照片中为1968年，一位工程师在“协和”式002原型机的前段机身中工作。002是第一架在英国组装的“协和”式客机。

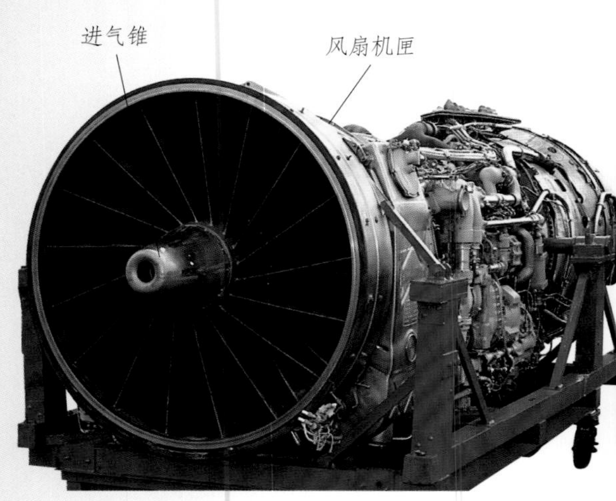

气流控制
“协和”式由4台罗尔斯·罗伊斯和斯奈克玛公司（SNECMA）联合研制的“奥林匹斯”涡轮喷气发动机提供动力。这些发动机的一个创新特点是无论飞机移动得多快，进入发动机的气流速度都低于483千米/小时（300英里/小时）。

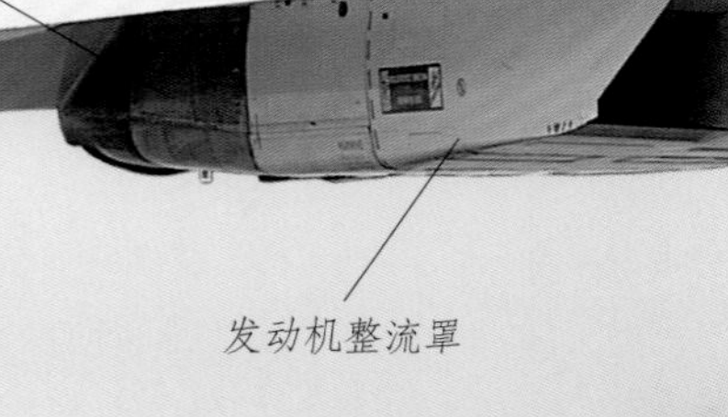

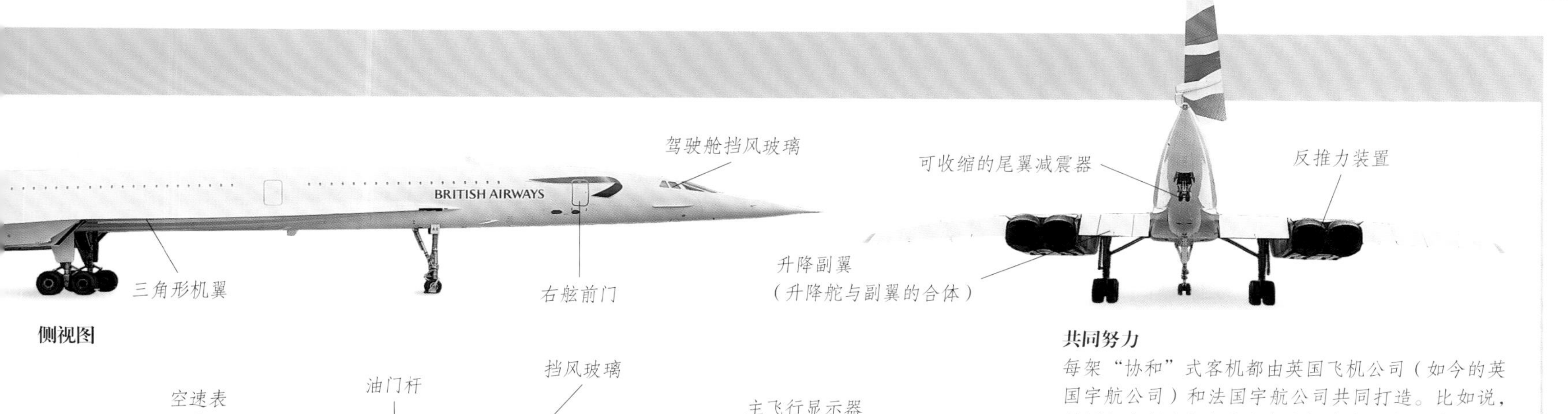

侧视图

共同努力

每架“协和”式客机都由英国飞机公司（如今的英国宇航公司）和法国宇航公司共同打造。比如说，英国负责制造复杂的大部分机身和垂直尾翼，法国则负责制造机翼和操控面。

空速表

油门杆

挡风玻璃

主飞行显示器

驾驶杆

方向舵脚蹬

副驾驶位置

机长位置

还有一个空位

通常情况下，“协和”式客机飞行员机组有3个人（机长、副驾驶，另一个人在飞行员后面，照看系统控制面板），但还有给第4个人的空位，也在飞行员后面。尽管“协和”式使用了先进科技，但奇怪的是驾驶舱却很复古。

仔细检查

2000年在巴黎附近坠机后（机上109人及地面上4人罹难），“协和”式的保养工作受到严密监视，同时它也被做了一些改进，包括改良轮胎，增加芳纶内衬强化燃油箱等。

一切为了速度

“协和”式客机的一切都是为了实现高空超音速飞行，包括优雅的三角形机翼、狭长机身和动力强劲的罗尔斯·罗伊斯/斯奈克玛“奥林匹斯”涡轮喷气发动机。毫无疑问这会造成留给乘客和货物的空间较小，发动机噪音和污染程度较高。

技术参数

发动机：4×17259 千克(38050 磅)推力加力式罗尔斯·罗伊斯/斯奈克玛“奥林匹斯”593Mk.610 涡轮喷气发动机

翼展：25.56 米(83 英尺 10 英寸)

机长：61.7 米(202 英尺 4 英寸)

重量：79265 千克(174750 磅)

最大速度：2179 千米/小时(1354 英里/小时)

机组人员：3　**乘客**：128

20世纪60年代，所有航空客运业者都认为超音速商业喷气式飞机会是下一个热门。客机的发展历史证明，提高速度是永恒不变的主题。20世纪30年代，DC-3的时速是290千米（180英里）；20世纪40年代，四发螺旋桨飞机的时速最高可以达到480千米（300英里）；20世纪50年代，涡轮螺旋桨飞机的时速是640千米（400英里）；20世纪60年代，波音707能搭载乘客以时速960千米（600英里）的高速行驶。商业飞行的加速趋势怎么能停止呢？如果有选择，人们总会倾向于节省旅行时间，也就是选择速度最快的飞机，这种假设是合理的。研发涡轮喷气式飞机困难重重，让人望而生畏，尤其要处理好燃料消耗、有效荷载和航程间至关重要的商业关系。然而，超音速运输机（SST）显然成为飞机行业人人觊觎的“圣杯”，设计师和工程师为此竭尽全力。

超音速的决胜时刻

20世纪60年代有三个超音速运输机计划：英法合作的“协和”式，苏联的图波列夫图-144和美国的波音2707。这些计划耗资巨大，只有政府资金才能承担——连波音公司都主要依赖联邦财政。超音速运输机计划在许多方面和同时期的美国“阿波罗”登月计划有异曲同工之处，都受到科技需求和高涨的国家荣誉感驱使，不以商业利润或实际作用为重心。

英法合作及苏联的计划开展更快，但美国更野心勃勃，他们把目光投向了3马赫——3200千米/小时（2000英里/小时）左右，而其对手的目标是2马赫。“协和”式和图-144外形相似，都是细长的三角形机翼设计，难免在西方引起了间谍活动的谣言。实际上，SST设计难题的解决方案十分有限，因此，两个独立团队提出相似机型也不足为奇——三种SST都有可移动机鼻（在着陆时提供更佳视野）也很正常。波音坚持与众不同，采用可变后掠翼。目的不仅在于在速度上战胜对手，而且载客量也多了两倍多。

图-144在1968年12月首飞，“协和”式随后在1969年3月首飞。当时，波音超音速运输机已身陷困境：被迫放弃可变后掠翼设计，削减原计划的有效载客量。然而，和所有SST面临的公众风暴相比，这些技术挫折不足挂齿。飞机

三角翼设计
照片中整齐排列着的是“协和”式三角翼的各种形状的设计。最终被选中的是距离镜头最远的一款，它曲线优雅，在气动方面却非常复杂，与图波列夫设计局为苏联SST选择的简单尖三角不同。

波音超音速客机

波音SST的构思开始于20世纪60年代，当时，这一有声望的计划资金充足，能推动技术突破瓶颈。野心勃勃的美国最初计划SST能承载200名乘客，以3倍音速飞行。

工业人士没有想到，任何可能加剧噪音和污染的创新都会受到公众的强烈反对。第一架涡轮喷气式客机在20世纪50年代问世时，纽约更改了噪声管制条例来迁就它。然而，20世纪60年代后期，情况已经大不相同。没有能避免超音速飞行所需发动机在起落时发出噪音的办法。在超音速飞行途中，音爆是必然现象。方兴未艾的生态保护运动声称SST飞机还会破坏臭氧层。

梦想破碎

1971年，美国经济衰退，享有盛名的高科技计划被打入冷宫。美国国会不堪机场附近居民团队和生态保护活动的烦扰，撤回了对波音超音速客机的支援基金。美国权威对推动超音速载客飞行的兴趣不再，“协和”式也在抗议者的反对中苦苦挣扎。更大的打击从天而降，1973~1974年间，油价上涨了3倍，摧毁了耗油量极大的SST机队在经济上盈利运营的可能性。

图-144计划则在1973年6月的巴黎航展上遭遇重创，一架图波列夫超音速运输机在大角度俯冲时解体。然而，苏联继续进行生产，该飞机在1975年加入苏联民航总局，最初用于运输货物。它的运转既不经济也不实用。又一架图-144在1978年5月坠毁后，生产被叫停，苏联不再试图提供超音速飞行服务。

“协和”式获得巨大成功。它在1976年开始为英国航空和法国航空服务，在激烈竞争后进入美国纽约。“协和”式把跨越大西洋的时间缩减到三个半小时，但是，它只有靠天价机票才能盈利——2000年时，往返机票售价为6000英镑（9000美元）。2003年10月24日停止商业服务之前，“协和”式早已成了享有盛誉的珍品，成为超音速载客飞行这一失落梦想的优雅遗物。

命途多舛的苏联SST

苏联图波列夫图-144是第一款飞上天空的超音速客机，领先了“协和”式两个月。但在1973年巴黎航展上，一架图-144在空中解体，图-144计划因而遭遇严重挫折。它的运营问题和“协和”式相似，包括不实惠的高油耗。

“协和”式坠毁

“协和”式的安全纪录完美无缺，直到2000年7月25日，法国航空机队中的一架飞机从巴黎戴高乐机场起飞后坠毁，共有109名乘客和机组成员罹难。所有“协和”式暂时停飞。后来，调查显示该机的一个轮胎被跑道上的一片金属划破，橡胶碎片击中机翼底部的燃油箱；煤油从破洞流出并起火。2001年，“协和”式在经过改良后重返蓝天，改动包括使用防弹衣材料芳纶作为燃油箱内衬等。尽管有所改进，“协和”式还是在空难发生3年后退役了。

起火的“协和”式

法国航空“协和”式的飞行员试图驾驶飞机前往巴黎另一个机场，但火势太大，他无力回天。

波音 747（“珍宝客机”）

新曙光

1968年9月30日，在埃弗雷特的出厂庆典上，第一架长64米（210英尺）多、尾翼有六层楼高的747旁围绕着数千位宾客。它在1969年2月进行了处女航。

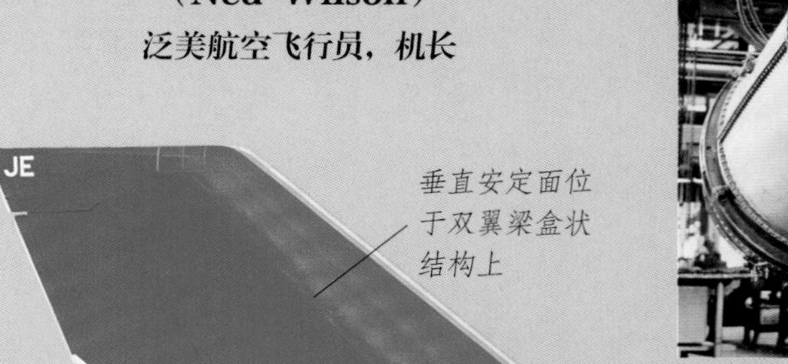

“波音747太大了，有人说它飞不起来；地球就像是从它下面掉出来的似的。”

奈德·威尔森

（Ned Wilson）

泛美航空飞行员，机长

波音747是商业航空梦幻时代的最后产物。1965年，具有传奇色彩的泛美航空公司创立者胡安·特里普和波音总裁比尔·艾伦赌上各自公司的未来，决定研发一款载客量能达到现有喷气式客机两倍多的客机。特里普订购了25架，总金额5.5亿美元，波音公司因而得到20亿研发成本中的一部分。波音之前曾参与大型军用运输机投标，败给了洛克希德，这项流产计划成为波音建造747的起点。747会成为规模大到史无前例的载客飞机。它也能转化成货运飞机，因为特里普和艾伦都怀疑超音速航空才是载客飞行的未来，到时候，747的地位会沦为与客轮相同。

测试涡轮风扇发动机

在康涅狄格州的普拉特·惠特尼飞机工厂中，测试工程师把一台原型涡轮风扇发动机放到试验支架上。747建造过程中的许多问题与发动机有关。

波音在西雅图北部的埃弗雷特建立了一家全新工厂（厂房体积超过世界上其他建筑），开始建造大型客机。由于时间和生产能力有限，波音不得不把大部分设计和制作承包给其他公司，自己负责机鼻和机翼。很快，他们就发现这架飞机太重了，现有的普拉特·惠特尼涡轮风扇发动机动力不足。于是他们想方设法削减重量，包括减少原定载客量，同时等待发动机升级。

747原型机本应在1968年秋天出厂，但直到1969年2月才进行处女航，比计划晚了7个星期。1970年1月投入使用时，世界各地的航空公司已经订购了150多架。初期的困难没有阻碍747为波音公司带来巨大商业成功，相比其他飞机，它让更多人能够体验飞行的感觉。

垂直安定面位于双翼梁盒状结构上

方向舵分为上下两部分

机尾乘客出入舱门

机翼充满燃料时，外部下弯，翼梢小翼向外倾斜，令翼展增加48厘米（19英寸）

大型客机

投入使用以来，波音747历经多次升级。747-400是目前唯一还在生产的机型，也是现今世界上仅次于空客A380的最大、最重、动力最强的客机。跨页图为上一代747-400型，相比早期机型，它的翼展更宽，整流罩、发动机挂架和发动机舱都被重新设计了。

减轻工作负担
双人驾驶舱中有电子飞行仪表系统（EFIS），可以在彩色阴极射线管显示器上显示飞行和导航基本信息。减轻了飞行员三分之一的工作量。由于飞机航程增加，驾驶舱后还有一小片休息区。

完美的平衡
每架波音747的内部均按照航空公司客户的要求量身打造。没有航空公司指定要最大座位数——490位乘客——大多数公司指定布置350到420个座位。

技术参数（波音747-400）

发动机：4×26300 千克(58000 磅)推力罗尔斯·罗伊斯 RB.211-524 涡轮风扇或通用电气 CF6 发动机	
翼展：64.4 米(211 英尺 5 英寸)	
机长：70.6 米(231 英尺 10 英寸)	
重量：362880 千克(800000 磅)	
机组人员：4 + 14	
巡航速度：927 千米/小时(575 英里/小时,0.85 马赫)	
乘客：409(经典的三舱布局)	

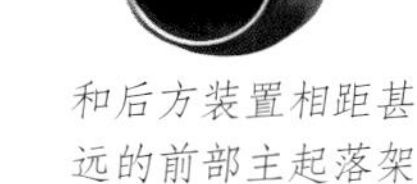

前视图

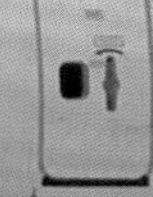
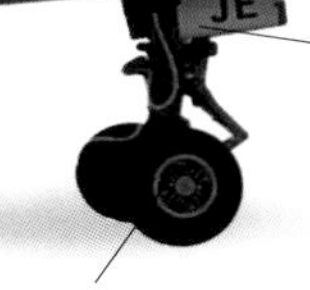

事实证明，客运飞机未来的方向并非超音速，而是体积和经济效益。即便在20世纪60年代，喷气式客机的广泛使用也给机票价格带来下行压力。越来越多的人到更远的地方旅行，部分是因为旅行更加快捷便利，乘客体验更令人愉悦，更重要的是价格更便宜实惠了。

宽体喷气式客机

1970年，宽体客机波音747投入使用，这种趋势达到新高度。747的成功意味着航空旅行即将成为大众旅行方式。机场需要强化飞机跑道，增加客流和行李处理设施，在早期，三四百名乘客从一架飞机中涌出就能把机场淹没。航空配餐公司要学会为之前意想不到的大量乘客提供食物。此外，大量宾馆被修建，以应对潮水般涌来的旅客。

宽敞的内部
现在看来，747飞机的宽敞内部很普通，但这架客机首次投入使用时，曾使习惯了狭窄客舱和单过道的乘客大为震惊。

747客机没有伟大的技术突破，只是发动机和商业胆量更强。对手制造商们迫切希望打破波音公司日益扩大的市场主宰权，其他宽体飞机随后诞生是必然结果。它们无法正面挑战巨大的747，转而寻求认为747太过庞大的航空公司这块市场。麦克唐纳–道格拉斯推出了DC-10，洛克希德生产了“三星”，一个新的欧洲制造商联合企业空中客车公司制造出空中客车A300。DC-10和“三星”都是三发客机，是市场定位相同的竞争对手；因为市场空间有限，

两者无法共存，它们在所难免地遭遇到商业危机。在激烈竞争中铩羽而归的洛克希德公司再也没有生产过客机。另一方面，空中客车A300却大获成功。它只有两台发动机、两名飞行员机组成员，在运行经济性上有巨大进步。到20世纪80年代，空中客车公司已经在世界市场上站稳脚跟，成为波音最强大的对手了。

竞争加剧

宽体喷气式客机问世后，并没有立刻获得商业成功。1973年后，经济衰退令乘客数量增长的速度放缓，与此同时，石油价格攀升也使得客机飞行成本大幅增加——一架747一小时消耗油料超过13500升（3000加仑）。新型的747和DC-10客机飞行时，通常有四分之三的位置是空的，让乘客们暂时享受到十分宽敞的空间。一些航空公司孤注一掷，把巨大空间打造成机上钢琴酒吧或餐厅。当然，一旦经济复苏，航空公司又有了大量乘客，会再次牺牲空间和舒适度来降低价格。

20世纪70年代的困难时期让一些航空公司陷入财政危机——1975年，环球航空被迫把一些747出售给伊朗，以筹集资金支付职员薪水。70年代后期开始的撤销管制再次对老牌飞机公司造成打击。这主要是美国现象，但折射出全世界范围内的一种趋势。航线自由（或至少是相对自由）竞争迫使机票价格进一步下降，很快，一些知名企业成为受害者，比如20世纪80年代的布兰尼夫国际航空，然后是在1991年停止服务的泛美航空。即便在国家依然支持航空公司佼佼者的欧洲，包机飞行势不可当地崛起，比官方运营商更实惠。小运营商能买到运转良好的二手客机，因为大型航空公司在现存飞机还很有利用价值时就认为必须要更换自己的机队。航空业不再是欧洲和北美的天下，新加坡航空等也名列全世界最为知名的航空公司之列。

从20世纪70年代开始，喷气飞行体验向所有人开放。因此，它不再和迷人、浪漫或兴奋等概念挂钩。欧洲联合公司选择“空中客车”（Airbus）为自己的产品命名，有力证明了在宽体喷气式客机时代，航空旅行的本质归于平淡。747上的大部分乘客不靠舷窗。航空公司致力于让乘客忽略自己正在飞行的事实，并与机上娱乐隔绝，沦为免税商品、小吃和饮料的被动消费者。一位有偏见的记者说现代空中旅行就是“继运奴船后约束性最强的大众运输方式”。

经济实惠的空中客车
1974年，空中客车公司将A300投入使用，造成客机市场的轰动。这是第一种只有两台发动机和两名飞行员机组成员的可运营宽体客机。因此，该飞机的各种机型运营成本较为低廉。

波音747工厂
批量生产747这样的大型飞机是个严峻挑战。波音不得不在西雅图北部的埃弗雷特建立一间新厂房，这也是全世界体积最大的单体建筑。747的大多数部件在美国的不同地方生产出来后再被送到埃弗雷特进行组装。

DC-10发动机
为宽体喷气式客机提供动力的涡轮风扇发动机是一种惊人的设备。照片中DC-10飞机上的这台发动机就能产生超过25000千克（50000磅）的推力——几乎是20世纪60年代波音707上每台发动机的3倍。动力增强促使飞机体型变大，有效载荷大增。

驾驶现代化客机

一架现代化喷气式客机一般由两人飞行机组驾驶——飞行机长和充当导航员与飞行工程师的副驾驶。计算机的使用、仪表设备和导航设备的改进削减了飞行机组人员数量。最新型客机中，彩色屏幕取代了刻度盘，主要显示高度、空速、位置和其他飞行要素等信息。

导航精确度再攀高峰，而在一定程度上，它仍旧依赖提供空中航线航点标志的无线电信标，尽管这些信标现在使用甚高频了。副驾驶调整无线电罗盘，收听标志路线的每个连续信标。如果航程开始时飞机的设定位置正确，机载惯性导航系统（INS）就能规划出飞机的移动路线，长途飞行中的误差在1英里之内。配置高的机场有VOR（甚高频全向信标发射机）和DME（测距装置），让机组人员能追踪他们和目的地的相对位置。近年来，GPS卫星定位已大大促进导航进步。卫星还能提供精确的天气预报，令飞机的安全性和舒适度得到大幅提升。

在大部分飞行时间中，飞行员的主要任务是监督自动驾驶仪和其他计算机的工作。如今，许多机场中都有高品质的ILS（仪表降落系统）。机载ILS响应跑道发射机发出的信号，告诉飞行员飞机是太高还是太低，是在进场航线偏左还是偏右。ILS和一台自动驾驶仪相连，能在低能见度下实现自动着陆。但要确保安全，还是需要飞行员的警惕性、判断力和飞行技术。

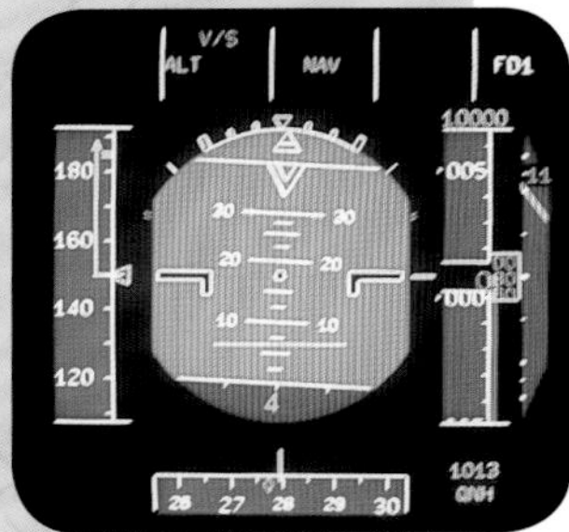

显示器

以多功能屏幕为中心的仪表系统包括一台导航显示器（右图）、一台主飞行显示器（下图），后者包括一个人工水平仪。

A320驾驶舱

空中客车A320是第一款有电传操纵系统和“玻璃驾驶舱”的客机，几个彩色显示屏幕取代了早期客机驾驶舱中的几十个容易让人晕头转向的刻度盘和计量表。

喷气式客机凭借其巨大的威力，让世界日益缩小，推动社会和经济变革，这一点是毋庸置疑的。举例而言，早在20世纪60年代，宁静的地中海小岛马略卡建造了一处机场，突然成为组团旅行的目的地——高层宾馆如雨后春笋般在其海岸林立。同样的命运也降临在葡萄牙阿尔加维、加那利群岛和希腊部分地区身上。20世纪90年代，长途飞行票价下跌推动了泰国、印度（果阿邦）、斯里兰卡和冈比亚大众观光业的发展，改变了当地居民的生活。

旅游业发展成世界主要城市的主导经济活动：伦敦、巴黎和纽约中心城区是工作和生活区，也是度假胜地。也有无关商业只为消遣的旅行：得益于飞机的发展，数百万信徒能来到他们的圣地“朝圣”。与此同时，喷气运输机运载的货物也改变了消费模式。很快，在英国超市里就能够发现来自非洲湖泊的鲜鱼，而在芝加哥的一家餐厅用毛里求斯的鲜花装饰桌子也已经不是稀罕事了。

客机一直在改变世界，但1970年后，客机领域的变化却相对很小。20世纪的最后30年中，客机的速度或体型方面没有发生变革。但发动机的进步使得飞机更加安静节油，运营航程增加——波音747-400能搭载超过400名乘客飞行将近11000千米（7000英里）。航空电子设备和导航系统也突飞猛进。20世纪80年代后期，空中客车A320在民用航空中采用电传操纵系统（FBW），还有所谓的“玻璃驾驶舱”（glass cockpit）。1995年投入使用的波音777则是第一种使用电传操纵系统的美国客机。

载客旅行的展望

很难感受到的是，20世纪90年代的飞机制造商或航空公司的首席执行官和早期飞行狂热帝国的建设者们会有相似之处。他们趋向于同其他商业活动一样，会被营销专家和会计师主导。只有极少数人想设计全新的飞机。既定认知是，坚持超音速飞行不可能是前进方向，但飞机尺寸的进一步增加可能会创造经济效益。

20世纪90年代中期以来，空中客车公司开始兜售能搭载600到800名乘客的一款超级巨型客机A3XX。在被重新命名为A380并将有效载客量缩减到典型的550人后，该机在2005年4月首飞，确定在2006年为航空公司服务。波音被A380的成功研发和营销搞得手忙脚乱，为了赶超对手，他们推出了定于在2008年投入使用的787“梦幻客机”（Dreamliner）。

787的关键卖点既非速度，也非大小，而是燃油效率。新千年开始时，人们预测在2020年，未来飞机乘客的数量会翻3倍，达到每年40亿人次。有些限制因素可能会影响这种扩张，比如说人们担忧飞机对全球变暖有影响。但这没有给大众空中旅行的未来打上大大的问号。科技和组织能力的提升赋予人类梦想不到的机动性，这种机动性还会一直延续。

未来的飞机内部
空中客车A3XX巨型宽体客机的实物模型令人体会到设计者对舒适度的尊崇。经验证明，事实上，宽敞的放脚空间和香槟酒吧要视最大多数乘客的需求决定。

空中客车A3XX
20世纪90年代，空中客车公司做出一个大胆的决定——建造一款更大的宽体飞机以挑战渐老的波音747。这架最初被命名为“A3XX”的客机将会成为有史以来最大的客机，计划能搭载600～800名乘客。A3XX最终演变为A380。如图所示，A3XX和A380在一些重要细节上有所差别，如垂尾和机鼻的形状、机翼的尺寸等。

现代化客机

波音747在1970年问世，标志着现代航空旅行的开端。此后，几家大型公司退出了竞争激烈的客机市场。洛克希德在用L-1011“三星”对付DC-10失败后，停止生产客机，道格拉斯自己也在被波音吞并前接受了麦克唐纳的收购，合并后更名为麦克唐纳-道格拉斯公司。在欧洲，空中客车公司成为波音的有力对手，成功挑战了美国公司在世界市场上的主导权。超音速旅行不是飞行的未来方向所在，这一点明晰之后，客机不可避免地致力于改进而非彻底变革。喷气发动机愈发强大，燃油效率更高，噪音更小。航空电子设备迅猛发展，电传操纵系统诞生，各种电子设备均有进步。

“空军一号”

“空军一号”是一架经过大量改动以满足美国总统需求的747-200B。(详情见386~387页)

空中客车A320-200

先进的A320瞄准150座市场，在1987年2月首飞。这种机型有全计算机化驾驶舱和电传操纵系统，并设立了新标准，未来所有客机都受到这种标准的衡量。空中客车公司在A320的基础上又研制出两款喷气式客机：A319（最多容纳120位乘客）和A321（最多容纳220位乘客）。这三种机型都还在生产中。

发动机：2×11350 千克(25000 磅)推力 CFM56-5A1 涡轮风扇发动机

翼展：33.9 米(111 英尺 3 英寸) **机长**：37.6 米(123 英尺 3 英寸)

巡航速度：903 千米/小时(550 英里/小时)

乘客：150~179 **机组人员**：2

空中客车A330-200

1987年6月，A330/A340联合计划启动。率先冲上云霄的是1991年10月首飞的远程四发型A340，然后是1992年11月的中程双发型A330。如今，空中客车公司可提供各种载客量和航程的客机，供客户选择。

发动机：2×30870 千克(68000 磅)推力罗尔斯·罗伊斯“遄达”发动机

翼展：60.3 米(197 英尺 10 英寸) **机长**：59 米(193 英尺 7 英寸)

巡航速度：880 千米/小时(547 英里/小时)

乘客：256~293 **机组人员**：2

波音737-700

波音推出“新一代”中程737飞机系列（从737-600开始），这个系列安装有能提高巡航速度的新机翼和增加航程的高效CFM国际公司发动机。737-700和737-800在1997年首飞，737-900在2000年首飞。到2006年夏，波音已经交付了2000多架737NG、3000多架737其他机型。

发动机：2×10990 千克(24200 磅)推力 CFM56-7B 涡轮风扇发动机

翼展：34.3 米(112 英尺 7 英寸) **机长**：33.6 米(110 英尺 4 英寸)

巡航速度：853 千米/小时(530 英里/小时)

乘客：126~149 **机组人员**：2

波音757-300

窄体客机（单过道）757和宽体767客机同时研发。757被预想成727的替代品，第一架在1979年首飞，比首架767晚几个月。757可以选择普拉特·惠特尼或罗尔斯·罗伊斯发动机，一开始销量很差，20世纪80年代后期，罗尔斯·罗伊斯发动机成为首选，销量稍有起色。2005年停产，共生产了1050架。

发动机：2×19750 千克(43500 磅)推力罗尔斯·罗伊斯 RB211-535E4B 涡轮风扇发动机

翼展：38.1 米(124 英尺 10 英寸) **机长**：54.5 米(178 英尺 7 英寸)

巡航速度：853 千米/小时(530 英里/小时)

乘客：240~289 **机组人员**：2

波音767

767是一款中远程宽体（双过道）客机，与窄体姊妹机型757同时研发，第一架飞机在1981年9月飞上蓝天。它的驾驶舱和757完全相同，会飞其中一种机型的飞行员无需额外培训就能驾驶另外一种，为航空公司节省了大笔经费。其家族中最庞大的是2000年9月投入使用的增程型-400ER（航程增加）。截至2006年，波音已经生产了926架767客机，据估计，767共飞行了将近800万架次。

28830千克推力通用电气涡轮风扇发动机

发动机：2×28830 千克(63500 磅)推力通用电气 CF6-80C 涡轮风扇发动机

翼展：51.9 米(170 英尺 4 英寸) **机长**：61.4 米(201 英尺 4 英寸)

巡航速度：853 千米/小时(530 英里/小时)

乘客：245~375 **机组人员**：2

波音777-300

777计划在1990年10月宣布启动，设定载客量介于波音767和大名鼎鼎的747之间。该设计有多个第一。它是第一架使用3D计算机绘图进行电子设计的客机，不再需要昂贵的全尺寸实体模型；也是第一架拥有电传飞行操纵系统和计算机化先进驾驶舱的波音客机。777系列的第一位成员777-200在1995年7月投入使用。最后一位成员777-200LR在2005年首飞。

发动机：2×38140千克(84000磅)推力罗尔斯·罗伊斯"特伦特"884涡轮风扇发动机

翼展：60.9米(199英尺11英寸) **机长**：73.9米(242英尺4英寸)

巡航速度：905千米/小时(564英里/小时)

乘客：368~550 **机组人员**：2

道格拉斯DC-10-30

三发动机喷气式客机DC-10是道格拉斯飞机公司的最后产品，1971年8月开始为美国航空公司和联合航空公司服务。在与洛克希德"三星"的直接竞争中，DC-10，尤其是航程更远的DC-10-30机型占据上风。1989年停产时，共有386架民用型DC-10和60架为美国空军提供的军用KC-10加油运输机问世。这款设计后来发展演变成MD-11。

发动机：3×23840千克(52500磅)推力通用电气CF6-C1发动机

翼展：50.4米(165英尺5英寸) **机长**：55.5米(182英尺1英寸)

巡航速度：982千米/小时(610英里/小时)

乘客：250~380 **机组人员**：3

福克F.50

基于F.27的卓越成功，福克公司在1983年11月公布了F.50。这款设计使用F.27-500的机身，装有新型发动机、先进的六叶螺旋桨，拥有计算机化驾驶舱以及其他一些改进。1996年3月，福克公司因为财政问题破产时，约200架F.50飞机已交付或在订购中。

发动机：2×2250轴马力普拉特·惠特尼PW 125B涡轮风扇发动机

翼展：29米(95英尺2英寸) **机长**：25.3米(82英尺19英寸)

巡航速度：532千米/小时(331英里/小时)

乘客：58 **机组人员**：4

伊留申伊尔-96M

虽然和之前的伊尔-86很相似，但伊尔-96其实是全新设计，1988年9月首飞。这款飞机安装索洛维耶夫PS-90涡轮风扇发动机，1993年伊尔-96M诞生前共生产了15架。伊尔-96T货运机型有加长的机身、西方计算机化的航空电子设备和美国发动机。伊尔-96意图增加商业吸引力，但前途未卜。1999年，许多未售出的机身还在伊留申联合体的沃洛涅什飞机工厂等待安装发动机。

发动机：4×16800千克(37000磅)普拉特·惠特尼PW2337涡轮风扇发动机

翼展：60.1米(197英尺3英寸)

机长：63.94米(209英尺9英寸)

巡航速度：880千米/小时(547英里/小时)

乘客：312~375 **机组人员**：2

洛克希德L-1011-500"三星"

洛克希德的最后一种客机"三星"因为选择了罗尔斯·罗伊斯发动机而败给对手DC-10。1971年，由于非常先进的RB211发动机研发成本过于高昂，罗尔斯·罗伊斯破产，这时距离1970年11月L-1011首飞才过去4个月。克服了RB211的技术和财政难题后，"三星"在1972年4月加入东方航空和环球航空。尽管航程更远的L-1011-500后来问世，但总产量也只有250架。

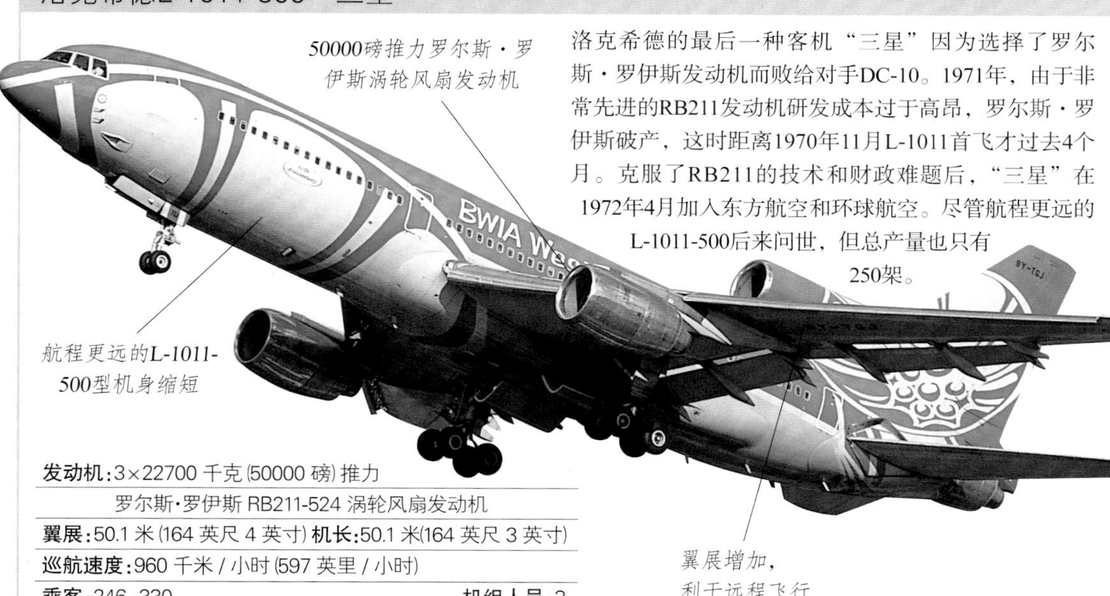

50000磅推力罗尔斯·罗伊斯涡轮风扇发动机

航程更远的L-1011-500型机身缩短

翼展增加，利于远程飞行

发动机：3×22700千克(50000磅)推力罗尔斯·罗伊斯RB211-524涡轮风扇发动机

翼展：50.1米(164英尺4英寸) **机长**：50.1米(164英尺3英寸)

巡航速度：960千米/小时(597英里/小时)

乘客：246~330 **机组人员**：3

麦克唐纳–道格拉斯MD-11

麦克唐纳和道格拉斯公司合并后，DC-10在1986年12月作为MD-11再度登场。MD-11是DC-10的现代化扩大版，安装了新的发动机，可以用作客机、货机或客货两用。第一批MD-11在1990年12月交付。1997年被波音收购后，生产并没有停止，在波音销售列表上直到2002年初。

发动机：3×27240千克(60000磅)推力普拉特·惠特尼PW4460涡轮风扇发动机

翼展：51.7米(169英尺6英寸) **机长**：61.2米(200英尺10英寸)

巡航速度：945千米/小时(588英里/小时)

乘客：323~405 **机组人员**：2

麦克唐纳–道格拉斯MD-87

1965年的DC-9-10到1970年演变成DC-9-80，与麦克唐纳合并后，又成为1983年的MD-80系列。1999年12月前，该系列交付量超过1400架，大获成功。MD-80-87被简称为MD-87，以缩短机身为特色。MD-90是MD-80的换发版本，MD-90系列的MD-95则变身作为波音717重新上市。

发动机：2×9080千克(20000磅)推力普拉特·惠特尼JT8D-217C涡轮风扇发动机

翼展：32.9米(107英尺10英寸) **机长**：39.8米(130英尺5英寸)

巡航速度：811千米/小时(504英里/小时)

乘客：139 **机组人员**：2

图波列夫图-154

直至20世纪90年代中期，图-154都是苏联的标准中程客机，共有约900架问世。第一架三发动机154型设计于20世纪60年代中期，在1968年10月首飞。1982年，升级后的图-154M出现，其发动机更安静经济，生产一直持续到21世纪。这种机型逐渐被双发客机图-204取代。

发动机：3×10610千克(23380磅)推力阿维达维格特尔涡轮风扇发动机

翼展：37.6米(123英尺3英寸) **机长**：47.9米(157英尺2英寸)

巡航速度：950千米/小时(590英里/小时)

乘客：180 **机组人员**：3~4

飞行安全

数据表明，飞行是目前为止最安全的长途旅行方式，但空难催生了一种病态的妄想。

航空业一直很清楚，它的成功取决于说服民众相信空中旅行是安全的。这项任务很艰巨。大型空难的场景深深留在民众的认知里——毫无疑问，部分是因为它们很少发生——一谈到飞行，人们难免会联想起突然的惨烈场景。减少空难发生次数和相关罹难人数的举措反而会削弱航空旅行作为一般、安全的日常体验的形象。乘客经历的安全措施越多，就越觉得飞行不安全。如果在登机前需要接受检查，空乘人员反复告知氧气罩和紧急出口的位置，那飞行肯定不太安全吧？对紧张焦虑的人来说，没有比再三保证“为了您的舒适和安

道格拉斯DC-10

在芝加哥的一次坠机事故造成271人罹难后，所有DC-10在1979年停飞。1974年，设计糟糕的货舱门还曾导致一架DC-10在巴黎附近发生事故，造成346人遇难。

全”更令人不安的了。

但数字是非常明确的。尽管事故数据每年都有波动，但乘坐商业客机总是目前为止最安全的长途旅行方式。举例而言，1996年是航空死亡人数较多的一年，全世界共有1187人在商业喷气机飞行中遇难。与此形成对比的是，美国在那年的道路交通事故死亡人数超过4万人，在全世界范围内，这个数字约为25万。在世界不同地区，飞行的安全性差距很大。通常情况下，美国每两百万客运飞行小时可能会发生一次航班坠毁事件，而非洲每一百万飞行小时可能就会发生两次事故。然而，即便是在非洲，在乘车往来机场时遇难或受伤的可能性也比坐飞机时大。据计算，每次登上客机时，发生致死事故的可能性是三百万分之一。也就是说，如果一个长生不老的人每天乘坐飞机一次，平均而言，他/她活到900多岁才会遇到空难。（乘坐私人飞机的危险程度完全不同——比乘坐商业喷气机危险了约50倍。）

提高安全性是大众空中旅行发展的必要条件。20世纪30年代初，在美国境内每载客飞行480万英里就会发生一次死亡事件。只有一次公认的例外，1936年到1937年那个冬天，短短28天内，美国就发生了5起飞机失事。在拥有宽体喷气式客机的当今世界看来，20世纪30年代这种失事频率会造成让人无法接受的大量死亡。20世纪80年代，在主要航线上飞行的美国航空公司把死亡率降到约三亿分之一。即便如此，最近几十年也开创了各种空难纪录，因为每次飞行乘客人数众多。1985年是全球空难死亡人数最多的一年，共有2129人罹难——其中1105位罹难者分属3次事故。2005年是近年来航空死亡人数超过平均值的一年，全球共有1050人遇难。然而，我们需要知道，当时每年有12亿乘客乘坐飞机。世界上许多大型航空公司在21世纪以来从没有发生过一次事故。

洛克比空难

1988年12月，一枚炸弹导致一架泛美航空波音747客机在苏格兰小镇洛克比上空爆炸。尽管人们不懈努力，提高机场安全性，但要杜绝炸弹或武器被偷偷带上客机仍是个严峻的问题。

商业飞行的高安全性是组织和规范的胜利，也得益于所有航空业从业人员的专业水平，包括从机身、发动机和航空电子设备的制造者到地勤维护人员和机组人员，再到行政人员和空中交通管制员。当然，在喷气时代，空中交通管制需要应对的交通量大幅增加。20世纪90年代后期，每天约有7000次航班进出纽约。换个角度看，芝加哥奥黑尔机场的管制员每年需负责7000万乘客的安全。尽管有时不堪重负的空中交通管制员会被数量吓到，造成偶尔的恐慌，但整个系统运转顺利。因此，定期检查和详细彻查体系设立，确保了飞机适合飞行，不存在发动机故障和结构缺陷。考虑到现代飞机是如此复杂的机器——一架波音747有约450万个活动零件——它们的重大缺陷又是如此罕见，这是非常惊人的。一架现代喷气式客机在空中每飞行1小时就会接受10小时的地面维护。

世界上最惨重的碰撞

照片中为两架波音747于1977年在特纳里夫机场（Tenerife）相撞的事故现场。灾难发生后，惶惑的幸存者试图帮助伤员。这类照片在全世界的媒体上广泛传播，造成的影响绝对比单纯朗诵安全数据大得多。

人为失误

人类不像机器，能完美无缺地机械运转。当然，航空公司飞行员都会经历严格训练。他们每半年就要被强制接受医疗检查，飞行时间也有限制，避免压力过大或太过疲惫而埋下隐患。然而，飞行员失误依然是四分之三空难事故的附带原因。这些失误可能是读仪表时的简单错误——比如说，看错高度计数据后撞上地面——也可能是紧急状况发生后的混乱反应，就像1989年英国中部地区的波音737坠毁事件，一台发动机停止运转后，飞行员错把另一台正在工作的发动机关闭了。

驾驶舱设备的改进为飞行员提供大量辅助，对抗人为因素。举例而言，在新型“玻璃驾驶舱”的屏幕上显示飞行信息终结了读错仪表刻度的问题。除了全套导航辅助设备和仪表降落系统，如今飞机上还有在飞行员太接近地面时发出“上升”警告的近地警告系统，以及其他警示飞机即将失速或将与其他飞机相撞的设备。另一种正在发展的趋势是，让航空电子设备在飞行员做错时自动接管飞行员的操作——比如在飞机快撞上地面时把它向上拉起，或阻止可能让飞机失速的操作。

拥挤的机场

空中交通管制员的职责是确保飞机在拥挤机场的起飞和降落不会发生碰撞事故。客机快速爬升，尽可能把发动机产生的噪音带入高空，避免影响周围居民。

多种因素

飞机失事一般不是由于某个错误或缺陷，而是多种因素共同作用的结果。20世纪最严重的空难发生在1977年，分别由荷兰皇家航空和泛美航空运营的两架波音747客机在加那利群岛特纳里夫机场的地面上相撞，造成582人遇难。和许多机场一样，特纳里夫没有地面雷达，只能目测追踪跑道上的飞机，而当时能见度很低，控制塔没有看到两架波音飞机，它们也没有发现彼此。美国飞行机组听不懂西班牙控制员的英语，试图遵循滑行的指令，等待时机离开跑道。焦急茫然的荷兰皇家航空的飞行员错误地认为有足够的起飞空间，于是沿着跑道加速，结果撞上了还在滑行的泛美航空747。天气状况、空中交通管制设备不合格、通信不畅和飞行员失误共同酿成了这起灾难。

空中交通管制

现代化ATC操作间

计算机协助空中交通管制员处理繁忙的交通，但空中安全仍然依赖管制员的聪明才智和临危不乱。

组织空中交通的基本系统诞生于20世纪30至40年代，在喷气时代仍然有效。起飞前，飞行员提出一份飞行计划，由空中交通管制部门（ATC）确定航线，规定他必须在何时以何种高度经过航线中的路标。每架客机都有应答机，向ATC雷达发射能辨别飞机的信号，让一名管制员可以追踪飞机。管制员确保飞机在水平和垂直方向上互相隔离——一般在同一高度或者高度相差300米（1000英尺）时，会有至少10分钟的飞行时间差。

控制航线的ATC中心各自负责一片广阔区域，甚至可能不位于机场。接近目的地的客机转由机场的进场管制员管理。他们让飞机进入等待航线或排队降落。进场管制员在机场控制塔中工作，因为需要各自独立使用雷达屏幕，所以他们一般会待在茶色玻璃后面。机场管制员则位于塔顶的透明玻璃后面，借助雷达和目测指挥飞机滑行、起飞和降落。他们负责飞机的最后进场和发出指示。

悲惨撞机

1978年9月，在加利福尼亚州圣迭戈上空，一架搭载135人的波音727与一架赛斯纳轻型飞机相撞后起火。727飞机全员遇难，赛斯纳飞机中有2人遇难，事故还造成地面7人遇难。

常见危险

喷气时代的一些危险和飞行本身一样古老。比如在1960年10月，一架从波士顿起飞的洛克希德“伊莱克特拉”涡轮螺旋桨客机撞到一大群椋鸟后坠毁，造成62人死亡。飞机跑道上的泥污也是几次知名灾难的罪魁祸首，包括1958年的慕尼黑空难，夺去了很多年轻的曼联球员的生命。尽管仪表飞行让低云和雾天条件更易接受了，但还是在能看清去向的时候飞行更加安全。在危险性高的机场附近更是如此——在空中交通管制水平不高、飞行航线位于群山低空或之间的地方，飞行员不喜欢仪表飞行。

飞机仍需躲避雷暴和台风，天气预报水平的提高和机载气象雷达让这件事更容易了。对现代飞机来说，狂风，尤其是群山背风处的下行气流依然可能具有危险性——1972年10月，这种气流曾导致一架乌拉圭飞机在安第斯山脉坠毁，报道披露，一些乘客历经磨难才撑到救援人员到达，因此，这场灾难震惊世界。不同气流相遇时造成乱流、风向或强度会突然发生变化，能让飞机垂直下降数百英尺，对乘客来说，这是种可怕的也可能是致命的经历。

紧急迫降河中

空难事故调查经常要在艰苦的环境中进行。照片中为在2002年1月，一架印度尼西亚鹰航空公司运营的飞机在爪哇岛中部克拉登的梭罗河上紧急迫降。从照片中可以看到，印度尼西亚调查员正在河中检查飞机残骸，寻找碎片。

空中相撞

前文提到过，客机间第一次空中相撞事件发生在1922年。数据显示，飞机在繁忙的大型机场擦肩而过是常有的事，可怕的数据为人们对此类事故的恐惧雪上加霜。史上最惨烈的空中相撞发生在1996年，一架沙特阿拉伯波音747与一架哈萨克航空公司的伊留申伊尔-76在印度德里市郊上空相撞，造成350人遇难。然而，就算有什么出了错，在广阔的三维空间里撞上另一个移动物体也是运气太差。螺旋桨飞机时代的悲惨事故——比如1956年一架联合航空DC-7与一架环球航空“星座”式在大峡谷上空相撞，1960年一架环球航空“超级星座”与一架联合航空DC-8在斯塔恩岛上空相撞——这是空中交通管制疏漏和运气太坏的案例。私人飞机和商业喷气式飞机位于同一片空域时撞机危险性最高——1978年，一架太平洋西南航空公司727客机与一架速度较慢的轻型飞机在圣迭戈上空相撞，造成140多人罹难。

机械故障

飞机的严重缺陷有时也会躲过制造商和管理机构一贯严格的测试检查。举例而言，在1959至1960年间，因为发动机整流罩故障导致机翼脱落，两架刚服役的洛克希德188型“伊莱克特拉”涡轮螺旋桨客机坠毁。美国最大的单机空难发生于1979年5月，一架DC-10在芝加哥坠毁，机上共有271人遇难，事故原因是一枚螺栓松动，导致一台发动机脱离挂架——经检查，所有的DC-10都存在同样问题，于是都被暂时禁飞了。在2000年的巴黎空难中，“协和”式的燃油箱被轮胎碎片击破，造成致命后果。

显而易见，能找出这些缺陷的空难调查活动是安全体系中的关键组成部分。收集和检查坠毁飞机的每片残骸是最严谨艰苦的人类活动之一。有时要在最为恶劣的环境下进行。1996年5月，一架瓦卢杰航空DC-9在短吻鳄聚居的佛罗里达大沼泽地坠毁，飞机被沼泽吞没，地面上没有留下一丝痕迹。两个月后，环球航空800航班（波音747）在长岛上空爆炸，调查员被迫沿着大西洋海床寻找飞机残骸，再像玩大型拼图一样重新组装客机。然而，这两次事件的起因最终都浮出了水面：瓦卢杰DC-9携带了易燃货物，环球航空747的电力故障可能点燃了燃油箱。

“黑匣子”

1957年后，客机必须安装航空飞行记录器。虽然被习惯性地称为“黑匣子”，但它们其实是有反光条的亮橙色的。最初，盒子内只有一台飞行资料记录器（FDR），用来记录飞机的空速、高度、罗盘航向等。1966年后，又增加了驾驶舱语音记录器（CVR）。曾经是30分钟的环形磁带——它有自动循环清洗功能，因此永远持有空难前半小时的录音记录。经过改良后，CVR成为能记录两小时的固体记录器。“黑匣子”坚不可摧，不会被冲击力击碎，但少数会在大火中失去效力。如果一架飞机坠入海洋，通过跟踪能发射超声波信号指引自身位置的定位信标，潜水员依然能够找到飞行记录器。

航空飞行记录器

所谓的“黑匣子”安装在飞机尾部，通过穿过机身的电缆与驾驶舱的麦克风等飞行仪器相连。

重拼的机舱

1996年8月，环球航空800航班从纽约肯尼迪机场起飞不久后就突然发生爆炸并坠入了大西洋。照片中的这段波音747机身是由一块块飞机残骸拼起来的。人们从海洋中寻回成千上万片飞机残骸，然后辛辛苦苦地重新拼装起来。

一次由于事故调查员的发现被当成耳旁风而险些酿成悲剧的著名事件强调了这项工作的至关重要。1972年，一架DC-10险些在底特律酿成死亡事故，报告显示，飞机的货舱门很危险，因为就算是没上锁，它看上去也是安全锁好的样子。两年后，一架从巴黎飞往纽约的DC-10在埃尔姆农维尔森林上空坠毁，机上346人全部罹难——这是第一起宽体喷气式客机坠毁事故，也是当时最严重的空难。调查显示，事故起因还是货舱门没有安全上锁，在3500米（11500英尺）的高空突然爆开所致。后来，一份官方报告总结道："早在19个月前，危险就显而易见了……但没有后续的有效修正措施。"

道森机场劫机事件

1970年9月，一架英国海外航空公司的维克斯VC-10客机在从巴林岛到伦敦的航线上被劫持。此时它正停在约旦道森机场的沙漠飞机跑道上等候着，同时，决定飞机、乘客和机组成员命运的谈判正在进行中。

在这个"全副武装"又深度分化的世界里，军事活动也是飞行面临的危险之一。这类灾难可能纯属意外，比如在2001年，一架客机在黑海上空被军事演习中一枚偏离的导弹击中。早在1955年，以色列航空的一架"星座"式客机飞到别国领空，结果被截击机击落。1973年，一架利比亚波音747在西奈沙漠上空迷航了，被别国截击机击落，造成106人死亡。10年后，大韩航空007航班（747客机）在进行从阿拉斯加安克雷奇到韩国首都的夜间飞行时，不知为何来到别国领空，结果被空对空导弹击落，机上269人全部遇难。1988年，一架伊朗航空空中客车客机被导弹击落，造成286人死亡。

劫持

这种由正规武装部队造成的事故鲜少发生，和劫机者、恐怖分子的破坏形成鲜明对比。美国将劫机视为犯罪，世界各地的航空机构也坚

标志性毁灭

照片中为恐怖分子开始摧毁他们劫持到道森的3架飞机——一架VC-10，一架波音707，一架道格拉斯DC-8。机组人员和乘客转移后，这些客机作为一种象征被"牺牲"。

决抵制这种行为。但实际上，他们基本上没有采取任何措施。直到20世纪70年代，在世界各地登机的程序都还十分简单，只需要在合适的地方进行例行护照检验和海关检查即可。

在这样宽松的环境中，20世纪60年代后期，劫机活动增多，1968年发生了33起劫机事件，1969年有91起。大部分是过激的个人行为，没有明确的合理动机。有些是行动迅速的雇佣兵——例如1971年以D. B. 库珀（D. B. Cooper）的身份在华盛顿登上一架波音727航班的劫机者，他用麻袋装着20万美元赎金，背着降落伞跳离飞机，再也没有出现过。这些事件暴露出客机是固若金汤的国家中的一个薄弱环节，它可以成为被攻击的目标，并在媒体上达到最大宣传效果。

散乱的残骸
1988年洛克比空难后，事故调查员肩上的任务繁重。由于爆炸发生在高空，飞机残骸散落在2200平方千米（850平方英里）的乡村地带。

安全措施

面临日益增多的此类事件，政府和航空机构的反应迟钝且不一致。以色列政府及以色列航空意料之中地采取了最严格的安全措施，对其他国家和航空公司反应迟缓、没有拿出足够资金及出于安全需要强制延迟或限制乘客的做法嗤之以鼻。但是，人们仍做出了很多努力。

从恩德培返回
照片中为人群聚集在特拉维夫市的卢德机场，欢迎在1976年7月袭击恩德培后返回的以色列士兵和重获自由的人质。后方是一架在袭击中使用的C-130"大力神"运输机。

比如说，美国在1972年起采取起飞前检查行李的制度。特定航班上还有配备武器的特勤人员。

一名大胆的D. B. 库珀模仿者企图带着赎金跳伞逃走，被消除从客机跳伞而出的可能性的简单设计变化所阻止。1974年，管理国际民用航空的国际民航组织（ICAO）通过了所有航空公司必须达到的最低安全标准，包括检查入舱行李、检查乘客登机随身行李，以及防止有人非法进入飞机的措施。

对待劫机事件，以色列和西方政府的态度愈发强硬，并切实开展行动，让忧心忡忡的乘客安心。1976年7月，以色列伞兵空降突袭了乌干达恩德培（Entebbe）机场，在那里，有人挟持了法国航空一架空中客车上的犹太乘客作为人质。结果13名劫机者在袭击中被击杀，3名人质遇难，但其他人被安全带回以色列。1977年10月，在索马里首都摩加迪沙的被劫飞机上，劫机者遭到联邦德国和英国特种部队的突袭，3名劫机者被射杀，人质被解救。

严格的安全措施和强硬的应对手段必然让劫机者难以得逞，然而，完全阻止此类活动的体系中还有太多漏洞。举例而言，1985年6月，环球航空847航班被劫持，1名美国乘客遇难，并囚禁了其他共39名人质17天。同月，有人在大西洋上空炸毁了一架印度航空大型喷气式客机，机上329人遇难。

阻止行李内藏匿爆炸设备也是一项巨大挑战，貌似没有解决方法。就在1988年圣诞节前夕，一架从法兰克福出发，途经希思罗机场抵达纽约的泛美航空747，在苏格兰小镇洛克比上方9400米（31000英尺）的高空爆炸，机上259人和地面11人遇难，而罪魁祸首就是机舱行李中藏匿的一枚炸弹。

> *“面对飞机撞毁、熊熊大火、楼房倒塌等图片，我们无法相信眼前的惨状，实在让人感到无比的悲哀和愤怒。”*
>
> **乔治·沃克·布什**
>
> **于2001年9月11日发表全国演讲**

“9·11”

20世纪90年代，美国民众被告知联邦调查局揭露了一起惊天阴谋，有人想同时劫持12架客机，发动空中劫难，毁掉这些飞机。这听起来像痴人说梦，但并不是。

2001年9月11日，空中劫持活动达到顶峰。与之前一样，劫机者谨慎利用体系中的已知漏洞，以美国国内航班为目标，因为它们的安全检查相对宽松。

劫机者主要携带匕首而非枪支，因此更容易通过安全检查。他们还利用了应对劫机的既定认知——机组人员接受的训练是不要反抗，与劫机者合作，乘客害怕但镇定地顺从。没人能想到劫机者也接受过飞行员训练，将飞机变成了“制导导弹”。

四架飞机中，两架分别撞上了纽约世贸大厦的两栋高楼，第三架撞毁了华盛顿五角大楼的一角。第四架飞机在勇敢的乘客和机组人员反抗劫机者时，于宾夕法尼亚乡村地带的农田中坠毁。人们意识到这些劫机和之前并不相同时，已经错失机会，无法抵抗了。

“9·11”事件对航空旅行造成严重影响，但这只是暂时的。民意调查员反映，这次袭击事件发生后，40%的美国人说他们不会再乘坐飞机。已经处于世界经济衰退和油价上升压力下的航空公司濒临破产。然而，更加严格的安全措施和一段时间内没有再发生灾难的事实很快让公众对航空旅行重拾信心。

从2002到2005年，平均每年还会发生32起致命空难。美国航班上配备武装空勤人员和在起飞前进行漫长的安全检查，也许不能让所有人放心，但是载客飞行已经实现它所能达到的最高安全性了。

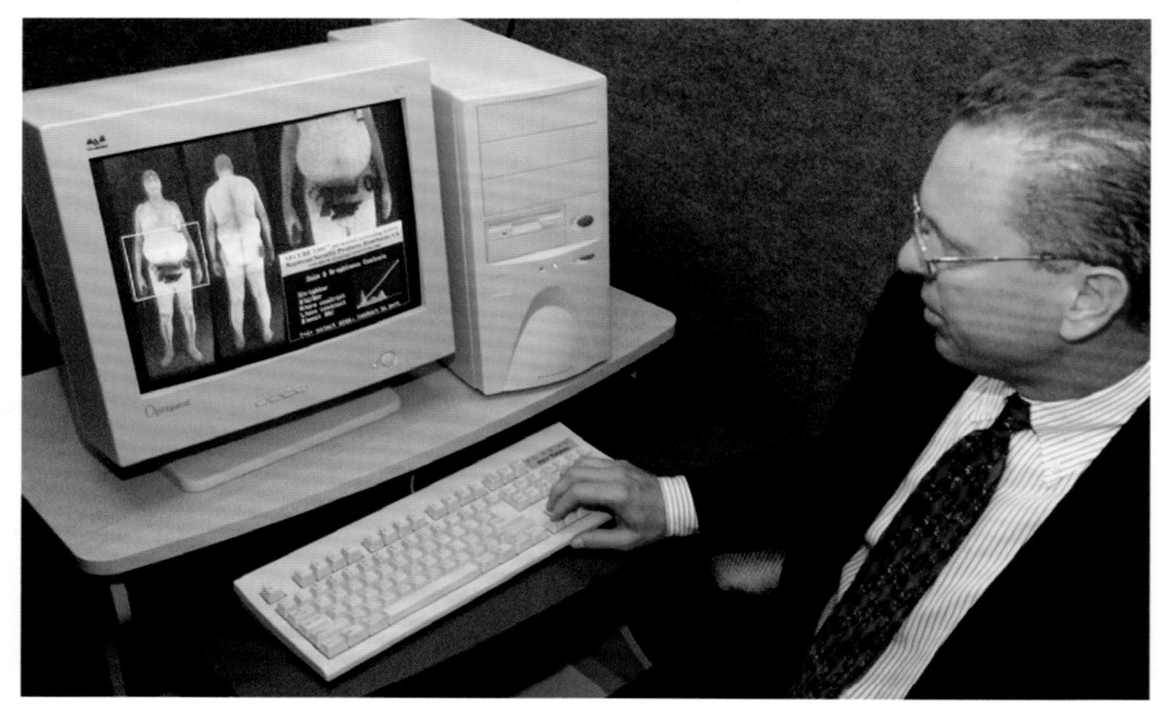

安全措施

“9·11”袭击事件发生后，全世界机场都采取了更加严格的安全措施。左图为奥兰多国际机场演示最新的扫描仪。

世贸中心遭遇袭击

世贸中心的一栋高楼已经起火，而第二架客机正在冲向另一栋。

小即为美

在当代最壮观的飞行活动中，有一些是由轻型飞机或者气球完成的。

“去飞行吧！像飞行员一样生活！像他们一样在空中道路上行进，穿梭于天际，跨越河流和森林……啊！这才是生活！”

亨利·米涅
（Henri Mignet）
《航空爱好者》（L’Aviation de L’Amateur），1934年

1986年12月14日上午8点，前战斗机飞行员迪克·鲁坦（Dick Rutan）和搭档珍娜·耶格尔（Jeana Yeager）从加利福尼亚州的爱德华兹空军基地出发，进行中途不着陆、不加油的环球飞行。他们所驾驶的由螺旋桨驱动的“旅行者”号（Voyager）飞机由迪克·鲁坦的弟弟——航空工程师伯特·鲁坦（Burt Rutan）设计。飞行员要在只有0.6米（2英尺）宽的驾驶舱和机舱里飞行超过42000千米（26000英里），平均时速仅175千米（110英里）。

“旅行者”号由低密度、高强度的碳纤维复合材料制成，非常轻巧，机体重量只有426千克（939磅）。但两台发动机让这个数字翻了一倍，燃料载荷又大大增加了重量，最终飞机的起飞重量超过3200千克（7000磅）。机翼翼展长达34米（111英尺）——比波音727的机翼还长——但只有1米（3英尺）宽，这种形状能提供最大升力，将阻力降到最低。机翼和机身都装载着燃料。

迪克·鲁坦曾说，他在飞行前并不期待“待在摇摇欲坠的碳纤维结构中，远离家乡，听着发动机的轰鸣声，祈祷它们保持运转”。在环球飞行前，“旅行者”号从未装满燃料起飞过，这次只是勉强成功，它装满燃油的机翼翼尖拖在地上，几乎滑到爱德华兹空军基地长达4500米（15000英尺）的跑道尽头才起飞。在满载燃料的状态下，飞机非常脆弱，就算遇到困难也无法降落。

鲁坦和耶格尔受益于最先进的精良设备，包括自动驾驶仪、气象雷达和最新的导航辅助设备。然而，一旦飞离大陆进入太平洋上空，他们就只能靠自己同未知抗争了。天气条件恶劣又危险，他们躲避着雷暴和台风。第五天，在非洲上空飞行时，他们被迫飞到6000米（20000英尺）的高空，来到雷暴的上方，两人都因氧气供应不足而出现了缺氧症状。

“飞马座”XL SE超轻型飞机
实际上，超轻型飞机通常是动力悬挂式滑翔机，通过转动机翼进行控制，一些也有飞机操纵系统。驾驶这种飞机的感觉在某种程度上类似早期飞行先驱们的体验。

"旅行者"号飞行员
照片中，珍娜·耶格尔和迪克·鲁坦正在照料他们在1986年12月进行不着陆、不加油环球飞行的"旅行者"号。他们的巡航速度只有175千米/小时（110英里/小时），这种速度能让每加仑燃料飞行得更远。虽然他们轮流驾驶飞机，理论上有足够的休息时间，但在9天的旅程中，疲惫依然是个严重问题。

飞行中的"旅行者"号
"旅行者"号的设计者伯特·鲁坦同莱特兄弟一样，都喜欢鸭翼设计，即水平安定面在前方而不是尾翼上。"旅行者"号的鸭翼表面与机身两侧相连，实际上形成了一个长长的燃油箱。中间是有一个驾驶舱和一个小机舱的中心机身，前后各有一台发动机，分别驱动推进式螺旋桨和拉进式螺旋桨。

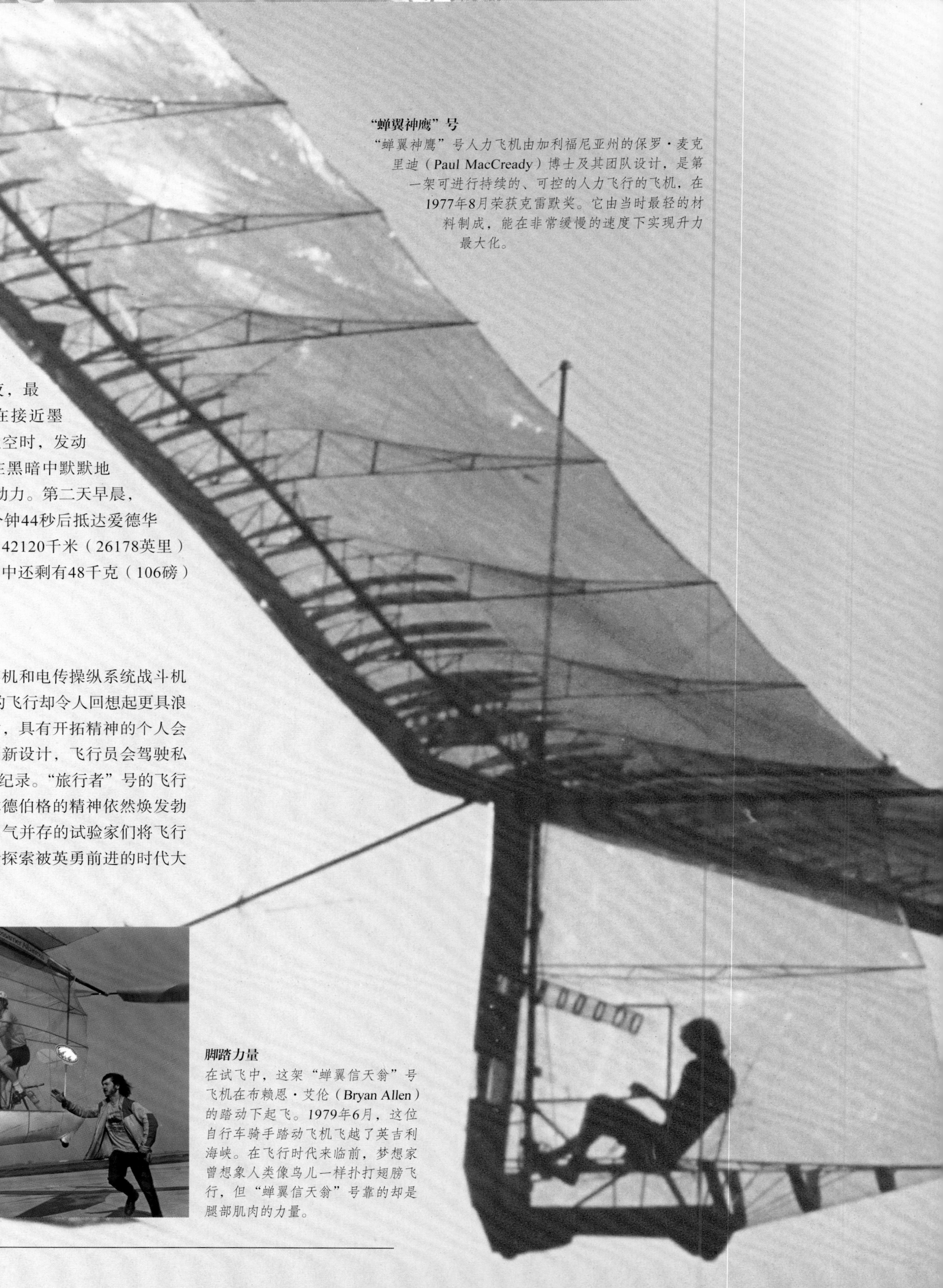

“蝉翼神鹰”号

“蝉翼神鹰”号人力飞机由加利福尼亚州的保罗·麦克里迪（Paul MacCready）博士及其团队设计，是第一架可进行持续的、可控的人力飞行的飞机，在1977年8月荣获克雷默奖。它由当时最轻的材料制成，能在非常缓慢的速度下实现升力最大化。

飞行的最后一夜，最糟糕的时刻降临，在接近墨西哥北部的太平洋上空时，发动机停止运转，他们在黑暗中默默地滑翔了5分钟才重获动力。第二天早晨，他们在起飞9天零3分钟44秒后抵达爱德华兹空军基地，完成了42120千米（26178英里）的旅程。最终燃料箱中还剩有48千克（106磅）燃油。

重返先驱时代

在宽体喷气式客机和电传操纵系统战斗机时代，“旅行者”号的飞行却令人回想起更具浪漫情怀的年代。那时，具有开拓精神的个人会在小作坊里进行着创新设计，飞行员会驾驶私人飞机打破各种飞行纪录。“旅行者”号的飞行也证明莱特兄弟和林德伯格的精神依然焕发勃勃生机——天赋与勇气并存的试验家们将飞行视为一种冒险，不断探索被英勇前进的时代大潮所忽视的领域。

脚踏力量

在试飞中，这架“蝉翼信天翁”号飞机在布赖恩·艾伦（Bryan Allen）的踏动下起飞。1979年6月，这位自行车骑手踏动飞机飞越了英吉利海峡。在飞行时代来临前，梦想家曾想象人类像鸟儿一样扑打翅膀飞行，但“蝉翼信天翁”号靠的却是腿部肌肉的力量。

对“像鸟儿一样飞行”的痴迷曾激励早期飞行先驱们不断前进，到了20世纪下半叶，这种情感再次被唤醒。悬挂滑翔发展成一项休闲活动，让成千上万人亲身体验到奥托·李林塔尔的感受。与此同时，超轻型飞机实质上就是在悬挂式滑翔机上添加了一台发动机，它的遥远祖先是珀西·皮尔彻在1899年去世之前还在研究的动力滑翔机。20世纪70年代，人力飞行的梦想终于实现，尽管长期以来它都被认定是不可能实现的目标。

人力飞行

早在1680年，意大利数学家乔瓦尼·博雷利（Giovanni Borelli）就计算出人体肌肉产生的动力不足，不能像鸟儿一样扑翼飞行。他写道：“人类不可能靠自己的力量自由飞翔。”直到最近，博雷利似乎都是正确的。几项为首次可控人力飞行设计的现金大奖在20世纪30年代设立，但无人领取。一名运动员很长时间才能输出0.4马力动力；莱特兄弟的第一架飞机所用航空发动机的输出动力是12马力。人力貌似远远达不到。

1959年，英国实业家亨利·克雷默（Henry Kremer）设立了丰厚的现金大奖，奖励能在相隔至少800米（2625英尺）的标示塔间进行8字人力飞行的人，从而激发了公众对人力飞机的兴趣。奖金数目随着通货膨胀程度相应上涨，吸引了大批试验家，但18年来无人成功。1976年，来自加利福尼亚州帕萨迪纳的航空工程师保罗·麦克里迪领导的团队决定接受挑战。他们从零开始，没有参考现有的动力飞机设计，建造出名为“蝉翼神鹰”（Gossamer Condor）的飞机。它由塑料覆盖的轻型铝管制成，用不锈钢钢丝支撑着狭长机翼，波纹纸板和苯乙烯泡沫来加固机翼前缘。有趣的是，它的几项基本特征与莱特“飞行者”很相似——鸭翼安定面在前，使用推进式螺旋桨和进行横向控制的翘曲机翼。飞行员通过踩踏板为飞机提供动力。

1977年夏天，麦克里迪团队已经摩拳擦掌，准备赢取当时已经涨到5万英镑的克雷默大奖了。飞行员是布赖恩·艾伦，一位冠军自行车手，同时也是悬挂滑翔爱好者。1977年8月23日，在加利福尼亚州沙夫特市，艾伦驱动着“蝉翼神鹰”号进行8字飞行距离长达2.15千米（1.33英里），速度约为17.5千米/小时（11英里/小时）。麦克里迪团队抱得大奖的关键在于飞机很轻——飞行员都比飞机重——而且设计精妙，能实现升力最大化，阻力最小化。后来，克雷默还为首次跨越英吉利海峡（让人想起布莱里奥）的人力飞行悬赏了更高金额，麦克里迪团队再次摘得桂冠。1979年6月12日，“蝉翼信天翁”号从英国福克斯顿出发，抵达法国格里斯-尼兹角，航程为35千米（22英里），飞行员还是艾伦。

接下来，麦克里迪专注于借助太阳光提高人力飞机性能。他在机翼上安装太阳能电池，产生的电力能协助踩踏板的飞行员完成辛苦的工作。1981年7月，借助电力和飞行员史蒂夫·普塔塞克（Steve Ptacek）的腿部肌肉力量，麦克里迪团队的“日光挑战者”号飞行了261千米（163英里），从巴黎城郊飞到了英格兰南部的肯特郡曼斯顿地区。

效仿代达罗斯

希腊神话中，出色的工匠代达罗斯和儿子伊卡洛斯逃离克里特岛是第一次人力飞行。1984年，麻省理工学院的教授和学生们决定尝试设计能完成这项传说壮举的飞机。克里特北部118千米（74英里）的圣托里尼小岛被定为飞行目的地。他们的设计遵循当时流行的模式：轻型材料、一个狭长机翼和一个由踏板蹬力驱动的螺旋桨。他们耗时4年，投入数百万美元才创造出一架能飞完全程的飞机。1988年4月23日早上，“代达罗斯”号从克里特岛伊拉克利翁空军基地起飞，希腊冠军自行车手卡奈罗斯·卡奈洛普洛斯（Kanellos Kanellopoulos）是驾驶员。他意外地获得了顺风协助，以32千米/小时（20英里/小时）左右的速度横跨海洋，距海面只有5米（16英尺）。这场以圣托里尼为目的地的旅行花费了3小时54分钟，一直很顺利，直到要在沙滩上降落时，一阵突如其来的逆风把飞机吹离海岸数米。但卡奈洛普洛斯毫发无伤，他欣喜若狂地庆祝自己创下了航程和持续时间纪录。

飞行的翅膀

“代达罗斯”号人力飞机创下了从克里特到圣托里尼的飞行纪录，它的创造者是麻省理工学院的师生们。

“代达罗斯”号轻型飞机

尽管“代达罗斯”拥有和大型客机一样长达34米（112英尺）的翼展，但它空重却只有31千克（69磅）。和“蝉翼”系列相同，它使用脚踏蹬力驱动螺旋桨。

19天环游世界

“百年灵轨道飞行器3号”

“轨道飞行器3号”气球完成了首次不着陆环游世界的飞行。气囊上银色的铝涂层是绝缘层，可以使里面的气体保持合适的温度。

1999年3月20日，“百年灵轨道飞行器3号”气球以210千米/小时（130英里/小时）的速度越过北非上空无形的终点线，波特兰·皮卡尔德（Bertrand Piccard）和布莱恩·琼斯（Brian Jones）成为热气球环游世界的第一批人。

“轨道飞行器3号”是氦气球和热气球的混合，这种气球被称为“罗奇耶”（Rozier）。其高耸的银色气囊中充满氦气，底部一个锥形袋中则装满热空气。这种设计可以发挥出可变压舱物的作用，使气球驾驶员能轻松自如地调整高度。吊舱早已不是早期的柳条筐了，它更像一间太空舱，完全增压，并且挤满了高科技设备。

与20世纪90年代所有心怀抱负、想实现环球飞行的气球驾驶员一样，皮卡尔德和琼斯巧妙利用了高空喷流。12月到3月份，中纬度地区的喷流向东移动，速度高达320千米/小时（200英里/小时）。他们从瑞士代堡出发，向南穿过希腊，在北非上空与喷射气流相会。此后，利用热气操纵气球升降，驾驶员们富有技巧地在北纬20°左右找到了能让自己保持正确向东航线的高空风。

在大部分飞行时间中，他们身处9100米（30000英尺）的高空，忍受着严寒。皮卡尔德和琼斯希望能有个华丽结尾，试图飞到吉萨金字塔，但却降落在撒哈拉沙漠里，几个小时的等待之后，直升机才来接他们。这次史诗般的飞行长达19天21小时55分钟。

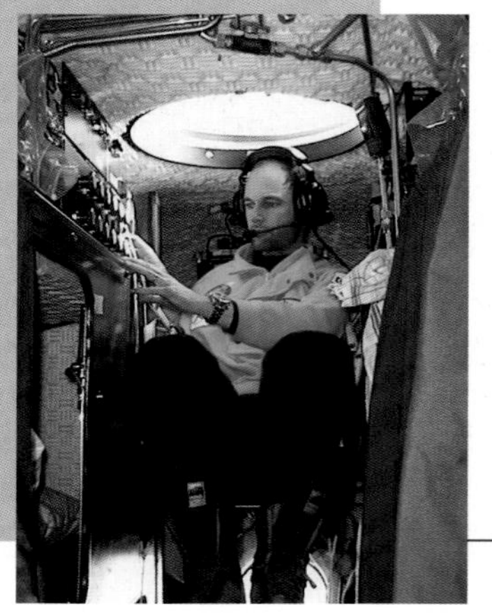

内视图

在“百年灵轨道飞行器3号”的吊舱中，先进的通信和导航设备占去了大部分空间。

环球挑战者

照片中为站在ICO“环球挑战者”号气球前合影的3人，从左到右分别是：史蒂夫·福塞特（Steve Fossett）、理查德·布兰森（Richard Branson）和彼耶尔·林德斯特兰德（Per Lindstrand）。1998年，他们试图乘坐该气球环游世界，但失败了。福塞特和布兰森虽腰缠万贯，但为实现环球飞行，多次亲身试险。

随着人力飞机已经能够实现时速超过50千米（30英里），用电池辅助人力很快成为重要的研究领域。但人力飞行还是体格强健者的专属，且易受天气状况的影响——一阵强风就能在顷刻之间摧毁脆弱的飞机。

破纪录的气球飞行

20世纪下半叶，另一项吸引探险者和试验家的活动是气球飞行。尽管对人力飞行的兴趣没有完全湮灭，但这项技术迟迟没有进展。然而，瑞士物理学家奥古斯特·皮卡尔德（Auguste Piccard）在1931年发明了一种增压吊舱，能让气球驾驶员上升到在之前会造成生命危险的高空飞行。气球升空既是探索高层大气的科学方法，也是各国竞相开创高度纪录的一个方面。

1935年，美国“探险者2号”热气球在阿尔伯特·史蒂文斯（Albert Stevens）和奥维尔·安德森（Orville Anderson）的驾驶下飞到22056米（72395英尺）的高空，这项纪录保持了20年。

从媒体和运动界角度来看，长途气球飞行更激动人心。在20世纪20至30年代里飞机驾驶员完成的所有破纪录飞行壮举——第一次跨大西洋飞行以及第一次不着陆横穿大陆飞行等——都被轻于空气的无动力气球一一重现。气球技术的核心在于洞悉风力和气象模式，到了20世纪70年

"日光挑战者"

"日光挑战者"号等飞机探索用太阳能为飞行提供动力。把太阳光辐射转化成电力，提高踏板蹬车飞行员的工作效力，比单纯的人力飞行速度更快，航程更远。从此以后，完全依靠太阳能提供动力的飞机诞生了。（详情见417页）

代，尽管还是存在较高的危险性，但气球技术已经能够实现这些飞行了。

前17次驾驶气球飞越大西洋的尝试都以失败告终，并有7人遇难。1978年8月11日，来自新墨西哥州阿尔伯克基市的本·阿布鲁佐（Ben Abruzzo）、马克西·安德森（Maxie Anderson）和拉里·纽曼（Larry Newman）乘坐"双鹰2号"氦气球，从缅因州普雷斯克艾尔出发飞往法国。他们模仿林德伯格的"圣路易斯精神"号，把气球吊舱命名为"阿尔伯克基精神"号，并把林德伯格的着陆地点布尔歇机场作为目的地。8月17日晚，日光隐没，再加上缺少压舱物，气球在距巴黎还有96千米（60英里）的一片麦田上降落。他们共飞行了137小时6分钟，航程为4960千米（3100英里）。

接下来的20年见证了多项纪录的诞生——1981年的首次不着陆飞越北美大陆，1984年的首次单人乘气球跨越大西洋的飞行［约瑟夫·基廷格（Joseph Kittinger）］，1995年的首次单人乘气球跨越太平洋的飞行（史蒂夫·福塞特）。但乘气球不着陆环球飞行的终极目标还没有实现。

20世纪90年代后期，乘气球环球飞行这场极其昂贵的竞争成为热爱冒险的亿万富翁之间角逐的焦点。美国金融家史蒂夫·福塞特和英国企业家理查德·布兰森展开了竞争。1996年，福塞特率先独自进行了三次尝试。1998年，这名美国人成为布兰森第三次环球飞行尝试中的一名队员，气球从摩洛哥起飞，圣诞节当天在太平洋结束飞行。很快，这些备受瞩目的名人被波特兰·皮卡尔德（增压吊舱发明人的孙子）和布莱恩·琼斯抢去风头，1999年3月，两人驾驶"百年灵轨道飞行器3号"气球环球飞行成功。

个性化飞行

对许多人而言，飞行本身就足够让人激动兴奋了，没必要野心勃勃地打破纪录。滑翔成为飞行中魅力迷人的一面，与微风及天气无声的交流吸引了众多不喜欢发动机轰鸣声的航空浪漫主义者。20世纪20年代，德国滑翔俱乐部使滑翔逐渐成为一种讲求技巧、令人愉悦的运动，也为未来的德国飞行员提供飞行训练。不久，滑翔机就成为航空动力学进展的重要试验领域，在"二战"中的军事用途很大。但"翱翔蓝天"依然是航空活动中最纯粹的部分，很少和商业或战争挂钩。

让普通民众可以驾驶飞机这一航空梦想仍未实现。早在1924年，美国汽车制造商亨利·福特就曾预言，在未来，飞机的产量会赶上汽车。20世纪30年代，美国航空官员尤金·维达尔（Eugene Vidal）大力提倡发展“穷人的飞机”，一款空中的福特T型车，能让飞行从“富人的兴趣爱好”变成“普通美国百姓的日常用品或廉价娱乐方式”。从20世纪20年代起，轻型飞机私人航空成为中等富裕阶层的流行运动，但飞机进入各家车库的概念从未实现。

飞行汽车

莫尔特·泰勒的飞行汽车在20世纪50年代进入市场，是人们为实现“飞机进入车库”这一概念的代表性成果之一。这两幅照片中是它的飞机模式和汽车模式——机翼可以被折叠放入拖车里。

有人试图生产飞行汽车——既能在路上开也能在空中飞行的机器。最具潜力的可能是莫尔特·泰勒（Molt Taylor）在20世纪50年代生产的飞行汽车。其飞行翼面折叠起来，飞机就变成了汽车。飞机状态下，发动机驱动螺旋桨；在地面作为汽车行驶时，发动机驱动车轮。然而，飞行汽车的双重角色意味着它牺牲了两种状态的性能。

也有人尝试让航空变得廉价，其中最值得纪念的是法国人亨利·米涅的“飞行跳蚤”（Pou du Ciel）。这种小型飞机在1933年生产，成套售卖，由顾客自行组装。在30天的辛苦工作后，买家会得到一款速度高达130千米/小时（80英里/小时）的飞机，但降落速度只有30千米/小时（19英里/小时）。“飞行跳蚤”一经问世就受到了热情欢迎，虽然米涅声称与驾车相比，它“绝对更加安全”，但很快就有人在“飞行跳蚤”事故中死亡，且死亡数字不断攀升，于是它被法国政府禁止了。

深受欢迎的派珀飞机

一架派珀“彻罗基”式正在加利福尼亚沙漠上空飞行。“彻罗基”系列飞机在1960年首度露面，是派珀公司成功轻型飞机的典范。它简单、可靠，能适用于不同角色。

冒险飞行

在轻型飞机多次著名的飞行中，有一次是联邦德国青年马提亚·鲁斯特（Matthias Rust）完成的，当时他年仅19岁，只有约50个小时的飞行经验。1987年5月，鲁斯特决定进行一次短途飞行。他独自驾驶一架四座赛斯纳飞机，从芬兰赫尔辛基出发，向东抵达莫斯科，完全躲避了本应严密的苏联防空体系——显然，这架飞机只是速度太慢，没有被记录在案。鲁斯特兴高采烈地在克里姆林宫上空盘旋，然后在红场列宁墓旁降落，为迷惑的路人签名，之后被逮捕。他的冒险致使苏联时任国防部长辞职。

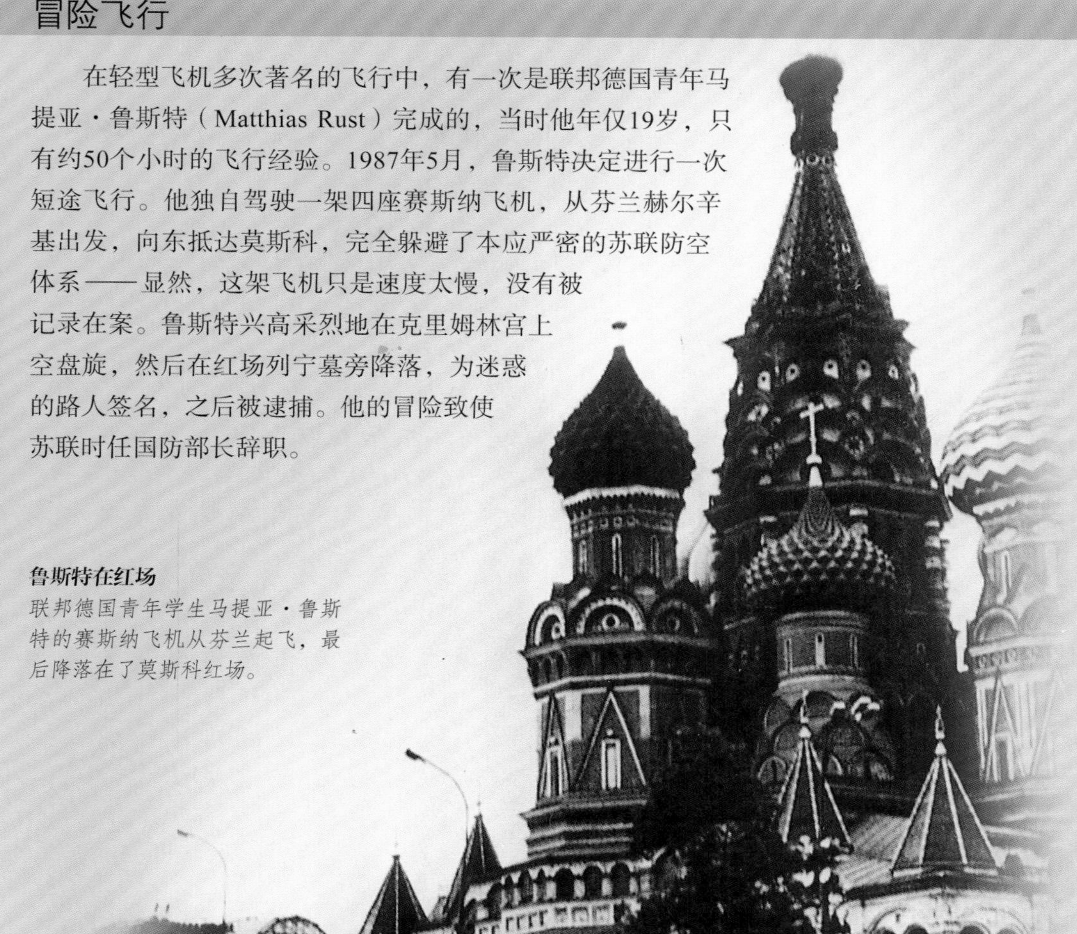

鲁斯特在红场

联邦德国青年学生马提亚·鲁斯特的赛斯纳飞机从芬兰起飞，最后降落在了莫斯科红场。

轻型飞机

毫无疑问，供业余爱好者自己动手组装的飞机将会很有市场，但最后，批量生产的轻型飞机还是成了私人飞行领域的主体。轻型飞机必须容易驾驶、经济实惠、结实可靠，同时速度快、机动性强，能让休闲飞行者感到足够刺激，还要具备各种实用功能。20世纪20年代，国家赞助的飞行俱乐部在英德两国如雨后春笋般纷纷成立，1925年问世的德·哈维兰“蛾”式飞机是这些俱乐部的最爱。在美国，赛斯纳、比奇和派珀这三家即将主导轻型飞机制造的公司在1927到1937年间相继成立，当时正值经济大萧条的低谷期。赛斯纳A型飞机的宣传口号是“所有人的飞机”，但事实证明，在当时的经济状况下，它只是所有人都买不起的飞机。

飞行跳蚤

亨利·米涅的“Pou du Ciel”——最准确的翻译是“天空虱子”，但广为人知的名字是“飞行跳蚤”——曾在20世纪30年代短暂流行过一段时间。米涅是一位雄辩的私人飞行宣传家，在1934年出版了畅销书《航空爱好者》。

而派珀的“幼兽”飞机却大获成功。这种飞机结构简单，经济实惠——甚至没有空速计和罗盘——它超越寇蒂斯-詹尼等巡回飞行时代的前辈，成为20世纪30年代美国最畅销的轻型飞机。

20世纪50年代，美国私人航空市场迅速扩大，赛斯纳、比奇及其他制造商得以盈利。比奇的“富豪”是当时最流行的飞机之一，名字很是恰如其分。赛斯纳的成功产品包括1955年问世、无处不在的赛斯纳172型飞机。派珀公司的生产数量则遥遥领先——1977年，该公司的第100000架飞机诞生，据估计，世界上迄今为止所有飞机数量的十分之一都出产自该公司。派珀“彻罗基”式和“科曼奇”式飞机频繁出现在繁忙的机场上，商业飞行员们开玩笑说低空是“印第安领空”（彻罗基族与科曼奇族均为北美印第安人族群）。

庞巴迪利尔喷气机

威廉·鲍威尔·利尔（William Powell Lear）以瑞士美洲飞机公司计划中的P-16战斗轰炸机为蓝本，研发出第一架利尔喷气23型飞机。尽管原型是军用飞机，但利尔喷气机在1964年投入使用时，就展现出私人飞机前所未有的优越性能，这一点不足为奇。1965年，一架利尔喷气机从洛杉矶飞往纽约，在11个小时内返回。1966年问世的八座利尔喷气24型只需50小时20分钟就可以环游世界。除了能以惊人的速度长途飞行，利尔喷气机的飞行高度也超越了一般喷气式客机——1977年，25型飞机经过授权，可以在15550米（51000英尺）的高空飞行。早期的利尔喷气机装有翼尖燃油箱，20世纪70年代，它被减小阻力的小翼所取代。此外，新机型还使用涡轮风扇发动机替换了涡轮喷气发动机。

20世纪80到90年代，公务机市场的竞争愈发激烈，利尔喷气机不断进化，地位稳固。举例而言，某些机型的航程增加到4000~5000千米（2500~3100英里），载客量也从6人增加到9或10人。

虽然最初的利尔喷气机公司几经变更（现在是庞巴迪航空帝国的一部分），但利尔喷气机一直是永恒的经典。

“在公众眼里，利尔喷气机几乎是地位的终极象征。”

T. A. 黑普黑米尔
（T. A. Heppenheimer）
《飞行简史》（A Brief History of Flight）

系统先进
利尔喷气45型的驾驶舱布局紧凑，装满了精确飞行管理系统。此外，宽阔的电热挡风玻璃让飞行员拥有220度视野。

轮廓鲜明
利尔喷气45型正面轮廓鲜明，外观独树一帜，两台涡轮风扇发动机位于机身后部，高高的水平尾翼和垂尾相连，机翼末端是向上翘起的小翼（有助于减少阻力）。

水平尾翼

联合信号公司涡轮风扇发动机

无缝铝机翼表层

减少阻力的小翼

前起落架

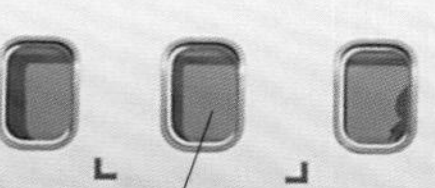

天线

卫星天线

机身后部的发动机

驾驶舱挡风玻璃让飞行员拥有220度视野

流线型机鼻

进出口舱门

天线

乘客舷窗

向上翘起的翼尖

起落架舱门

奢华的飞行

照片中为利尔喷气45型，它可以为9位乘客提供极度奢华的飞行体验。其特色包括地面平坦的宽敞机舱、能平躺的舒适座椅、折叠桌子和可旋转电视监控器。

技术参数（利尔喷气45型）
发动机：2× 联合信号公司 TFE731-20 涡轮风扇发动机
翼展：14.57 米（47 英尺 10 英寸）
机长：17.6 米（52 英尺 8 英寸）
重量：6146 千克（13550 磅）
最大速度：867 千米 / 小时（538 英里 / 小时）
机组人员：2
乘客：9

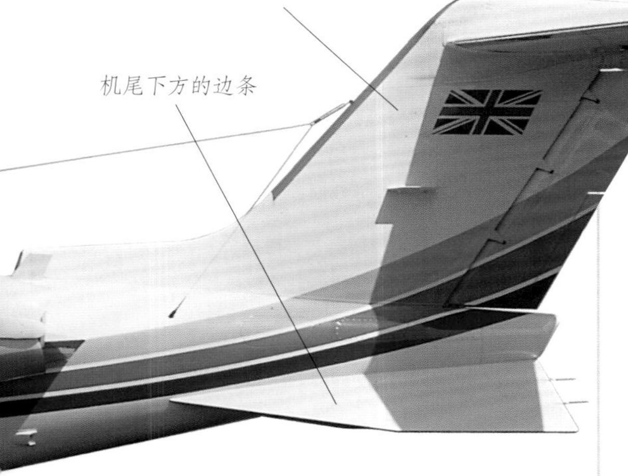

顶级公务机

利尔喷气45型的整洁流线型设计是为了实现空气动力学效果最优化。13度的机翼后掠角就是例子。

轻型飞机成功的秘诀在于适应性强，功能齐全，从飞行员训练到空中战场观察，从喷洒农药到为结冰道路撒盐除冰，从轻型商业运输到休闲飞行，应用领域十分广泛。

在荒野飞行

在世界上一些蛮荒之地，比如阿拉斯加、亚马孙河谷或新几内亚，轻型飞机是这些地区和人口中心的主要联系方式，也是进入无路可寻的荒原的唯一途径。尽管鲜有记载，但驾驶赛斯纳飞机来到新几内亚俾斯麦山上丛林机场的飞行员，肯定与飞行史上其他人一样，条件艰苦，危险性高，而这样的飞行员还有很多。因为有大批愿意为航空最新科技付账的私人客户，轻型飞机更加复杂，动力愈发强大成为一种持续趋势，这就不可避免地促成了私人喷气式飞机的诞生。商务喷气式飞机的主要目标客户是大公司，但也被富商巨贾个人使用。20世纪60年代后，商务喷气机数量激增，其拥有者摆脱了航班时间表的束缚，不再依赖大型商业客机。

地位象征

利尔喷气机是公务机市场爆炸性增长的导火索，它比豪华游艇或曼哈顿顶楼更具魅力和吸引力，成为20世纪60年代后的地位终极象征。它的早期主要竞争对手是达索公司的“隼”系列：20世纪70年代中期，超过500架利尔喷气机和300架“隼”式被售出。20世纪90年代，湾流宇航公司的湾流V型成为劲敌，这种飞机航程为12000千米（7450英里），飞行高度可达15500米（51000英尺）。湾流飞机有最先进的航空电子设备，与商业客机一样安全。

私人飞行与技巧成熟的驾驶员飞行有明显区别，数据显示，前者比驾驶汽车危险得多。知名人士坠机的媒体效应让这些数字更加突出——比如1999年，小约翰·F. 肯尼迪就在驾驶派珀“萨拉托加”式飞机时遇难。

所有航空爱好者，不管驾驶的是昂贵的轻型飞机还是悬挂式滑翔机，都不可能畏难而退。勇于冒险的人总是认为，偶尔发生让肾上腺素激增的危险情况正是飞行的魅力所在。

航空天生就有两种特性，它既是世界上实用商业的中心部分，也是个人有时想检验和证明自己的领域。

威廉·鲍威尔·利尔

威廉·鲍威尔·利尔（1902~1978）是利尔喷气机的创始人，出生于密苏里州汉尼拔，家庭背景复杂。高中就辍学的他在电子学方面很有天赋。1932年，他设计了第一款实用汽车收音机，后来转向航空领域，发明了许多驾驶舱电子设备。1947年，利尔生产出第一台喷气式飞机自动驾驶仪，荣获著名的科利尔奖，从而发家致富。20世纪50年代，利尔在瑞士短暂居住后返回美国，1962年成立利尔喷气机公司。利尔喷气机的成功让他成为家喻户晓的人物，但他不擅长经商。1967年，公司被盖茨橡胶公司收购。后来，利尔又去设计环保型蒸汽动力汽车，研制失败的利尔风扇喷气机，浪费了大量时间和金钱。

“李尔王”

利尔喷气机让威廉·利尔成为20世纪60年代的名人，被称为“李尔王”。他赚得盆满钵满，能投资各种创新技术计划，再不切实际也无所谓。

20世纪90年代的标杆

湾流宇航公司的“湾流”系列飞机树立了公务喷气机的新性能标准，将安全标准提高到足以媲美航班客机的程度。

私人飞机

最初，所有的飞机都是私人飞机，为满足运动员、女性或追求娱乐消遣的富翁的需求而产生。20世纪30年代，军事和商业航空的发展催生出一种独特的小型飞机，这种飞机适合日常小规模使用，如喷洒农药或偏远地区客运。要适应这些用途，这些飞机必须廉价、坚固且易于飞行。几乎在同一时期，可以自行组装的飞机配件开始受欢迎，而且经久不衰。“二战”后，轻型飞机开始大规模使用，派珀、比奇和赛斯纳公司成为主要受益者。到了60年代，私人喷气式飞机令航空公司和超级富豪们耳目一新，其复杂性和性能不亚于商业客机。同时，超轻型和微型飞机的发展也带来了全新的廉价休闲飞行方式。

奢华的利尔喷气机

最具水准的利尔喷气机60系列结合了“长角牛”飞机的机翼和利尔35系列的机身及发动机，是利尔喷气机中速度最快、航程最远的型号。（详情见412~413页）

比奇“富豪”D35

“富豪”D35飞机拥有独特的蝶形尾部、全金属构造和可伸缩底盘，开创了小型飞机生产的新标准。然而，没有人能想到，自1945年面世以来，这种飞机的生产会一直持续至1982年，产量超过1万架。

发动机：205 马力大陆公司 E-185 水平对置 6 缸发动机

翼展：10 米(32 英尺 10 英寸)

机长：7.7 米(25 英尺 2 英寸)

巡航速度：281 千米 / 小时(175 英里 / 小时)

乘客：3 **机组人员**：1

赛斯纳172R“天鹰”

赛斯纳172配备前三点式起落架，脱胎于后三点式起落架的赛斯纳170。这款四座赛斯纳172飞机于1955年11月首飞，甫一面世便大受欢迎，时至今日仍然人气鼎盛。目前销售量已过4.2万架，是世界上最成功的轻型飞机。

发动机：160 马力莱康明 10-360 水平对置 4 缸发动机

翼展：11 米(36 英尺 1 英寸) **机长**：8.3 米(27 英尺 2 英寸)

巡航速度：226 千米 / 小时(140 英里 / 小时)

乘客：3 **机组人员**：1

赛斯纳340

1971年，赛斯纳340首次出售，它介于历史悠久的4~6座赛斯纳310和6~8座赛斯纳414/421之间。这款飞机带有封闭式驾驶舱和随机登机梯门，主要面向公务机市场。另一款更小型的非封闭驾驶舱型号赛斯纳335，自1979年起同时少量生产。赛斯纳340的生产线于1984年停产时，共生产了1267架。

发动机：2×310 马力大陆公司 TS10-520 涡轮增压水平对置 6 缸发动机

翼展：11.6 米(38 英尺 1 英寸) **机长**：10.5 米(34 英尺 4 英寸)

巡航速度：425 千米 / 小时(264 英里 / 小时)

乘客：5 **机组人员**：1

达索“隼”900C

达索“隼”900C源自早期的“隼”50三发喷气机，但航程更远，它在1983年6月的巴黎航展首次公布于众。原型机首飞于1984年9月。第二架原型机展示其跨洲飞行航程时从巴黎不着陆飞行至阿肯色州的小石城。1986年12月起开始向客户交付使用，订单超过180多架。目前该系列的标准机型是“隼”900C，但1994年10月推出的900EX航程更远。

发动机：3×4750 磅推力霍尼韦尔 TFE731-5BR-1C 涡轮风扇发动机

翼展：19.3 米(63 英尺 5 英寸) **机长**：20.2 米(66 英尺 4 英寸)

巡航速度：887 千米 / 小时(551 英里 / 小时)

乘客：8~15 **机组人员**：1

快银E

快银飞机制造公司生产的快银悬挂式滑翔机是鲍勃·洛夫乔伊（Bob Lovejoy）在1972年设计的。在1981年停产前，大约售出2000架。安装了一台发动机后，它成为第一批发动机在尾部的超轻型飞机之一。

发动机：46 马力路达思 503 活塞发动机

翼展：9.8 米(32 英尺) **机长**：5.5 米(18 英尺 1 英寸)

巡航速度：66 千米 / 小时(41 英里 / 小时)

乘客：无 **机组人员**：1

欧罗巴XS

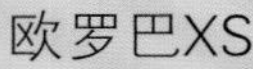

20世纪90年代早期，伊万·肖（Ivan Shaw）构思出一种飞机，那就是“欧罗巴”。这种飞机可以在家中组装和存放，并且很容易被运送至最近的机场，可在沿途加油站加油。它能够承载两人，飞行前只需5分钟就可完成准备工作。

发动机：80 马力路达思 912S 发动机

翼展：8.3 米(27 英尺 1 英寸) **机长**：5.8 米(19 英尺 2 英寸)

巡航速度：259 千米 / 小时(161 英里 / 小时)

乘客：1 **机组人员**：1

湾流宇航公司湾流V-SP

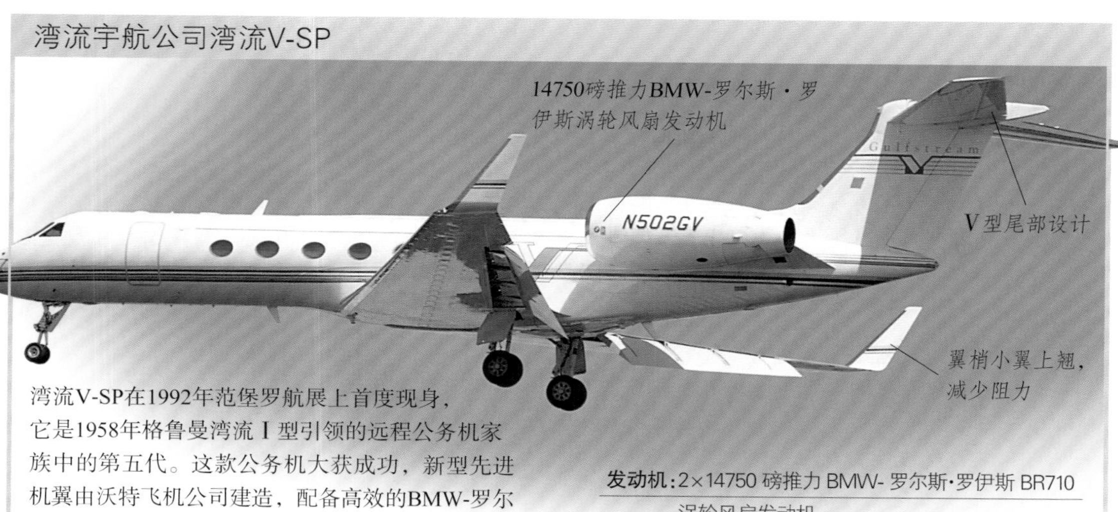

湾流V-SP在1992年范堡罗航展上首度现身，它是1958年格鲁曼湾流Ⅰ型引领的远程公务机家族中的第五代。这款公务机大获成功，新型先进机翼由沃特飞机公司建造，配备高效的BMW-罗尔斯·罗伊斯发动机，能实现10860千米（6750英里）的超远程飞行。湾流Ⅴ型的销量超过200架，最新机型V-SP的原型机在2001年8月31日首飞。

发动机:2×14750 磅推力 BMW- 罗尔斯·罗伊斯 BR710 涡轮风扇发动机
翼展:28.5 米(93 英尺 6 英寸) **机长**:29.4 米(95 英尺 5 英寸)
巡航速度:853 千米 / 小时(530 英里 / 小时)
乘客:8 **机组人员**:2

派珀PA-18-150“超级幼兽”

“超级幼兽”是1937年派珀J-3“幼兽”的最终型号，比前辈机型动力更强，在1949年11月首飞。1981年连续生产停止时，已有将近7500架面世。动力最强的机型PA-18-150在1954年末出现。成千上万架“超级幼兽”至今仍然为私人所有。

发动机:150 马力莱康明 0-320 水平对置 4 缸发动机
翼展:10.7 米(35 英尺 3 英寸) **机长**:6.9 米(22 英尺 6 英寸)
巡航速度:206 千米 / 小时(128 英里 / 小时)
乘客:1 **机组人员**:1

派珀PA-46-350P“马里布幻影”

六座的派珀“马里布”在1982年8月首飞，20世纪80年代晚期，产品责任条款造成美国航空工业伤亡惨重，而“马里布”躲过一劫。这款机型装有大陆公司涡轮增压发动机，和更加昂贵的商务姐妹机型有许多相似之处，比如增压机舱和登机梯门。升级版“马里布幻影”则配备350马力莱康明发动机，在1988年10月投产。

发动机:350 马力德事隆莱康明 TI0-540 水平对置 6 缸活塞发动机
翼展:13.1 米(41 英尺) **机长**:8.7 米(28 英尺 7 英寸)
巡航速度:398 千米 / 小时(247 英里 / 小时)
乘客:5 **机组人员**:1

罗宾DR400/120

罗宾DR400是“若代尔”飞机的先辈，其特色“弯曲机翼”极具识别力。1957年，皮埃尔·罗宾（Pierre Robin）和让·德勒蒙泰（Jean Delemontez，Jodel飞机中的del就取自他的名字）合力打造第一款木制“若代尔”机型。最初的设计发展成1972年6月首飞的DR400。DR400可以采用不同发动机和功率输出，能提供2个或4个座位。DR400的产量超过1200架。

发动机:112 马力德事隆莱康明 0-235 水平对置 4 缸活塞发动机
翼展:8.7 米(28 英尺 7 英寸) **机长**:7 米(22 英尺 10 英寸)
巡航速度:215 千米 / 小时(134 英里 / 小时)
乘客:1 + 2 名儿童 **机组人员**:1

鲁坦33型“超易”

鲁坦兄弟伯特和迪克于1969年成立鲁坦飞机工厂有限公司，生产了多种性能卓越的飞机，其中最著名的是“环游世界”的“旅行者”号。第一架复合结构的鸭翼（水平尾翼在前）飞机“超易”号诞生于1975年，一年后，第二架原型机问世。这款机型有可收放式前轮和固定式主轮，动力只有100马力，但性能卓越。它立刻大获成功，受到自行组装飞机爱好者的欢迎，截至1984年，已有600多架投入使用，1400多架正在生产中。

发动机:多种,包括 100 马力大陆公司 0-200 水平对置 4 缸活塞发动机
翼展:6.8 米(22 英尺 3 英寸) **机长**:4.3 米(14 英尺 2 英寸)
巡航速度:313 千米 / 小时(195 英里 / 小时)
乘客:1 **机组人员**:1

斯林斯比T.67C“萤火虫”

1981年，著名的约克郡水上飞机制造公司购买了法国“超飞”RF-6B的版权，并把它改造成“萤火虫”飞机。这款重新设计的飞机最大程度地使用玻璃纤维增强塑料（GRP），既有民用型，也有军用型。

发动机:160 马力德事隆莱康明 0-320 水平对置 4 缸活塞发动机
翼展:10.6 米(34 英尺 9 英寸) **机长**:7.3 米(24 英尺)
巡航速度:215 千米 / 小时(134 英里 / 小时)
乘客:无 **机组人员**:2

索卡塔TB10“多巴哥”

20世纪70年代中期，法国的索卡塔公司设计出一系列四座或五座轻型飞机，来替代十分成功的“瑞雷”飞机。TB系列以加勒比名字命名，从基本的固定式起落架飞机TB9“坦皮科俱乐部”到拥有可收放式起落架、涡轮增压的TB21“特立尼达”TC。第一架TB10在1977年2月首飞，成为该系列中最受欢迎的一款，配备流线型固定式起落架，比基本型“坦皮科”动力更强。

180马力德事隆莱康明活塞发动机

固定式起落架

发动机:180 马力德事隆莱康明 0-360 水平对置 4 缸活塞发动机
翼展:9.8 米(32 英尺) **机长**:7.7 米(25 英尺 3 英寸)
巡航速度:240 千米 / 小时(150 英里 / 小时)
乘客:3 **机组人员**:1

飞行的未来

在飞行改变世界的这一百年即将结束时，仍有需要航空界探索的新领域。

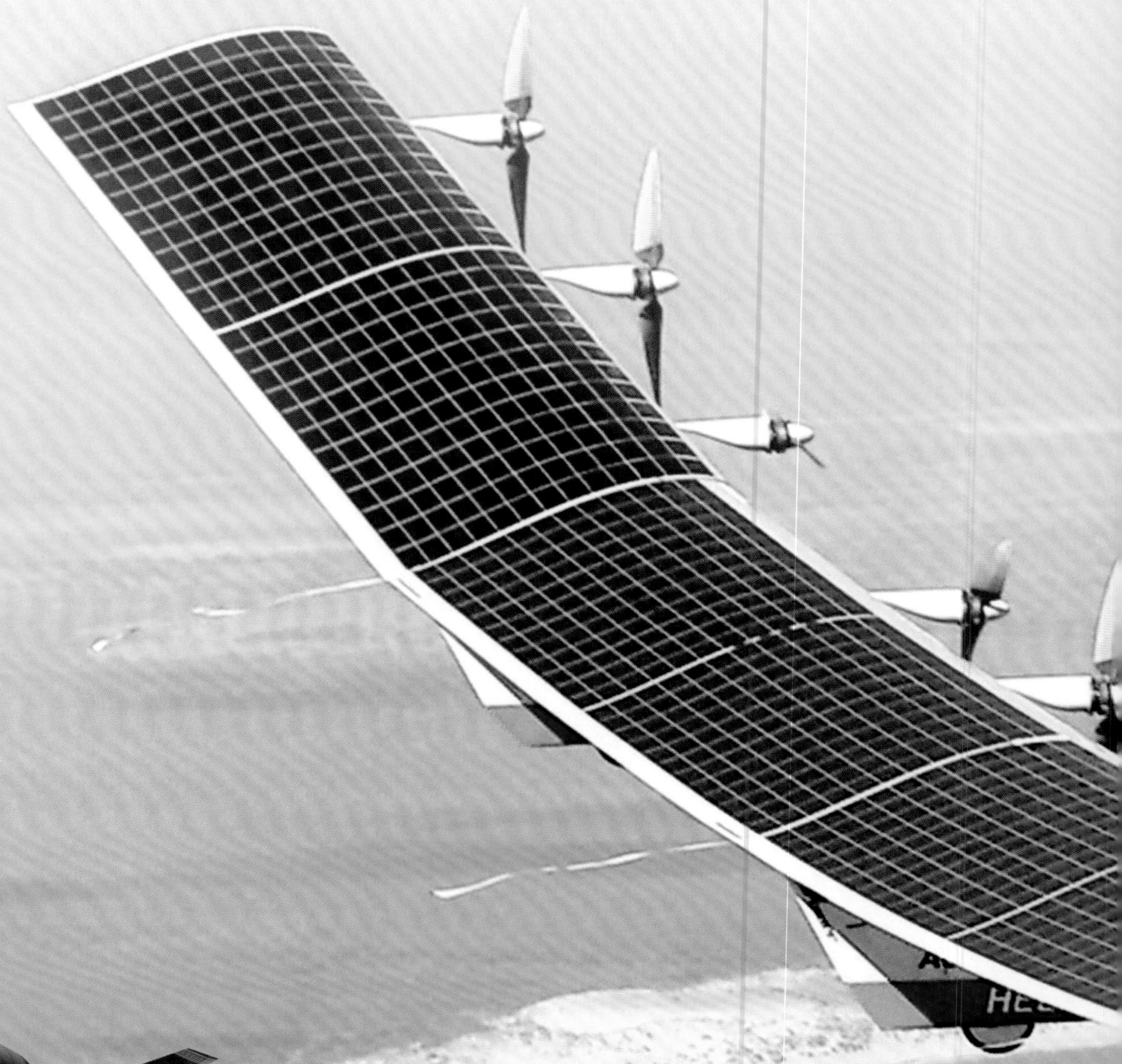

“最后，征服蓝天会成为人类最伟大、最辉煌的胜利。”

克劳德·格雷厄姆－怀特
航空先驱，1914 年

联合攻击战斗机
联合攻击战斗机（JSF）旨在让北约在21世纪拥有一款价格合理、能大批量生产的制空和攻击飞机。它在很多方面和洛克希德·马丁F-22“猛禽”战斗机很相似，但体型更小，用途更广。

在希腊神话中，代达罗斯的儿子伊卡洛斯因为飞离太阳过近，羽翼上的蜡融化而坠落身亡，这个传说让许多早期飞行先驱着迷。有趣的是，2001年，NASA的“太阳神”号（Helios）超轻型飞翼使神话变为现实，它以太阳能为动力，可以飞行到地球大气层外缘。

毫无疑问，“太阳神”号是迄今为止最非同寻常的飞机之一，它由地面上的控制员“驾驶”，能以32千米/小时（20英里/小时）的速度安静平稳地行驶。机翼翼展长达75.25米（247英尺），比波音747的机翼翼展还长，表层覆盖着太阳能电池板，能产生动力，驱动飞机上的14台发动机。白天，飞机把电力储存在燃料电池中，晚上也能继续运行。“太阳神”号非常环保，目的是在大气外缘长时间飞行。2001年8月13日，它飞到29511米（96863英尺）的高空，创下螺旋桨驱动飞机的高度纪录。在这种高度，地球大气层的各项指标和火星大气层十分相似，因此，NASA科学家能通过这次飞行探索飞行器在“红色星球”空中巡航的可行性。“太阳神”号还能完成卫星的许多职能，比如通信和天气观测，而且成本低廉得多。“太阳神”号也无需补给燃料，NASA认为它能连续飞行数月——事实上，它能一直飞行到零件磨损。

2003年6月，“太阳神”号在飞到太平洋上空时失控，就此失去踪影，主要试验阶段结束。但是，它指引了21世纪中飞行的几个重要方向。无人航空器的发展并没有让飞行员陷入尴尬的境地，但开始让航空的诸多领域发生变革。如果常规动力飞机产生的污染会招致公众和社会批判，为寻求解决方法，设计者可能会被迫采用太阳能。

发展历程

20世纪的科技创新带来了预想不到的飞行壮举，航空发展动力强劲，“太阳神”号就是典型例证。回顾飞行在最初100年中的发展历程，让人眼花缭乱，应接不暇。飞机性能的所有衡量指标都有了惊人进步——例如速度。1909年，格伦·寇蒂斯以75千米/小时（47英里/小时）的速度创下世界纪录；20世纪30年代，最大速度超过640千米/小时（400英里/小时）；20世纪40年代末，飞机突破音障；20世纪60年代，速度达到2~3马赫；1967年，X-15的速度高达6.7马赫；2004年，X-43A超燃冲压飞机突破了9.6马赫。

航程和有效载荷的发展同样迅猛。20世纪30至40年代的螺旋桨客机能飞行1000~3000千米（600~1800英里）；20世纪50年代后期的喷气式客机最大航程约为6000千米（3720英里）；20世纪70年代早期，波音747把这个数字提升到10000千米（6210英里）以上；21世纪初，最新载客飞机能不着陆飞行14000~18000千米（8700~11200英里）。20世纪60年代末问世的洛克希德C-5运输机的载重量是“一战”时轰炸机的100倍左右，非同一般的空中客车“大白鲸”系列等运输机又远远超过了C-5，还能比它多承载50吨的货物。

安静的庞然大物

NASA的“太阳神”号无人驾驶超轻型飞翼能以32千米/小时（20英里/小时）的速度安静飞行。它以太阳能为动力，是新型环保飞机的一员。它的设计目的是在地球大气层的极限边缘持续飞行。

"协和"式的最后一次商业飞行
2003年10月24日，"协和"式进行了最后一次商业飞行。事实证明，超音速客运是成功的科技壮举，但在商业上却失败了，这说明航空的未来不仅仅是在于不断提升的速度和航程。

持续创新

如果你想写一本概述20世纪生活的书，在前30年，飞机只是边缘角色，一些享有盛誉的"一战"相关的历史书籍根本没提到飞行。20世纪30年代末，飞机热催生了一批航空英雄，但飞行只影响了极少数人，对大众生活并没有实质影响。"二战"中，飞机真正登上中心舞台，改变了战争方式。直到喷气机时代，商业飞机才开始施加影响，使休闲和商业模式发生重大改变。即使是美国，在20世纪60年代早期，也有一半人口从未有过飞行经历。然而，20世纪90年代，全球每年有超过10亿人次乘坐飞机。

21世纪初，人们怀疑飞行是否还有革新的可能性，还是已经像战时的坦克和客运中的铁路一样，成为固定的风景线，能够持续（有改良）但不会再有急剧扩张或重大改革了。航空在技术和商业领域不断试验新方法，与此同时，它也有符合情理的内在保守性。民用和军事航空已经发展为成熟的业务，有时没有必要再去承担重大革新带来的代价和风险。

曾经，超音速载客运输工具被认定是未来飞行发展的趋势。那时，航空旅行显然只追求速度。然而，"协和"式的商业道路一波三折，它的超音速对手飞机更是命运惨淡，它们追求速度所付出的代价被证明超过了人们的预期——无论是在机票价格还是噪声污染、环境破坏方面。2003年停止服务前，"协和"式已经找到了其市场定位，但份额太小且无关紧要，新兴客机都无意争抢。按照21世纪的技术水平，制造一种能承载300名乘客、以超过2马赫速度行驶的飞机是完全可行的，但即使能够成为现实，这种客机也要在2030年后才能投入使用。

波音公司"音速巡航者"（Sonic Cruiser）的命运就是另一个典型例证。这种革命性客机在2001年3月作为客运航空的未来横空出世。它能搭乘300名以内的乘客，以0.98马赫速度巡航——略慢于音速，因此能避免音爆现象。它的最大航程是16000千米（10000英里），能缩短长途飞行时间。但世界各个航空公司对此反应冷淡，于是波音被迫放弃了这款新型高速飞机。航空公司老板更在乎降低成本而不是提高速度。座位增加、维护费用降低、燃料消耗减少这种乏味的进步，才能保证飞机畅销。

资金问题

在军用航空领域，不断提升性能的追求与关注成本的政治家产生冲突，后者强烈质疑是否有必要制造愈加昂贵的飞机。这些飞机似乎很容易就被视为男孩子的玩具。美国的技术水平似乎领先于所有可能的对手，成为昂贵高科技军用飞机吸引投资的最大潜在障碍。然而，人们没有忽视这样一个事实，一群年轻的劫机者仅凭匕首、裁纸刀和驾驶飞机的能力就对美国发动了一起成功空袭。

洛克希德·马丁F-22"猛禽"是一款高端战斗机，2005年12月开始服役，围绕它的争论主要是成本和功能之争。F-22被设计成F-15的替代品，以保证美国能对抗其他国家的战斗机部队，赢得制空权。与前辈及对手飞机相比，它进步明显，有隐身特性，不加力也能实现超音速巡航——其他战斗机却只能在短期爆发时"超音速飞行"，因为它们的加力燃烧室很快就会把燃料耗尽。

"大白鲸"
非比寻常的空中客车"大白鲸"是世界上容积最大的运输机。它其实是在A300宽体客机的下半部分之上增加了一个气泡状货舱。"大白鲸"的用途是在各国工厂间运输空中客车客机的零部件。

流畅的“音速巡航者”

2001年，波音公司坚信“音速巡航者”会大获成功，这款客机的载客飞行速度接近音速。它的双发“鸭翼”设计——水平尾翼在主机翼前面——被预计会颠覆航空旅行方式。然而，“音速巡航者”没有成为现实，因为波音的客户认为高速并非航空商业的王牌。

但F-22价格十分昂贵，发展和制造一批飞机可能要花费700亿美元。如有可能，这批资金只能生产不到200架F-22，每架成本为3.5亿美元左右。这些数字只是估算，但即使“猛禽”的成本只有预期的一半，它的性价比也饱受争议。F-22最初构思于20世纪80年代，当时美国正处于和苏联的冷战对抗中。冷战结束后，很难料想如此先进的飞机要去对付怎样的对手。诚然，俄罗斯也有推动前沿科技发展的能力和意愿。但是，即将成为北约未来标准战斗机的联合攻击战斗机更加便宜，足以完成赢取制空权等战斗机任务。它刻意在成本和技术方面进行中和，从长远看来，更容易获得成功。需要总结的教训是，单纯从技术可行的角度预测航空领域的未来发展容易出错。在以科技进步为最大信仰的年代——20世纪70年代，这个时代已落下帷幕——人们会去做一切力所能及的事。到了21世纪，功利主义思维占据了上风。如果一项航空进步能以合理价格实现预想的功能，那它就会成为现实。无论新飞机计划是政府支持还是商业投资，只要它不满足这些条件，其发展注定会走进死胡同或者停滞不前。

探索太空可能是唯一一个技术推动占据主导的领域了。这里有广阔的探索空间，还有实现新进展的无限可能性，至少理论上如此，而且，资金可以让一切激发公众想象力的计划成为现实。

“太空出租车”

这幅艺术作品展示了一辆可重复利用的“太空出租车”，它正架设在其改进型一次性运载火箭上。该设计由轨道科学公司和诺斯罗普·格鲁曼公司共同打造，但后来并没有被NASA选中作为航天飞机的替代品。

商业航空

对客运航空旅行的预测顺势而变。2000年，飞机行业预测到2020年，每年会有40亿人次乘坐飞机，基本是当前空中旅行人次的3倍。但“9·11”事件随后发生，再加上全球经济衰退，乘客数量大幅减少。突然之间，空中交通似乎永远不会再有增长。然而，2006年，全球乘客数量又以每年5%的速度开始增加，航空公司订购的客机数量再创新高。

人口稠密又开发稍晚的亚洲国家可能是未来客运航空旅行增长最强有力的保障，它们是飞机乘客的新来源。

空中客车和波音

如果航空旅行继续大规模扩张，未来的乘客将会选择哪种飞机？在喷气式客机时代的前30年中，波音在飞机行业稳居无可撼动的世界霸主地位，但欧洲联合公司空中客车公司迅速发展，动摇了波音对市场的垄断。2004年，空中客车公司第一次把波音从国际客机销量和订单排行榜第一名的位子上拉了下来。

发动机检测

空中客车A380巨大的罗尔斯·罗伊斯发动机正在接受严格检测，以确保它们达到了油耗、排放、噪声和安全性等方面的要求。飞行安全认证的一条标准是，即使一只大雁飞进了风扇里，发动机也能继续运转。

为市场定制

迄今为止，空中客车公司最大胆的项目是2005年4月首飞的A380“空中巨无霸”。它是有史以来最大的客机，能搭载至少550名乘客，旨在复制30年前波音747对航空旅行的革命性影响。该计划展现了欧洲在“协和”时代后的巨大进步——不是在技术创新上，而是在商业实用性方面。A380能实现潜在航空公司客户的商业目标，与波音747-400相比，每个座位的运营成本减少了两成。设计师煞费苦心地降低这些超大型飞机对机场的新要求，确保A380能在所有主要航空运输中心降落。飞机的设计也反映出关注环境问题、避免噪声污染的需求。因此，A380飞机还没有进行处女航，空中客车

部件运输

一列护航车队正在把A380的部件从加仑河上的一个驳船码头运往法国图卢兹的空中客车组装工厂，这些部件产自英国、法国、德国和西班牙。巨大的车辆在乡村道路上行驶，行程会持续3个晚上。

公司就接到了150笔大订单。

波音终于奋起反击，推出现役777的更远航程机型，最重要的是制造了在2008年投入使用的787“梦幻客机”。虽然名字有些媚俗，但“梦幻客机”足以同A380一较高下。它是一种中等尺寸的客机，能直接飞进A380无法使用的小机场，无需转机。它使用大量轻型材料和铝合金，燃料消耗和保养效率极高，发动机噪声小，航程长达15700千米（9775英里）。

空中客车组装
A380“空中巨无霸”在图卢兹空中客车组装厂合为一体，四周是结构复杂的起重机架。巨大的组装车间是世界上最大的建筑之一，面积有20个足球场那么大。建造组装厂房消耗的钢铁量是埃菲尔铁塔的4倍。

全球制造

显然，空中客车和波音公司的针锋相对是国家航空工业竞争的老套路。波音称欧洲各国政府不公平地大力支持空中客车，为此怨声载道，空中客车则辩解说美国政府也在暗中补贴波音。然而，空中客车A380和波音787都证明了在21世纪经济全球化的大背景下，坚持狭隘的民族主义是不可行的。当然，国际合作是空中客车公司的基础，它一直以自己是欧洲联合企业而自豪，787也不是完全由美国制造。日本公司富士和川崎也是主要制造商，负责加工大部分机身和机翼，韩国、英国和法国的公司也参与了这项计划。

环境问题的挑战

人们对飞机造成的环境破坏日益敏感，这可能是全球航空旅行未来发展的最大威胁。21世纪初，决心对抗全球变暖的政府肯定会被科学顾问告知，飞机是超标排放“温室气体”这一问题的主体。航空公司和飞机制造商对环保税抱有敌意，它会增加航空旅行成本，进而让人们打消进行不必要飞行的念头。另一方面，公司和制造商也关注燃油效率这一概念，燃油效率高能降低污染水平、减少运营成本，因此增加利润。波音“梦幻客机”和空中客车A380都将燃油效率作为关键卖点。然而，环保主义者不为所动。如果燃油效率让飞行更便宜，只会导致飞行数量增加，不会让大气变得更加洁净。由于这些问题，探索客运航空旅行未来模式、推动商业飞机科技发展的相关人士所面临的挑战愈发严峻。

冰天雪地
在寒冷天气下安全飞行是所有现代客机的必然要求。照片中为一架A380在冰天雪地里接受检验。这一系列全面彻底的飞行测试历时一年多，要求4架A380飞行2500小时左右。

水上降落
一架空中客车A380正在高速通过一条充满水的沟渠，以检查轮子溅起的水花会不会影响发动机运转。

空中客车A380

空中客车A380的构思始于20世纪90年代初，目的是和波音747竞争甚至取而代之。1994年，空中客车公司开始认真研发当时被称为A3XX的飞机。A380的主要承包商分布在法国、德国、英国和西班牙。一艘特制的货船从汉堡和布列塔尼运来机身部件，从北威尔士运来机翼，从西班牙运来尾锥，再将这些部件送到法国港口波尔多，驳船和车辆会把它们运到位于图卢兹的组装工厂。

A380的外形经过精细调整，最大程度上减少卵形机身的阻力。飞机大量使用复合材料，比如热塑性材料、玻璃纤维增强铝合金。四台巨型发动机的动力在所有客机发动机中首屈一指，并出奇得安静。空中客车公司称这款“空中巨无霸”在搭载550名乘客时非常环保，运营成本很低，每人每100千米（60英里）耗油量只有2.9升（0.6加仑）。A380的22个机轮分散重量，能在绝大多数主要交通中心的跑道上运行，但它的翼展太长，必须加宽滑行道。机场也需要升级乘客上下飞机和行李的运输装置。“空中巨无霸”宽敞的机舱空间可以提高乘客舒适度，但机舱布局由航空公司决定。

机鼻部分

A380的前部机鼻下方安装着前起落装置。机鼻没有经过增压，通过一块隔板与增压机舱及驾驶舱分开。驾驶舱窗户下有强化的鸟撞防护层。

技术参数

发动机：4×311000 千克(70000 磅) 罗尔斯·罗伊斯“遄达”970 发动机或联盟 GP7270 发动机	
翼展：79.8 米(261 英尺 10 英寸)	
机长：72.9 米(239 英尺 2 英寸)	
空重：277000 千克(610680 磅)	
巡航速度：927 千米 / 小时(575 英里 / 小时，0.85 马赫)	
机组人员：2	**乘客**：555 (经典三机舱布置下)

巨大的机身

空中客机A380是世界上最大的客机。其巨大的机身分为三层，上层和中层是乘客舱，下层装载货物。A380的甲板面积比波音747多49%，理论上最多能搭载853名乘客。

机上商店

机尾主客舱区域被打造成一家机上商店。事实上，航空公司可以自行决定飞机的内部布局。

可模仿太阳升落光线变化的客舱灯光

并排最多有4个座位

奢华旅行

A380的客舱地板面积有310平方米（3350平方英尺），经过设置后能为550名乘客提供舒适座椅。

驾驶舱

双人驾驶舱的设计很保守，与早期空中客车机型有许多相似之处，包括霍尼韦尔飞行管理系统。正如雅克·罗赛（Jacques Rosay）机长在A380“空中巨无霸”首飞之后所说：“在这架飞机里，所有空中客车飞行员都会立刻放松下来。”

顶部控制面板

主飞行显示器

机载信息终端

电传操纵系统侧驾驶杆

导航显示器

多功能显示器

飞行员座位

动力杆

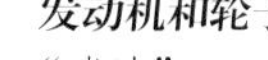

光标控制装置（CCD）

发动机和轮子

“遄达”970是罗尔斯·罗伊斯发动机中风扇直径最大的一款。为了减轻噪音，它历经数次细微改进。A380有22个机轮：两个六轮转向架组成机身起落架，两个四轮转向架构成机翼起落架，机鼻下还有两个轮子。

GLARE材料上层机身

钛合金弯曲风扇叶片

机翼起落架

天线

上层客舱门

驾驶舱舱门

修形过的翼根整流罩

机鼻起落架

军事航空

21世纪早期，空中力量被视为力量投送和安全保障的关键，以让民众生活在技术先进的国家中安于和平，避免地面战争通常会造成的大批伤亡。

海湾战争中使用的精确制导炸弹和导弹的数量不足所用弹药总量的10%；而2003年，机载炸弹中约三分之二都是“智能”的。“联合直接攻击弹药”（JDAM，也被称为“杰达姆”）的使用至关重要。JDAM中的制导组件和全球定位系统或惯性导航系统联网，地面目标的地图坐标会被传到炸弹的控制系统里。一旦被从飞机释放，JDAM无需更多制导就能朝着指定坐标飞去。JDAM的偏离范围在10米（33英尺）之内，可以在激光或电视制导炸弹无法正常工作的恶劣天气下使用。

在战争中，其他关键要素还包括无人机的更广泛使用。它们主要执行侦察任务，但“捕食者”有时也会充当无人战斗机（UCAV）的角色，使用“地狱火”导弹实施精确打击。“时间敏感目标锁定”被认为是成功的——发现目标几分钟后，攻击机就在引导下掠过战场，直奔目标而去。

尽管战争中也面临着许多众所周知的问题，比如偶尔失误和目标判断错误造成无辜平民伤亡，被友军炮火所伤等，但空军的效力不容置疑。没有空中掩护，对方地面部队根本无法活动，它的指挥中心和通信站在精确打击下也不能存活。使用空中力量成本昂贵，对组织能力和科技水平的要求也很高，在21世纪早期，依然是国家实力对比中最清晰明了的决定性因素。也许激战一方在地面战争中更具优势，但在空中，它无法与具有空中优势的对手相匹敌。

震撼与威慑

精确轰炸的目标是政府建筑，但这些空袭遵循了流行的军事准则：“震慑”——声势浩大地展示自己的力量，以削弱敌方的战斗意志。

摧毁坦克

一旦被美国的"天空之眼"确定为目标，对方装甲部队很难抵抗来自空中的打击。A-10"疣猪"攻击机是美军的主要坦克杀手。

未来战争

2001年后，恐怖主义成为美国的首要敌人，美国国防部的艰巨任务是构思出可行计划，运用自己在空中的强大力量和精确性进行对抗。无人机队伍扩大，成为定位目标的多方位情报工作中至关重要的一部分。应对这些目标则需要能在世界各地进行打击的新型轰炸机。这种飞机要和现有的B-1、B-2以及精简的B-52部队组成精确攻击部队，能有效攻击目标，或者为地面部队提供支持。

然而，美国坚持把F-22主要用作制空战斗机，证明他们重视发生真正空战的可能性。霸权成性的美国认为，有能力对抗别国战斗机甚至欧洲盟友的"欧洲战斗机"是很有必要的。

长寿的"疣猪"

A-10"雷电"攻击机更广为人知的名字是"疣猪"。"疣猪"在1972年首飞，可能在2028年才会退役——它是当代一些军用飞机长盛不衰的典范。

实用性有限

但在实际情况中，空中力量的局限性逐渐显露。在平民伤亡成为敏感话题的背景下，对付和当地居民难以区分的对方军事力量，飞机能力很有效，但不是决定性的，更重要的是，飞机对付不了在城区内的正面冲突，也无法阻止小规模袭击活动。现代战场验证了航空历史学家约翰·巴克利（John Buckley）的观点："空中力量是大型战争的绝佳武器，但在受政治考虑影响的低强度冲突中，它的作用有限。"

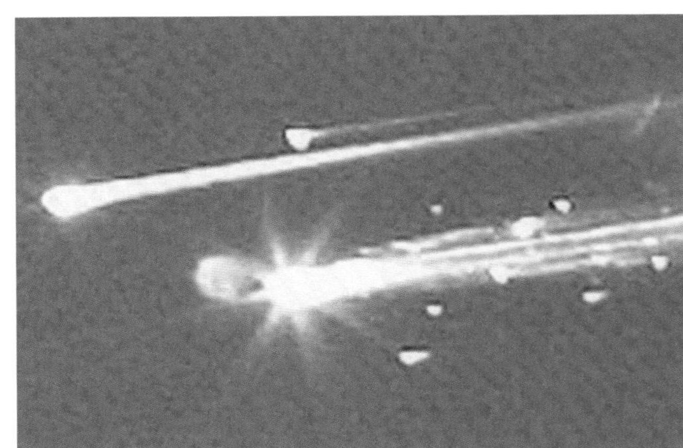

“哥伦比亚”号解体

2003年2月1日，“哥伦比亚”号航天飞机在高空解体，机上7名成员遇难。这次事故不仅是人类的灾难，也严重阻碍了NASA正在进行的太空计划。在接下来的两年半中，航天飞机被禁飞。

太空探索

鉴于太空旅行前十年的成就，21世纪初，载人航天飞行的进展不如预期的那样迅速。距离人类上次踏上月球表面已经几十年了，尽管前宇航员埃德温·奥尔德林等爱好者仍在为飞往火星甚至更远星球的任务努力争取支持，但没有迹象表明此类长途载人太空旅行会重新开始。此外，建造安全、可重复利用的“太空飞机”往返太空站这个相对简单的目标的实现也比较困难。2003年2月1日，“哥伦比亚”号在重返大气层时解体，这是第二次航天飞机灾难，令NASA遭遇沉重打击。航天机构再次被指责在安全措施方面过于马虎，人们质疑航天飞行继续开展的必要性。

新视野

没有确定一个清晰目标来保证持续的政策和财政层面的支持，这是威胁载人航天飞行陷入绝境的问题根源。20世纪60年代，美苏的载人航天任务有同一个明确目标——成为竞赛的赢家。20世纪70年代，竞争一结束，这个关键性动机就随之消失了。

2004年1月14日，美国总统乔治·沃克·布什宣布要赋予NASA“未来探索的新重点、新视野”，终结了美国载人航天计划的无所适从。他说：“我们会建造新的宇宙飞船，把人类送上太空，在月球上获得新的立足点，准备探索新的未知领域。”最初，一半美国民众对此持怀疑态度，但NASA反应积极。

重新启用航天飞机，建成国际空间站依然是重要的事情，但目前，重返月球仍是首要目标。

在接下来的两年中，NASA提出新型登月任务的设想。由于经费限制，他们尽可能重复使用现有科技。结合航天飞机系统和早期“阿波罗”技术的载人探索飞行器计划应运而生。新飞船和“阿波罗”飞船很相似，但体积更大，能容纳4名宇航员。为削减成本，它应该能进行10次任务。飞船将在航天飞机火箭助推器上发射升空，一台航天飞机主发动机把它的第二级送入轨道。对月发射时，一枚重型火箭承担第二次发射任务，携带月球登陆器和“分离级”进入轨道。乘员舱和这些庞大的部件会合后，分离级喷出火焰，让飞行器向月球飞去。一旦进入月球轨道，乘员就爬进月球登陆器，降落到月球表面，绕轨飞行的飞船则进入无人驾驶状态。完成月球停留后，登陆器的一部分会带他们回到飞船。重返地球大气层后，降落伞会减缓太空舱的降落速度。

登陆火星

NASA曾计划在2018年前后重返月球，一段时间后再建立一座永久性月球基地，并可能会开发这个贫瘠荒凉的卫星上的仅有资源，比如冷冻水。

纪念徽章

这枚徽章上有2005年7月乘坐航天飞机重返太空的7名宇航员的名字：艾琳·科林斯（Eileen Collins）、吉姆·凯利（Jim Kelly）、野口聪一、史蒂夫·罗宾逊（Steve Robinson）、温迪·劳伦斯（Wendi Lawrence）、查利·卡马达（Charlie Camarda）和安迪·托马斯。

航天飞机再次升空

2005年7月21日，“发现者”号航天飞机从NASA的肯尼迪航天中心发射升空，这是“哥伦比亚”号失事后的第一次发射任务。不幸的是，这次发射暴露出外部燃料箱碎片在飞行中击中轨道器这一问题并没有得到解决的事实，而这正是“哥伦比亚”号灾难的起因。

火星漫游车

被称作“火星漫游车”的机器人装置探索火星表面，极大地增加了人们对这个星球的了解。这种机器能降落火星，预示着载人宇宙飞船着陆是完全可行的。

火星上的隔热层和坑

上图是2004年1月降落在火星上的“机遇”号火星漫游车传回的照片。照片中，漫游车的隔热层在降落时脱离，其冲击力在火星红色的土地上形成了一个大坑。火星地表荒凉贫瘠，人类在上面长期定居的前景黯淡。

随后的登陆火星计划并没有确切的时间表，但新型宇宙飞船应该能用甲烷作燃料，这样的话，如果能抵达火星，飞船就能从富含甲烷的火星大气中补充燃料了。2004年的“火星漫游车”计划对火星表面进行了积极的探索。

积极探索

鉴于太空探索的发展历史，人们不禁怀疑完成这种“新视野”的意愿还能持续多少年。为推动国家赞助的载人太空探索发展，“太空竞赛”似乎是必不可少的。在苏联之后，谁能和美国展开竞赛，争取率先登陆火星？当然，在技术发展层面，有些国家的太空机构可能还落后于NASA，但近年来也在积极探索于未来可开展的太空活动。其他国家的宇航员踏上月球那一天也指日可待，相信到那时，美国也会再次找到支持载人航天飞行的动机。

太空旅行

到21世纪初，前往月球或火星的太空旅行依然没有影响到大众生活。在科幻小说场景中倒是存在这样的剧情：在一场自然或人为灾难后，人类逃离满目疮痍的地球。在国家主导太空旅行的前44年中，只有不到450人离开过地球大气层。载人太空飞行对私人企业家开放后，更多的人体验太空旅行才具备可实现性。

火星轨道器

火星勘测轨道飞行器从2006年3月开始绕火星飞行，目标之一是为登陆火星计划寻找着陆点。预计它会在火星轨道中工作4年多。

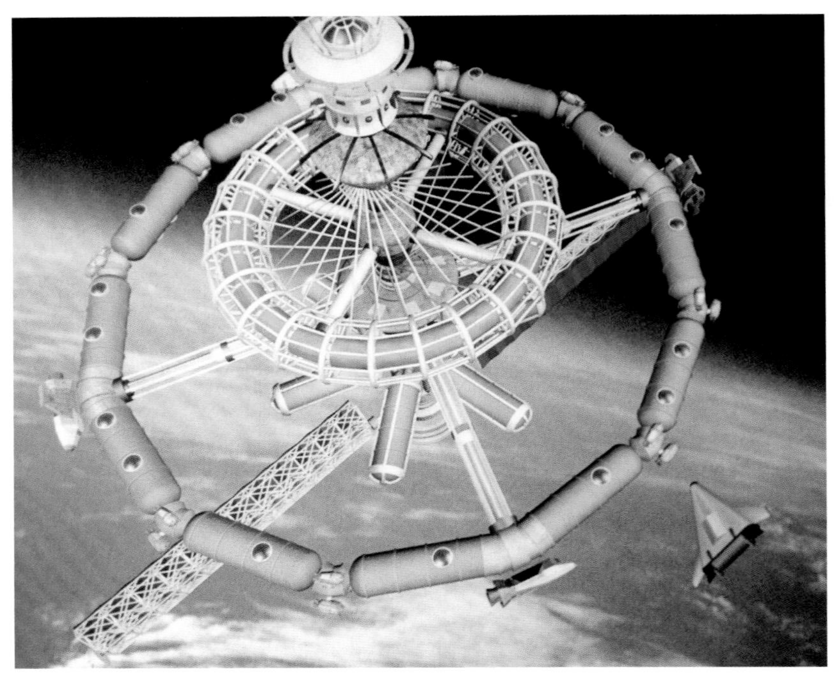

"太空旅馆"

20世纪90年代，空间岛集团提出建立轮胎状轨道太空旅馆的计划，建设材料是用过的航天飞机燃料箱。如果付费旅客经常进行亚轨道太空旅行，就必然有长时间停留在太空的需求。

太空游客

太空探索在冷战时期开始并不断发展，这也说明载人太空飞行由政府而非私人企业推动，其首要目标是国家荣誉。虽然商业成为卫星发射资金的重要来源，但是直到2001年丹尼斯·蒂托完成历史性飞行，成为首位太空游客后（详情见364页），载人太空飞行才开始带有私人色彩。俄罗斯的太空计划长期缺少资金，这是蒂托能进入国际空间站的原因。为一次太空旅行向富有商人收取数百万美元，是筹集资金简单有效的方式。

蒂托的旅行证明，未来的太空旅行复杂又昂贵。需要花费数月把付费旅客培训成"宇航员"，还要进入绕轨飞行的空间站。如果太空旅行朝这个方向发展，那么空间站可能会变成"太空旅馆"，旅客在这里欣赏令人叹为观止的景色，度过非比寻常的有趣假期。这些人必须腰缠万贯，且有空闲时间。由于运营的规模有限，太空旅行还是只能依附于政府计划。

安萨里X大奖

世界上首个私人投资的太空飞行器的成功颠覆了这种未来太空旅行设想。这次私人太空旅行的巨大飞跃得益于早期飞行时代就卓有成效的刺激机制——提供数量可观的现金奖励。与布莱里奥在1909年飞越英吉利海峡、林德伯格在1927年完成跨大西洋飞行一样，谁能用可重复使用的自制飞行器完成首次太空飞行就会获得现金大奖。1996年，X基金会设立了1000万美元的航天大奖，奖励在两周内使用同一台飞行器两次抵达100千米（60英里）以外亚轨道太空的人，最终期限是2005年1月1日。

26支满怀希望的队伍决定角逐大奖。阿根廷、英国、加拿大、以色列、罗马尼亚、俄罗斯和美国都有代表参加。最后，美国设计者伯特·鲁坦实现了创新和可行性的最佳中和。鲁坦关注安全这一重要话题，指出太空飞行中危险性最高的两个阶段：地面发射和重返大气层。为避免第一个问题，他计划在飞机机腹下把宇宙飞船运到高空。为解决返回难题，他在机翼上安装了折叠吊杆，能在飞船坠落地球时产生阻力强劲的"羽毛球"效应，减缓降落速度，避免传统宇宙飞船在进入大气层时面临的极端高温。同时，这样做的话，就不再需要以精确计算的角度进入大气层了。

"太空船1号"

鲁坦的机载发射飞行器"白色骑士"在2002年夏天首飞。次年，开始试飞三座宇宙飞船"太空船1号"（SS1）。2004年6月21日，在驾驶员迈克·梅尔维尔（Mike Melvill）的操纵下，"太空船1号"首次进入太空。飞船被"白色骑士"释放，进入滑翔状态后，使用一氧化二氮和橡胶混合特殊燃料的火箭发动机点燃。飞船向上加速，刚过1分钟，发动机熄火，这时

飞船的速度达到2.9马赫左右。它靠惯性继续上升，在大气层外逐渐降速，直到在重力作用下被拉回地球。“羽毛球”效应保证飞船安全重返地球，接着，飞船从容地滑翔到莫哈韦沙漠的着陆点。设计一款可重复使用的私人太空飞行器的目标已经成为现实。鲁坦分别在2004年9月29日和10月4日完成两次飞行，实至名归地捧回大奖。

冲进太空

“太空船1号”只是试验性太空飞船，但它的成功让商业炒作计划应运而生。英国企业家理查德·布兰森爵士和鲁坦达成交易，创办第一家太空旅游公司“维珍银河”（Virgin Galactic）。计划用“太空船1号”的改进型提供亚轨道飞行，价格在20万美元左右。这没有让太空旅游变得平民化，但相比蒂托支付的2000万美元，已经非常便宜了。除了医疗检查，旅客基本不需要做其他准备，也不用穿宇航服。诚然，在太空边缘，失重状态只会持续几分钟，但大家都认为这些飞行会吸引许多顾客。可以说维珍银河提供的是世界上最惊艳的游乐之旅。

大量其他私人太空活动加入竞争，显而易见，吸引付费旅客的竞争会更加激烈。2006年，“奥尔特里斯”宇宙飞船和“加拿大之箭”等常规计划企图打败维珍银河，提供商业服务。这些计划使用久经考验的火箭技术，基本和艾伦·谢泼德在1962年进行亚轨道飞行的发射程序一样。与此同时，鲁坦着手把“太空船1号”概念发展成能搭载旅客往返太空站的飞行器。私人太空旅行的发展似乎势不可当。NASA的载人太空飞行计划却踌躇不前，主要是因为向纳税人解释自己的目的十分困难。而企业家无需为自己消耗资源进行太空旅行做任何辩解，只要愿意付钱就行。

“太空船1号”
伯特·鲁坦的“太空船1号”滑翔降落在莫哈韦沙漠，这是第一架由私人投资的可重复利用太空飞行器。在不同飞行阶段，“太空船1号”的结构有所改变。

“加拿大之箭”
“加拿大之箭”是X大奖的参赛者之一，是常规的地面发射两级火箭。旅行结束时，旅客会溅落在海洋上。

“白色骑士”发射飞机
“太空船1号”位于“白色骑士”发射飞机机身下方。它有两台加力式喷气发动机，翼展长25米（82英尺），能把“太空船1号”送到15250米（50000英尺）的高空。

伯特·鲁坦

伯特·鲁坦1943年出生于俄勒冈州，在加利福尼亚长大。他原本是美国空军的一名飞行检测项目工程师，20世纪70年代成立了自己的公司。最初，他因为设计了一系列家庭组装飞机而名声大震，代表作是创新的鸭翼布局“超易”号。1982年，他在莫哈韦沙漠成立了缩尺复合材料公司，4年后，凭借首架不着陆、不加油环球飞行飞机“旅游者”号而闻名世界。在开始研发2004年获得安萨里X大奖的“太空船1号”前，伯特·鲁坦已经设计了20多种试验机型。他还建造了“环球飞行者”号，2005~2006年，史蒂夫·福塞特乘坐这架飞机打破了世界纪录（详情见430页）。

2005年的鲁坦
照片中为伯特·鲁坦在史密森协会的国家航空航天博物馆发表演讲。

下一步会如何

乔治·沃克·布什在2004年曾宣布："人类将进入宇宙。"并设定了远大目标。诚然，重返月球可能性很大，甚至在21世纪登陆火星也是可行的。但超越了这些，就没有可靠的预期了。

很久之前，一些空想家就曾预言，人类会大规模移民到别的世界。1926年，太空旅行提倡者康斯坦丁·齐奥尔科夫斯基就设想在其他星球上大量殖民，"太阳系居民……是当前地球居民数量的1000亿倍"。火箭先驱罗伯特·戈达德也相信，太阳湮灭后，"最后一批移民"将乘坐"星际方舟"，寻找另一个能居住的星球，延续人类生命。而近年来，物理学家史蒂芬·霍金预言，这种移民需求非常急迫，"人类在一千年内就会灭亡，除非我们进入太空"。

然而，与这些预见相冲突的是，即使以能够想象的最快速度抵达任何一个外星球，也需要很长时间，而且除了地球，太阳系的其他星球条件恶劣，人类根本无法生存。在太空中长时间生活的人有共同的体验，他们深切怀念地球大自然的简单气味、景色和声音。正如俄罗斯宇航员弗拉基米尔·利亚霍夫（Vladimir Lyakhov）朴素直白的描述，地球是"我们一直想努力返回的地方。是我们的家园"。

"台风"

第一批欧洲战斗机"台风"在2003年交付。"台风"凭借一个固有的不稳定的设计和轻型结构而实现了卓越的敏捷性。与F-22一样，它无需加力就能超音速航行。

远程战争

未来空中战争的一些情景与星际殖民一样脱离现实。远程控制的无人驾驶机群在地球上巡逻，无论目标方身处世界哪个角落，只需按下按钮就能将其毁灭，这种概念很像科幻小说。然而，这正是一些国家最新战争报告的核心部分。"全球鹰"等无人机已经开始取代U-2、SR-71等高空侦察机，部分是因为它们能连续工作30多个小时，超过了机组成员的忍耐极限。战争也逐渐成为无人机的专属领地。21世纪前10年，"捕食者"无人机已经被用于对地面目标展开导弹袭击，专门为此设计的无人驾驶战斗机也在欧美投入使用。为争取美国空军和海军合作的J-UCAS（联合无人空战系统）合同，波音X-45和诺斯罗普·格鲁曼X-47展开了激烈竞争。达索和苏霍伊也在制造无人机。无论如何，有人驾驶的飞机还是军事活动的主体。其实，无人驾驶战斗机的主要功能之一就是压制地面防空系统，让常规有人飞机能畅通无阻地进入目标地领空。

独自环游世界

21世纪初，亿万富翁冒险家史蒂夫·福塞特发现在伟大航行历史中有一座无人攀登的高峰：没有人曾独自驾驶喷气式飞机进行不着陆、无加油环球飞行。在理查德·布兰森爵士的维珍大西洋航空公司的财力支持下，伯特·鲁坦的缩尺复合材料公司建造了完成这次壮举的"环球飞行者"号飞机。这架飞机使用碳纤维和环氧树脂等复合材料，重量很轻。燃料占用了起飞重量的五分之四。2005年2月28日，福塞特从堪萨斯州萨莱纳起飞。虽然刚开始时失去了一些燃料，但他在顺风相助下继续前进。他在高空飞行，仅用了67个多小时就完成了36817千米（22863英里）的不着陆飞行，于3月3日晚上在萨莱纳降落。次年2月，他驾驶同一架飞机完成了世界上距离最长的不着陆飞行，航程为42469千米（26273英里），在英国南部的伯恩茅斯降落时，飞机还有200磅燃料。

孤独的旅客

史蒂夫·福塞特独自环球飞行并创下世界纪录时，已经60岁了。他还曾独自驾驶气球和游艇环游世界。

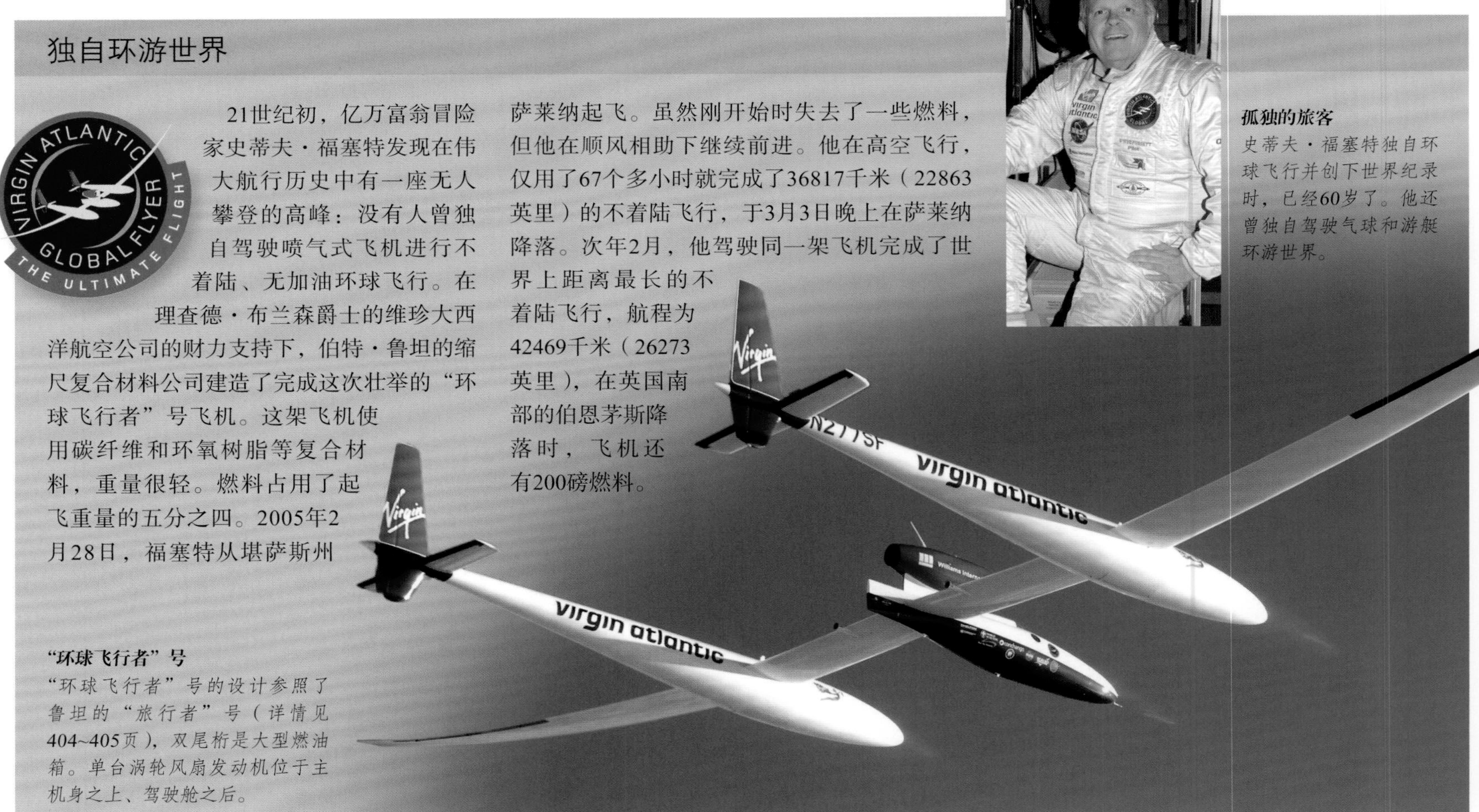

"环球飞行者"号

"环球飞行者"号的设计参照了鲁坦的"旅行者"号（详情见404~405页），双尾桁是大型燃油箱。单台涡轮风扇发动机位于主机身之上、驾驶舱之后。

无人直升机
无人驾驶的直升机用途广泛，可以执行通信、侦察和补给等任务。

“全球鹰”
无人机中的超级巨星“全球鹰”是一种高空侦察机。基本机型长13.4米（44英尺），翼展为35.4米（116英尺），其最大速度超过600千米/小时（350英里/小时）。

循序渐进

在可预见的未来，有人驾驶的军用飞机可能不会有惊人进展。目前在建或刚开始服役的战斗机群，包括F-22、欧洲战斗机“台风”、达索“阵风”和联合攻击战斗机，在数十年内都有可能会是较先进的，从20世纪50年代中期开始服役的B-52轰炸机也肯定会继续服役。同样的，在商业航空领域，没人会仓促建造比空中客车A380更大的客机，或者再次推动客运飞行突破音障。为应对环保人士的无情批判，航空业在削减燃料及保养成本、减少排放和降低噪音方面还会不断改进。无人驾驶的民用飞机可能在将来成为现实——“全球鹰”军用飞机已经可以在美国民用航空走廊上飞行——但乘客可能还是会觉得有飞行员更让人心安。

有时，人类的想象不如科技创新开阔。比如说，莱特兄弟时代的航空先驱们坚信飞机必须体型很小，而A380肯定会令他们大吃一惊。飞行在前一百年取得的成就也远远超出了人们在20世纪初的想象。一路走来，早期飞行梦想的预期无疑是美好的。1894年，美国航空先驱奥克塔夫·夏尼特描述未来的飞行，请读者想象“成功飞行器的问世……只会给世界带来美好；它会缩短距离，让人们畅通无阻地到达世界各地，让人际关系更加亲密，推动文明发展，让充满和平友善的时代更快到来”。飞行实现了其中一些目标，却遗漏了最积极的部分。即便如此，人类飞行仍然是奇迹般的成就，想象力和科技水平和谐相处，就像最出色的飞机设计中美学和功能的完美碰撞。

飞机成为一种商业和战争工具，这是不可避免的，但航空者的内心深处总有一种永恒的渴望——如同诗人飞行员约翰·麦基（John Magee）的著名叙述——挣脱“地球险恶的羁绊”，踏入“神圣不可侵犯的纯净天空”。

术语表

AAM 空对空导弹
AAM即“空对空导弹”（air-to-air missile）的简称，指由飞机发射，用于攻击和摧毁敌方飞机或导弹的一种雷达制导或热跟踪的导弹武器。

Aerodynamics 空气动力学
研究物体在空气或气体中运动规律的物理学科。

Aerofoil 翼剖面
见433页左上方图示“翼剖面”。

Aeronautics 航空学
研究人类如何在大气中进行飞行活动的一门科学。

Aeronaut 浮空飞行器驾驶员
轻于空气的飞行器的驾驶员，特指操控气球或飞船的驾驶员。

Afterburner 加力燃烧室
在特别设计的加力发动机喷管内喷射燃油，点燃风扇后气流并使之再次燃烧而获取额外推力的装置，又叫“后燃器”。

Aileron 副翼
装在机翼远端后缘的操纵面，由操纵杆控制向侧方压杆使左右副翼进行差动，从而使飞机做滚转动作。

Airframe 机体
指飞机除了发动机之外的结构体。

Altimeter 高度表
测量和指示飞行器飞行高度的仪表。

Angle of attack 迎角
飞机机翼翼弦和迎面气流的夹角即为迎角。可参见右页上方图示“翼剖面”。

Anti-gravity suit 抗荷服
抗荷服也叫作“抗G服”，它能在飞行器高速机动飞行时通过向飞行员腹部和下肢加压，从而使血液流向头部，使飞行员不致失去意识。

Artificial horizon 航空地平仪
航空地平仪是飞机驾驶舱中最基本的仪表，用于测量和显示飞机相对于地平线的飞行姿态。又叫作“陀螺地平仪”。

Astronaut 航天员
执行太空航行任务的人，来源于希腊语，意即“星际水手”。俄语中的航天员（宇航员）则叫作“Cosmonaut”。

Attitude 飞行姿态
飞机相对于迎面气流和地面的倾斜角度关系。

Autogyro 旋翼机
一种利用旋翼产生升力，并由发动机带动螺旋桨提供向前推进力的飞行器。德拉·谢尔瓦的旋翼机当时被叫作“Autogiro”。

Automatic pilot 自动驾驶仪
能让飞机保持三轴稳定的一种机载电子设备，可在飞行受到干扰时恢复到原始飞行姿态，也可使飞机按照预定航线飞行。

AWACS
AWACS即“机载空中预警和控制系统”（Airborne Warning and Control System）的简称，它是在波音客机机体上加装圆形旋转雷达改型而成（被命名为E-3“哨兵”），能为己方空中防御力量提供全天候的空中监视、指挥和通信功能。

Bank 带坡度转弯
在转弯时飞机的一边高于另一边的倾斜飞行，飞机里的飞行员必须同时操作副翼和蹬方向舵来实现这一飞行动作。可参见右页下方图示“飞机的基本操纵”。

Black box 黑匣子
一种装满电子设备的盒子——通常涂成明亮的黄色或橙红色，可记录所有的飞行数据。在发生飞行事故后，能在飞机残骸里找到并恢复数据，帮助人们查找事故原因。

Cabane strut 翼支柱
双翼机的机身和上层机翼连接的机翼支撑。

Cantilever wing 悬臂式机翼
不需要额外的撑杆或张线加强承力的单层机翼。

Chaff 干扰屑
由飞机投放的可反射雷达波的微粒状物体，用于干扰敌方雷达探测系统。

Cockpit 座舱
飞机机身里由飞行员（和机组成员）使用的空间，通常指较小型的飞机驾驶舱。

Cold War 冷战
通常指第二次世界大战后两个超级大国美苏之间的紧张对抗时期。

Control column 驾驶杆
装在驾驶舱地板上的柱状手柄，由飞行员操纵来控制飞机滚转（向侧方压杆）和仰俯（向前推杆或向后拉杆），也叫“操纵手柄”或“操纵杆”。

Control surfaces 操纵面
飞机上能改变机翼后缘气流方向的可活动部件——副翼、升降舵、方向舵等，进而使飞机能进行滚转、仰俯和转弯等动作。

Cowling 发动机整流罩
即发动机的覆盖舱罩，通常是铰接或可移动的平板。

Cross-braced 交叉支撑
用钢线连接固定在框架结构的末端，并在中间交叉。

Dihedral 上反翼
指机翼或水平尾翼在安装时从根部向翼尖上翘，用以保持飞机的横向稳定性。

Dirigible 飞船
可使用发动机来操纵的飞艇（飞船）。

Drag 风阻
阻碍飞机前进的作用力（空气阻力）。

Drift indicator 偏航指示器
一种飞行仪表，可指示飞机实际飞行方向在风的影响下和计划航线之间的偏离角度。

Drone 无人机
远程遥控驾驶的飞机，广泛应用于军事领域，多执行侦察任务。也称作“无人航空器”（UAV）或“远程遥控航空器”（RPV）。

Duralumin 硬铝（合金）
由铝和少量铜、镁、锰等金属合成的锻造合金。

Ejection seat 弹射座椅
军用飞机上的一种特殊座椅，可在紧急情况下使用火箭动力装置把飞机内乘员弹射出机舱，然后张开降落伞使其安全着陆。

飞机解剖图

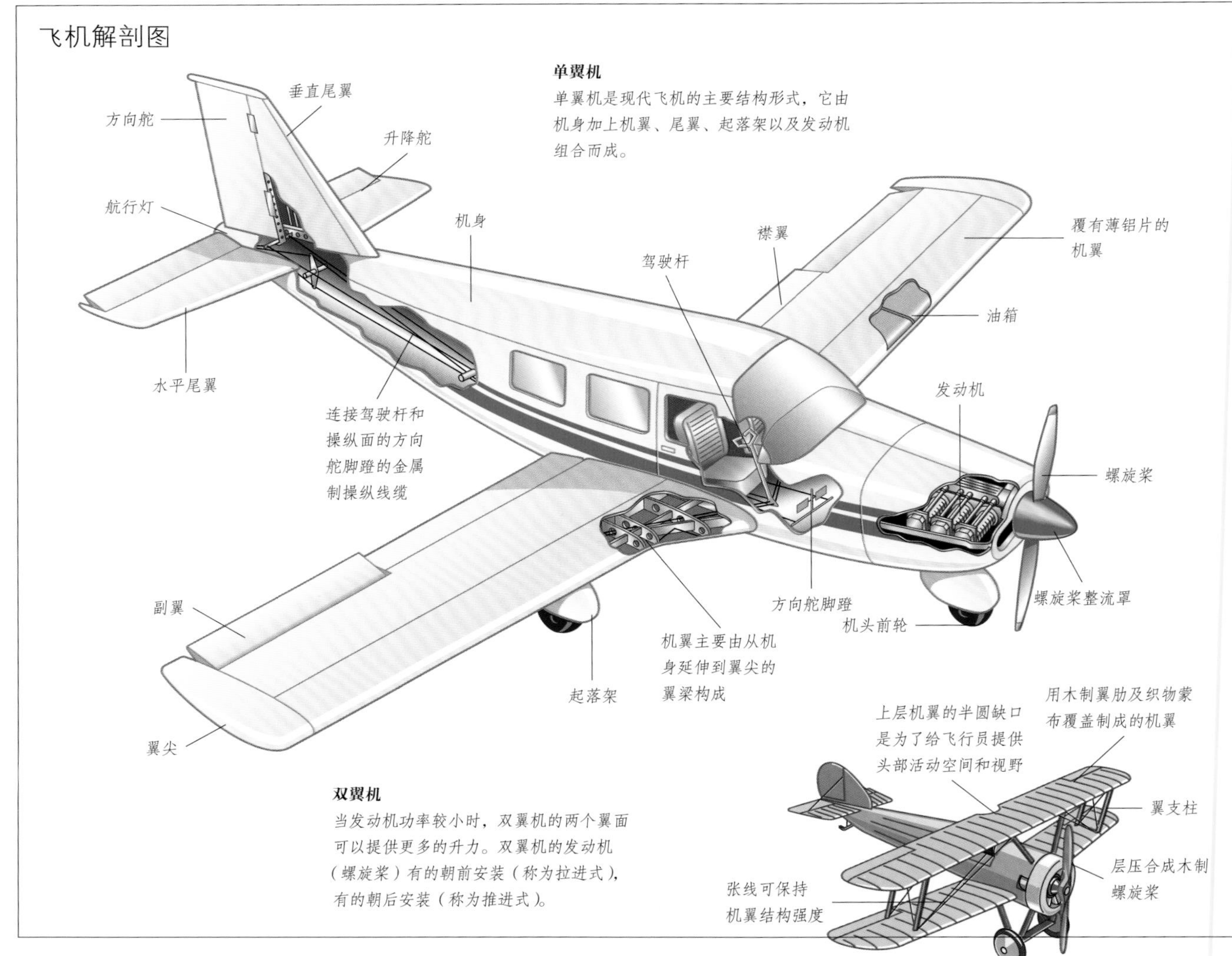

翼剖面

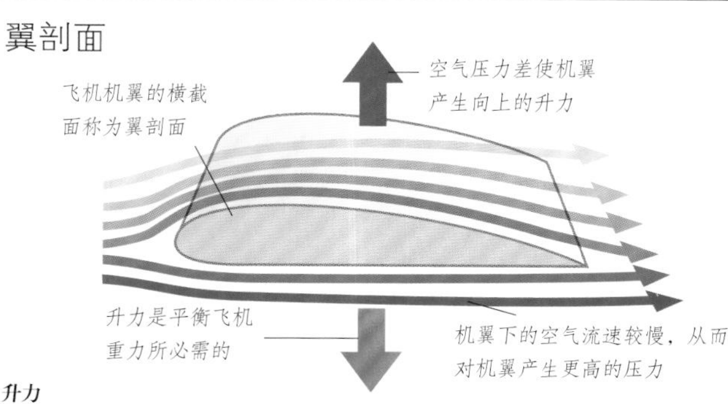

升力

当表面弯曲的机翼在空气中运动时，机翼上表面气流会比下表面气流速度更快，快速气流产生的压力较小，而速度慢的，能产生更高压力的机翼下表面气流就会使之上升。

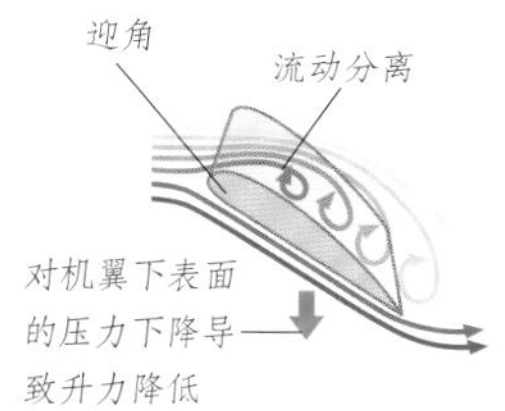

失速

当机翼翼弦和气流之间的夹角（即迎角）超过临界值时会出现失速（飞机突然下坠），这时会产生流动分离，导致机翼下表面的压力下降且升力降低。

Elevator 升降舵
位于水平尾翼后缘的操纵面，可对飞机进行仰俯操纵。

Elevon 升降副翼
位于机翼的操纵面，多见于三角翼飞机，兼有升降舵和副翼的功能。

Envelope 气囊
飞艇上容纳升力气体的结构部件。

Fairing 整流罩
覆盖飞机部件中的突出部分使之呈流线型的蒙皮罩。

Fin 垂直尾翼
位于机尾或机翼端的垂直翼面，用于增强飞机的稳定性，又称作“垂直安定面”。

Flight-deck 飞行甲板（驾驶舱）
指在大型飞机或航天器上搭载机组成员和飞行控制设备的舱室。

Flight simulator 飞行模拟器
能模仿真实的飞行环境和驾驶舱操作体验的训练装置。

Fly-by-wire 电传操纵
即电子飞行操纵系统，用于取代机械操纵。

Flying boat 水上飞船（船身式水上飞机）
一种具有水密性能、机身做成船体形状、可在水面上起飞和降落的飞机。

Flying wing 飞翼
没有常见的机身，整体就是一副机翼的飞机，机尾设计成高效的流线型。

Fuselage 机身
飞机的结构主体，连接着机翼和尾翼。

G-force G力
指飞机乘员在急剧加减速过程中所承受的力道，通常一个“G”等于物体在海平面所受到的地球重力。

Glider 滑翔机
没有发动机的轻型飞机。

Gondola 飞艇（气球）吊舱
悬挂在气球或飞艇下面的乘客舱。

Hangar 机库
用于停放飞机、拥有大面积平整地板的封闭式建筑。

Hang-glider 悬挂式滑翔机
使用轻型框架结构的三角形布制帆翼，飞行员水平悬挂于其下，这种滑翔机称为“悬挂式滑翔机”。

Head-up display 平视显示器（简称HUD）
一种可以把战斗状态、飞行数据等信息投射在飞行员视线正前方的透明屏幕上的设备，使飞行员不必再频频转移视线。

Helicopter 直升机
见435页图示“直升机”。

Horsepower 马力
这里指英制马力，是19世纪英国工程师詹姆斯·瓦特（James Watt）制定的功率计量单位，他将马力定义为在1秒钟内把550磅（250千克）的重物升高1英尺（30厘米）所需的功。

HOTAS 手不离杆
HOTAS即“手不离杆”（Hands On Throttle and Stick）的简称，意指把各种开关按钮整合在油门杆和操纵杆上，使飞行员的手在操作过程中不必再从两杆上移开。

Hypersonic 高超音速
指飞行速度等于或超过5马赫（即音速的5倍）。

Hypoxia 缺氧症
在非增压条件下进行高空（那里氧气稀薄）飞行会导致人体组织出现缺氧症状。

INS 机载惯性导航系统
INS即“机载惯性导航系统”（Intertial Navigation System）的简称，是一种无需外部数据参照即可获取自身方位和航向信息的舱内装置。

Interrupter gear 射击协调器
使固定安装的机枪可以穿透螺旋桨进行射击的装置，可以在螺旋桨叶片转至枪管正前方时让机枪射击中止。

Jet-stream 喷流
在高空的一种高速气流带。

J-STARS 联合监视目标攻击雷达系统
Joint-STARS即“联合监视目标攻击雷达系统”（Joint-Surveillance Target Attack Radar System）的简称，是一种由波音客机改装搭载的战场管理监控系统（被命名为E-8），它能探测、跟踪、锁定敌方的地面活动和目标，并把信息传送给美国空军和陆军的指挥所。

Landing gear 着陆装置
见435页“起落架”词条。

Leading edge 前缘
机翼或旋翼的翼剖面前端圆形边缘的部分。

Lift 升力
作用于翼剖面可使机翼上升的力。见左上图示“翼剖面”。

Longeron 桁梁（机身大梁）
机身结构的主要承力部件，沿机身轴线纵向排列。

Look-down Shoot-down 下视下射
在高空的战斗机使用高性能雷达可探测并打击位于地面雷达盲区的低空高速敌机的能力。

Mach number 马赫数
飞机的速度和音速的比率，比如2马赫，即音速的2倍。

MFD 多功能显示器
MFD即“多功能显示器”（Multi-Function Display）的简称，指飞机座舱内可显示两种或多种信息的仪器，例如可显示导航数据和燃油消耗数据等。

Monoplane 单翼机
只有一副主机翼的飞机。

Microlight 超轻型飞机
小型的动力飞机，通常类似于悬挂式滑翔机的结构形式。

Monocoque 硬壳式结构
机身的一种结构形式，没有内部承力部件，完全依靠壳体承受全部作用力。

NACA 美国国家航空咨询委员会
NACA即“美国国家航空咨询委员会”（National Advisory Committee on Aeronautics）的简称，成立于第一次世界大战期间，在1958年更名为NASA（美国国家航空航天局）。

NACA Cowling NACA 整流罩
一种创新设计的环形整流罩，用于包裹星形发动机以减小阻力。

Nacelle 吊舱
呈流线型以减少风阻，有围壳保护，用于容纳飞机上的部件、乘员或武器装备的短舱。

NASA 美国国家航空航天局
即“美国国家航空航天局”（National Aeronautics and Space Administration）的简称，成立于1958年，是美国政府管理、实施民用太空计划和航空科学研究的国家机构。

Ornithopter 扑翼飞机
机翼能上下扑动的飞机。

Parachute 降落伞
用织物制作成伞盖状可以让人或货包安全降落到地面的装置。

Pay-load 有效载荷
飞机搭载的可以带来收益的载荷，例如乘客和货物。

Pliot 飞行员
负责驾驶飞机的人员。

Piston engine 活塞式发动机
见434页图示“活塞式发动机”。

Pitch 仰俯
见下图图示“飞机的基本操纵”。

Pitot tube 空速管
一种顶端开口的小圆管，通常位于机翼前缘，可以测量气流速度并和驾驶

飞机的基本操纵

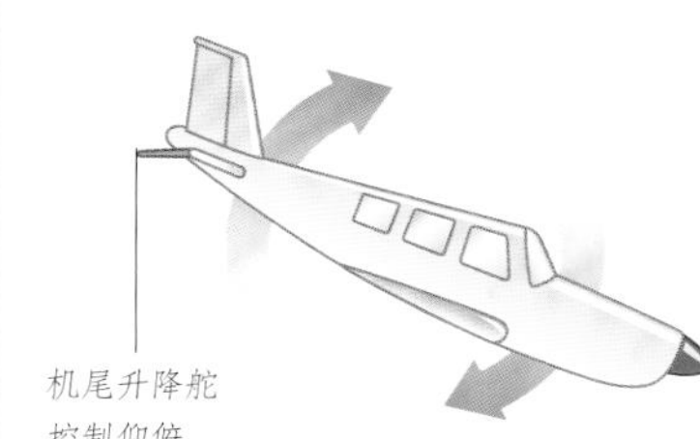

仰俯

飞行员拉或者推驾驶杆，可以使水平尾翼上的升降舵面抬高或降低，从而产生仰俯（爬升和俯冲），这就是飞机沿横轴的运动。

横滚

飞行员通过向左侧或右侧压杆，可使一边机翼上的副翼抬高而另一边的副翼下摆，从而产生滚转，这就是飞机沿纵轴的运动。

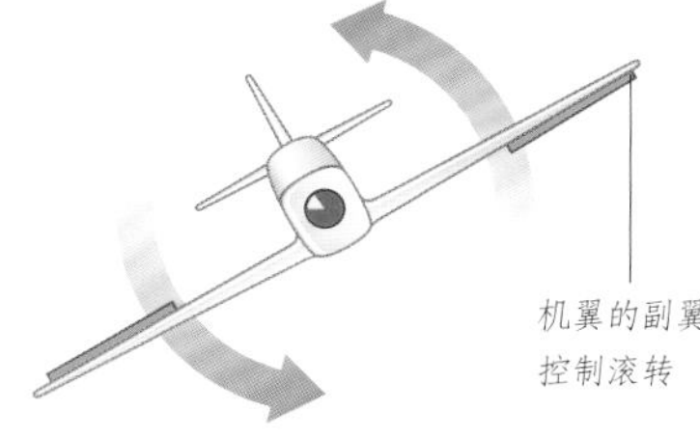

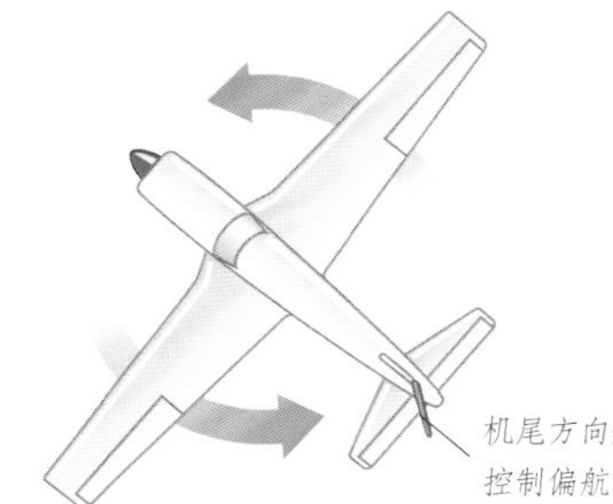

偏航

飞行员通过旋转方向舵脚蹬，可使飞机垂尾上的直立方向舵转动，从而向左或向右偏航，这就是飞机沿垂向轴的运动。

舱中的压力测量装置相连接。

Powerplant 动力装置
为飞机提供动力所必需的系统和附件（包括螺旋桨和发动机）。

Pressurized 增压舱
可在任何飞行高度下都维持稳定的舱内气压的驾驶舱或机舱。

Propeller 螺旋桨
螺旋桨由多个以桨毂为中心的做成长机翼形状的桨叶组成。发动机驱动桨叶旋转时，桨叶通过扰动气流把大量空气向后“推”去，从而产生推力。

Pusher 推进式飞机
把螺旋桨布置在发动机或者机体后方，推动飞机在空气中运动的布局形式。

Radar 雷达
雷达即“无线电探测和测距”（radio direction and ranging）的英文缩写音译，它是一种可用于定位、导航、预警和探测的电子设备。雷达通过发射电磁波并全天候地接收回波来工作。

Radar signature 雷达反射信号
雷达回波的波形特征，可用于识别目标。

Ramp doors 辅助进气门
喷气发动机进气道上的小门，可用于调节进入发动机的气流流量。

Radial engine 星形发动机
见左图图示“星形发动机”。

Radome 雷达罩
用于保护雷达的圆形罩，覆盖着雷达设备，可透射雷达波。

Roll 横滚
见433页图示“飞机的基本操纵”。

Rotary engine 转缸发动机
见左图图示“转缸发动机”。

Rotocraft 旋翼飞机
见435页左图图示“直升机”。

Rotors 旋翼
用于直升机的机翼，可高速旋转形成推力和升力。

Ruddervator 方向升降舵
可活动的兼有方向舵和升降舵功能的一种装置。

Rudder 方向舵
位于垂直尾翼后缘，可控制偏航方向的操纵面。

SAM 地对空导弹
SAM即“地对空导弹”（Surface-to-air missile）的简称，指从地面或舰船上发射的一种导弹武器，用于攻击和摧毁敌方的飞机或导弹。

Satellite 人造卫星
围绕地球在空间轨道上运行的人造无人航天器。

Seaplane 水上飞机
可在水面上起飞和降落的飞机。

Skid 滑橇
类似雪橇橇体的用作飞机起落架装置的一部分。

Smart weapon 智能武器
指由激光制导，可直接打击目标的精确制导武器。近年来则更多使用卫星联网的GPS（全球定位系统）进行制导。

Sonic boom 音爆
当一架飞机高速飞行超过音速时，人们会听到像打雷一样的巨响。这是因为飞机突破音速时，对空气的压缩无法迅速传播从而累积到激波面爆发造成的。

Spar 翼梁
翼梁是机翼上横跨整个翼展的主要结构部件，翼肋和其他次要结构部件都附着连接着翼梁。

Splitter plate 附面层隔板
喷气发动机进气道和机身之间的一层隔板，可防止低能附面层气流进入发动机。

活塞式发动机

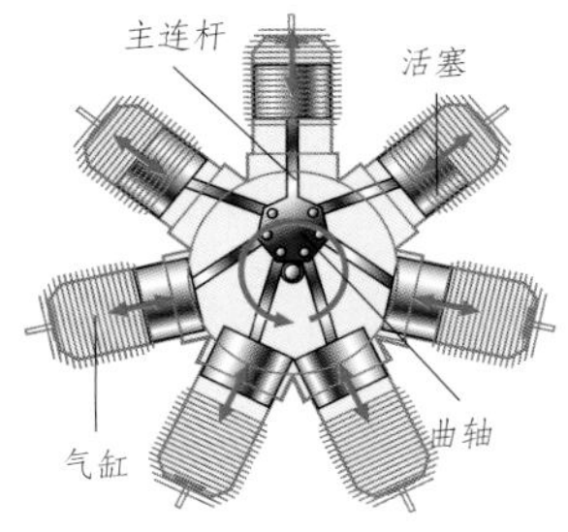

星形发动机
星形发动机的气缸数量多为奇数，以曲轴为中心围成圆圈排列。主连杆连接着曲轴，其他连杆随主连杆而动，螺旋桨连接着旋转的曲轴。

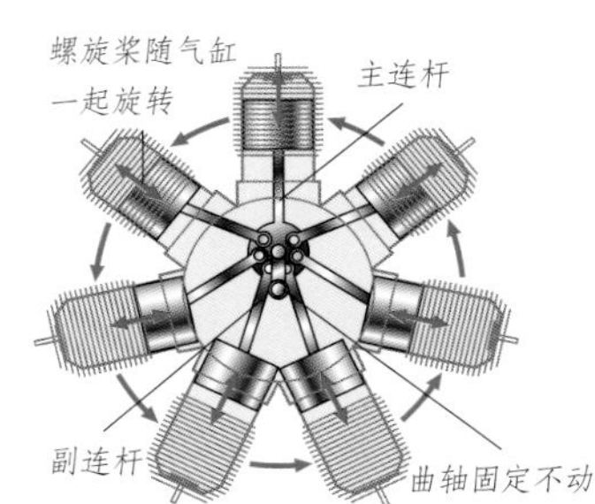

转缸发动机
外形和星形发动机类似，但它的曲轴是固定的，气缸和螺旋桨绕着曲轴一起旋转，并在工作过程中自行冷却。

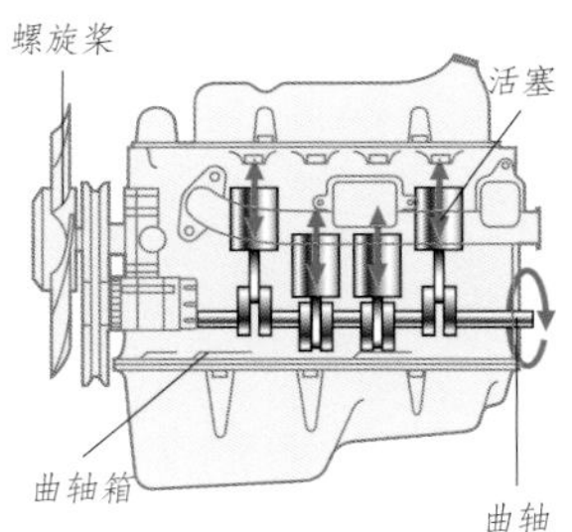

直列式发动机
直列式发动机的气缸在曲轴箱里一个挨一个呈直线排列，活塞在里面上下而动。

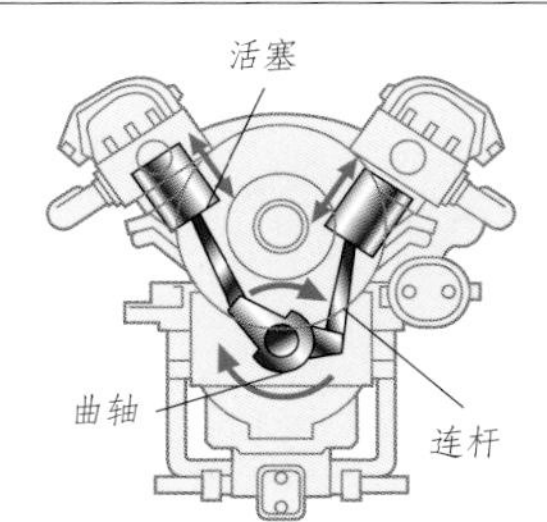

V形发动机
两列气缸以一定的夹角成对倾斜排列，每一对气缸活塞成对角连在同一根曲轴上上下运动，并使曲轴旋转。

曲轴
活塞

水平对置发动机
又称作“拳击手”发动机，它的两组气缸两个一起相互对置，这种类型的发动机通常用在教练机和小型飞机上。

喷气发动机

空气进入
燃油入口
高温气体带动
三级涡轮
排气
螺旋桨
压缩机叶片抽吸空气
燃烧室

涡轮螺旋桨发动机
高速旋转的压缩机叶片抽吸空气进入燃烧室，在这里空气和燃油混合燃烧。被加热膨胀的气体通过排气管高速排放，进而使涡轮旋转并驱动螺旋桨。

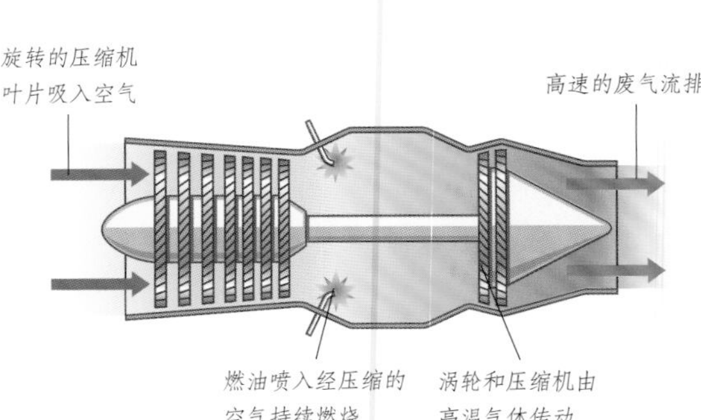

涡轮喷气发动机
涡轮喷气发动机是形式最简单的喷气发动机，通过向后排出高温的废气流来工作。高速向后喷出气体产生的反作用推力推动飞机前进，就像一个刚撒了气的气球。

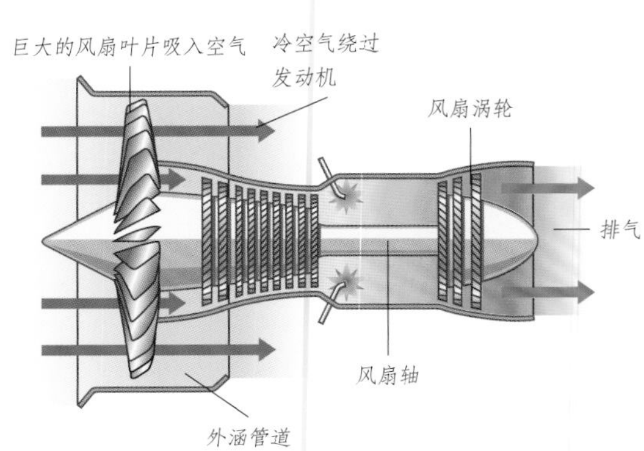

涡轮风扇发动机
涡轮风扇发动机在航线速度（高亚音速）上比涡轮喷气发动机和涡轮螺旋桨发动机都更具经济性和更安静，因为它结合了内外涵道产生的推力，而外涵管道气流还会帮助发动机散热。

直升机

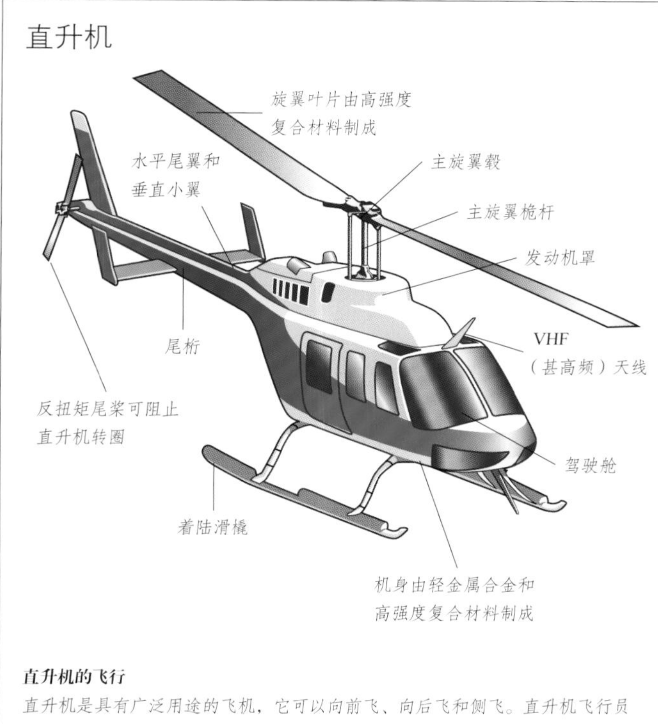

直升机的飞行

直升机是具有广泛用途的飞机，它可以向前飞、向后飞和侧飞。直升机飞行员通过调整旋翼叶片的倾角来操纵，靠尾桨来阻止直升机打转。

SST 超音速客机
SST即“超音速客机”（Supersonic transport）的简称，指可搭载乘客进行超音速飞行的商业营运客机。

Stall 失速
见433页图示“翼剖面”。

Stealth technology 隐身技术
几何修形和材料技术的结合，目的是制造一种很难被探测到的飞机，主要针对敌方雷达探测。

STOL
STOL即“短距起降”（short take-off and landing）的简称，指可以使飞机在很短的距离内起飞和降落的系统。

Streamline 流线型
通过对物体的修形，例如翼剖面或机身，使之减小阻力且在空气中运动时更加流畅。

Subsonic 亚音速
比音速更慢的飞行速度。

Supercharger 增压器
一种用于活塞发动机的压缩机，可以通过增加气缸里的空气吸入量来提高功率。

Supersonic 超音速
比音速更快的飞行速度。

Swept wing 后掠翼
角度掠向飞机后方的机翼，以降低空气阻力。

Swing-wing 可变后掠翼
同“Variable-sweep”，见下图图示“机翼的形状”。

Tachometer 转速表
显示飞机发动机转速的计量设备。

Tailplane 水平尾翼
固定连接在机尾或机身后部的水平翼面，又称为“水平安定面”。

Throttle 油门杆
能调节注入发动机的燃油量，从而使推力产生变化的控制杆。

Thrust 推力
由发动机产生的、推动飞机在空气中运动的力。

Thrust vectoring 推力矢量
通过转动喷气发动机的喷管来调整推力的角度，从而控制喷气式飞机的飞行动作。

Torque 扭矩
由发动机驱动的旋转部件（如螺旋桨）产生的可使物体转动的力矩。

Tractor 牵引式飞机
把螺旋桨布置在发动机或者机体前方，牵引飞机在空气中运动的配置形式。

Trailing edge 机翼后缘
翼面的后端，通常比较薄和锋利。

Triplane 三翼机
装有三副机翼的飞机，机翼一层叠一层地排列。

Turbofan 涡轮风扇发动机
见434页图示“喷气发动机”。

火箭

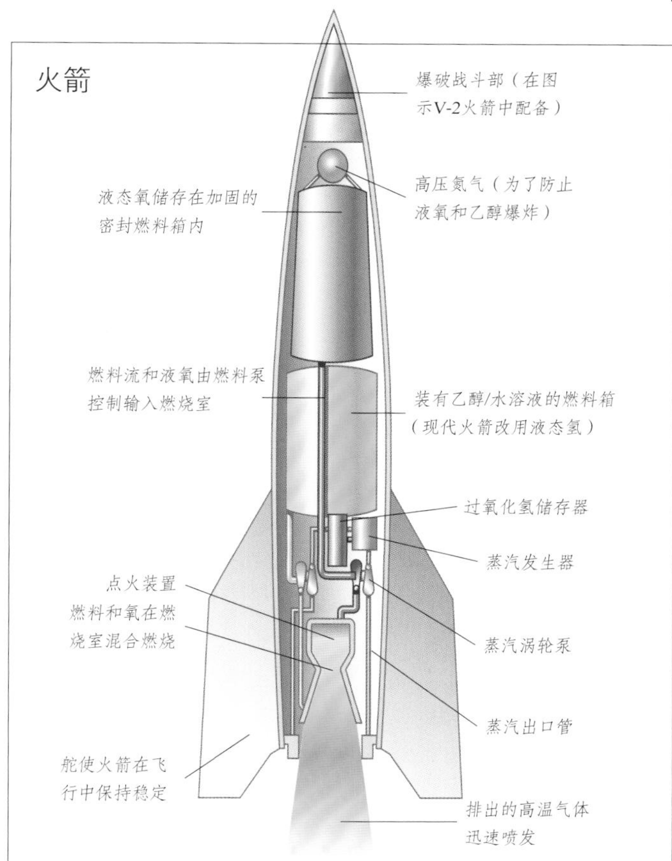

火箭发动机

火箭发动机是最简单且最强力的一种反作用式发动机。其燃料（固体或液体）在一端开口的燃烧室中燃烧并产生高温高压气体从燃烧室喷出，以提供推进力。

Turbo-prop 涡轮螺旋桨发动机
见434页图示“喷气发动机”。

Turbulence 湍流
不规则的气流，会使飞机的飞行难以预测。

Undercarriage 起落架
位于飞机下方，供飞机降落在地面（水面）的装置，通常由机轮（或滑橇或浮筒）、减震器、支柱构成。

Variable-geometry 可变后掠翼
又称为“Variable-sweep”，见左下图图示“机翼的形状”。

Variable-sweep 可变后掠翼
见左下图图示“机翼的形状”。

VTOL 垂直起降
VTOL即“垂直起降”（vertical take-off and landing）的简称，指可以使飞机垂直起飞和降落而完全不需要跑道帮助的系统。

Widebody 宽体客机
指客舱宽度足以容纳三列多联座椅的客机。

Wing flap 襟翼
位于机翼后缘的活动翼面，用来在飞机低速飞行时增加升力，以及在降落时减小着陆速度。

Winglet 翼梢小翼
位于翼尖的小型直立结构，用于减少翼尖涡流，从而降低阻力。

Wing-warping 翘曲机翼
由莱特兄弟发明，通过扭曲翼尖（用机翼中的操纵索控制），用来为他们的双翼机提供横向操纵的系统。后来被可活动的铰接式副翼所取代。

Wire-braced 线撑结构
指飞机的一些部件，例如机翼或机身，使用张线连接来增加结构强度的形式。

Yaw 偏航
见433页右下图图示“飞机的基本操纵”。

Zeppelin 齐柏林飞艇
指由齐柏林公司制造的硬式飞艇，该公司由航空先驱斐迪南·冯·齐柏林伯爵创办。

机翼的形状

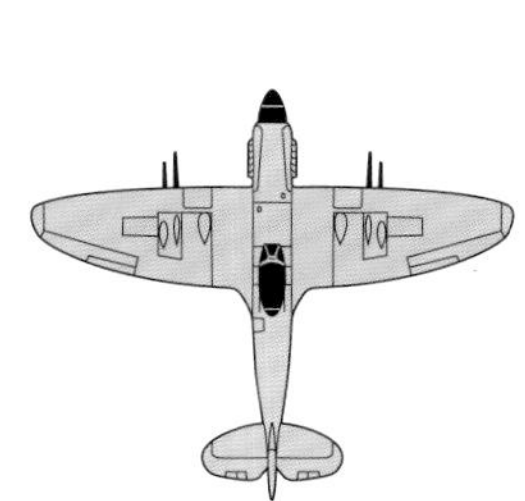

平直翼
翼弦较短，前缘平直的机翼能产生较好的升力和较低的阻力，速度中等。螺旋桨发动机和喷气发动机都可以作为动力使之产生升力。

后掠翼
后掠翼在高速飞行时阻力较小，但升力也相应减小，需要更高的起飞和降落速度。

可变后掠翼
机翼用铰链轴连接，在飞行中可向后加大后掠角度以利于减小阻力，在起飞和降落时机翼后掠角度变得平直以利于增加升力。

三角翼
超音速飞机通常都有三角翼，以帮助飞机保持对高速飞行时周围形成的冲击波的控制。

主要飞行器型号索引

首架飞机 //28~29

阿代尔的“风神”号 Ader (Clément) *L'Eole*
英国军用飞机1号 British Army Aeroplane No.1
埃勒哈默双翼机 Ellehammer Biplane
兰利“空中旅行者”A型 Langley *Aerodrome A*
R.E.P 1（1907年） R.E.P 1 (1907)
桑托斯-杜蒙特“14比斯”号 Santos-Dumont 14bis
多兰德 1910年的双翼机 Dorand 1910 Biplane
莱特1905年的“飞行者”Ⅲ号 Wright 1905 Flyer Ⅲ
莱特1902年的滑翔机（3号） Wright 1902 Glider (No.3)

“一战”前的先驱飞机（1908~1914）//56~57

安托瓦内特Ⅳ Antoinette Ⅳ
阿弗罗·罗Ⅳ型三翼机 Avro Roe Ⅳ Triplane
布雷盖拉进式双翼机 Breguet Tractor Biplane
布里斯托尔“箱形风筝” Bristol Boxkite
寇蒂斯D型 Curtiss Model D
德培杜辛C型 Deperdussin Type C
瓦赞/亨利·法曼 H.F.1 Voisin Henri Farman H.F.1
法曼（莫里斯）1912军用机 Farman (Maurice) 1912 Type Militaire
古培1909（2号） Goupy 1909 (No.2)
桑托斯-杜蒙特“少女”号 Santos-Dumont Demoiselle
索普威斯“小报” Sopwith Tabloid
莱特A型 Wright Type A

“一战”中的侦察机 //63

高德隆G.Ⅳ Caudron Type G.Ⅳ
法曼H.F.20 Farman H.F.20
英国皇家飞机制造厂B.E.2c RAF B.E.2c
英国皇家飞机制造厂R.E.8 RAF R.E.8
鲁姆普勒“鸽”式 Rumpler Taube

“一战”中的战斗机 //84~85

Airco D.H.2 Airco D.H.2
“信天翁”D.Ⅲ Albatros D.Ⅲ
勃兰登堡D.Ⅰ Brandenburg D.Ⅰ
福克Dr.Ⅰ三翼机 Fokker Dr.Ⅰ triplane
福克E.Ⅲ单翼机 Fokker E.Ⅲ Eindecker
莫拉纳-索尔尼埃N型 Morane-Saulnier Model N
纽波特17型 Nieuport Type 17
法尔兹D.Ⅲ Pfalz D.Ⅲ
英国皇家飞机制造厂S.E.5a RAF S.E.5a
索普威斯“骆驼” Sopwith Camel
索普威斯“幼犬” Sopwith Pup
斯帕德XⅢ SPAD XⅢ
维克斯F.B.5“机枪巴士” Vickers F.B.5 Gunbus

“一战”中的轰炸机和对地攻击机 //96~97

A.E.G G.IV A.E.G G.IV
艾科D.H.4 Airco D.H.4
布雷盖14B2 Breguet 14B2
卡普罗尼Ca42（Ca4） Caproni Ca 42(Ca 4)
哥达G.V Gotha G.V
哈巴斯塔特CL.Ⅱ Halberstadt CL.Ⅱ
汉德利·佩奇O/400 Handley Page O/400
容克斯J4（J.Ⅰ） Junkers J 4(J.Ⅰ)
西科斯基“伊利亚·穆罗梅茨”S-23V Sikorsky Il'ya Muromets S-23V
齐柏林“斯塔肯”R.VI Zeppelin Staaken R.VI

远程飞机 //112~113

布雷盖19“问号” Breguet 19 *Point d'Intérrogation*
寇蒂斯NC-4 Curtiss NC-4
德·哈维兰D.H.88“彗星”（竞赛用机） de Havilland D.H.88 Comet (Racer)
德·哈维兰D.H.60G“吉普赛飞蛾” de Havilland D.H.60G Gipsy Moth
道格拉斯“世界巡航者” Douglas World Cruiser
福克F.Ⅶ“南十字星”号 Fokker F.Ⅶ Southern Cross
洛克希德5B型“织女星” Lockheed Model 5B Vega
瑞安NYP“圣路易斯精神” Ryan NYP *Spirit of St. Louis*
R34 R 34
维克斯“维梅”F.B.27 Vickers Vimy F.B.27
LZ127“格拉夫·齐柏林” LZ 127 *Graf Zeppelin*

两次世界大战之间的竞赛用机 //120~121

高德隆C.460 Caudron C.460
寇蒂斯R3C-2竞赛机 Curtiss R3C-2 Racer
格兰维尔R-1型“超级运动家” Granville Model R-1 Super Sporster
休斯H-1竞赛机 Hughes H-1 Racer
马基M.39 Macchi M.39
马基M.C.72 Macchi M.C.72
超级马林S.6B Supermarine S.6B
维德尔-威廉姆斯44型 Wedell-Williams Model 44

两次世界大战之间的客机 //142~143

波音247 Boeing 247

波音307高空客机 Boeing 307 Stratoliner
寇蒂斯“秃鹰”T-32（“秃鹰”Ⅱ） Curtiss Condor T-32 (Condor Ⅱ)
德·哈维兰D.H.34 de Havilland D.H.34
道格拉斯DC-2 Douglas DC-2
法曼F.60“巨人” Farman F.60 Goliath
福克-伍尔夫Fw200“秃鹫” Focke-Wulf Fw 200 Kondor
福克F-10“超级三发”飞机 Fokker F-10 Super Tri-motor
汉德利·佩奇H.P.42 Handley Page H.P.42
容克斯F13 Junkers F 13

水上飞船 //156~157

波音314“飞剪”号 Boeing Model 314 Clipper
卡普罗尼Ca60“航空”号 Caproni Ca 60 Transaero
道尼尔Do26 Dornier Do 26
道尼尔Do J“鲸鱼”号 Dornier Do J Wal
莱迪克拉“莱迪”521“巴黎海军上尉”号 Latécoère “Late” 521 *Lieutenant de Vaisseau Paris*
马丁130“中国飞剪”号 Martin Model 130 *China Clipper*
萨伏亚-马彻蒂 S.55X Savoia-Marchetti S.55X
肖特S.23C型（“帝国”水上飞船） Short S.23 C-class (Empire Flying Boat)
西科斯基S-38 Sikorsky S-38
西科斯基S-42 Sikorsky S-42
超级马林“南安普敦” Supermarine Southampton

两次世界大战之间的军用飞机 //166~167

阿拉多Ar68 Arado Ar 68
波音F4B-4 Boeing F4B-4
布里斯托尔“斗牛犬”ⅡA Bristol Bulldog ⅡA
德瓦蒂纳D.500 Dewoitine D.500
法曼F.222 Farman F.222
菲亚特CR.32 Fiat CR.32
格洛斯特“斗士” Gloster Gladiator
格鲁曼FF-1 Grumman FF-1
霍克“雄鹿” Hawker Hart
亨克尔He51 Heinkel He 51
马丁B-10B（139型） Martin B-10B (Model 139)
中岛Ki-27“内特”（97式） Nakajima Ki-27 “Nate” (Type 97)
纽波特52型 Nieuport Type 52

“二战”中的战斗机和战斗轰炸机 //194~197

贝尔P-39D“飞蛇” Bell P-39D Airacobra
布里斯托尔“布伦海姆”Ⅳ Bristol Blenheim Ⅳ
寇蒂斯P-40E“战鹰” Curtiss P-40E Warhawk
福克-伍尔夫Fw190A Focke-Wulf Fw190A
霍克“飓风”ⅡB Hawker Hurricane ⅡB
霍克“台风”ⅠB Hawker Typhoon ⅠB
霍克“暴风”Ⅴ Hawker Tempest Ⅴ
亨舍尔Hs129B-1/R2 Henschel Hs 129B-1/R2
伊柳辛伊尔-2M3强击机 Ilyushin Il-2 M3 Shturmovik
容克斯Ju87D-5 Junkers Ju 87D-5
拉沃契金拉-5FN Lavochkin La-5 FN
洛克希德P-38J“闪电” Lockheed P-38J Lightning
马基M.C.202“雷电” Macchi M.C.202 Folgore
梅塞施密特Bf110C-5 Messerschmitt Bf 110 C-5
米高扬米格-3 Mikoyan MiG-3
中岛Ki-84-Ia“疾风” Nakajima Ki-84-Ia Hayate (“Frank”)
诺斯罗普P-61A“黑寡妇” Northrop P-61A Black Widow
北美P-51D“野马” North American P-51D Mustang
共和P-47“雷电” Republic P-47 Thunderbolt
雅科夫列夫雅克-9 Yakovlev Yak-9

“二战”中的反潜机 //213

联合PBY“卡特琳娜” Consolidated PBY Catalina
联合PB4Y-1“解放者” Consolidated PB4Y-1 Liberator
费尔雷“剑鱼”Mk.Ⅲ Fairey Swordfish Mk.Ⅲ
洛克希德（A-28/A-29）“哈德孙”Ⅰ Lockheed (A-28/A-29) Hudson I
马丁PBM“水手” Martin PBM Mariner
肖特S.25“桑德兰” Short S.25 Sunderland

珍珠港战役中的日本飞机 //215

爱知D3A（“瓦尔”） Aichi D3A (“Val”)
三菱A6M5“零”式 Mitsubishi A6M Reisen (“Zero”)
中岛B5N2（“凯特”） Nakajima B5N2 (“Kate”)

“二战”中的美国航母飞机 //226~227

布鲁斯特F2A-3“水牛” Brewster F2A-3 Buffalo
寇蒂斯SB2C-3“地狱俯冲者” Curtiss SB2C-3 Helldiver
道格拉斯SBD-3“无畏” Douglas SBD-3 Dauntless
格鲁曼TBM“复仇者” Grumman TBM Avenger
格鲁曼F6F-5“地狱猫” Grumman F6F-5 Hellcat
格鲁曼F4F“野猫” Grumman F4F Wildcat

“二战”中的德国喷气式飞机与火箭飞机 //246

阿拉多Ar234B“闪电” Arado Ar 234B Blitz
巴赫姆Ba349B-1“草蛇” Bachem Ba 349B-1 Natter
亨克尔He162A-2 Heinkel He 162A-2
亨克尔He178 Heinkel He 178
梅塞施密特Me163“彗星” Messerschmitt Me 163 Komet
梅塞施密特Me262A-1a“燕” Messerschmitt Me 262A-1a Schwalbe

"二战"中的轰炸机 //250~251

波音B-29"超级空中堡垒"	Boeing B-29 Superfortress
联合B-24J"解放者"	Consolidated B-24 Liberator
德·哈维兰D.H.98"蚊"式B.16	de Havilland D.H.98 Mosquito B.16
汉德利·佩奇"哈利法克斯"Ⅱ	Handley Page Halifax Ⅱ
容克斯Ju88R-1	Junkers Ju 88R-1
三菱Ki-21("萨莉")	Mitsubishi Ki-21 ("Sally")
北美B-25H"米切尔"	North American B-25H Mitchell
萨伏亚-马彻蒂SM.79-2"食雀鹰"	Savoia-Marchetti SM.79-Ⅱ Sparviero ("Hawk")
肖特S.29"斯特灵"Ⅰ	Short S.29 Stirling Ⅰ
维克斯"惠灵顿"X	Vickers Wellington X

早期军用喷气式飞机 //264~265

贝尔P-59B"彗星"	Bell P-59B Airacomet
达索"神秘"ⅣA	Dassault Mystère Ⅳ A
德·哈维兰D. H.100"吸血鬼"(F.1)	de Havilland D.H.100 Vampire (F.1)
英国电气公司"堪培拉"B.2	English Electric Canberra B.2
格洛斯特E.28/39	Gloster E.28/39
格洛斯特"流星"F.8	Gloster Meteor F.8
格鲁曼F9F-2"黑豹"	Grumman F9F-2 Panther
伊尔-28"猎兔犬"	Ilyushin Il-28 "Beagle"
洛克希德P-80A"流星"	Lockheed P-80A Shooting Star
麦克唐纳F2H-2"女妖"	McDonnell F2H-2 Banshee
萨博29"圆桶"	Saab 29 "Tunnan"
北美F-86A"佩刀"	North American F-86A Sabre
雅科夫列夫雅克-15	Yakovlev Yak-15

早期直升机 //275

谢尔瓦C.8 Mk.4旋翼机	Cierva C.8 Mk.Ⅳ Autogiro
费尔雷喷气式旋翼螺旋桨飞机	Fairey Jet Gyrodyne
福克-阿克基里斯Fa61	Focke-Achgelis Fa 61
皮亚塞茨基YH-16A"运输者"	Piasecki YH-16A Transporter
西科斯基VS-300	Sikorsky VS-300
西科斯基R-4"食蚜虻"	Sikorsky R-4 Hoverfly

20世纪70年代前的核轰炸机 //284~285

阿弗罗698"火神"B2	Avro 698 Vulcan B2
波音B-47同温层喷气式飞机	Boeing B-47 Stratojet
波音B-50D	Boeing B-50D
康维尔B-36J	Convair B-36J
康维尔B-58"盗贼"	Convair B-58 Hustler
马萨契夫 M-50"野蛮人"	Myasishchev M-4 (Mya-4) "Bison"
图波列夫图-16"獾"	Tupolev Tu-16 "Badger"
图波列夫图-95"熊"	Tupolev Tu-95 "Bear"

20世纪50年代和60年代的截击机 //286~287

康维尔F-102"三角剑"	Convair F-102 Delta Dagger
康维尔F-106"三角标枪"	Convair F-106 Delta Dart
英国电气公司"闪电"F.1A	English Electric Lightning F.1A
格洛斯特"标枪"F(AW).9	Gloster Javelin F(AW).9
霍克"猎人"	Hawker Hunter
洛克希德F-104A"星"	Lockheed F-104A Starfighter
麦克唐纳F-101B"巫毒"	McDonnell F-101B Voodoo
米高扬-格列维奇米格-17"壁画"	Mikoyan-Gurevich MiG-17 "Fresco"
米高扬-格列维奇米格-19S"农夫"	Mikoyan-Gurevich MiG-19S "Farmer"
萨博J35A"龙"	Saab J35A Draken
雅科夫列夫雅科-28P"火棒"	Yakovlev Yak-28P "Firebar"

越战中的直升机 //295

贝尔UH-1易洛魁	Bell UH-1 Iroquois ("Huey")
波音-伏托尔CH-47A"支奴干"	Boeing-Vertol CH-47A Chinook
休斯OH-6A"卡尤塞"	Hughes OH-6A Cayuse
西科斯基CH-53D"海上种马"	Sikorsky CH-53D Sea Stallion
西科斯基CH-54A"塔赫"	Sikorsky CH-54A Tarhe
西科斯基H-34"乔克托"	Sikorsky H-34 Choctaw

20世纪70年代前的西方作战飞机 //302~303

达索"幻影"ⅢC	Dassault Mirage ⅢC
达索"超神秘"	Dassault Super Mystère
道格拉斯A-4D"天鹰"	Douglas A-4D Skyhawk
格鲁曼A-6E"入侵者"	Grumman A-6E Intruder
麦克唐纳-道格拉斯F-4J"鬼怪"Ⅱ	McDonnell Douglas F-4J Phantom Ⅱ
北美F-100D"超级佩刀"	North American F-100D Super Sabre
共和F-105D"雷公"	Republic F-105D Thunderchief
沃特A-7E"海盗"Ⅱ	Vought A-7E Corsair Ⅱ
沃特(F-8A)F8U-1"十字军战士"	Vought (F-8A) F8U-1 Crusader

侦察机、AEW 飞机和 AWACS 飞机 //314~315

波音E-3A"哨兵"(AWACS)	Boeing E-3A Sentry (AWACS)
波音E-8A J-STARS	Boeing E-8A J-STARS
布雷盖1150"大西洋"	Breguet 1150 Atlantique
格鲁曼E-2C"鹰眼"	Grumman E-2C Hawkeye
霍克·西德利"猎迷"MR.1/2	Hawker Siddley Nimrod MR.1/2
洛克希德P-3C"猎户座"	Lockheed P-3C Orion
洛克希德U-2A	Lockheed U-2A
米亚西舍夫M-55"地球物理学"	Myasishchev M-55 Geofizika

现代作战飞机 //322~323

达索“幻影”2000C Dassault Mirage 2000C
欧洲战斗机（EFA）“台风” Eurofighter (EFA) Typhoon
通用动力F-111E General Dynamics F-111E
格鲁曼F-14A“雄猫” Grumman F-14A Tomcat
通用动力F-16C“战隼” General Dynamics F-16C Fighting Falcon
麦克唐纳-道格拉斯F/A-18C“大黄蜂” McDonnell Douglas F/A-18C Hornet
米格-23M“鞭挞者” Mikoyan-Gurevich MiG-23M “Flogger”
米格-25P“狐蝠” Mikoyan-Gurevich MiG-25P “Foxbat”
米格-29“支点” Mikoyan-Gurevich MiG-29 “Fulcrum”
帕纳维亚“狂风”GR1 Panavia Tornado GR1
萨伯39“鹰狮” Saab 39 Gripen
苏霍伊苏-27“侧卫” Sukhoi Su-27 “Flanker”

“二战”后的螺旋桨客机 //372~373

波音377“同温层巡航者” Boeing Model 377 Stratocruiser
布雷盖763“茨魏布吕肯”/普罗旺斯 Breguet 763 Deux-Ponts/Provence
布里斯托尔“布拉巴宗”（167 型） Bristol Brabazon (Type 167)
康维尔240“康维尔班机” Convair 240 Convair-Liner
道格拉斯DC-6B Douglas DC-6B
道格拉斯DC-7C“七大洋” Douglas DC-7C Seven Seas
伊留申伊尔-12“马车” Ilyushin Il-12 “Coach”
洛克希德1049G“超级星座” Lockheed 1049G Super Constellation
马丁404 型（4-0-4） Martin Model 404 (4-0-4)

早期喷气式和涡轮螺旋桨客机 //380~381

英国飞机公司BAC111 BAC 111
波音707-120 Boeing 707-120
波音727 Boeing 727
波音737-200 Boeing 737-200
德·哈维兰D.H.106“彗星”4B de Havilland D.H.106 Comet 4B
道格拉斯DC-9 Douglas DC-9
福克F.27Mk200“友谊” Fokker F.27 Mk200 Friendship
伊留申伊尔-18 Ilyushin Il-18
图波列夫图-104A Tupolev Tu-104A
维克斯超级VC10 Vickers Super VC10
维克斯“子爵”701 Vickers Viscount 701

现代化客机 //392~393

空中客车A320-200 Airbus A320-200
空中客车A330-200 Airbus A330-200
波音737-700 Boeing 737-700
波音757-300 Boeing 757-300
波音767 Boeing 767
波音777-300 Boeing 777-300
道格拉斯DC-10-30 Douglas DC-10-30
福克F.50 Fokker F.50
伊留申伊尔-96M Ilyushin Il-96M
洛克希德L-1011-500“三星” Lockheed L-1011-500 TriStar
麦克唐纳-道格拉斯MD-11 McDonnell Douglas MD-11
麦克唐纳-道格拉斯MD-87 McDonnell Douglas MD-87
图波列夫图-154 Tupolev Tu-154

私人飞机 //414~415

比奇“富豪”D35 Beech Bonanza D35
赛斯纳172R“天鹰” Cessna 172R Skyhawk
赛斯纳340 Cessna 340
达索“隼”900C Dassault Mystère Falcon 900C
快银E Eipper Quicksilver E (Ultralight)
欧罗巴XS Europa XS
湾流宇航公司湾流V-SP Gulfstream Aerospace Gulfstream V-SP
派珀PA-18-150“超级幼兽” Piper PA-18-150 Super Cub
派珀PA-46-350P“马里布幻影” Piper PA-46-350P Malibu Mirage
罗宾DR400/120 Robin DR 400/120
鲁坦33型“超易” Rutan Model 33 Vari-eze
斯林斯比T.67C“萤火虫” Slingsby T.67C Firefly
索卡塔TB10“多巴哥” Socata TB10 Tobago

致谢

本书出版商Dorling Kindersley 由衷地感谢以下名单中的人员和单位提供照片使用权：British Airways; Cindy Dawson at the Imperial War Museum Duxford; the Imperial War Museum London; Michel Thourin and Philippe Gras at the Musée de l'Air et de l'Espace; Ray Thomas at Aces High Ltd.; Sarah Hanna at Old Flying Machine Company; JU-AIR, Air Force Centre Dübendorf; Lincolnshire Aviation Heritage Centre. 以下人员为本书提供了编辑方面的帮助：Sean O'Connor, John Mapps, Peter Frances, and Georgina Garner; Jane Parker, for the index; Liz Bowers (co-ordinator) and David Parry (curator) at the Imperial War Museum, London; Chris Savill for additional picture research; Ellen Nanney and Robyn Bissette at the Smithsonian Institution, and the Archives department at the National Air and Space Museum for their patience, dedication, and hard work.

引用说明

本书出版商已尽一切努力确定和联系版权持有人，并且在今后的版本中也将乐于添补任何遗漏并做更正。

On page 108, from Beryl Markham's West With the Night used by permission of Virago Press on behalf of the author; on page 152, from Graham Coster's Corsairville used by permission of Penguin Books on behalf of the author; on pages 191 and 213, from Roald Dahl's Going Solo used by permission of David Higham Associates on behalf of the author; on page 402, from Julian Barnes's Staring at the Sun reprinted by permission of PFD on behalf of the author.

图片出处说明

关键词：l = 左侧，r = 右侧，c = 中间，t = 顶部，b = 底部。

缩略语：

AB - Austin Brown / Aviation Picture Library; DK - DK Picture Library; DFRC: Dryden Flight Research Center Photo Collection; HG - Hulton Getty Archive; IWM - Imperial War Museum; JSC - Johnson Space Center; LOC - Library of Congress, Washington, D.C.; MEPL - Mary Evans Picture Library; MSFC - Marshall Space Flight Center; MUS - Musée de L'Air et de L'Espace/le Bourget; NASM - National Air and Space Museum, Smithsonian Institution; SS - Science & Society Picture Library.

1 DK: Martin Cameron. 2/3 MUS (MC 11631), courtesy NASM (90-15729). 4/5 Aviation Images: John Dibbs. 5 HG: Archive Photos ca; Image Bank / Getty Images: Andy Caulfield bc; IWM: (C5422) c; (Q27633) tcb; NASA: JSC (S69-39962) bca; NASM: (SI 71-2699) cb; (SI A-4384-C) tl. 6/7 HG: Topical Press. 8/9 NASM: (SI A-4387-C-Q). NASM: (85-10844) c; (SI 86-12762) cr; (SI 87-17029) cl. 10 DK: Peter Chadwick bl; NASM: Photozincograph copied from Christopher Hatton Turner, Astra Castra, Chapman and Hall (London) 1865, frontispiece (NASM 9A00238) tl. 10/11 NASM: (SI 87-17029). 11 HG: tc; SS: Science Museum b. 12 AB: Science Museum bc, bcr; DK: Mike Dunning tr. John J Ide Collection, courtesy NASM (SI 96-16071) tl. 13 MEPL: tc; NASM: (SI 85-3941) cr; (SI A-32051-A) br. 14 AB: Musée de L'Air clb; Philip Jarrett: t; SS: Science Museum bc. 15 AB: Science Museum br; NASM: (SI 97-15315) t. 16 HG: tl. 16/17 NASM: (SI A-30908-A). 17 Sherman Fairchild Collection of Aeronautical Photographs, NASM (SI 2001-1004) br. 18 NASM: (SI A-18792) bl; (SI A-18800) t; (SI A-18841) bcl; (SI A-18862) bc. 19 NASM: (SI 93-4212) br; (SI A-38877) tr. 20 DK: bl; National Air and Space Museum, Smithsonian Institution: (SI 85-6235) tl; (SI A-43268) tc. 20/21 NASM: (SI 85-10844). 22 HG: Library of Congress bl; NASM: (SI 85-11473) tr. 23 NASM: (SI 78-159) bc; (SI 86-9864) tc; (SI 97-16784) br; (SI A-43056-A) tr. 24 NASM: (SI 93-15834) clb; (SI A-41898-E) br. 25 AB: t; NASM: (SI A-41898-D) bc; (SI A-41898-E) br. 26 LOC: (LC-W861-22) tcb; NASM: (SI A-4814-H) tl. 26/27 NASM: (SI A-26767-B) b. 27 LOC: (LC-USZ62) tcb; (LC-W861-23) cl; NASM: (SI 9A00038) br; Photo by Eric F Long, copyright 1997 NASM (SI 97-16653) tc. 28 NASM: (SI 7A43009) cl; (SI 88-6579) br; (SI A-38388-B) c. 28/29 DK: Martin Cameron b. 29 DK: Martin Cameron c. 30 AB: Bibliothèque Nationale, Paris tl; The John Stroud Collection cb; NASM: (SI 95-8347) bcr. 31 HG: Illustrated London News t; Popperfoto: br. 32 Aspect Picture Library: Derek Bayes bc. 32 National Air and Space Museum, Smithsonian Institution: (NASM 00158570) bl. 32/33 NASM: (SI 88-16089) t. 33 NASM: (SI 93-7192) br. 34 NASM: (SI A-3173) tc; Library of Congress, courtesy NASM (SI A-42869-A) c. 34/35 NASM: (SI A-42689-D).35 NASM: cr; (SI A-43148-B) tc; (SI A-8678-A) cra. 36 NASM: (SI 88-8142) tr; (SI A-44339) br; SS: Science Museum c, bl. 37 AB: The John Stroud Collection bl, bc; Corbis: Bettmann br; HG: tr; SS: Science Museum tl, c. 38 DK: Martin Cameron bl; NASM: (SI 80-12292) cra; TRH Pictures: Science Museum tl. 38/39 NASM: (SI 86-12762). 40 Offentliche Kunstsammlung, Basel: Homage à Blériot, 1914 by DELAUNAY, Robert. (Inv. Nr. G 1962.6) Photo: Martin Buhler c; HG: Topical Press Agency bl; NASM: (SI 80-12296) tl. 41 HG: Daily Mirror b; SS: Science Museum tr. 42 AB: The John Stroud Collection tl. 42/43 DK: Dave King b. 43 DK: Dave King tc, cb; SS: Science Museum tl. 44 NASM: (SI 78-11939) tl; (SI 95-2260) tcb; SS: Science Museum bc. 45 NASM: (SI 87-10389). 46 AB: The John Stroud Collection c; SS: Science Museum bl. 46/47 AB: The John Stroud Collection t.47 NASM: (SI 77-9038) cb; (SI 89-21352) tr; (SI A-3491) br. 48 NASM: (SI 72-11124) tl; (SI 80-4128) /49 b. 50 NASM: (SI 80-14849) bl; (SI A-47151) tl. 51 NASM: (SI 72-10099) tc; (SI 73-4023) br. 52 NASM: (NASM 00163377) bl; (SI A-33652-E) bc. 52/53 AB: The John Stroud Collection t. 53 DK: Peter Chadwick cr. 54 Roger B Whitman Early Aviators Photograph Collection, courtesy NASM (NASM 2B30296) tl; 54/55 TRH Pictures: Musée de L'Air /55 b. 55 Hammer Collection, courtesy NASM (SI 91-17327) tl; Roger B Whitman Early Aviation Photograph Collection, courtesy NASM (SI 00180433) cr. 56 NASM: (NASM 00105150) tl; Quadrant Picture Library: The Flight Collection b. 57 NASM: (SI 90-3800-A) cr; Peter Newark's Pictures: bc; TRH Pictures: tr. 58 Advertising Archives. 59 NASM: (NASM 00144974) tc; Poster Collection, NASM (SI 98-20413) br. 60 DK: Musee de l'Air et de l'Espace / Gary Ombler cr; MUS: (11723) tl. 60/61 DK: Musee de l'Air et de l'Espace / Gary Ombler b. 61 DK: Musee de l'Air et de l'Espace / Gary Ombler ca, cb; MUS: (11694) tc; (11698) tl. 62 United Technologies Corp., courtesy NASM (SI 83-16525). 63 NASM: (SI 83-16519) tr; (SI 90-2793) cra; (SI 90-3716) br; James Dietz, Breakthrough Over Kiev (1989) NASM (SI 90-2792) tl. 64 DK: Martin Cameron c, br; HG: cr; NASM: (SI A-5186-E) cl; L'Aerophile Collection, Library of Congress, courtesy NASM (SI 2001-11633) tr; Quadrant Picture Library: The Flight Collection bl. 65 AB: cl, bl; Corbis: National Aviation Museum tl; HG: c; NASM: (NASM 00158541) tr; (SI 86-9865) br; L'Aerophile Collection, Library of Congress, courtesy NASM (SI 2001-11569) cr. 66 IWM: (Q27633). 67 Illustrated London News Picture Library: Postcard. Dueling in Cloudland by CH Davis Š The Sphere, Valentine's Series (ref.4500) c; NASM: (NASM 00090721) cr; Riverside Keystone Mast Collection, University of California, courtesy NASM (NASM 9A00062) cl. 68 AB: bl; NASM: (SI 80-3101) c; Poster Collection, NASM (NASM 98-20430) tl. 69 Riverside Keystone Mast Collection, courtesy NASM (NASM 9A00062). 70 DK: IWM / Gary Ombler ca; IWM: (HU 64358) tl; (Q12288) bl; World War I Photography Collection (Driggs), courtesy NASM (NASM 9A-00225) tc. 71 AB: c, cr; IWM, Duxford bl; Musee de l'Air cl; The John Stroud Collection br; Corbis: Bettmann tr. 72 IWM: (Q23779) bc; (Q33847) t. 73 DK: IWMs / Gary Ombler cr; IWM: (Q65882) bc; LOC: (Z29597) br; Robert Soubiran Collection, courtesy NASM (NASM Videodisc No 2B-25828) tr. 74 DK: Gary Ombler bl; Mike Dunning c. 75 IWM: (Q69447) b; Philip Jarrett: RAF Museum, Hendon tr. 76 IWM: (Q10331) tc. 76/77 DK: Gary Ombler b. 77 DK: Dave King cra; Gary Ombler crb; Martin Cameron tl; IWM: (Q12018) tr. 78 IWM: (Q58391) tr. 78/79 IWM: (E(AUS) 2875) b. 79 DK: IWM tr; Peter Newark's Pictures: c. 80 IWM: (Q114172) c; Philip Jarrett: bl; Peter Newark's Pictures: tl. 81 Illustrated London News Picture Library: Postcard. Dueling in Cloudland by CH Davis Š The Sphere, Valentine's Series (ref.4500). 82 DK: IWM / Gary Ombler cr; IWM: (Q63129) c; (Q63147) tc; Smithsonian Institution Libraries, courtesy NASM (SI 2001-7669) tcb. 83 IWM: (Q69593) tr; IWM, courtesy NASM (NASM 9A00057) b. 84 Robert Soubiran Collection NASM (SI A-48746-A) tl. 84/85 IWM: (Q12050). 85 DK: IWM / Gary Ombler tr. 86 DK: RAF Museum, Hendon b; NASM: (NASM 00167741) tc. 87 NASM: (SI 96-16296) cr; Phillips Petroleum Company, courtesy NASM (SI 98-20424) b. 88 DK: Gary Ombler cl, b; IWM: (Q63153) tl. 89 DK: Gary Ombler cla; IWM: (Q66377) tr. 90 IWM: (Q10918) cr; NASM: (SI 76-13317) cl; (SI 98-15058) b; SI 86-5656) tc. 91 IWM: (Q63127) tl; NASM: (SI A-53691) br. 92 Corbis: Museum of Flight c; Hugh Cowin: cl, cr; Shell Companies Foundation Inc., courtesy NASM (1A16565) tr; Quadrant Picture Library: The Flight Collection bl, br. 93 AB: tl, tr, br; Hugh Cowin: cl. NASM: (SI 85-11071) cr; Photo by Mark Avino NASM (SI 86-12092) bc; Quadrant Picture Library: The Flight Collection c, bl. 94 NASM: (SI 88-11874) c; Photo by Eric F Long, copyright 1994 NASM (SI 94-2230) bl; Peter Newark's Pictures: tl. 95 NASM: (NASM 00090721). 96 DK: IWM / Gary Ombler tl; Douglas H Robinson, University of Texas, Dallas, courtesy NASM (NASM 9A00051) c; IWM, courtesy NASM (NASM 9A00050) bl. 97 DK: IWM / Gary Ombler cr, cb; IWM: (H (am) 2185) cl. NASM: (NASM 00105510) b. 98 NASM: (NASM 9A00063). 99 Deutsches Museum München: cl; (NASM Videodisc No. 2A-02002) tl; Krainik Lighter-than-Air Collection NASM (NASM Videodisc No. 7A47185) br. 100 IWM: (Q12033). 101 Philip Jarrett: c; NASM: (SI 81-1136) tr. 102 IWM: (HU 68240) bc; (Q20637) tr; NASM: (SI 90-8270) clb. 103 Philip Jarrett: tr. 104 AB: cr; CMS: MAP cl; Hugh Cowin: c, bl, br; NASM: (SI 83-16519) tr. 105 CMS: MAP tr, cr; Hugh Cowin: tl, bl, br. 106 HG: Archive Photos. 107 NASM: (NASM 00145060) crr; (SI 92-15635) cr; (SI 96-15030) cl; (SI A-4463) cll. 108 (SI 85-14508) tc; Photo by Dane Penland, NASM (SI 80-2092) bl; Poster Collection, NASM (SI 98-20396) tl. 109 NASM: (SI A-4463). 110 NASM: (SI 86-4482) r; (SI 93-7758) tl; Ted Wilbur, courtesy NASM (SI 92-6534) bl. 111 NASM: (SI 88-17783) cr; (SI 94-12) tr; (SI 97-15205) br. 112 HG: bl; Topical Press Agency c. NASM: (SI 83-390) tl; (SI 92-16996) br. 113 NASM: (NASM 7B01562) br; (SI 76-15516) cr; Photo by Mark Avino, NASM (SI 97-15335) t. 114 AB: bl. Poster Collection, NASM (SI 98-20132) bc; Topham Picturepoint: tr; Associated Press, Paris tc. 115 NASM: (SI 89-147) bkgnd; (SI 95-8335) crb; (SI A-1954) tl; (SI A-32862-A) bc. 116 Nathaniel L Dewell Collection, courtesy NASM (SI 92-16282) c. 116/117 NASM: (NASM 00138183) b. 117 NASM: (SI 80-3912) br; Photo by Richard Kuyli, NASM (SI 85-2016) tr. 118 NASM: (SI A-42065-A) t; Photo by Dane Penland, NASM (SI 79-763) bl; Photo by Eric F Long, copyright 2001 NASM (SI2001-136) cb. 119 NASM: (82-11095) tr; (SI 78-1771) bl; (SI A-14405) cl; (SI A-4819-A) br. 120 AB: c, bc; NASM: (NASM 00154982) tr; (SI 86-4482) cr; SS: Science Museum br. 121 AB: bl; The John Stroud Collection tr; Hugh Cowin: cr; Photo by Dane Penland NASM (SI 79-763) c; Photo by Dane Penland, copyright 1980 NASM (SI 80-2082) cl; Photo by Eric F Long NASM (SI 79-831) tl; Quadrant Picture Library: The Flight Collection br. 122 DK: Dave Rudkin tr; Unisys Corporation, courtesy NASM (SI 81-879) bl. 123 NASM: (SI 75-5419) b. 124 WideWorld Photos, Los Angeles, courtesy NASM (NASM 00170182) c. 124/125 LOC: Underwood & Underwood (LC-USZ62-105052) /125. 126 AB: The John Stroud Collection tr; The John Stroud Collection / Air Canada tc; HG: Keystone tl. 126/127 DK: Science Museum / Mike Dunning b. 127 DK: Steve Gorton tc; TRH Pictures: cl. 128 AB: cr; Hugh Cowin: cl, bl, br; NASM: (SI 75-14898) tr; (SI A-43352) c. 129 Hugh Cowin: tl, cl, bl; NASM: SI (93-15838) br; SS: Science Museum tc. 130 AB: c; NASM: (SI 73-4032) bl. 131 NASM: (NASM 2A34118) tr; Lufthansa Archiv, courtesy NASM (SI 80-14394) b. 132 Boeing Air Transport System, courtesy NASM (SI 90-5378) c; Poster Collection, NASM (SI 98-20283) tl; TRH Pictures: MacDonnell Douglas bl. 133 NASM: (SI 96-15030). 134 Lufthansa, courtesy NASM (NASM 2A32385) b; Poster Collection, NASM (SI 98-20181) tr. 135 HG: Topical Press Agency tl; NASM: (SI 76-2425-A) cr; Poster Collection, NASM (SI 98-20199) br. 136 NASM: (SI 77-5844) bl; Courtesy of United Airlines: tl. 136/137 (NASM 00058404) t.137 HG: Topical Press Agency / E Bacon tr; TRH Pictures: br. 138 Corbis: Bettmann clb, bl. 139 Corbis: Bettmann tl. Courtesy TWA, NASM (NASM 2A38566) b. 140 NASM: (NASM 2A33759) tc; (SI 78-1484) c; (SI 91-14177) tl. 140/141 DK: Gary Ombler b. 141 DK: Gary Ombler tc; NASM: (SI 92-16279) trb. 142 United Air Lines via NASM (SI 2000-9721) bl. 142 TRH Pictures: Lufthansa c. 143 HG: London Express. 144 NASM: (SI 83-9838). 145 AB: The John Stroud Collection tr; HG: Archive Photos bl; NASM: (TMS-A19710687022) cr. 146 NASM: (SI 77-5801) clb; (SI 82-6659) tc; SS: Science Museum bc. 147 NASM: (SI 97-15046) t; (SI A-11037-L) br. 148 Hugh Cowin: tr. 148 DK: Gary Ombler c; Robert Hunt Library: tl. 148/149 DK: Gary Ombler b. 149 Corbis: Museum of Flight br; DK: Gary Ombler tc; Robert Hunt Library: c; NASM: (SI 76-3137) cl. 150 AB: cr; The John Stroud Collection bl; NASM: (NASM 2A34132) tr; TRH Pictures: cl, br. 151 AB: The John Stroud Collection tl, tr; Hugh Cowin: cr; NASM: (SI 89-1) cl; Quadrant Picture Library: The Flight Collection br; SS: Science Museum bl. 152 IWM: (DXP 92-46-31) bl; NASM: (SI 85-19406) c; Poster Collection, NASM (SI 98-20245) tl. 153 NASM: (SI 92-15635). 154 NASM: (NASM 00105620) c; (SI 88-6826) tr. 155 'International Newsreel'photo (ref. 36469E), courtesy NASM (SI 74-1039) tr; Poster Collection, NASM (SI 98-20504) br; SI A-945-A) bl. 156 HG: Lambert / Archive Photos bl; NASM: (SI 77-15140) c. 157 NASM: (SI 73-8701) tl; (SI 73-8702) c; Photo by Arthur Coford Jr., via US Air Force, courtesy NASM (SI 98-15068) tlb. 158 NASM: (SI 89-9947) cr; Acme Newspapers Inc, courtesy NASM (SI 88-17651) t; Poster Collection, NASM (SI 98-20488) cl; Poster Collection, NASM (SI 98-20490) c. 159 NASM: (NASM 9A00217) b; (SI 79-10994) tr; (SI 90-14359) tl; TIME-Warner Corporation, courtesy NASM (NASM 2B27470) cr. 160 HG: Fox Photos ca; NASM: (SI 80-17077) bl; Poster Collection, NASA (SI 98-20242) tcl; 160/161 TRH Pictures: Archives and Special Collections, University of Miami Library, Coral Gables, Florida b. 161 NASM: (NASM 2A33098) br; (SI 80-9016) tr. 162 NASM: (NASM 1A14330) tl; Boeing Archives, courtesy NASM (SI 75-12105) b. 163 HG: Topical Press Agency br. 163 Poster Collection, NASM (SI 98-20248) tc. 164 AB: bl; Copyright The Boeing Company: cl; Hugh Cowin: bl, bc; HG: Topical Press Agency tr. 165 Corbis: Underwood & Underwood tr; Hugh Cowin: tl, cl, cr; Quadrant Picture Library: AJ Jackson Collection br; Copyright Igor I Sikorsky Historical Archives: bl, bc. 166 Foto Saporetti: c; Peter Newark's Pictures: tl; Courtesy of U.S. Air Force Museum: bl. 167 Boeing Airplane Company, courtesy NASM (SI 00145060). 168 NASM: (NASM 00169975) b; (NASM 2A45822) tc; (SI A-31261-A) tl. 169 NASM: (SI 78-7047) tr; (SI 87-15135) br; Museo Aeronautico Caproni, Milan, Italy, courtesy NASM (NASM 2B01247) c; Rudy Arnold Photo Collection (RA-95) NASM crb; TRH Pictures: tl. 170 HG: US Air Force tr; NASM: (SI 86-12543) c. 171 HG: General Photographic Agency cr; NASM: (SI A-43567-A) c. 172 NASM: (SI 95-2267) tl. 172/173 NASM: (NASM 9A00085). 173 Philip Jarret: tr; NASM: (SI 83-15030) br. 174 AB: The John Stroud Collection br; Hugh Cowin: cl, c, cr, bc; HG: Topical Press Agency tr. 175 AB: tc; Corbis: bc; Bettmann br; Hugh Cowin: tl, tr, cr, br; Quadrant Picture Library: The Flight Collection cl. 176 MEPL: tc. 176/177 WideWorld Photos Inc., courtesy NASM (NASM 00146018) /177 b. 177 Hugh Cowin: tc. Peter Newark's Pictures: cr. 178 AB: The John Stroud Collection tc; Corbis: Bettmann c; HG: bl. 178/179 DK: Gary Ombler b. 179 DK: Gary Ombler tl, tr, c. 180 NASM: (NASM 1B08865) bl; (NASM 7A27834) c. 181 Hulton Getty Archive.182 MEPL: tr; Robert Hunt Library: bl. 183 AKG London: bl; Peter Newark's Pictures: tr, cr. 184 Peter Newark's Pictures. 185 DK: Dave King tr; Ronald Grant Archive: br; Warren M Bodie, via NASM (SI 84-10658) c. 186/187 IWM: (C5422). 187 HG: cr; NASM: (NASM 7A27846) cll; (SI 85-7275) cl; US Air Force, courtesy NASM (SI A-45879-F) crr. 188 IWM: (LDP 304) tl; NASM: (NASM 7A37803) bl. 188/189 NASM: (NASM 7A27846). 189 Topham Picturepoint: tc. 190 MEPL: Unsere Wehrmacht. 191 AB: The John Stroud Collection tr; MEPL: Signal, January 1941 bl. 192 DK: Gary Ombler c; Peter Newark's Pictures: tc. 192/193 DK: Gary Ombler b. 193 DK: Gary Ombler tl, c; NASM: (SI 74-2974) tc; TRH Pictures: tr. 194 IWM: (HU 63656). 195 IWM: (CBI 35851) tr; (COL 196) br. 196 Corbis: Yevgeny Khaldei bl; IWM: (NYF 72692) tc. 197 DK: Airbourne Forces Museum, Aldershot / Dave Rudkin br; HG: tr; IWM: (HH541) bl. 198 DK: Musee de l'Air et de l'Espace / Gary Ombler c, 199 b. 198 MUS: (14391) tc. 198/199 DK: Musee de l'Air et de l'Espace / Gary Ombler b. 199 AB: tr; DK: Musee de l'Air et de l'Espace / Gary Ombler tc; MUS: (42942)

*本表中为本书英文原版页码，以本书首页为第1页始计。

br. 200 HG: Archive Photos / Robert F Sargent bl; IWM: (C4571) bc; Royal Air Force Museum, Hendon: (P100408) c. 201 IWM: (TR 1411) tr; Musee de l'Air et de 'Espace, courtesy NASM (SI 76-2767) br. 202 AB: tr, br; Hugh Cowin: cl, bl; Quadrant Picture Library: The Flight Collection cr. 203 AB: tl, br; CMS: tr; Hugh Cowin: cr; US Navy, courtesy NASM (NASM 00057582) bl; Royal Air Force Museum, Hendon: Charles E Brown cl. 204 Hugh Cowin: cr, br; NASM: (SI 1B-14679) c; (SI 71-338) bl; William Green, courtesy NASM (SI 91-7990) t. 205 Hugh Cowin: tl; Republic Aviation Corp. photo, courtesy NASM (NASM 7A37803) bl; US Air Force, courtesy NASM (SI 85-17696) br; US Navy, courtesy NASM (NASM 7A35628) c; Royal Air Force Museum, Hendon: tr. 206 HG: Fox Photos bl; IWM: (COL 30) cr; Public Record Office: Roy Nockolds tl. 207 NASM: (SI 85-7275). 208 HG: b; IWM: (CH13680) tl; Courtesy of The Museum of World War II: tc. 209 Corbis: Bettmann br; HG: tl. 210 AB: tl; Corbis: Hulton-Deutsch Collection c. 210/211 DK: Gary Ombler b. 211 DK: Gary Ombler tr, c; HG:Topical Press Agency tl; Popperfoto: tcb. 212 Camera Press: IWM bl. 213 AB: The John Stroud Collection. 214 Dungarvan Museum, Ireland: cl; HG: Picture Post / Haywood Magee b; NASM: (NASM 2B34210) tc. 215 DK: IWM / Gary Ombler tl, bl; HG: br. 216 DK: IWM / Gary Ombler tr; HG: Fox Photos bl. 216/217 NASM: (SI 86-13283) b. 217 DK: IWM / Andy Crawford cr; IWM, courtesy NASM (SI 75-15871) cl; Courtesy of The Museum of World War II: tc. 218 Photo by Eric F Long, copyright 2000 NASM (SI 2000-9387) bl; Peter Newark's Pictures: tl. 218/219 HG. 219 US Navy, courtesy NASM (NASM 9A00154) tl. 220 Corbis: Hulton-Deutsch Collection tc, cl; HG: b. 221 AB: cr; Hugh Cowin: c, bc; IWM: (TR 26) bl; US Navy, courtesy NASM (SI A-4127) cl; Quadrant Picture Library: The Flight Collection / Aeroplane tr; Royal Air Force Museum, Hendon: br. 222 Corbis: Bettmann tl; HG: b; Courtesy of The Museum of World War II: cl. 223 Hugh Cowin: tr; IWM: (HU 63027) br; Photo by Dane Penland, NASM (SI 80-2093) cr; RAF Museum, Hendon / Charles E Brown, courtesy NASM (SI 83-4524) tl. 224 Corbis: Bettmann b; Courtesy of The Museum of World War II: tr. 225 HG: MPI bc; NASM: (NASM 9A00199) tr. 226 HG: c. 226 US Navy, courtesy NASM (SI 90-4357) tc. 226/227 US Navy, courtesy NASM (NASM 2B34012).227 RG Smith, Douglas SBD-3 copyright NASM , gift of the MPB Corporation (SI 95-8196) cr. 228 Corbis: tr, cl; Hulton-Deutsch Collection tl; DK: Gary Ombler c.228/229 DK: Gary Ombler b. 229 DK: Gary Ombler tc, cl. 230 NASM: (SI 85-7301). 231 US Navy, courtesy NASM (SI 91-18760) tl; US Navy, courtesy NASM (NASM 9A00174) c. 232 Corbis: Bettmann l.; HG: MPI tc; Courtesy of The Museum of World War II: trb. 233 Corbis: Bettmann tr; US Navy, courtesy NASM (NASM 9A00165) cr. 234 HG: Topical Press Agency / JA Hampton cr; Robert Hunt Library: tr; NASM: (NASM 1A29949) br. 235 AB: cr; NASM: tl; Photo by Rudy Arnold, courtesy NASM (NASM 7A25896) br; TRH Pictures: cl. 236 AB: bl; DK: IWM / Gary Ombler tl; HG: Keystone c. 237 US Air Force, courtesy NASM (SI A-15879-F). 238 DK: IWM / Gary Ombler bl; HG: c. 239 HG: tr; IWM: (CH 10801) cb; (CL 3399) br. 240 DK: Gary Ombler cl; TRH Pictures: tl. 240/241 DK: Gary Ombler b. 241 DK: Gary Ombler tr; HG: br; Picture Post tl, tc. 242 IWM: tl; Courtesy of Norman Groom: bl. 242/243 IWM: (CH11641) c. 243 IWM: (C 3371) br. 244 NASM: (NASM 1B21835) t; (SI 74-3069) bl. 245 HG: cl; IWM: (CH 9687) bkgnd; (HU 69915) bl; (IWMFLM 2338) bcl; (IWMFLM 2339) bc; (IWMFLM 2340) bcr; (IWMFLM 2342) br; (TR 1127) tr; 245 Peter Newark's Pictures: cr. 246 DK: IWM / Gary Ombler tl. 246/247 HG: b. 247 Boeing Airplane Company, courtesy HG (SI 86-13281) tr. 248 DK: Gary Ombler c; Topham Picturepoint: tl. 248/249 DK: Gary Ombler b. 249 DK: Gary Ombler cl; US Air Force, courtesy NASM (SI 97-17239) cr; US Air Force, courtesy NASM (SI 2001-2047) tr. 249 Popperfoto: tc. 250 NASM: (NASM 7A04843). 251 DK: IWM / Andy Crawford cr; Boeing Airplane Company, courtesy NASM (NASM 7A04716) br; Wright / McCook Field Still Photograph Collection (WF-223205) NASM bl. 252 US Air Force, courtesy NASM (SI 97-17480) bl; US Air Force, courtesy NASM (SI 99-15473) c. 253 NASM: (SI 77-6797) br; US Air Force, courtesy NASM (SI 98-15407) t. 254 Hugh Cowin: cl, c.; DK: Gary Ombler cr; HG: tr; Photo by Dale Hrabak, copyright 1979 NASM (SI 79-4623) br; Warren M Brodie, via NASM (SI 84-10658) bl; SS: Science Museum bc. 255 HG: Keystone Features / Fred Ramage tl; NASM: (SI 87-9656) br. 256 DK: IWM / Andy Crawford bl; US Air Force, courtesy NASM (SI A-38635) br. 257 IWM: (S-8018). 258 AB: John Dibbs cl; Aviation Images: John Dibbs cr; IWM: (COL 185) br; (TR 168) tr; TRH Pictures: bl. 259 The All Transport Media Picture Library: Charles E Brown br; AB: tl; Aviation Images: John Dibbs cl; CMS: MAP bl; Corbis: cr; DIZ Munchen SV-Bilderdienst: Presse-Hoffman tr. 260/261 NASM: (SI 71-2699). 261 Corbis: Bettmann cr; George Hall crr; NASM: (SI 87-6747) cll; Boeing Airplane Company, courtesy NASM (SI 72-7758) cl. 262 Aviation Images: Mark Wagner tl; DK: Gary Ombler bl. 262/263 NASM: (SI 87-6747. 264 NASM: (SI 94-7714) bl; US Navy, courtesy NASM (SI 99-40502) tc. 265 Corbis: Hulton-Deutsch Collection b; NASM: Rudy Arnold Photo Collection, courtesy NASM (SI 2001-5328) tl. 266 Corbis: Bettmann tl; NASM: (SI 79-14868). 266/267 NASM: (SI 86-1008).267 Photo by Mark Avino and Eric F Long, copyright 2001 NASM (SI 2001-1353) bc; US Air Force, courtesy NASM (SI 97-17485) c. 268 Photo by Eric F Long, copyright 1998 NASM (SI 98-16048) b; Photo by Mark Avino and Eric F Long, copyright 2001 NASM cr; Photo by Mark Avino and Eric F Long, copyright 2001 NASM (SI 2001-134) cl; US Air Force, courtesy NASM (SI 81-12615) tl. 269 Corbis: Bettmann br, t. 270 NASM: (SI 97-15068) bc; The Polestar Group, HelioColor, courtesy NASM (NASM 00032959) t. 271 DK: Steve Gorton bc, br; HG: Keystone / Douglas Miller tl; Courtesy of Martin-Baker Aircraft Company Limited: cr. 272 Hugh Cowin: cl, c; US Air Force, courtesy NASM (USAF 84055AC) tr; Royal Air Force Museum, Hendon: cr, bl; SS: Science Museum br. 273 AB: tl; Hugh Cowin: tc, c, cr, br; Jakob Dahlgaard Kristensen: Airliners.net tr; NASM: (C-20208) cl; Photo by Carolyn Russo, copyright 1996 NASM (NASM 9A00350) bl. 274 Boeing Airplane Co., courtesy NASM (SI 98-15162) tl; US Air Force, courtesy NASM (SI 92-1117) bl. 274/275 Boeing Airplane Company, courtesy NASM (SI 72-7758). 276/277 Corbis: Bettmann b. 276 HG: Keystone cla. 277 HG: Keystone tc, br. 278 Boeing Airplane Company, courtesy NASM (SI 80-5653). 279 Corbis: Bettmann tc; HG: Archive Photos br. 280 AB: tc 280/281 DK: Gary Ombler b. 281 AB: br; Corbis: Museum of Flight tl; DK: Gary Ombler tr, cl. 282 DK: Mike Dunning br; HG: Hauser, Paris cr. 283 AB: RAF Museum, Hendon br; Hugh Cowin: tr, c, c, bl; HG:Topical Press Agency / Brooke cl; Copyright Igor I Sikorsky Historical Archives: bc. 284 Corbis: Lake County Museum bcl; US Air Force, courtesy NASM (NASM 9A00365) t. 285 Corbis: Bettmann tr; Tony Rogers: Airliners.net br. 286 DK: Gary Ombler c; HG: US Airforce / Archive Photos tl. 286/287 DK: Gary Ombler b 287 Corbis: George Hall tl, tr, tcb; DK: Gary Ombler cl. 288 Corbis: Bettmann l; Military Picture Library: cr; NASM: (NASM 7B14999) bc. 289 HG: Keystone cr; Courtesy of Lockheed Martin Aeronautics Company, Palmdale: t; NASM: (NASM 9A00030) cr; Photo by Eric F Long, copyright 1999 NASM (SI 99-15007) cl. 290 Courtesy of Lockheed Martin Aeronautics Company, Palmdale: tr; Tony Landis cr; NASA: (EC92-1284) clb; (EC94-42883-4) tl. 290/291 DK: Gary Ombler b. 291 DK: Gary Ombler c; Courtesy of Lockheed Martin Aeronautics Company, Palmdale: tr; Photo by Eric F Long, copyright 2001 NASM (SI 2001-650) tl. 292 AB: tr; Hugh Cowin: c, br; NASA: (E-1044) bl. 293 AB: b; Hugh Cowin: tr, cl, cr; Boeing Historical Archives, courtesy NASM (SI 90-16864) tl. 294 AB: bl; Aviation Images: br; Corbis: George Hall tr, c; Hugh Cowin: cl; Royal Air Force Museum, Hendon: cr. 295 AB: cl, bl; Hugh Cowin: cr, br; NASM: (SI A-4113-G) tl; US Air Force, courtesy NASM (NASM 1B20632) tr. 296 Corbis: Bettmann tl; NASM: (NASM 9A00278) bl. 296/297 Corbis: Bettmann. 298 HG: bl; Photo by Lt. Col. SF Watson (US Army), NASM (NASM 9A00343) tc. 299 HG: Archive Photos / Patrick Christain b; Photo by Eric F Long, copyright 2002 NASM (SI-2002-2216) tc. 300 TRH Pictures: Bell tc. 300/301 DK: Gary Ombler b. 301 DK: Gary Ombler tr, cl; TRH Pictures: Bell tl. 302 HG: Central Press bl; NASM: (NASM 7B12043) cr; Courtesy of Fairchild, via NASM (NASM 7B12049) tr. 303 AB: tr, c, br; Corbis: George Hall cr; Copyright Igor I Sikorsky Historical Archives: bl, bc; Skip Robinson: Airliners.net cl. 304 Agence France Presse: Vuk Brankovic cr; Aviation Images: Mark Wagner tl; TRH Pictures: bl. 304/305 DK: Gary Ombler b. 305 DK: Gary Ombler c; TRH Pictures: E Nevill tl. 306 Military Picture Library: David Hunter tc, ca; William F Bennett cl. 307 Corbis: George Hall b; Ronald Grant Archive: cr; Courtesy of H.J. Saunder Insignia Inc.: tc; Courtesy of US Navy: tl. 308 Corbis: Tim Page bl; HG: U.S. Air Force / Archive Photos t. 309 Corbis: cb; Bettmann br; NASM: (NASM 7A05825) trb. 310 AB: tr, c; Copyright The Boeing Company: cr; NASA: (EC62-144) br; NASM: (NASM 9A00499) bc; Courtesy of Northrop Grumman: bl; Quadrant Picture Library: The Flight Collection / Graham Laughton cl. 311 AB: bl; Corbis: tl; HG: Keystone br; NASM: (SI 89-5947) cl. 312 AB: British Aerospace tc. 312/313 DK: b. 313 The All Transport Media Picture Library: tl; Corbis: Military Picture Library / Robin Adshead tr; DK: c; Military Picture Library: Robert Kravitz tcb. 314/315 Military Picture Library: Robert Kravitz. 316 Aviation Images: Mark Wagner tl. 316 Corbis: Military Picture Library / Robin Adshead bl. 316/317 Corbis: George Hall.318 Corbis: Montgomery; Don s., USN (Ret.) bc; Military Picture Library: John Skliros c. 319 Military Picture Library: Martin McKenzie and Mike Green tr; Photo by Eric F Long, copyright 2001 NASM (SI 2001-1822) l. 320 Copyright The Boeing Company: tc; TRH Pictures: U.S Air Force / Department of Defense tcb. 320/321 DK: Gary Ombler b. 321 Corbis: AeroGraphics Inc tl; DK: Gary Ombler cr; TRH Pictures: McDonnell Douglas tr, cl. 322 AB: bl; Hugh Cowin: cl, br; NASA: (EC94-42883-4) tr; Courtesy of Northrop Grumman: cr. 323 AB: tl, bc; Corbis: George Hall cl; Lockheed Martin, courtesy NASM (SI 93-13704) bl. 324 Corbis: AeroGraphics Inc tc. 324/325 DK: Lockheed Martin / Gary Ombler b. 325 Aviation Images: Mark Wagner br; DK: Lockheed Martin / Gary Ombler tl, c; HG: MPI tr. 326 Agence France Presse: tcb; Aviation Images: John Dibbs bl; Copyright The Boeing Company: tc. 327 Associated Press AP: Laurent Rebours c; Corbis: b; Courtesy of U.S. Air Force: tr. 328 Hugh Cowin: bl; Courtesy of U.S. Air Force: tl. 329 Courtesy of Lockheed Martin Aeronautics Company, Palmdale. 330 Aviation Images: Mark Wagner cl; Corbis: AeroGraphics Inc tr; Hugh Cowin: c; NASA: (EC92-10061-10) br; (ECN-2092) cr; (ECN-33403-2) bl. 331 AB: bc; Aviation Images: Mark Wagner tr, cl, br; Corbis: tc; Military Picture Library cr; NASA: (EC96-43830-12) tl. 332/333 NASA: JSC (S69-39962). 333 Corbis: Baldwin H Ward & Kathryn C Ward c; HG: MPI cr. 334 MEPL: tl; NASA: Stennis (00-068D-01) bl; Novosti (London): c. 334/335 Corbis: Baldwin H Ward & Kathryn C Ward. 336 NASM: (SI 79-13155) cl; Copyright 1940 National Geographic Collection, courtesy NASM (SI A-840) tl. 336/337 NASA: Kennedy Space Center (66P-0631. 337 NASA: MSFC (MSFC-6407244) br. 338 Corbis: Bettmann br; NASA: MSFC (MSFC-5800669) l. 339 Corbis: Bettmann bl; Hulton Getty Archive: Blank Archives / Archive Photos bla; Novosti (London): tl, tr, br. 340 NASA: Dryden Flight Research Center (ECN-225) t; Langley Research Center (L-1989-00361) bl. 341 Corbis: Bettmann tr, cl; NASA: JSC (S65-39907) c. 342 Corbis: Bettmann cl; Roger Ressmeyer bl; Novosti (London): tr, br. 343 Corbis: Bettmann bl; Rykoff Collection crb; HG: Keystone cr. 344 NASA: JSC (S61-01928) cl; JSC (S88-31378) cbl; Kennedy Space Center (7IP-0263) bl; Photo by Eric F. Long copyright 2001 NASM (SI 2001-1831) cr. 345 NASA: JSC (S62-00304) br; Kennedy Space Center (62PC-0011) l; NASM: (99035 NOVA) tr. 346/347 NASA: JSC (S65-30432). 347 HG: Central Press cl; NASA: JSC (S65-63221) bc; Novosti (London): tl. 348 HG: Keystone Features br; NASA: JSC (S67-21295) tc; Kennedy Space Center (67PC-0016) tr; MSFC (MSFC-9903826) bl. 349 NASA: MSFC (MSFC-6754387) c, (MSFC-6761894) br. 350 DK: tr. 350 NASA: (ECN-1606) c; JSC (S68-50713) tl. 351 NASA: (1995-02406) trb; JSC (AS09-21-3181) b; JSC (S68-55809) tc. 352 NASA: JSC (S69-39957-39963) t; JSC (S69-42583) c. 352/353 NASA: Langley Research Center (EL-2001-00427).353 NASA: JSC (S69-31740) br; Kennedy Space Center (69PC-0435) c; Photo by Eric F Long, copyright 2001 NASM (SI 2001-2974) tc. 354 NASA: JSC (AS11-37-5445) br; JSC (AS11-44-6642) t. 355 NASA: JSC (69-HC-916) br; JSC (S69-21365) trb; JSC (S69-21698) tc. 356 NASA: JSC (AS13-59-8500) bl; JSC (S69-60662) tca; JSC (S69-62224) tc; JSC (S70-35139) cb. 357 NASA: JSC (S72-55422 & S72-55421) bl; MSFC (MSFC-7022489) t. 358 DK: Space and Rocket Center, Alabama / Bob Gunthany bl; NASA: Hubble Space Telescope Center (PR95-44D) tl; JSC (S79-31775) ca. 358/359 Corbis. 360 NASA: JSC (S74-17843) clb; JSC (S75-20361) cla; Novosti (London): tcr. 360/361 DK: b. 361 NASA: JSC (S73-20236) cr; JSC (S73-23952) cl; JSC (S74-17843) tr; JSC (SL2-02-157) c. 362 NASA: Kennedy Space Center (96PC-0997). 363 NASA: (EC01-0129-17) bl; JSC (S85-46260) tc; JSC (S86-38989) tr; NASM: (SI 5/27) cl. 364 DK: NASA br; NASA / Finley Holiday Films bl. 364 NASA: Kennedy Space Center (KSC-02PD-0043) tl. 364/365 NASA: (ISS01-E-6128) c 365 NASA: (STS100-S-020) br; (STS105-343-010) tr. Photo by Eric F Long and Mark Avino, copyright 2001 NASM (SI 2001-2277) cr. 366 DK: Andy Crawford tl; NASA: JSC (S98-04614) br; JSC (STS061-98-050) bc. 367 NASA: JSC (STS061-98-050). 368 NASA: JSC (S94-36965) bcl; JSC (S87-45890) tc; JSC (STS071-S-072) bl; MSFC (MSFC-9705006) tr; Novosti (London): tl. 368/369 NASA: MSFC (MSFC-9613399). 370 NASA: (STS088-703-032) tl; MSFC (MSFC-0101424) bc. 370/371 NASA: MSFC (MSFC-9503941). 371 NASA: (STS104-E-5121) bc; MSFC (MSFC-9706217) tc. 372 Courtesy of Lockheed Martin Aeronautics Company, Palmdale: b; Popperfoto: Reuters / RTV tl. 373 NASA: (Mars Exploration) br, MSFC (MSFC-9906385) bra; (ED99-45243-01) tr. 374/375 Image Bank / Getty Images: Andy Caulfield. 375 Corbis: Bryn Colton / Assignment Photographers cl; Dewitt Jones cll; James A Sugar cr; NASA: (ED01-0209-6) crr. 376 Advertising Archives: tl; TRH Pictures: bl. 376/377 Corbis: Dewitt Jones. 378 Corbis: Alain le Garsmeur bl; Bettmann bc; HG: c. 379 AB: The John Stroud Collection t; Courtesy of Lufthansa AG: br; TRH Pictures: cb. 380 AB: Stephen Piercey Collection tr; Copyright The Boeing Company: cr; Hugh Cowin: bc, br. 381 AB: tl, br; The John Stroud Collection tr, cr; Hugh Cowin: cl; Courtesy of Lockheed Martin Aeronautics Company, Palmdale: bl. 382 HG: Topical Press / J A Hampton tl. 383 AB: Pan American tcb; Corbis: Bettmann b. 384 Agence France Presse: Archives cl; AB: The John Stroud Collection tl. 385 DK: Gary Ombler tr. 384/385 DK: Gary Omblerb. 385 DK: Gary Ombler tr, cl; TRH Pictures: James H Stevens tl. 386 Corbis: Carl & Ann Purcell bl; Courtesy of Southwest Airlines, Texas: tc. 387 Associated Press AP: tr; Corbis: Yann Arthus-Bertrand b. 388 AB: cl, br; Copyright The Boeing Company: c, cr, bl; TRH Pictures: tr. 389 AB: tr, cl, bl, br; Copyright The Boeing Company: tl; Hugh Cowin: cr. 390 Agence France Presse: Martyn Hayhow cr; Popperfoto: Reuters / Jean-Paul Pelissier tl; Royal Aeronautical Society: cl. 390/391 DK: Gary Ombler b. 391 DK: Gary Ombler tl, tr, cr; Rex Features: cl. 392 Hulton Getty Archive: Central Press bl. 392/393 Corbis: Bettmann t. 393 Corbis: Bettmann b; Popperfoto: Reuters / Andras Kisgely cr. 394 AB: tl; Corbis: Bettmann c; Quadrant Picture Library: The Flight Collection tr. 394/395 DK: Gary Ombler b. 395 AB: Boeing tr; DK: Gary Ombler tl; Richard Leeney c. 396 Corbis: George Hall b; Quadrant Picture Library: The Flight Collection / Tony Hobbs tcb. 397 HG: Keystone / Alan Band br; TRH Pictures: tr: 398 Airbus Industrie: bl; DK: Dave Rudkin cl. 399 Popperfoto; Reuters te, c, trb. 400 AB: c; Copyright The Boeing Company: cr, bl, br; Hugh Cowin: ct; U.S. Air Force courtesy NASM NASM 9A00007 tr 401 AB: tr, cl, cr, bc, br; Copyright The Boeing Company: tl, tc; NASA: (EC95-43247-4) bl. 402 Courtesy of MeDonnell Douglas: bl; Science Photo Library; Jerry Mason tl. 402/403 Corbis: Bryn Colton / Assignment Photographers. 404 Katz/Frank Spooner Pictures: tl; Popperfoto: Reuters cr. 404/405 FPG International / Getty Images: John Neubauer.406 Agence France Presse: bl; Corbis: Bettmann tl. 407 Agence France Presse: Matt Carmpbell b; DK: Peter Chadwick cr. 408 Popperfoto: cl; TRH Pictures: United Press International b.409 Corbis: Bryn Colton / Assignment Photographers tc; David Rubinger br. 410 Agence France Presse: Frederic J Brown clb; Popperfoto: Reuters / Joe Skipper be. 411 Agence France Presse; Seth McCallister: 412 Corbis: Bill Ross tl; DK: Gary Kevin bl. 412/413 Corbis: James A Sugar:413 Corbis: James A Sugarte.414 NASM: (SI 2001-10543) bl; 414/415 TRH Pictures. 415 Corbis: Charles O'Rear cr; TRH Pictures: Mike Smith, The Daedalus Project tc. 416 Agence France Presse: Abdelhak Senna tr; Breitling Orbiter II be; Copyright Breitling SA, courtesy NASM (NASM 9A-00019) tl. 417 Courtesy of AeroVironment Inc. 418 Gorbis: Morton Beebe t; Museum of Flight clb, bl. 419 Popperfoto: Reuters / Nikolai Ignatiev cr: Ray Buckland: be. 420 AB: John Wendover cl, b; Courtesy of Bombardier Learjet: cr; TRH Pictures: Learjettl. 421 Courtesy of Bombardier Learjet: tl: Corbis: br; NASM: (NASM 2B16292) cr. 422 AB: cl, c, cr, bc, br; Hugh Cowin: bl; TRH Pictures: Learetr. 423 AB: tl, tr. el. c, cr, bl, br. 424 Corbis: Forrest J Ackerman Collection tl; Courtesy of The Joint Strike Fighter Program: bl. 424/425 NASA: (ED01-0209-6). 426 Agence France Presse: Wolfgang Kumm bl; Empics/AP: Jeff Christensen t 427 Copyright The Boeing Company: tr: Getty Images News Service: NASA bl. 428 aviation-images.com tr. 428/429 Airbus. 430/431 Airbus. 432 Empics/ AP/Jerome Delay bl Empics/AP/ Andrew Milligan br; 432- 433 aviation images.com. 433 Empics /AP/Murad Seaer t; Empics AP/ Anja Niedringhaus b. 434 Empics/AP/ Dr Scott Liebermant; NASAer: NASA: KCS br; 435 NASA:JPL.t: NASA; JPL. c; NASA; JPL, b.436 Empics/AP/The Space Island Group tl; X-Priac Founcation b. 437 Canadian Arrow tr; Empics/AP/ Jim Cambell cl; Empics/AP/Haraa N Ghanbari br. 438 Eurofighter GmbH tl; Virgin Atlantic Global Fhver cl,cr. b. 439 Northrop Grunman t, cr

Endpapers: DK: Gary Ombler

本书英文版参与制作人员

项目编辑	David Summers
项目美术编辑	Tony Foo, Kirsten Cashman
编辑	Nigel Ritchie, David Tombesi-Walton
设计	Ian Midson, David Ball, Jörn Kröger, Jamie Hanson, Becky Painter, Hugh Schermuly
设计助理	Paul Drislane
图片研究员	Louise Thomas
DTP设计师	Rajen Shah
制片总监	Elizabeth Cherry
总艺术编辑	Philip Ormerod
分类别出版	Jonathan Metcalf
特殊摄影	Gary Ombler
总编辑	Dominick A. Pisano
项目协调人	Ellen Nanney
图片研究员	Charles O. Hyman
NASM档案部门	Melissa A. N. Keiser, Allan Janus, B. E. Weitbrecht, Dana Bell, Dan Hagedorn, Brian D. Nicklas, Paul Silbermann, Larry Wilson, Mark Kahn
NASM航空部门	Dominick A. Pisano, F. Robert van der Linden, Peter L. Jakab, Thomas J. Dietz, Dik A. Daso, Dorothy Cochrane, Roger Connor, Russell Lee
NASM太空历史部门	Allan A. Needell, Cathleen Lewis, Michael J. Neufeld, Valerie Neal
顾问	Steve Woolford
捐助人	Steve Cross, David Lee

本书中文简体版封面图片来源

1.WRIGHT FLYER: Dorling Kindersley: Martin Cameron / Shuttleworth Collection, Bedfordshire. 2.Fairey Barracuda World War II British military carrier-borne torpedo- and dive bomber. Credit Dorling Kindersley: Gary Ombler. 3.de Havilland DH.87 Hornet Moth biplane. Credit Dorling Kindersley: Gary Ombler / De Havilland Aircraft Heritage Centre. 4.Vought FG-1D Corsair IV military fighter aircraft. Credit Dorling Kindersley: Gary Ombler. 5.Arrow Active 2 1930s British aerobatic aircraft. Credit Dorling Kindersley: Gary Ombler / Mr R A Fleming, The Real Aeroplane Company. 6.1950s Dassault Mystere IVA French fighter bomber aircraft. Credit Dorling Kindersley: Gary Ombler / City of Norwich Aviation Museum. 7.Dornier Do X. Credit Dorling Kindersley: Gary Ombler / Flugausstellung. 8.Sepecat Jaguar GR MK1 jet ground attack aircraft. Credit Dorling Kindersley: Gary Ombler / City of Norwich Aviation Museum. 9.SU-25 Frog Foot. Credit Dorling Kindersley: John Wilkes / Gary Ombler / Model Exhibition, Telford. 10.McDonnell Douglas AV-8B Harrier. Credit Dorling Kindersley: John Wilkes / Gary Ombler / Model Exhibition, Telford. 11.Bombardier Learjet 45 business jet aircraft. Credit Dorling Kindersley: Gary Ombler / Hamblin Jet, Luton Airport. 12.W3P Orion. Credit Dorling Kindersley: Gary Ombler / John Sheehan.

All other images © Dorling Kindersley. For further imformation: www.dkimages.com